그리고 잘 지내시나요, 올리버 색스 박사님?

그리고 잘 지내시나요, 올리버 색스 박사님?
And How Are You, Dr. Sacks?

올리버 색스 평전

로런스 웨슐러 지음

양병찬 옮김

alma

추천의 글

거기 먼 곳에서 잘 지내시나요, 올리버 색스 박사님?

정재승

어떻게 이런 놀라운 기록이 세상에 남아 있을 수 있을까? 누군가가 내 삶을 이렇게 기록해준다면 얼마나 좋을까? 자서전을 읽는 것이 자신과 대화를 나누는 한 인간의 영혼을 엿보는 행위라면, 가까운 동료가 써내려간 평전을 읽는 것은 생각과 행동이 만들어내는 숱한 모순들을 통해 한 인간의 정수를 들여다보는 행위다.

올리버 색스의 자서전《온 더 무브》를 읽었을 때, 떠나간 옛 연인을 고즈넉한 카페에서 우연히 만나 그동안 살아온 얘기를 담담히 듣는 듯했다. 살아오면서 많이 외로웠노라고, 불안이며 고독과 싸우느라 많이 힘들었다고 말이다. 직접 써내려간 그의 글에는 타인의 고독을 치료하겠다는 의사로서의 사명으로 버텨낸, 평생 고독과 싸웠던 불세출의 임상의의 모습이 고스란히 담겨 있었다.

외로움을 해부하며 써내려간 자서전이 환자를 섬세하게 관찰하고 기록하듯 스스로를 솔직하고 은밀하게 보여준다면, 로런스 웨슐러가 써내려간 평전《그리고 잘 지내시나요, 올리버 색스 박사님?》은 마치 내 연인 올리버와 각별했던 친구로부터 뒤늦게 그에 대해 듣는 듯한 소회의 글이다. '우리가 함께했던 시간에 그는 어땠는지' '그와 어떤 시간들을 함께 보냈는지' 내게 애써 들려주는 우정 어린 연서다. 평전을 읽는 내내, 우리 모두는 충분히 오랫동안 그를 추억하고 다시 사랑하고 그리워하게 될 것이다.

이 책에서 우리는 온건하면서도 격정적인, 때론 지나치게 열정적이면서도 놀랍도록 섬세한, 일견 모순돼 보이면서도 너무나 인간적인, 한 경이로운 신경학자를 발견한다. 그는 온통 환자 생각뿐이면서도, 자신의 삶에 대해 성찰을 멈추지 않았다. 젊은 시절 우울증에 시달렸으며, 남들에게 말 못할 비밀을 간직하고 있었기에 항상 불안했던, 그리고 일찍이 유명해졌으나 학계로부터 온갖 비판을 감내해야 했던, 그럼에도 아름답고 통찰력 있는 문장으로 감동을 선사한 타고난 이야기꾼이 모든 문장 속에 자리하고 있다.

올리버 색스는 언제나 환자들의 믿음직한 친구였다. 특히나, 환자에 대한 애정과 통찰로 가득한, 창의적이면서도 아름다운 그의 글들이 어떻게 탄생하게 됐는지, 그리고 무엇이 그를 위대한 의사로 만들었는지, 가장 내밀한 관찰자 로런스 웨슐러는 냉철하면서도 다정하게 써내려간다.

우리는 비로소 올리버 색스의 자서전과 이 평전을 통해 온전히 그의 정신을 각자 저마다의 방식으로 소유할 수 있게 됐다. 그를 추억하는 것은 그 자체로 올리버에게 더없이 감사하는 일이다. 마지막 책장을 넘기고 책을 덮으면서, 누구나 고개를 들어 하늘 위를 올려다볼 것이다. '거기 먼 곳에서 잘 지내시나요, 올리버 색스 박사님?'

생각하며

In memory

나와 매우 가깝게 지낸 1980년대 초반의 4년 동안
올리버 색스는 간혹 자기 자신을 일컬어
임상존재학자clinical ontologist라고 했다.
나중에 알게 된 사실이지만
그건 그의 의사 생활이 환자를 상대로 한
다음과 같은 질문의 연속이었음을 의미했다.
"어떻게 지내세요?How are you?"
이 질문은 단순한 인사말이 아니라
"어떻게 존재하세요?How do you be?"라는 존재론적 질문이었다.
더욱이 그에게
존재함being은 곧 행동함doing이었다.

차례

Ⅱ 올리버는 어떻게 존재하며 행동했나? 1981~1984

Ⅲ 그 이후의 발자취 1985~2015

일러두기

원주는 ○로, 옮긴이 주는 ●로 표기하였다.

들어가며

1981년 6월 LA에서 멀리 떨어진 뉴욕의 시티아일랜드를 처음 방문하는 길에, 나는—솔직히 말해서—또 하나의 전기傳記를 어렴풋이 구상하고 있었다.

내가 본거지였던 LA를 떠난 주된 이유는 전작前作이 성공했기 때문이었는데, 나는 몇 달 전 상당한 액수의 원고료를 받고 그 작품을 〈뉴요커〉에 팔아 넘기는 데 성공했다.

그해 초봄, 스물아홉 번째 생일을 갓 넘긴 나는 아직 캘리포니아에 머물고 있었다. 어느 날 저녁 늦게 샌타모니카의 아파트로 돌아와, 자동응답기의 불빛이 깜박거리는 것을 발견했다. 그즈음 내 자동응답기는 제법 신상품이었음에 틀림없다. 왜냐하면 녹음 테이프에서 재생되는 '솜털 같은 음성'이 머뭇거리며 이렇게 말했기 때문이다. "웨슐러 씨, 웨슐러 씨 맞죠? … 페인터 여사, 그에게 제 말이 전해질까요? 웨슐러 씨에게… 메시지를 남길까요? 저는 윌리엄 손이라는 사람인데, 뉴욕… 아아, 페인터 여사, 자동응답기가 제대로 작동하는지 어떻게 알 수 있죠? … 저는 〈뉴요커〉에 근무하는 윌리엄 숀인데요, 편집진 전원이 몇 달 전 당신이 건넨 원고에 감탄했다는 말씀을 전해드리려고 전화했습니다. 친애하는 웨슐러 씨, 만약 이 메시지를 듣고 계신다면 다음 전화번호로 연락해주실 수 있을까요? … 페인터 여사, 웨슐러 씨의 전화를 받을 수 있을지 모르겠네요."

그러나 나는 숀 씨에게 답전화를 했다. 그리고 몇 년 후, 간발의 차이로 음성을 녹음해준 자동응답기에 큰 고마움을 느꼈다. 만약 내가 몇 초 일찍 집에 돌아와 따르릉거리는 전화를 받았다면, 십중팔구 나를 골탕 먹이려는 친구 중 하나로 오인하고, "뉘신지? 난 베르나르도 베르톨루치•입니다만"이라고 둘러대고 전화를 냉큼 끊어버렸을 테니 말이다.

내가 〈뉴요커〉에 넘긴 원고는 캘리포니아의 '빛과 공간의 예술가' 로버트 어윈의 삶을 중간 평가하는 전기로, 책 한 권만 한 분량이었다. 나는 그 원고를 4년간 집필하여, 얼마 전 뉴욕에 들른 길에 숀 씨에게 전달하며 자초지종을 이야기했었다.

전화를 받은 그는 나를 자신의 아지트인 앨곤퀸 호텔 레스토랑 구석의 뱅켓••으로 초대하여 점심을 대접했다. 그는 레스토랑의 이곳저곳을 샅샅이 훑어보다가 결국에는—으레 그렇듯 마치 생쥐처럼—슬그머니 후미진 곳에 자리 잡았다. 내게는 웨이터

• 이탈리아의 영화감독으로, 〈마지막 황제〉 〈파리에서의 마지막 탱고〉 등의 대표작을 남긴 세계적 거장이다.

•• 레스토랑 등에서 벽에 붙여 놓는, 쿠션이 있는 긴 의자.

가 방금 펼친 널빤지만 한 메뉴에서 아무거나 고르라고 재촉하면서, 그 자신은 "늘 먹던 것"을 주문했다(나는 바짝 긴장하여 눈에 제일 먼저 띈 오늘의 특선요리 "랍스터에 채운 혀가자미"를 주문했는데, 나중에 웨이터가 가져온 걸 보니 그가 주문한 것은 콘프레이크였다). 그런 다음, 그는 호기심 어린 눈으로 나를 꿰뚫어 보며 이것저것 꼬치꼬치 캐물었다(알고 보니 그의 별명은 좀생원이었다).

"보아하니, 최근 캘리포니아에 살았던 것 같군요." 그가 말했다. "내 말뜻은 어디서 태어났냐는 거예요." (그는 그 당시 뉴요커 특유의 편견에 얽매여 있지 않았다. 그즈음 내가 쓴 어원의 전기는 뉴욕의 출판사들로부터 열두 번 퇴짜를 맞았는데, 그중 절반 이상은 완전히 묵사발이었다. 그들은 하나같이 나에게, "다음번 원고를 꼭 보고 싶지만, 캘리포니아의 예술가에 대한 책이 성공할지는 미지수예요"라고 했다.) "캘리포니아주 반누이스요." 나는 대답했다. "LA의 산페르난도 밸리의 교외에 있지요." 숀 씨의 의중은 여전히 오리무중이었다. "내 말뜻은 어느 학교를 나왔냐는 거예요." "반누이스에 있는 버밍엄 고등학교요." "대학교는요?" "캘리포니아 대학교 샌타크루즈 캠퍼스의 코웰 칼리지요." 도대체 속셈을 알 수 없었지만, 제 딴에는 일급 기자를 자부하는 숀 씨의 신상털기는 내 조부모의 신분을 알아낼 때까지 계속되었다. 나의 조부모는 히틀러를 피해 미국으로 이주한 빈Wien 출신의 유대인이었고, 외할아버지는 바이마르 공화국 시대의 저명한 망명 작곡가—그는 망명 작곡가라는 범주를 이해하느라 무진 애를 먹었다—에른스트 토흐Ernst Toch였다.

점심을 함께 먹은 후, 숀 씨는 내게 〈뉴요커〉의 전속작가 직을 제의했고, 나는 뒤이어 뉴욕으로 이주했다. 〈뉴요커〉는 결국 두 호에 걸쳐 내가 쓴 어윈 전기의 절반을 출판했지만, 내가 막간을 이용하여 (당시 민족적 유대감이 최고조에 달했던) 폴란드 잡지에 다른 성격의 짧은 글들(예컨대, 하나는 덴마크 훔레백에 있는 경이로운 루이지애나 현대미술관에 대한 글, 다른 하나는 90대의 색다른 음악사가 니콜라스 슬로님스키에 관한 글)을 기고하는 바람에 상황이 많이 달라졌다. 그러나 나는 (어윈의 경우에 그랬던 것처럼) '한 가지 주제를 오랫동안 끈질기게 파헤치는 집중력'에 걸맞은 인물을 여전히 찾고 있었고, 내 마음 한 구석에는 '아직 아는 게 거의 없지만, 시티아일랜드에 산다는 매우 특이한 신경학자가 바로 그 사람이 아닐까'라는 생각이 도사리고 있었다.

~~~~~~

그러나 내가 1981년 여름 난데없이 그를 방문한 건 아니었다. 그와 나는 1년 전 몇 차례 편지를 주고받은 사이였다.

내가 올리버 색스에 관한 이야기를 처음 들은 것은 샌타크루즈에 머물던 마지막 해인 1974년으로, 그의 주목할 만한 연대기 《깨어남》이 출판된 다음 해였다. 올리버 색스의 두 번째 작품인 《깨어남》이 처음에 별로 주목받지 못했다는 사실은, 되돌아볼 만한 가치가 있다. (그의 첫 작품인 《편두통》은 그보다 몇 년 전에 출판되어, 비교적 제한된 틈새시장에서 나름 선전했었다.) 문학평론가들(W. H. 오든W. H. Auden, 프랭크 커모드Frank Kermode)의 큰 호평을 받았음에도 의학계에서는 대체로 괄시받았으며, 영국과 미국 모두에
~~~~~~

서 별로 인기를 끌지 못했다. 그러나 코웰 칼리지의 간판급 현상학자 모리스 네이탄슨Maurice Natanson—부버Buber에 더 가까워 보이는 후설Husserl 연구자—은 출간과 거의 동시에 칭찬을 늘어놓기 시작했다(그 역시 철학계에 처음 발을 들여놓았을 때 그다지 주목받지 못한 인물이었다).

그러고 보니, 《깨어남》에서 언급된 사건들은 모두 내가 샌타크루즈에서 공부하던 시절에 일어났다. 내가 코웰에 도착하기 직전인 1969년 4월, 올리버는 (자신의 책에서 갈멜산Mount Carmel•이라고 부르는) 요양원으로 돌아와, "이곳에 수용된 500명의 가망 없는 환자(긴장증catatonia••, 치매, 파킨슨병, 뇌졸중 등을 앓는 환자)들은 다른 수용자들과 다르며, 설사 그들이 '인간 조각상human statue'••• 처럼 보일지라도 요양원 곳곳에는 '고통스러울 정도로 약화된 형태의 삶'이 오랫동안 뿌리박고 있는 것 같다"고 확신하게 되었다. 그런 직감에 따라, 그는 모든 재기불능성 환자들을 한 병동에 모아 (나머지 집단과 분리된) 하나의 그룹으로서 연구하고 치료하기로 결심했다. 그러나 그 병동을 신설하기 전, 올리버는 "기적의 신약"인 엘도파L-DOPA의 임상사례를 귀담아 듣기 시작했다. 그 내용인즉, 엘도파가 심각하게 손상된 파킨슨병 환자에게 놀라운 효능을 발휘한다는 것이었다. 그는 반신반의한 상태에서(왜냐하면, 그는 그런 주장을 의심하고 있었기 때문이다), 엘도파를 자신의 환자

• 구약성서에 나오는 산으로, 하나님의 선지자 엘리야가 바알과 아세라의 선지자 850명과 '불의 대결'을 벌인 것으로 유명함.

•• 근육 강직과 정신 혼미가 수반되는 조현병 증후군. 긴장병이라고도 한다.

••• 몰입경trance과 유사한 상태에 갇혀, 외견상 수년 동안 빠져나오지 못하는 사람들.

들에게 투여하기로 결정했다.

그해 여름의 결과—스카이콩콩을 방불케 하는 각성Awakening(깨어남)—는 놀라웠다. 그도 그럴 것이, 최근 몇 년 동안 꿈쩍도 않고 말 한 마디 없던 환자들이 갑자기 열변을 토하며 즐겁게 활동하는 바람에, 병동 전체에 행복한 에너지가 진짜로 흘러넘쳤기 때문이다. 그러나 '통통 튀는 스프링' 같은 여름은 오래 지속되지 않았다. 내가 코웰에 도착한 9월 갈멜산의 병동은 (올리버가 나중에 말한) 시련Tribulation 국면에 빠져, '술에 취해 난동을 부리는 듯한 부작용'과 '꼬리에 꼬리를 문 부작용'으로 아수라장이 되었다. 일부 환자들은 '인간 조각상'으로 복귀하지 않고, 한참 있다가—올리버는 이 지리한 최종국면을 적응Accommodation이라고 부르게 된다—어정쩡한 상태에 도달했다. 그 이후 '짧았던 여름의 부활'과 같은 경이로움은커녕 '수십 년 동안 꽁꽁 얼어붙은 인간'과 같은 맥빠짐도 두 번 다시 경험할 수 없었다.

나는 코웰에서 공부하는 동안 (할머니가 돌아가시는 바람에 작곡가인 할아버지의 부동산을 관리하느라) 여러 달 동안 휴학을 했으므로, 올리버가 《깨어남》을 출간했을 때 아직 코웰에 머무르고 있었다. 졸업을 몇 주 앞두고 네이탄슨과 복도에서 우연히 마주쳤는데, 그가 나를 노려보더니(상대방을 노려보는 건 그의 습관인 동시에 일종의 축복이었다) 대뜸 내 가슴에 책 한 권을 안겨주며 "이거 읽어 보게"라고 명령조로 말하는 게 아닌가.

내가 시간을 내어 《깨어남》을 읽은 것은, 그로부터 몇 년이 지난 후였다. 마침내 그 책을 읽었을 때의 느낌은 충격 그 자체였으며, 그 인상이 내 머릿속에서 떠나지 않았다. 약간 당혹스러웠지만 압도적이었는데, 이 당혹감을 정확히 묘사하는 데는 시간이 좀 필요했다. 모든 극적 요소와 (텍스트가 불러일으키는) 동류의식 때문에 의사라는 등장인물이 자아내는 이미지는 놀랍도록 순간적이었고, 이내 제지되고 억제되었다. 나는 이런 의문을 품었다. "갈멜산의 병동에서 벌어진 모든 각성과 엄청난 여파는 그에게 어떤 의미로 다가왔을까?" 그 의문에 집중하여 다듬고 곱씹을수록, 나는 그 이야기의 진정한 극적 요소는 '약물을 투여하기로 한 결정'이 아니라 '사실 뒤에 숨어 있는 미스터리'—그 자신, 그의 전문지식, 그의 과거와 관련된 수수께끼—라는 느낌이 더 강해졌다. 즉, 그가 새로운 사실을 밝힌 이면에는, '그 인간 조각상들에게는 나머지 사람들과 달리 왠지 독특한 구석이 있다'는 점을 간파한 통찰력과 '오랫동안 소거된 핵심long-extinguished core 속 깊은 곳에서 현재진행형 삶이 지속되고 있다'고 상상한 도덕적 담대함이 도사리고 있을 것 같았다.

특정한 시간과 장소가 특정한 스타일과 어우러져 빚어낸 좋은 사례(1970년대 후반, LA에 있는 나의 고향에서 펼친, 제 딴엔 자유로운 지적 추론)라고나 할까? 나는 동시대인들이라면 누구나 그랬음직한 방식으로 내 의문에 대응했으니, 예비적인 시나리오 초안(트리트먼트)을 쓰는 것이었다. 내가 1980년 가을(내가 어윈 프로젝트를 완료하고, 그것을 판매하려고 잡지사들을 전전하기 시작할 즈음) 올리버에게 처음으로 보낸 편지의 내용이 바로 그것이었다. 나는 그에게 이렇게 물었다. "혹시 누군가가 당신에게 접근하여, 당신의 책을 영화화하자고 제안했었나요? 만약 아니라면(그리고 내가 동봉한 시나리오 초안이 쓸 만하다고 생각한다면), 내가 그 프로젝트를 추진해도 될까요?"

그 후 몇 달 동안 긴 침묵이 이어졌지만, 나는 1981년 초(정확히 말하면 나의 스물아홉 번째 생일인 2월 13일)에 마침내 그의 편지를 받았다. 그 편지는 본래 몇 개월 전 쓰였지만 주소를 잘못 적는 바람에 반송과 행방불명을 거듭한 끝에, 결국에는 수정 후 재발송되어 내 손에 들어오게 되었다. "당신의 친절한 제안에 깊은 감사를 드립니다." 그의 편지는 이렇게 시작되었다.

> 그리고《깨어남》이 당신에게 깊은 울림을 줬다니 행복합니다. 외부와 단절된 상태에서 진행된 삶·작업·저술에 대한 두려움이 인지상정인데, 당신의 편지와 같은 서신이 반례를 보여주는 것 같아 큰 힘이 됩니다. 사실, 나는 모든 저술을 완벽하다고 간주하지 않으며, '주기·받기·돌려주기'라는 은총의 순환고리를 통해 작품이 완성된다고 생각합니다. 완벽함의 순환고리는 개별 독자들의 심장과 마음에서 우러나오는 반응들로 이루어집니다.

올리버는 고맙게도 한 걸음 더 나아가, 자기 책의 영화화에 대해 간혹 관심을 가진 적이 있지만, 그 당시에는 확정된 것도 구체적인 것도 없으므로 신경쓸 게 없다고 설명했다. 그러나 당장은 시간이 없으니 몇 달 후 만나 구체적으로 논의해보자고 했다. 나도 동감이었는데, 그 이유는 어윈 전기의 원고를 처치하느라 바빴기 때문이다(숀 씨에게서 전화가 온 것은 그로부터 몇 달 후였다).

나는 그 후 올리버와 간헐적으로 편지를 주고받았지만, 뒤이어 뉴욕으로 이사하는 동안 그 편지들이 행방불명되는 바람에 자세한 내용은 기억할 수 없다. 그러나 특별히 기억하는 편지가 하나 있는데, 나는 그 편지에서 이렇게 말했다. "당신이 문제의 요양원을 갈멜산의 교묘한 가명(이를테면, 십자가의 성 요한Saint John of the Cross•이 말한 '영혼의 어두운 밤Dark Night of the Soul')으로 부르려고 한 이유를 알 것 같습니다. 그러나 내가 보기에, 당신의 텍스트는 너무 카발라적kabbalistic••(어디까지나 내 사견이지만, 네이탄슨의 그림자가 드리워진 듯했다)입니다. 말하자면 기독교 신비주의보다는 유대교 신비주의에 더 가깝다는 것이죠. 내 생각이 틀렸나요?" 그에 대한 답변으로, 올리버는 여러 장짜리 매머드급 손편지를 보내왔다(그에게서 그렇게 긴 편지를 받은 건 그게 처음이었다). "그 요양원의 진짜 이름은 브롱크스에 있는 베스에이브러햄Beth Abraham 병원이고, 내 가족은 하나같이 독실한 유대교인이고, 나의 첫 번째 사촌은 이스라엘의 전설적인 외무장관 겸 박식가인 아바 에반Abban Eban이고, 밸푸어선언•••은 내가 태어나기 전 런던에 살았던 다양한 가족의 지하실에서 발의되어 속기로 작성되었습니다. 가장 중요한 것은, 나의 의사 생활에 가장 큰 영감을 준 사람이 구소련의 신경심리학자 A. R. 루리야A. R. Luria라는 것입니다. 그는 16세기 팔레스타인의 유대인 신비론자 아이작 루리야의 까마득

• https://blog.naver.com/0825daeil/221736673560

•• 카발라kabbalah의 형용사형. 카발라란 중세 유대교의 신비주의를 말하며, 히브리어로 전승傳承을 뜻한다

••• 1917년 11월 2일, 영국의 외무장관 밸푸어가 제1차 세계대전 당시 유대인을 지원하기 위해 팔레스타인에 유대인을 위한 민족국가를 수립하는 데 동의한다고 발표한 선언.

한 후손으로, 신비주의적 텍스트의 원조인 조하르Zohar•의 중요한 연구자이자 해설자 중 한 명이었습니다."

그 편지를 주고받은 후 올리버와 나의 접촉은 점점 더 화기애애해졌고(그러나 내가 〈뉴요커〉에 글빚을 갚는 데 할애하는 시간이 늘어남에 따라, 최초에 생각했던 영화 시나리오는 점차 물 건너가는 것 같았다), 나는 급기야 1981년 6월의 어느 날 렌터카를 빌려 시티아일랜드에 있는 그의 새집으로 향했다.

그날 늦은 저녁, 나는 방문 소감을 노트(우리의 깊어가는 우정을 연대기적으로 서술한 노트 시리즈 중 1권)에 적었다. 내가 처음 적은 내용의 일부를 발췌하면 아래와 같다.

> 색스는 요즘 맨해튼을 벗어나 시티아일랜드에 산다. 맨해튼에서 승용차를 몰고 30분쯤 달려 브롱크스를 통과하면, 환상적인 '꼬마 낚시섬'에 도착한다. 그는 그 섬에서 약 아홉 달 동안 살았는데, 맨 처음에는 그리니치 빌리지에 살다가 천천히 몇 단계를 거쳐, 가장 최근에는 마운트버넌Mt. Vernon의 아파트에 세 들어 살았다. 지금 사는 호턴 스트리트Horton Street 119번지는 섬의 끝부분에 자리 잡고 있는데, 브롱크스의 펠햄베이Pelham Bay 지역에 있는 롱아일랜드해협 쪽으로 불쑥 튀어나온 것이, 마치 '도시의 충수(속칭 맹장)' 같은 느낌을 준다. 조금만 걸으면 거리 맨 끝에 펼쳐진 좁은 해변에 도착하는데, 그에 의하면 종종 해변으로 산책을 나간다고 한다. 그는 자신을 '부분적인 육상동물', 보다 정확히 말하면 '완전한 양서류'로

• 카발라의 고전으로, 1280년대에 출현함.

여긴다.

사실 그에 의하면, 오래지 않은 과거에 브롱크스에 살았을 때는 간혹 북쪽의 오차드 비치Orchard Beach에서 출발하여 섬을 한 바퀴 헤엄쳤다고 한다. 그리고 얼마 전 어느 날에는, 섬 일주를 하던 도중 호턴 말단의 돌출부에 있는 자갈해변에서 뭍으로 나왔다고 한다. 그는 흠뻑 젖은 채 지친 몸을 이끌고 짧은 거리를 어슬렁어슬렁 걸었다. 그러다가 멋진 빨간집 한 채를 발견하고, '와우, 환상적인 빨간집이다!'라고 생각했다. 그는 사람들이 집 안에서 상자를 갖고 나오는 장면을 목격했는데, 그중 한 명이 그의 제자였다. 집 앞에 도착하자, 그를 알아본 제자가 들어오라고 손짓을 했다. "안 돼, 난 흠뻑 젖었거든." "하지만 괜찮아요. 어서 들어오세요." 그는 염치불구하고 집 안에 들어가 내부를 둘러봤다. 그는 그 집이 마음에 들었는데, 때마침 매물로 나왔다는 이야기를 듣고, 밖으로 나와 작별 인사를 한 뒤 호턴까지 걸어가 번화가에서 좌회전을 했다. 그러고는 흠뻑 젖은 몸통에서 물을 흘리며 계속 직진하여, 부동산중개인 사무소로 들어가 호턴 스트리트에서 나온 매물을 확인한 후 그 자리에서 바로 구입했다.

곧 무너질 듯한 현관 베란다 하며, 조그만 뒤뜰 하며, 별난 점유자들 하며, 그 집은 나로 하여금 《유토피아 공원도로Utopia Parkway》에서 본 조지프 코넬의 그림을 떠올리게 한다.

색스는 덩치 크고 건장한 사람으로, 개구쟁이처럼 폭풍질주하는 버릇이 있고, 가슴은 우량아의 것처럼 균형이 잘 잡혀 있으며, 감정 표현과 자세는 종종 어린아이처럼 어설프기 짝이 없다.

우리가 처음 만났을 때, 나는 그에게 "기대했던 모습과 영 딴판이네요"라고 말했다. "나의 외모는 그때그때 달라요." 그가 대답했다. "어떤 때는 수염을 깎고 어떤 때는 기르며, 어떤 때는 몸무게가 85킬로그램이고 어떤 때는 130킬로그램이에요." ("수염의 무게가 상당한가 봐요"라고 내가 너스레를 떨었다.) 그는 현재 전자(85킬로그램)에 가깝다. 그는 허리에 심각한 문제가 있는데, 그 이유는 여러 번 사고를 당했기 때문이다(그는 자신을 가리켜 "산전수전 다 겪은 사람"이라고 한다). 그는 나와 가까운 시푸드 레스토랑으로 저녁을 먹으러 갈 때, 좁고 네모나고 구부러진 허리쿠션을 휴대한다(그에 의하면, 이 쿠션은 "보철prosthesis과 이행대상transitional object•의 잡종쯤 된다"고 한다). 그는 저녁을 먹는 도중 재발성열감recurrent heat flash을 겪는데, 그럴 때 그의 얼굴은 새빨개지고 눈썹은 땀에 젖어 반짝이며, 집에 돌아와서는 서재의 에어컨(그의 집에는 방마다 에어컨이 있다) 앞에서 찬바람을 맞으며 부들부들 떨다가 마침내 회복된다. 그러고는 마치 황홀경에 빠진 기도자prayer처럼 타자기 앞에 무릎을 꿇고 앉는다(그의 표정은, 만족해하는 물개를 생각하면 된다).

그는 셋방살이를 청산하고 '자신만의 보금자리'를 장만해야 했는데, 그 부분적 이유는 자신의 "비밀 생산시설"을 수용하기 위해서이며, 이 집은 그가 장만한 첫 번째 집이다. 그는 침대와 평행을 이루는 기다란 선반을 가리키는데, 그 위에는 30권 이상의 노트가 가지런히 놓여 있다. "나는 6개월 전부터 줄곧, 하루 중 대부분의 시간을 말하기·듣기·쓰기에 할애하고 있어요."

다른 방들에는 수백 권의 임상사례집—개별 환자의 증상을 기

• 잠자리나 낯선 환경에서 아기를 안심시키는 물품.

술한 노트로, 책등spine에 이름이 적혀 있다—이 겹겹이 포개져 있다. 서재 옆의 한 방에는, 수많은 오디오 카세트테이프가 플라스틱 상자에 담긴 채 타일처럼 깔려 있다. 거기에는 수십 개의 비디오테이프도 널려 있다.

그는 "5초간"라는 제목의 책—틱 장애 증상을 보이는 한 명의 투렛증후군 환자Touretter가 무작위적인 5초의 시간 동안 영위할 수 있는, 무수한 '가속화된 삶들speeded up lives'에 대한 상세연구—을 쓰려고 생각하고 있는데, 그 모든 것을 포착하려면 초고속 촬영 장비를 사용해야 한단다. 그의 주장에 따르면, 모든 표정변화나 "꺅!" 소리가 중요하며, 그것들이 모두 서로 연관되어 있다.

그의 책장에는 철학서들이 넘쳐난다—니체, 쇼펜하우어, 라이프니츠, 스피노자, 흄, 하이데거, 후설 ….

그가 말하기를, 자기는 젊었을 때 이해하지도 못하면서 철학책을 탐독했지만, 나중에는 철학을 내팽개치고 그 대신 과학연구에 집중하는 경향을 보였다고 한다. 그런데 "철학적 비상사태"에 직면한 환자들이 그에게 다가오는 바람에, 철학으로 다시 돌아갈 수밖에 없었다고 한다.

그는 팩트를 존중하여, 과학자 특유의 '정확성에 대한 열정'을 갖고 있다. 그러나 그의 주장에 따르면, 팩트는 내러티브 속에 깊숙이 박혀 있어야 하며, 내러티브에 의해 통합되어야 한다. 그는 내러티브, 특히 사람들의 내러티브에 진짜로 중독되었다.

그가 중독된 것이 또 하나 있으니, 바로 음악이다. 그는 만년의 저술에서 이렇게 설명한다. "나는 음악이 파킨슨병 환자나 투렛증후군 환자들의 회복 과정에서 수행하는 '필수적인 고품격 역할'을 높이 평가한다."

"요컨대," 그는 주장한다. "음악은 심오한 메커니즘을 통해 건강을 이롭게 한다."

그의 거실에는 우아한 빈티지 스테레오가 놓여 있는데, 그의 친구인 W. H. 오든이 그에게 유증遺贈한 것이다.

비이성적인 것과 이성적인 것에 대해 말하자면, 색스는 비이성적인 것을 낭만적으로 사랑하지 않지만, 그렇다고 해서 이성적인 것을 맹목적으로 숭배하지도 않는다. 때로는 비이성적인 것이 사람을 압도할 수 있는데, 그는 그런 현상을 목격했지만 그 결과를 낭만적으로 묘사하지 않는다. 비이성적인 것은 인격 속에 갈무리될 필요가 있으며, 그러지 않을 경우 파괴되어 산산이 흩어질 뿐이다. 그러나 그와 동시에, 비이성적 불폭풍irrational firestorm을 이겨낸 사람들은 그 경험 덕분에 더욱 속 깊은 인간, 더욱 심오한 인격체가 될 수 있다.

그는 엽서로 제작된 반에이크의 그림 〈성흔을 받는 성프란치스코St. Francis Receiving the Stigmata〉를 가리키며 말한다. "저것은 원화의 감동을 그대로 전달하고 있어요. '압축의 기적'이라고 할 수 있죠. 투렛증후군 환자의 삶을 다루는 "5초"라는 책도 저렇게 만들고 싶어요."

그는 노인·정신 질환자 등을 위한 보호시설에서 일하는 것을 선호한다. ("나는 정신병원의 뒷구석이 아닌 곳에서는 일하지 않을 거예요. 그곳에는 온갖 보물이 숨어 있거든요.") 예컨대 베스에이브러햄

병원은 브롱크스에 있는 오래된 만성질환자 치료시설로, 《깨어남》에 나오는 갈멜산 요양원이 바로 그곳이다. 그러나 그는 뉴욕주와 뉴욕시를 위해서도 일한다. 그의 또 다른 주요 고용주는 경로수녀회Little Sisters of the Poor다. 그의 부모와 조카딸은 모두 의사인데, 모두 다른 지역의 경로수녀회에서 일했다. "나는 그들을 좋아해요." 그는 말한다. "왼손이 하는 일을 오른손이 모르게 하거든요."

그러니 그의 수중에 돈이 있을 리 만무하다. 그건 그가 돈 벌 능력이 없어서가 아닌 듯하다. 문제는 시간배분의 우선순위다. 그는 벽(선반의 연속)에 붙어 있는 뇌파도(EEG) 출력지를 가리키며 말한다. "저기에는 믿을 수 없을 만큼 놀라운 발견이 들어 있어요." 그는 내게 확언한다. "시간만 있다면, 시간을 투자할 의향만 있다면 말이에요."

나는 그에게 외래환자를 진료하지 않는 이유를 묻는다. "음," 그가 말한다. "나도 개인환자를 진료하긴 해요. 단, 누군가가 필요해서 나에게 전화를 할 때만 그를 진료하죠. 그러나 보통은 왕진을 하고, 초진 시간이 종종 5시간에 달해요. 내 말뜻은, 누군가를 제대로 아는 데 걸리는 시간이 그렇게 길다는 거예요. 그리고 누군가와 5시간 동안 이야기한 후, 나는 '이 사람에게 어떻게 돈을 달라고 하지?'라는 생각이 들며 머쓱해지곤 해요. 돈 생각을 하면 너무 불편하거든요. 그래서 결국에는 어떻게든 진료비 청구를 하지 않게 되죠."

나는 그에게 이렇게 묻는다. "혹시, 연구계획서가 승인되면, 보조금을 받을 생각이 있나요?" "아," 그가 몹시 당혹스러워 한다. "그건 큰 죄책감을 불러일으킬 거예요. 왜냐하면, 세상에는 나 말고도 돈을 필요로 하는 사람들이 많거든요."

올리버는 1972년에 중대 위기를 맞았다. 베스에이브러햄에서 해고되고, 아파트를 잃고, 어머니가 세상을 떠났는데, 이 모든 일이 몇 주 간격으로 일어났다. 그는 영국으로 돌아가 유대교의 관례에 따라 시바shiva•를 치른 다음, 이상야릇한 차분함 속에서 《깨어남》을 완성할 수 있었다.

그 위기가 닥치기 6개월 전, 그는 지하실 계단을 뛰어올라오다가 머리를 천장에 부딪쳐 병원에 입원했었다. 《깨어남》에 실린 마지막 열한 건의 사례들은, 그가 병상에 누워 환자들의 사연을 구술하는 동안 그의 비서가 받아 적은 것이었다.

"프로코피예프는," 올리버가 말한다. "《오블로모프》••를 결코 읽지 못할 거라고 말했어요. 왜냐하면 오블로모프의 에너지 결핍을 도저히 이해할 수 없었기 때문이죠. 음, 나는 프로코피예프의 '에너지'와 오블로모프의 '나태함' 사이를 교대로 왔다갔다하는 것 같았어요."

그리고 올리버에게는 아기곰을 연상하게 하는 특별한 멜랑콜리가 있다.

그는 제1차 세계대전이 벌어진 여섯 살 때부터 열 살 때까지, 매

• 유대의 장례 의식. 가족들이 망자를 애도하며 한 지붕 아래서 7일 동안 지내는 일종의 삼우제.

•• 러시아의 소설가 곤차로프의 대표작. 주인공 오블로모프는 귀족 집안에서 태어나 교양도 있고 뛰어난 재질을 타고 났으면서도, 막대한 유산을 받고 안락한 생활로 들어서자 안일하고 게으른 일상생활을 할 뿐 드디어는 제 손으로 양말 한 짝도 신을 줄 모르는 소극적이고 무감각한 사람이 되어버린다.

우 열악한 시설에 수용되어 있었다. 그 경험은 그에게 어두운 그림자를 드리웠다. 그는 네 명의 자녀 중 가장 어렸으므로, 의사—아버지는 쾌활한 일반의(GP)였고, 어머니는 탁월한 부인과의사로서 영국 최초의 여성 외과의사 중 한 명이었다—인 양친에 의해 외아들처럼 양육되었다.

세 명의 형 중에서 두 명은 의사가 되었고, 나머지 한 명—셋째 형 마이클Michael은 제2차 세계대전 때 열악한 시설에서 올리버와 암울한 시절을 보냈다. 그는 올리버와 터울이 많이 졌고 사실상 사춘기의 정점에 있었으므로, 그 경험이 고스란히 트라우마로 남았다. 그래서 오늘날까지 옛자아former self의 분열성 껍데기schizoid shell에서 벗어나지 못한 채 런던에서 아버지와 함께 살고 있다.

옥스퍼드에 이어 의대를 졸업한 후, 색스는 영국을 떠나—그 자신도 분명한 이유를 대지 못하지만, 급히 서둘렀던 것 같다—1960년 캘리포니아에 둥지를 틀었다. 샌프란시스코와 LA에서 수련의 과정을 마치고, 한때 마약 복용, 근육 만들기, 오토바이 폭주 등 온갖 극단적 행동—그는 통과의례였을 거라고 말한다—에 빠져 흥청망청하다 마침내 뉴욕에 정착했다.

작별 인사를 할 때가 되자, 올리버는 테이블 위에 놓여 있던 프랭크 커모드의 《침묵의 창세기The Genesis of Silence》를 가리키며 말한다. "처음 이 책을 봤을 때, 나는 자리에 앉아 커모드에게 편지를 썼지만 결국 부치지는 않았어요. '책의 제목만 보고서 누군가에게 3만 단어 분량의 편지를 편지를 쓴다는 건 좀 무례한 것 같다'는 생각 때문이었던 것 같아요. 난 아직도 그 책을 읽지 않았어요. 그 책을 남에게 빌려주고, 6권을 더 구입하여 어찌저찌 전부 빌려줬는데도 말이에요. 그리고 이건 구입한 지 얼마 안 된 책이에요. 빌려가고 싶어요? 아니, 이번에는 큰 맘 먹고 일독해봐야겠어요."

그가 책을 회수할 때 유심히 살펴보고, 제목을 약간 오해하고 있다는 점을 알게 된다. 그 책의 정확한 제목은《비밀의 창세기The Genesis of Secrecy》다.

앞에서 말한 바와 같이, 지금까지 인용한 구절들은 내가 나의 노트 시리즈에 처음으로 적은 내용이다. 그 이후 더 많은 내용—이중 상당 부분은 내가 3년 동안 쓴 어윈 전기의 틀에 기반한 것이다—이 추가되어, 향후 4년간 무려 15권의 노트가 축적되었다. 올리버와 나는 의기 투합하여 한 달—일주일까지는 아니더라도—에 여러 번씩 만나 머리를 맞댔다. 나는 일찌감치 그를 미래 특집기사의 주인공으로 점찍었고(숀 씨는 나의 프로젝트를 즉시 승인했다), 달이 거듭될수록 그 특집기사는 베스트셀러 후보작으로 무럭무럭 성장했다. 올리버는 약간 망설이다가 선뜻 동의했다. 나는 그와 함께 런던을 여행하고, 그의 회진에 동행하고(그중에서 특히 인상에 남는 환자는,《깨어남》에 등장한 환자들 중 마지막 생존자들이다), 그와 함께 영국과 미국의 자연사박물관과 식물원에 빠져들고, 뉴욕시(때로는 시티아일랜드)에서 함께 식사를 했으며, 시티아일랜드에서는 그의 동의하에 그의 파일들을 마음껏 열람하곤 했다. 나는 그의 동료나 젊은 시절 친구 등과의 인터뷰 내용을 녹음하기 시작했다.

그 시절은 그의 인생에서 특이한 기간이었다. 다시 말하지만, 그는 이미 '조만간 걸작이 될 책'을 거의 다 집필한 상태였다.

그러나 그는 탈고를 하기 직전까지 극심한 '글막힘writer's block•' 부작용을 경험했는데, 그 빌미가 된 것은 그 자신의 다리 부상과 그로 인한 철학적·의학적 후유증이었다. 그 끔찍한 글막힘(이는 종종 필기광graphomania이라는 형태를 띠는데, 그 내용인즉 수백만 개의 단어들을 계속 쏟아내지만 그중에 정확한 단어는 하나도 없는 것이다)은 궁극적으로 10년의 삶(우리가 처음 만나 함께 보낸 4년은, 그중 마지막 4년간이었다)을 잠식했다. 한 예로, 그는 나와 함께 저녁식사를 한 지 며칠 후 두툼한 봉투를 보내곤 했다. 그 속에는 우리가 논의한 내용이 담긴 여남은 장의 원고가 들어 있었는데, 한 줄 간격으로 타이핑(그의 주특기는 두 개의 집게손가락만을 사용하는, 소위 '독수리 타법'이었다)을 했으니 분량이 두 배로 늘어난 셈이었다. '낭비'와 '무용성'이라는 느낌이 그를 옥죄어왔다. 사실, 그는 모든 주제에 대해 지독한 노이로제에 걸려, 거대자신감grandiosity••과 완전한 패배감 사이에서 널뛰기를 했다. 그는 시티아일랜드로 물러난 사실상의 은둔자로, (티는 내지 않았지만) 교회의 쥐처럼 가난하게 살며 방문객(심지어 친구까지도)을 거의 받지 않았고, 환자를 만나기 위해 일상적으로 외출하면서도 가능한 한(공평하게 말하면, 종종, 상당히 많이) 중단할 구실을 찾았다. 하지만 그런 가운데도 나와의 대화를 계속 이어나갔고, '과거 일 회상하기'와 '갈멜산 무용담 늘어놓기'를 대체로 즐기는 듯했다.

• 글을 쓰는 사람들이 글 내용이나 소재에 대한 아이디어가 떠오르지 않아서 애를 먹는 상황으로, 글길 막힘이라고도 함.

•• 자신을 실제보다 위대하고 소중한 존재로 생각하는 것.

글막힘은 4년 동안 지속된 후 사라졌고, 그는 마침내 그 빌어먹을 놈의 '다리 책'(《나는 침대에서 내 다리를 주웠다》)을 탈고했다. 지긋지긋한 트라우마가 오랫동안 마음을 짓누르며 분출구를 기다리고 있었던 것이다. 그로부터 1년 후인 1985년, 그는 자신의 획기적인 임상사례 모음집 《아내를 모자로 착각한 남자》를 필두로 하여 10여 권의 책을 잇따라 펴내 세계적인 베스트셀러 작가의 반열에 올랐다. 그리고 《깨어남》은 1980년대 말 영화로 개봉되었는데, 아뿔싸 나의 시나리오 초안과 무관하게 더 많은 명성을 누리며 축하를 받았다. 나는 《깨어남》이 영화화되기 전에 프로젝트를 접기로 결정하고 모든 기록물을 정리한 후, 오랫동안 구상해왔던 전기 집필에 착수했다.

그런데 그 시점에서, 올리버가 느닷없이 내게 반대 의사를 표명했다.

그의 말인즉, 자기가 죽은 뒤에는 모든 소재들이 어떻게 다뤄지든 상관하지 않겠지만, 살아 있는 동안만큼은 그 문제에 대해 일절 신경을 끊고 싶다는 거였다. 그는 인생의 한 가지 특별한 측면에 대해 죄책감을 갖고 있다고 했는데, 나중에 알게 되겠지만 그 '특별한 측면'은 전기 전체일 수도 있고, 중요한 일부일 수도 있었다. 독자들도 그의 말을 충분히 납득할 것이다. 누구에게나 그런 예민한 부분이 있지 않겠는가?

그는 우리가 친구로 남아 있기를 바랐고, 실제로 우리는 그렇게 했다. 나는 결혼을 했고, 그는 나의 신부가 자신의 삶에 발을 들여놓는 것을 환영했다(그리고 그녀는—이따금씩 다소 껄끄러워 하면서—그가 우리의 삶을 기웃거리는 것을 허락했다). 그녀와 나는 딸을 낳았고, 그는 내 딸의 대부가 되었으며, 내 딸은 그를 흠모하게 되었다(이 역시 곧 알게 될 것이다). 우리 가족은 그와 함께 수십 년 동안 멋진 모험을 계속해왔는데, 그는 몇 년 전 자신의 생이 다했음을 알고 중대한 결단을 내렸다. 나에게 오랫동안 미뤄졌던 프로젝트를 재개하도록 허용했을 뿐만 아니라, 적극적으로 지시를 내린 것이다. "이제," 그는 말했다. "시작해도 좋아! 이건 명령이야."

~~~

그건 필연적으로 다른 프로젝트가 될 수밖에 없었다. 나는 당초 중간평가 형태의 전기를 구상하고 있었으므로, 나의 기록도 그런 방향으로 가닥을 잡고 있었다. 그러나 수십 년의 세월이 흐르는 동안 많은 변수들이 생겼다. 계속 진행된 올리버의 삶이 개입함으로써 다른 요소들이 나의 주의를 끌기 시작함에 따라, 나는 (그의 인생 전체를 조망하는 전기를 집필하는 데 방해가 되는) 연대기적인 글쓰기를 중단했다. 하지만 중간평가가 됐든 전 생애에 대한 평가가 됐든—내가 이미 말했던가?—올리버는 필기광이었다. 노트의 무게를 견디지 못해 신음하는 선반을 상상해보라! 언젠가 누군가가 '올리버 색스의 전 생애를 꿰뚫는 전기'라는 프로젝트에 착수할 것이며, 만약 그게 완성된다면 비범한 책이 탄생할 것이다. 그러나 그 작가는 지금의 나보다 많이 젊을 것이다. 부러우면 지는 거지만, 나는 그(또는 그녀)를 부러워하며 건투를 빈다.
~~~

내가 그 대신 제안하는 것은, 내가 쓰는 올리버 전기의 핵심에는 '회고록에 좀 더 가까운 뭔가'가 있으며, 특히 1980년대 초반의 4년 동안에는 더욱 그러하다는 것이다. 그 시절의 나는 '새뮤얼 존슨•의 전기작가인 보스웰', 또는 '뚱뚱이 돈키호테의 시종인 홀쭉이 산초••'와 마찬가지였다.

그러나 올리버가 세상을 떠나기 직전에는, 이런 관점조차 매우 복잡해졌다. 왜냐하면, 내가 '지금부터 프로젝트를 재개하라'는 명령을 받았을 때, 그의 자서전 격인 《온 더 무브》가 출판됨으로써 오랫동안 나만의 배타적 전유물로 보였던 '은밀한 스토리' 중 상당수가 누설되었기 때문이다. 그러나 따지고 보면 별로 복잡할 것도 없는 것이, 올리버가 만년에 털어 놓은 이야기는 '어렵사리 얻은 은총과 평온함'—이런 은총과 평온함을 찬양하지 않을 자 누구인가!—으로 가득 찬 데 반해, 내가 간직한 노트에서 만나는 '약 40년 전의 올리버'는 사뭇 색다른 피조물이기 때문이다. 단도직입적으로 말해서, 40년 전의 올리버는 지금의 모습보다 훨씬 더 다양했으며(감히 말하지만, 때로는 좋은 쪽으로), 평온함과는 전혀 거리가 먼 사람이었다. 그에 더하여, 나의 노트에는 (전통적

• 영국의 시인 겸 평론가. 후에 문학적 업적으로 박사 학위가 추증되어 '존슨 박사'라 불렸다. 17세기 이후의 영국 시인 52명의 전기와 작품론을 정리한 10권의 《영국시인전 Lives of the English Poets》은 만년의 대사업으로 특히 유명하다. 〈워싱턴 포스트〉는 지난 1000년 동안 최고의 업적을 남긴 인물 또는 작품을 선정할 때 그를 최고의 저자로 선정했다.

•• 돈키호테와 산초의 체격은 각각 홀쭉이와 뚱뚱이로, 실제 올리버-웨슐러의 외양과 상반된다. 저자가 돈키호테-산초를 올리버-웨슐러와 비교한 것은, 체격이 비슷해서가 아니라 주종관계가 비슷하기 때문인 듯하다.

인 전기와 자서전에서 종종 생략되는) 노골적인 '테이블 토크'•••가 가득하다. 우리는 그런 대화에서, 강박관념에 사로잡힌 듯한 숭고한 공감유발자, (청중들의 얼굴을 간혹 모른 체하며) 청중들의 머리 위로 열변을 토하는 엄숙한 독백자, 의도적으로 한 걸음 뒤로 물러서서 냉담한 박물학자의 역할에 충실한 불세출의 임상의, (때때로 추론이나 상상을 통해 도출할 수밖에 없었던) 가공의 진실을 의도적으로 숨기지 않고 자랑스럽고 거리낌 없이 인정하는 연대기 작가를 만날 수 있다.

그가 나와 함께 보낸 4년은, 그의 일생에서 무작위로 선택된 어떤 4년과도 달랐다. 지금 와서 돌이켜보면, 그에게 1980년대의 전반기는 '전문적이고 창의적인 발전'의 전환점이었다. 더 이상의 발전을 사실상 가로막는 '자의식'이라는 마귀를 회피하려고 안간힘을 썼지만, 그는 되레 분노와 격정에 휘말렸다. 그러나 그 기간이 막을 내릴 즈음인 1985년, 그는 사실상의 운둔생활을 청산하고 세계적인 명성의 벼랑 끝에 섰지만, 그것을 능히 견뎌낼 수 있을 만큼 왠지 차분하고 원만해졌다. 오랜 시간이 흐른 후, '자기의 중심'이 아니라 '전체의 중심'에 서는 지혜를 터득하게 된 것이다. (그런데 묘한 우연의 일치로, 그 시기는 나 자신에게도—비록 대단한 신분상승은 아니지만—전문가 경력의 모양새를 갖춘 전환기였다. 나는 그 시기에 캘리포니아의 글쟁이에서 〈뉴요커〉의 정규 기고자로 발돋움했다.)

••• 레스토랑이나 카페의 테이블에서 나누는 잡담.

올리버의 죽음을 전후하여 몇 년 동안 두툼한 옛노트를 다시 들여다보며 '이 책의 내용을 어떻게 구성할 것인지(예컨대, 모든 사건들을 전통적인 전기의 순서로 재배열할 것인지 여부)'를 곰곰이 생각한 끝에, 나는 "1980년대 초반 4년간의 연대기적 기록을 대체로 존중하는 게 좋겠다"는 결론에 도달했다. 그래야만 '종종 모순되는 것처럼 보이는 온갖 디테일들이 나에게 서서히 다가온 과정'을 생동감 있게 전달함으로써, 독자들(그리고 올리버 색스의 전 생애를 꿰뚫는 전기를 쓸 미래의 작가) 스스로 그것을 발전적으로 이해할 수 있는 기회를 제공할 테니 말이다.•

그러므로 이 책의 알맹이는 그 4년 동안의 기록이라고 할 수 있다. 일단 알맹이를 제시한 후, 나는 그 이후의 세월을—최소한 나의 관점에서, 그리고 주제와 관련된 이런저런 명상을 가미하여—상당히 밀도 있게 요약하여 제시할 것이다.

그러나 그에 앞서, 내가 올리버와 그 친구 및 지인들을 통해 전해듣고 적어둔 이야기들—올리버는 어떻게 걸어왔나?—을 읽어보는 게 좋겠다.

• 물론—특히 잉여성을 제거하기 위해—약간의 가벼운 편집이 있었으며, 느낌과 흐름을 감안하여—특히 1부에서—몇 가지 소재의 순서를 바꿨다. 그러나 대다수의 사건들은 그 당시 일어난 순서대로 기술되었다. 그리고 사생활을 보호하기 위해, 간혹 시시콜콜한 세부사항을 손본 부분도 있다. 또한 이 책에 언급된 환자들의 이름은 대부분 가명을 사용했으며, 적절한 곳에서는 색스 자신이 저서에서 사용한 이름을 그대로 썼다.
덧붙여 말하면, 내가 앞으로 인용하는 편지와 그 밖의 텍스트들(그중에는 올리버의 것도 있고, 다른 사람들의 것도 있다) 중 일부는 대폭 발췌되었다. 그러나 많은 텍스트들은 그 자체로서 매우 매혹적이므로, 나는 일종의 자료집SourceBook을 마련하여 원문을 수록한 다음 www.lawrenceweschler.com이라는 개인적 웹사이트에 업로드했다. 이 책의 본문 중에서, 자료집에 원문이 수록되어 있는 텍스트에는 SB라는 첨자가 붙어 있다.

I

올리버는 어떻게 걸어왔나?

1933~1980

1
보트놀이

두 번째로 시티아일랜드를 방문하던 길에 나는 약간의 좌절감을 느꼈다. 지역의 경찰관이 몰래 발사한 스피드건에 딱 걸린 것이다. 올리버는 혀를 끌끌 차며 진입로까지 나를 마중 나온다. 그는 뜬금없이 자기 승용차의 라디에이터 그릴을 가리키는데, 자세히 들여다보니 작고 투명한 플라스틱 조각 하나가 삐죽 튀어나와 있다.

그의 말인즉, 자기도 속도위반 전문이지만, 하루는 캐나다에서 경찰에게 걸려 길 한쪽에 차를 댄 채 이런 말을 들었다고 한다. "이봐요, 우리의 레이더에 당신의 주행속도가 시속 136킬로미터로 찍혔어요."

"레이더라고요?"

"물론이죠. 걸리기 싫으면 퍼즈버스터Fuzzbuster°를 하나 장만하시구려."

"퍼즈버스터라고요?"

"당근이죠, 생각해봐요. 우리가 전자 감시장치를 사용하니까, 당신은 감시대응장치를 사용해야 할 거 아니에요. 이건 어디까지나 게임일 뿐이라고요."

올리버는 잠깐 멈춰 꿈을 꾸는 듯하다가 말을 계속한다. "나는 왕년에 캘리포니아의 오토바이 속도위반 딱지 신기록 보유자였어. 샌프란시스코 세미프로페셔널 레이싱클럽의 회원이었는데, 어느 날 오후 금문교의 북쪽 돌출부를 들이받은 후—라디에이터 그릴에 박힌 플라스틱 파편이 바로 그 증거야—부드러운 곡선을 그리며 때마침 절반의 속도로 달리던 고속도로 순찰차를 추월했어. 나중에 그들은 내가 시속 200킬로미터로 밟았다고 했지만, 나는 그게 과장이었음에 틀림없다고 생각해. 맹세코, 나는 180킬로미터를 넘은 적이 없었거든.

"난 원래 도덕률 폐기론자antinomian가 아니었어." 그는 계속 결백을 주장한다. "그저 스피드를 좋아했을 뿐이지. 자네도 알다시피 속도감 말이야."

우리의 대화 주제는 자연스럽게 '다리 책'의 진척 상황 문제로 넘어간다. "마치 갈리아•처럼," 그는 말한다. "나의 '다리 책'은 자연스럽게 세 부분으로 나뉘지. 1부는 프롤로그, 산에서 황소를 만나 도망치다 발을 헛디뎌 추락한 후 구조되다. 2부는 병원의 1인실에서 (주로 머릿속으로) 겪는 시련, 가차없는 자아성찰을 통해

○ 과속 단속 레이더를 탐지하는 전자장치.

• 오늘날 프랑스의 옛 명칭. 로마인들이 알프스, 지중해, 피레네산맥, 대서양, 라인강을 경계로 구획해 갈리아라고 불렀다.

클라이맥스에 도달하다. 3부(아직 집필 중)는 시골에서 경험하는 투르게네프풍의 목가적 회복, 세상과 화해하고 번창하다.

나는 투르게네프를 좋아해. 나의 어머니는 내게 투르게네프를 읽어주곤 했지.

내 친구인 시인 톰 건Thom Gunn에 따르면, 그의 어머니가 임신했을 때 자기에게 기번의 《로마제국 쇠망사》 열 권을 전부 읽어주셨다는군."

말이 나온 김에, 우리는 대화의 폭을 넓혀 톰 건과 (올리버의 동료 의사인) 이자벨 라팽Isabelle Rapin, 그리고 두 사람이 그의 삶에 미친 영향에 대한 이야기를 나눈다.

"처음에는 이자벨 라팽과 톰을 '지금껏 만난 가장 엄격한 사람'으로 상상했어. 그러나 지금은 '가장 친절한 사람'으로 여기고 있지. 다시 말해서, 엄격하지만 공감능력이 뛰어나다는 거야. 두 사람 모두 진실성에 깊이 뿌리박고 있었어.

하지만 그들에게, 진실성이란 어떻게 바라보느냐에 따라 엄격함 또는 달콤함으로 느껴질 수 있었어. 내 말뜻은, 시간이 경과함에 따라 그들에게 두 가지 반응을 모두 불러일으키는 산문을 보여줄 필요성을 느꼈다는 거야.

톰에게, 거짓은 일고의 가치도 없었어."

올리버는 벌떡 일어나더니 건의 신간 한 권을 내게 보여준다. 그것은 건의 자전적 에세이로서, 표지를 넘기니 다음과 같은 증정사가 적혀 있다.

올리버에게,

부끄럽게도 나의 산문집에는 매가리가 없어.

너의 산문은 성큼성큼 걷고, 달리고… 도약하는데!

바로 그 시점에서, 올리버는 내게 갑자기—마치 강력한 암시를 받은 듯—이렇게 묻는다. "우리 보트놀이 하러 갈까? 내 말은," 그는 계속한다. "거기서는 악셀레이터를 아무리 밟아도 전혀 문제될 게 없다는 거야. 고작해야 시속 5킬로미터로 노 저을 수 있을 뿐이거든."

우리는 그의 조그만 뒤뜰 한쪽에 있는, 물막이 판자로 만든 차고로 보무도 당당히 걸어간다. 그 속에는 한 세트의 노가 벽을 따라 가지런히 놓여 있는데, 그중 하나는 그립(손잡이)이 박살 나 떨어져나갔다. 우리는 노와 그립을 고른 후, 중심가의 맨 끝에 있는 좁은 해변으로 내려간다. (나는 웃옷을 느슨하게 걸어붙이고 노를 젓는데, 영락없는 허클베리 핀 스타일이다.)

길이 4.5미터의 보트는 작은 모래 구덩이 속에 뒤집힌 채 계류되어 있는데, 구덩이 속에는 모래가 가득 차 있다. 색스는 매듭과 씨름을 하며 투덜거린다. "한 명의 유대계 지식인이 엄청난 곤경에 빠졌군." 그러자 또 한 명의 유대계 지식인인 내가 합세하여 마침내 매듭을 푸는 데 성공한다.

이윽고 보트가 바다로 나가자(뱃머리에 앉아 노트를 둘둘 말아 무릎 위에 놀려놓은 나는, 파라솔을 휴대한 아가씨 같은 느낌이 든다), 올리버는 깔끔하고 꾸준한 리듬으로 탁 트인 해협을 향해 노를 젓는다. 꾸준한 리듬으로 2시간 이상 노를 젓는 동안에도, 올리버는 변함없이 유쾌한 표정으로 말을 건넨다. 뒤이어 스팽글• 같은 땀방울이 눈썹에 맺히지만, 숨을 쉬기 위해 말꼬리가 흐려지는 기색은 전혀 보이지 않는다. 내가 아는 다른 사람들은 그런 격심한 운동으로 금세 녹초가 되던데, 그의 숨소리에는 전혀 변화가 없다.

캘리포니아의 머슬비치••에서 놀던 시절, 그는 닥터 스쿼트Doctor Squat또는 닥터 쿼즈•••Doctor Quads로 유명했다고 한다. 그는 캘리포니아주에서 제일 강력한 다리를 갖고 있었다고 하는데, 나중에 집에 돌아가 무려 270킬로그램을 들어올려 캘리포니아주 역도챔피언을 따낸 장면이 담긴 사진을 증거로 제시한다. (그 사진을 보니 기골이 장대하고, 커다란 얼굴은 용을 쓰느라 잔뜩 부풀어 있다. 게다가 잘 정돈된 '에이브러햄 링컨·아미시 스타일'••••의 턱수염을 자랑하고 있다.) "내가 역기를 들어올리면 다들 '데드리프트dead lift'라고 했어. 왜냐고? 한마디로 죽여줬거든. 그런데 얼마 후 허리의 디스크 하나가 손상되었어. 그래서 내 다리가 허리보다 강해졌지. 하지만 그렇다고 해서 내 허리가 약한 건 아니었어. 다만 결정적인 약점이 하나 생겼을 뿐."

우리는 계속 바다로 나아간다. 까마득히 먼 남쪽의 수평선

• 옷에 장식으로 붙이는, 반짝거리는 얇은 조각.

•• 벌거숭이 젊은이들이 근육미를 자랑하거나 미용 체조 따위를 하는 바닷가.

••• 쿼즈quads는 넙다리네갈래근quadriceps femoris muscle의 약칭이며, 대퇴사두근이라고도 한다.

•••• 아미시는 현대 기술 문명을 거부하고 소박한 농경생활을 하는 미국의 한 종교 집단으로, 결혼 전에는 깔끔하게 면도를 해야 하며, 결혼 후에는 콧수염만 면도하고 턱수염을 기르는 문화가 있다.

위로 엠파이어 스테이트 빌딩이 반짝이는데, 그 모습이 마치 기념품 가게에서 판매하는 문진文鎭 같다. "이 보트의 소유자인 내 이웃은," 올리버가 설명한다. "오래전 바다를 누비던 선장이었어. 때로는 그가 직접 보트를 몰고 월스트리트로 가기도 하는데, 여기서 거기까지는 25킬로미터쯤 돼."

"거기에는," 올리버가 어깨 너머를 가리키며 말을 계속한다. "스로그스넥 다리가 있어. 내가 가장 좋아하는 수영 코스는 시티아일랜드와 철탑 사이를 왕복하는 건데, 거리를 합치면 9.6킬로미터쯤 돼." (두 번 노를 젓는다) "그러나 위험할 수 있어, 왜냐하면 모터보트를 탄 사람들은 여기서 수영하는 사람이 있을 거라고 예상하지 못하는 게 상례거든." (두 번 노를 젓는다) "특히 늦은 밤에 말이야."

그는 정찰을 하기 위해 주위를 둘러보는 동안 잠깐 침묵을 지킨다.

"수영은 우리 가문의 내력이야." 그가 말을 잇는다. "아버지는 수영을 무척 좋아하셔. 영국해협 횡단을 꿈꾸는 불쌍한 아버지에게, 와이트섬 앞바다의 24킬로미터짜리 코스는 그 대용품이야. 거기서 열리는 수영대회에서, 아버지는 나이가 들어감에 따라 모든 연령대의 기록을 차례로 경신했어. 20대, 40대, 60대, 그리고 현재는 90대."

"그럼 어머니는요?" 내가 묻는다.

"어머니는 물에 잘 들어가지 않아." (두 번 노를 젓는다) "그 대신 제자리멀리뛰기 분야에서 영국 기록을 여럿 보유하고 있지."

나는 마지막 말이 농담인지 진담인지 알 수가 없어 어안이 벙벙하다. "어라, 맞다니까?" 그가 굳히기를 한다. "물론 전형적인 에드워드식• 스타일은 아니지. 그러나 자네도 알겠지만, 어머니는 아버지와 달리 근육의 협응능력이 매우 뛰어났어. 아버지는 나와 마찬가지로 좀 어설픈 구석이 있지만 말야."

"나는 노 젓는 사이사이에 글쓰기를 좋아해. 1979년에," 그는 행복했던 시절을 회고하는데, 불과 2년 전의 일을 마치 수년 전의 일인 것처럼 이야기한다. "특히 캐나다의 매니툴린섬에서는, 글쓰기와 노젓기의 리듬이 완벽히 맞아떨어지는 것 같았어. 나는 '다리 책'의 한 부분을 쓰고 있었는데, 결국에는 갑자기 중단할 수밖에 없었어. 왜냐하면 타이핑을 너무 많이 하는 바람에 손가락이 마비됐기 때문이야. 아니, 어쩌면 '회복한다는 것' '세상에 복귀한다는 것' '나만의 연구실에서 광분하는, 고독한 연구자이기를 멈추는 것'을 제대로 묘사할 수 없었기 때문인지도 몰라.

노젓기는 자세와 행동을 심층적으로 연구하는 데 도움이 돼. 나는 나 자신을 대상으로 실험하기를 좋아하거든. 실험 말고, 나는 글쓰기와 수영도 좋아해. 나는 간혹 수영을 하다가 해변에 부리나케 상륙하여 방금 떠오른 생각을 갈겨 써야 했어. 그런 다음, 바다에 다시 뛰어들었지.

나는 빠른 수영선수는 아니야. 그러나 꾸준하지. 심지어 난 영원히 헤엄칠 수 있어."

• 영국의 왕 에드워드 7세(Edward Ⅶ, 재위 1901~1910년) 시대의 영국의 미술·공예·건축의 경향을 가리키는 말. 옷차림과 그 시대를 가리킬 때도 사용한다. 올리버 색스의 부모님들은 이 시대에 태어났다.

계속 물살을 가르며 나아가는 동안, 올리버는 어깨 너머로 서쪽을 가리킨다. "저 타락한 곳에는 협력도시Co-op City가 있어. 그건 공공주택 프로젝트인데, 근본적으로 썩었어. 건축학적으로 부정직하거든. 그건 유기적이지도 않고 공동체적이지도 않아. 뻔할 뻔 자지."

한 지점에서, 그는 자기가 금속제 노 손잡이를 거꾸로 잡고 있으며, 상황을 해결하려는 자신의 시도가 점점 더 익살스러워지고 있음을 깨닫는다. 그가 노를 마구잡이로 휘젓자, 급기야 노가 고정부에서 벗어난다.

"틀려도 고치지 않으면 이렇게 돼." 그가 킥킥거린다. "치명적인 것에도 배울 점이 있으니, 긍정적으로 생각하라구."

"시티아일랜드는," 그가 본론으로 돌아간다. "본래 선박 공동체였고, 그 토착산업은 선박용 기어 제조업이었어. 이 보트와 내 보트는 모두 시티아일랜드에서 만들어졌지. 그리고 이 섬은 아인슈타인•과 가깝기 때문에 많은 의사들이 살고 있어. 그와 더불어 '특이한 사람들'도 많이 살고 있기 때문에, 조현병 환자의 낙원이라고 할 수 있어.

나는 늘 섬을 사랑해왔어. D. H. 로런스의 소설 《섬을 사랑한 남자Man Who Loved Islands》 알아? 한 부유한 남자에 관한 이야긴데, 그는 점점 더 황폐해지는 섬에 더욱더 고립되다가 결국에는 울퉁불퉁한 암초 위에서 숨을 거두게 돼. 내가 보기에, 그가 유토

• 브롱크스에 있는 알베르트 아인슈타인 의과대학을 말한다. 올리버는 알베르트 아인슈타인 의과대학과 간혹 제휴관계를 맺었다.

피아를 스스로 망친 것 같아. 그건 어머니가 내게 즐겨 읽어준 책이기도 해. 어머니는 내게 괴담을 읽어주는 것도 좋아했어."

그는 어머니 이야기를 계속한다. "의학에 관한 한, 나는 아홉 살 때 이미 어머니의 동료(의사) 수준이었어.

스무 살 때쯤, 나는 어머니와 함께 폐경에 관한 책°을 대필하여 실력을 발휘했어. 그 이후 내가 한 일 중에서 가장 대단한 일은, 그 책이 20만 부나 팔렸다는 거야. 그 책을 읽어보면 내 문체를 단박에 알아볼 수 있을 거야. 물론 이상한 것은, 그 당시의 나는—의학 실력의 단계적인 상승에도 불구하고—여성의 하복부에 뭐가 있는지 전혀 몰랐다는 거야. 요컨대, 그곳은 나에게 완벽한 암점scotoma•• 이었던 거야." ('암점'은 올리버가 가장 선호하는 단어 중 하나다. 그건 이를테면 '특정한 형태의 편두통 환자의 시야에 나타나는 병리학적 헛점'일 뿐 아니라, 때로는 '그런 헛점을 경험하고 있다'는 의식 속에 존재하는 묘한 갭이기도 하다.)

이쯤 되자, 올리버는 방향을 바꿔 자신의 고등교육 연대기를 읊기 시작한다. 1950년 장학금을 받고 옥스퍼드에 들어가 1951년부터 1955년까지 공부했고, 1955년부터 1958년까지 런던의 미들섹스 병원에 있었고, 1958년 의학 학위를 받은 데 이어 6개월짜리 인턴십house job••• 과정을 세 번 이수했다.

우리는 스로그스넥 다리 아래의 철탑 하나를 돌아, 시티아일

° Muriel Elsie Landau, 《Women of Forty-The Menopausal Syndrome》(London : Faber, 1956).

•• 시야 내에 있는 섬 모양의 시야결손부(보이지 않는 부위). 일반적으로 생리적인 것을 맹점盲點이라고 한다.

랜드를 향해 귀환한다. 그는 아직도 꾸준히 노를 젓고 있지만, 거친 숨을 몰아쉬는 기미는 전혀 보이지 않는다.

"그런 다음 1959년, 나는 새로운 일을 하기 위해 캐나다를 방문했다가 여기까지 왔어.

내가 영국을 떠난 이유 중 하나는, 1960년 8월 군대에 들어가기 위해서였어. 나는 그해 9월에 마감되는 모집에 마지막으로 지원했지.

나는 군의 엄청난 부당함을 느꼈지만, 캐나다에 도착하여 군 복무를 내 방식대로 사랑하기로 결심했어. 그래서 캐나다 공군에 군의관으로 지원하기로 결정했어. 나는 오타와로 가서 한 장교와 인터뷰를 했는데, 다음과 같은 말과 함께 보기 좋게 퇴짜 맞았어. '웬만하면 당신을 받아들이고 싶지만, 당신의 동기가 뭔지 확신할 수 없어요. 단언컨대, 당신도 자신의 동기를 확신하고 있지 않을 거예요.'"

그 장교는 올리버에게 몇 달 동안 여행을 하라고 권했고, 올리버는 그대로 했다. 그는 오토바이 한 대를 구입하여 캐나다를 횡단한 후, 기억을 더듬어 "캐나다: 잠시 멈춤Canada: Pause"이라는 제목의 긴 글을 썼지만 출판하지는 않았다. 그의 여행은—아마도 보상심리로—브리티시컬럼비아에서 일어난 산불을 끄는 활동에 참여하는 것으로 대단원의 막을 내렸다. 그 일이 있은 후, 그는

••• '인턴십internship'은 미국에서 쓰는 말이고, 영국에서는 '하우스잡house job'이라고 부른다. 참고로, 영국에서 '인턴intern'은 '하우스맨houseman', '레지던트resident'는 '레지스트라registrar'라고 부른다. 출처: 올리버 색스, 《온 더 무브》, 알마, 2017, 43쪽.

샌프란시스코에 나타났다.

"나는 늘 소속되기를 원하는 동시에 두려워해왔어. 난 그게 유대인 근성의 일부라고 생각해. 예컨대 나는 아인슈타인 의료진의 구성원임에도 두문불출함으로써 이 문제를 처리했어. 또 하나, 나는 유대인의 이웃에 살면서 가톨릭 경로수녀회를 위해 일했어."

우리는 호턴 스트리트의 요지에 있는 좁은 해변에 상륙하여, 보트를 끌고 해변으로 올라간다. 거리를 따라 걷다가 그의 집 앞에 잠깐 멈춰, '보철-이행대상 허리 쿠션'을 챙겨 계속 걸어간다. 식당가로 향하는 번화가에서 우회전을 하여, 한 레스토랑으로 들어가 올리버가 칼라마리calamari를 주문한다. 그는 문득 런던의 세인트폴 아카데미 부설 중등학교secondary school•에 다니던 시절을 회상한다. 그의 동급생 중에는 고서 거래상이자 〈타임스 문예 부록Times Literary Supplement〉의 칼럼니스트인 에릭 콘Eric Korn, 의사 겸 희곡작가(그리고 시사 풍자극인 〈비욘드 더 프린지Beyond the Fringe〉의 베테랑 배우)인 조너선 밀러Jonathan Miller가 있었는데, 세 사람은 전설적인 '고등 생물학' 시간에 친구가 되었다. 그들은 선호하는 그룹을 각각 하나씩 선택했는데, 조너선은 바다벌레류, 에릭은 해삼류, 올리버는 두족류cephalopod(그가 제일 좋아하는 갑오징어 포함)였다.

조너선의 부모님들과 함께 여름휴가를 떠난 어느 날, 올리버

• 11세에서 16세 또는 18세까지의 학생들이 다니는 학교.

와 조너선은 생선가게를 지나치다가 한 생선장수가 "갑오징어 싸게 팔아요!"라고 외치는 소리를 들었다. 올리버가 겁도 없이 약 100마리를 구입했고, 두 소년은 그것을 밀봉된 유리병 속에—방부제를 첨가하지 않고—넣어 밀러의 집 지하실에 보관했다.

"음, 본의 아니게 몇 주일이 지난 후," 올리버가 당연하다는 듯 말한다. "유리병이 무지막지한 굉음을 내며 폭발하며, 이 세상에서 가장 지독한 냄새(썩은 갑오징어 냄새)를 뿜어냈어. 우리는 그 냄새를 은폐하려고 어마어마한 양의 라벤더를 살포했지. 그 결과 지하실에는 두 가지 냄새층—농익은 라벤더, 썩은 갑오징어—이 공존하게 되어, 아무리 청소를 해도 몰아낼 수가 없을 것 같았어. 하룻밤 사이에 집값이 폭락했으니, 조너선의 부모님들은 그 이후로 내가 집 근처에 얼씬거리는 생각만 해도 치를 떨었을 거야."

중등학교에 들어가기 전인 열 살 때, 올리버의 주요 관심사는 화학이었다. 런던 외곽의 끔찍한 기숙학교에서 몇 년의 세월을 보내고 돌아온 그는, 주기율표를 보고 과학박물관의 황홀함에 눈이 부셨다.

"박물관에서 주기율표를 보는 순간, 나는 온 세상의 이치를 깨달았어. 그래서 집에 돌아와 당장 실험실을 설치했지. 부모님은 늘 폭발을 염려하면서도 관용을 베풀었어. 아니나 다를까, 내가 부엌의 싱크대에 놓아둔 황이 폭발하는 바람에 우리 집 요리사에게 테러를 가했어."

세인트폴스에 진학한 후 그의 관심사는 생물학으로 바뀌었지만, 생물학에 대한 관심은 맨 처음 화학에 열중했을 때만큼 강렬하지 않았다. "아마도," 그는 이렇게 추측한다. "생물학에 대한 열정이 상대적으로 낮았던 건, 성에 대한 심리적 장애와 무관하지 않았던 것 같아." (그는 그 당시 사춘기에 진입하고 있었다.) "아니, 어쩌면 타인의 시선을 의식해야 했기 때문에 그랬는지도 몰라. 나는 모든 일을 혼자서 몰래 처리했어. 예컨대 조너선 밀러가 학교 도서관 모퉁이에서 나와 처음 마주쳤을 때, 나는 잔뜩 웅크린 채 정전기학 책을 들여다보고 있었어. 완전히 넋이 나간 듯 말이야."

세인트폴스에 도착하여 과학을 갈망할 때, 처음에는 교장선생님의 간섭 때문에 전통적이고 고전적인 경로를 밟았다. "그러나 나의 일반교육general education은 열세 살 때 끝났고, 그 이후로는 순수과학으로 접어들었어."

음, 그렇다면 올리버의 철학은 어디에서 온 걸까?

"열여섯 살부터 열아홉 살 때까지, 과학에 대한 확신이 부족한 나는 철학적 절박함과 필요성에 이끌려 외부의 책을 읽었어. 나는 쓸모없고 무기력한 철학책들을 닥치는 대로 읽었는데, 그중에서 도움이 된 것은 단 한 권도 없었어. 나중에 옥스퍼드에 들어가서, 기숙사 건너편에 있는 도서관에서 케인스, 블룸즈버리그룹•, 키르케고르를 읽었지만 다른 학생들과 교류하지는 않았어. 그런 의미에서, 케임브리지에 들어간 조너선과는 큰 차이가 있었지. 그는 케임브리지에서 근본적인 문제들을 토론하는 어파

• 런던의 블룸즈버리 지역을 중심으로 활동한 문학 그룹을 가리키며, 버지니아 울프가 가장 대표적이다.

슬스Apostles(사도)라는 그룹의 구성원이었어. 그래서 나는 조너선을 부러워했지.

나의 방황은 계속되었어. 흄의 투명성은 나에게 감동을 주었지만, 긍정적인 방향을 제시하지는 않았어. 그로부터 10년 후인 1966년, 나는 스피노자에 대한 강렬한 사랑을 경험했어. 그리하여 (《두이노의 비가》를 쓴 후의 릴케처럼) 활활 타오르는 마음으로 《편두통》의 5부를 일필휘지로 써내려 가려고 했어. 그러나 결국에는 포기하고 말았어. 왜냐하면 그 책의 고전적 성격과 균형이 맞지 않았기 때문이야.

라이프니츠에 대한 깨달음은 그보다 훨씬 더 후인 1972년 4월에 찾아왔어. 하루하루가 햇살로 가득 찬 싱숭생숭한 달이었지." (이 시기는 올리버가 《깨어남》을 탈고하기 한참 전으로, 영화 〈사랑의 기적〉의 핵심적인 부분이다. 또한 오든이 미국을 떠난 직후로, 올리버는 4월 15일 그를 공항으로 배웅 나갔다.) "나는 3번가와 88번가가 만나는 지점에 있는 조그만 서점에 우연히 들렀다가, 서가에서 《라이프니츠와 아르노의 서신》을 마치 몽유병 환자처럼 무심코 뽑아 들었어. 이윽고 나의 우주가 폭파되었어. 자네도 알다시피, 듀이도 라이프니츠에게 그런 식으로 박살 났잖아. 내 생각이지만, 듀이와 나는 라이프니츠의 유기적인 내면적 활동에 홀딱 반했던 게야. (휴, 러셀이 쓴 《라이프니츠 철학에 대한 비판적 해설A Critical Exposition of the Philosophy of Leibniz》을 미리 읽지 않은 게 천만다행이었어. 만약 그랬다면, 러셀이 나를 위해 라이프니츠를 죽여버렸을 거야.)"

올리버는 잠시 침묵을 지키며, 마지막 칼라마리 조각을 포크로 휘젓는다. "요컨대, 나에게는 철학적 틀이 필요해. 그게 없으면, 환자들이 나를 늘 멘붕에 빠뜨릴 테니 말이야. 나는 임상과 철학을 결합하여 '다리 책'을 쓰고 있으니까, '왜 나는 저런 틀을 채택하지 않았었지?'라든지 '왜 모든 사람들은 저런 행동을 일상적으로 하지 않지?'라고 의아해하지 않아."

우리는 자리에서 일어나, 올리버의 집으로 돌아간다. 내가 "'다리 책'은 어떻게 진행되고 있나요?"라고 묻자, 그는 기분이 금세 어둡고 침울해지며 집에 도착할 때까지 줄곧 한 마디도 하지 않는다.

2
유년기, 끔찍한 유배생활, 잔인한 유대교, 동성애, 어머니의 저주

뱃놀이에서 호강한 후 몇 주 동안, 나는 〈뉴요커〉의 승인하에 올리버에게서 모종의 임무를 부여받고 전기의 윤곽을 그리기 시작했다. 올리버와의 다음 만남 중 하나는, 베스에이브러햄과 브롱크스강 공원도로를 사이에 두고 맞은편에 있는 뉴욕식물원에서 이루어졌다. 올리버는 자기가 1년 중 300일을 거기에 온다는 말로 시작하여, (지구의 초창기는 아니지만) 태곳적부터 살아온 식물에 대한 사랑을 과시했다. 사랑하는 식물의 종류로 보나, 식물사랑의 유구한 역사로 보나, 그는 '묵은 사랑'의 진면목을 보여줬다. 그도 그럴 것이, 그가 사랑하는 양치식물, 이끼, 소철은 오래된 것일수록 좋고, 그의 마음속에 식물이 각인된 것은 어린 시절 본가의 뒤뜰에서였기 때문이다.

그의 말에 귀를 기울이던 중, 나는 한 대목에서 "캘리포니아대학교 출판부에서 조만간 나오는 로버트 어원 전기 문제를 협의하기 위해, 다음 주에 캘리포니아에 갈 예정이에요"라고 말했다.

그러자 올리버는 "1960년대 초반 캘리포니아(1960년 9월부터 1962년 7월까지 샌프란시스코, 그다음으로는 1965년 10월까지 LA)에서 레지던트 생활을 하던 시절 절친했던 친구들이 몇 명 있는데, 그중 두 명과 함께 여행하면 좋을 거야"라고 제안했다. 그가 추천한 사람들은 밥 로드먼과 톰 건이었다.

올리버의 설명에 따르면, 그와 로드먼은 1962년경 UCLA에서 '생생한 공통관심사'와 '풍경사진에 대한 열정'을 공유하던 레지던트로 처음 만났다. ("캘리포니아는 내 속에 잠재해 있던 사진사의 서정주의를 일깨웠어.") "그리고 밥은," 올리버의 설명이 이어진다. "나의 '꽉 막힌 시대'에 대한 디테일한 기억을 갖고 있어. 참고로, 나는 1948년부터 1966년까지의 기간에 대해 완전기억상실증complete amnesia을 앓고 있거나, 적어도 그런 시늉을 하고 있어."

올리버와 밥은 뒤이어 자신들이 쓴 글을 서로 공유했고, 올리버는 로드먼의 딸을 자신의 대녀代女로 여긴다. 로드먼의 아내는 1974년, 올리버가 다리 부상으로 고생할 때 세상을 떠났다. 올리버는 밥에게 아픔을 예술로 승화할 것을 권유했고, 그 결과 탄생한 것이 《낫 다잉Not Dying》이라는 수작이었다. "우리가 깊고 간절한 만남을 가졌던 이유는, 그 기간 동안 공유한 감정의 세기 덕분이었어."

톰 건은 영국에서 잠시 활동하다 미국으로 건너온 걸출한 시인으로, 얼마 후 나와 샌프란시스코에서 만나게 되었다. 올리버는 그를 이렇게 설명했다. "나는 작품을 통해 톰과 만났어. 그의 첫 번째 시집인 《싸우는 조건Fighting Terms》과 두 번째 시집인 《운동감각The Sense of Movement》이 내 눈길을 끌었는데, 특히 두 번째 시집이 내 마음에 쏙 들었어. 사실, 내가 캐나다에서 캘리포니아로 처음 이주했을 때, 내가 염두에 두고 있었던 일 중 하나가 그를 만나보는 거였어.

그러니까, 나는 1960년 9월 캘리포니아에 도착하고 얼마 후에 그를 만났어. 나는 그 당시 그를 여러 번 만났는데, 나는 오토바이를 타고 이리저리 누비며 기행문을 잔뜩 써서, 그 장황하고 겉만 번드르르한 글을 그에게 자랑스레 내밀곤 했어. 그는 몇 편의 글을 신랄하게 비판했는데, 난 그게 잔인하게 느껴졌어. 나는 생경하고 취약한 몰골—수제자 또는 추종자의 모습—로 그에게 다가갔는데, 그의 비판에 마음이 움츠러든 것 같아.

그럼에도 우리의 만남은 끊일 듯 말 듯 이어지다, 1973년 《깨어남》이 출간된 이후 돈독해졌어. 그는 나에게 편지 한 통을 보냈는데, 그게 내 마음을 완전히 사로잡았어. 그래서 그 편지를 몇 달 동안 호주머니나 지갑에 넣고 다녔지. 틈만 나면 쓴 답장이 200쪽은 족히 넘었지만, 그중 한 통도 부치지 않았어."

건이 도대체 무슨 말을 했기에?

"기본적으로, 1961년 나를 처음 만났을 때 '지금껏 만난 사람 중에서 제일 영리한 사람'이라고 생각했지만, 왠지 2퍼센트가 부족하다는 느낌이 들었다는 거야. 2퍼센트 중에서 그를 특히 실망시켰던 요소를 콕 집어 말한다면 '공감과 인간애 부족'이었대. 그는 이렇게 말했어. '나는 한때 자네에게 실망했었어. 그러나 지금은 이런 생각이 들어—이렇게 달라지다니! 이 친구에게 그동안 무슨 일이 일어난 걸까?'"

나는 올리버에게 다그쳐 물었다. "도대체 무슨 일이 있었어요?"

"음, 그걸 설명하려면 자서전 한 권을 써야 해, 안 그래?" 올리버는 멈칫거리고 망설이고 더듬거렸는데, 내가 보기에는 '내 마음을 얼마나 많이 열고, 내 본심을 어떻게 드러내야 할까?'라고 고민하는 것 같았다. 나는 그에게 "당신의 검토를 받기 전에는, 어떤 인터뷰 기록도 원고에 포함시키지 않을게요"라고 단단히 약속했다. 그는 심호흡을 한 후 이야기를 계속했다.

"가만있자, 음··· 톰 건의 시 중에서 나를 흥분시켰던 것은, 동성애적 서정성과 낭만적 일탈이었어. 그의 일탈은 예술로 전환되었어. 즉, 그는 내가 '독특하고 고독하다'고 상상했던 것들에게 발언권을 줬고, 나는 그 점에 찬탄을 금치 못했어. 그런 색다른 방식으로, 그는 내가 그 이전까지 다루지 못했던—그리고 지금도 다루지 못하는—요소들을 다뤘어."

또 다시 길고 사려깊은 침묵의 시간이 흘렀다.

"나는 그 당시—1960년대 초반을 의미해—성性에 관한 글을 많이 썼고, 종종 풍자적인 묘사를 시도했어. 그런데 톰은 그중 일부(특히 그와 내가 공통으로 알고 있는 것)를 끔찍하고 혐오스럽게 여겼어. 어쩌면 그의 생각이 옳았는지도 몰라. 사실, 나는 스물두 살부터 스물여덟 살 사이의 섹스에 대한 글을 많이 썼는데, 그런 글에는 얼마간의 매력과 일탈성이 잠재해 있었어. 그러나 그런 허접한 글쓰기는 20년 전 모두 집어치웠어."

그는 또 다시 잠깐 멈췄다. "문제는, '내가 혐오스럽게 묘사한 것'을 톰은 동정하는 마음을 담아 묘사했다는 거야. 내 말뜻은, 그에게 약간의 선호 경향이 있었다는 거지. 그는 페티시즘에 대한 장편 서정시를 좋아했어."

"더욱이, 우리 두 사람은 공통점이 매우 많았어. 모두 영국인인 데다 런던 사람이었고, 햄스테드히스Hampstead Heath•를 특별히 좋아했으니 말이야. 햄스테드히스란 누구나 생각하는 태곳적 풍경을 구성하는 '작은 언덕' 같은 곳이야. 그래서 나는 그를 매우 각별히 여겼어."

나는 다른 어떤 경우보다도 자제하며, 올리버로 하여금 자신의 섹슈얼리티에 관한 대화에 부담을 느끼지 않게 하려고 노력했다. "그건 호랑이 담배 먹던 시절의 이야기야." 그는 딱 잘라 말했다. "나는 지금까지 15년 동안 어느 누구와도 함께 있지 않았어." 그는 오랫동안 말을 멈추고, '에헴!'과 헛기침을 반복했다. "그런 이야기는 이제… 이제 그만 하지." 그는 고개 숙인 해바라기 쪽으로 성큼성큼 걸어가, 해바라기의 꽃판을 자기 얼굴 높이까지 살며시 들어 올렸다. 그러고는 꽃판을 우아하게 두드리기 시작했다. 그러는 동안 그의 '에헴!'과 헛기침 소리는 허밍과 '와!'로 슬며시 바뀌었다.

"다섯 살 때쯤," 그는 한참 있다가 말문을 다시 열었는데, 화제를 바꾸려는 기색이 역력했다. "나는 본가의 뒤뜰에 있는 해바라기에 완전히 반했어. 그때까지만 해도 수학 용어를 몰랐지만, 나의 관심을 끈 것은 꽃판 안에 들어 있는 씨앗들이 특별한 패턴(피보나치수열)으로 배열되는 경향이 있다는 것이었어. 뒤이어 나

• 영국 런던 북서부의 고지대 햄스테드에 있는 공원. 면적은 320헥타르이고, 규모가 크고 역사가 오래된 공원으로 런던 시민들이 주말이나 휴일을 보내기도 하는 곳이다.

는 피보나치수열을 공부하기 시작했어. 또한, 나는 원주율(π)이라는 개념을 파고들어, 결국에는 소수점 아래 수백 자리까지 계산하고 외우게 되었어."

"참 재미있었어." 그는 말했다. "다른 날에는 '괴상한 계산기'에 관한 책을 읽고 있었는데, 물론 매력적인 책이었지만, 나는 유감스럽게도 책의 전체적인 접근방법에 동의하지 않았어. 그 책의 저자는 계산과 '수학적 추론'의 결정적인 차이를 이해하지 못했거든. 나는 어린 시절 '걸어다니는 계산기'로, 고차원적인 암산(긴 자릿수 곱셈, 제곱근 계산 등)에 능숙했어. 나의 아버지도 긴 자릿수 덧셈을 단박에 해치울 수 있었지. 그러나 나는 그런 신기한 계산보다는 수학적 추론—이를테면 피타고라스의 풍경에서 이리저리 뛰노는 느낌—을 더 좋아했어.

많은 문헌들이 '특이한 재주의 과시'와 노출증을 다루고 있어. 그러나 수학적 기질을 다루는 책은 극히 드물어. 예컨대 수학 영재 자카리아스 다제Zacharias Dase는 다른 부분에는 전병이었지만, 테이블 위해 던져진 한줌의 완두콩을 한 번 들여다보고, 즉시 '117개'라고 했다는군. 많은 사람들은 그가 완두콩을 매우 빠르게 셌다—한눈에 헤아렸다—고 생각하지만, 다제가 제기한 진짜 문제는 '한눈에'라는 것의 개념이라고 할 수 있어. 나는 '완두콩 한줌이 그의 눈에 117로 보였다'고 확신하고 있어."

올리버가 해바라기 줄기를 놓으니, 그것은 잠시 까닥거리다 이윽고 고개 숙인 평소 모습으로 되돌아간다.

"한 가지 예를 더 들어볼까? 내가 다년간 여러 번 관찰한 핀란드 쌍둥이가 있어. 그들에게 달력을 보여주니, 그들은—마치 자네가 공원을 둘러보듯—그 속을 둘러보더군. 수학영재인 어린이들에게, 숫자는 (숫자가 그들의 친구인) 어린이 나라를 형성해줄 수 있어. 그리고 나의 경우, 그런 수학적 기질은 '주기율표와 놀기', 한 걸음 더 나아가 '과학적 경이로움'의 전신인 것으로 판명되었어.

그러나 정확히 말해서, 우리가 배척해야 하는 개념은 프릭쇼freak show•라고 생각해. 핀란드 쌍둥이의 경우, 나는 10년 전부터 그들의 말로를 예견할 수 있었어. 그들은 '수학적 기술자'로 치부되었을 뿐, '알고리즘 전문가'로 간주되지 않았어. 그리고 이 세상에는 저급하기 때문에 더욱 인상적인 것처럼 보이는 기술이 존재해."○

올리버의 이야기는 어느덧, '유년기의 낙원'에서 갑자기 추락한 대목으로 접어들었다. 사랑하는 히브리어 선생님이 세상을 떠난 지 얼마 안 된 1940년 6월, 영국 본토 항공전Battle of Britain••이 시작되자 다급해진 부모님들은 여섯 살인 그를 형 마이클과 함께 "흉측한 기숙학교"로 보냈다. "기숙학교의 교장은 강박적인 체벌주의자, 그의 아내는 부도덕한 여자, 열여섯 살짜리 딸은 병적인 고자질쟁이였어. 그곳의 지명은 브레이필드Braefield였지만, 마이클은 디킨스의 《니콜라스 니클비Nicholas Nickleby》에 나오는 '지옥

• 기이한 재주나 체형을 가진 사람, 또는 동물을 보여주는 쇼.

○ 이후 곧 발간되는 《아내를 모자로 착각한 남자》의 4부 "쌍둥이 형제"라는 장에서, 색스는 핀란드 쌍둥이의 사례를 다루게 된다.

•• 제2차 세계대전 당시 영국 공군이 독일 공군 루프트바페Luftwaffe에 맞서 영국을 지킨 공중전.

구덩이'의 이름을 따서 두더보이스Dotheboys라고 불렀고, 지금까지도 그렇게 부르고 있어. 그는《니콜라스 니클비》의 대부분을 외웠으므로, 언제든 순식간에 원하는 부분을 암송할 수 있어… 우리는 두들겨 맞았고, 나는 하루도 빠짐없이 흠씬 얻어맞았어. 그래서 부모님들이 방문했을 때, 나는 어머니에게 달려가 무릎을 거세게 움켜잡으며 비명을 질렀어. '안 돼요! 절대로 안 돼요! 나를 두 번 다시 여기에 남겨놓지 말아줘요!' 그러나 어머니는 나를 떼어 놓으며, 그랬다가는 상황이 더 나빠질 수 있다고 강조하며 황급히 자리를 떴어. 내가 어머니에게 격한 감정을 드러낸 건 그게 마지막이었어."

그의 부모는 어떻게 되었을까? 그들은 그때 무슨 일을 하고 있었을까?

"음, 유년시절의 나는 부모님들이 나를 어떻게든 멀리할 궁리를 하고 있다고 상상했어. 몇 년 후, 나는 그분들이 정말로 엄청나게 바쁘다는 사실을 알게 되었어. 그러나 머리로만 이해했을 뿐, 마음으로 받아들이지는 않았어."

두 분은 모두 의사로, 영국 본토 항공전 기간 내내 부상자들을 치료하느라 동분서주했다.

"어머니는 외과의사였으므로, 참혹한 현장을 이리저리 뛰어다니며 끔찍한 부상자들을 수술했어. 그때는 항생제가 개발되기 전이었으므로, 수술 후 합병증은 공포 그 자체였지.

그러나 그것(어린이를 부모에게서 격리함)은, 영국 정부가 '대영제국의 어린이들은 어떤 희생을 치르더라도 보호받아야 한다'는 원칙하에 결정한 사항이었어. 어쨌든 지금 돌이켜보면, 그건—명분이 아무리 좋아도—심리적으로 나쁜 결과를 초래했어. 차라리 가족과 함께 폭격의 위협에 직면하는 게 더 나을 뻔했어."

그렇다면 부모들은 어떻게 느꼈을까?

"아버지는 여간해서 감정을 표현하지 않아. 어머니는 감정을 표현했지만, 늘 한참 지난 뒤에 그랬어. 어머니는 1940년에 일기를 썼는데, 돌아가신 후 발견하여 읽어보니 반복적으로 스트레스를 호소했어. 그러나 그 일기는 몇 달 후 중단되었어. 어머니는 너무나 바빠 일기를 쓸 겨를조차 없었거든."

"우리는 두들겨 맞았고," 올리버는 악몽 같은 기억을 거의 주문mantra처럼 되살렸다. "나는 하루도 빠짐없이 흠씬 얻어 맞았어. 우리는 멍이 시퍼렇게 들었지만 부모님들은 본체만체했고, 우리는—모종의 이유로—불평하지 않았어. 우리는 그곳에 마지막까지 남은 두 사람이었고, 마침내 그들이 와서 기숙학교를 폐쇄했어."

전쟁 기간 동안, 그들의 이모인 헬레나 란다우Helena Lamdau는 체셔에서 '숲의 학교'를 운영했다. "유대인이라고 하면 왠지 퀴퀴한 느낌이 들지만, 이모가 운영하는 유대인의 신선한 공기학교Jewish Fresh Air School(JFAS)는 달랐어." 그와 마이클이 감금되었던 학교는 런던에서 65킬로미터쯤 떨어진 곳에 있었고, 그녀의 학교에 가려면 65킬로미터를 더 가야 했다. 그가 갇혀 있던 학교가 지옥 같은 경험을 맛보게 한 데 반해, 그녀의 학교는 천국 같은 안식처를 제공했다. 그의 설명에 따르면, 모든 어린이들은 자신만의 정원을 갖고 있었다. 휴일이나 '지옥 구덩이가 쉬는 날', 올리버는 그곳에 가곤 했다.°

전쟁이 끝난 후 주기율표를 소개해줌으로써 그를 구원한 사람은 외삼촌이었다고 한다. 그의 이모도 어떤 의미에서 그를 구원해주지 않았을까?

"당연하지. 이모는 그 시기에 거의 유일한 '좋은 사람'으로서 '좋은 세상'을 만들었어. 그녀는 이성, 유머, 확신의 표상이었어." 그는 그 '멋진 이모'(그녀는 평생 독신으로 살았으며, 그의 가문에서는 레니Lennie라는 이름으로 알려져 있었다)에 대해 약간 길게 이야기했다. "세상을 떠나기 직전인 여든두 살 때, 그녀는 87명의 조카와 그들이 낳은 320명의 손주들을 거느리고 있었어." 레니는 올리버의 인생에서 중요한 역할을 계속 수행하며, 온갖 극단적인 부랑자들에 대항하는 휴머니즘을 옹호했다. 예컨대, 그는 언젠가 '가정과 시설'에 관한 책을 쓰고 싶어 했는데, 그가 염두에 둔 '가정'의 모델은 레니의 학교, '시설'의 모델은 브레이필드의 기숙학교였다. "내 생각에, 그녀는 '자연에 둘러싸인 유대교'를 지지했어."

그는 잠시 말을 멈췄다. "레니는 나에게 마지막으로 이런 말을 남겼어. '작은 선지자들—아모스, 미가—을 무시하지 말고, 이사야와 같은 큰 예언자들을 무턱대고 추종하지도 말아야 해.'"

"나의 부모님은," 그는 화제를 약간 바꿨다. "열광적인 정통파 유대교도는 아니었지만 자신들이 건설한 유대인 거주지역에 사셨어. 요즘, 아버지는 '비유대인도 유대인과 동등한 인간'이라는 사실을 깨달을 때마다 소스라치게 놀라셔.

○ 그러고 보니, 나는 올리버와 마이클의 이모가 그들을 지옥 구덩이에서 건져내지 않은 이유를 이해할 수 없다. 그러나 이제는 너무 늦어, 어느 누구에게도 물어볼 수가 없다.

예컨대, 부모님은 호주에 사는 형 마커스Marcus가 마흔 살 때 '개종한 비유대인'과 결혼하는 것을 적극 반대했어. 그분들은 '근본적인 부정不淨함'에 혐오감을 느꼈던 거야." 분개한 올리버는 강력한 이의를 제기했고, 결국 결혼은 성사되어 그때까지 유지되고 있었다.

유대적 잔인함의 전형적 사례를 경험한 사람은 베니Benny 삼촌(아버지의 남동생)이었는데, 올리버는 성년이 될 때까지 그의 존재를 전혀 모르고 있었다. 그 역시 개종한 비유대인과 결혼을 했는데, 가문에서 쫓겨나 포르투갈로 이주하는 바람에 친형과 무려 50년간 남남으로 지냈다. "결국에는 숙모가 먼저 세상을 떠났고, 베니가 세상을 떠나기 몇 년 전 형제 간에 극적인 화해가 이루어졌어."

"그런데 이상한 것은," 올리버가 말했다. "유독 환자에 관한 한, 유대인의 그토록 잔인한 측면이 작용하지 않았다는 거야. 부모님은 모든 환자들을 치료하는 데 있어서 동등한 인간애를 발휘했거든." 예컨대 그의 양친은—오랜 세월이 흐른 후 올리버가 그랬던 것처럼—경로수녀회가 운영하는 만성환자 치료시설에서 일했다.

그는 잠시 멈춰 양치식물을 어루만졌다. "어머니는 감수성이 예민하지만 감정 표현을 꺼렸어." 그가 다시 말문을 열었다. "레니는 어머니를 헌신적인 외과의사로 인정하고, '감수성이 너무 예민하기 때문에 엄격한 거리를 유지할 뿐이야'라고 두둔하곤 했어. 나는 그렇게 깊은 뜻이 있는 줄 몰랐어."

올리버에 따르면, 그와 어머니 간의 관계는 너무 끈끈하고 긴밀했다. 그는 그녀의 막내인 동시에 영재였다. 그녀는 올리버에게 큰 관심을 쏟았는데, 종종 올바른 방식이었지만 간혹 부적절한 경우—예컨대, 그의 이해 범위를 벗어나는 D. H. 로런스의 소설을 읽어주는 것—도 있었다. 수십 년 후 정신분석 분야에 종사하는 동안 그의 뇌리를 떠나지 않은 기억 중 하나는, 열 살 때 어머니가 수술실에서 가져온 기형monstrosity—기형적인 배아, 병 속에 들어 있는 태아—을 그에게 보여줬다는 사실이었다. 그리고 열두 살 때, 어머니는 그를 대동한 채 어린이의 시체를 해부했다고 한다.

그때 갑작스러운 결심이 그를 압도하는 것처럼 보였다, 마치 자신이 원래 알고 싶어 했던 내용이 뭐였는지 그제서야 기억해낸 것처럼.

"스물한 살 때, 그러니까 옥스퍼드를 떠나 고향을 방문했을 때의 일이었어." 그가 말을 시작했다. "어느 날 저녁, 나는 왕진 중인 아버지를 수행했어. 승용차를 함께 타고 가는데, 아버지가 요즘 잘 지내냐고 물으셨어. 나는 '아, 네…'라고 조심스레 대답했지. 그랬더니 이번에는 걱정스런 표정으로 '여자친구는 없니?'라고 물으시는 게 아니겠어? '네.' '왜 여자친구가 없어?' '난 여자애들을 좋아하지 않는 것 같아요….' 잠깐의 침묵이 흘렀어… '그럼, 남자애들을 좋아한다는 뜻이니?' '네, 아버지.' 내가 대답했어. '나는 동성애자이니까, 어떤 경우에도 어머니에게 말하지 말아주세요. 어머니는 이해하지 못해 심장이 터질 거예요.'

그렇다고 해서, 아직 실제적인 경험을 한 건 아니었어.

경위가 어찌됐든, 다음 날 아침 어머니가 계단을 우당탕탕 뛰어 내려오며 나에게 비명을 지르고 〈신명기〉•에 나오는 저주를 퍼부으며 끔찍한 심판적 선고를 했어. 어머니는 1시간 동안 비명과 저주와 선고를 퍼부은 후 조용해졌어. 그러고는 3일 동안 완전히 침묵을 지킨 뒤 평상시 모습을 회복했어. 그 이후 평생 동안 그 주제에 대해 일언반구도 하지 않았지."

그는 한참 동안 입을 다물고, 발끝에 걸리는 자갈들을 툭툭 건드리며 걸었다. "스물여섯 살 때인 1959년, 옥스퍼드와 의대를 졸업한 나는 뒤늦게 고향을 떠나 캐나다로 향했어. 그건 정직하지 않은 행동이었어."

'정직하지 않다'는 게 무슨 의미일까?

"나는 돌아올 생각이 없었는데, 부모님에게 그 이야기를 하지 않았어. 내가 빈번히 보낸 편지에는 식물학과 지질학에 대한 자세한 이야기가 넘쳐흘렀지만, 개인적인 이야기는 하나도 없었어. 이윽고 나는 미국으로 내려와 샌프란시스코에 머물다 LA로 갔어."

• 〈신명기〉는 구약성서의 첫머리에 있는 오세오경의 마지막 장으로, 모세가 광야에서 태어난 신세대 이스라엘 백성을 위해 광야 생활을 회고하며, 약속의 땅 가나안에서 지켜야 할 하나님의 법(율법)을 세 차례의 긴 설교를 통해 상기시켜 주는 내용으로 이루어져 있다. 율법을 지키면 축복을 받고, 율법을 어기면 저주를 받는다는 내용이다.

3
캘리포니아에서 만난 밥 로드먼, 톰 건과의 대화

1982년 7월 캘리포니아로 여행했을 때, 나는 제일 먼저 (20년 전 올리버와 UCLA에서 우정을 나눴던) F. 로버트 로드먼을 퍼시픽팰리세이즈의 자택으로 찾아가, 그의 정원에서 자리를 같이했다. 그는 그동안 저명한 정신분석학자가 되어 있었고, 글솜씨도 뛰어나 도널드 위니컷 Donald Winnicott•의 전기 작가로 이름을 날렸다. 나는 그와의 대화를 녹음하지 않았으므로, 아래의 내용은 전적으로 나의 실시간 메모에 의존했음을 밝혀둔다.••

1962년 처음 만났을 때, 우리 둘은 모두 UCLA의 메디컬센터에서 레지던트로 일하고 있었다. 나의 전공은 정신분석학, 그

• 영국의 소아과의사이자 정신분석가로, 아동정신분석의 거장.

•• 본래 로드먼이 웨슐러에게 이야기한 것을 받아적은 것이지만, 편의상 로드먼의 입장에서 올리버 색스를 설명하는 '1인칭 관찰자 시점'으로 서술한다. 여기서 '당신'이라는 2인칭 대명사는 웨슐러를 가리킨다.

의 전공은 신경학이었다. 그는 거대한 드럼통만 한 가슴을 가진 괴짜여서, 다른 레지던트들과 세 명의 신경학 전공자들(그들은 강박적 체제순응주의자였다)로부터 기형아 취급을 받았다. 올리버는 예의 바르게 행동하거나 규칙을 따르려 하지 않았고, 회진을 하는 동안 환자들의 식판에 남은 음식을 먹음으로써 동료들을 화나게 만들었다.

한번은 올리버가 동료들 앞에서 한 환자의 사례를 정확하고 신중하게 설명했는데, 내가 보는 견지에서—나는 때마침 그 자리에 있었다—그의 임상적 기술clinical description은 매우 인상적이었지만, 동료들은 별다른 감응이 없는 듯싶었다.

그는 엄청난 반감을 불러일으켰고, 지금도 가끔 그런다.

올리버의 가장 대단한 점은, 예술과 과학을 재결합하려는 욕구가 강렬하다는 것이다. 그러나 그것은 어떤 사람들을 분개하게 만드는 요인이 되기도 한다. "빌어먹을, 그는 과학자가 아니야. 그의 저술에서 예술과 언어의 유희를 발라내야 해."

그는 완전체화to make whole에 온 힘을 쏟으며, 자기 자신을 '단편화fragmentation에 항거하는 완전체wholeness'의 사례로 내세운다. 그러나 다른 사람들, 특히 동료의사들은 단편화와 전문화에 중독되었다. 그들은 창의력에 회의를 표하며, 자신의 강박적 회피obsessive-compulsive avoidance를 합리화하려 한다.

그로부터 20년 후인 최근 그와 함께 한 커피숍에 들렀을 때, 그는 청량음료를 너무 많이 마신다는 이유로 '청량음료를 훔친다'는 놀림을 받았다. 그는 어쩔 줄 몰라 했는데, 그가 무안해하는 것을 보니 참으로 기가 막혔다. 그는 잠시 후 내게 이렇게 물

• 밥 로드먼.

었다. "내게 다른 사람과 특별히 다른 점이 있나?"

물론, 있다. 그는 활동반경에 제한이 없는 커다란 동물이다. 그는 머리를 번쩍 치켜들고, 경이로운 상태를 무한히 유지하며 이리저리 성큼성큼 걸어 다닌다.

그는 채송화 한 송이를 보고도 큰 감동을 받을 수 있다. "가만있자, 이 꽃은 흡수하는 빛보다 발산하는 빛이 더 많구나!"

그는 사물을 지속적으로 '더 높은 수준'으로 끌어올리는데, 그건 그의 타고난 재능이라고 할 수 있다.

말하기 좀 뭣하지만, 하루는 그가… 음… 피를 좀 마셨다. 그는 피를 계속 뚫어지게 바라보다가 이렇게 외쳤다. "오, 이런 건 먹어서 없애버려야 해!" 그러고는 단숨에 들이키더니, 우유로 입가심을 했다. 나중에 안 사실이지만, 그의 이 같은 기행의 밑바탕에는, 터부°를 넘어서려는 욕구가 깔려 있었다.

1960년대 초반인 그때, 그는 마약에 큰 관심을 보였다. 그는 마약을 한줌씩 가득 들이켰는데, 마리화나는 기본이고 특히 스피드•와 LSD에 탐닉했다. 그는 매우 자기파괴적이었다.

UCLA에서, 그는 사진을 현상하느라 암실에서 많은 시간을 보냈다. 시내의 가장 시끌벅적한 술집에 가서, 카메라를 카운터 위에 털썩 올려놓고—마치 무슨 문제점을 찾아내려는 듯—셔터를 눌러대기 시작했다.

그는 크고 육중한 덩치에 가죽재킷 차림의 오토바이광으로, 매우 먼 거리를 고속으로 질주하는 데 몰두했으며, 샌프란시스코와 LA 사이를 하루에 왕복하는 것 외에 안중에도 없었다. 한번은 고도로 진행된 젊은 다발경화multiple sclerosis(MS) 환자—병원에서 주는 약은 그녀에게 아무 효과도 발휘하지 않았다—를 허리에 동여매고, 언덕 위에서 그녀가 요구하는 대로 오토바이를 몰았다. 그 사건은 또 하나의 대형 스캔들이 되었다.

언젠가 승용차 운전자가 그를 애 먹이자—승용차족은 으레 오토바이족을 힘들게 한다—, 올리버는 다음 신호등에서 승용차에 다가가 운전자의 코를 비틀었다.

° '부정한 고기'라는 뜻을 가진 트레이프trayf라는 말을 생각해보자. 이 말은 구약성서 〈출애굽기〉 22장 31절, "너희는 내게 거룩한 사람이 될지니, 들에서 짐승에게 찢긴 것의 고기를 먹지 말고…"라는 구절에서 나온 말이다. 즉, 찢겨 죽은 짐승은 유대인들이 먹을 수 없는 음식(트레이프)으로 규정되어 있는데, 우유와 피는 트레이프로 분류된다. 따라서, 우유와 피를 먹는다는 것은 정결식(코셔kosher)을 먹는 식습관과 대척점에 있다.

• 메스암페타민methamphetamine의 속칭이며, 일명 히로뽕이라고도 한다.

그는 종종 토팡가캐니언의 외딴 오두막집으로 휴가를 떠났는데, 그 집에는 두세 개의 방과 (해저구knoll••가 내려다보이는) 일광욕실이 구비되어 있었다. 일광욕을 하고 난 후, 그는 동행한 친구들에게 피아노 선율을 들려줬다. 피아노에 앉은 그는 놀랍도록 다정한 태도로, 자신이 준비한 사랑스러운 곡들을 매우 섬세하게 연주했다.

그는 누군가로 하여금 보살피거나 보호해주고 싶은 충동을 느끼게 하는 사람이다. 만약 당신이 그와 함께 있어준다면, 그는 편안함을 느끼며 한량없는 포용력을 발휘할 것이다. 그러나 시끄러운 세상으로 돌아가면, 그는 왠지 위축되는 듯한 기색이 역력하다. 뒤이어 일상생활에 복귀하면, 끔찍한 슬픔이 곧 그를 압도할 테니 말이다.

나는 언젠가 그와 함께 런던을 방문하여, 그의 정통파 유대인 가족과 함께 금요일 저녁식사를 했다. 정신장애가 있는 형은 히브리어로 된 긴 기도문을 외웠고, 어머니의 말("식탁에서는 담배를 피우지 말고, 뒀다가 나중에 피우렴")에서는 야릇한 위선의 기미가 느껴졌다. 어느 시점에서, 아버지는 나를 위층으로 데리고 올라가—부적절한 언어생활을 지적하려는 듯—옥스퍼드 영어사전(OED)을 보여줬다. 나는 숨이 막힐 것 같았다. 그건 훌륭한 문화

•• 해저면에서 높이가 100m 이하이고 꼭대기가 그다지 넓지 않은 해저의 융기부.

라고 할 수 있지만, 극도로 신경증적이었기 때문이다. 지배적인 어머니와 소극적인 아버지! 어머니는 매우 야심차고 적극적인 데 반해, 일반의(GP)인 아버지는 매우 실용적이었다. 그의 아버지에게 "용돈이 필요하니?"라는 직설적인 말을 듣고, 나는 마치 '잘 양육되는 아이' 같은 느낌이 들었다. 그와 대조적으로, 어머니는—올리버가 의대생이 되어 어머니의 부인과 보고서를 대필하기 전부터—아들을 자신의 수족 또는 분신으로 여긴 것 같았다.

올리버가 열두 살 때(혹시 올리버가 이야기하지 않았던가?), 어머니가 그에게 인체—아기의 몸—를 해부하라고 시켰는데, 올리버는 아직까지도 그 일을 수치스럽고 혼란스럽게 생각하고 있다. 내 말뜻은, 엄마라는 사람이 어떻게 그런 일을 상상할 수 있냐는 것이다. 그것은 열두 살짜리 어린이의 마음에 못을 박아 미치게 만들 만한 행위였다. 인체에 대한 특권적 접근, 해부의 유혹과 흥분, 누군가를 마음대로 주무른다는 느낌은 숙련된 외과의사인 어머니에게 해당되는 사항일 뿐, 나이 어린 올리버와는 전혀 무관한 사항이었다.

그러나 어머니가 세상을 떠나자 올리버는 몹시 괴로워했다.

프로이트는 아버지를 잃은 직후 《꿈의 해석》을 썼고, 올리버는 1972년 어머니를 잃은 직후 《깨어남》을 썼으며 그로부터 얼마 후 노르웨이에서 사고를 당했다.

노르웨이에서 일어난 사건은 올리버를 엄청난 힘으로 짓

눌렀다. 그가 그곳에서 경험한 '황소 사건'에 대한 이야기를 처음 꺼냈을 때, 그와 나는 여기 이 자리에 앉아 편집적 전이paranoid transference의 가능성, 즉 '누군가 자신의 창의력을 훔쳐갈지 모른다'는 두려움에 관한 이야기를 나누고 있었다. 이야기를 시작한 지 30초가 채 지나지 않아 그의 얼굴이 온통 새빨개지는 바람에, 우리는 자리에서 일어나 산책을 해야 했다.

산책을 하는 동안, 그는 '지진아가 될 수 있다'는 두려움에 대해 이야기했다. 그의 말인즉, 어떤 사람들이 자기를 지진아로 만들거나, 누군가 다른 사람이 자기를 상자 안에 쑤셔넣을 수 있다는 것이다. 이것은 신경을 야금야금 갉아먹는 느낌으로, 그 내용은 "내가 허풍쟁이에 불과하며, 실제로 많은 사람들이 나를 그렇게 여기므로, 나는 지진아의 늪에서 벗어나 독수리처럼 맹렬히 솟구쳐 오를 수 없다"는 것이다.

물론 이것은 모종의 특권의식과 궤를 같이하며, 그 기원은 어머니와 올리버 사이의 격앙된 관계로까지 거슬러 올라간다.

이는 내가 종종 품었던 생각으로, 노르웨이 사건을 일종의 오이디푸스적 자극oedipal provocation으로 해석하는 것—황소를 아버지로, '다리 부상'을 거세로 보는 것—을 가능케 한다. 그런 맥락에서 보면, 그가 경험한 불구 중 일부가 정신신체질환psychosomatic disease•인 것처럼 보인다(이 모든 일은 어머니가 세상을 떠난 직후인 여름날에 일어났다는 점에 주목하라).

• 기질적인 것이 아닌, 정신적 혹은 심리적 요인에 의한 질병.

이쯤 되면, '다리 책'이 올리버에게 그토록 큰 부담을 준 이유를 이해하는 데 도움이 될 것이다. 그는 '아들이 내 창의력을 가져갔다'는 관념이 아버지를 소극적인 남자(유순하고 수동적이고 상냥한 인물)로 만들었다고 상상했다. 그리고 올리버는 '나 역시 창의력을 잃을 수 있다'는 공포감 속에서 살고 있다.

올리버의 이름을 신문에서 처음 봤을 때, 그의 아버지는 기뻐하기는커녕 되레 약간 짜증을 냈다. "비유대인들이 너를 해코지할 거야!"

아버지의 공포감은 극에 달했다. "남의 눈에 띄어서도 안 되고, 실력이 뛰어나도 안 돼."

그러나 올리버는 더 이상 어린아이가 아니었으며, 이미 확연한 실력자가 되어 있었다.

그는 만년에 자신의 과시적 행동에 갈등과 부분적 수치감을 느꼈고, 간혹 자신의 명성을 역겨워했다.

올리버와 함께 저녁식사를 해보라. 그는 처음에는 나이프와 포크를 이용하여 음식을 조금씩 매우 섬세하게 먹지만, 점점 더 동물처럼 변해가다 급기야 자기 자신의 접시는 물론 당신의 접시까지 넘볼 것이다.

~~~~~~

그의 읽기와 쓰기 습관은 걸작이다. 더듬거림—편지에서도 마찬가지다—, 정확히 표현한 후 손 내밀기, 머뭇거리기, 멈췄다 다시 계속하기….

그는 한때 발작적인 자기혐오감에 휘말린 나머지, 자신의 원고와 수년간의 결과물을 파괴하곤 했다. 그는 엄청나게 빠른 속도로 글을 쓰지만, 순식간에 파괴할 수 있다. 그러나 이제 다른 사람들에게 복사본을 맡기는 습관을 들였다. 바람직한 현상이다.

~~~~~~

나는 그에게 말을 걸 때, 가끔 '이 친구가 딴 사람에게 대답하는 것 같다'는 느낌이 든다. 자기 자신의 의사를 표현하는 데 골몰하다 보니, 어느 순간부터 대화상대인 나를 의식하지 않는 것이다. 처음 1분 동안 나를 정조준하지만, 그 이후에는 완전히 자신에게만 몰두한다. 그는 때때로 나를 제쳐놓고 죽이 맞는 사람들—키르케고르, 라이프니츠, 토머스 브라운Thomas Browne•…—과 직접 대화한다.

반면에, 부모님과 함께 있을 때는 그들의 말을 경청한다. 부

• 17세기 영국의 의사 겸 저술가(1605~1682). 통칭《미신론Pseudodoxia Epidemica》으로 알려진《전염성 유견Pseudoxia Epidemica》과《호장론Hydriotaphia》등을 썼다.《의사의 종교Religio Medici》는 종교와 과학의 대립에 있어 신앙인으로서의 신념을 서술한 종교적 수상록이다.

모님은 마치, 그를 나르시시즘에서 구원하는 것 같다. 그들은 그를 수렁에서 건져낸 후, 그와 세속적인 말을 미주알고주알 주고받는다.

그러나 의료기관에서 발견되는 환자들은 그에게 예외적 존재다. 그는 거절당한 자들의 공동체에 기꺼이 소속되어 그들의 일원으로 행동한다.

그는 간혹 편두통 발작을 겪는데, 그러는 동안 편두통에게 신체적으로 압도당한다. 그는 자신의 생리를 특이한 방법으로 의식한다. 예컨대, 그는 갑자기 일어나 머리를 붕대로 싸매고 밖으로 나가 걷는다….

그러나 그에게는 모든 것을 포용하는 온화함이 있다. 기골이 장대한 그는 섬세한 제스처로, 내 어린 딸의 뺨에 굿바이 키스를 한다.

자신의 특이함에 대한 콤플렉스(이상한 의식과 인식)—자기가 천재라는 등의 의식은 어릴 때부터 그를 외톨이로 만들었음에 틀림없다—는 유년기 이후 줄곧 그의 마음속에 자리 잡고 있는 거라 생각되지만, 그는 그로 인한 압박과 조롱 속에서도 자율적으로 성장했다(그는 자신을 통합된 존재로 간주하고, '내가 정상이고 다른 사람들이 비정상이다'라고 생각하는데, 그가 옳을지도 모른다).

장담하건대, 그는 한편으로 성장이 저해되었지만, 다른 한편으로 믿을 수 없을 만큼 자율적인 존재다. 마치 거대한 분재盆栽처럼, 그는 경탄할 만한 생존자라고 할 수 있다.

~~~~~~

1974년 내 아내가 죽어갈 때, 그는 나에게 구원의 손길을 내밀었다. 많은 사람들이 내게 다가왔지만, 가장 의미있는 중재안을 내놓은 사람은 그였다. 자아에 대한 깊은 성찰로 보나 삶의 비극에 맞서는 능력으로 보나, 그만큼 이상적인 대화상대는 없었다. 그는 내게 몇 통의 편지를 보내, 몇 달 동안의 심경을 정리하여 책으로 펴내라고 조언했다. 그것은 한 사람이 다른 사람을 돕는다는 게 어떻게 가능한지를 보여준 모범사례였다.°

~~~~~~

1982년 7월 3일 (색스가 웨슐러에게 쓴 친필 편지)

렌•에게

° 그가 쓴 책을 직접 확인해보라. Rodman, 《Not Dying》 (Random House, 1977), 84~86쪽.

• 로런스 웨슐러의 애칭.

캘리포니아에서 밥 로드먼과 좋은 만남을 가졌고 조만간 톰 건도 만날 거라니 반가워. 이제 동부해안, 그리고 무엇보다도 영국에 있는 내 친구들만 남았네.

일전에 자네가 식물원에서 건 전화에 신경질적 반응을 보여 미안해. 그러나 (특히 내 자신이 작가이다 보니) 내가 책의 주인공이 된다고 생각하니 왠지 겁이 나더군. 온갖 것들이 민낯을 드러날 테니 말이야. 그러나 자네의 탁월한 재능과 통찰력은 물론 분별력과 품위를 믿는 만큼, 기쁨은 두 배야. 그리고 나의 어두운 측면이 드러나는 게 그다지 부적절하다고 생각하지 않아. 사실, 난 가끔 부적절한 행동—또는, 고작해야 알쏭달쏭한 연금술과 승화sublimation• 정도겠지—을 하는 사람이야.

로드먼을 만난 후, 나는 샌프란시스코로 이동하여 톰 건을 만났다. 그는 영국의 시인으로, 그가 미국 서부로 이주한 것은 올리버 자신의 이주의 전조가 되었고, 어떤 의미에서 원인으로 작용했을 수도 있다.

건은 1929년(올리버보다 4년 전) 영국의 켄트에서 태어나, 1953년 옥스퍼드의 트리니티 칼리지를 졸업했다(이것은 올리버가 옥스퍼드에서 학사학위를 받기 2년 전이지만, 칼리지가 달랐으므로 두 사람이 옥스퍼드

• 심리학에서 말하는 방어기제 중 하나로 본인의 부정적 특성, 욕구나 충동을 사회적으로 용인되는 선에서 해결하려는 작용이다. 공격성이 큰 사람이 격투기 선수가 되거나, 부정적 성향이 강한 사람이 본인의 성향으로 시를 남기는 게 그 예다.

에서 만나지는 않았던 것으로 보인다). 건은 이듬해에 첫 번째 시집《싸우는 조건》을 출간한 직후 미국으로 떠나, 처음에는 스탠퍼드에서 이보르 윈터스Yvor Winters와 함께 연구했고, 이후 샌프란시스코에 영구적으로 정착하여 1957년에 두 번째 시집《운동감각》을 발표했다.

그는 20세기 후반의 걸출한 '영어로 시를 쓴 시인' 중 하나로, '고향인 영국의 뿌리'(공식적인 면에서 볼 때, 그는 처음 10년 동안 약강5보격iambic pentameter•• 에 국한했고, 자칭 "20세기의 존 던John Donne•••"이 되려고 노력했다)와 '이주한 캘리포니아의 빛'(주제 면에서 볼 때, 그는 게리 스나이더Gary Snyder와 로버트 던컨Robert Duncan의 선호를 반영하여 대중문화와 자유분방한 일상생활을 칭송했다)을 결합한 시를 썼다. 그는 만년에 에이즈의 급속한 확산을 과감히 증언한《밤에 땀을 흘리는 사나이The Man with Night Sweats》를 발표했지만, 우리가 1982년 7월 3일 카스트로 거리에 있는 조그만 이탈리아식 커피숍에서 만났을 때, 에이즈의 공포는 아직 미래의 일이었고 단지 불가사의하게 느껴지기 시작하고 있을 뿐이었다. 아래의 내용은 우리의 대화를 압축하여 문답식으로 편집한 것이다.

올리버와 맨 처음 만나게 된 계기는?

올리버가 인턴 생활을 하기 위해 캘리포니아에 도착한 직후인 1961년, 나는 샌프란시스코에서 그를 만났다. 그는 오토바이를 타고 나타나 자칭 "울프"라고 했는데, 듣자 하니 그건 그의 미

•• 고대 영시의 운율.

••• 영국의 시인, 성공회 사제(1572~1631).

• 톰 건.

들네임이었다. 그는 언젠가 이런 농담을 던졌다. "내가 자신의 이름을 사용한다는 사실을 알면, 외할아버지가 어떻게 생각할까?" 그렇다면 어머니가 늑대의 후손이라는 이야기가 되는데, 꽤 그럴듯한 농담이었다. 그는 글솜씨도 수준급이었다. 소싯적부터 작가를 지망했으며, 두툼한 노트를 보유하고 있었다. 그의 노트는 정말로 두툼해서, 언젠가 1000쪽쯤 되는 타이핑된 일기를 본 적이 있었다. 어느 해 여름, 그는 트럭 운전기사들의 애환을 연대순으로 기록하기로 마음 먹고, 자료수집차 오토바이에 올라탔다. 그러나 오토바이가 고장 나는 바람에 지나가는 트럭을 얻어 타는 신세가 되었고, 나중에 '트럭 기사가 된다는 것'에 대한 장문의 글을 들고 샌프란시스코에 돌아왔다.°

또 언젠가, 그는 오토바이를 타고—도대체 무슨 수로 휘발유를 구했는지 모르겠지만—멕시코 바하칼리포르니아수르주州의 땅끝마을까지 내려갔다. 길가에서 슬리핑백 속에 들어가 잠을 잤다는 말을 듣고 "굉장했겠네"라고 했더니, "독수리들이 머리 위에서 맴도는 걸 제외하면 괜찮았어"라는 말이 돌아왔다. 그래서 "흥! 독수리는 살아 있는 사람을 공격하지 않아"라고 아는 체를 했더니, 그의 말이 걸작이었다. "맞아. 그러나 '정신 나간 독수리가 그런 룰을 모르고 나를 공격할지도 모른다'는 생각이 뇌리를 떠나지 않았어."

그의 여행기가 어디에 있는지 기억이 나지 않는다. 이 집에 이사온 지 10년이 됐는데, 아직도 발견하지 못했다. 내가 이사할 때 무심코 어딘가에 둔 것 같은데, 혹시 발견되면 당신에게 당장 보여주고 싶다.

올리버는 어떤 사람이었나(특히 캘리포니아에 처음 도착했을 때)?

음, 그거야말로 내가 당신에게 해주고 싶은 말이다. 왜냐하면 그는 내가 아는 사람 중에서 가장 극적인 변화를 겪은 사람이었기 때문이다. 그의 변화 과정을 곁에서 지켜보지 않았지만, 나는 '변화 전'과 '변화 후'를 모두 목격했다. 예컨대 그 여행기의 경우, 그의 지인들 사이에서 악명 높은 부분이 하나 있다. 그는 한 사디스트적인 안과의사에 대해 신랄한 풍자글을 썼는데, 그 의사는 유감스럽게도 한동안 미쳤었지만 그 당시에는—약간 이

○ 1961년에 작성한 글에 대한 장문의 발췌록은, 올리버의 자서전인《온 더 무브》(알마) 94~109쪽의 〈트래블해피〉 참고.

상하지만—웬만큼 정상으로 돌아온 상태였다. 내가 보기에, 그는 '사디스트적인 의사'가 아니라, 가학적성애자sexual sadist였다. 올리버는 풍자글에서 그를 닥터 카인들리Doctor Kindly라고 부르며, 매우 유머러스하게 묘사했다. 그러나 올리버는 큰 잘못을 저질렀으니, 자신이 기본적으로 좋아하는 인격체를 비공감적unsympathetic으로 대한 것이다. 게다가 그 글을 주인공에게 보여주는 실례를 범했다. 주인공은 그 글을 좋아하지 않았으며, 실제로 큰 상처를 받았다. 그도 그럴 것이, 그런 식으로 놀림당하는 것을 좋아할 사람이 누가 있겠는가! 올리버는 올리버대로, 그런 부정적 반응에 큰 충격을 받았다.

그 글에 대한 나의 비평—얼마나 명시적이었는지 모르겠지만, 나름 명시적이었던 것 같다—은 "잘 쓰였고, 관찰력이 돋보이고, 작가로서 대성할 가능성이 엿보인다"는 것이었다. 그러나 그는 독불장군 같았다. 그는 다른 모든 사람들을 매우 혹독하고, 경멸적이고, 비꼬는 투로 심판했다. 타인들의 속마음을 헤아리는 능력이 부족했고, 심지어 그들이 어떻게 반응할지를 상상하지 못하는 것 같았다. 그런 글을 주인공에게 직접 보여준 것도 문제이지만, 글 자체의 내용에 문제가 많았다. 다시 말해서, 그의 글에는 '사람에 대한 느낌'이 들어 있었지만, 그건 사람에 대한 '진정한 느낌'이 아니었다.

올리버는 그 당시 보기보다 훨씬 더 괜찮은 사람이었으며, 글에서 묻어나는 작가의 사람됨보다도 훨씬 더 인간미 넘치는 사람이었다. 그는 훨씬 더 투명하게 자기를 연출하는 사람이었다. 다시 말해서, 그의 글에는 극적인 감각이 배어 있지만, 당신은 그걸 어떤 의미에서도 가식으로 느끼지 않을 것이다. 그는 늘 괜찮은 사람이었고, 불쾌할 만큼 가식적이지도 않았다. 다만 젊음의 열정 때문에 어깨에 힘이 잔뜩 들어가 있었을 뿐.

그는 얼마 후 남부 캘리포니아로 내려갔고, 나는 그 이후 그를 거의 보지 못했다. 심지어 그가 뉴욕으로 이주하기 직전까지도 그를 자주 만나지 않았다. 그러나 뉴욕에 나타난 그는 전혀 다른 사람이 되어 있었다.

방금 말한 건, 올리버가 《깨어남》을 쓰기 전의 일이었나?

물론 그렇다. 그러나 그는 《깨어남》을 쓸 만한 잠재력을 지닌 사람이었다. 처음 본 올리버가 《깨어남》을 쓸 수 없었던 이유는, 사람들에게 충분히 공감할 수 없기 때문이었다. 그렇다고 해서 자비심이 부족했던 건 아니고, 공감적 상상력sympathetic imagination이 부족했던 것 같다. 물론 지금은—행동이나 대화나 삶이나 글쓰기 면에서—내가 아는 누구보다도 풍부한 공감적 상상력을 갖고 있다.

그 사이에(캘리포니아에 도착한 이후 《깨어남》을 쓸 때까지) 무슨 일이 일어났는지 모르겠지만, 장담하건대, 일련의 복잡한 사건들이 꼬리에 꼬리를 물고 일어났을 것이다. 그런 사건들 중에는 성숙maturation이라는 과정도 포함되어 있었음에 틀림없다. 캘리포니아에 처음 도착했을 때, 그는 '내가 누구인가'와 '내가 뭘 원하는가'에 대한 감각이 전혀 없었다. 사실, 젊었을 때 그런 감각을 지닌 사람은 아무도 없으며, 나이가 들어감에 따라 모든 게 변화하기 마련이다. 게다가 그는 불행했다. 우리가 어떤 의미로 성숙이라는 말을 사용하든, 성숙이란 대부분의 사람들이 20대 초반에 겪는 일이지만, 그는 그런 일 중 어느 것도 아직 경험하지 않은 상태였다.

그건 아마도 영재성과 관련된 게 아니었을까? 말하자면 성인과 동등한 지적 능력을 가진 다섯 살짜리 어린이에게, 그에 상응하는 정서적 성숙emotional maturity이 결핍될 뿐만 아니라, 성인이 될 때까지 다섯 살에 해당하는 감정이 존재하는 것처럼 말이다.

당신의 추측이 맞다고 생각한다. 그리고 다른 의미의 성숙은 20대 후반이나 30대 초반에 가서 이루어졌을 수 있다. 그러나 시기가 늦었을망정, 그의 성숙은 내가 지금껏 봤던 어느 것보다도 깊고 유의미하고 철저했다.

그가 뒤늦게 성숙한 과정을 언급해봤자 시대에 뒤떨어질뿐더러 좋은 소리를 들을 리 만무하지만, 내가 이렇게 말해도 올리버는 이해해주리라 생각한다. 내 생각에, 우리 모두가 LSD에 탐닉하는 시기에 그 역시 다량의 LSD를 복용했던 것 같다. 그 시기가 정확히 언제였는지에 대한 의견은 분분하지만, 내가 LSD에 손대기 시작할 즈음 그는 이미 샌프란시스코를 떠나고 없었다. 그러나 샌프란시스코에 머무는 동안, 그는 내가 아는 다른 어떤 사람보다도 많은 '화학적 자가실험'을 했다.

올리버가 한동안 신봉했던 "약물남용 예찬론"에 대한 당신의 의견은?

나름 지당한 말이다. 나는 그의 말에 일리가 있다고 생각한다. 다시 말해서 LSD는 격론에 휩싸여 있지만, 그럼에도 불구하고 나는 그게 내 자신, 내 인생, 그리고 다른 사람을 이해하는 데 도움을 줬다고 생각한다. LSD가 아니었다면, 그런 경험은 불가능했을 것이다.

올리버의 구버전에 대해 좀 더 이야기해보자. 그의 총명함이 천박함 shallowness—이 말이 적절할지 모르겠다—으로 나타난 시기는 언제였나?

일면 타당성은 있지만, 어떤 말을 쓰더라도 의도와 달리 악의적인 것처럼 들릴 것이다. 그럼 천박함 대신 자기중심적이라는 말을 쓰면 어떨까? 그것도 틀린 말은 아니지만, '자기중심적이었다'라기보다는 '자기의 분수를 몰랐다'는 게 적절할 것 같다. '닥터 카인들리'의 예에서 살펴본 것처럼, 총명함이 다른 덕목을 압도하는 경우가 있는데 이를 가리켜 재승박덕才勝薄德•이라고 한다. 자신의 능력을 과시하고 존재감을 드러내기 위해 시건방을 떠는 사람이 종종 있는데—누구나 10대 시절의 건방 떨기를 경험했을 것이다—, 그는 서른 살이 다 되어 건방진 언행을 했다.

그는 도가 지나치게 못된 짓을 하는 법이 없었지만, 나는 간혹 그에게 못된 짓을 했다. 그는 늘 관대했지만, 나는 그렇지 않았다… 사실, 나는 그즈음 그를 종종 '약간 거슬리고 귀찮게 구는 녀석'쯤으로 여겼다. 왜냐하면 그가 나에게 열광하는 데 반해, 나는 그에게서 열광할 만한 구석을 별로 발견하지 못했기 때문이다. 그는 나의 시에서 무슨 영감을 얻은 것 같았지만, 솔직히 말

• 아는 것이나 능력은 뛰어나나, 인품이 부족한 사람을 가리킬 때 쓰는 말.

해서 그의 글에는 나에게 영감을 줄 만한 게 없었다.

당신에게 '뭔가'가 있었다고? 그게 뭐였을까?

지혜 같은 거라고 할 수 있다. 나도 잘 모르겠다. 나의 시에 오토바이가 나오는데, 그래서 그랬을까? 내가 알기로, 올리버에게 내 시를 처음 보여주며 읽어보라고 한 사람은 조너선 밀러였다.

올리버의 말에 따르면, 당신은 '그에게 아픔을 주는 이슈'를 거리낌 없이 다뤘다고 한다. 내 예감에, 그가 특별히 염두에 둔 이슈는 호모에로티시즘homoeroticism인 듯하다.

음, 그는 그즈음 동성애 문제를 받아들이는 법을 배우기 시작했지만, 완전하지 않은 듯했다. 내가 당신에게 이런 말을 해도 그는 개의치 않을 거라 확신하는데, 그는 (내 눈에는 '철없는 아이들'로 보이는) 몇 명의 청년들과 어울렸다. '몇 명'이라고 해야 두세 명 정도였겠지만, 매우 남자답고 멋있고 젊고 터프해 보이는 청년들이었다. 그들은 오토바이에 푹 빠져, 도로와 비포장도로를 가리지 않고 마구 달렸다. 올리버는 그들에게 '크고 건장한 아버지'이자 '경이롭도록 로맨틱한 인물'이었다. 올리버와 그들의 관계는 영원할 것처럼 보였다.

당신이 보기에, 오토바이는 어땠나? 올리버가 위험하게 산다는 느낌을 받았나?

그렇다. 내가 보기에, 그는 '위험한 라이더' 또는 '폭주족'이었다. 그 정도로만 해두자.

그리고, 그와 어울렸던 청년들도 위험했나?

그들이 위험한 사람들이었는지는 모르겠다. 그들이 칼을 소지했을 거라고 생각하지는 않는다. 말하자면, 그들은 '좀 노는 아이들'에 더 가까웠다. 그러나 올리버는 그들과 거리에서 어울리기보다는, 나와 마찬가지로 가죽바leather bar•에 더 자주 드나들었다. 그리고 가죽바에 드나드는 사람들은 위험하지 않았다. 그는 활기가 넘치는 용모의 소유자였는데, 내 생각에 모두가 그를 좋아한 것 같지는 않다. 가죽재킷을 입은 사람들 중에서, 그를 '좋아하는 사람'과 '싫어하는 사람'의 비율이 반반이었을 것이다.

상식적으로 볼 때, 그를 싫어하는 사람들과 충돌이 있었을 텐데….

음, 그럴 수도 있고 아닐 수도 있다. 내 말은, 그가 얻어맞을 수도 있었지만, 워낙 강했으므로 위험에 빠지지는 않았을 거라는 뜻이다. 반면에, 가죽바에서나 거리에서나 트러블은 늘 일어나기 마련이다. 그건 누구를 두들겨 패기 위해서라기보다는, 허세를 부리기 위해서이기 때문이다.

물론, 올리버는 그런 와중에서 멜Mel을 알게 되었다. 당신도 멜을 익히 알고 있을 텐데….

그다지 많이 알지는 못한다.

음, 멜은… 멋진 소년이었다. 그는 다른 아이들과 같은 또래

• (오토바이를 타는 사람들이 즐겨 입는) 가죽재킷 차림의 사람들이 드나드는 주점.

였고, 체격도 비슷했다. 그러나 그는 감수성과 지능이 뛰어난 소년이었으며—지금도 여전하다—올리버와 함께 남부 캘리포니아에 거주하고 있었다. 그는 내가 보기에도 매력적이었다. 처음에는 그를 잘 알지 못했는데, 그 이유는 사는 지역이 달랐기 때문이다. 여러 해 전 샌프란시스코를 마지막으로 방문했을 때, 올리버는 멜과 동행하고 있었다. 지나친 감상적 태도를 배제하고 말하자면, 멜은 매우 사랑스러웠고 사랑받을 만한 가치가 있었다. 자세히는 모르겠지만, 둘 사이에 무슨 어려움이 있었음에 틀림없다. 왜냐하면 멜이 올리버와 함께 뉴욕으로 이주하지 않았기 때문이다. 추측하건대, 그들은 지금까지도 좋은 친구로 남아 있으며, 서로에게서 많은 것을 느끼고 있다. 나는 몇 번의 만남에서 그에게 깊은 인상을 받았으며, 그를 매우 좋아하게 되었다. 오늘날 그는 북쪽 어딘가—아마도 오리건쯤—에 살고 있다. 내가 알기로, 올리버는 그 이후로 어느 누구도 사랑하지 않았다. 내 느낌도 그렇다.

그 당시 올리버의 의사 생활과 나머지 생활이 완전히 제각각이었다고 생각하는가?

아니다. 나는 그가 이중생활을 하고 있다고 여기지 않았으며, 그와 정반대로 두 가지 생활을 놀라우리만치 완벽하게 통합하고 있다고 생각했다. 그는 각각의 생활 모두에서 열정을 불태웠다. 그의 마음이 풍성한 것은, 그가 상이한 분야에 대한 관심과 지식을 모두 갖고 있으며, 그중 어느 것도 범주화하지 않기 때문이다. 18세기의 문학 교수들은 박사학위를 받은 후 17세기나 19

세기의 문학을 전혀 읽지 않았지만, 그는 그들과 근본적으로 달랐다. 이런 점에서, 그는 에즈라 파운드Ezra Pound 등의 아방가르드 문학가에 가깝다.

사실, 올리버는 나에게 '과학과 인문학이 미분화되었던 시대에서 타임머신을 타고 날아온 사람'이라는 느낌을 자아낸다. 라이프니츠나 브라운과 같은 사람들이 그의 동시대인인 것처럼 보일 정도다.

일전에, 올리버는 '운동의 음악성musicality of movement'에 대한 윌리엄 하비William Harvey의 말을 인용했다.•

나도 알고 있다. 라이프니츠, 브라운, 하비는 모두 올리버의 동시대인인 것처럼 보인다. 그는 그들의 이론에 단지 관찰을 추가하고 있을 뿐이었다. 마치 그들의 대답을 듣기를 기다리고, 때로는 정말로 대답을 듣는 것처럼.

• 올리버는 종종 윌리엄 하비를 인용했는데, 하비는 17세기 옥스퍼드의 위대한 해부학자로서 '혈액 순환의 메커니즘'을 사상 최초로 규명한 것으로 가장 잘 알려져 있다. 올리버가 2004년 1월 〈뉴욕 리뷰 오브 북스The New York Review of Books〉에 기고한 〈의식의 강〉이라는 에세이에, 다음과 같은 각주가 첨가되어 있다.

> 음악의 리듬과 흐름이 환자들의 동작·지각·사고의 흐름을 회복시킬 수 있다. 음악은 때때로 주형template이나 모델로 작용하여, 환자가 일시적으로 상실했던 시간감각과 운동감각을 회복시키는 것 같다. 따라서 멈춤 상태에 있는 파킨슨병 환자들에게 음악을 들려주면 움직이거나 심지어 춤을 출 수도 있다. 신경학자들은 직관적으로 음악용어를 사용하여, 파킨슨증을 '운동 더듬이kinetic stutter', 정상적인 동작을 '운동 멜로디kinetic melody'라고 부른다. 하비는 1627년에 발표한 저술에서, 동물의 움직임을 "조용한 신체 음악silent music of the body"이라고 부른 바 있다. (올리버 색스, 《의식의 강》(알마), 184쪽에서 재인용.)

그는 일찍이 《편두통》을 쓰기 전(또는 직후)부터, "'좋은 과학'인 동시에 '좋은 문학'인 책을 쓰고 싶다"고 말했던 것으로 기억된다(정확한 표현은 생각나지 않지만, 이와 매우 가까웠던 것 같다). 얼마 후, 그는 자신의 생각을 실천에 옮겼다.

물론 그의 능력은 비범한 '강박관념 및 압박감'과 밀접하게 관련되어 있다. 나 역시, 특정한 수준의 강박관념(이를테면 '내가 무슨 일을 해야만 한다'든지, '무슨 글을 도저히 쓸 수 없다'는 등의 느낌)을 인지하지만, 올리버에 비하면 '새 발의 피'다. 나의 글막힘은 올리버만큼 오래 지속되지도 않고 절대적이지도 않다. 다른 한편, 글막힘이 해소된 후 집필을 재개할 때의 광속집필도 그를 따라잡을 수 없다. 당신도 알다시피, 그는 며칠 동안 밤낮을 가리지 않고 논스톱으로 수천 자의 글을 쓰며, 불과 수 주 만에 모든 작업을 완벽하게 마무리한다. 《편두통》을 9일 만에 썼으니, 그의 능력은 마귀 빰치는 수준이었다.

다른 관점에서 볼 때, 그런 엽기적인 글막힘 현상은 어떤 면에서 환자에 대한 공감능력과 관련되어 있는 것 같다. 예컨대 《깨어남》에 나오는 환자들의 경우, 우리가 상상할 수 있는 어떤 사람보다도 완전히 차단되어 있다. 올리버가 기술한 '걷기 및 달리기 과정'에 따르면, 환자들은 보폭이 점점 더 줄어들다 급기야 몸과 마음이 따로놀게 된다(마음속으로는 걷는데, 몸이 따라주지 않는다). 올리버의 글에서는 상상적 공감력imaginative sympathy이 물씬 풍기는데, 어떤 사람들은 그것이 일정 부분 형에게서 비롯된 거라고 말하기도 한다. 나는 간혹, 올리버가 형을 대안적 자아alternative self로 간주한다는 생각을 하게 된다.

그렇군. 그렇다면 그의 형은 어떻게 지내고 있나?

음, 당신도 알겠지만, 그는 아마도—정확한 병명은 모르겠지만—조현병(또는 그와 유사한 질환)을 앓고 있는 것 같다. 올리버는 언젠가 형이 다음과 같이 말하는 것을 우연히 들었다. "내가 미쳤기 때문에, 다른 가족들이 제정신인 거야." 그의 말은 매우 의미심장하다. 다른 사람들은 이해하지 못하겠지만, 그와 피를 나눈 올리버는 많은 것을 느낄 것이라 확신한다.

(긴 침묵이 흐른 후, 건은—마치 마지막 말의 무게를 가볍게 하려는 듯—활짝 웃는다.)

그가 내게 던진 말 중에서 가장 재미있었던 것은(그 자신은 웃으면서 말했지만, 어쩌면 가장 이상한 말일 수도 있다), 아주 어린 나이—그러니까 예닐곱 살, 또는 훨씬 더 어린 나이일 수도 있다—에 소형 비행선blimp에 대해 성 이전의 욕망presexual desire을 느꼈다는 것이었다. 그건 원초적인 관능욕sensual desire이었음에 틀림없는데, 내가 말하고자 하는 것은 '올리버 말고, 비행선에게 관능적인 욕망을 품을 사람이 누가 있겠냐'는 것이다.

그러나 그는 자못 진지했다. 그 이야기는 꾸며낸 것도 아니고, 후향적 판타지retrospective fantasy도 아니었다. 그 말을 생각할 때마다, 나는—다른 사람이라면 몰라도—설마 올리버가 거짓말을 했으리라고는 도저히 상상할 수 없다. 만에 하나 그가 허풍을 떨었다면, 허풍을 떨려고 작심했음에 틀림없다.

나는 떠날 준비를 하며, 건에게 "1973년 《깨어남》이 출간된 후 올리버에게 쓴 편지의 사본을 아직 가지고 있나요?"라고 물었다. 그는 약간의 파일을 뒤지더니, 문제의 편지를 찾아낸 후 복사하여 내게 넘겨줬다. 그러면서 "다른 곳에 인용하거나 옮겨 실어도 무방합니다"라고 관용을 베풀었다. 그래서 나는 그 편지의 전문全文을 자료집SourceBook에 포함시켰다.°

° 해당 자료집은 www.lawrenceweschler.com에서 찾을 수 있으며, 향후 똑같은 사례가 나올 경우에는 별도의 언급 없이 SB라는 첨자로 표시할 것이다.

4
미국자연사박물관 방문과 일식집에서 점심식사

1982년 8월

올리버와 나는 '우리'만의 독특한 패턴을 형성했다. 그가 저녁에 내 아파트로 오면 내가 맥주와 치즈와 크래커를 내놓고, 그는 왕성한 식욕을 과시하듯 잔과 접시를 비운다. 그런 다음 함께 저녁식사를 하러 나가고, 집에 돌아온 후에는 내가 만든 디저트 아이스크림을 먹는다(그는 돌아오는 도중에 그래니스미스Granny Smith• 한 알을 이미 해치운 상태다).

다음으로, 그는 수면발작narcolepsy의 벼랑을 따라 아슬아슬하게 걸으며 하품, 본의 아닌 끄덕임, 가쁜 호흡을 연발하며 비몽사몽간을 헤맨다. 그러는 동안, 나는 그에게 커피 몇 잔을 연거푸 제공하느라 부산을 떤다. 두 잔, 세 잔, 네 잔. 마침내 그는 운전

• 호주에서 자연교잡으로 탄생한 녹색 사과.

대를 잡을 수 있을 만큼 정신을 차린다.

가장 최근에 저녁식사를 하고 헤어진 후, 나는 그에게서 8월 7일 자 소인이 찍힌 편지를 받았다.

> 지난번 만남은 환상적이었어. 자네와 함께 저녁을 즐긴 후, '종말을 향해 치닫고 있는 것 같다'는 갑작스럽고 특이한 붕괴감의 원인을 깨닫게 되었어. 그것은 금기와 불안감 때문이 아니라, 거짓 자아가 개입하기 때문인 것 같아. 자네가 면밀히 짚어준 덕분에 나의 실체와 현실이 드러났고, 나 자신을 올바르게 평가할 수 있게 되었어. 공포적·비난적인 거짓 자아가 이렇게 변명하고 있어. "아니야! 그는 거짓말쟁이야. 당신이 알고 있는 자아는 가짜야. 당신은 아무것도 아니야. 낮게 엎드려 입 닥치고 가만히 있어. 숨어서 지내란 말이야… 죽었다고 생각해!"

출발이 좋았던 한 주일(올리버는 '다리 책'의 새로운 중간부분을 순식간에 완성했다)은 곧 뒤죽박죽이 됐다. (당초 3부였던 것이 새로운 장으로 넘어가고, 산꼭대기에서 펼쳐진 드라마—무시무시한 황소와의 대면—가 도입부에 자리 잡게 되었다. 낙상落傷한 올리버는 헬리콥터에 실려 런던의 미들섹스 병원으로 이송되는데, 그 병원은 그가 한때 인턴으로 몸담았던 곳이다. 그런 불안정한 변화—인턴에서 일개 환자로—의 현상학이 수술 후의 '지긋지긋한 답보상태'와 연결되면서, 그는 완전한 신체적 불쾌감bodily dysphoria을 경험하게 된다. 자신의 다리가 왠지 이질적인—남의 다리 같은—느낌이 들고, 그로 인해 정체성의 혼란을 겪지만, 여러 단계를 교대로 거치며 신체의 완전성bodily integrity을 점차 회복한다. 즉, 음악적 촉진musical quickening, 장기간의 물리치료, 요양을 거쳐 마침내 '축복받은 건강'을 완전히 회복한다.) 그는 거의 마지막 부분인 "회복(치유, 균형 회복, 햄스테드히스에서 요양생활)"에서 글막힘이 도져 옴짝달싹 못하게 되고, 마치 감정이입(또는 재현re-presentation)이 된 듯 허리의 고질병이 악화된다.

그럼에도 불구하고, 우리는—당초 계획했던 대로—금요일 아침마다 (웨스트 95번가의 끄트머리에 있는) 나의 새로운 셋방에서 산책을 떠난다. 올리버는 '다리 책'에 대한 글막힘 때문에 고민하는 이유를 설명하는데, 듣고 보니 충분히 납득할 만하다. 그는 수년간 그 책에 발목이 잡혀 있는 바람에(사고가 일어난 직후인 1974년부터 그랬지만, 가장 심각한 것은 1979년부터라고 할 수 있다), 그 밖의 모든 것들(투렛증후군에 관한 책, 치매에 관한 책 등)이 중단되고 있다. 올여름 초 친구 에릭 콘에게 "이번 휴가 때 '다리 책'에 다시 한번 도전할 계획이야"라고 말했을 때, 콘은 격분하여 두 손을 번쩍 들었다. 콘 같으면 진작에 포기했겠지만, 올리버는 그럴 수가 없다. 마지막 장에 도달할 때까지는 모든 게 술술 풀리는 것처럼 보였으므로, 그랬다가는 상실감이 너무 클 것이기 때문이다. 마지막 장은 부드러운 서정적 터치를 요구하는데, 그는 자신에게 그런 재능이 부족하다고 느낀다. 탈무드적인 합리성이 표면에 부상하여 모든 것들을 가리고 있으니, 올리버는 걱정과 혼란에 휩싸여 우울하고 서글플 따름이다.

"글쓰기가 물 흐르듯 진행될 때, 나는 힘과 생기가 넘치며 정반대의 일은 상상조차 할 수 없어." 리버사이드 드라이브를 따라 느긋하게 내려가는 도중, 그는 나에게 이렇게 말한다. "그러나 글쓰기가 막힐 때는 의기소침하고 몸이 마비되어, 정반대의 일을 상상조차 할 수 없어. 어떤 경우든, 미래에 대한 나의 비전은 언제나 그럴싸한 영구성spurious permanence이라는 탈을 쓰고 있어."

올리버의 '다리 책'에 관한 문제는 '공기 좋고, 통풍이 잘 되고, 탁 트인 공간'에서 요양과 회복을 통해 종식될 필요가 있다는 게 나의 지론이다. 문제가 극단으로 치달음에 따라 올리버의 억제성 신경증inhibitory neurosis과 불안감은 더욱더 확연해져, 답답함과 거북함과 암울함과 음울함이 증가할 것이다. 이는 올리버가 추구하는 자기충족적 기술self-fulfilling description과 거리가 멀어도 한참 멀다.

우리는 대화를 계속하되, 가급적 말을 아낀다.

우리는 79번가에서 동쪽으로 방향을 틀어, 미국자연사박물관을 방문하기로 한다. 그곳은 그가 한때 자주 들렀던 곳이지만, 최근 들어 발길이 뜸했다.

박물관 안에 들어서자, 올리버의 걸음걸이가 상당히 가벼워 보인다. 우리는—물론—연체동물 전시실로 향하여, 오징어·앵무조개·문어가 들어 있는 전시함 앞에 멈춰선다. 올리버의 얼굴엔 이미 들뜬 기색이 역력하다.

"그들의 어떤 점이 그렇게 좋던가요?"라고 내가 묻자, 그는 잠시 생각에 잠긴 채 전시함을 물끄러미 바라본다—다형적polymorphous이고 약간 멍청해 보이는 문어 하며, 매끄럽고 추진력 있는 오징어 하며… "내가 뭘 좋아하는지는," 그가 마침내 우스꽝스러운 표정을 지으며 말한다. "자네의 눈으로 직접 확인할 수 있어."

"문어의 첫 번째 매력 포인트는," 그의 말이 계속 이어진다. "얼굴이야. 얼굴이 최초로 진화한 동물은 문어야. 얼굴은 독특한 관상학의 기반으로, 누군가의 성격을 여실히 드러낸다네. 문어와 시간을 보내다 보면, 자네는 자연스럽게 그들을 구분하게 될 거야. 그들 역시 자네와 다른 방문자들을 구분하는 것 같아.

그러므로, 이곳에는 이종異種 간의 상호애정이 존재하지.

그리고 이곳에는 그들만의 운동방식이 존재하는데, 이름하여 제트추진이야.

문어에게는 거대한 눈도 있고, 새와 같은 부리도 있는데, 그걸로 당신을 야멸차게 꼬집을 수 있어.

그리고 그들에게는 독특한 성적 습관이 있어. 자네도 알겠지만, 수컷 문어는 '정자로 가득 찬 다리'를 암컷에게 통째로 기증하는데….

그뿐만이 아니야. 그들의 유구한 역사와 모험정신을 생각해봐. 그들은 '억압적인 껍질'을 떨쳐버리고 나와, 자유로이 떠다니게 되었어.

그리고 그들의 끈적거림도 나름 매력적이라고 생각해." 그는 어린아이처럼 킥킥거린다. "내 말은, 내가 점액질을 정말로 좋아한다는 뜻이야."

다른 문어를 좀 더 응시하다가, 올리버는 문득 탄식을 한다. "어느 책에선가 '그 자체로 완결된 존재는 아름답다'고 쓴 사람이 프로이트였던가?"

잠시 후, 우리는 '앵무조개 껍질의 수학'이 증명되는 현장에 서 있다. "이건 내가 유년시절 런던에서 경험한 기쁨이었어. 유치원 다닐 때 자연계에서 '형태의 규칙성regularity of form'을 발견하고 황홀경에 빠졌어. 생명은 나를 향해 수학을 사정없이 뿜어냈어."

얼마 후, 올리버는 선사시대 원인原人의 점토모형을 바라보며 이렇게 말한다. "저들의 눈은 우리 세대보다 유순하고… 흠… 매력적이야. 설사 이렇다 할 두개골이 없더라도 매력적인 얼굴이야. 옥스퍼드에 다니던 시절, 우리는 유리병에 담긴 위인들의 뇌 컬렉션Brains of the Great을 보유하고 있었어. 투르게네프의 뇌는 거대해서, 무게가 거의 3000밀리그램에 달했지. 불쌍한 아나톨 프랑스Anatole France의 뇌는 800밀리그램 남짓했어."

우리는 어느 시점에서 교육용 전시실이라는 딱지가 붙은 관문을 통과한다. 올리버가 눈살을 찌푸린다. "오, 저건 최악이야. 나는 학창시절 박물관 드나들기를 즐겼지만, 주입식 학교 수업은 혐오했어."

교육용 전시실에는 경이로운 디오라마diorama(사막과 숲의 풍경을 정교하게 재현한 입체모형)가 즐비하므로—나뭇잎, 야생동물, 동물의 잔해, 나무껍질—, 우리는 잠깐 멈춰 감탄사를 연발한다.

"노르웨이에서 돌아와 병원에 입원했던 시절의 장면들이 갑자기 떠오르는군." 올리버는 회상한다. "좁고 작은 방에 몇 주 동안 갇혀 있다가 밖으로 나오니, 세상 만물이 갑자기 뿅 하면서 나타나는 것 같았어. 내 말뜻은, 3차원적 시각이 필요하다는 거야. 풍경에 익숙해지기 전까지 일종의 약화된 시각attenuated perspective이 지속되었을 뿐 '의미 있는 풍경'을 가진 세상은 존재하지 않았어."

이제 올리버는 아쉬운 듯한 미소를 짓는다. "세상의 풍요로움은 믿을 수 없을 만큼 놀라워! 나는 아쉽게도 사회조직의 풍요로움에 비견되는 재능을 갖고 있지 않아. 뉴욕시를 그토록 경이롭게 만든 것은 바로 사회조직social tissue이야." 사실, 그의 말은 나에게도 곧바로 적용된다. 올리버는 '거시적인 자연세상'과 (개개인의 피부에 존재하는) '미시적인 자연세상'에 늘 놀라지만, 개인들 사이에 존재하는 '가능성의 세상'에는 둔감하다.

어찌 됐든, 우리는 개별적인 인간군상에 불과하다. 올리버와 나는 우뚝 선 회색곰의 입체모형 앞에 멈춰선다. "아," 올리버가 탄식을 한다. "나는 대형동물들에게 사랑을 받았으면 좋겠어. 그들과 우리는 모두 형제자매거든." 그는 언젠가 옐로스톤에서 벌어졌던 해프닝을 설명한다. "내가 지나가는 곰을 쫓아가려고 하는 바람에, 에릭이 나를 승용차 안에 붙들어두기 위해 완력을 사용해야 했어."

~~~~

박물관을 떠나며 점심 먹을 곳을 물색하는 동안, 우리의 화제는 유대인, 자연, 가족으로 옮겨간다….

"유대인은 체질적으로 자연을 멀리할까?" 올리버가 문득 궁금해한다. "삶은 위대한 서정적 디오라마이지만, 탈무드에서는 그렇지 않아. 그러나 요양원에는 서정적 디오라마가 있어.

캐나다에는 내 사촌들이 살고 있는데, 나는 그들을 엄청 좋
~~~~

아해. 그들은 숲속의 오두막집에 안식일 촛불을 밝히는데, 그게 올바른 행동이지만 유대인 거주지역에 사는 내 부모님은 유감스럽게도 그러지 않았어… 이유는 모르겠지만 아버지는 안 그랬고, 어머니도 마찬가지일 거야.

어쨌든 내가 갑자기 어머니의 얼굴과 음성—즉, 어머니의 존재—을 기억한 것은, 어머니가 세상을 떠난 지 7년 후 캐나다의 매니툴린—내가 간혹 찾는 캐나다의 도피처—에서였어."

그는 그 부분에서 자유연상을 통해 과거로 돌아간다. "자연은 나를 캘리포니아로 불렀어." 올리버가 말한다. "나는 뮤어Muir와 버로스Burroughs를 사랑해. 캘리포니아는 나에게 '경이로운 행성은 바로 여기'라고 일깨워줬어."

캘리포니아에 머물던 시절, 그는 한동안 자기가 소설가의 자질을 갖고 있는 것 같다고 생각했다. "그러나 나의 습작은 '캐릭터의 바다'에서 허우적거리는 게 고작이었어. 나는 600명의 캐릭터들 사이에서 우왕좌왕하다 포기하고 말았어.

내가 진짜로 말하고 싶은 건, 신경학자가 되겠다는 생각을 단 한 번도 해보지 않았다는 거야. 나는 박물학자가 되고 싶었지만, 타의에 의해 의학과 신경학으로 방향을 틀었어. 그래서 나는 박물학자의 입장에서 신경학을 다뤄야 했어.

우리 가족은 토요일(안식일)이 되면 단체로 시나고그synagogue(유대교 회당)으로 갔어. 내가 태어나기 3년 전인 1930년, 부모님과 형들은 런던의 이스트엔드East End(가난한 지역)에서 북서부로 이사했어. 그들은 성서를 훤히 알고 있었어. 그러나 우리 가족에게서는, (서정적인) 금요일 밤과 (신명기적 금지Deuteronomical proscription로 점철된) 토요일 사이에 독특한 차이가 있었어.

부모님은 모두 정통파 환경에서 성장했지만—조부모님과 외조부조님은 모두 랍비였어—, 어머니가 받은 가정교육은 매우 특별했어. 외할아버지는 1837년 러시아에서 태어나 1859년 영국으로 이주했지.

어머니는 '타무즈Tammuz월•의 금식'을 전혀 지키지 않았어. 어머니가 지킨 것은 신화와 의식, 다시 말해서 금요일 밤이었지. 사실, 어머니의 묘비에는 '금요일 밤은 모두 다르다'라고 적혀 있는데, 그건 사실이야. 똑같은 금요일 밤이 단 하루도 없었거든. 어머니는 토템을 준수했고 성서에 정통했지만, 미드라시Midrash•• 에는 무관심했어. 구약성서의 〈시편〉과 〈아가雅歌〉(일명 솔로몬의 노래)를 좋아했는데, 나는 그것을 어머니의 자연사랑과 연관시키고 있어.

아버지는 어머니보다 주석에 관심이 많았어. 아버지에게, 식사 시간은 히브리 문법과 의료관행을 지속적으로 탐구하는 시간이었어. 나는 그것을 '뿌리에 대한 열정'과 연관시키고 있어.

나 자신은 히브리어에 까막눈인데, 우리 가족 중에서 그런 사람은 나밖에 없어. 그 대신, 나는 지절거리는 듯한 무의미한 방

• 모세가 시내산에서 돌판을 가지고 내려왔을 때 이스라엘 백성들이 금송아지를 만들어 섬기며 뛰놀던 날을 말한다. 이 광경을 본 모세는 (40일간 금식하며 받은) 십계명 돌판을 깨뜨렸다. 이 날은 이스라엘 역사상 가장 수치스러운 날들 중 하나로, 금식일이다.

•• 고대 팔레스타인의 랍비학교에서 기원한 성경 주석註釋에 붙여진 명칭. '찾다, 조사하다'는 뜻의 히브리어 '드라시'에서 유래한 말로, 성경 해석의 방법 및 내용을 담고 있다.

식으로 많은 것들을 암기하고 있어. 그건 아마도 끔찍한 전쟁 기간 동안 흉측한 시골학교를 외면하기 위해서였던 것 같아. 어쩌면 여섯 살 때(기숙학교로 떠나기 전) 돌아가신 히브리어 선생님으로 인한 상실감 때문이었는지도 몰라. 그건 완전히 버림받았다는 느낌이었어."

올리버는 열두 살 때 사랑하는 음악 선생님을 잃고 특히 큰 충격을 받았다(그 선생님은 출산 도중 비극적으로 사망했다). 그는 다음 해에 바르미츠바bar mizvah(유대교에서 열세 살이 된 소년의 성인식)를 부정한 방법으로 통과했다고 주장하는데, 그의 추측에 따르면 아마도 반항심이 작용했던 것 같다. "나중에 옥스퍼드의 졸업반 때 휴가를 내어 이스라엘의 키부츠를 아홉 달 동안 견학했기 때문에, 나는 히브리어에 능통하게 되었어. 그러나 비행기를 타고 돌아오는 동안 완전히 까먹고, 그 이후로는 한 단어도 기억하지 않았어.

요컨대, 금요일과 토요일의 차이는 명확했어. 사랑스럽고 목가적이고 신비로운 금요일은 '신부를 맞이하는 날'인 데 반해, 토요일은 때리기slap와 금지prohibition로 가득 찬 '랍비의 날'이었어. (그는 채찍질 이야기를 하며 자신의 손을 철썩 때리고, 나는 큰 소리에 놀라 펄쩍 뛴다.) 사실, 내가 나중에 열정적인 도덕률 폐기론자가 된 날은 토요일이었어. 그런 의미에서, 그날은 초자아superego의 날이었지.

어느 토요일, 나는 에릭과 함께 공항으로 가서 암스테르담행 비행기에 올랐어. 딴 뜻은 없고, 그저 베이컨 샌드위치나 한 조각 먹을 요량으로!

아주 한참 후, 엄청난 유대교 장서를 보유한 아버지가 '원하는 책을 뭐든 골라 보렴'이라고 하셨어. 내가 대뜸 조하르를 골랐더니, 아버지는 꽤 당황하셨어. 나의 요구가 매우 부적절하다고 생각했겠지만, 한 세트의 책을 놓고 저울질하다가 어렵사리 한 권을 뽑아 주셨어.

문제는, 오랜 이웃들이 모두 유대인이라는 거였어. 그런데 생물학은 유대인과 질적으로 달랐고—내가 생물학을 좋아한 이유 중 하나가 유대인 냄새가 나지 않는다는 거였어—, 1960년대 초반에 정착한 미국 서해안의 풍경도 유대인과 거리가 멀었어. (그가 기억하는 서해안은, 그즈음 내가 성장하면서 느낀 서해안과 사뭇 다른 것 같다.)

나는 20세기의 의사라기보다, 19세기의 박물학자 또는 19세기의 의사로 살아온 것 같아." 그는 이렇게 결론지으며 본래의 주제로 돌아간다.

"현실적으로, 나는 20세기의 의사인 동시에 19세기의 박물학자야."

~~~~~~

우리는 한 일식집 앞에 서서 음식모형을 뚫어지게 바라보는 자신들을 발견한다. "어떻게 보면 소름이 오싹 끼치고," 올리버는 그 특징을 이렇게 말한다. "어떻게 보면 군침이 도네. 간사한 마음이 교대로 왔다 갔다 하는군."

자리를 잡고 초밥을 주문한 다음, 나는 그에게 다른 의사도
~~~~~~

많은데 굳이 신경과의사가 된 이유를 물어본다. 그에게 그런 질문을 던지는 것은 다소 무리인 듯싶다.

"내가 이를테면 심장전문의 대신," 그는 더듬거린다. "신경과의사가 된 이유는, 심장학에는 인텔리의 관심을 끌 만한 게 없기 때문이야. 심장은 흥미로운 펌프임에 틀림없지만, 단지 펌프일 뿐이거든. 신경학은 '생각하는 사람'을 지탱할 수 있는 유일한 의학 분야라고 생각해."

좋다. 그러나 왜 하필 신경학이지? 예를 들면 정신과학도 있지 않은가?

"처음에는 '특정한 환자'보다는 '추상적인 것'에 몰두할 필요가 있었던 것 같아. 그러나 어쩌면 '내과의사 가문 출신'이라는 뿌리의식이 강하게 작용했는지도 몰라. 나의 어머니는 공교롭게도 위대한 키니어 윌슨Kinnier Wilson과 함께 신경과의사로 훈련 받았어. 윌슨은 어머니에게, 그리고 어머니는 (나중에) 나에게 소중한 반사망치를 물려주셨어."

사실, 올리버의 양친은 한때 신경학자의 꿈을 품은 적이 있었다. 그렇다면 혹시 신경과의사가 되지 않은 것을 후회하시지 않았을까?

"음, 아버지에게는 나름 변명할 거리가 있었어. 그분은 전문의 쪽에 '약간의 거리감'과 '명확한 존중심'을 보였지만, 그와 동시에 뛰어난 일반의 겸 진단자가 될 수 있다는 자신감을 갖고 있었어. 전문의에 대한 나의 느낌에는 아버지의 신념이 반영되어 있어."

"어머니는 일찌감치 명성을 날렸어. 그분은 왕립의학회에 입회한 최초의 여성 중 한 명이었고, 20대 후반인 1920년에 확고히 자리를 잡았어. (이것은 기념 만찬 석상에서 가끔씩 황당한 상황을 연출했어. '그런데 남편께서는 뭐 하고 계세요?') 어머니는 총명한 외과 의사로서 많은 사랑을 받았어. 그리고 연륜이 더해감에 따라 성숙하며 인간성이 향상되었어."

올리버는 잠시 말을 멈추고 초밥을 차례로 해치우며, 방금 내뱉은 말(성숙)을 곰곰이 생각한다. "그동안 저지른 온갖 실수—아마 그중에는 자살로 이어질 뻔한 것도 있을 거야—에도 불구하고, 나는 30대, 40대, 50대를 거치며 단계적으로 성숙했다는 느낌이 들어. 성숙했다고 느끼지 않는 사람들은, 그런 느낌을 어떻게 감당할 수 있을까?"

그는 자신이 성숙했다는 것을 어떻게 아는 걸까?

"나는 내가 한층 깊어졌다고 생각하며, 그런 느낌을 강하게 받고 있어. 말로 표현하기는 힘들지만, 나는 그것을 분명히 느끼며 경험하고 있어."

그는 다시 말을 멈추고 한숨을 쉰다. "그러나 물론, 나는 솔직히 말해서 전진하지 않았어. 나는 오히려 후퇴했어. 10년마다 '더욱 초라해진 상태'를 경험했으니 말이야."

이쯤 해서, 그는 무심코 나의 초밥을 넘보기 시작한다.

그는 일반의가 되지 않은 것을 아쉬워하는 걸까?

"맞아." 그는 한순간의 주저함도 없이 대답한다. "나는 1979년 매니툴린의 한 병원에서 일반의 자리를 제안받았어. 전임자는 뉴질랜드 출신의 훌륭한 사람인데, 아쉽지만 퇴직을 하게 되었으니 날더러 빈자리를 채워달라는 거였어. 나는 뛸 듯이 기뻐하며 그 병원으로 달려가, 전임자의 조수가 되었어. 의술을 완전히 익히려면 6개월쯤 걸리는데, 그 후에는 꽃길이 펼쳐질 것만 같았어. 아버지는 정말로 행운아•라는 생각이 들어."

행운아 이야기를 하며, 나는 화가 친구인 로버트 어윈이 주말에 LA를 떠나 뉴욕으로 올 거라고 말하며, 어윈과 함께 미술품 수집가인 숙부의 집에서 저녁식사를 함께 하자고 제안한다.

그는 멈칫한다. "아마 나는 처음 1시간 동안 묵묵히 앉아 있을 거야, 침묵의 고통을 느끼면서 말이야. 그러다가 갑자기 말문이 폭발할 텐데, 내가 목청을 높이는 동안 다른 사람들은 한 마디도 꺼내지 못할 거야. 꿀 먹은 벙어리가 됐든 웅변가가 됐든, 동석한 사람들에게 민폐를 끼치는 건 마찬가지야."

우리는 당초(아침에 나의 셋방을 떠날 때)의 침울했던 상태로 되돌아간다. 흥미롭게도, 그는 불현듯 자유연상을 통해 자신의 어린 시절로 거슬러 올라간다. "나는 왠지, 내가 배경에서 난데없이 튀어나온 '괴상하고 이질적인 종양' 같다는 느낌이 들었어. 부모님과 선생님들은 나를 보고 당혹스러워했어. 그러나 나 자신은 스스로를 '약간 괴짜인가 보다'라고 느꼈어. 예컨대, 가족 중에서 열정적으로 글을 쓰는 사람은 나 하나밖에 없었거든.

열세 살인가 열네 살이던 1946년쯤, 화학에 푹 빠졌던 나는 탈륨에 매혹되었어. 스펙트럼 속에서 밝은 녹색 선으로 나타나는 탈륨에, 나는 강박적으로 빨려 들었어. 승용차를 탈 때마다, 나는

• 존 버거John Berger와 장 모르Jean Mohr는 《행운아—어느 시골의사 이야기》에서, '개업한 일반의의 삶'을 고전적으로 묘사했다.

한번 시작했다 하면 몇 분씩 탈륨에 대해 열변을 토하곤 했어. 나의 예찬론이 15분 동안 이어지자, 부모님들은 (아무런 관심이 없음을 알리려는 듯) 엉뚱한 말을 했고, 급기야는 대놓고 약간의 거부감을 표출했어.

그래 봤자, 나로 하여금 괴짜임을 확인하게 할 뿐이었어.

나는 내 부모님의 태도를 간혹 예후디 메뉴인Yehudi Menuhin의 부모와 비교하곤 해. 나는 메뉴인의 부모님을 '아들의 천재성에 대한 감수성과 분별력이 뛰어났던 분'으로 기억하고 있어.

내 부모님은 내가 뭐가 될지 알고 있었을까?" 올리버는 마침내 한숨을 쉬며 말하고, 텅 빈 초밥접시를 밀어낸다. "나의 쓸데없는 의문은 떠벌림증이나 우울증이나 일식집-점심식사증후군Japanese-lunch syndrome••의 발로일 뿐이야."

"자네도 알다시피," 그가 말한다. "나의 몸속에는 두 가지 자아가 있어. 하나는 자네에게 나의 성장배경을 마음껏 털어놓고, 다른 하나는 그게 다 부질없는 짓이라고 느끼고 있어."

우리의 하루는 서서히 저물고 있다. 그는 자신의 승용차가 고이 모셔져 있는 주차장으로 돌아가기 위해 택시를 부른다. 그러면서, 캐나다로 가서 며칠 동안 머무르며 기분 전환을 할 예정이라고 말한다.

•• 소위 중국음식점증후군Chinese restaurant syndrome을 빗대어 올리버 색스가 만들어낸 말로 보인다.

자연사박물관을 구경하는 동안, 나는 올리버에게 '피보나치 수열과 해바라기의 관계'에 관한 사연을 자세히 설명해달라고 졸랐다. 그는 거절했는데, 그런 말을 할 기분이 아닌 듯했다. 나는 그날 저녁 그에게 전화를 걸어 주의를 환기했고, 그는 며칠 후 마침내 다음과 같은 손편지를 보내왔다.

1982년 8월 28일

친애하는 렌에게,

(…) 오늘 낮에 까칠하게 굴어서 미안해. 나는 몸이 약간 찌뿌둥하고 마음이 우울했는데, MSG 때문에 더 그랬나 봐…(이런 증상은 기질적인 동시에 도덕적이야) 내가 편두통과 신경학 전반에 관심을 갖게 된 것은 바로 이 때문이야.

나는 '통상적인 신경학'에는 아무런 관심이 없어(그렇다고 해서 역량이 부족한 건 아니야). 어쩌면, 루리야처럼 나 자신을 신경심리학자neuropsychologist라고 불러야 할지도 몰라. 그러나 꼭 그렇다고 할 수는 없어. 내가 지금(그리고 지금까지 항상) 관심을 갖고 있는 부분은 '신체기능 장애가 정신에 미치는 영향(즉, 공명resonance)'이야. 다시 말해서, 생각이 질병의 압력에 종속되어 있다면, 생각 자체를 형성하는 것은 무엇일까? (니체).

좀 더 일반적으로 말하면, 신체상태와 존재의 상호작용을 연구하는 것 (…)—존재를 이런 식으로 연구하는 데는 (특별한 전문지식과 환경을 갖춘) 의사가 제격이야. 터무니없게도, 내가 아는 동시대인 중에는 폭넓은 관심을 가진 사람이 극히 드물어. 그럼에도 불구하고 그것은 매우 명확하며 흥미로워.

(…)

세상에는 '소설가나 진배없는 사람novelist manqué이 있는데, 나는 때때로 스스로를 신경학적 소설가로 간주하곤 해. 그리고 나는 "신경학적 소설"이라는 장르를 생각해본 적도 있는데, 요즘에는 핀터가 우리에게 신경학적 연극까지도 제공했어. (해럴드 핀터Harold Pinter는《깨어남》에서 영감을 얻어〈일종의 알래스카A Kind of Alaska〉라는 단막극을 만들었으며, 그즈음 올리버에게 희곡을 보내왔다.)

소설가적 충동은 매우 강력하지만, 신경학적 충동도 그에 결코 뒤지지 않아. (…) 나는 신경학적 운명에 관심이 있지만, 운명은 자유와 대립할 때만 유의미하다고 생각해. 운명과 자유의 싸움은 많은 경기장과 무대(이를테면 사회적 무대, 정치적 무대, 심리적 무대)에서 벌어지고 있으며, 비인격적인 힘Impersonal Force와 개별적인 힘Individual Force이 어우러져 펼치는 드라마이기도 해. 이유가 어찌 됐든, 나의 경우에는 유기적인(신경적이고 심리적인) 자질을 갖춰야만—즉 루리야의 무대에 서야만—운명과 자유의 영원한 싸움에서 선전할 수 있어.

(…)

그런데 이런 생각들은 자네에게 '내가 신경학에 발을 들여놓게 된 이유'를 설명하는 과정에서 뒤늦게 떠올랐어…. (앞뒤가 안 맞는 것 같지만, MSG의 효과가 이렇게 오랫동안 지속될 리는 없고, 나는 독감이나 다른 중병에 걸린 게 틀림없어.)

해바라기 등에 대해 말하자면, 내 멋대로 다시 톰슨D'Arcy Thomson의 책에서 그와 관련된 장章을 동봉했으니 참고하기 바라. 참 이상하게도, 나는 행복하거나 기분이 좋을 때만 그런 주제를 생각할 수 있어. 나는 1979년 여름 매니툴린에서 솔방울을 끊임없이 수집하여 관찰했는데, 로그나선logarithmic spiral•, 피보나치 수열 등을 발견하고 크게 기뻐했어(또는 이론의 여지가 없는 피타고라스 학설 Pythagorism••에 몸을 내맡겼어). 많은 사람들—특히, 내가 일전에 언급한 나이든 해부학 교수—은 나를 톰슨과 비교하며, "마음 한복판에 수학적 기질에 대한 사랑이 늘 도사리고 있다"고 혀를 내둘렀어. 그러나 톰슨과 달리, 나의 사랑은 언제나 변명의 여지 없이 '불가사의한 느낌' '신비적 이상주의'와 맞닿아 있었고, 자네도 알다시피 톰슨은 그것을 철저히 배격했어. 나의 사랑은 '오래된 것'에 대한 사랑이며, 숫자와 나선으로부터 시작하여 우주 전체를 마음에 품고 있어(나는 이런 신비적 이상주의, 특히 피타고라스 학설이 외가쪽 내력이라고 생각하지만, 나에 이르러 활짝 꽃 피었던 게 분명해).

이런 난삽한 편지를 용서해주게!

올리버°

~~~~~~

뒤이은 노동절••• 주말 내내, 올리버는 아무런 사전 암시도

• 평면상의 정점定點에서 나온 모든 반직선을 정각定角 Φ로 자른 곡선. 등각나선이라고도 한다.

•• 영혼의 전생轉生을 믿고, 수數를 만물의 근본 원리로 삼음.

○ 이 편지의 전문全文과 SB라고 표시된 그 밖의 대목들은 www.lawrenceweschler.com에 포스팅된 이 책의 자료집을 참조.

••• 현재 미국의 노동절은 9월의 첫째 주 월요일이다.
~~~~~~

없이 종적을 감춘다. 아무리 전화를 해도 받지 않자, 암흑의 판타지Dark fantasies가 나의 마음을 휩쓴다. 평소에 알 듯 말 듯 감질나게 암시했던 대로, 어딘가에 숨어 정말로 자살을 시도해버린 게 아닐까? 계획된 자살이라면 자동응답기를 켜놨을 리가 없는데? 그렇다면 자살은 아닐 것이다. 그러나 다리를 향해 헤엄쳐 가다 허리를 크게 다쳐, 그만 익사하고 만 게 아닐까? 또는 승용차가 홱 뒤집혀, 약간의 곡선을 그리며 고속회전을 한 건 아닐까? 이 모두 어리석은 걱정이지만, 걱정은 꼬리에 꼬리를 물며 점점 더 깊어질 뿐이다.

월요일 저녁에 전화 한 통을 받았는데, 올리버가 건 것이다. 가느다랗고 힘이 없는 그의 음성에는 자기혐오감이 담겨 있다. 그는 애디론댁 산맥에 다녀왔는데, 아주 멋진 경험을 했다고 한다. '1982년 최고의 글'을 썼는데, 아무리 생각해봐도 왜 그랬는지 모르겠다고 한다. 그럼 뭐 하러 뉴욕으로 돌아온 걸까? 웬만하면 탈고할 때까지 거기에 머물지.

5
올리버의 사촌
: 아바 에반, 카멀 로스와의 대화

하루는 올리버와 대화하던 도중, 그의 고종사촌형인 아바 "오브리" 에반Abba "Aubrey" Eban에 관한 이야기가 나왔다(오브리는 그의 애칭인데, 가문에서는 그를 늘 그렇게 부르는 것 같다). 올리버와 오브리는 모두 할아버지인 엘리야후 색스Eliahu Sacks의 손자로, 올리버의 아버지 샘Sam은 오브리의 어머니인 알리다Alida의 남동생이다.

오브리(1915년생)는 알리다의 둘째 아들로, 샘의 막내아들인 올리버(1933년생)보다 거의 스무 살이 많다. 그러나 올리버는 오브리와의 공통점이 "쏙 빼닮은 용모 이상"이라고 말하며 좋아한다. 한번은 대가족이 한데 모여 식사를 했다고 한다. "참으로 묘한 분위기였어." 올리버가 회고한다. "내가 갑자기 벌떡 일어나 뷔페를 향해 걸어가니, 오브리도 그와 동시에 벌떡 일어나 나와 똑같은 장소로 걸어왔어. 뷔페에서 마주친 우리는 웃지 않을 수 없었어. 그가 말하기를, 나를 보는 순간 깜짝 놀랐다는군. 오브리는 할아버지 손에서 자랐다는데, 나는 할아버지를 만나본 적이 없고, 오브리의 자서전에 수록된 사진 한 장을 봤을 뿐이야. 그러나 오브리에 따르면, 내가 걸어나오는 것을 보고 맹세코 '할아버지가 되살아났다'고 말할 수 있었대.[SB]

"그런데," 올리버의 말이 계속 이어졌다. "하루는 베스에이브러햄의 언어치료사가 어딘가에서 홀연히 나타나 내게 이런 말을 했어(그녀는 사람의 애매한 버릇을 콕 짚어내는 신출귀몰한 재능이 있었어). '우연히 TV를 보고 있는데 몸집이 크고 왠지 어설프고 뒤뚱대는 사람의 뒷모습이 나오기에, 뭔가 결정적인 단서를 잡고 당신일 거라고 확신했어요. 그런데 알고보니 당신의 고종사촌형이 아니겠어요?'"

나는 오브리와 올리버에 관한 인터뷰를 할 기회가 전혀 없었지만, 그는 공교롭게도 불과 몇 년 전인 1977년 자신의 자서전을 출판했다. 그리고 그 당시까지만 해도 올리버와 별개의 삶을 살아왔으므로 600쪽이 넘는 책에서도 올리버를 언급할 하등의 이유가 없었다. 책의 1장에서 단연 돋보인 사람은 그들의 할아버지였다.

리투아니아 코브노Kovno 근처의 슈테틀shtetl(유대인 마을)에서 태어난 엘리야후 색스와 아내 바샤Bassya는 열한 명의 자녀를 낳았는데, 그중에서 유년기를 넘긴 사람은 (오브리의 어머니와 올리버의 아버지를 포함하여) 겨우 네 명뿐이었다. 그 시기에 리투아니아에 살던 유대인 중 상당수와 마찬가지로, 색스 가족은 커다란 관용과 물질적 풍요를 찾아 남아프리카공화국으로 서둘러 이주했다. 그러나 오브리가 심드렁하게 증언하는 바와 같이, 남아

프리카에서 한몫 단단히 잡지 못한 유대인 이주민은 엘리야후 한 명뿐이었다. 엘리야후는 뒤이어 많은 식솔들을 이끌고 런던으로 이주했지만, 딸 알리다는 남편 에이브러햄 마이어 솔로몬("어딜 가든 시오니즘• 사회를 건설하는, 열정적이고 세심하고 심지가 굳은 상인") 및 두 명의 자녀 루스Ruth, 오브리와 함께 남아프리카공화국에 남았다. 그러나 아뿔싸! 오브리가 태어난 지 불과 1년 후, 그의 아버지는 급성암에 걸리고 말았다. 그래서 의학적 도움을 받기 위해 일가족이 부랴부랴 런던으로 왔음에도 불구하고, 에이브러햄은 런던에 도착한 지 몇 달 만에 세상을 떠났다. 생계가 막막해진 알리다는 새로 설립된 시오니스트 사무국에서 파트타임 번역가로 일하기 시작했고, 이윽고 차임 바이츠만Chaim Weizmann••의 핵심동료인 나훔 소콜로우Nahum Sokolow의 특별보좌관이 되었다. 그리고 1917년 11월 초 어느 날 저녁 특별보좌관의 자격으로 호출되어 연속적으로 진화하고 있던 밸푸어선언의 버전들을 급히 번역했고, 마침내 "팔레스타인 지역에서 유대인 민족국가가 건설되도록 도와주겠다"는 영국 외무성의 기념비적인 선언으로 이어졌다. 알리다는 여생의 대부분을 남동생—그즈음 새뮤얼 색스 박사가 되어 있었다—의 실험조교로 일했다(올리버가 가끔 회고한 바

• 고대 유대인들의 옛땅 팔레스타인에 유대 민족국가를 건설하는 것을 목표로 한 유대민족주의 운동.

•• 이스라엘의 정치가·과학자. 1901년 제네바 대학교 화학 교수로 있다가 1904년 맨체스터 대학교로 옮겨 시오니즘 운동에 참가, 1917년 밸푸어선언을 기초起草하고 세계 시오니스트회의 의장을 역임한 후, 1948년 5월 이스라엘 공화국 성립과 더불어 대통령에 취임했다.

에 따르면, 그녀는 몇 년 후 임상의로 첫출발한 남동생 샘의 곁에 머물며 제1차 세계대전 말기에 위세를 떨친 악성 인플루엔자 희생자들을 돌봤다). 그로부터 몇 년 후, 그녀는 (두 명의 자녀를 데리고) 샘의 동료 중 한 명인 아이작 에반 박사와 재혼했고, 에반은 그녀와 두 명의 자녀를 더 낳았다.

오브리는 자신의 유소년기를 '세인트올라브스St. Olave's••• 의 교육'과 '엘리야후 할아버지의 양육'이 양립한 시기로 간주했다. 엘리야후는 물질적 의미에서 약간 불행했지만 특출하게 헌신적인 탈무드 학자로서, 오브리에 따르면 "자신이 아는 정통 히브리 학문을 손자에게 전수하기로 결심하고, 그것을 인생의 유일한 목표로 삼았다". 오브리는 할아버지에 대해 다음과 같이 썼다.

> 그분은 학식이 매우 풍부하여, 탈무드의 표준 경전인 빌나판Vilna edition에 정통해 있었으며, 여섯 쪽 앞의 특정 위치에 뭐라고 쓰여 있는지 말할 수 있었다. 그러나 그분은 뼛속까지 '계몽사상Enlightenment의 아들'로서 하칼라 운동Hakalah movement에 매혹되었는데, 하칼라 운동은 '의식ritual을 위한 학파'보다는 '인본주의적 학문'으로서의 히브리 연구를 강조했다. 종교적 준수에 관한 그의 태도는 정확했지만, 광신적 요소는 찾아볼 수 없었다. 그리고 히브리어에 대한 적극적인 숭배 때문에 시오니즘을 존중했지만, 그 정치적 전망에 대해서는 그다지 낙관적이지 않았다.••••

••• 최고 수준의 고전적 교육을 제공한 명문 중학교.

•••• Abba Eban, 《Abba Eban : An Autobiography》 (New York : Randon House, 1977), 6쪽.

어린 올리버가 그런 엄청난 인물과 상호작용을 했다면 얼마나 흥미로웠을까? (오브리가 제시한 사진에 기반하면, 엘리야후의 얼굴은 손자와 놀랍도록 비슷하다.) 그러나 아쉽게도 엘리야후는 오브리가 겨우 열네 살 때, 그러니까 올리버가 세상에 태어나기 4년 전 유명을 달리했다.

오브리에 관한 이야기를 들은 후, 나는 뉴욕에 사는 올리버의 가장 가까운 친척(올리버의 고종사촌 누나이자 오브리의 의붓누이) 카멀 로스Carmel Ross와 만나 차 한잔 마실 기회를 얻었다. 그녀는 렉싱턴과 이스트 63번가 근처에 있는 아파트 3층에 살고 있었다. 그녀는 올리버보다 열 살쯤 많은 작고 예쁘장한 여성으로서 경박한 수다쟁이지만, 적어도 공연 에이전트로 활동하던 전성기 때는 '속사포처럼 내뱉는 말' 이상의 능력을 지녔음에 틀림없어 보인다. 그녀는 극장가를 주름잡던 시절의 잡동사니와 용품에 둘러싸여 있다.

"당신이 알아둬야 할 건," 그녀는 처음부터 분명히 선을 긋는다. "올리버의 양친이 영국에 도착했을 때 무일푼이었다는 거예요. 심지어 신발끈 살 돈도 없었다니까요? 그러므로 의사라는 전문직에서 인정을 받은 게 삶의 밑바탕이 되었어요. 더 크게 성공할수록, 성공을 방해할 건 아무것도 없다는 확신이 생겼어요. 그러므로 샘은 올리Ollie•보다 (모든 영화배우들의 주치의가 된) 장남 데이비드David를 훨씬 더 높이 평가했어요.

올리버네 집안은 누구도 부인할 수 없는 '정통파 유대인'이었지만, 외견상으로는 온통 '유대인 노이로제'에 걸린 환자들뿐이었어요. 그러나 우리 집안은 좀 달랐어요. 우리는 '금요일 밤의 저녁식사'를 지킨 적이 한 번도 없는 데 반해, 그 집안은 단 한 번도 거른 적이 없었어요. 한마디로, 그 집안의 유대주의는 내유외강형, 우리 집안의 유대주의는 외유내강형이었어요.

내 생각에, 이 모든 것은 부모 세대의 환경과 밀접하게 관련되어 있는 것 같아요. 우리 할머니는 문맹이었고, 할아버지는 샘•이 열 살이나 열한 살 때쯤 영국에 이주한 탈무드 학자였어요. 겨울은 매우 추웠지만, 가난한 살림 때문에 어쩔 도리가 없었어요. 가족의 특이한 성격 중 상당 부분은 이러한 환경과 관련되어 있어요. 이상한 시골 출신의 할머니는 글을 배우지 못한 채 네 명의 자녀를 양육하느라 애썼어요. 그리고 올리버의 아버지는 모든 것을 잊으려고 노력하며 시치미를 뗐어요. 그러니 상류층의 생활방식을 선망하고 데이비드를 최고로 칠 수밖에요. 어떤 의미에서, 데이비드는 샘에게 '하나밖에 없는 아들'이자 '골든보이'였어요. 데이비드는 190센티미터의 키에 핸섬한, 영국판 밴 존슨Van Johnson••이었어요. 게다가 뛰어난 능력과 잇따른 성공 덕분에 기쁨과 희망이 충만했어요.

올리버의 어머니는 어떤 사람이었나?

• 올리버의 애칭.

•• 1940년대 미국의 훈남 아이돌 스타(1916~2008).

엘시Elsie는 멋쟁이 여성이었다. 올리는 그녀의 이미지를 갖고 있었지만, 샘의 걸음걸이를 가지고 있었다. (나의 오빠 오브리의 걸음걸이는 올리와 똑같았다. 장담하건대, 당신도 그런 말을 들어봤을 것이다.) 그러나 그녀의 정서는 그녀의 환자와 관련되어 있었다. 그 결과 그는 차분하지만 냉정하지 않고 내향적cool-not-cold-withdrawn이며 정확하고 당당하다는 인상을 풍겼다.

그녀는 샘보다 훨씬 더 총명했지만, 그보다는 '시대의 산물'이었다고 보는 것이 타당할 것이다. 당신이라면 의사와 여자 중 하나가 되었을 것이다. 그러나 그녀는 두 마리의 토끼를 모두 잡으려 했다. '좋은 엄마가 되어야 한다'는 강박관념에 시달린 나머지, 그녀는 열두 살짜리 올리에게 '병에 든 태아'를 건네주며 "해부해"라고 하기에 이르렀다. 당신도 알다시피, 그녀는 올리버가 특별한 아이라는 사실을 알고 있었지만, 그녀가 생각할 수 있는 대응방법은 그것밖에 없었다.

올리는 사랑스러운 아이, 진한 갈색 눈을 가진 천사, 비범한 감수성과 개방성의 소유자였다. 그는 매우 외로운 유년시절을 보냈다. 그는 믿기지 않을 정도로 고독한 곳에 버려졌으며, 데이비드와 마커스보다 훨씬 더 어렸다.

셋째 형인 마이클은 어땠나? 그리고 전쟁 기간 동안 보내진 기숙학교에서 벌어진 일은 두 사람에게 어떤 영향을 미쳤나?

마이클의 경우, 브레이필드의 후유증은 훨씬 더 심각했다. 영국의 프렙스쿨prep schoo•은 '특이한 아이'들에게 끔찍한 곳이었는데, 마이클이 들어간 곳은 그에게 외상후 스트레스증후군을 초래할 만한 곳이었다.

마이클이 아동학대를 당한 곳은, 유대인 소년들을 위한 기숙사를 갖춘 훌륭한 학교였다. 마이클은 본래 천사 같은 소년이었지만, 그 학교를 졸업한 후에는 더 이상 천사가 아니었다. 그러나 세인트폴스에 진학한 것은, 올리에게 되레 행운으로 작용했다.

고독은 올리버에게 책 읽을 시간을 줬다. 비록 옥스퍼드에 다닐 때까지였지만, 내가 기억하는 그의 모습은 '나홀로 독서'밖에 없다.

그로부터 몇 년 후인 1964년경, 올리는 뉴욕에 있는 우리 집 문간에 (크로스컨트리를 하던 도중 LA에서 주운) 오토바이를 타고 나타났다. 그는 천둥벌거숭이였다. 나는 그가 썼다는 '약물남용에 대한 글'을 읽고 머리칼이 곤두섰다. 생생한 묘사가 모파상을 연상시켰다.

나는 샘에게, 색스 가문에 위대한 작가가 탄생했다고 말해줬다. 샘은 눈물을 글썽이며 헛기침을 했다. "음, 그렇다고 치자. 그런데 밥은 먹고 산대?"

그 순간 색스 가문에서 나의 주가가 폭락했다. 나의 어머니가 내게 전화를 걸었다. "오지랖 그만 떨어라. 왜 쓸데없이 외삼촌 마음을 흔들어놓고 그래?"

캘리포니아에 살던 시절의 올리버에게 유감이 있나?

• 영국에서 7~13세의 아동이 다니는 사립 초등학교.

매년·매일·매시간·매분, 올리에게 유감이 없는 사람은 없을 것이다.

그러나 분명한 게 하나 있다. 그는 캘리포니아에서 잡초처럼 살았고, 보통사람들과 주파수가 달랐다. 일상생활의 규범을 워낙 무시했으므로, 마치 우주공간에 떠있는 것처럼 보였다. 옷차림이 남루했으므로, 우리가 데려가 옷을 사 줘야 했다. 그러나 황량한 세상이 다른 사람들을 파괴한 건 아니고, 오직 올리버만을 파괴했다. 그도 그럴 것이, 다른 사람들은 아무렇지도 않은 듯 잘 먹고 잘살았기 때문이다.

나중에 《편두통》이 발간되었을 때쯤, 올리가 내게 전화를 걸어 조언을 구했다. 페이버 앤드 페이버Faber & Faber는• 홍보 쪽에 영 서툴러서, 발 넓은 내가 약간의 도움을 줬다. 나는 아는 기자들에게 부탁해서 런던의 신문 전체를 그의 이름으로 도배했다. 그러자 샘이 전화를 걸어 어리바리하고 히스테리컬한 투로 말했다. "이쯤 됐으면, 밥 먹고 살기는 다 틀린 거 아냐? 그 아이의 이름이 〈타임스The Times〉°에 대문짝만 하게 실렸으니 말이야!"

그녀는 마지막 남은 차 한 모금을 마시고, 긴 한숨을 내쉬며 말했다. "샘과 엘시는 그 아이를 어떻게 처리해야 할지 아직 모르고 있었어요."

• 영국의 출판사.

° 올리버가 나중에 설명한 바에 따르면, 그의 아버지는 어느 날 아침 얼굴이 하얘지며 부들부들 떨었다고 한다. 그 이유인즉, 〈타임스〉에 이름이 대문짝만 하게 났다면, 희대의 스캔들밖에 더 있겠냐는 거였다.

6

캘리포니아에서 뉴욕까지

1962~1967

다른 날 저녁, 나는 시티아일랜드에 있는 올리버의 자택으로 쳐들어가 앞베란다의 그늘에 앉아 있는 그를 발견했다. 그는 찰스 다윈의 《지렁이의 활동과 분변토의 형성》을 탐독하고 있었고, 그의 곁에는 서류철이 수북이 쌓여 있었다. "전날 밤 무심코 서류철을 뒤적이던 중," 그는 다윈의 비옥한 토양에서 기지개를 켜며 말했다. "자네에게 보여주고 싶은 것을 발견했어." 그건 캘리포니아에 머물던 1960년대 초반에 쓴 미출판 원고로, 오토바이에 대한 열정을 자축하는 내용이었다.

그에게서 넘겨받은 원고를 들여다보니, 톰 건에게 헌정된 것이었다. 내가 제명epigraph(T. E. 로런스의 "길The Road")을 훑어보는 동안, 그는 그 구절을 암송했다.

> 핏자국이 묻은 덜컹거리는 오토바이가 지구상의 어떤 말보다도 낫다. 왜냐하면 그것은 사람이 타고나는 신체적·정신적 능력의 논리

적 연장logical extension이며, 온갖 암시와 자극이 풍성하기 때문이다 (…)

첫장을 넘기자, 그만의 독특함이 묻어나는 타이핑 서체가 눈에 들어왔다.

새하얀 길이 곧게 뻗어 있다. 나의 그림자가 몸짓을 하며 앞으로 길게 펼쳐져 있다. 나는 작열하는 태양 아래서 크게 노래하지만, 내 음성은 귀에 도달하기 전에 바람에 휩쓸린다. 나는 안장 위에 당당하게 똑바로 앉는다. 납작이 엎드려 둥글납작한 탱크를 껴안기도 하고, 괜히 앞뒤로 방향을 바꾸기도 한다. 오토바이는 내 엉덩이의 움직임에 따라 쉽게 흔들리며, 나의 느낌을 운동으로 전환해준다.

아무래도 전날 밤 발견한 원고가 그에게 향수병을 불러일으킨 듯했다. "LA에 내려왔을 때, 처음에는 동호회원들과 함께 다리를 건너거나 타말파이어스산Mount Tamalpais을 오르거나 무봉fogbank•을 통과하거나 스틴슨비치까지 진출할 기회를 번번이 놓쳤어. 나는 과거에 하던 '나홀로 모험'으로 돌아가, 금요일 저녁이 되면 일을 마치고 안장을 얹은 다음 사막—데스밸리, 모하비—으로 향했어. 나는 심지어 밤새도록 오토바이를 몰아 그랜드캐니언까지 가기도 했어. 탱크에 몸을 바짝 대고 시속 160킬로

• 해상에 층운層雲 모양으로 끼는 짙은 안개.

미터까지 밟았는데, 그쯤 되면 키클롭스Cyclops[••]의 빛다발을 따라 텅 빈 도로를 폭풍질주할 수 있었어. 나는 온갖 기이한 공간반전과 착시를 경험하기 시작했지만, 그건 약기운 때문이었을 거야. 나는 토요일에 협곡에서 하이킹을 한 후, 일요일 밤에 돌아왔어. 그래야만 월요일 아침에 출근할 수 있었거든."

아, 젊음이여! (언젠가 또 한번, 그는 내게 주말의 짧은 여행담을 들려줬다. 그 내용인즉, 전속력으로 오리건의 크레이터호로 직행하여, 호수를 한 바퀴 돈 후 곧바로 LA로 돌아왔다는 것이다. 주유를 위해 딱 한 번 멈춘 것을 제외하면, 장장 2500킬로미터짜리 논스톱 여행이었다.)

"나는 여행 풍경을 좋아했어." 그는 말했다. "그런데 이상하게도, 나는 그즈음 거듭되는 해외여행으로 몹시 지쳐 있었어. 그래서 이번에는 국내로 방향을 틀기로 결심했지." 그러나 오토바이에 대한 열정도 다른 측면에서 피곤하기는 마찬가지였으니, 그건 바로 풍경사진 촬영 때문이었다. 그는 수천 장의 사진을 찍어 다양한 임시변통 암실—때로는 병원의 잡역부들이 잠시 기거하는 골방—에서 손수 현상했다. 그는 그 결과물들을 아직도 소중하게 여기며, 그중 몇 장을 보여주고 싶어 했다. 그러나 아뿔싸, 그는 사진 아카이브(인화된 사진과 음화필름)가 담긴 여행가방을 여행 도중에 분실하거나 어딘가—또는 누군가만 아는 곳—에 잘못 두는 게 다반사였다. 그는 지금까지 '언젠가 나타나겠지'라는 실낱같은 희망을 품고 있다.

•• 고대 그리스 신화에 나오는 외눈박이 거인.

그러나 그는 사진을 언급하다가 (뭔가가 부끄러운지) 말을 더듬거리며 서류철 무더기에 손을 뻗쳐, 얇은 서류철을 하나 꺼냈다. 그건 잘나가던 근육맨 시절에 촬영한 사진이 담긴 앨범이었다. 앨범을 나에게 건네주는 그의 표정은 자부심 반 수줍음 반이었지만, 사진은 정말 굉장했다. 섹스 쇼·잡지 등에 나오는 A급 근육맨beefcake으로, 까만 스피도 차림에 울퉁불퉁한 허벅지… 뭇 남성들에게 선망의 대상이었던 찰리 아틀라스•는 저리 가라였다. "자네도 알다시피, LA 시절의 나는 근육으로 뒤덮인 위험한(어쩌면 부서지기 쉬운) 돌덩어리였어."

뒤이어, 그는 머슬비치 바로 옆에 있는 베니스Venice의 작은 아파트에서 보낸 몇 개월을 회상했다. "아침에는 골즈짐Gold's Gym에서 시간을 보내고, 저녁에는 모래사장 옆에 설치된 옥외 케이지에서 역기를 드는 사람들과 어울리며, 캘리포니아주 헤비급 역도 신기록(풀스쿼트 270킬로그램)••을 세웠어."

그는 머슬비치에서 많은 친구들을 사귀었는데, 그중에는 올림픽 챔피언도 여럿 있었다. "그들 중 대부분은 상대방의 숨은 인

• 미국의 유명한 보디빌더. 1927년 처음으로 보디빌딩 체육관을 설립했고, 1942년 '아틀라스 보디빌딩'으로 큰 성공을 거뒀다.

•• 샌프란시스코에서 나눴던 대화에서, 톰 건은 다음과 같이 회상했었다. "정신병자 수준이던 시절의 언제쯤(아마도 1963년), 올리버는 캘리포니아주 역도 챔피언을 먹기 위해 훈련하겠다고 선언했어요. 그때 그는 무지막지한 무게의 역기를 들어 올렸어요. 한번은 방 안에서 뒤뚱뒤뚱 걷는 그를 보고 놀랐는데, 유심히 들여다보니 그의 몸이 정말로 흔들리고 있었어요. 그래서 내가 이렇게 말했어요. '하나님 맙소사! 올리버, 네 어머니가 그 모습을 보면 뭐라고 하시겠어? 그의 대답이 걸작이었어요. '어머니는 영락없는 그 아버지에 그 아들이라고 말할걸.'"

생을 의식하지 않았지만, 특출한 친구가 한 명 있었어. 그는 뛰어난 수학자가 분명했는데, 젊은 나이에 비극적으로 생을 마감했어."

그가 자신만의 '위대하고 순수한 사랑'에 관한 이야기를 조심스럽게 꺼낸 건, 바로 그 상황에서였다. 상대는 (건과 로드먼이 전에 넌지시 말했던) 미네소타 출신의 젊은 선원, 멜이었다.

"우리는 샌프란시스코에서 만났어." 올리버가 말했다. "난 처음에 '한 소년을 가르치며 빚어내고 있다'고 상상했는데, 그도 그런 가능성을 상상한 것 같았어. 우리는 처음부터 섹슈얼하기보다는 '갈수록 깊고 대담해지는 관계'였어. 오토바이를 타고 점점 더 먼 곳까지 가고, 점점 더 깊은 곳까지 잠수하고, 점점 더 높은 곳까지 오르고…." 그러다 이윽고 멜이 LA로 이주하여 올리버의 원룸 아파트에 입주하고, 인근의 카펫 공장에 취직했다. 그들은 아침을 함께 먹은 후, 각자의 일터로 향했다. 멜은 섹슈얼리티의 혼란을 겪으며 가톨릭 교리를 따르지 않았다는 수치심에 괴로워했고, 올리버는 올리버대로 유대교에 대한 죄책감에 시달렸다. 그러나 멜은 레슬링을 좋아했고, 올리버는 그와 레슬링하는 것을 좋아했다. 멜은 레슬링 한 후 등에 마사지받는 것을 즐겼다(올리버는 '멜'이 라틴어로 '꿀'을 의미한다는 사실을 너무 좋아했다). 올리버는 멜의 등 위에 다리를 벌리고 앉아, 즐거운 마음으로 널따란 어깨를 주무르며 점점 더 강렬한 자극을 느꼈지만 오르가즘 직전까지 가지는 않았다. 그러던 중 어느 날 늦은 오후(올리버는 이 부분에서, 수년 전의 일임을 강조했다), 뜻하지 않은 절정에 이르러 청년의 등 전체에 사정을 하고 말았다. 멜은 전신이 경직되었고, 잠시 후 잠자코 일어나 샤워를 한 후 그날 저녁 내내 올리버에게 아무런 말도 하지 않았다. (올리버는 멜의 고뇌를 회상하며, 어머니가 보였던 '어두운 비난조의 침묵'을 연상했다. 그는 심지어 멜의 이름이 어머니의 처녀적 이름 뮤리엘 엘시 란다우Muriel Elsie Landau의 이니셜임을 갑자기 의식했다.) 다음 날 아침, 멜은 "여기를 떠나 내 자리로 돌아갈 때가 되었어요"라고 말했다(그에게는 사랑하는 여인이 있는 듯했다). 올리버는 엄청난 충격을 받았다.

올리버는 이윽고 베니스의 아파트를 나와, 토팡가캐니언의 능선 꼭대기에 있는 외딴 오두막집으로 도망치듯 떠났다. 그리고 거기에서—한편으로 사랑의 실패 때문에, 다른 한편으로 사위어 가는 여행 경험의 효능 때문에—그의 약물탐닉이 폭발하기 시작했다. "머슬비치에서 만난 친구들은 모두 마리화나를 마시고 흡입하고 있었어." 그가 말했다. "그러나 나에게 마리화나는 어림도 없었어. 반면에 암페타민은 나에게 전혀 색다른 경험이었어. 나의 의지를 사실상 전향conversion시켰거든. 2라는 용량을 투여하면, 그다음에는 4, 6, 8을 투여해야 했어.

나는 '주말 중독자'가 되어, 오래 지속되는 '자가조절 환각'을 즐겼어. 탐닉이 최고조에 이르는 금요일 저녁이 되면, 1000밀리그램 이상을 투여하곤 했어. 알약 하나의 용량이 5밀리그램이니까, 나는 수백 개의 알약을 부순 후 밀크셰이크에 쏟아 부었어. 그런 다음 36시간 내내 쿵쾅거리는 '오르가즘 같은 심장'을 경험했어.

내가 좋아한 또 한 가지 마약은 해카민Hackamine인가 뭔가라고 불리는 것이었는데, 조너선 밀러는 그것을 왱카민Wankamine•이라고 부르곤 했어.

그러나 솔직히 말해, 마약중독은 나의 자폐성 성해방이었어.

올리버는 수년간 나에게 '약기운으로 연주되는 광시곡' 이야기를 수도 없이 들려줬다(그는 몇 년 후 발간한 《환각》에서 매우 자세한 이야기 보따리를 풀어놓았으므로, 스포일러를 피하기 위해 여기서 재론하지 않으려 한다). 그러나 LA에서의 마지막 1년 동안, 아우구스타 보나드Augusta Bonnard라는 정신과의사(안나 프로이트••의 제자이자 공동연구자)가 일종의 '가족 사절'로 캘리포니아에 급파되었다. 보나드는 올리버 부모님의 친구이기도 했는데, 올리버의 상태를 체크한 후 어마어마한 자기파괴적 행동에 소스라치게 놀랐다. "그녀는 나에게 '즉시 정신병원에 가 보라'고 했어." 올리버는 회고했다. "나는 그녀가 시키는 대로 했지만, 그 첫 번째 정신분석 시도가 실패한 건 나의 거만하고 빈정대는 태도 때문이 아니었어." 그는 잠시 멈춰 킥킥거리고는, 자신의 주장을 합리화하려는 듯 이렇게 지적했다. "정신과의사의 이름은 버드Bird였는데, 내게는 그게 완전히 적절하게 보였어. 왜냐하면 그가 하는 일은 온통 쪼아대기pecking였거든."

그러나 썩어도 준치란 말이 있듯, 올리버는 '마약으로 점철된 여행'이라는 무절제함에도 불구하고 예외적인 고기능 탐닉자였으므로, 전문가로서 활약할 여지가 아직 많았다. 그는 UCLA의 동료들과 함께 1965년 봄 클리블랜드에서 열린 미국신경학회 연

• 왱크wank는 자위(수음)를 의미한다.

•• 프로이트의 딸.

례회의에서, 다양한 유형의 '광범위하게 확장된 축삭axon'의 현미경 영상을—그것도 코다크롬Kodachrome을 이용한 고화질 총천연색으로—제시했다. 올리버가 주도적으로 수행한 프레젠테이션은 학술회의에서 큰 주목을 받았다. 그리하여 미국 각지에서 일자리 제의가 쇄도했는데(UCLA와의 계약은 6월에 만료될 예정이었다), 올리버는 그중에서 (뉴욕에 비교적 최근 설립된) 알베르트 아인슈타인 의대의 역동적이고 젊은 신경병리학자 로버트 테리Robert Terry의 연구실을 선택했다. 테리는 알츠하이머병과 관련된 세포를 전자현미경으로 연구하고 있었는데, 1964년 UCLA를 방문했을 때 올리버에게 깊은 인상을 남겼다.

"그러나 캘리포니아를 떠나 뉴욕의 연구실에 출근할 때까지는, 위태로울 만큼 어수선한 3개월의 심연이 아가리를 떡 벌리고 있었어." 올리버는 회고했다. 그는 LA에서 BMW 오토바이를 매각하고, 유럽에서 또 한 대를 구입하게 된 경위를 설명했다. 그는 유럽에서 보낸 휴가의 일부를, 독일의 한 연출가와 함께 메스암페타민에 취해 파리의 호텔에서 무절제한 행각을 벌이는 데 할애했다. 메스암페타민은 섹스뿐만 아니라, 외견상 진심어린 상사병을 촉발한 듯했다. 달아오른 마음은 미국에 돌아온 후 몇 달 동안 가라앉지 않아, 수도 없는 서신교환으로 이어졌다. 그러나 늦가을에 젊은 남성이 실제로 찾아왔다가 속절없이 떠난 이후, 그가 지나간 자리에는 씁쓸한 뒷맛이 남았다. 또 한 번 부서진 심장을 부여안고 비틀거리던 올리버의 약물남용은 극에 달했다. "급기야 어느 날, 나는 거울에 비친 얼굴을 바라보는 자신을 발견했어. 그날이 1965년 12월 31일이었으니까, 그건 일종의 '새해맞이 상견레'인 셈이었어. 나는 내 마음의 소리를 들었어. '겉늙은 올리, 이대로 가면 내년을 기약할 수 없어.' 그건 멜로드라마 같은 울부짖음이 아니라 차분하고 냉정한 진단이었어, 마치 의사가 환자에게 말하는 것처럼.

문란한 성생활에 종지부를 찍기로 결심한 후—나는 결심을 실행에 옮겼어—, 나는 약물남용 습관과 (약물남용을 부추기는) 내면적 삶의 이슈들을 모두 정리하기 시작했어. 그리고 1966년 초 나는 또 한 명의 분석가를 찾았는데, 이번에 한 말은 '도와주세요!'라는 말 한마디밖에 없었어. 내가 진정 경이로운 인물—레너드 셴골드Leonard Shengold박사를 만난 건 순전히 행운이었어. 감정전이transference•에서 완전히 독립한 그는, 그때는 물론이고 지금까지도 공감능력과 분별력이 뛰어난 인물이야. 그리고 그는 내 생명의 은인이야."

그러나 일주일에 세 번씩 만났음에도 불구하고 감정전이를 감당하는 데는 시간이 좀 필요했다. 무엇보다도, 셴골드는 올리버보다 나이가 별로 많지 않았는데, 이 점이 처음에 올리버를 혼란스럽게 만들었다(이렇게 젊은 사람이 과연 현명할까?) 어쩌면 그건 변명에 불과할 수 있었다. 왜냐하면, 솔직히 말해서 올리버는 마약을 끊을 마음의 준비가 되어 있지 않았기 때문이다.

그러나 여러 가지 점에서, 셴골드의 폭넓은 관심과 심오한

• 프로이트가 고안한 개념으로, 과거의 상황에서 느꼈던 특정한 감정, 또는 날 때부터 무의식에 새겨진 감정을 현재의 다른 대상에서 다시 체험하는 것이다. 환자가 치료받다가 의사에게 특정 감정을 느끼는 것을 전이라고 하고, 반대로 의사가 환자에게 감정을 느끼는 것을 역전이countertransference라고 한다.

문화적 식견(그는 자신의 저술에서, 셰익스피어, 키플링, 체호프, 디킨스 등의 작품과 삶을 모두 인용하며 분석했다)은 올리버 같은 책벌레 환자와 찰떡궁합인 듯 보였다. 셴골드는 1963년 "스핑크스 같은 부모The Parent as Sphinx"에 관한 논문을 출판했고, 1967년에는 올리버를 치료하기 시작한 직후 "과잉자극의 효과The Effects of Overstimulation"라는 제목으로 프로이트의 "쥐 사나이Rat Man"•에 관한 분석서를 출판했다.

그로부터 15년 남짓한 시간이 흐른 뒤의 일이었다(올리버는 아직도 그를 일주일에 두 번씩 방문했으며, 여생 동안에도 그러했다). 올리버가 셴골드를 언급하기 시작한 지 얼마 지나지 않아, 셴골드는 재닛 말콤Janet Malcolm이 〈뉴요커〉(1983년 12월)에 기고한 르포르타주 "기록보관소의 골칫거리Trouble in the Archives"에 경탄할 만한 보조해설자로 등장했다. 그 기사에는, 다음과 같은 셴골드의 말이 인용되었다. "영혼살인soul murder의 희생자 중 일부가 (자신이 감내한) 끔찍한 경험 때문에 강인해졌다고 해서, '종종 가슴을 후벼파는 손상'이 용납되거나 최소화되는 것은 아니다. 영혼살인은 재능(때로는 창의력)의 밑거름이 될 수 있다." 그건 올리버를 두고 한 말이었다. 올리버는 셴골드 덕분에 제2차 세계대전 때의 '지옥 구덩이'—브레이필드—를 직시했고, 그게 자신의 재능과 창의력의 밑바탕이 되었음을 깨달았다.

그러나 그건 먼 훗날의 일이었다. 무엇보다도, 마약은 아직

• 프로이트가 한 강박신경증 환자에게 붙인 코드명.

올리버의 작업수행 능력을 향상시켰다. 자신의 중점 연구과제로, 올리버는 미엘린myelin과 관련된 질병을 탐구하려고 결정한 상태였다. 미엘린이란 지방질로서, 커다란 신경섬유를 에워쌈으로써 신경자극이 좀 더 신속히 전달되게 해준다. 때마침 지렁이는 기다란 신경을 갖고 있었는데, 전도성이 매우 강할 뿐만 아니라 신경 주변에 매우 두꺼운 미엘린초鞘를 갖고 있었다. 게다가 그는 (그의 영웅인 다윈처럼) 지렁이를 좋아했으므로, 지렁이를 실험대상으로 선정했다. 그러다 보니, 그는 정기적으로 아인슈타인 정원에 들러 수천 마리의 지렁이를 수집한 후, 그들을 해부하여 수초髓鞘를 채취해야 했다. 순수한 라듐 0.1그램을 얻기 위해 수 톤의 역청우라늄석을 처리한 마리 퀴리처럼 말이다. 그는 무려 9개월에 걸친 노력 끝에 비교적 미량의 '정제된 미엘린 수프'를 수확하게 되었다.

이 모든 과정의 한복판에서(그는 정확한 날짜—1966년 3월 15일—까지 기억하고 있다), 그는 완전히 변형된 정신상태에 도달했다. "나는 어마어마한 에너지가 솟아오르는 것을 느끼고, 우주론적 시를 썼어. 나는 우주론, 물리학, 화학 책을 닥치는 대로 읽기 시작했어. 한번 시작했다 하면, 며칠 동안 계속하여—나 개인이나 다른 사람들 대신—초超물리학을 이야기했어.

나는 지식이 갑자기 급증하는 것을 느꼈어. 세미나에 참석하면 어두운 구석에서 고개를 숙이고 있는 게 상례였지만, 이제는 현미경 슬라이드상의 물체를 적극적으로 확인하고 방대한 참고문헌 목록을 작성했어. 기억이 고양되는 것을 경험했고, 그림을 전혀 못 그리던 내가 약 6개월 동안 아무런 노력도 들이지 않고 해부도를 그릴 수 있었어. 게다가 나는 후각이 놀랄 만큼 예민해졌어.

더욱이, 나는 그런 신바람을 전염시킬 수 있었어. 나의 갑작스러운 열광은 신경과 전체를 달궜어. 여섯 개의 굵직굵직한 실험 프로젝트가 런칭되었고, 나는 모든 프로젝트의 지휘봉을 잡았어. 그건 마치 갑작스럽고 경이로운 신성nova 같았어. 성인이 된 후 처음으로, 나는 청소년기의 과학적 에너지나 황홀경을 회복한 것 같았어."

그러나 어느 날 갑자기 시작된 것처럼, 그 모든 것은 어느 날 갑자기 사라졌다. "6개월쯤 후 어느 날, 아침에 일어나 보니 내 주변에는 아무것도 없었어. 나는 심각한 우울증으로 곤두박질했고, 연구실 전체를 큰 낙담에 빠뜨렸어.

그날이 될 때까지, 나는 그 모든 게 뭘 의미하는지 전혀 몰랐어. 기존에 복용하던 마약에 대한 조증반응manic reaction인지, 아니면 위대한 과학자가 된 것인지."

그러한 낙담은 오래 지속되었고, 그의 에너지는 완전히 고갈되었다. 그러는 동안, 그의 연구는—거의 코미디처럼—궤도를 이탈하기 시작했다. 애지중지하던 커다란 초록색 노트(미엘린 추출 프로그램의 기록이 담겨 있었다)를 집에 가져가 밤새도록 빼곡히 채운 후 아침에 오토바이에 싣고 출근하다 큰 낭패를 겪었다. 오토바이 짐칸에 엉성하게 묶인 바람에, 주행 중 오토바이에서 떨어져나가 훨훨 날다가 크로스 브롱크스 고속도로의 교통지옥에 추락한 것이었다. 그러나 거기까지는 아직 대형참사가 아니었다. 왜냐하면 소중한 미엘린을 아직 갖고 있었기 때문이다.

그러나 불운은 계속되었다. 그로부터 몇 주 후, 정신줄을 놓고 실험실의 작업대를 청소하다가 미엘린을 모조리 잃는 불상사를 겪은 것이다. 그는 현미경을 망가뜨렸고, 실수로 던진 햄버거 부스러기가 실험실 전체에 흩어지며 신성불가침 지역(원심분리기 내부의 멸균공간)에 침투했다. (지금 생각해보면 이상하게도, 그는 그런 와중에서도 마약을 탓할 생각을 전혀 하지 않았다. 그 대신, 그는 어설픈 손재주—손재주가 어설픈 것은 집안의 내력이었다—를 탓했는데, 어쩌면 그게 옳았는지도 모른다.)

어쨌든 1966년 가을, 아인슈타인의 보스는 더 이상의 추가손실을 예방하기로 결정하고, 올리버를 임상환경—인근의 몬테피오레 두통 클리닉Montefiore Headache Clinic과 베스에이브러햄—으로 전출시켰다. '거기에는 상대할 게 환자밖에 없을 테니, 병원에 손해를 덜 끼칠 것'이라는 게 보스의 생각이었다. "나는 '솜씨가 터무니없이 서툴러, 더 이상의 연구를 허용할 수 없다'는 이유로 학문적 의학에서 쫓겨났어." 그는 대화를 마무리하며 이렇게 결론지었다. "그 추방은 결과적으로 구원이었어."

그의 약물중독은 그 이후로도 조금 더 지속되었다. 나는 그에게 어떻게 마약을 끊었는지 물어봤다. "음," 그가 대답했다. "첫 번째 이유는, 약물중독의 의학적 효과가 점점 더 극단적으로 나타났고, 내가 명백한 위험에 처해 있었다는 거야. 내 말은, 어떤 주말에 나는 한번 시작했다 하면 48시간 동안 분당 200번 이상의 맥박수를 기록했다는 거야. 둘째, 더욱 중요한 것은, 셴골드가 나에게 이렇게 강조했다는 거야. '당신은 스스로 통제범위를 벗어나고 있어요. 만약 그런 식으로 계속한다면, 우린 치료를 더 이상 계속할 수가 없어요.' 그런 최후통첩은 정말 끔찍했어. 왜냐하면, 나는 그때까지 셴골드를 보며 '저 사람이 나의 마지막 희망이다' 라고 확신하고 있었거든. 마지막으로, 그즈음 이상한 '제3의 요인'이 작용했어. 그 내용은, 나는 온갖 약물경험을 통해 어디론가 가려고 노력하고 있었는데, 마침내 거기에 도착한 거였어. 한때 들뜬 발광febrile incandescence과 비생산적인 각성sterile awakening을 원했지만, 어느새 생산적인 각성fertile awakening을 원하게 된 거야. 그쯤 되니, 나는 더 이상 약물이 필요하지 않게 되었어."°

° 이와 관련하여, 나는 올리버의 동료이자 '아인슈타인에서의 진정한 친구' 중 한 명인 소아신경학자 이자벨 라팽과 대담을 나눴다. 올리버의 인생에서, 이 시기의 삶에 대해 더 많이 알고 싶다면 자료집 참고를 권한다.

7
편두통 클리닉
1966~1968

어떤 날은 우표에 나오는 '시티아일랜드의 전형적 뒤뜰'이 내려다보이는 뒷베란다에 앉아, 어깨 위에 쏟아지는 눈부신 햇살을 맞으며 올리버와 도란도란 이야기를 나눴다. "백색광을 바라보며, 그게 여러 가지 색깔로 구성되어 있다는 사실을 상상하는 사람이 있을까? 그러나 분광기를 이용하면 그걸 여러 가지 색깔로 나눌 수 있어. 그와 마찬가지로, 지각은 이음매 없이 매끄러운 분광 작업인 것 같아. 우리 앞에 펼쳐진 세상은 감각을 통해 우리에게 전달되거든." 올리버가 말했다. "그러나 편두통은 특이한 지각 분해자야. 그것은 지각된 세상을 모든 수준에서 분해하여, 평소에 우리가 당연시하는 과정들을 당기고 부풀리고 뒤집고 뒤섞거든. 단, 그건 한정된 기간에만 일어나는 일이야. 환자는 몇 분 내에 정상을 회복하여 자기가 방금 경험한 것을 제대로 기술하지. 말하자면 '지각활동에 대한 분광사진'을 완성하는 셈이야."

나는 올리버에게, 두통 클리닉 시절의 이야기를 조금만 들려

달라고 졸랐다.

"음," 그는 길쭉한 물잔을 손으로 감싸며 말했다. "1966년 10월, 나는 '대를 위해 소를 희생한다'는 마음으로 실험실을 뛰쳐나와 두통 클리닉과 베스에이브러햄에 도착했어. 그러나 처음 2년 동안에는 주로 두통 클리닉에서 근무했어.

대부분의 환자들은 뉴욕시 브롱크스의 전역에서 두통 클리닉으로 전원轉院되었지만, 심지어 멀리 코네티컷에서 온 환자들도 있었어. 그것은 그 지역 유일의 두통 클리닉으로, 약 10년 전 아널드 프리드먼Arnold Friedman이라는 걸출한 전문가에 의해 설립되었고, 그즈음 몬테피오레에 있는 상급시설의 한 동에 굳건히 자리 잡고 있었지.

그곳은 '환자에게 학을 뗀 의사'들이 믿는 최후의 보루로, 여섯에서 여덟 명의 '마법사'들이 근무하고 있었어. 전원된 환자들은 대부분 외래환자였지만, 간혹 진단이나 특정한 치료를 받기 위해 병원에 입원하는 환자들도 있었어."

올리버는 처음에는 일주일에 두세 명의 환자를 진료하다가 나중에는 네 명씩 진료했다. 그리고 한 번의 사례연구 기간이 있었는데, 의사들은 그동안에도 오후에 시간을 내어 총 50~60명의 환자들을 진료했다.

그는 갑자기 이맛살을 찌푸렸다. "자네도 눈치 챘겠지만, 그건 일종의 '짜고 치는 고스톱'이었어. 두통 시장을 장악한 제약회사가 스폰서였고, 의사들은 특정한 약물—많은 경우 스폰서의 제품—을 노골적으로 밀었어.

그곳은 두통 클리닉이지, 편두통 전문병원이 아니었어. 따라서 우리는 종양 등도 진단해야 했고, 그러다 보니 EEG(뇌파도)는 기본이고 두개골 엑스선과 컴퓨터 단층촬영CT scan도 촬영하여 환자에게 보여줘야 했어. EEG가 무용지물이라고 여겨질 것을 두려워한 나머지, EEG 전문가는 모든 환자들의 뇌파를 검사한 후 중간선뇌종양midline cerebral tumor으로 진단했어. 환자들에게 차트를 들이대고 아무런 논평 없이 진단을 내렸으니, 환자들이 기겁을 할 수밖에. 사실, 내가 EEG 판독법을 스스로 익힌 건 바로 그 때문이었어. 그래야만 환자들을 안심시킬 수 있었거든. 나는 프리드먼에게 '모든 환자들에게 EEG 검사를 요구할 필요는 없다'는 걸 납득시키려 노력했지만, 이윤동기에 압도된 그에게 '너나 잘하세요' 하는 핀잔을 들었지."

올리버는 잠시 멈춰 한숨을 쉬었다. "가장 추악한 환경(두통 클리닉과 베스에이브러햄)에서 이를 악물고 노력한 끝에, 나는 '위대한 의사'라고 할 수는 없지만 '훌륭한 신경과의사'로 벼려졌어.

내가 두통 클리닉에서 수행한 연구는 지극히 평범했고, 두 건의 장기적인 연구에 한정되었어. 그러나 그것은 어떻게든 결실을 거뒀어.

프리드먼은 자신을 '두통의 왕'이자 '편두통 마피아의 보스'로 간주했어. 그는 폭넓은 경험과 훌륭한 임상진단 능력을 보유한, 베테랑 신경학자였어. 그러나 그건 어디까지나 제정신일 때의 이야기였어—분별력 있는 전문가는 늘 보는 이의 흥미를 자아내기 마련이야. 그는 종종 제정신을 잃고, 내 눈앞에서 애증이 엇갈리는 상황을 수없이 연출했어.

요컨대, 그의 속셈은 똑똑하고 젊은 동료 겸 활동가 겸 일꾼을 찾아내는 것이었어. 논문을 쓰게 한 후 가로채, 보스의 이름으로 출판해도 아무 말 하지 않는 사람 말이야.

나는 그에게 '편두통에 관한 책을 새로 쓰겠다'는 원대한 구상을 제시했어. 그는 맨 처음 나를 보고 큰 인상을 받았지만, 이윽고 어리둥절해하다가 마침내 분개하게 되었어. 매주 토요일 아침, 그는 중심가에 있는 럭셔리한 사무실로 나를 불렀어. 자신의 후계자감을 아껴주는 샤르코Charcot• 처럼 말이야.

어느 토요일 아침, 내가 편두통성 복통migrainous bellyache을 언급하자, 그는 폭발했어. '색스! 두통 클리닉에 근무하고 있다는 점을 명심해. 편두통은 두통의 일종이야. 정의상, 비두통성 편두통non-headache migraine이라는 건 존재하지 않는다구.' 그러나 나중에, 그는 내 원고에서 편두통에 해당하는 장을 발췌하여 몰래 자기 이름으로 출판했어."

올리버는 물 한 모금을 마시고 이야기를 계속했다.

"나는 2~3년 동안 대략 200명의 환자를 진료했어. 그들은 하나같이, 여러 번 방문한 후 병인病因을 이해하는 것으로 마무리되었지만 증상이 치료되는 경우는 드물었어. 내 진료의 핵심은, 환자에게 의지, 용기, 정신력, 유머감각에 대한 이야기—본질적으로, 자신의 운명을 어떻게 다룰 것인지—를 들려주는 것이었어. 때때로 해피엔딩도 있었지만, 그러지 않은 경우가 더 많았어.

어떤 환자들은 치료를 원했는데, 나는 그들에게 이렇게 말했

• 프랑스의 신경병리학자로, 현대신경의학의 창시자.

어. '옆방에 있는 내 동료에게 가세요. 당신에게 맞는 의사는 그 사람일 거예요.' 그와 반대로, 내 동료들은 가끔 내게 환자를 떠넘기며 이렇게 말하곤 했어. '이 빌어먹을 환자는 자신의 질병을 이해하기를 원한다는구만!'

자기가 앓는 질병이 뭔지 모르는 환자들이 너무 많았어. 그래서, 나는 먼저 병리病理를 차근차근 설명한 후에 이렇게 말하곤 했어. '당신이 앓는 병은, 다른 병이 아니라 편두통이에요.' 그 방법은 효과만점이었어. 아는 것이 힘이라는 말도 있잖아.

편두통의 전조증상aura 또는 암점은 정말이지 무서워." 그는 말을 이었다. "그렇지만 단지 이해하는 것만으로도 무한한 위안을 얻을 수 있어."

그 자신이 그런 특별한 버전의 편두통을 경험한 적이 있을까?

"물론이지. 특히 무서운 것은 도넛 모양의 전조증상이야. 그 내용인즉, 시야의 중심이 사라짐과 동시에 중심이라는 개념 자체가 없어지는 거야. 나의 초기 경험—아마 두 살 때쯤일 거야—중 하나는, 내 손을 잡고 있는 어머니의 얼굴이 보이지 않는 거였어. 그것 말고도, 나는 편두통 직전의 암점을 주기적으로 경험했어. 나는 가끔 뒤뜰에 나가곤 했는데, 그때마다 그곳에 있어야 할 배梨나무가 더 이상 존재하지 않았어. 세 살 때는 이렇게 중얼거렸던 기억이 나. '저기 있었던 배나무가 원래 있었던 걸까, 아니면 내가 지어낸 걸까?' 어느 날 어머니가 나의 근심스런 표정을 읽고 이렇게 말해준 덕분에 큰 위로를 받았어. '아들아 걱정하지 말아라. 나도 그런 경험을 했단다.'"

두통 클리닉에 근무했던 시절로 되돌아가, 그는 이렇게 회고했다. "어느 편두통 환자도 똑같은 전조증상을 호소했던 적이 없어. 나는 두통에 싫증이 났지만, 편두통에는 그렇지 않았어. 《편두통》에 적힌 작은 각주를 보면, 내가 두통에 싫증을 내고 전조증상에 매혹되고, 환자들이 점점 더 많은 전조증상을 보이는 과정이 기술되어 있어. 한 여성은 심지어 나를 위해 특별히 만든 지그재그형 드레스를 입고 있었는데, 그 패턴이 너무 강렬하여 나에게 거의 전조증상을 일으킬 정도였어!

그러나 앞에서도 말한 것처럼, 중요한 것은 환자에게 이야기를 들려주고 그들의 말에 귀를 기울이는 거였어. 1968년 말, 나는 일주일에 다섯 번씩 '오후에서 늦은 저녁까지' 진료했어. 나는 어떤 의사보다도 늦게 퇴근하곤 했는데, 그 이유는 두 가지였어. 하나는 뭔가 말썽이 생기는 거였고, 다른 하나는 내가 말썽을 부리는 거였어. 환자들은 이윽고 다음과 같은 사실을 알게 되었어. '주말에 올리버와 약속하면, 1시간쯤 기다려야 할 수도 있다. 하지만 장담하건대, 그는 나에게 관심을 갖고 내 말에 귀를 기울인다.'

그러나 진료비는 별로 많지 않았어. 클리닉에서 정한 금액은 시간당 30달러, 30분에 20달러, 15분에 15달러였어. 나는 1시간이 기본이었고, 종종 2시간 동안 진료하기도 했어. 환자들은 만족했지만, 내 동료들과 원무과 직원들의 불만은 하늘을 찔렀어. 그도 그럴 것이, 회전율이 높아야 병원의 수익 증대에 기여할 수 있었거든."

그건 그렇고, 그의 《편두통》은 어떻게 탄생한 걸까?

"음," 그는 물잔을 채우기 위해 잠깐 부엌에 갔다가 돌아왔다. "일전에 말한 대로, 나는 몇 년 전 문란한 성생활을 중단하기로 다짐했었어. 그러나 1966년 가을 두통 클리닉에 도착했을 때 마약에 대한 의존도는 여전히 높았어. 1967년 2월의 어떤 주말, 나는 주말행사인 '마약에 취한 상태에서의 마스터베이션'을 준비하고 있었어. 그러나 통상적인 성적 판타지 대신, 어쩌다 보니 편두통에 관한 자료를 찾기 위해 에드워드 리빙Edward Liveing의 저술을 뒤지게 되었어."

리빙이란 빅토리아 시대의 신경학자 중 한 명인 에드워드 리빙(1832~1919)을 말하며, 그의 저서란 《편두통, 두통, 그 밖의 관련장애에 관하여On Megrin, Sick-Headache, and Some Allied Disorders》를 가리킨다.

"그리고 나는 곧 황홀경에 휩싸였어. 나는 앉은 자리에서 600쪽에 달하는 책을 단숨에—마치 한눈에 들여다보듯—독파했어. 내 눈앞에는 그 책의 전체적인 주제가 광대무변한 창공(신경학의 창공)처럼 펼쳐졌고, 그 창공에는 편두통의 성좌가 선명하게 아로새겨졌어. 편두통의 풍경과 리빙의 풍경! 그것은 빅토리아 시대 과학의 금자탑이었어. 모든 것이 너무나 선명하고 명쾌했어.

나는 그 책을 내려놓고 이렇게 생각했어. '정말로 경이로운 책이지만, 한 세기가 지난 책이야. 모든 것을 재해석해야 하는데, 누가 하면 좋을까?' 나는 십여 명의 이름을 잇따라 떠올려봤지만, 번번이 고개를 가로저었어. 그러던 중 마음속 깊은 곳에서 나오는 음성을 들었어. '이런 바보 같으니라구. 그건 바로 너야!'

여느 주말에는, 마약에 취한 채 하늘에 올라가 36시간 동안 별자리 여행을 한 후 텅 빈 손으로 쏜살같이 내려오기 일쑤였어. 그러나 그때는 달랐어. 어쩐 일인지, 시간이 지났는데도 약기운이 사라지지 않고 6주 동안 지속되는 것 같았어. 나는 (별자리 여행을 할 때와 같은) 생생한 감각을 그대로 유지했고, 내가 '해야 하는 일'과 '할 수 있는 일'에 대한 생각이 확고했으며, 그에 상응하는 능력을 보유하고 있다는 자신감이 충만했어.

그것으로 마약과 인연을 끊었지만, '좋은 여행'과 '성공적인 여행'의 경험은 사라지지 않았어. 그곳(황홀경)에 다녀온 후, 더 이상 그곳에 가려고 노력할 필요는 없었어. 내가 종종 일시적 시력상실grayout로 기술했던 것과 종말을 고한 것은, 바로 그 주말이었어."

그는《편두통》의 개요를 신속히 작성한 후, 1967년 7월 런던으로 돌아가 초고를 완성한 후 페이버 앤드 페이버와 계약을 맺었다. 그런 다음 들뜬 마음으로 프리드먼에게 전보를 쳤는데 웬걸. 돌아온 것은 격분한 내용이 담긴 전보였다. "그만둬. 아무것도 하지 마!"

"'그 책의 저작권은 전적으로 나에게 있다는 사실을 모르나?' 뉴욕으로 돌아왔을 때, 프리드먼의 불호령이 떨어졌어. '병원도 내 것이고, 환자도 내 것이므로, 자네의 생각은 모두 나의 생각이란 말이야.' 그는 그 당시 미국신경학회 두통분과 위원장으로서 무소불위의 권력을 휘두르고 있었으며, 나의 출판을 절대적으로 금지했어. '만약 이 책을 출판한다면, 자네를 신경학회에서 제명할 거야. 그럼 자네는 이 바닥에서 일자리를 얻지 못하게 되겠지!' 그러고는 진료기록에 접근을 불허함과 동시에, 파일을 캐비닛에 넣고 자물쇠를 잠가 물리적으로 원천봉쇄했어."

올리버는 당분간 납작 엎드려 맡은 일에 전념했다. 그러나 1968년 6월, 프로젝트를 비밀리에 재개하기로 결심했다. "그러나 캐비닛 속의 진료기록에 접근하기 위해, 간청과 뇌물을 반씩 섞어 숙직당번을 구워삶아야 했어. 그리하여 며칠 동안 하루도 거르지 않고 (자정부터 새벽 4시까지) 날밤을 새며, 프리드먼에게 들키지 않고 모든 환자의 진료기록을 복사하는 데 성공했어."

그러는 동안, 프리드먼은 자기 비서를 시켜 올리버 몰래 1967년 원고를 조금씩 빼돌려 복사하며, 자신의 이름으로 모든 장章을 출판하기 시작했다.

"나는 1968년 7월에 한 달 휴가를 냈는데, 프리드먼은 그 틈을 타서 나를 해고했어. 그 후 몇 주 동안 나는 끔찍한 암흑의 수렁에 빠졌어. 그러나 1968년 8월 31일, 나는 모든 사실을 분명히 깨달았어. 그 내용인즉, 살기등등하던 프리드먼이 이제는 종이호랑이라는 거였어.

'올리,' 나는 나 자신에게 말했어, '까짓 거 다시 생각해서 다시 쓰자. 그러나 지금으로부터 열흘 내에 페이버 앤드 페이버의 편집자에게 결과물을 전달해야 하며, 그러지 못할 경우 우리 모두 스스로 목숨을 끊자.' 자아를 이용한 '셀프 압박 작전'은 주효했어. 나는 자아에 떠밀려 작업을 시작했지만, 몇 분(또는 몇 시간) 내에 집필 자체에 도취되었고, 도취된 상태에서 9일 동안 불철주야로 집필을 완료했어."

(어이구. 나는 《깨어남》에서도 동일한 광경을 목격하지 않을 수 없었다. 그 책 역시 해고된 후에야 완성될 수 있었으니 말이다.)

"페이버 앤드 페이버의 직원들은 '치료법에 관한 장으로 대단원의 막을 내려야 한다'고 나를 설득했어. 자네도 알겠지만, 나도 원래 그게 불가피하다고 생각했었으므로, 마지막 장을 집필하느라 출간이 약간 지연되었어." 우여곡절 끝에, 그 책은 1970년 가을 마침내 출간되었다. 그러나 잠시 후 살펴 보겠지만, 그즈음 그가 〈미국의학협회지The Journal of the American Medical Association(JAMA)〉에 기고한 단문letter•—베스에이브러햄 환자들 사이에서 관찰된, 엘도파의 만연한 부작용—이 평지풍파를 일으키기 시작하는 바람에, 그가 마땅히 누려야 할 데뷔작 출간의 즐거움이 파괴되고 말았다.

프리드먼의 입장에서 보면, 《편두통》이 출간되는 바람에 상황이 더욱 악화되었다. 처음에는 몇 명의 서평가들이 올리버를 언급하며 "'A. B. 프리드먼'이라는 필명으로 몇 개의 장을 출판했었던가?"라는 의문을 제기했다. 그러나 이윽고, 걷잡을 수 없는 표절의 비난에 직면한 사람은, 올리버가 아니라 프리드먼 자신이었다. (적어도 문체의 일관성에 기반하여, 그 내용을 무단전재한 사람이 누구인지 밝혀지는 데는 오랜 시간이 걸리지 않았다.)

"그 일이 있은 직후, 프리드먼은 몬테피오레를 떠나 투손으로 가서, 편두통 마피아의 남서부 지부를 설립했어." 올리버가 빈 물잔을 테이블 위에 올려놓으며 대화를 마무리했다. "그건 정말로 황당한 시추에이션이었어. 프리드먼은 나의 자멸을 확신하고,

• 내용은 중요하나 길이가 짧은 논문.

내가 살아남아 책을 출판하거나 표절행위를 눈치채지 못할 거라고 생각했던 것 같아.”

8
깨어남의 드라마
1968~1975

우리가 도란도란 이야기를 나누는 동안 올리버가 털어놓은 초창기 생활 이야기는 왠지 곧 개봉될 '깨어남 시대'라는 역사극—브롱크스에 있는 베스에이브러햄에서 '뇌염 후 살아 있는 조각상'이 된 사람들(60~70대의 노인들로, 뇌염환자 전반에 광범위하게 분포되어 있고, 수십 년 동안 동상처럼 얼어붙어 있는 사람들)'과 처음 만나, 그들을 별도의 병동에 집단적으로 수용하기로 결정하고, '기적의 약물'로 이름을 떨치던 엘도파를 투여하고, 외견상 기적적인 깨어남을 목도하지만, 뒤이어 재앙적인 시련을 맞이한 후 서서히 어렵게 적응해가는 파란만장한 대하드라마—의 예고편이라는 생각이 들었다.

일찍이 브레이필드에 있는 (찰스 디킨스의 소설에나 나올 법한) 기숙학교에서 생활할 때—그 당시 올리버의 나이는 여덟 살이나 아홉 살쯤이었을 것이다—, 올리버는 어느 날 오후 《두 도시 이야기A Tale of Two Cities》에 나오는 마네트라는 캐릭터를 다룬 "회생

回生"이라는 제목의 감상문을 쓴 적이 있었다(알렉상드르 마네트는 명석한 두뇌를 가진 의사로, 억울한 누명을 뒤집어쓰고 18년간 바스티유 감옥에 갇힌 채 가족과 떨어져 살다가 마침내 석방된다). "나는 기숙학교 생활과 《두 도시 이야기》의 줄거리를 연관시켰음에 틀림없어." 올리버는 추측했다. "그건 나의 개인적 상황을 마네트에 빗대어 묘사하는 방법이었어. 아무도 관심을 기울이지 않았지만, 그 상황은 그 이후 나의 뇌리를 떠나지 않았어. 그로부터 30년 후, 내가 베스에이브러햄에서 마주친 환자들의 상황은 마네트의 상황과 다르지 않았어."

정말이지, 환자들에게나 올리버 자신에게나 '회생'만큼 적절한 표현은 없는 듯싶다.

옥스퍼드에 머물던 1950년대 후반, 올리버는 초창기 실험실 연구—곧 그만두게 된다—에 몰두하며 당시 잘나가던 스웨덴 연구팀의 진척 상황을 곁눈질했다. 그 연구팀의 지휘자는 아르비드 칼손Arvid Carlsson으로, 뇌에서 도파민dopamine을 분리한 후 신경전달물질로서의 핵심역할을 밝혀내기 시작하고 있었다(그는 이 공로를 인정받아, 2000년 노벨생리의학상을 공동 수상했다).

1960년 샌프란시스코의 마운트자이언Mount Zion에 있는 미국의료원American medical center에서 레지던트 생활을 할 때(심지어 장기체류 비자를 받기 전), 그는 파킨슨병 환자들을 상대로 입체수술stereotactic surgery—엘도파가 도입되기 전 흔했던 수술—을 수행하는 팀에 소속되어, 두 명의 신경외과의와 한 팀을 이루어 시상thalamus에 미세한 흠집을 냈다. 그들은 9개월 동안 호흡을 같이하며 갖은 고생을 했다.

뒤이은 '마약쟁이' 시절에 대해서는 두말할 나위도 없다. 언젠가 한번, 나는 올리버에게 이렇게 물었다. "마약을 이용한 '방탕한 자가실험'이 나중에 베스에이브러햄에서 만난 환자들의 경험을 이해하는 데 도움이 되던가요?" 그의 대답은 간단하고 즉각적이었다. 그는 질문이 끝나기도 전에 내 말을 가로채며 "매우 많이"라고 대답했다.

그는 잠시 멈췄다가 말을 계속했다. "내 자신이 온갖 경험을 하지 않았고, 내 자신이 실험대상이 아니었다면, 환자들이 엘도파를 투여받기 전후의 삶을 제대로 평가할 수 없었을 거야. 물론 내가 파킨슨병 자체를 실제로 경험한 건 아니지만, 나는 학생들에게 종종 이렇게 말하곤 해. '파킨슨병에 걸리면 어떤지 알고 싶어? 그럼 할로페리돌haloperidol을 먹어봐.' 나는 다량의 할로페리돌 샘플을 소지하고 있다가 원하는 학생들에게 적정량을 나눠줬어. 그리고 엘도파의 경우, 많은 점에서 (내가 유난히 익숙한) 암페타민의 약리학적 모델에 근접한 약물이야. 그러나 더 중요한 것은, 내 자신이 뇌 흥분제의 양면성(가능성과 위협, 매력과 위험)을 잘 알고 있었다는 거야. 또한 나는 흥분제의 경제학을 이해하고 있었어. 다시 말해서, 이 세상에 공짜는 없다는 말이야. 해블록 엘리스Havelock Ellis•는 언젠가 마약에 대해 이렇게 말했어. '그들은 비용만 청구하고 서비스를 제공하지 않는다.'"

예고편은 이 정도로 하고, 이제 깨어남의 드라마를 본격적으

• 영국의 의학자 겸 문명비평가(1859~1939).

로 시작하기로 하자. 마약남용이 아직 상당한 수준이었던 1966년 10월, 베스에이브러햄에 도착한 올리버는 뭔가를 분명히 인식하고 있었다.

"전에도 말했듯이," 어느 날 오후 내가 시티아일랜드를 방문했을 때, 올리버는 회고했다. "1966년 10월 베스에이브러햄에 도착했을 때, 나는 일종의 위기에 봉착해 있었어. 그때 나는 다수의 이익을 위해 학문적 의학에서 쫓겨난 상태였어.

영국에서 의대에 다닐 때, 나는 어쩌다 한 번씩 뇌염후증후군(뇌염후파킨슨증)postencephalic syndrome(postencephalitic Pakinsonism) 환자들을 본 적이 있었어. 그러나 그들은 베스에이브러햄의 환자들과 전혀 달랐어. 살아 있는 조각상이 아니었다구. 심지어 1960년 샌프란시스코의 파킨슨병 전문병동에서 9개월 동안 근무한 경험이 있었으므로, 나는 일반적인 파킨슨병에도 관심이 많았어. 내가 처음 마주친 뇌염후증후군 환자는 레너드°—《깨어남》에서 사용된 가명이며, 할리우드 영화 〈사랑의 기적〉에서 로버트 드니로가 연기하게 된다—였는데, 나중에 알고 보니 베스에이브러햄에 수용된 500명의 뇌염환자 중 80명 이상이 파킨슨증을 앓고 있었어. 500명 중 80명이라면 유례없이 높은 비율이야. 사실, 베스에이브러햄은 1920년 그런 환자들—뇌염후증후군과 영구적인 신경학적 전상neurological war injury 환자들—을 위해 설립되었고, 처음

° 올리버는 나와 이야기하는 도중 《깨어남》에 나오는 환자의 실명과 가명 사이를 수시로 왔다갔다 했지만(그로 인한 헷갈림을 방지하기 위해, 나는 나중에 커다란 '실명/가명 대조표'를 만들어야 했다), 이 책에서는 앞으로 가명만을 사용할 예정이다.

이름은 '난치병 환자들의 보금자리'였어. 그러나 시간이 경과함에 따라 온갖 중증질환을 앓는 사람들이 추가되어, 뇌염후증후군 환자에게 더 이상 특별한 주의를 기울이지 않았어. 그리하여 베스에이브러햄은 단순한 만성환자 수용시설인 것처럼 보였고, 그렇게 간주되었어.

그럼에도 불구하고 뇌염후증후군 환자들은 두드러졌고, 적어도 나에게는 그렇게 보였어. 그러나 나는 여전히 많은 것을 모르고 있었고, 거의 긴장증에 가까운 증상을 보이는 사람들이 그렇게 많다는 사실을 어떻게 해석해야 할지 몰랐어."

그들이 어땠기에?

"음, 그들은 이상하리만큼 고립되었고, 갑자기 폭발적인 운동을 하는 사이사이에 동작을 멈췄어. 예를 들면—올리버는 이때 갑자기 점프를 했고, 돌발행동에 깜짝 놀란 나는 연필을 놓쳤다. 그것을 본 올리버는 껄껄 웃다가, 내가 연필을 집어 들자 이야기를 계속했다—몇 달 동안 움직이지 않던 사람이, 간헐적으로 (어린 시절에 봤던 신바람나는 서커스처럼) 깜짝 곡예를 펼쳤어. 한번은 내가 근처에 있는 환자를 체크하고 있는데, 그가 갑자기 '광분한 신경학자'—나를 의미하는 거야—를 흉내 내는 듯한 퍼포먼스를 했어. 내 가방에서 도구 하나(아주 복잡한 진찰도구)를 꺼내 자기 이마에 붙이고 배꼽을 잡게 하는 개그를 선보이더니, 그 도구를 내 가방에 조심스레 집어넣고 '으스스한 멈춤eerie stillness' 상태로 되돌아갔어. 마치 아무 일도 없었다는 듯.

그런데 그들을 처음 본 지 한 달도 채 안 지나, 나는 그들이 비범하고 무한한 매력을 지녔다는 느낌이 들었어. '그로테스크한 불구'와 '외견상 완벽한 정상' 사이의 문은 무작위적으로 열렸다, (열릴 때와 마찬가지로) 갑자기 닫히며 완전한 정체utter stasis 상태로 완벽하게 복귀했어. 그러나 그들은 어떤 의학적·외과적 치료법에도 반응하지 않았어. 간단히 말해서 그들은 경이로운 장관이었고, 내가 잠시잠깐 어렴풋이 감지하기 전부터 지각 있는 조각상이었어. 물론 내가 나중에 집단 수용했을 때 더욱 그랬고, 그 후 더욱 널리 공론화되었을 때 더더욱 그랬지만….

사실, 베스에이브러햄은 '주목할 만한 환자들'의 보물창고였으며, 나는 그들의 큐레이터였어! 조너선 밀러와 마찬가지로, 나의 가장 커다란 관심은 정신병원의 뒷병동을 향하고 있어. 현대 신경학의 아버지 휼링스 잭슨Hughlings Jackson은 그곳에서 최선을 다하며 이렇게 말하곤 했어. '당신은 아무것도 바라지 않는 사람들의 세상에 살고 있다. 굶주린 환자들이 갈망하는 것은 단 하나—자신을 능멸하지 않는 관심이다.' 솔직히 말해서, 나는 나중에 엘도파를 '냉정하고 소심한 연구자들이 사용하는 못마땅한 개입수단'으로 간주하게 되었어. 그건 구태의연한 방법이며, 나는 뇌염후증후군 환자들을 그런 식으로 연구하는 데 동의하지 않아. 나는 환자와 진료실에서 몇 시간 동안 함께 지내며, 그들의 현실감각을 추론하기 위해 노력했어(그 당시 나는 멈춤stillness에 더 많은 주의를 기울였고, 광분frenzy이 내 시야에 들어온 건 나중에 투렛증후군 환자와 함께 지내면서부터였어. 그러나 그것을 계기로 하여 나의 연구는 엄청나게 풍성해졌어)."

예컨대 레너드의 경우, 올리버는 한 번에 몇 시간씩 그의 곁에서 끈질기게 기다렸고, 그는 마침내 동작을 멈췄다. 정체된 레너드는 일종의 위자보드Ouija board• 위에 떨리는 손가락을 대고 (과거 어느 때보다도 천천히) 끌었다. 한번은 온몸이 마비된 그에게 기분이 어떠냐고 물었더니, 가슴이 저미도록 느리게 다음과 같이 말했다. 릴-케-의-표-범. 올리버는 소스라치게 놀랐다. 알고 보니, 레너드는 총명한 젊은 사서였고, 여러 해 전 뇌염후증후군이 찾아왔을 때 사회생활을 막 시작하던 참이었다. 올리버는 두말할 필요 없이, 릴케의 시 〈표범Der Panther〉에 능통한 책벌레였다.

철창 사이로 보이는 그의 눈빛은
모든 것을 포기한 듯 지쳐 보인다.
그의 눈에는 수천 개의 철창만이 보일 테니
수천 개의 철창 사이로 세상은 존재하지 않는 듯하다.

강한 듯 부드럽고 유연한 발걸음은,
세상에서 가장 작은 원을 그리고 있는데,
마치 중심점 주위에 원을 그리는 힘찬 춤사위 같고
원 안에는 공허한 의지가 자리 잡고 있구나.

아주 가끔 동공의 커튼이
소리없이 열린다—. 그제서야 형상이 미끄러져 들어가,

• 1892년 파커 브라더스가 운세 게임용품으로 출시한 상품으로, 프랑스어로 "예"를 의미하는 Oui와 독일어에서 "예"를 의미하는 ja를 합친 단어다. 19세기 중반에 시작된 심령주의가 기원인데, 당시 사람들은 사후 영혼과 대화하기 위해 진자와 자동필기 등의 기술을 이용했다.

파르르 떠는 사지四肢를 통과하여—,
심장 속에 들어가 부서진다.

일주일 뒤 늦은 오후, 나의 아파트에서 나와 함께 리버사이드파크로 초가을의 산책을 떠나는 동안, 올리버는 중단된 이야기의 속편(이름하여 "표범 이후")을 들려줬다.

"1967년 2월," 그는 기억을 더듬었다. "나는 내가 돌보던 뇌염후증후군 환자들(또는 나머지 환자들 사이에 섞여 있는 '좀 더 전통적인' 파킨슨병 환자들로, 120명쯤 되는 것으로 추정되었어)을 통해 한 전문가의 연구에 관한 소식을 듣기 시작했어. 그 전문가의 이름은 조지 코치아스George Cotzias로, '엘도파의 작용 메커니즘'을 연구하고 있었어. 엘도파란 도파민의 합성 전구체synthetic precursor를 말하는데, 코치아스의 연구실(롱아일랜드의 브룩헤이븐에 있었어)에서 전형적인 파킨슨병 환자들에게 투여한 결과 괄목할 만한 성과를 거뒀다는 소문이 파다했어. 얼마 후, 레너드는 각성을 경험할 때마다 코치아스를 '화학적 메시아'라고 부르게 되었어."

때마침, 1967년 2월은 '올리버가 마약에 찌들어 산 마지막 주말'이 포함된 역사적인 달이었다. 그는 오랫동안 잊혀진 19세기의 편두통 책에 몰입하여, 그토록 추구해왔던 '뿅 간 상태'에 마침내 도달하게 되었다. 그러나 결과적인 이야기지만, 올리버는 뒤이어 18개월 동안 편두통 클리닉에 틀어박혀 《편두통》 출간 프로젝트에 열중했음에도, 1968년 9월까지 최종 결과물을 내지 못했다. 그러나 일단 《편두통》이 출판되자, 그는 베스에이브러햄에서 뇌염후증후군에 집중할 준비가 완료되었다.

올리버의 회상에 따르면, 1968년 여름은 유난히 후텁지근했다. "병동 중에 환기시설이 갖춰진 곳이 하나도 없다 보니, 수십 명의 환자들이 뇌졸중으로 세상을 떠나는 한편, 딴 환자들은 심각한 부기swelling 때문에 어려움을 겪었어. 엘도파의 가격은 여전히 턱없이 비쌌지만, 나는 '이번에야말로 꼭 시도해봐야 한다'고 생각하기 시작했어. 그러려면 연방마약관리국Drug Enforcement Agency(DEA)에 신고하고 승인을 받아야 하는데, 듣자 하니 6~9개월의 시간이 필요했어. 그러나 우리는 승인을 기다리는 동안, 오래된 병력이 담긴 파일들을 검토함과 동시에 모든 뇌염후증후군 환자들을 하나의 병동에 집단 수용했어.

아마 1968년 10월이나 11월쯤이었을 거야. 병원에서는 엘도파가 환자들에게 작용하는지 알아보기 위해, 기본적으로 90일간에 걸친 이중맹검 임상시험을 준비하고 있었어."

올리버와 나는 잠시 숨을 돌리기 위해 허드슨강 건너편 저지팰리세이즈Jersey Palisade를 바라봤다. 높은 파도가 바닷물을 올버니 쪽으로 밀어붙이는 바람에, 강물이 역류하는 것처럼 보였다.

"그럼에도 불구하고, 나는 처음부터 갈등을 겪었어. 첫째로, 나는 엘도파가 그렇게 심각한 파킨슨증 환자들에게 효능을 발휘할 것인지 확신하지 못했어. 나는 환자와 가족들의 희망이 비현실적으로 부풀어오르는 것을 원하지 않았고, 가장 심각한 환자들이 깊은 트랜스trance(몰입경)에 빠져 있는 것을 걱정했어. 몰입경이란 개인적·역사적인 가수면 상태로, 끝없이 반복되며, 동물과 다름 없는 생리적 현상이야. 만약 엘도파가 효능을 발휘한다면, 수십 년 동안 따로놀던 사람들의 손을 갑자기 붙들고 현재로 데려온다는 게 실존적으로 어떻게 나타날까? 핀터도 희곡에서 그런 문제를 제기했어.

둘째로, 브룩헤이븐 등의 연구소에서 쏟아져나오는 '기적의 치료법'에 대한 자아도취적 보고서를 액면 그대로 받아들이는 것은 금물이었어. 1969년을 곰곰이 돌이켜보면, 부정적 사례를 언급한 논문은 거의 찾아볼 수 없었고 낙관적인 논조가 압도적이었어. 그러나 나는 약간 회의적이었어. 내가 보기에, 지나친 낙관론의 부작용은 단순한 부작용보다 더욱 심각했고, 증세가 위중한 환자들의 경우에는 더욱 그랬어. 우리가 어떤 판도라 상자를 열게 될지 미지수였어."

올리버가 엘도파에 대한 천년왕국의 기대millennial expectation(장밋빛 환상)에 빠지지 않았던 비결은 뭘까?

"나는 많은 편두통 환자들과 호흡을 같이하며 문제점을 파악했고, 환자가 됐든 의사가 됐든 마법 신봉자—'잘 믿는 환자'와 '무원칙한 의사'—들에게 진저리가 났어. 편두통은 의식적·무의식적 사기詐欺의 온상이야. 두통 클리닉과 베스에이브러햄에서 근무한 이후, 나는 줄곧 '많은 원인과 치료방법이 있는 복잡한 장애'의 자연사natural history에 깊은 관심—치료법뿐만 아니라 모든 면에서—을 갖고 있어. 집에 돌아가 나의 《편두통》을 읽어본다면, 첫 단락에 이미 '편두통이나 파킨슨증에 대해 마법을 기대하지 말라'고 적혀 있음을 알게 될 거야."

올리버가 코치아스에게 직접 의혹을 제기하지는 않았을까?

"그런 일이 있기 몇 년 전, 코치아스와 딱 한 번 접촉했었어. 그의 환자 중 한 명인 헬렌이라는 여성이 나를 찾아왔는데, 그녀는 1965년 엘도파를 투여받았어. 그녀의 이력을 들어보니, 그녀의 친척과 (그동안 거쳐온) 의사들이 제시한 것과 일치했어. 그 내용인즉, 그녀는 엘도파를 투여받은 후 완전히 맛이 가서, 브룩헤이븐을 탈출하여 롱아일랜드의 배수로에서 열흘 밤을 헤맸고(다행히 그때는 여름이었어), 그 후 1년 동안 완전한 정신병 증상을 보였다는 거야. 그야말로 끔직한 반응이었지. 나는 브룩헤이븐에 진료기록을 요구하는 편지를 보냈는데, 그들의 답변서는 백지나 마찬가지였어. '그녀는 약간의 불안 증세를 보이더니, 우리의 충고를 무시하고 퇴원했습니다.' 그들이 인정한 것은 거기까지였어. 그래서 코치아스에게 전화를 걸어 인사치레를 한 후 '우리가 헬렌이라는 환자를 치료하고 있습니다'라고 말했어. 그런 다음 그녀에 대한 상세한 진료기록을 요구했더니, 대답이 걸작이었어. '색스 박사님. 나는 임상의가 아니라 화학자입니다. 그런 건 없습니다.' 그는 거짓말쟁이였어.

내가 듣기로, 그는 마침내 《깨어남》이 출간되었을 때 책장을 휘리릭 넘기며 자기 이름이 인용된 것을 찾아본 후 책을 덮었대. 그러고는 두 번 다시 책을 들여다보지 않았다는구먼."

올리버는 잠시 멈췄다가 이야기를 계속했다. 파도가 잦아들며 방향을 바꾸려 하자, 강물은 거의 잔잔해졌다. "각설하고, 나는 1969년 가을 환자들을 집단 수용하고, 늘 그렇듯 간호사와 치료사들에게 의존했어. 그중에서 특히 주목할 만한 사람은, 몇 달 전 도착한 마지 콜Margie Kohl이라는 언어치료사였어. 우리는 본래

신축건물의 한 층을 제공받을 예정이었지만, 마지막 순간에 5ZP라는 낡고 꾀죄죄한 병동으로 교체되었어. 내 생각에, 환자들은 '엘도파를 투여받으려나 보다'라고 여기고 그 병동에 모여든 것 같았어. 물론 나도 처음에는 환자, 친척, 치료사들에게 그렇게 말해야 했으며, 그러느라 시간이 좀 걸렸어.

그런데 환자들 중에는 (1969년 1월 168번가에 있는 신경학연구소에서 베스에이브러햄으로 온) 소피라는 환자가 있었어. 그 연구소에서는 엘도파 투여가 더욱 광범위하게 진행되고 있었으므로, 그녀는 최악의 횡설수설과 운동정신병motor psychosis 증상을 보이고 있었어. 나는 그녀의 상태를 보고 소스라치게 놀랐어. 신경학연구소는 기저핵클럽Basal Ganglia Club 월례회의가 열리는 곳으로, 모든 도취감euphoria 연구의 중심이었어. 그녀는 신경학연구소에서 치료를 받던 환자 중 한 명으로서 끔찍한 경험담의 주인공이었으며, 그대로 놔둘 경우 그해 여름을 넘길 수 없을 것 같았어. 이 점은 나를 더욱 주저하게 했으며, 다른 환자들에게도 공포감을 자아냈어."

그런데도 당초 계획을 밀어붙인 이유가 뭘까?

"나는 최소한 시도는 해봐야 한다고 생각했어. 왜냐하면 엘도파가 없으면 정상적인 생활을 영위하기가 더욱 어려워질 뿐만 아니라, 그해 여름 환자들의 사망률이 현저히 상승했기 때문이야. 다른 한편, 나는 뭔가 놀라운 일이 벌어질지도 모른다고 생각했어. 나는 역설운동kinesia paradoxa이라는 괄목할 만한 사례를 목격했는데, 그것은 갑작스럽고 순간적인 활력증진으로서, 모든 억측에도 불구하고 '트랜스 속 깊숙이 완전한 운동능력이 살아 있다'는 주장에 힘을 실어주는 증거였어."

그렇다면 환자와 가족의 동의는 어떻게 받아냈을까?

"가능한 위험을 환자들에게 미리 알리는 문제에 대해, 병원장 찰리 M과 다른 관계자들은 이렇게 경고했어. '그들에게 너무 많은 것을 알려주지 마세요.' 찰리 M은 이미 메시아주의적 경향의 초기징후를 보이고 있었으며, 임상시험이 시작되자 금세 격렬한 감정에 사로잡혀 날뛰게 되었어.

분명히 말하지만, 선택에 있어서 능력과 도덕성에 대한 미묘한 문제가 제기되었어. 나는 환자들의 지적 능력을 상당히 확신했지만, 지금껏 절망적이었던 사람들에게 환상 섞인 희망을 불어넣고 있었던 게 사실이야. 아무리 조심스러워도, 나의 제안은 장밋빛 환상투성이였어. 부분적으로 환상을 피하면서도 부분적으로 환상을 공유하는, 이율배반적인 나를 발견하곤 했어.

일반적으로, 나는 대화가 가능한 환자들에게 이렇게 말했어. '운동불능증akinesia(무동증)을 타개할 수 있는 기회가 온 것 같아요. 들리는 말에 의하면 범상찮은 효과를 거둘 수 있다고 해요. 당신도 그런 이야기를 들었을 거예요. 우리는 아주 천천히 시작하면서 무슨 일이 일어나는지 차근차근 확인해야 해요. 당신 생각은 어때요?'"

그러나 그들과의 대화가 가능하다는 것을 어떻게 확신할 수 있었을까?

"그들과 몇 달 동안 많은 시간을 함께하면서, 나는 '대부분의 환자들이 내 말을 알아듣는 것 같다'는 느낌을 받았어. 끊임없이 뭔가에 사로잡혀 있었지만, 그들은 필요할 때마다 내 말에 집중할 수 있었어.

게다가 그들 중 상당수에게는 간절한 바람이 있었어. 예컨대, 레너드는 엘도파를 '부활민ressurectimine'이라고 불렀어. 어떤 환자들은 별다른 느낌 없이 순응했는데, 그건 단순한 정동결핍 때문인 같았어(정동情動•이 결핍되면, 외견상 무심한 것처럼 보일 수밖에 없어). 어떤 환자들은 투약을 보류하고, 다른 환자들에게 나타나는 영향을 지켜보고 싶어 했어.

나는 환자와 그 친척 들의 선택권을 최대한 존중했어. 특별히 설치된 병동은, 내 마음속으로나 실제로나 엘도파 임상시험과 별개였어.

나는 연구비가 부족해서, 사재를 털어 최초의 임상시험을 수행했어. 치료사들에게 잔업수당을 지급했고, 엘도파를 투여하기 몇 달 전부터 환자들의 상태를 기록하기 위해 내 카메라와 필름을 사용했어."

태양은 어느덧 팰리세이즈 너머로 뉘엿뉘엿 넘어가고 있었고, 강물은 완전히 잔잔해졌으며, 따스한 저녁 미풍이 리버사이드파크의 울창한 나뭇가지 사이로 바스락 소리를 내며 지나갔다. 우리는 근처의 벤치에 앉았다.

"1969년 3월, 우리는 DEA의 승인을 받아 임상시험을 시작할 준비를 완료했어. 그러나 그것은 느리게 진행되는 이중맹검

• 정동affect이란 접촉해서 흔적을 남긴다는 의미의 라틴어 아펙투스affectus에서 나온 말인데, 정신과에서는 다른 사람에 의해서 객관적으로 관찰 가능한 감정 상태를 의미한다.

시험이었어. 세 명의 환자에게는 위약을 투여하고, 또 다른 세 명의 환자—나의 책에는 레너드, 헤스터, 애런이라고 적혀 있어—에게는 진짜 엘도파를 투여했어. 그리고 결과는 거의 즉각적으로—일반적으로 몇 시간, 고작해야 며칠 이내에—나타났어. 나는 모든 사실들을 기록하고 스펙터클한 영화를 제작하여, 유대인독지가연맹Federation of Jewish Philanthropies에 제출했어… 그리하여 임상시험 및 다큐멘터리 영화를 위해 5만 5000달러를 지원받는 데 성공했어.

나는 헤스터에게서 첫눈에 합병증을 발견했지만, 레너드와 애런의 경우에는 별 문제가 없었어. 그래서 낙관론이 강력한 추진력을 얻었고, 이중맹검이라는 틀은 신속히 폐기되었어. 전통적인 과학자들은 이중맹검을 고수했겠지만, 엘도파의 효능이 즉각적으로 확인된 이상 위약효과를 관찰한다는 것은 상상할 수 없었고, 이중맹검 임상시험을 계속한다는 것은 과학적으로 소용없고 임상적으로 태만한 일이었어."

그런데 다른 환자들의 반응은 어땠나?

"예컨대 시모어는 머뭇거리다가 참가를 보류했었어. 그러나 그는 헤스터를 매우 좋아했고, 헤스터가 변화하는 것을 보더니 자기 눈을 믿을 수 없다며 이렇게 말했어. '그녀가 효과를 봤으니, 나도 시도할 거예요.' 중립적인 태도를 취하던 사람들 중 상당수가 (오랜 궁리 끝에) 결단을 내렸고, 어떤 경우에는 내가 살짝 등을 떠밀기도 했어. 에다의 경우에는, 내가 약간 몹쓸 짓을 했어. 그녀의 애플소스에 몰래 엘도파를 섞었거든. 그녀는 원래 부정적이었지만 나중에 이렇게 말했어. '그 도파민은 선물이에요.

당신을 감동시켜 나에게 선물을 주도록 만든 신께 감사드려요.' 봄이 한창 무르익어 갈 즈음 많은 파킨슨증 환자들이 엘도파를 원했고, 양심 있는 의사라면 그들을 거부할 명분이 없었어.

그러므로 임상시험은 계속 진행되었어. 4월 말에 이르러 우리는 뭔가 엄청난 일을 하고 있음을 직감했고, 초여름에 접어들자 대부분의 뇌염후증후군 환자들이 임상시험에 참가했어. 그 결과, 임상시험 참가자 수는 그저 상승곡선을 그린 게 아니라 폭발적으로 증가했어."

올리버는 그런 엄청난 일을 어떻게 감당했을까?

"나는 섹스와 마약을 끊고, 진지한 자세로 의학에 몰입했어. 그리하여 스피드를 추구하는 폭주족이 아니라, 아드레날린 수치의 변화를 추구하는 의사로 거듭났어. 그런데 그런 성과를 거둘 줄이야! 나는 의학에서 잭팟을 터뜨린 거였어!"

그가 병원 근처에 살고 있었던 게 천만다행이었다. 3월까지만 해도, 그는 맨해튼 71번가(빌리지Village에서 시작된 아파트 행렬의 최북단)에 살고 있었다. 그러나 그달에 빈집털이를 당하는 바람에, 병원의 주선으로 병동에서 100미터쯤 떨어진 곳에 아파트를 얻었다(그 결과, 그는 병원의 온갖 뒤치다꺼리를 떠맡아야 했다. 모든 환자들의 사망진단서에 서명을 하질 않나, 걸핏하면 한밤중에 호출 전화를 받고 병원으로 달려가질 않나…).

환자들뿐만이 아니라 병원의 모든 의료진과 직원들에게, 5·6·7월은 '가장 오랫동안 깨어 있는 기간'이었다. 올리버는 최초 각성의 전성기를 다음과 같이 설명했다. "온갖 막힘blockage이 묘하게 해소되고, 사라졌던 편안함·우아함·기쁨·즐거움·의지가 되돌아왔어. 예컨대 레너드의 경우(올리버는 웬 원고를 내게 들이밀었다), 갑자기 타자기로 달려가 키를 마구 두드리기 시작하더니, 급기야 5만 단어짜리 '가슴이 터질 듯한 자서전'을 완성했어."

수년에 걸친 공동작업 기간 동안, 나는 올리버가 제공하는 온갖 특이한 사례들을 질리도록 포식했다. 기나긴 잠에서 깨어난 후 몇 달 동안의 참혹한 시련기를 거쳐, 결국에는 격전을 치른 후 일종의 협상이 간신히 타결되기까지… 그러나 모든 사례들을 이 자리에서 일일이 언급하는 것은 무의미하므로, 독자들에게 '올리버의 내레이션(《깨어남》과 그의 만년에 나온 회고록)에 포함된 비할 데 없이 깊고 대담한 디테일을 직접 감상하라'고 권하고 싶은 것이 솔직한 내 심정이다. 단, 그가 본의 아니게 언급하지 않은 것으로 생각되는 이야기 하나를 소개한다. 그 내용인즉, 올리버 덕분에 회생한 한 여성이 그에 대한 보답으로, 남은 평생 동안 베스에이브러햄의 앞베란다에 나가 앉아 올리버의 오토바이를 지켰다는 것이다. "누군가가 내 오토바이에 접근하면, 그녀는 이렇게 말했어. '안 돼요 안 돼. 그냥 내버려 둬요. 그건 박사님의 오토바이라고요.' 그녀는 매일 그 자리에 앉아 내 애마를 지켰어." 올리버는 미소를 지으며 잠시 회상에 잠겼다.

그러나 사태는 냉혹하게 반전되기 시작했다. "이미 4월부터, 우리는 달갑잖은 변동성을 목격하기 시작했어. 아까 말한 것처럼, 헤스터의 경우에는 효과와 동시에 부작용이 나타났어. 그래서 우리는 일찍부터 큰 갈등에 시달렸어. 그도 그럴 것이, '치료 효과'가 우리의 '막연한 기대'를 넘어섬과 동시에, 막 시작된 '비극적 효과'가 우리의 '심각한 우려'를 넘어섰거든."

해가 지고 나자 기온이 급격히 떨어졌고(강물은 다시 역류하기 시작했고, 파도는 다시 사나워지고 있었다), 추위를 견디지 못한 나(물론 신체 건강한 올리버는 끄떡없었다)의 제의에 따라 우리는 발걸음을 돌리기로 결정했다.

"처음에," 올리버의 말은 계속되었다. "나는 점점 더 광포해지는 부작용—안구운동발작oculogyric crisis(시선이 거침없이 이탈하고, 종종 하늘을 향함), 과속보행stampeding festination(강압적이고 저항할 수 없는 걸음·말·생각의 가속화), 갑작스럽고 퉁명스러운 중단, 온갖 종류의 패닉과 경련—을 용량 적정titration•의 문제로 간주했어." 뇌염후증후군 환자들은 이미 일반적인 파킨슨병 환자들보다 낮은 용량을 투여받고 있었지만, 올리버와 간호사와 약리학자들은 용량을 더욱 낮추려고 노력했다. "옥스퍼드 시절 수행한 '비탄에 잠긴 여성'에 대한 시험과 뒤이은 자가시험을 통해, 나는 적정의 미세한 변동성을 익히 알고 있었어." 그는 특히 한 명의 여성 환자에 대해 경악을 금치 못했다. "그녀는 특정한 용량에서 경련이 일어나 안구운동발작이 나타났고, 용량을 한 단계 낮췄더니 안구운동발작이 사라지는 대신 완벽한 과속보행이 나타났어. 그래서 용량을 약간만 높였더니 안구운동발작이 다시 일어나더군. 의료진은 노력을 거듭한 끝에 '칼 같은 균형점'을 찾아냈지만 아뿔싸! 이번에는 안구운동발작과 과속보행이 동시에 나타나기 시작했어."

• 환자에게 알맞은 용량을 찾기 위해, 약물의 용량을 조금씩 높여가는 과정.

그렇다면 그가 생각했던 '신이 내린 균형점'이라는 게 과연 존재할까?

"그런 건 없고, 오직 변동성이 있을 뿐이야. 약물의 용량에 따른 작용과 부작용은 환자마다 다르고, 같은 환자에서도 시간이 경과함에 따라 달라질 수 있어. 나는 그 변동성이 인간의 삶 전반에 쓸데없이 간섭하고 훼방을 놓는 장면을 여러 번 목격했어. (어떤 면에서 볼 때, 헤스터는 사실상 죽은 목숨이었어. 왜냐하면 그녀는 뇌염후증후군 증상이 악화되어 음식물을 삼킬 수 없는 상태에까지 도달해 있었거든. 언뜻 생각하면, 우리는 의학적 의미에서 '죽어가고 있는 허약한 집단'을 돌보고 있는 것 같았어. 그러나 그건 의학적 고정관념에 불과했어.) 나는 고심 끝에 처음이자 마지막으로, '변동성이란 게 없으면 삶이 무의미하며, 요동치는 삶이 무의미한 삶보다 낫다'고 선언했어. 나는 그들에게 유례없는 책임감을 느끼고 있었지만, 나 자신에게 이렇게 선언했어. '변동성은 환자 고유의 생리학에서 비롯된 거야. 의사가 누군가의 생리학까지 책임질 수는 없어.' 문제는 교정correction이 아니라 적응accommodation이었어.

돌이켜보건대, 나는 감정을 억누르고 있었음에 틀림없어.

병원장 찰리 M은, 어찌된 일인지 부정적인 것에 애써 눈을 감았어. 그는 열광적인 분위기 속에서 대중적 인기를 갈망했어."

그해 여름이 막바지에 이르렀을 때, 그는 〈뉴욕타임스The New York Times〉의 기자 한 명을 병원으로 불렀다.

올리버 자신은 그런 메시아주의적 망상에 면역되어 있었을까?

"나는 내가 손에 쥔 도구의 권력에 당황했고, 그 도구가 자아내는 정서와 감정전이의 힘에 놀랐어. 부분적으로, 치료사들에게 당혹감과 죄책감을 느꼈어.

그러나 그것 말고도, 내가 '달리 저항하기 어려운 치료의 압박'에 꿋꿋이 버틸 수 있었던 것은 궁극적으로 '나는 의사이기 이전에 박물학자다'라는 신념 때문이었어. 내가 의학계에 발을 들여놓은 것은 강박적 치료—프로이트는 그것을 '구원의 거짓말the lie of salvation'이라고 불렀어—때문이 아니었어. 뇌염후증후군 환자들로 둘러싸인 환경에서 나로 하여금 '끔찍한 고통'과 '난해한 치료적 딜레마'의 한복판에 서게 한 것은 박물학자라는 자의식•이었어.

물론, 박물학자와 치료사 사이에는 연결점이 있어서, 담합collusion과 충돌collision이 수시로 일어나기 마련이야. 나는 종종 제인 구달의 관찰을 생각하는데, 그녀에 따르면 신경증에 걸린 암컷 원숭이가 어머니와 함께 있는 것을 본 적이 있대. 그대로 놔두면 해피엔딩이 될 수 없음을 뻔히 알면서도, 그녀는 일절 개입하지 않았다는군. 그러나 내가 보는 견지에서, 그런 상황에서 내가 수행할 수 있는 역할 중의 하나는, 환자(원숭이)로 하여금 자신의 질병을 박물학자의 입장에서 바라보도록 도와주는 것이었어. 구체적으로 말해서, 관심과 기술記述의 중립성이 그들로 하여금 자신들만의 현상을 스스로 사랑하게 만드는 거지. 내 동료들

• 위대한 미술 비평가 레오 스타인버그Leo Steinberg는 어딘가에서 "미술가가 스스로에게 '내가 뭘 할 수 있을까?'라는 물음을 멈추고 '미술이 뭘 할 수 있을까?'라는 묻기 시작하는 순간"을 언급했다. 장담하건대, 과학과 의학의 경우에도 그와 비슷한 순간이 존재한다.

의 말에 따르면, 환자들이 자신들의 질병에 대해 그렇게 정확하고 냉정하게 이야기하는 것을 들어본 적이 없대."

우리는 공원에서 나와 95번가를 거쳐 나의 아파트와 주차장(그의 승용차가 주차된 곳) 쪽으로 향했다. "어쨌든, 1969년 3월부터 7월까지 5개월 동안에는 '도덕적 복잡성' '실존적 복잡성' '지적 흥분'에 관한 엇갈린 감정이 부지불식중에 형성되고 있었어. 가능성과 위협으로 가득 찬, 그야말로 황홀하고 경이롭고 온 마음을 사로잡은 기간이었어. 나는 그 기분에 압도된 나머지, 일종의 도덕적 소화불량에 걸릴 지경이었어.

7월 말이 되자 감정의 폭풍이 내 마음을 한쪽으로 휘몰았고, 이를 감당하지 못한 나는 신경쇠약과 허탈감에 빠졌어. 그래서 나는 언어치료사인 마지에게 현장을 맡기고, 8월 한 달 동안 런던으로 가서 9명의 환자들에 관한 임상사례 에세이(《깨어남》의 첫 부분)를 집필했어."

"나머지 이야기는 나중에 할게."

나는 때마침 올리버의 협력자였던 마지 콜과 전화통화할 기회가 생겼다. 그녀는 그 이후 남편 및 가족과 함께 멤피스로 이주했지만, 베스에이브러햄에서 경험한 일들을 생생히 기억해냈다. 그녀는 보스턴 칼리지에서 언어치료학을 공부하고, 1968년 컬럼비아에서 (과학과 심리학에 기반한) 석사학위를 취득한 다음 베스에이브러햄에서 일자리를 얻었었다. "처음 그곳에 도착했을 때,

상당히 전통적이고 융통성이 부족하다는 인상을 받았어요.

그곳의 공식 명칭은 바뀌었지만, 건물 입구의 통로에는 아직도 '난치병 환자들의 보금자리 베스에이브러햄'이라고 적혀 있었어요. 그렇지만 한 의사는 내게 이렇게 말했어요. '제일 젊은 환자는 열여덟 살이고, 죽기 전에 이곳을 떠난 사람은 지금껏 한 명도 없었어요.'

병원장은 찰리 M이었고, 의학 책임자는 잭 S였어요. 들리는 말에 의하면, '돌고 돌아 베스에이브러햄에 부임한 의사는, 환자와 마찬가지로 막차를 탄 셈'이라고 했어요.

물론, 올리버는 예외였지만요.

그런데 올리버는 지금보다 훨씬 더 괴짜였어요. 당당한 체격, 텁수룩한 수염, 구멍이 숭숭 뚫린 티셔츠 위에 걸친 까만 가죽 재킷, 커다란 신발, 벗겨질 정도로 헐렁헐렁한 바지… 그는 한마디로 엽기적이었어요. 하루에도 여러 번 해고와 재고용이 반복되었는데, 그건 부분적으로 (갈수록 망령기가 심해지는) 병원장이 배치를 잘못했기 때문이에요.

맨 처음 나와 만났을 때, 그는 여전히 이스트 70번가의 '쥐구멍'에 살며 최악의 눈보라가 치는 날에도 오토바이를 몰았어요. 결국에는 1969년 베스에이브러햄의 주선으로 병원 근처에 아파트 하나를 얻었어요. 방금 말한 것처럼 옷차림이 엉망이었기 때문에, '깨어남의 드라마'가 인기를 끌며 뉴스와 방송에 나올 즈음 그가 조롱 당하고 박살 나는 꼴을 도저히 봐줄 수가 없었어요. 그래서 보다 못한 나는 그를 시장에 데리고 나가 수트와 타이를 사줬어요. 최소한 겨울에만이라도 오토바이를 타지 못하게 하려고,

● 마지 콜과 올리버.

한번은 그를 닥달하여 로버Rover라는 로드스터roadster●를 사게 했다가 큰 낭패를 봤어요."

나는 올리버와 병원장 간의 관계가 궁금해 견딜 수 없었다.

"음, 찰리는 예순둘 내지 예순세 살의 멋쟁이 노신사로, 온화하고 자상한 면도 있었어요. 그러나 이윽고 전횡을 일삼더니, 마침내 최악으로 치달아 독재자가 되었어요(지금 생각해보니, 그는 점차 이성을 잃어갔던 것 같아요). 그는 이렇게 말했어요. '올리! 이 임무를 당장 수행하고, 완료되는 즉시 나에게 보고해.' 그러고는 올리버가 조금이라도 늦게 출근할 경우, 전날 밤에 새벽 1시까지 야근한 걸 뻔히 알면서도 불같이 화를 냈어요. 그도 올리버의 총

● 지붕이 없고 좌석이 두 개인 자동차.

명함을 잘 알고 있었지만, 질투심이 증가함에 따라 사태가 되레 악화될 뿐이었어요.

그러나 그건 찰리 혼자만의 문제가 아니라, 운영진 전체의 문제였어요. 특히 '깨어남의 드라마'가 한창 진행되는 동안, 그들은 특별기금 및 비품을 조달하는 데 혈안이 되어 있었어요. 그들은 자금 부족의 위기감을 느끼고, 어떻게든 신문과 방송—〈타임스〉, 제랄도 리베라[••]—의 관심을 끌기 위해 공모했어요."

콜은 한숨을 쉰 후, 활짝 웃으며 화제를 돌렸다.

"매주 월요일 열리는 오찬회동은 경이로웠어요. 올리버는 모든 구성원—치료사, 간호사, 간호조무사, 잡역부, 수위—의 참석을 원했어요. '우리는 모든 사람들의 도움이 필요해요.' 그는 이렇게 말했어요. '예컨대 헤스터의 상태를 알고 싶다면, 모든 구성원들의 의견을 들어봐야 해요.' 그러자 보조인력(간호조무사, 잡역부, 수위)의 태도가 돌변했어요. 그들의 자부심이 얼마나 강해 보이던지!

올리는 다음과 같이 사람들의 참여의식을 고취하곤 했어요. '시모어가 저렇게 방황하면 어떤 느낌이 들어요? 그를 도와주려면 어떻게 해야 할까요?' 그 결과 우리는 책임의식을 공유하기 시작했고, 노트에 뭔가를 빼곡히 적게 되었어요. 우리는 무럭무럭 성장하는 커다란 유기체 같았어요. 가정으로 치면 올리는 아빠 역할을 했고, 나는 엄마 역할을 하며 모든 노트를 관리했어요(그럴 수밖에 없는 것이, 올리는 노트를 엉뚱한 데에 두는 경향이 있었거

•• 폭스뉴스의 간판스타.

든요).

그러고 있으면, 갑자기 찰리가 나타나 눈을 부라리며 고함을 지르고 깽판을 쳤어요. 그렇게 폭풍우가 몰아치고 나면, 모든 게 난장판이 됐죠."

나는 그녀에게 깨어남 자체—대성공인 듯싶었지만, 뒤이어 찾아온 위기감—에 대해 물었다.

"음, 한 가지만 말할게요." 그녀는 대답했다. "나로 말하자면, 그 경험으로 인해 질병을 바라보는 관점이 완전히 바뀌었어요. 전통적인 관점에서 볼 때, 환자들은 혐오스러웠어요. 예컨대 로즈의 경우, 침을 질질 흘리고, 늘 구부정한 자세에 얼굴은 일그러지고, 수염이 텁수룩하고, 피부가 반점으로 뒤덮여 있었어요. 전통적인 관점에서 본다면, 그녀를(또는 모든 환자들을) 진정으로 돌볼 수 있는 사람이 과연 있을까요?

누군가로 하여금 그 모든 것에서 빠져나오게 하여, 내면에 깊이 숨어 있었던 자아—새로운 소식을 갈망하고, 온화하고, 매우 인간적이고 상냥하고 부드럽고 호기심 많고, (어쩌면 믿을 수 없을 만큼 선정적인 가요에 빠질 수도 있는) 상상력 풍부한 자아—를 발견하게 한다고 생각해봐요.

예컨대, 우리의 사랑스러운 레너드는 본연의 모습으로 되돌아가, 넘치는 성욕을 주체하지 못한 나머지 '가슴이 있는 사람'만 보면 무작정 달려들었어요! 그래서 우리는 그를 '우리의 파킨스니언 포트노이'라고 불렀어요."

듣고 보니 말이 된다는 생각이 든다. 1969년 여름에는 《포트노이의 불평》•이라는 소설이 대히트를 쳤기 때문이다!

"그리고 탈무드 학자인 시모어의 경우, 매우 예민한 '딴 세상 사람'으로서, 자신의 유폐생활에 전혀 구애받지 않았었어요. 그는 한가한 은둔생활을 한 게 아니라, 수년 동안 머릿속에서 광범위한 탈무드 논쟁을 벌였거든요. 그러나 이제는 '외부에 여자친구가 있다'고 상상하고, 반복적으로 탈출을 시도했어요. 그는 빳빳이 얼어붙어 있다가, 갑자기 동굴에서 나오는 박쥐처럼 깨어나 달렸어요. 충돌할까 봐 걱정되었지만, 벽을 이용하여 용케 정지하거나 방향을 바꿨어요. 왕성하게 움직이는 그를 바라보다, 문득 "우리가 '정신적으로 유능한 환자mentally competent patient'의 탈출을 막을 권리가 있나?"라는 의문이 들었어요… 또한 그는 환각을 지나치게 좋아했는데, 그중에서도 '자살을 권고하는 아버지의 음성'을 가장 좋아했어요. 대부분의 다른 사람들은 그런 그를 '조현병 환자'나 '위험인물'로 간주했지만, 내가 말을 걸면 고분고분하게 듣고 대답을 했어요….

그리고 마리아는 제대로 된 악몽을 꾸게 되었어요. 한번은 잠결에 누군가를 살해할 것 같아 물리적으로 제지했어요. 그러자 맹렬하고 강력하게 으르렁거리고 고함을 치더니, 잠시 후 갑자기 풀이 죽어 흐느끼기 시작했어요. 나는 엉엉 우는 그녀를 붙들고, 무려 2시간 30분 동안 어르고 달래야 했어요….

아이다는 어땠는지 아세요? 그녀는 모두에게 적대적이었지

• 필립 로스의 소설. 진정한 남자가 되어 새로운 인생을 살고 싶은 포트노이가 정신과의사를 찾아가 여과 없이 쏟아놓는 섹스 편력, 분노, 원망, 빈정거림 들이 유머러스하게 그려져 있다.

만, 올리버만은 예외였어요. 그녀는 그의 덩치를 좋아했는데, 내 생각에는 그가 그녀의 이상형이었던 거 같아요.

헤스터는 언젠가 상체를 미친 듯 떨기에, 내가 그녀를 부여잡고 뼈가 으스러질 만큼 껴안았어요. 그 후 상체의 긴장이 풀리는가 싶더니, 이번에는 다리가 갑자기 제멋대로 움직여 그녀와 나를 기겁하게 했어요.

방출을 요구하는 에너지의 원천은 종잡을 수가 없었어요—다리, 팔, 손, 목, 음성. 나중에는 패턴이 서서히 표준화되기 시작하여, 누구나 패턴을 분간할 수 있었어요. 그러나 처음에는 혼돈 그 자체였어요."

긴 침묵이 흐른 후, 그녀가 다시 말문을 열었다.

"우리와 환자들 간의 관계는, 때때로 묘한 부모-자녀 관계 같았어요. '네가 밖에 나가 자유롭게 뛰어놀고 싶어한다는 것을 잘 알지만, 찻길에서 달리면 큰일 난단다. 그러니 함부로 외출할 생각일랑 하지 말아라. 내 말 듣지 않으면 너를 끌어당길 거야.'

그것은 특히 올리에게 아이러니한 상황이었어요. 왜냐하면 그 자신이 천방지축이었거든요. 어떤 의미에서, 입장이 바뀌었다는 것은 그에게 위안이 되었어요. 우리 모두—환자는 물론 의료진까지—가 마룻바닥에서 한데 어우러져 놀 때만큼 사랑받은 적은 없으며, 앞으로도 그럴 터이니 말이에요. 그들은 한때 우리의 부모로서 우리의 안녕을 염려했지만, 그 당시에는 우리가 그들을 자녀처럼 보살피고 있었어요. 그러므로 우리는 그들의 부모인 동시에 그들의 자녀이기도 했어요.

그들은 어떤 날은 입을 꾹 다물고, 어떤 날은 말문을 열었어요. 그리고 그들의 말문이 터진 날, 올리버는 고요함이 찾아올 때까지 그들 곁에 머물렀어요. 그러니 새벽 1시에 퇴근할 밖에요.

꽃길을 걷던 날, 엘도파를 처음 투여한 후 모든 것이 완벽하게 매력적이었어요. 마치 붐비는 벌집처럼, 환자의 가족들이 방문해 잔치를 벌였어요. 언론에서는 '우리가 그날 한 일'을 대서특필했고, 모두가 신문을 열독하며 한마디씩 했어요.

그런 다음 우리는 흙길로 접어들었어요. 그러자 난리법석이 나면서, 병원은 벌집에서 흰개미 소굴로 돌변했어요. 모든 개미(환자)들이 앞다퉈 아우성치고, 절규와 신음과 저주와 울음을 토해내며 아비규환을 이루었어요. 심지어 아직 부작용을 겪지 않은 사람들까지도 공포에 떨었어요. '나에게도 언젠가 이 모든 일이 일어나겠지?'"

콜과 나는 여러 시간 동안 이런 이야기들을 나눴다. 그녀는 아직도—그게 자신의 삶의 일부였던 것처럼—그때의 일에 몰입했으며, 나 역시 그녀에게 점점 빨려 들어가는 나를 발견했다. 우리는 자정이 넘어서야 전화통화를 끝냈다.[SB]

"물론, 그해 8월 런던으로 떠날 때 난 불안감을 떨치지 못했어." 일주일 뒤 중국 음식점에서 다시 만나 저녁식사를 할 때 올리버가 '나머지 이야기'를 시작했다. "그리고 그달 말 뉴욕에 돌아왔을 때, 최악의 사태들이 잇따라 터졌어.

내가 뉴욕을 떠날 때, 망상에 준하는 메시아주의가 찰리 M

을 위협하고 있었어. 그러나 내가 돌아왔을 때는 대재앙이 들이닥쳤어. 폭군 M은 중용이라는 것을 용납하지 않았어. 그는 환자들이 눈물이 글썽거리는 눈으로 자기를 우러러보며 이렇게 말하기를 바랐어. '나의 구세주인 M 박사님, 감사합니다. 신의 축복이 있기를!'

그는 의학 책임자를 해고했는데, 그 이유인즉 자기의 앞길을 가로막는다는 거였어.

그 후 한 여성환자의 다리를 부러뜨리는 만행을 저질렀어. 그녀의 이름은 애너 펄먼Anna Perlman이었는데, 이미 30년간 지속된 '변함없이 뚜렷한 절망감'에 깊이 잠겨 있었어. 그녀는 여러 가지 면에서 세상과 등을 지고 살았어. 가녔고 뻣뻣하고 야윈 애너는 늘 음울했고, 내가 만난 사람 중에서 죽음을 가장 사랑하는 사람이었어. 얼어붙었던 그녀는 아주 조금씩 해동되기 시작했지만, 그렇게 좋은 반응을 보인 건 난생처음이었어. 그러던 중 어느 날 마침내, 찰리가 그녀를 보고 냅다 고함을 질렀어. '빌어먹을! 다리를 굽혀봐. 네 다리를 굽혀보란 말이야.' 그러더니 그녀에게 달려들어, 자기 손으로 직접 다리를 굽히려다 급기야 부러뜨리고 말았어. 그녀는 그 일이 있은 후 완전히 역주행하여, 본래의 우울증으로 되돌아갔어. 그러고는 남은 10년 동안 단 한 번도 회복되지 않았어."

다른 환자들의 경우, 1969년의 마지막 세 달부터 1970년 말까지 일종의 침하subsidence를 경험하다 마지못해 다음과 같이 타협을 봤다. "(비극적으로 중단되었을망정) 위대하고 희망 넘치던 '깨어남의 시기'만큼 휘황찬란하지는 않지만, 참혹하고 두려웠던

'시련의 시기'만큼 절망적이고 끔직하지 않았으면 좋겠다." "전반적으로 볼 때 수십 년 동안 겪었던 트랜스 상태보다 의식이 다소 또렷하고 활동적이지만, 그 선線을 넘지 않았으면 좋겠다." 그건 색스가 고심 끝에 생각해낸 타협안으로, '적응의 시기'를 의미했다.

예컨대 로즈 R의 경우, 1926년 스물한 살의 젊은 나이게 갑자기 트랜스 상태에 빠졌고 1969년 아주 잠시 동안만 각성을 경험했다. 그녀는 갑자기 발랄하고 쾌활한 플래퍼flapper•로 변신하여, 각종 유행어와 댄스 스텝과 선정적인 가요들을 섭렵했지만, 그 후 며칠 동안 통제불능의 소용돌이에 휘말렸고, '그녀는 1920년대의 젊은 여성이기를 포기하고, 더욱 맹렬한 안구운동발작에 종속되었다'는 전망이 제기되며 굴욕을 당했다. 그녀는 급기야 비틀거리며 병상으로 되돌아가, '크게 호명하면 아주 조금 움직일 정도'에 만족해야 했다. 그로부터 몇 년 후 올리버가 《깨어남》에서 언급한 것처럼(나는 여기서 그 대목의 끝부분을 길게 인용하는데, 그 부분적 이유는 원본을 보고 싶어 하는 독자들의 욕망을 잠재우기 위해서다).

> 그녀의 말에 따르면, 그녀가 완벽하게 인지하는 '노스탤지어 상태'는 1969년에 찾아왔고 그때 그녀의 나이는 예순네 살이었다. 그러나 그녀는 그때가 1926년이고 나이는 스물한 살이라고 느꼈다고 한다. 게다가 그녀는 스물한 살이 넘은 사람의 느낌을 정말이지 상

• 1920년대에 복장, 행동 등에서 관습을 깨뜨린 신여성을 가리키는 말.

상할 수 없었다고 한다. 왜냐하면 그런 시기를 실제로 경험하지 않았기 때문이다. 대부분의 기간에 대해, 그녀의 머릿속에는 "없다, 아무것도 없다, 아무 기억도 없다"는 생각밖에 들어 있지 않다. 마치 (견딜 수 없지만 해결할 수 없는) 시대착오의 덫에 걸려든 것처럼 말이다. 그녀가 느끼고 경험하는 나이(존재론적 나이ontological age)와 실제 나이(공식적인 나이official age) 사이에는 거의 반 세기의 갭이 존재한다. (…) 그녀는 지속적으로 세월을 비껴간다. 사실 기본적인 의미에서, 그녀는 공식적인 나이보다 훨씬 더 젊다. 그녀는 잠자는 숲속의 미녀이지만, 자신의 깨어남을 감당할 수 없으며 두 번 다시 깨어나지 못할 것이다.

그러나 《깨어남》이 출간되려면 몇 년을 더 기다려야 했다. 그러는 동안, 올리버는 1970년 상반기 〈뇌: 신경학 저널Brain: a Journal of Neurology〉에 장편 드라마의 서사적 설명에 해당하는 논문을 투고했다. 그것은 뇌염후증후군 환자들에 대한 '우아하고 비판단적이고 단죄하지 않는 글'로, 풍부한 설명이 포함되어 있었으며, 그중에는 수년간 볼 수 없었던 내용들이 수두룩했다. 그러나 다음과 같은 세 줄짜리 편지를 통해 '게재 거절'을 통보받았다.

> 부적절한 논문입니다.
> 너무 부적절하므로,
> 수정을 권고하지 않습니다.

그점에 대해 올리버는 다음과 같이 덧붙였다. "1960년대를 통틀어, 〈뇌〉는 '기술description의 마지막 보루'로 버티고 있었어. 예를 들면 와일더 펜필드Wilder Penfield•의 경이로운 논문의 배출구였지. 그러나 1970년이 되자 과학만능주의scientism에 완전히 예속되어, 허울만 그럴 듯한 도표와 이중맹검, 지나치게 협소한 주제에 몰두했어."

뒤이어 1970년 초봄, 올리버는 영국의 의학잡지 〈랜싯The Lancet〉의 편집자에게 다섯 편의 단문을 보냈다. "그 논문들은 모두 하룻저녁에 쓴 것으로, 기술적이고 비논쟁적이었으며, 향후 몇 개월에 걸쳐 한 번에 한 편씩 차례로(5월 9일, 6월 6일, 6월 27일, 7월 25일, 9월 13일) 게재되었어. 전반적으로 잔잔한 파장을 일으킨 편이었지만, 세 번째 논문인 "엘도파에 의해 유도된, 자제할 수 없는 노스탤지어"는 로이터 통신의 보도를 거쳐 사생활폭로 주간지인 〈내셔널 인콰이어러National Enquirer〉에 실렸어. 그 주간지는 '의사들이 죽은 사람들을 살리다'라는 헤드라인을 내걸어, 나를 경악시킴과 동시에 환자들에게 고통을 줬어.

그 이후 M 박사가 터무니없는 시비를 걸어왔어. 그는 나에게 '영국에서 그런 식으로 출판을 계속할 경우 의학계에서 매장시켜 버리겠다'고 위협했고, 자제력을 잃은 나는 〈JAMA〉에 정제되지 않은 독단적 논문을 기고했어. 그 논문은 1970년 9월 28일에 출판되어, 나로 하여금 전문가들과 단절하게 만들었어.

문제는, 모든 사람들이 〈랜싯〉의 논문들은 거들떠 보지도 않

• 캐나다의 신경외과의사(1891~1976)로, 신체 각 부위에 해당하는 뇌의 영역을 몸의 면적으로 나타낸 호문쿨루스Homunculus를 발표한 것으로 유명하다.

고, 〈JAMA〉의 논문만 보고 흥분했다는 거야. 나는 그 논문에서, '60명의 환자들 중에서 엘도파를 투여받은 사람들 전원이 확연한 부작용을 보였다'고 보고했어. 그걸 본 사람들은 '그게 부작용인지 아니면 더 심각한 기저질환의 증상인지 어떻게 알아?'라고 반문했어. 아무도 내 말에 귀를 기울이려 하지 않았어."

올리버는 마늘 소스 속에 있는 가리비를 젓가락으로 쿡쿡 찌른 다음, 나의 가리비를 겨냥했다. "그로부터 몇 달 후, 〈JAMA〉 한 권 전체가 나를 신랄하게 비판하는 논문들로 가득 찼어. 나는 모든 논문의 저자들에게 개인적으로 답변했지만, 〈JAMA〉에 반론을 게재하지는 않았어. 〈JAMA〉의 논문이 다른 의사들의 부정적 반응을 초래한 게 분명했지만, 내 자신의 고충을 어떻게 토로해야 할지 솔직히 난감했거든.

예컨대, 한 남부 캘리포니아의 의사는 다음과 같은 취지의 편지를 보내왔어. '그 논문은 출판되지 말았어야 합니다. 치료에 대한 낙관론을 파괴했습니다.'

나는 그에게 다음과 같은 답장을 보냈어. '제가 비록 가난하지만 당신에게 비행기표를 보내드릴 테니, 베스에이브러햄으로 날아와 두 눈으로 직접 확인해주셨으면 좋겠습니다.'

그 의사는 묵묵부답이었어."

올리버는 잠깐 멈췄다가 이야기를 계속했다. "《깨어남》의 최신판에, 나는 '1970년에 인정받지 못했던 사실들이 점점 더 설득력을 얻고 있다'는 구절을 삽입했어. 그러나 그 당시에는 〈JAMA〉 논문의 출판 시점과 《편두통》의 출간 시점이 정확히 겹치는 바람에, 나는 의학계에서 마비감과 피해망상증과 압박감을 느끼며 논문 집필을 중단했어. 그런 상황이 1972년 9월까지 지속되다가, 메리-케이 윌머스Mary-Kay Wilmers가 내게 다가와 〈리스너The Listener〉라는 잡지에 글을 써보라고 권했어."

~~~~~~

또 다른 날 저녁, 올리버는 코치아스의 젊은 동료 폴 파파바실리우Paul Papavasiliou 박사와 엘도파에 관한 심포지엄에서 만나 논쟁을 벌인 이야기를 꺼냈다. "누군가가 파파바실리우 박사에게 소위 요요반응에 대해 묻자, 그는 '매우 드문 현상이며, 쉽게 치료될 수 있습니다'라고 대답했어. 그 말을 들은 나는 이렇게 반박했어. '내 경험에 따르면, 200명의 환자 중에서 200명 모두가 그런 반응을 보였는데, 치료하기가 매우 어렵더군요.'

우리는 마치 검투사처럼 가시 돋친 설전을 벌였지.

뒤이은 저녁식사 자리에서, 그는 내게 이렇게 빈정거렸어. '만약 우리가 당신처럼 많은 의문을 품고 있었다면 바짝 긴장하여 아무런 일도 할 수 없었을 테니, 전 세계가 올스톱 됐을걸요?'

나는 뒤질세라 이렇게 응수했어. '만약 내가 당신처럼 의문이 없었다면, 이 프로젝트 저 프로젝트 사이에서 광분하며 지축을 뒤흔들었을걸요?'"

올리버는 잠시 뭔가를 골똘히 생각했다. "내 생각에, 두 가지 유형의 사람들—경호gung-ho•를 외치는 연구자와 의문을 제기하는 사색가—은 모두 필요한 것 같아." 그는 두 박자를 쉰 후 말했다. "그러나 나를 덮어놓고 비관주의자라고 생각하지는 마. 나는
~~~~~~

약물치료에 신중을 기하지만, 우주에는 다른 치료적 가능성의 세계도 얼마든지 존재할 수 있다고 생각해."

1972년 늦여름, 올리버는 베스에이브러햄에 3개월 동안 휴가를 내고 런던에 머물렀는데, 그 부분적 이유는 부모님의 금혼식을 축하하기 위해서였다.

그 기간 동안 제럴드 덕워스 앤드 컴퍼니Gerald Duckworth and Company의 사장 콜린 헤이크라프트Colin Haycraft는 조너선 밀러를 통해 《깨어남》의 진척 상황을 확인(321쪽 참조)하다가, (그동안 느슨했던) 올리버에 대한 압박 강도를 높여 원고 마감을 독촉했다(그해 9월 메리-케이 윌머스에게 그 전망을 귀띔한 사람은 올리버일 수도 있고 조너선일 수도 있는데—그들은 모두 글로스터 크레센트에서 지척에 살고 있었다—, 어쨌든 윌머스가 그해 9월 더듬이를 내밀자 올리버는 덥석 움켜잡은 것으로 보인다). 그리하여 올리버는 책에 추가될 열한 가지 임상사례를 정리하는 데 몰입했고, 병상에 누운 채 그 내용을 속기사에게 구술했다.(올리버는 지하실의 계단을 뛰어올라가다가 낮은 대들보에 머리를 세게 부딪치는 바람에, 타박상을 입어 침대에 누워 있었다). 속기사의 손을 거친 원고는 어머니의 검토를 받은

• 중국어 경호工和에서 유래한, 파이팅이라는 외침처럼 투지와 열정을 불어넣는 구호나 인사. 제2차 세계대전 중, 미 해병특공대의 업적을 다룬 책과 영화로 인해 일반화되었다.

다음 콜린에게 전달되었다.

그 후 미국으로 돌아온 올리버는, 10월 26일 〈리스너〉에 실린 글에 대한 작은 상찬賞讚을 즐길 겨를이 없었다(〈데일리 텔레그라프The Daily Telegraph〉의 프랭크 커모드는 며칠 후, "이 의사의 보고서는 너무나 아름다운 산문체로 쓰여, 현존하는 어떤 순수문학belles lettres 작가들도 그를 따를 수 없다"고 격찬했다). 왜냐하면, 세 건의 중대 위기가 잇따라 그에게 들이닥쳤기 때문이다. 11월 8일, M 박사는 올리버를 아파트에서 쫓아냈는데(M의 설명에 따르면, 그의 어머니가 병에 걸리는 바람에 급히 아파트가 필요했다), 올리버가 '이 아파트는 병원에서 일하는 의사들을 위해 임차된 것'이라며 퇴거를 거부하자, 11월 10일에는 명령불복종 죄를 추가하여 올리버를 해고했다. (비록 마운트버넌의 작은 셋집으로 이사했지만, 올리버는 M 박사가 퇴직한 지 한참 후인 1975년 복직할 때까지 베스에이브러햄의 환자들을 무료로 보살폈다.) 그리고 11월 13일에는, 어머니가 이스라엘을 방문하여 네게브 사막을 하이킹하던 중 심장마비로 돌아가셨다는 소식을 들었다.

그는 어머니를 잃은 충격을 종종 "가장 깊은, 어쩌면 가장 진실한 관계를 상실한 것과 같아"라고 표현했다(비록 겉으로 드러나지 않았지만, 두 사람의 관계는 매우 격앙되어 있었다. 거의 15년 전 소름끼치는 감정폭발을 경험한 후, 모자는 동성애라는 주제를 두 번 다시 입 밖에 내지 않았다). 네 명의 형제들이 관을 운구한 장례식이 끝난 후, 형제들은 아버지와 함께 일주일 동안 시바를 치렀다. "나는 슬픔을 거의 가누지 못하며 성서와 존 던의 《기도문Devotions》••을 숙독한 후, 오묘한 차분함에 사로잡혀 《깨어남》의 알레고리적 개요부—관점, 깨어남, 시련, 적응—를 완성할 수 있었어." 올리버는 회고했다. "그런 다음 20건(=9+11)의 임상사례에서 다룬 주제들을 추적·통합하고 최신 정보를 반영하여, 불과 몇 주 만에 최종적으로 에필로그가 완성되었어." 이렇게 탄생한 원고는 1972년 말 콜린 헤이크라프트에게 전달되었다. "원고를 넘긴 직후, 나는 몇 주 동안 400개의 각주를 신들린 듯 작성하여 실시간으로 전달했어." 누적된 각주가 본문의 양을 초과하여 내러티브를 압도할 지경에 이르자, 위기감을 느낀 콜린은 올리버에게 '딱 열두 개만 허용할 테니, 당신이 선택하라'는 최후통첩을 보냈다.

바야흐로 《깨어남》의 출간은 초읽기에 들어갔다. 올리버는 '마흔 번째 생일인 1973년 7월 9일 이전에 책을 손에 쥐어야 한다'는 압박감을 느꼈고, 콜린은 6월 28일이라는 마감시한을 제시했다. 그와 동시에, 콜린은 6월 마지막 주에 발행되는 〈리스너〉에 리처드 그레고리Richard Gregory의 기념 서평과 올리버 자신의 기념 에세이 "A. R. 루리야의 마음"을 게재하기로 했다.

《깨어남》은 문화계에서 호평을 받았지만, 의학 전문가들에 의해 (단순히 무시당한 게 아니라) 아예 묵살되었다. 올리버는 10년이 지난 후에도 악몽 같은 기억을 떠올리고 있었다. "책이 나온 직후, BBC 라디오에서 방영되는 〈만화경Kaleidoscope〉이라는 프로그램에 마스덴Marsden이라는 신경학자가 출연하여 이렇게 말했어. "1) 한마디로 놀랍다. 색스라는 사람은 주야장천 그 환자들을 지

•• 이 기도문은 어니스트 헤밍웨이의 소설 《누구를 위하여 종은 울리나》의 맨 앞부분에 인용되었다.

켜봤음에 틀림없다. 2) 분명한 것은, 우리처럼 제대로 된 신경과 의사들은 괜한 시간낭비를 하지 않는다는 것이다. 3) 어쨌든, 그러기를 바라는 환자나 보호자 들도 없을 것이다."

그런데 7월 19일, 모스크바에서 도착한 '진심 담긴 손편지'가 모든 시름을 잠재웠다. 그것은 A. R. 루리야 박사가 쓴 것인데, 그 후 이어진 수많은 편지들의 신호탄으로, 올리버로 하여금 진정한 황홀경을 맛보게 했다. 오든은 몇 달 후 세상을 떠나게 되는데(9월 29일, 호주), 우리는 이 시기에 대한 올리버의 회상에서 '승인해주는 아버지' 같은 존재가 오든에서 루리야로 바뀌어가는 것을 감지할 수 있다.

《깨어남》 영국판 발간의 또 다른 즉각적 결과는, 던컨 댈러스Duncan Dallas가 올리버에게 전화를 걸었다는 것이다. 댈러스는 요크셔에서 활동하는 TV 프로듀서였는데, 올리버의 초청에 따라 그를 방문한 후 곧바로 다큐멘터리를 제작하기로 합의했다(그러나 다큐멘터리를 제작하려면 베스에이브러햄을 방문해야 했다. 병원 측에서는 매스컴 타는 것을 마다하지 않았지만, 얼마 전 해고된 올리버의 마음이 편안할 리 없었다. 그러나 그는 궁극적으로 복직되는 순간까지 전혀 개의치 않았다).

나는 요크셔 사무실에 있는 댈러스에게 전화를 걸어, 그때의 자초지종을 들었다. "처음에는 베스에이브러햄의 추악함에 놀랐어요. 그리고 병원을 한 바퀴 돌아보며 환자들을 소개받았는데, 그들은 첫눈에 별로 '버려진 사람들'처럼 보이지 않았지만, 표정이 애매모호하고 무심해 보이는 것만은 분명했어요. 그들이 몇 년 전 전성기(깨어남)를 경험했다는 점도 놀라웠지만, 가장 놀라웠던 것은 '올리버 자신도 처음에는 그들의 관심사를 파악하지 못했었다'는 거예요.

당신도 그랬겠지만, 시련기를 견디고 살아남은 환자들을 처음 봤을 때, 올리버가 그들에게 귀속시켰던 것들을 액면 그대로 믿기는 어려웠어요. 그러나 그들과 많은 시간을 함께할수록, 그들의 내적 삶에 경험이 충만하다는 것을 알게 되었어요. 그런 다음 올리버가 직접 촬영한 영화를 통해 '엘도파로 인해 변화한 환자들의 모습'을 살펴보고, 그의 말이 모두 사실임을 알게 되었죠.

나에게는 나름의 고충이 있었어요. 왜냐하면 TV 카메라의 렌즈가 자칫 잔인할 수 있는 데다, 환자들을 처음 알게 되었을 때 간혹 (고통스러울 만큼) 당혹스러웠기 때문이에요. 사실 나뿐만이 아니라, 그들도 나를 보고 당황했을 거예요. 그러나 올리버가 기이한 능력을 발휘하여 우리 모두를 편안하게 해준 덕분에 촬영을 무사히 마칠 수 있었어요."

댈러스는 잠시 멈췄다가, 한 차례 심호흡을 한 후 말을 이었다. "그의 보살핌을 간단히 요약할 수는 없어요. 그는 환자들에게 관심을 가졌는데, 그게 가장 기본적인 덕목인 것 같아요. 그는 '앞으로 병원에서 일어날 수 있는 일'을 끊임없이 상상했지만, 더 중요한 것은 자신의 상상력을 현실에서 검증하려고 노력했다는 거예요."[SB]

그 다큐멘터리 드라마는 그해 가을 영국에서 대성공을 거뒀지만, 올리버의 승전보는 1973년 말에서 1974년으로 넘어가는 시기—베스에이브러햄의 위기가 고조되어 해체가 임박한 때—에 들려왔다. "미치광이 병원장이 마침내 물러났어." 어느 날 시티아일랜드 자택의 거실에서 올리버가 회고했다. "그러나 그 후임자는 정신이 딴 데 팔린 사람이었어. 야물커yamulke•를 뒤집어쓰고 (히브리어로 된 기도문인지 생화학 공식인지 도통 알 수 없는) 구절을 중얼거리고 다녔으니까 말이야.

그러는 동안 베스에이브러햄은 처참한 감축에 직면하기 시작했어. 1960년내 말 메디케어Medicare가 처음 실시되었을 때, 병원에 많은 자금이 유입될 것으로 예상되었어. 그러나 웬걸. 시간이 경과할수록, 처음에 잘 몰랐던 단서조항이 병원의 재정을 압박했어. 심각한 감축으로 인해 많은 정리해고가 불가피하게 되었는데, 해고자 중에는 마지 콜도 포함되어 있었어. 그녀가 해고된 직후 《깨어남》에 등장하는 환자들 중 한 명이 사망했고, 병원 전체의 섬세한 생리적·심리적·사회적 생태계가 걷잡을 수 없이 파괴되었어.

부분적으로는 그런 감축 때문에, 갑자기 '보행이 가능한 환자들은 모두 퇴원시키라'는 포고령이 떨어졌어. 그런 환자들 중 일부는 베스에이브러햄에 30여 년간 입원해 있었지만, 관료적인 메디케어에서는 제멋대로 '외래환자와 입원환자의 분리'를 요구했어.

그 1차적인 결과는, 환자들 사이에서 불구를 가장하는 경향이 팽배하게 되었다는 거야." 올리버는 기억을 더듬으며 허탈한 미소를 지었다. "그러나 그런 꼼수는—심지어 단기적으로도—먹

• 유대인 남자들이 머리 정수리 부분에 쓰는, 작고 동글납작한 모자.

혀 들지 않았어. 대부분의 병원들이 경증환자들을 색출하여 퇴원시키는 바람에, 중증환자들만이 남은 병원의 분위기가 심각하게 악화되었어.

그 과정에서, 소중한 공생관계가 제한되게 되었어. 예컨대 한 여성 파킨슨병 환자는 심각한 긴장증을 앓고 있었는데, 병원 한 귀퉁이의 의자에 앉은 채 몇 시간 동안 꼼짝도 하지 않았었어. 그러다 누가 불러주면, 갑자기 정상적이고 우아한 반응을 보였어. 만약 이웃 가게에 가서 뭘 좀 사오라고 부탁하면, 흔쾌히 부탁을 들어준 다음 자기 의자로 돌아가 다시 꽁꽁 얼어 붙었어. 어쨌든, 그녀는 완전히 불구가 된 다발경화증multiple sclerosis(MS) 환자와 긴밀한 우정을 맺었어.

MS 환자는 파킨슨병 환자를 부름으로써 트랜스 상태에서 끄집어내, 도움을 요청하고 받았어. 파킨슨병 환자의 입장에서 보면, MS 환자를 도와주는 게 사실은 자기 자신을 돕는 거였어. 그러니 두 사람은 정말로 소중한 공생관계를 맺고 있었던 거지.

그런데 그 두 사람이 갑자기 분리되었어. 파킨슨병 환자는 브롱크스의 협력도시에 있는 시설에 수용되었는데, 그곳에는 '그녀를 필요로 하는 사람'도 '그녀를 불러주는 사람'도 없었어. 그래서 그녀는 며칠 동안 꼼짝도 하지 않고 앉아 있다가, 어느 날 오후 넘어져 연약한 고관절이 부러지는 바람에 몇 주 만에 사망했어.

한편 MS 환자는 베스에이브러햄에 남았지만 '심부름 해줄 친구'가 없어서, 격무에 시달리는 직원들의 불충분한 보살핌을 받게 되었어. 그 결과 파킨슨병 환자와 마찬가지로 병세가 급격히 악화되었고, 파킨슨병 환자와 마찬가지로 몇 달 만에 세상을 떠나게 되었어."

올리버는 분노한 표정으로 창문을 노려봤다. "두 사람은—분명히 말하지만, 그런 피해자는 한두 명이 아니었어—누군가가 들이댄 '관료주의적 효율성'이라는 아이디어에 희생된 거였어."

긴 침묵이 흐르는 동안, 거실 한 구석에서는 대형 괘종시계가 크게 째깍거리고 있었다. 그가 다시 입을 열었다. "처참한 대우에 불만을 품은 베스에이브러햄의 직원들은 1974년 파업을 시작했고, 나는 가슴이 찢어지는 것 같았어. 한편으로, 나는 사태의 심각성에 대한 우려를 그들과 공유했고, 그들의 고충에 완전히 동의했어. 그러나 그와 동시에, 나는 환자들 때문에 파업에 동참할 수 없었어(사실 그는 병원에서 해고된 후 집에서 자원봉사 활동을 하고 있었을 뿐이므로, 파업에 참가할 의무는 없었다). 환자 공동체는 너무나 미묘하므로 보살피기가 여간 까다롭지 않았으며, 그들 중 상당수는 병원에서 무슨 일이 벌어지고 있는지조차 이해할 수 없었거든.

어쨌든, 나는 병원 직원들의 피켓 구호를 존중할 수 없었으므로, 파업이 진행되는 동안 알베르트 아인슈타인 의대생들을 동원하여 환자들의 응급치료를 돕는 데 몰두했어. 우리는 18일 동안 불철주야로 일했어.

파업은 마침내 종료되었고, 마지막 날 오후 승용차로 돌아간 나는 모든 창문이 박살 나고 배너 하나—'색스 박사님, 우리는 당신을 사랑합니다. 그러나 당신은 구사대에 가담했습니다.'—가 운전대에 감겨 있는 것을 목격했어. 나는 그들의 입장을 납득할 수 있었으므로, 단 한 순간도 그들을 못마땅해하지 않았어. 그들도 나도 달리 행동할 수가 없었어."

베스에이브러햄에서 해고된 후 되는 대로 대충 끼워맞춰 살아갈 수밖에 없었던 올리버는, 두 가지 운명적인 사건에 휘말렸다. 첫째, 그는 또 한 명의 신경과의사인 F 박사와 손을 잡고, 파트타임으로 개인의원을 운영하다 큰 낭패를 봤다. 둘째, 그는 (기존에 수행하던) 경로수녀회 및 인근의 브롱크스 주립병원과의 제휴활동을 늘리다 크게 낙담했다. 두 번째 사건은 특히 악명 높은 23번 병동Ward 23에서 집중적으로 벌어졌는데, 그렇잖아도 어머니를 잃은 지 2년도 채 안 된 올리버에게는 엎친 데 덮친 격이었다. 견디다 못한 그는 잠깐 숨을 돌릴 요량으로 노르웨이행 비행기에 몸을 실었는데, 그게 (직전에 일어난 두 가지 사건에 못지않게) 불길한 여행일 줄이야! 그는 1974년 8월 24일 노르웨이에서 등산을 하다 황소를 만나 다리가 부러졌고, 일련의 불길한 사건들이 꼬리에 꼬리를 물고 일어나는 바람에 오랜 세월 동안(내가 그를 처음 알게 될 때까지도) 다리 부상의 트라우마에서 헤어나지 못했다.

자신의 걸작 《깨어남》의 출간과 그에 기반한 요크셔 TV 다큐멘터리의 성공에도 불구하고, 올리버는 (나와 수많은 시간을 함께하던) 1980년대 초반까지도 주류 의학계에 편입되는 것을 완강히 거부하고 있었다. 한번은 던컨 댈러스에게 전화를 걸어 "영국의 다른 의사들은 올리버를 어떻게 생각하나요?"라고 묻자, 이런 대답이 돌아왔다. "대부분의 의사들은, 그의 저서에 거부감을 느끼기보다는 그에 대해 알고 싶어 하지 않아요. 내가 보기에, 95퍼센트의 의사들은 올리버에 대해 전혀 아는 바 없고, 나머지 5퍼센트는 '매우 흥미로워요'라고 마지못해 수긍하는 정도예요."

뒤이어 나에게 똑같은 질문을 받았을 때, 조너선 콜Jonathan Cole—영국의 젊은 의사로, (자신도 인정하는 바와 같이) 약간 특이한 사람이며, 몇 년 전 《깨어남》을 우연히 읽은 후 올리버와 공동연구를 수행하게 되었다—은 이렇게 말했다. "다른 의사들이 그를 공격한 게 아니라, 그저 도외시했을 뿐이에요… 그건 지금도 마찬가지에요. 그는 '틀에 맞추기'를 싫어하는 사람이에요. 영국의 신경과의사들은 예나 지금이나 하루에 10~12명의 환자들을 진료하는데, 환자들의 인간적 면모를 알려고 하지 않아요. 대부분의 신경과의사들은 기계론적인 경향이 강해, 이학적 진단physical diagnosis•을 통해 약물을 처방하거나 약간의 의학적 치료를 할 뿐이에요. 환자의 내면을 들여다볼 생각은 하지 않고, 허구한 날 다음 환자, 다음 환자… 를 틀에 맞출 궁리만 하고 있어요."SB

소아신경과의사로서 올리버의 가장 가까운 친구인 동시에 알베르트 아인슈타인과 마운트사이나이에서 함께 근무한 이자벨 라팽도 동일한 결론을 내렸지만, 뉘앙스가 좀 달랐다. 나는 그녀에게 "미국의 동료 의사들이 올리버를 어떻게 생각하나요?"라고 물었다.

"내 생각에, 그를 아는 사람—이건 많다는 의미가 아니에요. 솔직히 말해서, 대부분의 미국 의사들은 그를 몰라요—은 그의 창의성과 기여도를 높이 평가하지만, 좀 당혹스러워해요. 왜냐하

• 시진視診, 촉진觸診, 타진打診, 청진聽診에 의하여 질환을 결정하는 것.

면 그가 하는 일은 다른 모든 사람들이 하는 일과 크게 다르거든요. 많은 사람들이 그의 저서를 '진지한 과학'으로 간주하지 않는 건 분명해요. 그러나 예컨대, 다음과 같은 일들을 생각해봐요. 그의 환자들은 '완전한 파킨슨증'에서 '완벽한 정상인'으로 순식간에 변신했고, 그는 일부 환자들의 반복적인 상태변화를 자세히 기술했어요. 그가 《깨어남》에서 그런 변화를 기술했을 때, 사람들은 '저건 올리버가 지어낸 거야'라고 수군댔지만, 오늘날 그 현상은 '엘도파의 점멸효과on-off effect'라는 이름으로 잘 알려져 있으며 널리 인정받고 있어요. 그러므로 당신도 알다시피, 나는 그를 '탁월한 관찰자'라고 생각하고 있어요.

이제 많은 사람들은 그를 박물학자라고 부르며, '그는 단지 관찰할 뿐이야'라고 말하고 있어요. 그런 사람들은 올리버를 향해 '의학이 발달하려면 이론을 세워야 하므로, 당신의 이론을 뒷받침하거나 기각할 팩트를 찾는 데 총력을 기울여야 한다'고 목청을 높이고 있어요. 물론 올리버는 선험적인 이론을 갖고 있지 않았어요. 그는 자신이 보는 것을 관찰하고, '현재 진행되고 있는 일'을 이해하려고 노력했을 뿐이에요. 또한 대부분의 사람들과 달리, 그는 '상상의 나래 펴기'와 '증거가 받쳐주지 않는 엄청난 가설'을 부끄러워하지 않았어요. 사람들이 그를 '낭만주의자'라고 생각하는 건 바로 그 때문이에요."

그런데, 그게 '그녀가 아는 의사들의 공통된 견해'였을까?

"그렇고 말고요. 그리고 그는 엄청난 지적 도약을 하는데, 이 점이 과학계의 사람들을 매우 언짢게 만들어요. 그들은 이렇게 말해요. '음, 당신의 말은 데이터에 의해 뒷받침되지 않는군.'

과학계의 사람들은 매우 신중한 경향이 있는데, 그게 당연해요. (…) 그리고 그들은 매우 회의적일 수 있어요. '음, 그게 매우 아름다운 건 분명하지만, 거짓으로 판명되면 어떻게 하지?'라고 말이에요. 사실, 거짓으로 판명되는 것도 무리는 아니에요. 나는 당신이 '올리버가 팩트로 간주하는 것'을 모두 믿을 수 있다고 생각하지 않아요. 나는 그중 상당수가 추론이라고 생각해요. 그리고 그가 '관찰과 추론의 경계'를 늘 명확히 하는 것은 아니라고 생각해요. 그는 많은 추론과 도약을 하거든요. 그러나 그것들은 매우 흥미로워요! 그리고 우리에게는 그런 사람—즉, 다윈 같은 사람—들이 많이 필요해요. 물론, 그런 사람들은 수많은 도약을 하지만, 그러는 과정에서 많은 벽돌을 쌓기도 해요. 올리버도 자신만의 벽돌을 많이 쌓았어요. 왜냐하면, 매우 영리한 관찰자로서 사물들을 세심하게 기록했거든요. 사실, 그가 얼마나 많은 벽돌을 쌓았는지 모르는 사람들이 수두룩할 거예요. 그러니 올리버의 가치를 제대로 평가하지 못할 수밖에요."SB

언젠가 '깨어남의 경험' 전반에 대한 자신의 생각을—특히 의학계 동료들 사이에서 자기 자신에 대한 평판과 관련하여—정리하면서, 올리버는 이렇게 논평했다. "인생의 어떤 시점에서, 나는 삐딱한 사람, 도덕률 폐기론자, 변절자, 영지주의자• 등 기존 질서를 뒤집어엎고자 하는 사람들에게 매혹되었던 적이 있었어. 그러나 지금은 도덕률 폐기론의 전통—사실은 전통 자체—에 깊

• 영지주의(신적 계시와 현몽에 의한 초자연적 지식을 소유할 때 구원받는다는 사상)를 믿는 사람들.

이 뿌리박고 있어. 내가 올해(1982년) 2월 런던의 왕립학회에서 강연한 게 중요한 건 바로 그 때문이야. 15년간에 걸친 '얼어붙은 좀비에 관한 연구'가 헛되지 않았음을 증명하는 것이니, 나는 거의 성별consecration•된 셈이었어."

나는 콜에게, 올리버가 강연한 런던왕립학회에 참석했냐고 물었다.

"그럼요," 그가 대답했다. "참석했고 말고요."

강연회의 분위기는 어땠을까?

"음," 콜은 계속 말했다. "그것은 왕립학회에서 개최한 고급 의학강연회였는데, 올리버는 '깨어남 이후'라는 제목의 강연을 하기로 예정되어 있었어요. 뇌염후증후군에 관한 영국 최고의 권위자였던 퍼던 마틴Purdon Martin(1893~1984)—그즈음 매우 연로했어요—과 올리버의 아버지가 참석했으므로, 장담하건대 올리버는 개선장군 같은 느낌이 들었을 거예요. 당대 최고의 신경학자에게 초대 받았으니 처음에는 왠지 부자연스럽고 신경이 예민했을 테죠. 그래서 말문을 열 때까지 많은 시간이 흘렀지만, 곧이어 깨어난 환자들의 투약 전후 모습을 보여주는 단편영화가 상영되면서 좌중의 시선이 그에게 집중되었어요(그럴 수밖에 없는 것이, 그 영화의 주인공은 올리버였거든요). 마지막 이야기의 주제는 '핀터의 희곡'이었는데, 연극 이야기인 만큼 분위기가 매우 화기애애

• 하나님에 대한 예배나 봉사 등 거룩한 목적을 위해 사람이나 사물을 특별히 거룩하게 구별하는 것을 말한다. 사람의 경우 성별聖別된 자들로는 '제사장'(〈출애굽기〉 29:9; 대상 23:13), '레위인'(〈민수기〉 8:5~6), '나실인'(〈민수기〉 6:2~5), '이스라엘 백성'(〈출애굽기〉 19:6), '성도'(〈요한복음〉 17:23)를 들 수 있다.

했어요. 강연을 들은 청중들은 의사였는데, 평소에 그래프나 도표만 들여다보던 사람들인지라, 리얼한 동영상을 보고 실감이 나지 않았을 거예요. 그러나 올리버는 아버지를 모시고 많은 의사들 앞에서 강연한 것을 매우 자랑스럽게 여겼어요.

'그는 멋진 친구였어요.'" 콜은 결론지었다. "정말로 멋진 친구였죠."

9

베스에이브러햄 진료실에서 올리버와 함께

하루는 올리버의 기분이 매우 좋아 보였다. 나는 그에게 엽기적인 새 장난감 하나를 선물했는데, 그래 봐도 그즈음 5번가에서 유행하기 시작한 왜키월리Wacky Wally였다. 왜키월리는 부드럽고 끈적거리는 '변화무쌍한 문어'로, 벽이나 창문에 던지면 꿈틀대고 몸서리치며 내려오는, 놀랍도록 실물에 가까운 연체동물이었다. 완전히 넋이 나간 채 왜키월리를 거울에 던진 후 기어내려오는 것을 지켜보며 '꺄악!' 소리를 내는 것이, 영락없는 애들 모습이었다. 심지어 자기도 문어처럼 하고 싶어 안달이었다.

며칠 후 유례없이 화창한 가을날 아침, 나는 약속한 대로 베스에이브러햄에 있는 그의 작은 진료실로 찾아간다. 창문이 활짝 열려 있는데, 어찌된 일인지 진료실이 바깥보다 훨씬 더 춥다. 진료실 한 구석에는, 환자와 간호사들을 위해 준비된 담요가 단정하게 쌓여 있다. 그는 오전 업무를 마무리하고 있는데, 평소와 달리 하얀 의사용 가운을 입고 있다. "나는 의사 노릇을 하고 있어."

그는 설명한다. "평소에는 이 가운을 착용하지 않지만, 정신병 환자가 '저 사람이 누구고, 여기서 뭘 하는지' 이해하는 데 도움을 줄 수 있어.

여기에 머무는 평균적인 날에는 모든 일이 일어나므로, 나는 온갖 세상만사를 경험한다네."

그는 방금 진료한 환자의 파일을 검토한다. "이 환자는 머리 속에 '시한폭탄'이 들어 있는 쿨한 여성이야. 그건 종양인데, 조만간 그녀의 생명을 위협할 거야. 전에도 그런 환자들을 많이 봤는데, 자기의 남은 날들이 계산되면 담담하고 우아한 삶을 살기 시작하더군. 그동안 어떤 신경증을 앓았는지 모르겠지만, 이제는 모든 것을 떨쳐버리고 완전한 삶을 살고 있어."

그가 환자의 진료차트에 뭔가를 기록하는—사실은 '두 개의 집게손가락'만으로 띄엄띄엄 타이핑을 한다—동안, 나는 진료실 내부를 휘 둘러본다. 새하얀 리놀륨 바닥, 베이지색 벽, 문에 붙어 있는 "색스 박사"라는 이름이 적힌 카드, 녹청색 줄무늬 차양이 드리우는 그늘, 공허감. 그리고 산들바람.

간호사 한 명이 들어와, 특정한 신약의 효능을 묻는다. "음, 임상시험에서 여섯 명의 환자가 사망했고, 한 명의 환자는 괄목할 만하게 회복되었어요." 그는 허탈한 웃음을 짓고, 오늘의 파일 더미를 훑어보며 모든 게 예정대로 진행되고 있는지 확인한다. "나는 각각의 환자별로 한 권의 책을 쓸 수 있었어." 그것은 거의 독백에 가까운 읊조림이다. "그들은 그럴 만한 가치가 충분했어."

예컨대, 그는 최근 진료한 중증 강박적 계산증 환자를 회고한다. "나는 그녀에게 EEG 검사도구를 장착한 후, 복잡한 계산을 암산으로 해보라고 요구했어. 그녀가 얼굴을 찡그리는 동안, 내 뒤에서 EEG 바늘이 사각사각하는 소리를 들을 수 있었어. 겨우 20초쯤 걸렸을 뿐인데, 그녀는 '됐어요!'라고 말했어.

'그게 무슨 말이죠?' 내가 물었어.

'거기에 갔다왔다고요.'

'거기가 어딘데요?'

마치 번쩍이는 광고판 같은 게 있는 곳이었어요. 내 눈앞에 놓인 까만 칠판 위에 100개의 상이한 수식이 적혀 있었어요.'

나는 EEG 기록지로 가서 자세히 들여다봤어. 그랬더니 기록지의 시각 영역에 정확히 100개의 극파spike가 진짜로 그려져 있는 게 아니겠어?"

"자네가 저번에 선물한 끈적거리는 문어 말이야," 그가 화제를 바꾼다. "급성 패닉과 당혹감을 초래했지만 매우 즐거웠어."

외래진료를 마친 올리버는 입원환자들을 회진하기 위해 짐을 꾸린다. 반사망치(어머니가 물려주신 키니어 윌슨의 망치), 여러 나라 말로 된 주기율표(이디시어Yiddish•, 스페인어 포함), 폼볼foam ball(이건 가방이 아니라 가운의 호주머니에 집어넣는다)—이게 전부다.

"나의 주요 신경학적 도구는 공이야." 그가 설명한다. "환자들이 노는 모습을 보면 많은 것을 배울 수 있거든. 그리고 묵묵부답이던 환자들 중 상당수는, 부드럽게 건네준 공에 마음을 활짝 열곤 해. 시무룩하던 환자가 행동과 놀이에 참가하는 과정은 정

• 원래 중앙 및 동부 유럽에서 쓰이던 유대인 언어.

말로 경이로워. 그들이 노래를 부르고 춤을 추는 걸 보면 감탄을 금할 수가 없어."

진료실에서 나와 현관으로 향하는 중, 우리는 수간호사와 마주친다. 그녀의 이름은 코스텔로 양인데, 1968년부터 계속 근무하고 있다. 올리버와 그녀는 살가운 인사를 나눈다.

우리는 현관에서 두 명의 환자와 마주친다. 올리버에 의하면 한 명은 시를 쓰고, 다른 한 명은 베스에이브러햄 병원의 환자 신문을 편집한다고 한다. 두 번째 환자의 이름은 예타인데, 뇌성마비로 인해 완전히 경직되고 일그러져 있다. 그런 환자가 어떻게 신문을 편집할 수 있을까? "예타는 '손'이 아니라 '치아'로 편집을 해!" 올리버가 말한다.

"캘리포니아의 영화 제작자들이 여기에 왔을 때," 올리버가 설명한다(컬럼비아 영화사 말고, 또 다른 영화 제작자들이 《깨어남》을 영화로 만들려고 접근했었다). "그들은 망연자실한 표정으로 이렇게 물었어. '여기 환자들은 모두 책을 쓰나 보죠?'"

나와 함께 느릿느릿 걷는 동안, 어깨 너머로 예타를 쳐다보며 올리버가 한탄한다. "뇌성마비 환자들은 전쟁을 치르고 있는데, 그들의 핵심과제는 수동성을 거부하는 것이야. 그래서 영화를 만들고, 책을 쓰고, 신문을 편집하지. 하지만 어떤 의미에서 그들은 행운아야. 뇌성마비재단Cerebral Palsy Foundation(CPF)이 그들을 물심양면으로 도와주니 말이야. 한마디로, 그들은 힘도 있고 기금도 있어. 그러나 다른 환자들은 그렇지 않아. 그들은 한 달에 16달러를 지원받는데, 그걸로는 어린이조차 만족시킬 수 없어."

베스에이브러햄의 드넓은 현관은 범퍼카의 슬로모션 버전을 닮았다. 반짝이는 바닥, 희부연 형광, 혼잡한 금속제 휠체어들, 연체동물을 연상시키는 환자들, 종종걸음을 치는 사람들, 꼼짝도 하지 않는 사람들, 피곤하고 공허한 시선들… 이 괴상하고 으스스한 풍경을, 올리버는 매우 우아한 동작으로 미끄러지듯 통과한다. 지나가는 사람들은 그에게 안부인사를 건넨다. 해맑은 목소리들이 그에 대한 사랑을 증명한다. "안녕하세요, 박사님." 슬프도록 뒤틀린 환자들이 어렵사리 인사를 하면, 올리버는 반색을 하며 곧바로 답인사를 한다. 그의 태도에는 눈곱만큼도 가식이 없어 보인다, 마치 일반인들과 인사를 나누는 것처럼.

그때 한 여성이 지나간다. 올리버의 귀띔에 의하면, 그녀는 진료기록부에 20번 환자로 등록되어 있으며, 병원이 문을 연 1919년 이후 줄곧 이 병원에 입원하고 있다. "당신 이름이 뭐였죠?" 그녀가 묻는다. "색스 박사." 그가 미소를 지으며 대답한다. "아, 그렇지. 난 당신을 좋아해요." 그녀가 말한다. "나도 당신을 좋아해요." 그는 이렇게 답변하며 가던 길을 간다.

한 환자가 우리 쪽으로 걸어오는데, 매우 맑은 눈망울을 가진 밝고 씩씩한 여성이다. 그런 그녀가 갑자기 횡설수설하며 장광설을 늘어놓더니, 난데없이 손바닥으로 자기 이마를 철썩 때린다. 그러고는 "쉿 쉿 쉿"하고 중얼거리며 멀어져간다. "그녀는 뇌졸중의 후유증으로 횡설수설언어상실증jargon aphasia을 겪고 있어." 올리버가 설명한다. "그녀는 자기가 조리에 맞는 말을 한다고 생각하지만, 자네의 눈빛을 보고 자기 말을 이해하지 못한다는 사실을 알아챈 거야. 그래서 놀라고 좌절한 나머지, 결국에는 저주를 퍼부은 거지."

"몇 년 전," 그가 회상한다. "몇 명의 인턴들을 데리고 정신병동을 순례하던 중 먼 발치에 있는 환자 한 명을 발견했어. 그 역시 온갖 합병증을 동반한 뇌졸중 환자인데, 점차 회복되고 있었어. '이 남성은,' 그 환자에게 접근하는 동안 내가 설명했어. '아직 횡설수설언어상실증을 겪고 있어. 그래서 모든 말이 핀란드어와 산스크리트어의 짬뽕으로 들릴 거야.' 그런데 환자가 횡설수설을 하기 시작하자, 갑자기 한 인턴이 내게 말했어. '그러나 박사님, 이 환자는 지금 핀란드어를 하고 있어요.' 그러더니, 환자에게 성큼 다가가 유창한 핀란드어로 담소를 나누는 게 아니겠어?" 올리버는 그런 아재개그를 할 때마다 좋아 어쩔 줄 모른다.

"대부분의 '깨어남 환자'들은 여기에 없어." 그가 진지한 표정으로 이렇게 말한다. "지난 2년 동안 그들 중 서른 명이 세상을 떠났으니, 이제 겨우 여덟 명만 남았네. 그들의 나이는 그리 많지 않아. 아직 70대가 안 된 사람이 여러 명이니 말이야. 그러나 아쉽게도 그들은 쇠약하고, 표준 치료법에 반응하지 않아."

그는 그 점에 대해 말하고 싶은 게 더 있지만, 스스로 억제하는 기색이 역력하다. 우리는 모퉁이를 돌아, 한 명의 뇌염후증후군 환자에게 접근하고 있다. 환자의 이름은, 책에 나오는 미리엄이다. 그녀를 만나기 전에, 올리버는 한 가지 참고사항을 이야기한다. 올리버는 《깨어남》의 최신판에서 내용을 좀 바꿨는데, 그 이유는 그녀가 자기에 대한 묘사(올리버는 동료 의사의 논평을 인용했다)를 언짢아했기 때문이라고 한다. "그녀가 느끼기에, 그 구절은 '잔인하고 새빨간 거짓말'이라는군."

"나는 그녀를 '기형'이라고 불렀는데, 그 말이 그녀에게 큰 상처를 준 모양이야. 그래서 그 이후로는 신체적 기술physical description의 수위를 조절했어."

막상 만나 보니, 미리엄은 몸을 잔뜩 웅크린 채 예민한 반응을 보인다. 그러나 그녀의 곁에는 책 한 권(제2차 세계대전에 관한 보급판 책)이 놓여 있다. 그녀는 병원의 도서관을 부지런히 드나들며 뭐든 닥치는 대로 읽게 되었다고 한다. 또한 카지노에 갔던 이야기를 해주는데, 최근에 2달러를 밑천 삼아 40달러를 땄다고 자랑이 대단하다. 그리고 뮤지컬 영화 〈에비타〉를 보고 왔다고 한다. 그녀의 음성은 맑고 명랑하다. 그녀는 숫자 헤아리기를 병적으로 빨리 하는데, 발음이 약간 불분명하지만—한둘셋넷다서여섯—무지막지하게 빠르다. 우리가 자리에서 일어나려고 하자, 그녀는 올리버를 툭툭 치며 책을 고쳐줘서 정말 고맙다고 한다(올리버는 지난주에 회진할 때 《깨어남》 최신판의 교정쇄를 지참했다).

몇 미터 앞에는 헤스터가 있다. 안색은 창백하고 부스스하며, 벌린 입 사이로 나온 혀는 두껍고 건조하다. 아무런 움직임도 표정도 없다. 그러나 옆으로 지나가며 어깨를 토닥거리는 올리버를 알아보는 듯하다. 잠시 후 올리버는 가운의 호주머니에 손을 넣어 폼볼을 꺼내 그녀에게 던진다. 그러자 얼어붙었던 그녀는 갑자기 해동되어 공을 쫓아가더니, 냉큼 잡아서 올리버에게 되던진다. 그러고는 다시 얼어붙음으로써 일련의 연속동작을 깔끔하게 완성한다. 올리버는 그녀에게 클립보드를 건네주며, 그 위에 서명을 해달라고 한다—그녀가 미동도 하지 않자, 다시 한번 재촉한다. 그녀는 권위주의적이고 자신만만한 태도로 서명을 한 후, 다시 얼어붙는다. "다음 주에 또 봐요." 올리버가 작별 인사를 하자, 그녀는 창백하지만 나름 호감 어린 미소로 화답한다.

복도를 따라 걷는 동안, 올리버는 지난주에 일어난 에피소드를 말한다. 영국의 한 의사가 병원을 방문했는데, 고맙게도 모든 뇌염후증후군 환자들이 근사하게 행동했다는 것이다. 그중 한 명이 특히 돋보였지만, 지금은 언어능력을 완전히 상실한 채 중환자실에 있다고 한다(그에게 기분이 어떠냐고 물으면 "난 기분이… 기분이… 기분이…"를 반복하다가, 아홉 번 만에 겨우 말문을 열어 "난 기분이 좋아요!"라고 말한다고 한다).

우리는 다른 쪽에서 또 한 명의 '깨어남 환자'와 마주친다. 이번에는 꽤 나이든 여성으로, 휠체어 속에 아무렇게나 내동댕이쳐진 듯 축 늘어져 있다. 올리버는 그녀도 나에게 소개하는데, 그녀의 이름은 책에 나오는 거티다. '메디케어의 관료와 만나야 한다'며 올리버가 잠시 자리를 비운 후, 나는 거티와 이야기를 나누기 위해 무릎을 꿇고 앉는다. 그녀의 음성은 '숨가쁜 속삭임'이며, 말하는 속도가 약간 느리다. 그러나 그녀는 완벽히 존재하며, 행복한 대화에 몰입한다. 그녀는 올리버에 대한 애정을 다시 한 번 과시한다. "병원에 갑자기 실려와 엘도파를 투여받았을 때 기분이 어땠나요?" 내가 그녀에게 묻는다.

"아, 그거요." 그녀가 말한다.

어땠을까?

"음, 난 갑자기 말을 했어요."

오랫동안 얼어붙어 있다가, 맨 처음 꺼낸 말이 뭔지 기억할까?

"아, 그거요."

뭐였을까?

"'웁!' 나는 갑자기 이렇게 말하는 나를 발견했어요. '내가 말을 하고 있다니!'"

축 늘어진 상태에서 나를 올려다보며, 그녀는 행복한 기억에 겨워 활짝 웃는다. 그녀의 눈에서는 기쁨의 눈물이 반짝인다.

~~~

올리버가 돌아온 후, 우리는 거티와 작별 인사를 하고 건물 밖으로 나온다. 다리를 건넌 후 브롱크스 리버 파크웨이를 가로지르니, 뜻밖에도 매력적인 식물원이 나타난다. 그것은 태곳적 신비를 간직한 소로풍Thoreauesque 식물원이다. "언젠가 내가 말한 것 같은데, 나는 1년에 300번씩 이곳을 방문해." 올리버가 말한다(유감스럽게도 난 처음 듣는 말이다). "햄스테드히스와 좀 비슷해." 세차게 흐르는 개울 주변의 피크닉 테이블에 자리를 잡으며 그가 말한다. "자연 속 깊숙이 파묻혀 있다는 점에서 말이야." 능선 바로 너머, 불과 500미터 떨어진 곳에 거대도시가 있다는 게 믿기지 않는다. 센트럴파크와 달리, 이곳에서는 도시의 존재를 전혀 느낄 수 없다.

나는 백팩에 손을 넣어 스웨터 한 장을 꺼내 입고, 올리버는 의사용 가운과 재킷을 벗는다. 우리는 스너프밀Snuff Mill 레스토랑의 간이 카운터로 가서 음식을 주문한다(또는 그러려고 노력한다). 카운터를 지키는 소년이 뒷방에서 나오지 않아, 주문을 할 수가 없다. 갑자기 올리버가 발작적으로 어마어마하게 큰 재채기—
~~~

난 그게 주위를 환기하려는 오버액션임을 안다—를 한다. "난 수줍음을 너무 많이 타는 성격이라 '여보세요'나 '에헴'이라고 말할 수 없거든." 그가 이렇게 변명한다. 그러나 그의 재채기가 모든 사람들을 날려버리자, 카운터의 소년은 사실상의 패닉에 빠져 쏜살같이 뛰어나온다.

점심(올리버는 노바스코샤 연어, 나는 웨스트팔리아 햄)을 함께 먹으며, 올리버는 초창기 시절 회진할 때 몰랐던 점을 이제야 깨닫는 듯하다. "처음 여기에 도착했을 때, 환자들의 평균 연령은 40대였어. 그들은 난치병 환자였지만, 나름의 삶을 일구려고 여기에 왔어. 시간이 경과함에 따라 불구인 환자들은 병원에서 강제로 퇴원당했고, 이제 입원환자들의 평균 연령은 80~90대로 상승했어. 최근 알게 된 사실인데, 내 환자 중 4분의 3은 퇴원한 후 3개월을 넘기지 못할 것 같아. 그들은 세상을 떠나게 될 거야… 부서진 가슴을 안고."

~~~~~~

질주하는 폭풍이 다가오며 하늘이 갑자기 깜깜해지자, 올리버는 어둠의 종족dark brood(그는 묘한 방법으로 날씨를 느끼는데, 아마도 몸 속 깊숙이 내장된 기압계의 눈금이 내려가는 것 같다. 그의 몸에는 기체나 미세한 비말의 유입을 차단하는 막이 없어, 갑작스러운 외부의 난기류를 신속히 감지하는가 보다)을 회피하려고 필사적으로 노력한다. 우리는 단숨에 파크웨이를 건너 주차장으로 달려가, 하늘이 열리기 전에 올리버의 승용차 안으로 다이빙한다.
~~~~~~

10

오든과 루리야

널리 알려진 바와 같이, '깨어남의 시기'는 대략 1969년부터 1975년까지 계속되었다. 올리버는 그 기간에 마흔 번째 생일(1973년)을 맞이한 데다 굵직굵직한 사건들에 직면하여 엄청난 심리적 영향을 받았다. 즉, 그의 어머니가 세상을 떠났을 뿐만 아니라, 두 명의 '아버지 같은 존재'—W. H. 오든과 A. R. 루리야—가 그의 삶에 큰 흔적을 남기고 지나갔다.

~~~~~~

어느 날 오후 빌리지를 함께 걷던 중, 올리버와 나는 어쩌다 보니 오든—올리버는 궁극적으로 "위스턴Wystan"이라는 애칭으로 부르게 되지만, 그의 생전에 오랫동안 "오든 씨Mr. Auden"라는 존칭으로 불렀다—에 대해 이야기를 나누게 되었다. 깨어남의 드라마가 펼쳐진 데 이어 일련의 사건들이 꼬리를 물고 일어난 1960
~~~~~~

• W. H. 오든(왼쪽)과 A. R. 루리야(오른쪽).

년대 후반, 올리버는 성聖마가 거리에 있는 오든의 집을 가장 많이 방문한 사람 중 하나였다. 두 사람의 만남을 주선한 올란 폭스Orlan Fox는 오든의 가까운 친구로, 올리버와는 초창기 뉴욕 시절부터 마약과 오토바이를 공유한 동아리 친구였다.[SB]

올리버는 내게 자신의 에세이 한 편을 참고하라고 했는데, 그것은 (스티븐 스펜더Stephen Spender가 편집한) 오든의 사후 추모집에 실린 것이었다. 내가 그 글을 읽은 소감을 편지에 썼더니, 올리버는 며칠 후 상세한 답장을 통해 '위대한 시인과 맺은 관계'의 다양한 측면들을 요약했다.

내가 맨 처음 위스턴을 만난 건, 올란의 아파트에서였어. 안타깝게도 정확한 날짜는 모르겠고—어쩌면 생각날 것 같기도 해—, 연도는 1967년 또는 1968년이었어. 자네는 올란 폭스를 만난 적이 없을 거야. (그는 위스턴의 절친한 친구로, 내가 알기로 위스턴이 세상을 떠나기 전 15년 동안 매우 가깝게 지냈어. 그리고 나와는 1965년 11월 처음 만나자마자 상당히 가까워졌어.)

나는 그 전에도 오든을 본 적이 있는데, 내가 옥스퍼드에 다니던 1956년 6월 그는 시학poetry 교수로 부임하여 첫 강의를 했어. 나는 그 학기에 시학 강의를 들었고, 그때부터 1960년대 후반까지 먼 발치에서나마 오든을 본 건 그게 처음이자 마지막이었어.

그 이전까지 그를 지근거리에서 본 적은 단 한 번도 없었어. 나는 두려움과 경외감으로 바짝 얼어붙어 꿀먹은 벙어리가 됨과 동시에—나는 주름이 깊게 팬 '쥐라기 스타일'의 얼굴에 매료되었어. 내 평생에 지질시대의 풍경을 쏙 빼닮은 얼굴을 본 적이 없었거든—, 감히 그를 바라볼 엄두도 내지 못했어. 그의 기억력과 재치도 나를 사로잡아, 나로 하여금 불현듯 에릭•을 떠올리게 했어(사실, 나는 지금까지도 두 사람의 생리적 유사성에 감탄하고 있어). 그러나 그에게는 에릭과 현저히 다른 점이 하나 있었는데(어쩌면 이 점에서는 에릭보다 나와 더 가까웠는지도 몰라), 재치와 가십(그는 가십을 무척 좋아했어!)의 흐름이 갑자기 멈추곤 했다는 거야. 마치 뭔가 심오한 아이디어가 도중에 불쑥 떠오른 것처럼 말이야. 그의 기억력과 재치는 보는 이의 감탄을 자아낼 만큼 엄청나고 경이로웠어. 그러나 나를 정말로 감동시키고 경외감을 불러일으킨 것은, 위스턴의 음울한—갑자기 침묵에 휩싸이며 뭔가를 곱씹는—모습이었어(나중

• 에릭 콘.

에 이런 모습을 종종 보고, 뭔가 골똘히 생각하는 그를 바라보는 것만으로도 기쁨을 느끼게 되었어). 그와 대조적으로, 에릭의 생각은 전광석화와 같아. 그는 위스턴만큼 총명하지만, 위스턴에게서 엿보이는 '오묘한 깊이'가 부족해(어쩌면 스스로 허용하지 않거나, 허용되지 않는지도 몰라). 위스턴은 심오함을 추구하기 위해 몸부림을 쳐야 했는데, 그런 와중에서 종종 약삭빠름(지나친 총명함)을 비난했어. 지나친 총명함은 교묘한 즉석해법을 찾도록 유도하고, 진정한 생각을 가로막는다는 게 그의 지론이었어. 초기작품에서 빈번히 총명함을 추구한 나머지 진정한 시적 심오함을 희생했음을 후회하고 있었어. "만나서 즐거웠습니다"와 "잘 가게" 외에, 그날 저녁 나와 위스턴이 주고받은 대화는 잘 기억나지 않아(올란은 자세히 기억할지도 몰라). 그러나 위스턴은 침묵과 수줍음 속에서도 나를 주목했어. 고통스러울 정도의 수줍음 속에서도, 참고 기다리는 이유와 방법을 너무나 잘 알고 있었어…. 동병상련이라고나 할까?

그와 독대하기 1~2년 전(1969년의 어느 날이라고 말하고 싶어), 그는 나에게 (당시 인쇄 중이던) 《편두통》에 대해 강연할 기회를 제공했어. 내가 그 강연에서 게오르크 그로데크Georg Groddeck••를 부각시킨 데 감동한 그는 자기가 직접 번역한 문건을 내게 보여줬지만 출판하지는 않았어. 그 문건은 그로데크가 저술한 마사지에 관한 논문으로(그로데크의 아버지는 일종의 체육관 겸 요양원을 운영했어), 신체정신학과 정신신체학을 전반적으로 기술함과 동시에 '마사지의 신체정신적 효과somatopsychic effect'에 대한 뜻밖의 통찰을

•• 독일 출신의 스위스 내과의사(1866~1934)로, 정신신체의학의 초기 개척자.

선사했어….

나로 하여금 침묵과 수줍음을 극복하고 위스턴 앞에 서게 한 것은, 바로 심신이라는 주제였어. 나는 생애 처음으로 그의 면전에서 심신에 대해 매우 자유로운 의견을 개진했어. 그는 특히—무한하지만 요령 있는 호기심을 갖고 있었으므로—임상적·개인적 경험에 대한 질문을 나에게 퍼부었어. 나는 임상적인 부분에 대해서는 자유롭게 답변했지만, 개인적인 부분에 대해서는 다소 몸을 사렸어. 위스턴은 두 가지를 동일시하는 것처럼 보였으므로, 나는 그제껏 특정한 시詩에서만 감지했던 그의 진의—얼마나 심오하게(심지어 본질적으로) 임상적인지—를 비로소 파악하게 되었어… 그러나 그건 언변 때문이 아니라(물론, 그의 연변이 간혹 돋보인 건 사실이야), 열과 성을 다해 제기한 심오한 의문 때문이었어.

나는 처음에 '올란의 친구 중 하나'로 그와 만났지만, 이윽고 '나 자신'으로서 만나게 되었어. 그런데 이상하게도—사실, 나에겐 흔히 있는 일이야—, 우리는 생이 다하는 날까지 실제로 만나기보다 편지를 더 많이 주고받았던 것 같아… 그리고 우리는 수년간 일종의 예의를 지키려고 노력했던 것 같아. 나는 그를 늘 "오든 씨"라고 불렀고, 그는 나를 "색스 박사Dr. Sacks"라고 불렀으니 말이야. 우리는 1971년까지 서로 이름을 부르지 않았던 게 분명해.

(〈친애하는 A 씨에게〉라는 글—스펜더가 편집한 책에 실린—을 잘 읽었다는 자네의 편지를 읽고, 난 기분이 매우 좋았어. 그래서 거의 10년 만에 처음으로 그 글을 다시 읽었어.)

(…) 손가락이 저려 이만 멈춰야겠어.

사랑을 가득 담아, 올리버

그로부터 며칠 후, 우리는 올리버의 시티아일랜드 자택에서 만나 오든에 대한 이야기를 계속했다. 올리버는 최근 방영된 '오든에 관한 다큐멘터리'에 불만을 토로했는데, 그 내용인즉 올리버와의 인터뷰 중에서 '오든의 강박적 시간준수(이를테면 오후 4시에 꼭 커피를 마신다)'에 관한 논평만이 인용됐다는 것이었다.

"나는 티타임에 맞춰 오든을 방문하는 것을 가장 좋아했어." 올리버가 말했다. "그는 오후 4시부터 5시 사이에 어김없이 커피를 마셨어. 그런 면에서, 그는 엄청나게 '틀에 박힌 사람'이었다고 볼 수 있어. 그러나 4시와 5시 사이에 일어나는 일은 자연스럽고 완전히 자발적이었어. 그는 어떤 때는 쾌활했고, 어떤 때는 깊은 고뇌에 잠겨 있었으며, 어떤 때는 미동도 하지 않아 나를 깜짝 놀라게 했어. 나는 내가 이야기 보따리를 요령껏 풀어놓는 데 능수능란하지 않았으며, 그들이 다큐멘터리에서 나를 멋대로 이용한 데 분개하고 있어. 오든의 첫 번째 전기에서도 그랬어. 하나의 롱샷처럼, 오든의 삶은 꼬리에 꼬리를 물고 정해진 지향점 없이 잔잔히 흘러갔어(나의 삶도 그랬어). 그러나 전기작가는 일련의 단편적인 일화들을 계획적으로 배치함으로써 그의 삶을 함부로 재단裁斷하고 왜곡했어."

올리버는 나를 못 미더운 듯 쳐다보더니(지금 생각해보니, 그건 노파심이었다. 맹세하건대, 나는 그의 논평을 분명히 알아들었기 때문이다), 잠시 멈췄다가 깊은 한숨을 내쉬며 말했다. "오든과 건은 나 자신과 어머니의 원죄를 추궁하며, 나에게 근본적인 덕목을 제시했어."

올리버는 한 걸음 더 나아가, 오든이 걸핏하면 자신을 가리켜 '술꾼이지만 알코올중독자는 아니다'라고 기술한 이유를 설명했다. "내가 그 차이를 물었더니," 올리버는 이렇게 회고했다. "그는 이렇게 주장했어. '알코올중독자는 술을 마실 때 성격이 변하는 데 반해, 술꾼은 양껏 마실 수 있지만 성격이 변하지 않는다네.' 그러고는 자신이 술꾼임을 재삼 강조하며 득의의 미소를 지었어." 올리버는 《편두통》에 얽힌 사연도 털어놓았다. "오든과 나는 일찍부터 편두통에 관해 허심탄회한 이야기를 나눴어(우리는 편두통을 다룰 때 migraine보다 megrim이라는 용어를 더 좋아했어). 나는 원고를 완성한 후 출판사에 넘긴 상태였는데, 출간 직후 그가 〈뉴욕 리뷰 오브 북스〉에 "The Megrims"라는 제목의 서평을 기고한 것을 보고 감개가 무량했어. '엄청난 영향력을 지닌 사람이 나를 공개적으로 논평했구나'라고 실감한 건 그게 처음이었어."

'깨어남의 시기' 동안, 오든은 깨어남의 공명판sounding board과 열성파를 자임함으로써 중요한 역할을 수행했다(사실, 오든은 그럴 만한 자격이 있었다. 그의 아버지 조지는 저명한 의사로, 10대 후반과 20대 초반 버밍엄에서 군의관으로 근무했고, 기면성 뇌염encephalitis lethargica의 맹렬한 확산, 특히 그것이 어린이들에게 미친 영향을 기술한 최초의 의사 중 한 명이었다). 오든은 올리버에게 환자들의 스토리를 글로 옮기라고 재촉하면서 이렇게 덧붙였다. "그러나 글을 쓰는 데 있어서, 임상적인 것을 뛰어넘어 필요한 기법을 뭐든 구사해야 하네! 이를테면 은유적이라든지, 신비적이라든지!"•

그러나 1972년, 오든은 미국의 자택을 떠나 유럽으로 돌아가기로 결심했는데, 목적지는 영국이 아니라 오스트리아였다. 그해 말 올리버와 올란은 성마가 거리의 아파트에서 만나 이삿짐 꾸리기를 도왔다. "어느 시점에서," 올리버는 설명했다. "위스턴은 내게로 와서 갑자기 명령조로 말했어. '전부 다 챙길 필요는 없어. 원하는 책은 뭐든지 가져가게.' 내가 그의 제스처에 놀라 주춤하자, 그는 자기 손으로 두 권을 골랐어. 하나는 모차르트의 오페라 〈마술피리〉의 대본이고, 다른 하나는 너덜너덜하고 주석이 많이 달린 괴테의 서신이었어. 그러고는 '이게 내가 제일 좋아하는 거야'라고 말하며 내 품에 안겨줬어."

며칠 후, 올란과 올리버는 오든을 따라 공항으로 갔다. 이륙 시간까지 여유가 많았으므로("전에 말했던 것처럼, 그는 약속시간에 대한 강박관념이 있었어"), 그들은 작별이라는 주제를 둘러싸고 두서 없는 이야기를 나눴다("요컨대, 그는 미국에서 반평생, 즉 30여 년을 살았어"). 그러던 중, 생면부지의 사람 한 명이 그에게 다가가 이렇게 말했다. "저… 오든 씨죠? 그동안 우리 나라에 당신을 모실 수 있어서 영광이었습니다, 선생님. 언제 돌아오시든 귀빈 및 친구로서 대환영입니다." 낯선 사람과 악수를 나누는 동안 위스턴은 감격한 기색이 역력했다. 그 사람은 이렇게 작별 인사를 했다. "오든 씨 안녕히 가세요. 모든 일에 신의 가호가 있기를 빕니다."

오든은 끝에서 두 번째 시집 《대자代子에게 보내는 편지Epistle to a Godson》(1972)를 올리버에게 헌정하게 되는데, 그 시집에 실린

• "오든과의 우정은 올리버에게 엄청난 영향을 미쳤어요." 마지 콜이 나에게 말했다. "우정이 자라남에 따라 그는 분명히 달라졌어요. 동료의사들에게 인정을 받지 못했던 그가 마침내 특권의식, 존재감, 자부심을 느끼게 되었으니 말이에요."

첫 번째 시는 〈노인들의 집Old People's Home〉("모두가 제한되어 있지만, 각자 나름대로/ 미묘하게 다른 상처를 갖고 있다 …")이고, 마지막 시는 이사한 집에서 처음 집필한 대작 〈독백Talking to Myself〉("오스트리아에서 이번 봄은 유순하게 시작되었다,/ 하늘은 맑고, 공기는 변덕스럽지 않고 …")이다.

이듬해 2월, 올리버는 《깨어남》을 마지막으로 편집하기 위해 영국으로 돌아가 오든과 재회했다. 오든은 때마침 옥스퍼드를 방문하고 있었고, 올리버는 그에게 《깨어남》의 최종 편집본을 제공했다. "그리고 며칠 후, 나는 그에게서 편지를 받았어." 올리버는 신이 난 듯 벌떡 일어나 서류철을 뒤져(그는 오든과 주고받은 편지를 아주 가까운 곳에 보관하고 있었던 게 틀림없다), 손으로 갈겨 쓴 편지를 꺼내 나에게 내밀었다. "이거 봐. 그는 2월 21일에 편지를 썼는데, 그날은 그의 생일이었어."

> 친애하는 올리버에게
>
> 자네의 매력적인 작품을 미리 보여줘서 얼마나 고마웠는지 몰라. 《깨어남》을 읽었는데, 정말 걸작이더군. 축하하네….

내가 오든의 편지를 읽는 동안, 올리버는 싱글벙글 웃으며 파일을 뒤져 자기의 답장(또는 여러 통의 답장 중 하나일 수도 있다)을 꺼냈다. 3월 31일에 쓴 편지는 기다란 횡설수설로 시작되었는데, 자세히 들여다보니 오든의 편지에 이미 답장을 했는지 여부를 기억하지 못하고 있어 웃음을 자아냈다(두 사람은 오든의 제안에 따라 손편지를 주고받는 게 상례였는데, 올리버가 편지를 썼는지 여부를 더 이상 기억하지 못한 이유는 바로 그 때문이었다. 그래서 다음부터는 타자기로 편지를 쓰게 되었는데, 그건 건망증에 대비하여 최소한 사본을 남겨놓기 위한 고육책이었다). 그는 다음으로 위스턴의 칭찬에 크게 감사하며, "나의 편집본을 본 사람은 출판 담당자 외에 당신이 유일하며, 호의적인 반응으로 나를 행복하게 해준 사람은 당신밖에 없습니다"라고 덧붙였다. 그는 의료계("특히 제가 소속되어 있는 황량한 신경과")의 공감을 얻어내지 못할 것 같은 전망에 좌절감을 토로하면서도, 실낱같은 희망의 끈을 놓지 않았다. "의료계 밖에는 한 무리의 '진짜로 깨어 있는 사람들'이 존재할 것입니다. 그들은 나의 말에 기꺼이 귀를 기울일 것이므로, 나는 그들과 함께 기필코 '진정한 의사소통'의 기쁨을 누리고자 합니다. 내가 지향하는 것은 (내 기억이 정확하다면) 존슨 박사•가 말한 '마음의 흐름streaming of mind'입니다."

답장을 다 읽고 돌려주자, 올리버는 이렇게 말했다. "그해 늦봄, 오스트리아로 돌아간 오든은 나에게 이런 편지를 보냈어. '자네를 당장 내 집으로 초청하고 싶지만, 그보다는 나와 체스터 칼만Chester Kallman••이 함께 쓰는 별장으로 자네를 초청하고 싶네.' 그래서 나는 그해 여름을 기약했지만, 이리 치이고 저리 치이다 보니 기회를 놓치고 말았어. 결국 그는 9월 29일 세상을 떠났고, 나는 약속을 지키지 못한 것을 늘 후회했어." 그는 장탄식을 했다. "지금도 그래."

• 새뮤얼 존슨을 말한다. 프롤로그 참고.
•• 시인. 오든의 오래된 연인이자 동반자.

'깨어남의 시기'에 대해 여러 차례 대화하는 동안, 또 한 명의 이름이 반복적으로 거론되었다. 그는 러시아의 신경심리학자 알렉산드르 R. 루리야(1902~1977)로, 올리버의 위대한 우상이자 스승이었다.

"나는 그를 수년 동안 숭배—존경이라는 말은 너무 약한 것 같아—해왔어." 어느 날 저녁, 식사를 하던 중에 올리버가 말했다. "내가 처음 그(또는 그의 저술)와 마주친 것은, 옥스퍼드에 다닐 때 그의 첫 번째 걸작 《인간 갈등의 본질The Nature of Human Conflicts》을 통해서였어(이것은 루리야의 박사학위 논문으로서 미국에서는 1932년에 출판되었지만, 구소련에서는 '또는 감정, 갈등, 의지: 인간행동의 분열과 통제에 대한 객관적 연구'라는 부제를 달고 2002년 가까스로 출간되었어). 그것은 자유분방한 생리학적 저술로, 그가 말한 '갈등'은 독특하리만큼 비고전적인 개념이라는 점을 알아야 해. 예컨대 그는 파킨슨병을 '강렬한 갈등'의 관점에서 기술했어.

가장 감동적이었던 것은 의대를 졸업한 직후 읽은 책으로, '언어장애와 지적장애를 가진 일란성 쌍둥이'에 대한 애정어린 이야기였어. 그 책의 서문은 나의 가슴을 뭉클하게 했는데, 한마디로 '과학과 시詩의 융합'이었어. 책의 제목은 "언어의 조절기능The Regulatory Role of Speech"이었는데, 전형적으로 무미건조하므로 웬만한 사람들은 그 속에 그런 매혹적인 이야기가 담겨 있으리라고 생각하지 못했을 거야.

3년간의 망연자실한 의대 생활을 마친 후 허탈하고 냉소적인 절망감에 휩싸인 상태에서, 나는 마침내 임자를 만났다는 생각이 들었어. 선善함으로 세상을 떠받친다는 '서른여섯 명의 숨은 의인義人'• 중 한 명이라고나 할까?

그렇다고 해서 그가 무슨 특별한 명성을 누린 건 아니었어." 올리버는 작은 소리로 이렇게 덧붙였다. "그때나 지금이나."

"그런 다음, 나는 어찌된 일인지 그를 까맣게 잊었는데—이것은 올리버가 말하는 '잃어버린 대륙들lost continents' 중의 하나라고 할 수 있다. 여기서 '잃어버린다'는 것은 회색질gray matter의 그늘 속에 수십 년 동안 묻혀 있는 것을 말한다—, 쉽게 말해 한쪽으로 치워놓은 거였어. 그러다가 1968년이 되어서야, 나는 아인슈타인 의대의 도서관에서 루리야의 저술들을 모두 찾아냈어. 무미건조한 제목 속에 들어 있는 낭만적인 스토리들! 나는 그것들을 단숨에 읽고, 그의 저술에 깃든 위대함·한결같음·아름다움을 새삼 느끼게 되었어.

그래서 나는 그를 다시 숭배하게 되었지만, 어느 날 밤 공황 상태에 빠져 가까스로 이렇게 중얼거렸어. '나를 위해 남겨진 장소는 어디일까?' 그런 와중에서 나도 모르게 격렬한 분노에 휩싸여, 루리야의 책 세 권을 갈가리 찢어버렸어.

그때는 '깨어남 프로젝트'의 초기에 해당하는 시기였는데,

• 유대교 전설에 의하면, 그 선함으로 이 세계를 떠받치는 서른여섯 명의 '숨은 의인'이 있다고 한다. 세계 곳곳에 흩어져 사는 서른여섯 명의 의로운 사람 라미드 우프닉스Lamed Wufnixs가 바로 그들이다. 그들은 자신이 의인인 줄 모르며 서로 간에도 모른다. 자신이 의인인 줄 알면 죽고 즉각 새로운 의인이 태어나며, 이들이 있는 한 신은 인류를 멸망시키지 않는다고 한다. 올리버 색스, 《온 더 무브》(알마), 194쪽 참고.

나는 그즈음 일종의 정체성 위기를 겪고 있었어. 그 이전에 나는 빈둥거리고 있었고, 솔직히 말해서 《편두통》의 집필도 지지부진한 상태였어. 그러나 루리야를 숭배하고 그의 이론을 받아들이며, 학생들에게 '신경생리학과 신경심리학의 새로운 방법'을 당당히 제시할 수 있게 되었어.

중요한 것은, 그가 다양한 사물들의 성격(또는 본질)을 총체적으로 파악했다는 거야. 나에게 공감을 불러일으킨 그의 문장을 하나 들라면, '인체는 행동의 통합체이고, 각각의 행동들이 통합체에서 떨어져나가면 인체가 해체된다'는 거야. 그에 반해, 다른 사람들은 인체를 단순한 '조직tissue의 집합체'로 간주했어. 자네도 알 거야, 내가 왜 그 문장에 특별히 이끌리게 되었는지를. 그가 가장 좋아한 단어는 증후군syndromen—자연스러운 동반의 일종—이었는데, 그건 세상보다는 우주에 더 가까웠어. 그는 증후군이라는 용어를 완전한 의미(일련의 증상)에서 이해한 첫 번째 사람이었어. 그렇게 함으로써 마음의 지리학자 겸 천문학자가 된 거지. 그와 마찬가지로, 그는 '정량적인 것'이 아니라 '정성적인 것'에 주목함으로써, 엄청나게 풍부한 풍경을 빚어냈어. 예컨대 《모든 것을 기억하는 남자The Mind of a Mnemonist》•에서, '정량적인 프로젝트'는 '정성적인 풍경'으로 전환되었어. 루리야의 저술은 피아제Piage••의 것에 비견돼. 그는 늘 실험을 하는데, 그 실험은 뭔

• 1968년, "방대한 기억에 대한 작은 책A Little Book About a Vast Memory"이라는 부제가 붙어 출간되었다.

•• 스위스의 아동심리학자(1896~1980).

가를 분해하기보다는 조립하는 실험이야. 그리하여 본질적으로 통합된 하나의 하나의 캐릭터를 완성하게 돼. 우리는 사람을 평가할 때, 두루뭉술하게 하나의 예술품처럼 바라보는 경향이 있어. 그는 나름의 방법론을 갖고 있었지만, 일각에서는 그가 회진하는 모습을 보고 '마치 (오락용으로 마술을 공연하는) 마술사 같다'고 기술했어.

그는 현실은 물론 진실을 분별할 줄 하는 위대한 미적 감각의 소유자였어. 가끔 사물의 아름다움을 보고 감정이 누그러졌어. 그는 아름다움을 넘어 숭고함에 대한 감각을 보유하고 있었어. 의학은 일반적으로 숭고함보다 훨씬 낮은 수준에서 잘 작동하지만, 반드시 그럴 필요는 없어. 루리야는 그 방법을 몸소 보여줬지만, 그 자신은 숭고함이라는 단어를 전혀 사용하지 않았어. 그런 거창한 말을 쓰기가 당혹스러웠던 것 같아.

그는 소비에트 연방에서 높은 평가를 받았지만, 불명예스러운 적도 있었어. 첫 번째 저서를 낸 후 사실상 파문되어, 15년간 심리치료사 개업이 금지되었거든. 그래서 그는 의대에 진학하여 의사가 되었지. 전쟁 기간 동안, 그는 위대한 임상연구를 통해 '소비에트 신경학계의 5대 거두'와 접촉하게 되었어. 전쟁은 소비에트 의학에서 실로 '천재의 시대'였는데, 그 부분적 이유는 머리를 부상당한 병사들이 무더기로 병원에 실려왔기 때문이야. 미국의 남북전쟁에서 위어 미첼Weir Mitchell과 같은 명의가 탄생한 것과 같은 이치라고 할 수 있지. 그러나 러시아 의학계의 천재들은 나로 하여금 위대한 러시아 소설가들을 떠올리게 해. 그들은 과학계로 떠밀려 들어왔지만, 소설가 정신이 여전히 빛을 발하고 있어.

전쟁이 끝난 직후, 루리야는 네 권의 책을 순식간에 잇따라 발간한 후 다시 침묵을 지켰어. 1958년 이후, 그는 '낭만적 과학romantic science• 시리즈' 중 첫 번째 책을 발간할 수 있었어. 그건 심오한 감정에 충실하면서도 고도의 정밀성을 추구하는 임상사례집이었어. 그의 여생을 통틀어, 그의 저술은 크게 두 가지로 나뉘었어. 하나는 기념비적인 총론이고, 다른 하나는 임상사례집이야."

올리버는 간혹 '강의 모드'에 들어가는데, 나는 그럴 때마다 명강의를 단독으로 수강하는 특권을 누린다. 우리는 '대화 모드'로 전환하기 위해, 먹던 음식물을 포장하여 산책을 나갔다.

"《깨어남》의 집필이 초읽기에 들어간 1972년 루리야의 《지워진 기억을 쫓는 남자The Man with a Shattered World》••가 나왔을 때, 〈리스너〉에 근무하는 나의 편집자 메리-케이가 이렇게 말했어. '당신은 아주 오랫동안 이 사람 이야기를 해왔어요. 마침 신간이 나왔으니 서평을 써보세요.' 나는 그녀의 말대로 했고, 나의 '루리야 서평'은 리처드 그레고리의 '색스 서평'과 똑같은 호에 실렸어.

1973년, 나는 루리야에게서 두 통의 편지(사실상의 답장)를 잇따라 받았어. 하나는 〈리스너〉에 실린 내 서평에 대한 답례편지였고, 다른 하나는 《깨어남》을 읽고 난 소감을 적은 독후감이

• 계몽주의 시대의 기계적 자연과 경험적·합리적 세계관에 대한 반발로, 유기적 형태의 자연에 주의를 기울이는 자연철학을 통해 고대전통으로 복귀하고자 하는 사조로, 마음과 물질, 역사와 자연, 예술과 과학의 결합이라는 방법론을 특징으로 한다. 《깨어남》(알마), 34쪽.

•• 부제는 "뇌손상의 역사The History of a Brain Wound"였다.

었어. 겉봉을 장식한 우표에는 러시아국립박물관에 소장된 명화들이 아로새겨져 있었고, 편지지에는 루리야의 아름다운 빅토리아풍 필체가 너울너울 춤추고 있었어. 그건 엄청난 충격이었어, 마치 프로이트에게서 편지를 받은 것과 같은(루리야는 내가 프로이트와 동시에 언급한, 금세기의 유일한 인물이었어). 나는 이리저리 뛰어다니며 그 편지들을 모든 이에게 보여줬어. 나는 사랑스러움·위대함·분명함·강력함·친절함의 감정을 동시에 느낀 적이 없었어. 그건 정말 진심이었어.

내 말은, 그의 동시대인인 니콜라이 베른슈타인Nikolai Bernstein•••도 그만큼 강력하지 않았다는 거야. 그의 문장은 마치 레이저와 같았어. 비트겐슈타인처럼 말이야. 다른 한편, 루리야는 '빛'보다는 '음성'에 더 가까워. 그리고 음성은 시선과 달리 일탈하는 경우가 없어. 그에게, 사물은 참이나 거짓 중 하나일 뿐이야. 음악적 요소는 쉽사리 기만될 수 없지만, 메타포의 눈속임은 눈부시고 기만적이야. 그의 어조는 왠지 믿음직스러워."

이 말을 마치고 나서, 올리버는 갑자기 발걸음을 멈췄다. 우리는 거리를 가로지른 후 시티아일랜드의 한복판에서 멈춰섰는데, 양 옆으로 승용차들이 바람을 가르며 지나갔다. 그는 잠시 멈칫거리다가 이윽고 설명했다. "사실, 그건 정확하지 않아."

뭐가?

"내가 1973년 처음으로 받았다는 두 통의 편지에 얽힌 사연

••• 러시아의 신경생리학자(1896~1966).

말이야."

우리는 가던 발걸음을 이어 갔다. "문제는, 내가 원고를 완벽하게 검토하지 않고 인쇄소에 넘기는 걸 좋아하지 않는다는 거야. 그러나 〈리스너〉에 서평 원고를 보낼 때 그 점을 망각했어. 한 구절에서 루리야가 문맥상 '냉혹한 사람'으로 묘사되었거든. 나중에 활자화된 걸 보고 내 가슴이 뜨끔했고, 그 후유증은 그가 세상을 떠날 때까지 5년간 지속되었어. '내가 그를 죽였다'는 죄책감이 나를 괴롭혔어."

뜻밖의 고백으로 인해, 그날 저녁의 분위기가 갑자기 싸늘해졌다. 올리버는 잠시 후 주차된 승용차에 올라 집으로 향했다.

며칠 후, 나는 다음과 같은 메모가 첨부된 소포를 받았다.

> 유야무야 되기 전에 증거를 남기기 위해 보내는 건데, 이건 나의 서평과 그레고리의 서평이 실린 〈리스너〉의 과월호야(루리야 덕분에 나와 그레고리의 연결고리가 완성된 셈이야!). 〈리스너〉의 발간일은 《깨어남》과 똑같은 1973년 6월 28일이야. 나는 내 서평을 (심지어 출판되기 전부터) 뼛속 깊이 후회하게 되었어. 그의 생각을 노골적으로 왜곡한 건 아니지만, 나의 공정성과 감상력鑑賞力이 부족함을 통감했어. 나는 여름 내내 죄책감에서 헤어나지 못했어. 자칫하면 《깨어남》의 출간으로 인해 누렸어야 할 기쁨이 송두리째 날아갈 수 있었는데, 루리야의 관대함이 나를 자책自責의 구렁텅이에서 구해내는 데 우아하게 기여했어.

그 소포에는 〈리스너〉뿐만 아니라, 루리야의 편지 복사본 두통이 들어 있었다.

그런데 이상하게도, 올리버의 서평을 아무리 읽어봐도 '냉혹하다'라는 단어를 찾아볼 수 없었다. 그의 서평은 루리야를 두 명의 러시아 심리학계 거두—세체노프Sechenov, 파블로프와 같은 맥락에 놓는 것으로부터 시작되었다(그는 파블로프가 루리야의 스승이었음을 은연중에 암시했다). 그는 루리야를 "현존하는 가장 중요하고 생산적인 신경심리학자이며, 신경심리학을 30년 전까지만 해도 상상할 수 없었던 미묘함과 간결함의 경지로 끌어올렸다"고 칭송했다. 뒤이어, 그는 루리야를 두 가지 부분으로 분열된 사람divided man으로 기술했다. "한 부분(이를테면《인간의 고위대뇌피질기능Higher Cortical Functions in Man》과 같은 기념비적이고 체계적인 저술을 관장하는 부분)은 '파블로프와 세체노프' '데카르트와 로크'와 일맥상통하며, '인간의 마음은 백지상태tabula rasa에서 출발한 후 이미지와 팩트의 경험이 각인되며, 생각은 오로지 분석·종합·연결·단절·재연결·작동 등으로만 구성된다'는 개념에 전적으로 충실하다. 이것은 루리야의 비인격적이고 냉철한 문체가 두드러지는 부분으로, 오늘날 전문적인 신경심리학자들이 가장 높이 평가하는 부분이다. 그러나 다른 부분은 원자적·분석적·추상적·기계적인 것의 지배에서 벗어나기 위해 몸부림친다. 그것은 인격적인 문체의 생동감이 두드러지고, 스토리와 전기傳記의 형태로 자연스럽게 표출되며, 상당수의 전통적인 동료들에 의해 비과학적이고 약간 당황스럽다고 간주되었음에도 불구하고 수년간 더욱 더 확연해졌다. (올리버는 이런 낭만적 측면이 1956년에 시작되었다고 판단했는데, 그는 그즈음 옥스퍼드를 갓 졸업한 후 '언어장애와 지적장애를 가진 일란성 쌍둥이' 이야기에 감탄을 금치 못했다.) 마지막으로, 올리버는《모든 것을 기억하는 남자》와《지워진 기억을 쫓는 남자》를 두 번째 부분의 훌륭한 사례로 제시했다.

루리야의 첫 번째 편지(7월 19일에 보낸 것으로, 둘 중에서 긴 것이며, 잉크로 정성껏 쓴 빽빽한 두 쪽짜리 편지로, 한 줄도 비뚤어지지 않았다)는 다음과 같이 시작되었다. "나의 책에 보여준 관심과 서평에 깊은 감사를 드립니다. 그러나 무엇보다도 고마운 점은, 당신이 나의 졸저들을 하나도 빠짐없이 읽었다는 사실입니다. 한량없는 고마움을 어떻게 표현해야 할지 모르겠습니다!" 그러나 그는 다음과 같이 덧붙였다. "두 권의 책과 나의 인격성을 과찬하신 데 전혀 동의할 수 없습니다. 나는 결코 두드러진 신경심리학자가 아니며, 소비에트의 여러 학자 중 한 명에 불과합니다… 나의 능력은 겨우 중간 수준이며, 내가 한 일이라고는 오랫동안(약 50년간) '인간행위의 뇌적 기초'를 연구한 것밖에 없습니다. 이건 사실이며, 결코 거짓된 겸손이 아닙니다." 그는 한 걸음 더 나아가, 파블로프의 제자였던 적이 전혀 없으며, (코미디에 가까울 정도로 황당한 상황에서) 두 번 만난 게 전부라고 말했다. 그러나 그는 레프 비고츠키Lev Vygotsky("소비에트 과학의 '진짜 천재'로, 1934년 초 서른일곱 살의 나이에 요절했으며, 그의 중대한 업적은 파블로프의 심리학과는 전혀 무관합니다!")의 제자인 게 자랑스럽다고 말했다. 그의 주안점은 "두 종류의 저서들 사이에는 문체 외에 실질적인 차이가 없고, 과학 및 과학적 충실성의 측면에서도 대동소이하다"는 것이었다. 이 모든 의견은, 비록 단호하지만, 가장 우호적인 언어를 이용해 표명되었다(그리고 두말할 것도 없이, 시종일관 격한 감정을 자제했다). 사실, 루리야는 첫 번째 편지의 말미에서 다음과 같이 말했을 정도로 올리버에게 각별한 호감을 갖고 있었다. "나는 《깨어남》의 초판을 아직 받지 못했습니다. 그러나 〈리스너〉의 전호前號에 실린 '위대한 깨어남'이라는 당신의 칼럼과 최근호에 실린 그레고리의 서평을 읽은 후 일찌감치 '단언컨대, 깨어남은 위대한 사건이다'라고 확신했습니다."[SB]

루리야의 두 번째 편지를 읽어보면, 그로부터 일주일이 채 지나지 않은 7월 25일에 《깨어남》을 받아 "황홀한 기분으로"(이 표현은 세 번 더 반복되었다) 탐독한 후, 루리야는 자신의 확신이 헛되지 않았음을 확인한 것으로 추정된다. "임상적 사례연구라는 19세기의 위대한 전통이 부활한 게 틀림없습니다. 나는 그 전통이 소멸 직전에 이르렀다고 걱정했지만, 이제 더 이상 그런 걱정을 하지 않을 것입니다."

(공교롭게도, 나의 생각도 올리버와 마찬가지다. "황홀하다"는 단어를 사용하여 올리버의 '깨어남이라는 대하소설'을 묘사했다—내가 아는 범위에서, 황홀하다는 말을 사용할 수 있는 사람은 그때나 지금이나 루리야밖에 없다—는 사실만큼, 루리야의 기질과 성격을 잘 표현한 것은 없다는 게 내 생각이다. 그리고 루리야가 백 번 옳았다. 이야기의 특정 부분이 아무리 참혹하고 불편하고 끔찍하더라도, 올리버의 말마따나 그건 정말로 황홀하기 때문이다.)

"나는 그를 단 한 번도 만난 적이 없어." 올리버는 다른 날 이렇게 말했다. "나는 그를 만나기를 늘 원했지만, 뜻을 이룬 적이 단 한 번도 없었어. 나 스스로 그의 '애지중지하는 외아들'로 간주했지만, 그는 사실 6개 국어쯤 쓰는 20~30명의 아들을 거느리고 있었으며, 그들과 수많은 편지를 주고받았어. 그는 늘 손편지를 썼는데, 난 그가 깃펜을 사용하는 모습을 상상했어. 그는 모든 아들들이 보내는 편지를 낱낱이 읽고 가장 친절한 답장을 보냈어."

올리버는 그런 친절한 답장을 20~25통 받았으며,[SB] '다리 책' 하나에 대해서만 4~5통의 편지를 주고받았노라고 말했다.

"언젠가 한번," 올리버는 회고했다. "나는 88쪽짜리 편지에서 '루리야에게서 루리야에게로'—다시 말해서, 갈릴리의 제파트에서 활동한 16세기의 위대한 카발리스트kabbalist* 아이작 루리야에게서 모스크바에서 활동하는 20세기의 신경심리학자 A. R. 루리야에게로—라는 제목의 글을 구상하고 있다고 말했어. 그러나 그는 묵묵부답이었어. 그래서 다음번에는 앞 편지가 너무 길었다고 사과한 후, 33쪽짜리 편지를 '한 줄 띄어쓰기' 형식으로 타이핑해 보냈어."

올리버는 잠깐 쉬었다가 말을 계속했다. "1976년, 그는 협심증으로 인한 심장마비를 경험한 후 남은 날이 얼마 안 된다고 생각했어. 그는 그 상황을 매우 슬프게 받아들였지만, 만년에 5권의 책, 1권의 자서전, 30편의 과학논문을 발표했어. 그런 가운데

---

* 유대 신비주의 철학자.

서도 서신왕래는 꾸준히 늘었어.

그는 '어떻게 죽을 것인가'에 대한 모델을 제시했어.

1977년 8월 그의 부음을 듣고, 나는 사흘 동안 펑펑 울었어." (올리버는 뇌졸중의 후유증으로 실어증에 걸린 사촌으로부터 그 소식을 들었는데, 그는 전화에서 더듬거리며 간신히 말할 수 있을 뿐이었다.)

올리버는 그 후 루리야의 부인에게 쓴 편지—"나는 다른 천재들을 많이 알고 있습니다. 그러나 그처럼 아름답고 다정다감한 심장, 소박하고 겸손한 정신, (심각한 질병과 장애 앞에서 드러나는) 유머와 용기의 소유자는 없습니다. 그는 위대한 인물임과 동시에, 가장 많이 사랑하고 사랑받은 인간이었습니다."—의 사본을 내게 보여주며 말했다. "〈뉴욕타임스〉에는 부고기사가 실렸는데, 런던에서 발행되는 〈타임스〉에는 그렇지 않았어. 나는 즉시 〈타임스〉에 투고했지만, 그 기사는 왠지 감정이 부족해 보였어. 그래서 나는 2만 5000단어짜리 회고록을 순식간에 썼지만, 어디에 뒀는지 까먹는 바람에 지금까지 행방불명 상태야.

나는 그가 죽었다는 사실을 믿을 수 없었고, 어떤 면에서 지금까지도 그래. 나는 종종 그에 관한 꿈을 꾸고 그의 음성을 듣곤 해(그러나 그건 환상과 환청이야. 나는 그가 어떻게 생겼는지 모르고, 그의 목소리를 들어본 적도 없거든). 나는 회진하는 도중에 그와 대화를 나눠. 그는 비교를 제안하고, 연상을 하며, 특이한 것을 찾아내는 안목을 갖고 있어. 나는 그를 내재화內在化했어. 그는 나를 함부로 대하는 법이 없어.

그는 초자아가 아니라 자아처럼 행동해."

몇 년 후인 1984년 1월 21일, 나의 질문("당신의 성장에 가장 큰 영향력을 행사했다고 느끼는 스승은 누구인가요?")에 대한 답장으로 쓴 편지에서, 올리버는 루리야를 다시 한번 길게 언급했다.

인간성에 대한 평가는 방식과 수준 면에서 천차만별이야. 좋든 나쁘든 심오한 영향력을 행사하는 사람이 있는가 하면 아무런 영향력을 행사하지 않는 사람이 있고, 접근성이 매우 높고 친절한 사람이 있는가 하면 평생 동안 본질적으로 고독한 경로를 추구하는 사람이 있어. 말하자면, 자네의 기억 속에는 많은 선생님들이 있을 거야… 자네에게 영향을 미치고 영감을 불어넣고 깨우침을 준. 나의 경우에는 이자벨이 그런 선생님이라고 할 수 있어.

그러나 유감스러움과 수치스러움이 반반이지만, 나는… 어느 누구에게도 깊은 영향을 받은 적이 없다는 느낌이 들어. 분명히 말하지만, 초·중·고등학교와 대학교에 다니던 기간(즉, 통상적으로 가장 '형성적formative'이거나 '인상적impressionable'인 시절) 동안 내게 많은 것을 의미했던 사람(즉, 내가 제일 좋아했고 가장 고맙게 느끼는 사람)은… 영감까지 제공하지는 않더라도 나만의 길을 걷도록 허용하고, 일종의 지혜와 뒷받침, 격려, 확신을 제공한 사람이야. 사적으로 알게 된 사람들만으로 한정할 때, 내가 마흔 살이 될 때까지 허용적이고 고무적이고 확정적으로 행동한 사람은 딱 한 명, 루리야밖에 없었어.

1973년 마흔 번째 생일을 맞을 즈음(또는 바로 그날), 루리야에게서 첫 번째 편지가 왔어. 루리야와의 서신왕래는 내가 그 이전에 알았던 어떤 것과도 달랐어. 내 인생에서 경험한 인격적·과학적 교류는 그게 처음이자 마지막이었어. 그건 나에게 어마어마한 특권인 동시에 최고의 선善이었어. 그런 루리야가 세상을 떠났을 때, 나는 크게 상심하여 고아가 된 듯한 느낌이 들었어. 그러나 매우 확정적이고 고무적이었을망정, 그가 나에게 어떤 식으로 영향을 미쳤는지는 모르겠어. 내 생각에, 설사 그와 전혀 접촉하지 않았더라도 내 나름대로 성장하여 나만의 길로 갔을 것 같아… 그러나 그는 나의 기운을 북돋웠고, 어느 정도의 힘과 확신을 제공했어. 나는 그 덕분에 불안감과 편집증이 완화되었어… 만약 내가 〈영국의학저널British Medical Journal(BMJ)〉에 기고한 개인사(그 글은 《깨어남》으로 끝을 맺었어)에 '신경학에서 해결되지 않은 개인적 관계'(내 동료들의 경우를 보면, 그런 사례가 매우 많아)에 대한 글을 덧붙일 기회가 주어진다면, 나는 서슴없이 루리야를 언급할 거야.

만약 루리야가 내 곁에서 내 편을 들어줬다면, '신경학계의 고만고만한 멍청이들이 뭐라고 떠들까?'라고 걱정이나 했겠어?
루리야는 떠벌림을 부추기지 않고, 가볍게 잠재웠을 거야.

1973년 영국의 덕워스가 출판한 《깨어남》의 초판은 "이 책에 삶이 묘사된 환자들에게To the patients whose lives are here depicted" 헌정되었다. 1976년 미국의 빈티지Vintage가 출판한 《깨어남》의 헌정사는 다음과 같이 업그레이드 되었다.

위스턴 휴 오든을

추모하며

"치유란",

아빠는 내게 이렇게 말씀하셨다.

"과학이 아니라,

매혹적인 자연의

직관적인 예술이란다."

W. H. A. (〈치유의 예술The Art of Healing〉에서)

그러나 1977년 이후 거듭된 중판의 헌정사는 아주 간단하게 바뀌었다.

W. H. 오든과

A. R. 루리야를 추모하며

11
올리버와 함께 방문한 런던
: 에릭 콘, 조너선 밀러, 콜린 헤이크라프트와 대화

내가 〈뉴요커〉에 연재한 "덴마크의 루이지애나 자연사박물관 탐방기"는 1982년 8월 말부터 시작되었다. 그리고 그해 10월, 나는 폴란드로 가서 〈계엄법martial law이 통과된 이후의 상황: 사회적 유대를 억누르려는 시도와 관련하여〉라는 보고서를 작성하기로 숀과 합의했다. 런던을 거쳐 폴란드로 가는 길에 이미 런던에 머물고 있던 올리버와 합류하여(그는 덕워스의 콜린 헤이크라프트와 함께 '다리 책' 문제를 상의하고 있었고, 해럴드 핀터가 《깨어남》을 단막극으로 각색한 〈일종의 알래스카〉의 초연을 관람할 예정이었다), 그가 자주 들르는 곳을 함께 방문하여 가족과 친구들을 만나 (우리가 논의해왔던) 올리버의 다양한 삶에 대한 이해를 넓히기로 했다.

~~~

나는 호텔에서 올리버에게 전화를 몇 번 걸었지만, 아직 회
~~~

신전화를 받지 못했다. 최근 그의 소식을 통 듣지 못했는데, 그건 '다리 책' 일이 뜻대로 되지 않고 있음을 의미하는 것이라고 조심스레 예상해본다. 아니나 다를까. 일요일 아침에 걸려온 전화를 받고, 나의 예상이 틀리지 않았음을 확인한다.

그러나 이제는 상황이 개선되고 있으며, 편안한 마음으로 친구들과의 접촉을 재개하고 있다고 한다. 오늘은 심하트 토라Simhat Torah•이므로, 그의 아버지는 아침 일찍 유대교 회당에 가셨다. 그는 지난밤 아버지에게 토라를 읽으라는 강요를 받고, 약간의 '어이없는 실수'와 빈번한 '음량 감소'를 겪으며 유대교 율법을 간신히 읽어냈다고 한다.

그는 오늘 저녁 아버지와 함께 음악회에 가자고 제안한다. 그의 아버지는 매일 저녁 음악회에 가는 것을 좋아하며, 음악의 '무차별적 사랑'을 즐긴다고 한다. 나는 일찌감치 올리버의 집에 도착하므로, 오후 내내 그와 함께 있어야 한다.

~~~

메이프스버리Mapesbury 로드 37번지에 있는 집은 올리버가 유년시절을 보낸 곳으로, 지금도 아버지와 형 마이클이 함께 살고 있으며, 올리버는 런던에 올 때마다 이곳에 머무른다. 이 집은 유대인들이 많이 사는 크리클우드와 킬번 사이의 숫업힐Shoot Up

• 유대인의 명절 중 하나로, 유대교 율법인 토라의 완독을 기념하는 날.
~~~

Hill(얼마나 높이 솟았기에!)에서 얼마 떨어지지 않은 곳에 있다. 빨간색 벽돌로 지은 2층짜리 에드워드풍 건물로, 1905년에 건축된 에드워드풍 연립주택가에 자리 잡고 있다. "말하자면," 올리버는 나와 함께 주택가를 휘 둘러보며 이렇게 설명한다. "20년 전에 지어진 빅토리아풍 저택의 친숙한 모퉁이에 비하면, 물리적 공간이 넓어도 널찍한 느낌이 들지 않으며 결코 편안하지 않아."

올리버는 다리를 절고 있다. 그동안 허리가 걸핏하면 말썽을 부렸고, 런던으로 오기 전에 마지막으로 만난 의사에게 "재앙이 임박했으므로 치료받아야 합니다"라는 경고를 받았다고 한다. 그는 자신의 운명에 분노한다. "내 아킬레스건의 버르장머리를 고치려면 두들겨 패야 해." ('다리 책' 때문에 전전긍긍하는 사람이 이런 말을 하다니, 어처구니 없다.)

나와 함께 걷는 동안, 올리버는 잠깐 멈춰 가로수 중 하나의 나무껍질을 무심코 쓰다듬는다. 그러나 그는 긴장하고 있으며, 허리 말고 '다른 뭔가'가 그를 괴롭히고 있는 게 틀림없다. 그는 지속적으로 양심의 가책을 암시하는데, 그 원인은 앞서 나눈 대화("나는 때때로 진실과 거짓의 차이를 인식하지 못해. 거짓말이 습관이 됐나 봐.")에 포함된 '걷잡을 수 없는 작화증confabulation'•• 인 듯하다. 그러나 그는 한동안 구체적인 언급을 회피하며, 그 대신 이런저런 이야깃거리를 속사포처럼 난사한다.

그는 루리아의 《지워진 기억을 쫓는 남자》에서 "글쓰기는 전

•• 자신의 공상을 실제의 일처럼 말하면서 자신은 그것이 허위라는 것을 인식하지 못하는 정신병적 증상을 말한다.

환점이다"라는 장을 인용한 후, 주제를 바꾸려 하는 것 같다. 그러나 뜻대로 안 되는 듯, 고향상실감homelessness(고향에 돌아왔을 때 가장 두드러지는 공허감)을 잠깐 언급한 후 루리야로 다시 돌아간다. "나는 언젠가 '다리 책'에 대한 강박관념에 사로잡혀, 루리야에게 500단어짜리 전보(거금 200달러!)—'그걸 쓰는 게 옳을까요? 다른 주제를 다루면 어떨까요? 글쓰기 말고 다른 방법은 없을까요? 독자들이 납득할 수 있을까요?'—를 쳤어. 그랬더니 달랑 두 단어짜리 답장이 왔어. '꼭 쓰세요. A. R. 루리야.'"

올리버의 집으로 돌아와 인상적인 현관을 통과할 때, 올리버는 최근 매혹된 주제를 꺼낸다. 그는 한나 아렌트를 경유하여 스코틀랜드의 스콜라 철학자 둔스 스코투스Duns Scotus(1266~1308)의 사상, 특히 '행함의 즐거움delight of doing'을 언급한다. 그는 루리야를 가리켜 "순수한 스코틀랜드식 답변을 했어"라고 말하며 이렇게 덧붙인다. "나는 오랫동안 13세기의 명저를 소홀히 해왔어!"

아버지의 서재에 들어가니, 나란히 놓인 형제들과 어머니의 사진 중에서 건장한 올리버의 사진이 가장 돋보인다. 사진 속의 올리버는 가죽 옷으로 쫙 빼입고 오토바이에 걸터앉아 있는데, 대학생 시절 집에서 찍은 것이다(젊은 시절 사진에서, 올리버는 으레 근육을 과시하며 여유만만한 미소를 짓는다). 올리버는 어머니의 사진을 가리키며 말한다. "아직 백발이 아니지만, 이 사진이야말로 내가 어머니의 모습을 기억하는 최선의 방법이야." 올리버를 낳았을 때 그녀의 나이는 서른여덟 살이었다.

때마침 올리버의 아버지가 왕진을 마치고 귀가한다(그는 늘 손수 승용차를 몰고 환자의 가정을 방문한다). 작고 땅딸막한 체격에

까칠까칠한 콧수염, 둥그런 머리… 숱이 없는 정수리 주변에 회색 솜털이 자라고 있는 모습이, 영락없이 뽀빠이에 나오는 윔피를 닮았다. 그러고 보니, 뒤뚱거리는 걸음걸이와 태도도 윔피와 똑같을 거라는 생각이 든다. 물론 그는 분위기를 전혀 파악하지 못하고 싱글벙글 웃기만 한다(나는 며칠 후 〈햄릿〉 공연을 관람하다, 폴로니우스-레어티즈 부자가 새뮤얼-올리버 부자와 꼭 닮았음을 알고 깜짝 놀란다). 그는 무려 1917년에 의사 개업을 했다!

조현병에 걸려 아슬아슬한 삶을 사는 형 마이클은 2층의 방에서 가끔씩 고개를 내민다. 애처로울 만큼 '가공되지 않은 존재'로, 어설픈 상고머리 헤어스타일에 늘 새까만 상하의를 입고 꼿꼿한 자세를 유지하며, 예민하고 딱 부러지는 말씨일망정 적절한 대화매너를 지킨다. 올리버에 따르면, 이번에 처음 마주쳤을 때 마이클에게 어떻게 지내냐고 물었더니, 이렇게 대답했다고 한다. "모든 게 강요와 모순이야." 그리고 언젠가 한번은 '딱히 할 일이 없다'는 뜻으로 "사는 게 쉽지 않아"라고 했단다(런던타워의 비좁은 독방에 수용되어 벌렁 누운 채 일어설 수도 없고 손을 뻗을 수도 없는 상태, 즉 '어떤 자세도 쉽게 취할 수 없는 상태'를 상상하라). 마지막으로, 자신의 방에서 나와 단둘이 마주하자, 그는 나에게 이렇게 털어놓는다. "나는 '사디즘의 신'의 애용품이에요."

~~~~~

올리버는 뒤뜰로 나가, 양치식물과 담쟁이덩굴 사이에서 마침내 평안을 찾는다. "이 정원은 경이롭게도 중생대로 돌아갔어.
~~~~~

꽃식물이 등장하기 전, 양치류와 이끼류의 시대로 말이야. 어딘가에서 작은 공룡 한 마리가 고개를 쑥 내밀 것만 같아." 올리버는 잠시 말을 멈춘다. "나는 장식품과 매너리즘적인 꽃을 싫어해. 그건 포스트 쥐라기적이란 말이야. 만약 내가 행성을 만든다면, 중생대를 넘어서지 못하게 할 거야."

때마침, 덕워스의 콜린 헤이크라프트가 해럴드 핀터 및 메수엔Methuen(핀터의 출판사)과의 협상을 통해 〈일종의 알래스카〉—이것은 두 편의 다른 연극과 함께 〈다른 음성들Other Voices〉에 포함되어 있다—에 대한 출판권을 획득했다는 소식이 들려왔다. 그 소식을 들은 올리버는 "핀터에게 '언제' '어떻게' '뭐라고' 말해야 하지?"라고 중얼거린다. 나는 초단간 해법을 제시한다. "직접 전화를 걸어 위로해주세요."

"아, 그렇지." 올리버가 말한다. "위로, 위로를 해야지. 변명이나 사과가 아니라. 위로! 이 얼마나 멋진 말인가! 난 그에게 전화를 걸어 이렇게 말할 거야. '여보세요, 핀터 씨. 나는 색스 박사인대요, 당신을 위로하기 위해 전화를 걸었어요.' 좋아, 바로 이거야."•

저녁이 되자, 올리버와 아버지—그는 아버지를 늘 "폽Pop(아

• 올리버의 입장이 난감한 이유는 324쪽을 참조.

● 올리버와 폽.

빠)"이라고 부른다—와 나는 음악회에 간다. 아버지가 운전을 고집하는데, 그건 일종의 모험인 듯하다. 내가 알기로, 런던의 택시 기사들은 여러 달 동안 자전거를 타고 맹훈련을 한 후, 부단한 연구와 실습을 거쳐야만 '런던에 대해 좀 안다'는 말을 듣는다. 오죽하면 "놀리지the Knowledge"라는 단어가 있을까. "폽이 이래 봬도," 아버지가 모퉁이를 돌아 도로에 진입하는 순간 올리버가 말한다. "놀리지의 보유자야."

음악회에서 인터미션 시간에, 폽은 폭발적인 수다를 떤다. 그는 생면부지의 임신부들에게 걸어가, 배를 쓰다듬은 후 불룩한 부분에 손바닥을 얹고는, 자기의 신분을 밝히지 않은 채 분만일을 정확히—무려 하루 이틀 차이로—예측한다. 임신부들의 반응은 늘 똑같다. 놀란 임신부는 감탄사를 연발하고, 폽은 즐거워하며, 올리버는 당황한다. 그날 저녁 늦게 폽이 잠자리에 누운 후, 나는 올리버와 우연히 부엌에서 만난다. 나는 옳다구나 싶어, 벼르고 별렀던 질문을 꺼낸다. "당신의 마음을 좀먹고 있는 작화증이란 게 구체적으로 뭐예요?"

올리버는 한참 망설인 후, 마침내 상기된 얼굴로 고백한다. "얼마 전 자네에게 나의 할아버지 두 분이 모두 랍비였다고 말했어(101쪽 참조). 그런데 엄밀히 말하면 사실이 아니야. 사실, 새빨간 거짓말이야. 나의 외할아버지는 쇼헷shohet, 쉽게 말해서 율례에 따라 동물을 죽이는 도축 전문가였어. 그리고 나의 친할아버지가 탈무드 학자인 건 맞지만 랍비는 아니었어. 내 말은, 두 분 모두 '랍비 유사품'이었다는 거야. 물론 증조부들 중에는 랍비가 있었어. 그러나 '내 할아버지가 랍비'라고 말하는 건 고질적인 작화증 때문이야. 내 마음속 깊이 파고든 거짓이 사실로 둔갑했지만, 난 그게 신비화의 결과물임을 전혀 인식하지 못했어."

나는 올리버의 고백과 (서재를 가득 메운) 책의 균형감에 큰 위안을 얻는다.

그리하여 편안한 마음으로 잠자리에 든다.

~~~~~

다음 날 아침, 올리버의 아버지는, 늘 그렇듯, 명랑한 얼굴
~~~~~

로 나를 "웩슬러 씨"라고 부른다. 그는 샤갈의 〈예루살렘의 창문Jerusalem windows〉에 대한 강연을 준비하고 있다. 슬라이드 영사기와 스크린이 그의 침실을 둘로 나눈다.

잠시 후 올리버와 대화를 나누며 유년기와 학창시절로 돌아간다. 나는 어떤 종류의 소설책이 청년 올리버를 사로잡았는지 묻는다.

"《모비딕》," 그는 한 순간의 머뭇거림도 없이 대답한다. "자네는《모비딕》을 어떻게 생각해? 난 셰익스피어와 《모비딕》만 있으면 족하다고 생각해.

해양생물학 쪽으로는, 《캐너리 로우Cannery Row》와 《코르테즈 항해일지Sea of Cortez》가 최고였어."

(아, 나는《모비딕》과《캐너리 로우》가 막상막하라고 생각하는데!)

"일찍이 한 편집자가 나에게 '미주알고주알 늘어놓는다'고 타박하며, '헤밍웨이처럼 여백의 미를 추구하라'고 했어. 그 이후로 나는 헤밍웨이를 무척 싫어했지.

디킨스의 소설은, 소설이 아니라 삶 자체였어.

나의 부모님은 대학 시절 입센 동아리에서 만났어.

어머니는 아버지보다 독서량이 더 많았어. 나는 어머니가 책 읽어주는 것을 좋아했어. 언젠가 자네에게 말한 것처럼, 어머니는 내게 D. H. 로런스를 엄청 많이 읽어주셨는데, 그중에는 내 나이에 부적절한 것도 포함되어 있었어.

나는 셰익스피어를 구구단표와 함께 외웠어. 그러나 아무리 생각해도, 영어를 따로 배웠던 기억은 없어.

학교 선생님들의 평가 기준은 종잡을 수가 없었지만, 한 가지 공통점이 있었어. 그들의 기준은 하나같이 비현실적이었어. 아무리 따져봐도, 내가 받은 점수를 도저히 납득할 수가 없었어. 그래서 내린 결론은 '여기서는 배울 게 없으니 하산해야겠다'는 거였어."

그는 싱글벙글 웃으며, 에릭과 함께 틈만 나면 리전츠 파크Regent's Park 근처의 하노버 테라스Hanover Terrace에 놀러 간 기억을 떠올린다. 그들은 거기서 H. G. 웰스H. G. Wells•의 집을 몰래 들여다봤다고 한다. "한번은 웰스의 집을 기웃거리다 그—솔직히 말해서 웬 할아버지였는데, 그 사람이 웰스라고 장담할 수는 없어—의 얼굴을 힐끗 봤어. 에릭은 언젠가 줄리언 헉슬리Julian Huxley를 방문했다고 우겼는데, 장담하건대 그건 작화증이었어."

올리버는 자리에서 벌떡 일어난다. "그러고 보니, 자네에게 뭘 좀 보여줘야겠어. 지난밤 내 침대에서 발견한 거야." 그는 자기 침대로 가서 그것을 가져왔는데, 자세히 들여다보니 어떤 공연 프로그램의 팸플릿이다.

콜릿 클럽 레뷔Colet Club Revue••

1951—세인트폴스

• 영국 소설가 겸 문명 비평가(1866~1946). 제1차 세계대전을 계기로 세계의 운명에 온 관심을 기울였고, '단일 세계국가'를 구상했으며 걸작 《세계사 대계The Outline of History》를 쓰기도 했다. 계몽적인 성격의 작품을 쓰기도 하고 사상 소설을 쓰기도 하는 등 일생 동안 100권이 넘는 작품을 썼다.

•• 레뷔revue란 특정 주제를 가진 버라이어티 쇼로, 춤과 노래, 시사풍자 등을 엮어 구성한 가벼운 촌극을 말한다. 뮤지컬의 전단계 또는 뮤지컬의 한 종류로 분류되며 뮤지컬과 달리 줄거리가 없는 것이 특징이다.

(…)

15. 라디오와 함께하는 세계여행

J. R. 밀러와 M. E. 콘

16. 피아노 연주

O. W. 색스

"조너선과 에릭과 나는," 올리버가 회상한다. "세인트폴스에서 엄청나게 성공적인 문학클럽을 결성했어. 우리가 만든 문학클럽의 이름은 콜릿 클럽Colet Club으로, 고리타분한 밀턴 소사이어티Milton Society를 순식간에 무색하게 만들었어. 밀턴 소사이어티로 말할 것 같으면 수백 년 전 밀턴이 세인트폴스에서 직접 설립한, 역사와 전통을 지닌 문학클럽이었어.

우리는 '못 말리는 유대인 악동'으로 낙인 찍혔고, 한번은 교장선생님에게 불려가 이런 꾸지람을 들었어." 색스의 말은 계속된다. "'올리버 색스, 너희들의 파산을 선언한다. 이제부터 너희들은 존재하지 않는다.' 그 말은 나의 뇌리에 비수처럼 박혀, 수년 동안 문뜩문뜩 떠오르며 마음을 어지럽혔어."

크고 흉물스러운 고딕 건축물이 즐비한 해머스미스에 자리잡은 세인트폴스를 언급하다 보니("나는 자전거나 버스를 타고 등교했어. 어린 시절 1페니였던 28번 버스의 요금은, 그동안 40펜스로 껑충 뛰었어."), 자연스레 인근의 사우스켄싱턴 있는 자연사박물관이 떠오르나 보다. 올리버는 등하굣길에 종종 사우스켄싱턴을 들렀기 때문이다.

올리버는 자연사박물관 쪽으로 가보자고 제안한다. "오토바이의 낭만은 청소년기에 시작되었지만," 그는 승용차를 몰며 설명한다. "첫 번째 오토바이를 선물 받은 건 스물한 번째 생일날이었어." 영국에서 보낸 마지막 6개월 동안, 그는 버밍엄에서 레지던트 생활을 하며 새까만 노턴을 몰고 버밍엄-런던 고속도로를 질주했다. 그러다가 결국에는 '영국에서 친 마지막 사고'에서—그는 이 대목에서 웃기 시작한다—, 시속 130킬로미터의 속도로 달리던 도중 오토바이의 페달을 헛디뎠다. 그 결과 미끄러운 도로에서 90미터나 슬라이딩 했지만, 헐렁한 가죽옷 덕분에 기적적으로 살았다(오토바이는 완전히 박살이 났다).

얼마 후, 그는 미국에 도착하자마자 비포장 도로에서 또 한 번 곤욕을 치렀다.

"자연사박물관은 빅토리아 고딕 양식으로 지어진 거대하고 인상적인 석조건물로, 세속적인 대성당인 셈이야." 자연사박물관에 도착하여 램프로 접근하며 올리버가 설명한다. "가시적인 박물관 밑에는 널따란 지하 박물관이 도사리고 있었는데, 그 속에는 해부학 샘플들이 가득했어. 그래서 새로운 영혼의 건물New Spirit Building이라고 불렸는데, 에릭과 나는 그 건물의 단골손님이었어. 그곳은 인기가 너무 없어서 더 좋았어." 올리버가 말한다. "인기 있는 전시물에는 할인권이 없었거든." 올리버가 코를 찡긋하는 것을 보니, 이건 농담이다.

"이렇게 삐까번쩍한 전시물은 딱 질색이야." 그는 입구 바로 뒤에 자리 잡은 '생태학·자연·인간 코너'의 반짝이는 전시물을 대충 지나치며 투덜거린다. "옛날에는 소박하고 아담했는데 말이야."

"무척추동물을 찾아 보자, 빨리!" 그는 지체하는 군중들을 밀치고 급히 전진하며 재촉한다. "할인이 되는 곳을 찾아보자구. 나와 친구들은 포스터 수집에 열중했어. 구애·짝짓기·섭식에 관한 광고 포스터—올리버는 새로운 포스터의 제목을 실감나게 흉내 낸다—가 가장 큰 인기를 끌었어.

우리의 포스터 수집은 체계적이었어. 우리는 진화를 염두에 뒀고, 생물의 서식지를 결코 소홀히 하지 않았어." 그는 정색을 하며 말하더니, 거의 텅 빈 무척추동물 전시실의 문턱에서 잠시 멈춰 선다. "하지만 지금 생각해보면 참 우스꽝스러워. 오늘날 전통적인 신경학은 체계적 사고의 패러디를 연상케 하는 데 반해, 나는 '뇌의 서식지cerebral habitat'라고 불리는 이슈에 더 관심이 많으니 말이야."

우리는 무척추동물 전시실의 문턱을 넘는다.

"나는 키아네아Cyanea에게 쏘여 거의 죽을 뻔했었어." 올리버가 꿈을 꾸듯 말한다.

키아네아가 뭐지?

"키아네아는 해파리의 일종으로, 우리의 전문 분야는 아니었어. 에릭의 전문 분야는 불가사리, 성게, 해삼으로 대표되는 극피동물echinoderm이었는데, 우리는 그들의 이름을 사랑했어. 그중의 하나가 뭐더라, 아 바로 저기에 있네. 해삼의 일종인 페니아고네Peniagone인데, '돈걱정penny-agony'이라고 불리기도 했어.

오늘날 이 전시실에는 공간이 많아도 너무 많아." 올리버가 불만을 터뜨린다.

"옛날에는 미세한 변이를 설명하는 사례들이 수백 가지나 진열되어 있었어. 그런데 지금은 모든 것들이 수장고收藏庫• 깊숙이 보관되어 있어. 그건 잘못된 관행이야. 우리에게 필요한 건 심오한 동물학 박물관이지, 피상적인 쇼윈도가 아니거든."

나와 함께 텅 빈 전시실을 어슬렁거리는 동안, 올리버는 더욱 깊은 생각에 잠긴다. "조너선과 나는 마지못해 동물학을 떠나 의학도가 되었어. 그러나 나는 뒤늦게 캘리포니아에서, 의학과 유대인임을 포기하고 비유대인 동물학자가 되는 것을 고려했어."

동물학의 핵심은 분류classification다. 그는 어떻게 분류를 사랑하게 되었을까?

"나는 가상적 혼돈에 질서를 부여하거나, 그 속에서 질서를 찾고 싶었어. 기본적으로, 그건 '이름에 대한 사랑'이었고 '이름의 마술'이기도 했어. 아담적 열정Adamic passion••이라고나 할까?

또한, 우리는 해부에 대한 열정도 공유했어. 조너선은 비범한 해부자여서, 미학적으로 아름답고 섬세한 해부를 했어. 그는 경이로운 외과의사가 될 수도 있었어. 그에 반해 에릭과 나는 빠르고 열광적이고 뒤죽박죽이었어. 우리는 외면적 아름다움보다는 본질을 추구했거든.

• 박물관에서 관람객에게 직접 공개하는 전시품 이외 대부분의 유물을 보관하는 곳. 대개는 지하에 위치한다.

•• 구약성서에서는, 아담의 이름 짓는 행위를 이렇게 말한다. "아담이 각 생물을 부르는 것이 곧 그의 이름이 되었다." (〈창세기〉 2:19)

아, 우리가 제일 좋아했던 것 중 하나가 여기에 있네. 매우 희귀하고 소중한 거야. 알려진 게 딱 두 가지밖에 없으니 말이야." 그가 이름을 대는데, 나는 통 알아들을 수가 없다. "우리는 못생긴 피조물을 선호했어. 우리는 껍질을 경멸하는 경향이 있었는데, 그 이유는 겉모습이 너무 예쁘면 본질을 호도할 수 있기 때문이었어.

박물관 직원들은 고리타분한 빅토리아 시대 사람들이었어. 구태의연하고, 조용하고, 모범적인 관람객들의 비위를 맞추는 데 급급하고, 생태계에 대한 개념이 없고."

화석으로 가득 찬 방을 이리저리 누비는 동안, 올리버는 먼발치에 있는 나이든 여성의 존재에서 기쁨을 느낀다. 그녀는 일련의 전시함 앞에 구부정하게 서 있다. "오늘 이 박물관에서 만난 사람들 중에서, 저런 집중력으로 나를 감탄하게 만든 사람은 처음이야." 올리버의 숨결이 거칠다. "바로 저 모습이야. 우리는 순례자였어."

그들의 행동은 헌신적이었을까?

"맞아. 단, 헌신devotion과 놀이play가 상반된 것으로 간주되지만 않는다면."

우리는 무척추동물 전시실에서 나와 양서류 전시실을 휘저은 다음("나는 에리옵스Eryops를 사랑했어. 그들은 어설픈 양서류였어. 왜냐하면 육지에서 살다가, 어쩌다 한 번씩 우아하고 편안하게 물로 돌아갔거든."), 배가 불룩 나온 하마 전시실로 들어간다. "앗, 나의 친구들!" 올리버는 넋이 빠진 채 감탄사를 연발한다. "나는 여기서 온갖 야동을 상상하곤 했어. 그러나 나의 야동에는 인간이 전혀 등장하지 않았고(진흙탕 속에서 우글거리는 하마들이라니!), 유기물이 질펀이지도 않았어(오로지 진흙뿐이라니!)." 그는 꿈꾸듯 탄식하며, 아슬아슬하게 셀프 풍자를 할 뿐이다. "하마는 멋진 침대 파트너일 거야." 그는 단호히 선언한다.°

우리는 자연사박물관 바로 옆에 있는 지질학박물관으로 발걸음을 옮긴다. "지질학박물관은 외유내강과 허허실실의 대명사야." 정동晶洞• 으로 가득 찬 전시함 앞에 도달하기도 전에, 올리버는 얼어붙은 듯 멈춰 선다. "외견상으로는 무미건조하지만 내부에 장관壯觀과 결정질이 숨어 있으니, 생각만 해도 가슴이 설레는군."

마침내 전시함 앞에 선 올리버가 말한다. "화려한 휘안석stibnite을 봐! 나는 2층에 있는 거대한 남근석을 숭배했었어!"

내친 김에 지질학 박물관 다음에 있는 과학박물관으로 들어가자마자, 아치형 천장 아래의 널따란 공간에서 거대한 기관차들과 마주친다. "비트겐슈타인은 여기 전시된 증기기관을 사랑했어, 오든도 마찬가지였고. 비트겐슈타인은 친구의 화장실을 수리

° 모르긴 몰라도, 물(또는 진흙)에는 뭔가가 있는 것 같다. 문화사가인 스튜어트 제프리스Stuart Jeffries는 자신의 저서 《프랑크푸르트학파의 삶과 죽음》에서, 동시대의 저명한 유대 지식인들 중 두 명 이상이 유사한 동물에 집착하는 과정을 기술했다. 정확히 말해서, 허버트 마르쿠제Herbert Marcuse의 의붓아들인 오샤 노이만에 따르면, "(마르쿠제는) 배불뚝이 하마를 무릎 위에 놓고 앉아, 이러한 비생식기적·비공격적 섹슈얼리티의 이미지를 투사하곤 했다. 마르쿠제는 그러한 기호嗜好를 아도르노와 공유했는데, (…) 아도르노는 어머니에게 보낸 편지를 '나의 충실하고 경이로운 어마마마 하마Hippo-Cow에게'라는 말로 시작하여, '하마 왕Hippo King 올림'이라는 말로 마무리했다."

• 속이 빈 암석 속에 결정질이 자라나 있는 돌.

하며 지내는 것보다 더 유쾌한 오후를 생각할 수 없었어."

생물학으로 넘어가기 전, 올리버는 화학과 광학을 사랑했다. "나는 놋쇠와 금과 19세기의 구식 도구들을 사랑해. 하지만 플라스틱과 20세기의 도구는 혐오해.

그리고 여기에 있는 벽을 봐." 그가 말한다. "이 벽에는 주기율표가 있었고, 나는 그 주기율표 앞에서 구원의 환상을 보았어. 차례대로 적힌 원소의 이름 옆에는 우아한 빅토리아풍 병이 매달려 있었고, 병 속에는 원소의 샘플이 들어 있었어. 나는 가끔 이곳에 와서 주기율표를 응시하며, 인위적 질서와 대조되는 자연의 질서—성스러운 질서에 압도당했어. 그때 내 나이는 아홉 살이었는데, 나는 뒤죽박죽한 사물의 속성을 생각해내곤 했어. 나는 집 안에 연구실을 차리고 많은 원소들을 보관했는데, 그중에는 리튬 막대도 포함되어 있었어. 리튬은 매우 불안정한 원소야."

불안정하다는 게 무슨 뜻일까?

"기름 속에 담가 두지 않으면, 저절로 불이 붙거든."

오!

"나는 호주머니를 털어 화학물질을 구입했어. 나는 텅스텐을 사랑했어. 한 외삼촌이 텅스텐 전구 제조업자였는데, 내게 가끔씩 샘플을 슬쩍 건네주곤 했어. 텅스텐은 금과 똑같은 비중을 갖고 있는데, 나는 그 사실을 알고 매우 흐뭇해했어.

나는 합금을 사랑했어. 예컨대, 주석·납·비스무트Bismuth(Bi)로 티스푼을 만들어 차 한 잔에 집어넣으면 녹았는데, 난 그게 너무 신기했어. 물론, 갈륨으로 만들어진 숟갈에서도 똑같은 일이 일어났어.

나는 과장된 의인화에 몰두했어. 예를 들어 '37×3=111'이라는 곱셈을 할 때, '37의 소원은, 셋이 융합하여 111이 되는 걸 거야'라고 상상한 것처럼 말이야. 원소의 경우에는 불활성기체에 안타까움을 느꼈어. 그것들은 다른 어떤 원소보다도 나를 매혹했지만, 한 가지 아쉬운 점이 있었거든. 크세논Xenon(Xe)의 경우를 예로 들면, 그 당시 어떤 것과도 화합할 수 없다고 간주되었지만, 나는 그게 플루오린Fluorine(F)과 화합할 수 있을 거라고 생각했어. 나는 늘 이런 상상을 했어. '플루오린의 소망은 크세논의 냉정함을 극복하는 걸 거야.' 그런데 몇 년 후, 그게 현실이 되었어. 1960년 '크세논의 육플루오린화물hexafluoride'이 유도된 거야, 내가 1944년에 예측했던 대로 말이야. '아싸, 그게 존재하는구나!'라고 쾌재를 불렀던 기억이 지금도 생생해. 나는 그게 가능할 거라고 생각했어, 적당한 압력과 온도를 아직 몰랐을 뿐.

사실을 말하자면, 나는 원소를 맹목적으로 애지중지했어. 그런데 나중에 책을 읽다 보니, 멘델레예프도 그랬다더군. 세상에는 진실을 사랑하는 방법이 있는데, 그게 바로 화학이야. 그러나 왜곡된 진실을 사랑하는 방법도 있으니, 그게 바로 연금술이야. 그런데 이상한 것은, 두 가지 방법 모두가 뉴턴의 마음을 사로잡았다는 거야.

광학을 좋아하던 나는 입체시stereoscopy에도 매력을 느껴, 매우 창의적인 방법을 고안해냈어. 다양한 만화경을 발명했는데, 그중에는 물체가 거꾸로 보이는 것도 있었어."

그는 잠시 말을 멈췄다. "그리고 이건 작화증이 아닌데, 나의 외할아버지인 마커스 란다우Marcus Landau는 위대한 발명가였어.

한때 이 자리에 광산용 램프 하나가 전시되어 있었는데, 그 발명자가 바로 내 외할아버지였거든." 우리는 문제의 램프를 찾으려고 주변을 샅샅이 뒤졌지만 헛수고였다.

이윽고 우리는 수색을 중단했지만, 올리버는 과학박물관에서 나오자마자 보호장비 코너에 진열된 특별한 상품을 발견한다. 그러고는 마치 뭔가에 홀린 듯 직진하여, 방호복 한 벌을 후다닥 챙겨 들고 상기된 얼굴로 계산원에게 달려간다(올리버의 영원한 '산초'인 나는 캐셔에게 부리나케 달려가 한 벌 값을 더 지불한다).

어두컴컴한 공간에서, 그는 완전히 넋이 빠져 숨을 죽인 채 함박웃음을 짓는다.

"오늘날 가죽제품에 대한 유행은 물신숭배 수준이야." 마침내 그가 정신을 차리고 말문을 연다. "그러나 나는 유행을 따르는 게 아니야. 가죽제품의 장점은 실용성이 뛰어나다는 거야. 위험, 스피드, 그리고 오토바이… 그런 용도 외에, 가죽은 완전히 부적절해."

우리는 낙하산 장비와 우주복, 소방대원복, 산악장비 사이를 누빈다. 쾌활한 표정을 짓는 올리버의 이마에 송골송골 땀방울이 맺힌다. "만약 의사가 되지 않았다면, 나는 지금쯤 극한환경용 방호복을 디자인하고 있을 거야."

그날 밤 늦은 시간, 올리버는 중국 음식점에 가서 오징어와 해삼을 먹자고 고집한다. 해삼은 특이하게 질척질척한 해양동물로, 온몸이 미끄럽고 늘씬한 근육질이다. "해삼은 매우 원초적이야." 올리버는 젓가락으로 해삼을 집으려고 노력하며 열변을 토한다. "이렇게 원초적인 것을 먹는다는 것은 매우 드문 일이지." (그가 굳이 해삼을 먹는 이유는, 오늘 낮 박물관에서 봤기 때문이다.)

그의 아버지에서부터 시작하여, 다양한 주제가 화제에 오른다. "아버지는 툭하면 내게 전화를 걸어 온갖 근심거리를 해결해주곤 해. 오늘만 해도 그렇지, 식당으로 전화를 걸어 '승용차를 몰고 집에 무사히 도착했어'라고 말해줬어." 올리버의 논평이 계속된다. "예전부터 늘 그랬어. 그러나 명확한 위험(예를 들면, 마이클과 내가 학교에 다닐 때 매를 맞았던 일)은 완전히 망각하는 경향이 있었어." 올리버는 해삼 한 조각을 젓가락으로 사냥한다. "건강을 갉아먹는 진짜 질병—골치 아픈 비즈니스—은 인정하지 않고, 사소한 데만 신경 쓰는 건강염려증hypochondria 환자처럼 말이야."

이 시점에서, 우리는 어찌어찌 하여 '악당 육촌'이라는 주제로 넘어간다(어쩌다 이렇게 되었을까? 아마도 골치 아픈 비즈니스 이야기를 하다가 불똥이 그리로 튄 것 같다). 그 육촌의 이름은 다름 아닌 알 캡Al Capp(1919~1979)으로, 〈릴 애브너Li'l Abner〉라는 애니메이션의 원작자이며, 닉슨을 대놓고 찬성하고 히피를 반대하던 꼴보수주의자archconservative였다. 그런 악명 높은 사람이 올리버의 육촌임과 동시에 아바 에반의 육촌이라니! 세 사람은 모두 육촌지간이었다!°

올리버는 육촌인 캡스 가문에 대한, 이상하고 슬픈 이야기를 꺼낸다. 그들은 1930년대에 극렬한 좌파였지만, 매카시즘 열풍이 불자 알이 음모를 꾸며 형제들에게 누명을 씌우고 자기는 '순수한 반공주의자'로 전향하여, 평생 동안 특별히 냉소적인(특히 투명하게 냉소적이고 자기혐오적인) 보수주의자로 활동했다고 한다. (나는 올리버에게 이렇게 말한다. "나는 그게 일종의 '잔인한 지속 행동grimly sustained act'이 아닐까 라고 생각해왔어요. '네가 보수주의자를 보고 싶어한다면, 제대로 보여주마!' 뭐 이런 식이 아닐까요?" 올리버는 명확한 태도를 보이지 않는다.)

올리버는 잠깐 침묵을 지키며 또 한 덩어리의 해삼을 집어먹는다. 그러고는 무슨 생각을 했는지, 뜻밖의 이야기 보따리를 또 한 가지 풀어놓는다. "한번은 어떤 환자와 함께 있었는데, 그 환자는 자기 손이 서서히 틱머신ticcing machine으로 변화하는 과정을 뚫어지게 바라보고 있었어. 나는 껄껄 웃으며, '(손톱이 발톱으로 변하는 광경을 바라보며 경악하는) 런던의 늑대인간 같아요'라고 했어. 내가 공을 던졌더니, 그는 스프링이 튀어오르듯 덥석 받았어. 그러고는 잠시 동안 파킨슨증 환자임을 잊은 것처럼 행동했어." (나는 사르트르의 웨이터 개념°을 언급한다. 뭐랄까, 웨이터처럼 행동하는 데 여념이 없는 웨이터 말이다!)

얼마 후, 찻잔을 만지작거리고 (계산서와 함께 도착한) 오렌지 슬라이스를 하나씩 해치우며, 올리버는 한 신문기사—또는 '읽고 있는 책'이라도 상관없는 것 같다, '다리 책'에 관한 생각을 잠시나마 잊을 수만 있다면—를 언급하며 저녁을 마무리한다. "나

° 구체적으로 말하면, 올리의 할아버지 엘리야후 색스에게 아들과 딸이 하나씩 있었는데, 아들이 올리의 아버지였고 딸은 에반의 어머니였다. 그런데 엘리야후에게는 누이가 1명 있었으니, 그녀가 알 캡의 외할머니였다. 그러므로 올리, 아바, 알의 족보를 거슬러 올라가면 증조부모에서 만나게 된다.

는 '피아제가 어린이들을 위해 한 일'을 치매인들을 위해 하고 싶어. 즉, 인간성personhood의 '형성과정'보다는 '점진적 해체과정'을 분석하고 싶어. 다시 말해서, 치매에 걸렸다고 해서 인간성을 상실하는 것은 아니므로, 치매인을 사랑하는 방법을 찾아야 한다는 거야. 과제수행이 더 이상 불가능하더라도, 놀이는 여전히 존재해. 치매에 걸려도 잃지 않는 것은 서명signature이고, 서명은 인간성의 고향이야."

결론적으로, 올리버의 주제는 인간의 존엄성dignity과 존엄성 상실indignity•이다.

에릭 콘과의 대화

• 사르트르에 따르면, 자기 일을 성실하게 하고 있는 카페의 웨이터는 자신이 진지하게 일을 하고 있다고 생각하지만 사실은 햄릿을 연기하는 배우와 다를 게 없다. 웨이터는 머릿속에 그리고 있는 전형적인 웨이터의 이미지에 따라 기계적인 제스처를 취하고 있기 때문 이다. 그때 그가 실현하고자 하는 것은 카페의 웨이터라는 즉자존재卽自存在이며, 여기에는 초월성이 없다. 그는 매 순간 자신이 웨이터이기를 선택하는 것이며, 그 선택은 자신의 행동을 통해 순간마다 재확인되는 것이라는 사실을 그는 모르고 있다. 대학교수도, 신문기자도, 매번의 강의, 매번의 취재 때마다 자신의 선택을 재확인한다. 정년퇴임한 노교수가 강의 때마다 매번 불안했다고 실토한 것은 인간의 대자적對自的 성격을 반증하는 것이다. 일단 어느 경지에 달했으므로 이제는 직업을 수행하는 데 아무런 두려움이 없다고 말하는 사람은, 자신의 대자존재가 유연성을 잃고 즉자존재가 되었음을 인정하는 것이나 다름없다. 사르트르는 대자존재이기를 포기하고 고정된 신분(기득권·권리)과 습관(가치·윤리)으로 도피하려는 부르주아 일반의 도착적인 태도를 '자기기만'이라고 부르며 통렬히 비판한다.

다음 날, 나는 에릭 콘에게 전화를 걸었다. 그는 유명한 박식가, 고서 수집상, 〈타임스 문학 부록〉에서 많은 사랑을 받는 "리메인더스remainders"라는 칼럼의 정기 기고가다. 그는 유능한 해결사로, 활발하고 입심 좋고 우스꽝스럽고 스스럼없이 셀프 디스하기로 정평이 높다. 올리버는 일전에 내게 보낸 편지에서 그와의 대화를 적극 추천하며, "에릭은 나의 죽마고우인데, 나와 달리 '왜곡되지 않은 완벽한 기억력'의 소유자야. 우리는 '대를 이은 친구'인데, 그 이유는 우리의 아버지들이 1912년부터 절친한 친구이며 의대를 함께 다녔기 때문이야"라고 말했다. 나는 런던의 레이디 마거릿 로드에 있는 그의 숙소로 찾아갔다. 숙소의 분위기는 의외로 소박하고 어수선했다. 그는 어수선한 부엌에서 급히 가져온 찻주전자에 치즈와 크래커를 곁들여 다소 장황한 이야기를 늘어놓았다. 아래의 글은 당시에 녹음한 대화를 각색한 것이다.

올리버를 생각하면 당장 떠오르는 이미지가 뭔가?

당신도 잘 알겠지만, 올리버는 저녁식사를 하다가 걸핏하면

○ 올리버는 진작부터 이런 방향으로 생각해왔다. 〈리스너〉에 기고한 루리야의 《지워진 기억을 쫓는 남자》(1972)에 대한 서평에서, 그는 다음과 같이 말했다.

> 전쟁에서 부상당한 자세츠키Zasetsky가 겪는 증상의 비교대상을 원한다면, '순수하지만 확장되는 유년기 상태'가 아니라 '노인성 치매의 그늘'에서 찾아야 한다. (…) 우리는 읽기·쓰기·덧셈 능력을 완전히 상실했음에도, 정중함, 태도, 사회적·인사치레적 감각을 보유한 노인들을 만난다. 따라서 우리는 노년기에서 유년기의 정반대 현상을 본다. 모든 2차적 적성secondary aptitude이 상실된 지 한참 지난 후에도, 개인적 정체성의 구조와 감각은 유지된다. 왜냐하면 최초 성장기(유아기)의 발달이 모든 학습과 훈련에 선행하기 때문이다.

• 캘리포니아에서 올리버와 에릭.

폭풍흡입을 한다. 음식을 통째로 가져다가, 조금씩 잘라먹지 않고 한꺼번에 다 먹어버린다. 일전에 클레어 토말린Claire Tomalin의 집에서, 올리버는 모든 사람들의 마음을 사로잡는 이야기를 하다가 느닷없이 식탁 위에 놓인 모든 음식물에 손을 뻗쳤다. 급기야 크레용 쿠키가 가득 찬 비스킷통을 독차지했다. 당황한 클레어는 무슨 말을 어떻게 해야 할지 몰라 망연자실했다. 스스로 상황을 파악하고 근신하는 것이 문제해결의 지름길이지만, 그렇게 될 거라고 확신하는 사람은 아무도 없다.

물론, 당신은 올리버의 과거를 속속들이 다 알 것이다. 어린 시절 그의 가정환경은 어땠나?

잘 알고 말고. 메이프스버리 로드 37번지에 있는 그의 집은 믿을 수 없을 만큼 삭막한 곳이었다. 히치콕의 영화에 나오는 흉가를 연상시켰고, 사람이 가득 찼을 때도 늘 냉랭하고 공허한 것이 영락없는 영안실 풍경이었다. 가구는 50년 동안 늘 그 자리에 있었지만, 바로 전날 임대한 것처럼 반듯해 보였다. 그런 분위기는 가족 구성원들간의 관계를 상징적으로 나타냈다. 피아노가 놓인 싸늘한 거실은 북잉글랜드풍 응접실의 유대식 버전으로, 금요일에만 사용되었으며 유난히 차분하고 형식적이고 비인간적인 분위기를 자아냈다.

영국에 거주하는 유대인 가족 중에서, 올리버의 가족이 특히 삭막한 편이었나?

아니다, 이를테면 그렇다는 이야기다. 매사에 늘 극단적이긴 했지만 최악의 상황은 아니었다. 올리버는 간혹 '화목했던 가정'을 이야기하지만, 그것을 모두 작화증으로 치부하기는 어렵다. 내 말뜻은, 그들의 표정이 밝았고… 외견상 기쁨 충만한 삶을 살았음을 부인할 수 없다는 것이다. 그의 집은 거의 항상 행복한 사람들로 가득 찼었다. 어린 친구들은 즐거운 시간을 보냈음에도 그의 집에 머무는 것을 혐오했는데, 그건 '으리으리한 집'에 대한 시기심의 발로일 뿐이며 진심이 아니었다. 별도로 마련된 식당에는 무수한 가족사진들—이건 절대 과장이 아니다—이 진열되어 있었는데, 사진의 주인공들은 하나같이 학위 가운을 걸치고 무슨 업적을 축하받고 있었다. 그곳은 식당이라기보다는, 왠지 트로피—사슴머리 장식의 유대식 버전—를 보관하는 방 같았다.

그 집은 '음악의 집'이었다. 내가 이렇게 말하는 것은, 거실에 설치된 어마어마한 아치형 천장과 음향장치 때문이다. 나는 숨이 멎을 지경이었다. 그러나 '내가 하는 일에 진정한 자부심이나 애착을 느낀다'는 인상을 주는 사람은 찾아보기 힘들었다.

내가 아는 범위에서, 올리버의 어머니는 집 밖에서는 매우 훌륭한 의사인 동시에 매우 친절한 여성이었다. 그러나 집안에서는 불행한 운명을 몰고 다니는 무시무시한 존재, 진정한 거미여인이었다.

이제 그녀의 마음을 이해할 수 있겠나? 곰곰이 생각해보니 어떤가?

전혀 모르겠다. 분명한 것은, 그녀와 샘의 부부관계를 살펴봐야 한다는 것이다. 그리고 여성의 몸으로 의사 노릇을 해야 한다는 데서 오는 긴장감도 고려해야 한다. 그리 녹록지 않았을 것이다, 특히 사회활동을 처음 시작할 때. 그건 그렇고, 당신은 올리버의 형제들을 만나본 적이 있나?

마이클을 만나본 적이 있다.

사람들은 마이클을 보고 '선택된 구성원'이라는 인상을 받는데, 그건 다른 형제들의 경우에도 마찬가지일 것이다. 마커스는 다소 미묘한데, 그 이유는 영국을 떠나 호주로 갔기 때문이다. 그리고 데이비드에 대해서는 잘 모르겠다. 올리버에 따르면 '괴물'이라고 하는데, 그럴지도 모르겠다. 그들의 아버지 샘은 쾌활하고 상냥하고 실수를 잘한다. 어쩌면 내가 용서할 수 있는 수준 이상으로 실수를 많이 하는지도 모른다. 실수를 밥 먹듯이 해도 늘 싱글벙글 웃는 오뚝이다. 열네 살이던가 열다섯 살 때 파티에서 아이들끼리 "올리를 어떻게 생각해?"라고 수군거리면, 걔네들을 한쪽으로 조용히 데리고 갔다.

거기서 뭐라고 말하던가?

이렇게 말했다. "올리가 행복하니, 똑똑하니, 아니면 삐딱하니? 걔를 위해서 뭘 해줘야 한다고 생각하니?"

말이 나온 김에 하는 말인데, 올리버는 어릴 때 삐딱한 성격이었나?

아니다, 다만 매우 유별난 아이였을 뿐. 내 기억에 의하면 그는 학교에서 일종의 '괴짜'로 간주되었지만, 학교에서는 괴짜에 관대했을 뿐만 아니라 그 말고도 괴짜가 수두룩했다. 나와 처음 만난 학교에서는 특별한 처벌을 받은 적이 없지만, 그 이전에 다닌 학교의 선생님들은 무척 엄했던 것 같다. 실체적 진실을 알 수는 없지만, 그의 말에 따르면 여섯 살, 일곱 살, 여덟 살 때 그에게 트라우마를 남긴 끔찍한 사건이 일어났다고 한다. 그리고 그의 진술을 의심할 이유는 전혀 없다고 본다.

'부모의 몰지각함 때문에 끔찍한 사건의 후유증이 가시지 않았다'는 것이 올리버의 생각이다.

나도 올리버의 생각에 동감한다. 그는 자신만의 신화를 창조하고 그 안에서 살아가는 데 능숙하지만, 그 문제, 특히 부모의 몰지각함(현실에 대한 몰이해)에 대한 그의 판단은 정확하다고 생각한다. 내가 의아하게 생각하는 것은, 그 사건이 일어난 후 올리버와 내가 홀Hall이라는 프렙스쿨에 함께 들어갔는데(우리는 그곳에서 처음으로 서로를 잘 알게 되었다), 하필이면 그 학교의 교장이 불미스러운 일로 곤욕을 치르고 있다는 소문이 파다했다는 것이다. 입장을 바꿔 생각해보라. 당신 같으면 내 부모가 '홀의 교장이 최근 학생을 성추행한 혐의로 근신 처분을 받았다'는 사실에 민감하게 반응할 거라고 생각하지 않겠는가? 그러나 학부모들 사이에는 '교장은 나이가 지긋하고 친절한 분이고 지금은 전쟁 중이며 그 문제는 그다지 심각하지 않다'라는 공감대가 형성되어 있었다. 그것은 '지역사회가 교장을 신뢰하며, 그에게 만회의 기회를 준다'는 제스처의 일종이었다. 사실 내가 이해하기에, 우리 부모는 '교장의 행동은 최소한 영국 프렙스쿨의 표준에 비추어 볼 때 별로 흠잡을 데 없다'고 생각하고 있었다(이 얼마나 기이한 일인가! 그러나 그때는 그랬다). 분명히 말하지만, 교장의 추문은 내게 아무런 해가 되지 않았으며, 내가 아는 범위에서 올리버에게도 마찬가지였다. 그러나 교장이라는 사람이 부적절한 행실로 법정에 선 직후, 끔찍한 충격에서 아직 헤어나지 못한 올리버를 그 학교에 보내기로 결정했다는 것은 도저히 납득할 수 없다. 그것은 부모로서 마땅히 보여야 할(또는 보이지 말아야 할) 태도와 무관하지 않다.

당신과 올리버가 처음 만난 곳이 바로 거기인가?

음, 사실 우리 가족은 일찍부터 서로 잘 알고 있었다. 내가 분명히 기억하는데, 그와 나는 1938년 주먹다짐을 했었다.

누가 이겼나?

내 생각에, 그가 이긴 것 같다. 확신할 수는 없지만, 그는 다르게 기억할 수도 있다. 그러나 우리는 홀에서 다시 만났고, 세인트폴스에서는 더욱 진지하게 만났다. 그는 나보다 나이가 한 살 많았으므로, 나보다 1년 먼저 세인트폴스에 들어갔다. 그러나 고학년이 될수록 형식을 따지지 않는 분위기가 팽배했으므로, 우리는 열네 살쯤에서부터 죽이 잘 맞아 절친한 청소년기를 보내게 되었다.

조금 전 올리버를 가리켜 유별나다고 했다.

음, 그는 세인트폴스에서 유별나고 내성적인 아이였으며, 수업 시간에 따분해하며 자신만의 관심사를 추구했다. 그러다 보니 괴짜라고 약간 따돌림을 받았지만, 사실은 나도 괴짜였다.

세인트폴스는 영국에서 두세 손가락 안에 꼽히는 퍼블릭스쿨public school• 중 하나로—영국의 퍼블릭스쿨은 미국의 사립학교에 상응한다—, 기숙생이 거의 없었다. 그럴 수밖에 없는 것이, 런던에 있었기 때문이다. 세인트폴스는 학문적인 평판이 매우 높았고, 어떤 명목의 체벌도 하지 않는다는 점에서 리버럴한 분위기였다. 그리고 다양한 유형의 자유로운 사상이 깃들었다. 상당수의 학생들이 유대인이었는데, 그 점에 대해 개의치 않는 듯싶었다. 그리고 대부분의 영국 퍼블릭스쿨들이 그렇듯, '소름 끼칠 정도로 반동적인 분위기'는 찾아볼 수 없었다. 한마디로, 그곳은

• 영국에서, 주로 상류층 자제를 위한 대학 진학 예비 교육 또는 공무원 양성을 목적으로 하는 사립 중등학교. 엄격한 신사 교육을 하며, 졸업생은 대개 옥스퍼드나 케임브리지에 진학한다.

인간적으로 성장하기에 안성맞춤인 곳이었다. 아무리 유별나고 체육을 못해도, 뭔가 하나만 잘하는 게 있다면 별로 걱정할 필요가 없었다. 내 말은, 덕후jock들이 존재했다는 뜻이다. 그러나 학교에서는 덕후만큼이나(또는 그보다 훨씬 더) 학업성적과 '옥스퍼드와 케임브리지에 들어가는 학생 수'에 관심이 많았다. 자연스럽게 끼리끼리 어울리는 동아리가 형성되었고, 나와 올리버도 대여섯 명으로 이루어진 동아리의 일원이었다.

그 동아리가 생물학 그룹이었나?

전원이 생물학도는 아니었지만, 대부분이 그랬다. 딕 린덴바움Dick Lindenbaum, 조너선 밀러, 올리버, 그리고 나. 그중에는 역사를 좋아하는 괴짜가 한 명 있었지만, 겉돌다가 점차 멀어져갔다.

다섯 명의 죽마고우가 오랫동안 절친하게 보냈다니, 대단하다.

그럼, 대단하고 말고! 우리는 메리 매카시Mary McCarthy의 《그룹The Group》• 빰치는 독수리 오형제였다.

영국의 학교에는 그런 동아리가 흔했나?

그다지 드물지는 않았던 것 같다. 다시 말해서 나는 그 당시, 모든 동아리들이 그랬듯이, 우리가 매우 독특하다고 생각했었다.

• 미국의 소설가. 주요 작품 가운데 하나인《그룹》은 배서 칼리지를 졸업한 상류계급 여성 여덟 명의 생활을 신랄하게 추적한 내용이며, 매카시는 이 작품으로 일약 세계적으로 유명해졌다.

그리고 우리가 맨 처음 한 일은 일기쓰기를 시작한 것이었다. 우리는 열네 살 때부터, 우리 동아리를 '소설 같은 삶을 사는 공동체'로 여겼다. 물론, 서로에 대해서는커녕 자기 자신에 대해서도 아는 게 거의 없었지만 말이다. 그래서 시간이 경과함에 따라 유대감이 강화되며 겉도는 친구들을 방출하게 되었지만, 다른 한편으로 다양한 이방인과 특정한 '의도적 접근자'와 여자아이들을 반영구적인 방식으로 받아들였다. 아무래도 청소년이다 보니 가장 중요한 행사는 파티였고, 파티가 있을 때마다 구성원이 달라졌다. 그런 친밀한 환경에는 은둔하거나 스스로를 보호할 수 있는 여지도 많았다. 그래서 올리버는 그런 동아리에 은근슬쩍 묻어가는 것을 선호했고, 실제로는 적극적으로 참여하지 않으면서도 대중과 어울리는 척하기를 즐겼다.

그럼 올리버가 동아리에서 담당한 역할은 '괴짜 중의 괴짜'였나?

아마 그랬던 것 같다. 그는 뼛속까지 괴짜였다. 그는 덩치가 매우 크고 힘이 장사에 행동이 거칠기로 유명했다. 그를 둘러싼 우스꽝스러운 에피소드가 많은데, 그중에는 '기차의 문 박살내기'와 같은 기상천외한 대회에 참석한 것이 있다. 그는 어린 나이(열일곱 살 때쯤)에 승용차를 몰았으므로, 쓸모가 많고 수요도 많았다. 그의 집에서는 파티도 자주 열렸으므로, 다른 친구들과 마찬가지로 최소한 몇 년 동안 여학생들의 꽁무니를 열심히 쫓아다니는 것처럼 보였다. 그러나 다시 한번 강조하지만, 그런 상황 속에는 은폐할 공간이 많았다. 내 생각에는 그가 여학생들을 전혀 '부담스러운 존재'로 여기지 않았던 것 같다.

그리고 성적은 어땠나?

음, 그는 나와 마찬가지로 고전을 좋아하다가 생물학으로 넘어갔다. 그리고 우리는 난생처음으로 물리학과 화학에 노출되었다. 올리버는 집에 근사한 실험실을 차려놓고, 엄청난 양의 나트륨을 잔디밭에 유출시키는 등 온갖 기행을 일삼았다. 그는 '특이한 금속'에도 매혹되었는데, 그것들은 건설적이기보다는 대체로 치명적이었다.

생물학에 대해 말한다면, 당신은 패스크 그룹Pask's group○•에 대해 들어봤을 것이고, 나와 올리버가 좋아하는 문phylum—나는 해삼류, 올리버는 물론 두족류—을 알고 있을 것이다. 우리는 각각의 문에 대해 수백 개의 속genus과 아속subgenus을 암기했으며, 그 이름들을 지금까지도 기억하고 있다. 우리들의 독특한 섬세함은 사물에 대한 이름짓기·축하하기·열거하기·구별하기를 좋아하는 아담적 열정에서 비롯한다. 그러나 그에 대한 반작용으로, 오늘날 올리버는 그 대척점에 서서 모든 것에 대한 측정을 거부한다. 즉, 그는 측정할 수 없는 것, 헤아릴 수 없는 것, 만질 수 없는 것을 지속적으로 강조한다.

당신과 올리버는 세인트폴스를 졸업하고 옥스퍼드에 진학했나?

그는 곧바로 옥스퍼드에 들어갔고, 나는 공군에 입대하여

○ 세인트폴스의 생물학 선생님인 시드 패스크Sid Pask가 지휘하는 생물학 그룹을 말한다.

• 패스크 선생님과의 추억에 대해서는 《모든 것은 그 자리에》의 3장 〈첫사랑〉 참조.

3년간 복무하며 휴일에만 그를 만나다, 3년 후 옥스퍼드의 똑같은 칼리지에 들어갔다. 결과적으로 우리가 옥스퍼드에 함께 머문 기간은 1년뿐이었고, 그는 그동안 암탉에 대한 '암울한 연구'를 수행했다. 연구의 주제에는 유기인organo-phosphorous의 독성이 포함되어 있었는데, 쉽게 말하면 '유기인 화합물이 신경계에 미치는 영향'이지만 내가 제대로 이해했는지는 모르겠다.

어쨌든 그의 연구는 수많은 암탉을 대상으로 한 실험으로 시작되었지만, 암탉들의 입장에서 보면 인간에게 이용만 당하다 죽어갈 뿐이었다. 죄책감을 느낀 그는 '최소한의 희생으로 결과를 얻는 방법'을 강구하기 위해 실험의 재설계를 반복한 끝에 정교한 방법을 고안해냈다. 그 내용인즉, 한 마리의 암탉에게 독소를 주입하고, 그 독소에 대한 해독제를 주입하고, 해독제의 부작용을 줄이기 위한 해독제를 주입하고, 독소의 용량을 늘리고, 해독제의 용량을 늘리고… 뭐 이런 식이었다. 그리하여 암탉의 생명이 유지된다면, 그가 수립한 일련의 가설은 입증되는 셈이었다. 그러나 그 암탉은 죽고 말았다. 어쩌면 암탉을 너무 거칠게 다뤘을 수도 있고, 아니면 주사를 너무 많이 놓는 바람에 주삿바늘 쇼크를 초래했을 수도 있지만, 실험용 닭은 어차피 제 명에 죽지 못할 운명이었다.

올리버는 그때부터 자기 자신을 대상으로 마약의 효능을 실험했나?

음, 그즈음이었지만, 약간 나중일 수도 있다. 올리버가 런던에 돌아와 있을 때, 나는 아직 옥스퍼드에 머물며 신경전달물질을 연구하고 있었다(입장을 바꿔 생각해보라. 대학을 졸업한 직후 친구들의 연구실을 방문하면, 그들은 당신에게 이렇게 말할 것이다. 와! 근사한 학위를 받았고 여기는 연구실이고 하니, 이제 뭔가를 발견해보자). 나는 때마침 10그램짜리 LSD 튜브를 갖고 있었는데, 그건 터무니없이 많은 용량으로, 산도스라는 제약사의 연구실에서 보내준 진품이었다. 사실, 헉슬리•와 몇 명의 친구를 제외하면 그런 대용량 LSD는 듣도 보도 못한 것이었다. 어쨌든 간이 콩알만 해진 우리들은 미량의 LSD를 복용한 다음 빈둥거리며 반응을 관찰했는데, 그저 맨송맨송할 뿐이었다. 이에 용기를 얻은 우리는 200마이크로그램짜리 LSD를 조제하여, 초기용량으로 각자 50마이크로그램씩 복용했다. 어느 시점에서, 나는 밤하늘의 별이 됐든 뭐가 됐든 뭐든 바라보고 싶은 충동이 일어, 벌떡 일어나 연구실 밖으로 뛰쳐나갔다. 잠시 후 연구실로 돌아오니, 올리버는 남은 100마이크로그램을 혼자서 꿀꺽 삼켜버린 상태였다. 그는 그 당시 탐욕스럽기로 유명했다. 물론, 약물에 대한 그의 견물생심은 프로이트가 말하는 통제불가능한 구강성uncontrollable orality에서 기인한 것이었다. 그러나 내 생각에, 그는 계산을 잘못한 게 분명하다. 왜냐하면 150마이크로그램은 대단한 반응을 유발하기에 충분하지 않은 용량이었기 때문이다. 그래서 그런지 몰라도, 올리버는 미국으로 건너가 몇 년이 지나도록 진지한 약물실험을 하지 않았다.

이상하게도, 나는 남은 LSD를 6년 동안 보관했지만 달팽이

• 올더스 헉슬리는 《지각의 문》이라는 에세이집에서, 메스칼린이나 LSD와 일종의 환각제를 실험 삼아 복용하고 경험한 초월적 세계를 기술한 것으로 유명하다.

에게 주사하는 것 외에 마땅한 사용처를 발견하지 못했다.

LSD를 달팽이에게 주사하니 무슨 일이 일어나던가?

별일 없었던 것 같다. 내 말은, 달팽이가 진짜로 환각을 경험했는지 알 수가 없다는 뜻이다. 나는 그저 아무 생각 없이 보관했을 뿐이었다. 그런데 언젠가 리버풀에 갔을 때, 남은 LSD를 누군가에게 도난당했다. 아마도 어떤 학생이 내 냉장고를 무심코 열었다가, 1000파운드 상당의 LSD가 들어 있음을 알고 훔쳐간 것 같다. 하지만 그때는 유효기간이 지나 아무 효과가 없었을 것이다.

옥스퍼드 시절로 잠깐 돌아가, 올리버가 어떤 시간을 보냈는지 좀 더 자세히 말해줄 수 없나? 왜냐하면 그는 아무것도 기억하지 못한다고 주장하기 때문이다.

내가 보기에, 그의 유별남은 약간 수그러들었지만, 사교성이 매우 부족했다. 그래서 옥스퍼드에 다닐 때, 몇 명의 죽마고우 말고는 한두 명의 친구를 추가로 사귀었을 뿐이다. 새로운 친구는 지나치게 외향적인 친구나 인생을 즐기는 친구였는데, 올리버가 그런 친구들을 어떻게 사귀었는지 궁금할 정도였다. 그는 종종 자기보다 덩치가 큰 친구들에게 둘러싸여 있었는데, 아마도 일종의 정체성 위기를 타개하기 위한 잠재의식의 발로였던 것 같다. 토시Tosh라는 친구가 유명하게 된 유일한 이유는, 올리버에게 '난 요정처럼 작고 여리다'는 긍정적 마인드를 심어줬다는 것이다. 그러나 올리버는 옥스퍼드에서 즐거운 시간을 보내지 못했다는 게 내 생각이다.

예컨대 조너선이 케임브리지에서 즐거운 시간을 보냈고, 상상할 수 있는 모든 방법으로 자극적이고 활기찬 생활을 영위한데 반해, 내가 생각하는 올리버의 옥스퍼드 생활은 전혀 아니올시다였다. 그는 교수들과의 사이가 전반적으로 안 좋았지만, 자신의 지도교수인 엉클 시릴Uncle Cyril(존경보다는 애정이 넘치는 애칭인 듯하지 않은가?)과는 늘 사이좋게 지냈다. 그는 다른 교수들에 대해서는 별로 언급하지 않았다. 한때 인간영양학 연구실을 운영하는 싱클레어Sinclair라는 돌팔이 교수와 함께 프로젝트를 수행했지만, 그에 대한 원성이 자자해지자 아무도 연구실을 찾지 않았다. 결국 연구실은 문을 닫게 되었고, 올리버는 졸지에 곤경에 빠졌다. 나는 지금까지 그 일을 생각하지 않았지만, 올리버가 옥스퍼드에 발을 붙이지 못한 것은 주임교수와의 불화 때문이었던 것 같다. 그는 학부를 졸업한 후 주임교수를 구하느라 줄곧 애를 먹었다.

그가 주임교수들과 자주 불화를 겪은 이유가 뭔가?

음, 나는 가족의 영향이 컸다고 생각한다. 제일 간단한 방법은, 그의 아버지의 행동거지를 유심히 살펴보는 것이다. 그러나 자세한 내막은 모르겠지만, 그 이상의 문제가 있었을 것이다. 예컨대 그가 평소에 사람을 선택하는 방법만을 떼어놓고 생각해보자. 나는 싱클레어와 같은 '괴물'들을 만나본 적이 없지만, 어쩌면 그들은 가장 선량하고 무해한 인물이었을 수도 있다. 또는 올리버가 그들의 거친 행동을 유도했을 수도 있다. 아니, 내 생각에는 그가 '괴물'을 고른 것 같다. 그와 마지막으로 헤어진 파트

너는, 대학본부와도 마찰을 빚었으니 말이다. 그러나 올리버에게 대놓고 "그런 사람을 멀리하는 게 좋아. 그는 암적 존재야"라고 말할 수는 없다. 그는 5분 동안의 대화에 기반하여 상대방의 성격, 그 원인과 기원, 향후 전망 등 모든 것—이것은 간혹 개인과 전혀 무관할 수 있다—에 대해 가장 납득할 만하고 상세하고 동정적이고 원만한 견해를 형성할 수 있는 사람이다.

과연 그럴까?

음, 아무래도 자신의 판단력을 검증할 기회를 얻지 못하는 경우가 많을 것으로 예상된다. 장담하건대, 그의 판단은 종종 틀릴 수 있고, 때로는 완전히 틀릴 수 있다. 그런 오류는 성급함, 작화적 삶, 상상력 풍부한 삶 때문이다. 다시 말해서, 그는 현실성을 검증할 기회가 거의 없다.

현실성을 검증한다는 측면에서 볼 때, 만약 가능하다면 《깨어남》과 같은 책의 긍정적 측면을 말해달라.

좋은 질문이다. 던컨 댈러스의 다큐멘터리 드라마를 보았나? 《깨어남》의 장점은 사람 사는 이야기이며, 모든 인간군상이 등장한다는 점이다. 그런 면에서 볼 때, 나는 《편두통》도 매우 적합한 책이라고 생각한다. 그와 대조적으로, '다리 책'은 난센스라고 생각한다. 사람들은 다음과 같이 말할 것이다. "모든 이야기는 그가 지어낸 것일 수도 있어. 왜냐하면 그걸 본 사람이 아무도 없거든." '다리 책'은 '1인칭 시점'과 '관찰 가능한 대상'을 완벽하게 결합한 책으로, 그를 제외하면 아무도 그것을 보지 못했다는 문제점이 있다.

'다리 책'이 난센스인 이유는 뭔가. 완성하는 데 시간이 너무 오래 걸려서? 아니면….

모든 것을 판단하는 데 필요한 객관적 데이터가 풍부하지 않기 때문이다. 곰곰이 생각해보라. 올리버의 사색은 늘 매혹적이고 풍부하며 배울 점이 많다. 그러나 내 생각에, 누구든 자신의 과거를 곱씹어보려면 약간의 객관적·임상적 준비작업이 필요한 법이다. 그러나 '다리 책'에는 그런 게 없다, 적어도 나의 견지에서 보면.

예컨대 오늘은 그가 부상에서 회복한 후 첫 걸음을 뗀 기념일이므로, 그는 지금 이 순간 모처럼 히스에 가서 산책을 하고 있다. 그에게 있어서, '다리 부상에서 회복까지'는 달력에 표시해놓아야 할 만큼 기념비적인 사건이다. 그러나 그는 사소한 경험까지도 메모해놓고 두고두고 들춰보는 스타일이다. 당신이 올리버에게 "생선을 먹고 복통이 온 경험이 있나요?"라고 묻는다면, 그는 "음, 1980년 8월 5일에 그랬고, 1978년에도 그랬어"라고 말하며 "1964년 8월 9일의 대참사를 떠올리게 하기 때문"이라고 부연 설명할 것이다. 최근 1년여 동안 그와 동고동락하며 밀착 취재한 당신은 그의 스타일에 익숙할 것이다. 그러나 일상사에 무덤덤한 편인 나의 경우, 그가 그런 경험과 감정변화—사실, 어떤 감정이 됐든—를 처음으로 느끼고 간직한 이유를 알지 못한다. 일반 독자도 나와 마찬가지일 것이다.

《깨어남》의 경우, "상상력이 풍부한 작품"에 주어지는 호소덴상Hawthornden Prize을 받았다니 대단하다. 호소덴상 위원회의 매혹적인 통찰에 경의를 표한다.

그와 대조적으로, 그 책이 의학계에서 받은 평가는 아주 희한했다. 그에 대한 의학계의 평가는 둘로 나뉘었다. 첫째, 한 부류의 의사들은 그 책을 대놓고 무시했다. 잘 쓰인 책을 거들떠보지 않았다는 것은, '석기시대적 무지'와 '속물적 거절'의 본보기였다. 올리버는 도표, 다이어그램, 통계분석을 거부함으로써 상황을 더욱 악화시켰다. 올리버는 수학적 분석을 언짢아 했거나, 그런 능력이 없었을 수도 있다. 그러나 장담하건대, 그는 그에 뒤지지 않는 지적 능력을 갖고 있었다. 설상가상으로 그는 다양한 방법으로 위계질서를 파괴했고, 〈랜싯〉 등의 저널에 적절할 절차를 밟아 논문을 게재하지 않았다는 이유로 의학계에서 푸대접을 받았다. 한편에서는 그의 성공을 시샘하는 사람들도 있었다. 둘째, 또 한 부류의 의사들은 "아름답게 기술한 것은 인정하지만, 객관적 데이터가 전혀 없다"고 쑥덕거렸다. 그리고 올리버는 그들과의 화해를 거부했다.

그는 메디케이드Medicaid와 비슷한 문제를 겪고 있는 것 같다. 즉, 자신이 보유한 데이터를 의사들의 입맛에 맞는 형식으로 제시하지 않는다. 그는 '할 수 없어서'가 아니라 '순교자의 마음으로' 그렇게 행동했다는 것이 내 생각이다.

언젠가 한 의사와 이야기를 나누던 중 올리버 색스의 전기를 준비하고 있다고 말했더니, 콧방귀를 뀌며 "음, 그는 의사가 아니라 낭만적인 사람이에요"라고 말했다.

그가 낭만적인 사람인 것은 분명하다. 그러나 '낭만적인 사람'과 '사실을 실제보다 더 낭만적으로 묘사하는 사람'은 다르다. 의사들은 그를 후자라고 폄훼하지만, 내 생각은 다르다. 그의 낭만성은 공감능력과 연결되며, 그는 공감능력에 힘입어 뛰어난 관찰능력을 발휘한다. 만약 공감능력이 없다면, 그는 환자들에게 싫증을 내거나 무관심하거나 심지어 적대감을 느끼게 될 것이다. 그렇게 된다면, 그는 향후 진행상황을 비뚤어진 방향으로 해석할 수 있다.

그가 친구나 존경하는 사람(특히 연장자)에 대해 기술한 것을 읽어보면, 종종 매우 적확하다는 생각이 든다. 그와 대조적으로, 적을 기술한 글은 종종 비약이 지나친 것 같다. 일전에 올리버 부자와 함께 있었는데, 그의 아버지가 '올리버를 화나게 만든 단어를 내뱉은 사람'을 언급하기 시작했다. 올리버는 결국에 가서 그 사람을 '진정한 히틀러'라고 불렀다.

제대로 봤다. 그건 '나는 박해받고 있다'는 일종의 피해의식에서 비롯한다고 할 수 있다. 우리는 언젠가 온타리오주 북부로 여행을 떠났는데, 거기서 올리버는 나보다 훨씬 더 많은 피를 모기에게 헌납했다. 그러자 그는 모기를 (그 당시 자신에게 애를 먹인) 다양한 의사들과 동일시했다. 그는 의사들이 셈족•을 빈번히

• 함족, 아리안족과 함께 유럽 3대 인종의 하나. 구약성서에 나오는 노아의 맏아들인 셈의 자손을 말하며, 아시리아인, 아라비아인, 바빌로니아인, 페니키아인, 유대인 등이 이에 속한다

공격하며, 그중에서도 유대인을 더 끈질기게 괴롭힌다고 하소연했다. 그는 날더러 '왜 더 큰 목소리로 투덜거리지 않느냐'며 화를 냈다. 사실, 나에게 '너도 그 의사들과 한통속이야'라고 말하지 않는 것으로 보아, 그는 '경험의 비현실성'을 지적하는 나에게 공감한 게 분명하다.

음, 내 말의 요지는 '올리버의 성격이 매우 예민하며, 모기가 때로는 사람의 편집증까지 자극할 수 있다'는 것이다. 모기들이 유독 그만 물어뜯은 이유는 알 수 없다.

물론, 그는 자신이 너무 오버하고 있음을 깨달았을 때 스스로를 패러디하는 능력이 있다. 때때로 그는 위기를 모면하기 위해 좌중을 웃기거나, 긴장을 누그러뜨릴 요량으로 자기풍자를 하기도 한다. 그러나 어떤 때는 그게 '심각한 자기비하'가 되어 되레 위험을 초래할 수 있다. 그가 간혹 위험한 상황에 직면하는 것은 바로 그 때문이라고 생각된다.

비약이 지나치다는 점에 대해 좀 더 이야기해보자. 그가 '다리 책'에 왜 그렇게 집착한다고 생각하는가? 그걸 '지나치게 오버하는 경향'이라고 불러도 될까?

음, 나도 잘 모르겠다. 개인적인 바람이지만, 그가 그 책에서 손을 떼고 좀 더 실질적인 책으로 돌아갔으면 좋겠다. 물론 그가 그 책에 쏟아붓는 노력의 질은 칭찬할 만하다. 그러나 현 시점에서, 문제가 되는 것은 '질'보다 '양'이다. 당신도 아는 바와 같이, 그는 편집을 매우 불신한다. 그리고 그의 고집도 단단히 한몫 한다. 내가 그와 함께 텍스트를 검토하며 '이거 훌륭하군'이라고 호평한 회수보다는, '좀 더 압축할 수 없겠니(말하자면 1000단어로 줄일 수 없겠니)?'라고 말한 횟수가 훨씬 더 많았다. 한번은 그에게 진짜로 화를 낸 적이 있었다. 《편두통》을 쓸 때의 이야기인데, 우리는 금요일에 원고를 함께 검토하여 약 3000단어 분량의 문단을 삭제하기로 합의했다. 이제 그가 할 일은, 남은 문단들을 부드럽게 연결하기 위해 두 개의 글귀를 첨가하는 것이었다. 그러나 웬걸. 월요일 아침이 되자, 그는 무례한 태도로 이렇게 선언했다. "음, 나는 연결구 따위는 전혀 생각하지 않았어. 그 대신 1만 단어를 추가했어."

이 점에 대해, 현재 〈런던 리뷰 오브 북스〉에 근무하는 메리-케이 윌머스는 올리버의 기분을 잘 맞춰준다. 그녀의 관용은 하해와 같다. 그는 자신이 편집자들에게 얼마나 많은 관용을 요구하는지 모를 것이다. 그러나 그녀는 버티기에도 능한데, 사장은 그녀의 버티기가 때로 필요하다는 점을 잘 알고 있다.

'다리 책'의 경우에는 상황이 더욱 심각하다. 글을 많이 쓰면 쓸수록, 마치 자기 앞에 장벽을 스스로 쌓아 올리는 것처럼 글막힘은 더욱 심해진다. 그에게 필요한 것은, 창의력의 스위치를 끄고 모종삽을 이용해 장벽을 조금씩 긁어내는 것이다. 내가 보는 견지에서, '다리 부상 경험'이라는 뼈대가 '해석'이라는 체지방의 엄청난 무게를 견뎌낼 수 없다. 그도 그럴 것이, 10년이라는 세월 동안 장고를 거듭하는 바람에 배보다 배꼽이 훨씬 더 커졌기 때문이다.

다른 환자가 아니라 자기 자신의 문제를 다루는 데는 더 많은 어려움이 수반된다. 자기 자신의 연대기를 작성하기 시작할 때, 온갖 종류의 정신분석학적 이슈가 동반되기 때문이다. 어머니를 잃은 직후 떠난 여행에서 황소에게 공격 당해 다리를 부상당한 사건도 마찬가지다. 정신분석학적 이슈가 그에게 막중한 부담감을 안긴 것은 전혀 이상하지 않다.

당신이 정신분석학적 이슈를 언급하는 것을 들으니 매우 흥미롭다. 왜냐하면 나는 종종 '그의 책에 등장하는 황소가 진짜 황소일까?'라는 의구심을 품었기 때문이다. 예컨대 나의 반려견(암컷)은 올리버를 몹시 싫어하는데, 그 이유는 그가 그녀를 남성형 인칭대명사(그He)로 부르기 때문인 것 같다. 암컷을 '그'라고 부르는 것은, 내심 뭔가를 인정하지 않으려는 고집의 또 다른 사례라고 할 수 있다….

《깨어남》의 경우에도 그런 글막힘이 수반되었나?

'다리 책'의 경우보다 훨씬 덜했다.

책이 나오기 전에 줄거리를 미리 들었을 때 기분이 어땠나? 그와 관련된 에피소드가 있나?

《깨어남》의 줄거리는 참으로 기막히지만, 그런 에피소드는 막상 별로 없었다. 왜냐하면 그는 마지막 단계에서 순식간에 최종적인 형태를 완성했기 때문이다.

깨어난 환자들이 광분했을 때, 올리버는 죄책감을 느꼈나? 또는 엘도파를 투여할 것인지 여부를 놓고 갈등을 느끼지는 않았나?

그다지 많은 죄책감이나 갈등을 느끼지 않았다. 내가 생각하기에, 그는 경악·흥분·경이로움의 감정과 특권의식을 느낀 듯하다. 부정확한 관찰에 대한 일말의 회의감은 있었지만, 그런 일이 실제로 일어나고 있고, 자신이 그것을 정확히 기술하고 있으며, 다른 의사들도 똑같은 현상을 관찰할 거라고 확신했다. 엘도파라는 신약의 도입을 둘러싸고, 의사들 사이에서 의학적 남용과 메시아적 열광에 대한 분노와 자괴감이 일었던 것은 사실이다. 어떤 의사들은 "환자들이 나타내는 복잡한 반응을 차마 눈 뜨고 볼 수 없다"고 거절했지만, 그것은 환자들의 반응을 진료차트에 제대로 기록할 방법이 없었기 때문이다.

그럼에도 불구하고, 2주 동안 도취감을 경험한 그의 환자들에게 지옥문이 열렸다. 그렇다면 혹시 일말의….

그러나 그는 인생의 어떤 시기보다도 수준 높은 전문지식을 보유하고 있었다. 우리는 흔히 '뜨거운 가슴과 차가운 머리를 가진 의사'를 논하는데, 그가 바로 그런 의사였다. 그는 부적절하게 동요하지 않았으며, 기적적이고 경이로운 임무를 수행한다는 특권의식을 느꼈다. 그는 선을 행한다고 생각했으며, 죄책감을 전혀 느끼지 않았다는 게 내 생각이다.

주제를 바꿔, 올리버와 함께 떠난 자연계 여행 이야기를 듣고 싶다.

올리버와 나는 매년 1~2월이 되면 캘리포니아에서 열리는 고서박람회에 들른 후 사막이나 멕시코로 내려가 며칠 동안 차를 몰며, 직전 연도에 못다한 이야기를 나눈다. 아마도 우리는 매년 똑같은 지역을 여행하며, 개성 있는 문체의 본질이나 결정론의 한계에 대해 이야기했던 것 같다.

둘만의 여행의 목적은 '돈독한 우정 쌓기'였나, 아니면 '사막과 자연의 음미'였나, 아니면 '꿩 먹고 알 먹기'였나?

음, 세 번째에 가장 가깝다. 나는 때때로 '우리가 환경에서 너무 격리되어 있다'는 생각이 든다. 나는 좀 덜한 편인데, 그 이유는 지향점이 다르다 보니 그보다 훨씬 더 많은 외적 자극이 필요하기 때문이다. 그래서 나는 그의 말을 귀담아 듣는 동시에 외부세계를 관찰한다. 그러다가 가끔씩 말을 멈추게 하려고 노력하는데, 그건 아무런 효과가 없을 뿐 아니라 아예 불가능하다. 그는 대화의 주도권을 잡아야 직성이 풀리는 성격으로, 일단 말을 꺼냈다 하면 자신과 차창 밖 풍경 외에 아무것도 보이지 않기 때문이다. 정 그의 입을 막고 싶다면 최후의 수단을 써야 하는데, 그것은 차를 세운 후 함께 내려 그가 좋아하는 식물—이를테면 선인장—과 대면하게 하는 것이다.

그러나 이왕이면, 그가 뭔가 새로운 것을 느끼거나 냄새 맡고 제 발로 걸어가는 게 좋다. 사실, 신기한 것이 눈앞에 나타났을 때, 그는 애들처럼 천진난만한 표정을 지으며 이 세상에서 가장 멋진 방법으로 감사하고 즐거워한다. 그런 의미에서, 그는 가장 훌륭한 여행 친구다.

올리버와 나는 일전에 뉴욕 자연사박물관에서 자연계의 디오라마•를 관람했다(98쪽 참조). 올리버는 디오라마를 구성하는 모형들을 극찬하며, 박물관 직원들의 노고를 치하했다. 사막과 호수의 풍경을 재현한 모형을

지나칠 때는 "난 자연의 짜임새를 사랑하지만, 사회적 짜임새의 아름다움을 무시할 수 없어"라고 하며, 뉴욕이 그렇게 아름다운 것은 사회적 짜임새 덕분이라고 덧붙였다.

일리 있는 말이다. 그가 진정으로 사랑하는 것은 디오라마다. 그는 세상을 휙 둘러본 후 자신만의 디오라마를 구축한다. 내 말뜻은, 그가 자연을 재구성하는 데는 원터치만으로 족하다는 것이다. 정확성이 다소 떨어질지언정, 그는 내면적 모델링을 통해 자연계 전체를 재구성한다.

그렇다면, 그는 '널따란 풍경'보다 '아기자기한 전망'을 선호하는가?

꼭 그런 건 아니지만, 그는 질서와 무질서의 역설을 사랑하는 편이다. 오래전 떠난 여행에서 가지런히 늘어선 선인장 행렬과 마주친 우리는, 길을 잃고 헤매다 선인장 농장에 들어온 줄 착각했다. 그 이후, 나는 선인장들이 외견상 질서정연하게 자란 것은, 토양이 너무 척박하기 때문이라는 사실을 깨달았다. 즉, 주변에 영양분이 부족할 경우, 식물들은 곁을 내주지 않고 서로 밀쳐내므로, 결과적으로 울창한 숲을 형성하지 못하고 패턴화된 분포를 이루게 된다는 것이다. 그러나 올리버는 자연적 질서의 징후를 보고 희열을 느낀다. 물론 산호초를 보면 열광하지만, 풍성함과 빽빽함보다는 패턴과 배열을 더 좋아한다.

• 디오라마diorama는 배경 위에 모형을 설치하여 하나의 장면을 만든 것이다. 파노라마와 유사하지만 파노라마가 실제 환경에 가깝도록 무대 도처에 실물이나 모형을 배치해 전체와 부분의 관계를 명백히 하는 데 비해, 주위 환경이나 배경을 그림으로 하고 모형 역시 축소 모형으로 배치한다는 점이 다르다.

그가 입에 침이 마르도록 칭찬하는, 캐나다의 섬은 어떤가?

거기에 가본 적이 있나?

없다.

사실, 그리 굉장한 곳은 아니다.

어, 올리버의 말에 의하면 지상낙원이라고 하던데… 위치가 어디인가?

내 말은 충분히 아름답다는 뜻이다. 매니툴린섬은 허튼 호수의 일부인 조지안 베이에 있는 섬으로, 전 세계에서 가장 큰 담수호 섬이며, 내 생각에는 온타리오의 시골 풍경과 매우 비슷하다. 그곳에는 두 개의 작은 마을과 하나의 유력한 인디언 성지가 있고, 19세기 농촌의 모습을 고스란히 간직한 아름다운 목조건물과 울타리가 많다. 그가 매니툴린섬에 매혹된 이유는, 주민들이 친절하고 여느 작은 마을과 마찬가지로 아늑한 느낌이 들었기 때문일 것이다. 그러나 그가 그 마을을 그리워하게 된 것은, 개인적인 인연 때문이다. 그는 그리로 이사하여 일반의로 일한다는 꿈을 꾼 적도 있다, 한 여성을 둘러싼 문제가 생기기 전까지만 해도.

문제라니?

그를 둘러싼 일이 늘 그렇듯, 자세한 내막은 모르겠다. 그러나 그가 아무리 유별난 사람이라고 해도, 그 문제는 납득하기가 어렵다. 그의 자기중심적 설명에 따르면, 그녀가 허튼 호수의 북쪽을 오랫동안 황폐화함으로써 그에게 입힌 정신적 피해에 비하면, 다른 문제는 모두 부차적이라고 한다. 혹자는 올리버에게 짜증을 낼 수도 있다. 그러나 분명히 말하지만, 우리가 몇 년 후 큰 마음을 먹고 그 근방을 다시 방문했을 때, 그는 가까스로 마음을 추스르고 멈췄던 집필 작업을 재개하고 있었다. "우리는 그곳에서부터 16킬로미터 이내의 가까운 거리에 머무르고 있어. 너는 풍경이 황량하고 추해져가는 과정을 이미 눈치챘을 거야. 저 앞을 봐. 나무는 말라 죽어가고, 모든 젖소들이 병에 걸려 신음하고 있잖아. 모든 지역에 음험한 안개가 짙게 드리워져 있어." 그는 이 대목에서 의자 밑으로 숨으려 했지만(또는 그런 시늉을 했지만), 덩치가 너무 커서 그럴 수가 없었다… 그의 행동은 풍부한 자기 풍자의 일환이었지만, 매우 매력적이고 사랑스런 퍼포먼스였다.

하지만 그가 깊은 우울증에 빠질 때는 너무 전면적이어서, 그 자신은 물론 보는 사람까지도 웃음을 터뜨릴 여지가 없다.

그가 그렇게 심각한 우울증에 빠져 헤어나오지 못할 거라고 우려하지는 않았나?

오, 물론 했었다. 그러나 다른 한편으로, 그는 자기를 보존하는 능력이 엄청나게 강한 사람이다. 그 능력은 신비로운 베일에 가려져 있으며, 본능적 수준의 깊은 곳에서 작동한다. 인체에 관한 지혜는 그를 가장 심각한 곤경에서 구해준다. 밥 로드먼은 언젠가 내게 이렇게 말했다. "그와 동시대에 살고 있는 우리는 억세게 운 좋은 사람이다." 물론 감동적이고 애정 어린 표현이지만, 그걸 행운으로 치부한다면 그를 모욕하는 것이다. 그는 건강 관리를 잘하고, 허접한 유행을 쫓느라 체력을 낭비하지 않으며, 중병을 앓지 않았다. 그는 이상하리만큼 투명하지만, 그 깊이를 도저히 헤아릴 수 없다.

~~~~~~

다음 날 밤, 나는 올리버와 함께 세인트폴스 및 옥스퍼드 시절의 죽마고우 중 하나인 딕 린덴바움을 만난다. 올리버와 딕은 한날 한시에 태어나, 똑같은 날 세인트폴스에 들어갔고, 패스크 선생님이 이끄는 생물학 그룹의 구성원이었다. 딕은 올리버와 함께 옥스퍼드에 입학했지만 전공이 달라, 인간유전학이라는 독특한 분야에서 경력을 쌓았다. 우리 셋의 일정은 해럴드 핀터의 단막극 3부작 〈다른 음성들〉이 초연되기 전, 마지막 시사회에 참석하는 것으로 시작된다. 《깨어남》에 등장하는 로즈의 스토리에 기반한 〈일종의 알래스카〉 부분의 주인공은 주디 덴치Judi Dench다. 연극이 시작되기 전, 올리버는 (베스에이브러햄에서 언어치료사로 일했던) 마지 콜의 논평을 공개한다. "희곡을 읽어본 사람에 의하면, 로즈의 정수가 포착되었다는군. 핀터를 읽는 게 아니라, 진실을 읽는 것 같았대."

올리버로 말하자면, 실제 인물(X라는 환자)이 첫 번째 가상의 인물(올리버의 책에 나오는 로즈)과 두 번째 가상의 인물(핀터의 희곡에 나오는 드보라Deborah)을 통해 또 다른 실제 인물(주디 덴치)로 전환되는 과정에 감명을 받는다.

올리버의 표정을 보아하니, 첫 번째 밤(마지막 시사회)에 다소 실망한 기색이 역력하다. 그러나 두 번째 밤(초연)에는 기분이 한결 나아질 것이다. 그는 몇 주 후 활짝 웃으며, 핀터의 집에 초
~~~~~~

대받아 극작가 부부의 환대를 받았던 일을 회상하며 즐거워할 게 틀림없다.

시사회가 끝난 후 저녁식사를 하며, 올리버는 '잊어버린 과거의 자아상'을 증언해줄 수 있는 딕의 존재를 반가워한다. 두 사람 모두 길짐승과 날짐승의 내장을 주문했는데, 올리버의 설명(그리고 딕의 확인)에 따르면 그의 어머니는 그들에게 동물을 요리해주면서 심장 해부하는 것을 즐겼다고 한다. "심장과 뇌는 맛있을 뿐만 아니라, 적절한 해부학적 지식을 곁들여 먹으면 교육적으로 흥미로워."

"옥스퍼드에 다니던 시절," 딕은 올리버에게 이렇게 확인해준다. "너는 디비니티 로드Divinity Road°라는 주택가에 살았어."

딕에 따르면, 미들섹스 시절의 올리버는—그와 딕은 옥스퍼드 생활을 마치고, 런던에 있는 미들섹스 의대에서 인턴 생활을 함께 했다—《톰 존스》 유類의 피카레스크 소설에 나오는 한량과는 거리가 멀었다. 올리버를 찾아 런던을 방문한 이후, 나는 저녁때마다 그를 따라 시속 9~11킬로미터의 속도로 소호의 거리를 질주하며 1분당 400개의 단어를 주고받기 일쑤였다. 올리버는 시간이 경과할수록 탄력을 받아 속도를 더욱 높였다. 나는 자정쯤 되어 기진맥진하여 낙오했지만, 올리버는 새벽이 될 때까지 똑같은 페이스의 걸음걸이와 대화를 계속할 기세였다.

° 올란 폭스는 얼마 후, 올리버와 함께한 옥스퍼드 여행담을 내게 들려줬다. 올리버는 그에게 자신이 거주했던 이플리 로드의 아파트를 보여주며 이렇게 말했다고 한다. "저 아파트에서는 의미 있는 들판이 내려다 보이는데, 1954년 로저 배니스터라는 의사는 그 들판에서 4마일(6.4킬로미터)을 1분에 주파했어." 그 기록은 올리버에게 큰 의미가 있었다.

"내가 스스로 이야기를 지어내기도 하지만," 올리버가 약간 방어적으로 이야기한다. "다른 사람들이 나를 모함하기 위해 이야기를 꾸며내는 경우도 많아. 예를 들면, 내가 미들섹스에서 다리 너머로 오토바이를 집어 던졌다는 이야기는 사실이 아니야. '오토바이 탄 사람'을 집어 던졌다면 몰라도."

"그러나 개중에는 사실도 있어." 딕이 끼어든다. "인턴들은 야근할 때 새벽 2~3시쯤 종종 구내식당에서 휴식을 취했는데, 그럴 때마다 건물의 상층부가 통째로 진동하는 것을 경험했어. 알고 보니, 네가 그 시간에 회진을 하느라 터벅터벅 걷고 있었더군. 양쪽 종아리에 각각 10킬로그램짜리 쇳덩어리를 붙들어 매고 말이야. 그 시간에 웨이트 트레이닝을 하고 있었다니!"

올리버는 기억을 더듬으며 눈을 부라리다가, 이내 인정한다는 뜻으로 머리를 긁적이며 눈썹을 꿈틀거린다. 식사가 끝날 때쯤, 딕은 다음 날 아침 일찍 회의가 있다며 자리에서 일어난다. 그러나 올리버와 나는 한참 동안 걸어 미들섹스 병원까지 간다. 그곳은 올리버가 인턴 생활을 한 곳이며, 그로부터 15년 후 다리 부상에서 회복하기 위해 환자로 입원한 곳이기도 하다.

한 서점을 지나치는데, 창 너머로 리처드 애셔Richard Asher 박사가 쓴 책이 보인다. "저 분은 내가 존경했던 몇 안 되는 스승님 중 한 분이야. 화학에 뛰어난 재능을 가진 분이었는데, 나중에 스스로 목숨을 끊으셨어."

또 한 권의 책이 보이는데, 흉부수술 기법에 관한 책으로서 올리버로 하여금 또 다른 기억을 떠올리게 한다. "내가 영국에서 레지던트로 생활한 기간 중 가장 행복했던 순간을 꼽으라면, 버밍엄의 창의적인 외과의사 밑에서 수련의로 근무했던 때야. 저녁 식사를 하던 중 부분적 유방절제술 아이디어가 떠오르자, 감자를 이용하여 즉석 시범을 보이셨어. 나의 어머니도 마찬가지였어.

나는 외과의사에 대한 반감이 전혀 없어. 모든 공예가를 찬양하듯, 모든 명의들을 찬양할 뿐이야."

"레지던트 생활을 하는 동안 경험한 일 중에서," 올리버는 말한다. "지금까지 생각나는 것은 대부분 환자와 함께 지내거나 박물관을 방문한 것과 관련된 것이야. 눈살을 찌푸리게 했던 강의나 개인적인 애로사항에 관한 기억은 거의 남아 있지 않아.

특히 기억에 남는 환자는 세 명이야."

첫 번째 환자는 P. 제럴드로, 실론•에서 차를 재배하던 노인이었다. 그는 한 달 동안 내리막길을 걷다가 결국에는 요독성 섬망uremic delirium에 이르러, 말을 더듬고 입술에서는 (요독증uremia의 전형적 특징인) 단내가 났다. 올리버는 하루도 빠짐없이 그를 방문했다. "그는 '무심한 환자'로 간주되었지만, 나는 그의 섬망••에 매혹되어 몇 시간 동안 지속적으로 그의 말을 경청했어. 그건 놀라운 특권 같았어, 마치 꿈을 공유하도록 허용된 것처럼 말이야. 그의 말을 들으면 들을수록 그의 내면적 풍경이 점점 더 뚜렷해졌어. 왜냐하면, 인간의 모든 상태는—설사 섬망일지라도—경험, 동기, 성격과 연결되어 있기 때문이야. 급기야 나는 말참견을 하기 시작했어. 말하자면 그의 꿈 속으로 들어간 거야. 내 생

• 스리랑카의 옛이름.
•• 심한 과다행동과 생생한 환각, 초조함과 떨림 등이 자주 나타나는 상태.

각에, 그의 섬망 속에는 일종의 끔찍한 소외감과 고독감이 도사리고 있었어. 그와 동시에, 그 속에는 사랑스러운 빛과 온기가 스며 있었으므로 누구든 그 속으로 들어갈 수 있었어. 나는 그를 판단하는 대신, 그의 손을 잡고 공포와 유머를 공유할 수 있었어. 물론 많은 사람들은 나의 행동을 기행으로 여기며 손가락질을 했어. '색스가 또 왔네. 이번에는 섬망증 환자의 말을 듣는다며?' 그러나 그것은 아름답고 소중한 경험이었어."

두 번째 환자는 장래가 촉망되는 젊은 역도선수였는데, 갑자기 백혈병에 걸려 상심이 컸다. 올리버는 그즈음 역도를 시작했으므로 그에게 각별한 관심을 보였다. 그는 틈만 나면 뛰어내리기 위해 창가로 달려갔으므로, 올리버는 그를 제지하기 위해 몸싸움을 해야 했다. 이윽고 백혈병이 척주spinal column를 침범하여—그것은 매우 드문 사례였다—6주 동안 죽음과 같은 고통을 경험했다. 결국에는 자살도 할 수 없을 정도로 쇠약해져, 선택을 가로막은 올리버를 저주하며 하루하루를 보냈다.

세 번째 환자는 급성심장병을 앓는 중년 남성이었다. 그는 치료가 불가능하다는 것을 알고 한사코 퇴원을 하겠다고 고집했다. 올리버는 퇴원을 허용하지 않았는데, 그 이유는 섣부른 보행이 자칫 죽음을 초래할 수 있기 때문이었다. 그 환자는 올리버의 상급자에게 항의했고, 상급자는 '환자 자신의 의지대로 행동할 권리'를 내세워 올리버를 책망했다. 환자는 다음 날 퇴원을 선언했고, 올리버는 병실 문까지 걸어가지 못할 거라고 경고했다. 그러나 환자는 부주의하게 침대에서 뛰어내린 후 두 발자국을 내딛기도 전에 치명적인 급성 심장마비로 사망했다. 올리버는 지금까지도 그 환자에게 죄책감을 느끼고 있다. "난치병 환자에게 필요한 건 희망이야." 올리버는 이렇게 결론짓는다. "지금 당장이 아닐지라도, 언젠가 치료를 통해 평안을 누릴 수 있을 거라는 희망. 그것만이 극단적 선택을 막을 수 있어."

우리는 더욱 고요해지는 밤길을 쉬지 않고 걷는다. 그러고 보니 올리버의 시계 소리가 너무 크다는 생각이 든다. "자네 말이 맞아." 내가 그 문제를 언급하자 올리버가 대꾸한다. "이 소리 때문에 시비 거는 사람들이 많았어. 엘리베이터에서, 버스에서, 심지어 공항 라운지에서!"

그는 시계 소리에 신경을 쓰지 않는단다, 한밤중에 멈췄을 때를 제외하면. 그는 정말 괴상한 친구다. 시계가 시끄럽게 째깍거릴 때는 가만히 있다가, 시계 소리가 멈추면 깜짝 놀라 일어난다니 말이다.

딕 린덴바움과 저녁식사를 한 후, 올리버는 옥스퍼드 시절의 기억이 샘솟는 듯하다. 아버지의 집으로 돌아가기 위해 진로를 바꾸는 순간 올리버가 말문을 연다.

"옥스퍼드에 도착한 첫해에, 독서 및 탐구와 관련하여 뭔가 이상한 일이 벌어졌어. 나는 왕성한 지적 욕구를 좀처럼 충족하지 못해 서양철학을 필사적으로 읽었지만 아무런 소용이 없었어. 나는 어떤 지식도 습득하거나 간직할 수 없었고, 책을 읽을 때마다 의문이 꼬리에 꼬리를 물고 이어졌어. 20년이 지난 지금 돌이켜 생각해보면, 독서의 유일한 가치는 '지식 습득하기'가 아니라 '새로운 의문 품기'였어.

나는 지적·감정적 붕괴를 경험했음에 틀림없어. 아니, 어쩌면 그 문제를 인식하고, '올바른 철학이—만약 그런 철학을 찾을 수만 있다면—문제를 해결해줄 거야'라고 생각했는지도 몰라. 나는 진리에 겨우 눈뜬 청소년 초기(열네 살이나 열다섯 살 적)와 완전히 결별한 듯한 느낌이 들었어.

에릭과 마찬가지로, 나는 엄청난 양의 정보를 강박적으로 집어삼켰어. 연감에 나오는 핀란드의 쌍둥이처럼 4000쪽짜리 물리학 핸드북을 들고 다니며, 모든 쪽을 가득 메운 표제어들을 깡그리 외웠어. 심지어 도표들까지 하나도 빠짐없이 암기했지만, 아무런 소용이 없었어. 정상적인 생각을 가진 사람이라면, 그런 해괴하고 무의미한 광란에 혀를 내두를 거야."

우리는 잠깐 말을 멈추고, 한 의료기판매점의 진열장을 들여다본다.

"나는 1학년을 마친 후 그런 광란에서 벗어났어." 올리버가 말을 잇는다. "답답함과 절망감을 뒤로 한 채."

일순간 어두워졌던 표정이 잠시 후 다시 밝아진다. "그 당시 가장 가까운 친구는 칼만 코헨Kalman Cohen이었는데, 얼마 후 피츠버그 대학교로 유학을 떠났어. 언젠가 그가 메이프스버리 로드 하우스에서 하룻밤을 묵었는데, 다음 날 아침 우리 어머니가 시트를 보고 소스라치게 놀랐어. 온통 방정식으로 뒤덮여 있었거든.

두 번째 친구는 신츠하이머Sinzheimer라는 녀석으로, 흥미롭게도 재주꾼인 동시에 병적인 거짓말쟁이였어. 그러나 중요한 것은, 결국에는 좋은 일을 한다는 거였어. 그는 러시아어를 할 줄 안다고 주장하다가 엉겁결에 옥스퍼드의 러시아학회 회장이 되었지만, 러시아어를 한 마디도 하지 않았어. 그러나 나중에 러시아어를 했을 때는, 슬라브어를 가르칠 정도의 실력자였어! 그럼에도 불구하고 나중에—그러니까 지금으로부터 15년 전—스스로 목숨을 끊었어. 나는 그제서야 비로소 깨달았어, 그에게 삶이 얼마나 고통스러웠는지를.

세 번째 친구는 비비언 존스Vivien Jones로, 현재 런던에서 판사로 일하고 있어."

"그러나 나는 영재보다는 자살자와 훨씬 더 가까웠어." 그는 과거를 회상하며 이렇게 말한다. "몇 년 동안 고달픈 삶의 연속이었어. 열 살부터 열네 살 사이에 까치발을 하고 맴돌던 신경증적·성적 스트레스가 송곳니를 드러내며 다가왔어. 존 스튜어트 밀의 위기가 매년 점점 더 가까이 다가와, 워즈워스만이 답을 줄 수 있는 지점에 도달했다는 생각이 들었어. 3년째 되는 해에는 시어도어 로스케Theodore Roethke•의 제자인 리처드 셀리그Richard Selig만이 답을 줄 수 있었어.

나는 4년째 되는 해에도 비슷한 위기에 봉착했어. 실험연구는 지지부진했고, 리처드 셀리그는 (공교롭게도 내가 진단한) 림프육종lymphosarcoma 때문에 죽어가고 있었어. 당시 그의 나이는 겨우 스물여덟 살이었는데, 듣자 하니 사형선고를 받은 상태에서 최고의 시를 썼다고 하더군.

사정이 이러하다 보니, 나는 1년 동안 고독을 씹으며 정량

• 미국의 시인(1908~1963). 그의 작품에는 지적 분위기를 풍기는 정형시와, 쉬르리얼리즘의 경향을 띤 자유시가 있다. 주요 시집으로는 《오픈 하우스》, 《잃어버린 아들과 그 밖의 시》, 《각성》(퓰리처상 수상작), 《바람의 말》 등이 있다.

적 과학의 함정—지금은 극복했지만—에서 헤어나지 못했어. 나는 집에 돌아와 밤새도록 글을 쓰다가(이 시기의 글은 나에게 밤술nightcap이나 마찬가지였어) 새벽녘에 겨우 잠자리에 들었어."

우리는 어느덧 크리클우드로 향하는 올소울스All Souls 애비뉴에 접어들어 느긋하게 걷고 있다. 거리는 텅 비어 있다.

"나의 지도교수는 부모님에게, 내가 폭발 일보직전에 있다고 귀띔했어. 그러면서 마음을 가라앉히기 위해 이스라엘의 키부츠에 보내는 게 좋겠다고 말했어. 나는 키부츠에 다녀와서 마음이 차분해졌고, 1960년대 중반까지 더 이상의 광란은 없었어. 키부츠는 하이파 근처에 있었고, 약 3개월 동안 내 마음을 누그러뜨렸어. 나는 키부츠의 구조, 공동체, 구체적인 사명감을 좋아했어. 사실, (한때 나를 견딜 수 없게 만들었던) 히브리어를 저절로 터득하기 전까지는 만사 오케이였어. 나는 그다음 에일라트Eilat••로 가서 스노클링을 즐기며 해양생물학과 사랑에 빠졌어."

"그건 그렇고," 그는 스스로 화제를 바꿨다. "내가 일전에 〈뉴욕커〉에 기고한 비폭력연구소에 대한 대담을 읽어본 적 있어? 음, 그 연구소의 소장인 진 샤프Gene Sharp는, 내가 런던에서 의대에 다닐 때 사귄 친구 중 하나야. 우리는 서로 좋아했어. 한번은 노르웨이의 작은 섬에 함께 놀러 갔는데, 서로 상대방에게 신경 쓰지 않고 멋진 시간을 보냈어. 그는 간디의 정신을 이어받은 비폭력주의자로, 정치적 성향이 뚜렷했어. 아무런 갈등 없

•• 이스라엘 남단에 위치한 항구도시이자 휴양지.

이 누군가와 집을 공유한 것은, 그때가 처음이었어. 나는 바쿠닌 Bakunin•을 많이 읽었어."

"은둔하는 사람 치고," 그는 갑자기 순순히 인정한다. "나는 너무 많은 사람들을 만나는 것 같아.

월즈덴의 길가에서 만난 사람들에서부터 지금 메이프스버리에 들어오고 있는 사람들에 이르기까지.

이스라엘에 다녀온 후, 나는 난생처음 섹스를 경험했어." 그는 갑자기 서두른다, 아버지 집으로 돌아가기 전에 이야기를 마무리하려는 듯. "잘빠진 몸매에 마호가니 브라운 피부를 가진 스물두 살짜리 청년은 암스테르담으로 날아가, 곤드레만드레 취해 한 골목길에 대자로 누웠다가 서른일곱 살짜리 멋진 남성에게 걸려들었어. 그는 내게 인생과 술집 등을 이야기했어. 나는 믿을 수 없을 만큼 순진하고 순수하고 결백했지만, 가장 사악한 판타지에 사로잡혔어.

다양한 친구들이 내게 여자를 소개해주려고 애썼는데, 한번은 칼만이 나를 위해 데이트를 주선했어. 덕분에, 겉으로는 당차 보이지만 사실은 연약하기 짝이 없는 여성과 몇 차례의 (알맹이 없는) 지적인 만남을 가졌어. 그런데 알고 보니, 그녀는 버니스 Bernice••—일곱 자리 숫자의 지참금을 가진 통통한 유대인 여성—였어. 나는 마치 화성인의 호위를 받으며 학교에 다니는 듯한 느낌이 들었어. 그러나 문제는, 자네도 알다시피 내가 지구에 산다

• 러시아의 무정부주의자(1814~1876).

•• '승리를 가져오는 자'라는 뜻의 여자 이름.

는 것이었어. 칼만 코헨은 나의 가장 좋은 친구 중 한 명이었지만 나를 너무 몰랐어. 그래서 그 후로도 2년 동안 나를 한 명의 여인과 짝지어주려고 무던히 노력했어.

나중에, 나는 의대생 시절 마지막으로 치른 해부학 시험 시간에 크게 당황했어. 그동안 수없이 해부를 해봤음에도 불구하고, 여성의 생식기를 전혀 기술할 수 없었거든. 그래서 90명의 학생 중에서 89등을 차지했어. 사실, 나는 여성의 하복부에 뭐가 있는지 생각해본 적이 없었어. 내게 그 부분은 일종의 암점, 무無보다 더 불가사의한 미분화未分化의 영역이었던 거야.

그럼에도 불구하고, 나는 몇 년 전 어머니를 위해 부인과 서적을 대필할 수 있었어."

이제 그의 집이 시야에 들어온다. "나는 몇 달 전 어머니의 기념일에 관한 꿈을 꿨어. 내가 이 자리에 서 있는데, 어머니가 나타나서 물었어. '긴 휴일 동안 어디에 있었니?' 잠에서 깨어난 나는 그날이 어머니의 생일임을 알았어. 그 순간까지 어머니의 생일을 까맣게 잊고 있었다니!"

우리는 계단을 올라 그의 집으로 들어가, 새벽 3시에 잠자리에 든다.

〰〰

다음 날 아침, 나는 계엄법에 대한 보고서를 작성하기 위해 폴란드로 향한다. 그리고 10일 후 미국으로 돌아오는 길에, 며칠 동안의 마지막 인터뷰를 위해 런던을 경유한다.

조너선 밀러와의 대화

나는 조너선 밀러에게 전화를 건다. 그는 저명한 내과의사이자 왕년의 희극 배우(케임브리지 시절과 그 직후에 앨런 배넷Alan Bennett, 피터 쿡Peter Cook, 더들리 무어Dudley Moore와 함께 〈비욘드 더 프린지Beyond the Fringe〉의 극본을 썼고 그 희극에 출연하여 명성을 날렸다), BBC 다큐멘터리 단골 출연자이자 고전문학 번안가(기회가 된다면, 그가 쉽게 풀어 쓴《이상한 나라의 앨리스》와《플라톤의 향연》을 읽어보라)다. 그는 국립오페라단의 리허설 무대에서 자신이 최근 각색한 〈마피아 리골레토Mafia Rigoletto〉를 영국국립오페라단과 함께 리허설 하던 도중, 잠깐 시간을 내어 나와 인터뷰를 한다. 아래의 내용은 녹음된 통화를 각색한 것이다.

올리버를 처음 만난 때는?

1950년과 1948년 중 하나인 것 같다. 그 당시 내 나이는 열다섯 살쯤이었는데, 진짜로 친해진 것은 그다음 해였다. 그는 이상하고 영리하고 뚱뚱한 소년으로, 헐렁한 트위드 오버코트를 걸치고 럭비구장 가장자리에 서 있는(또는 무릎 꿇고 앉아 있는) 유스티노프Ustinov•를 연상시켰다.

올리버는 그 당시에도 체격이 우람하고 차분한 소년이었나?

• 영국 극작가 겸 배우이자 영화감독인 피터 유스티노프(1921~2004)를 가리킨다.

아니다. 그는 왠지 늘 어색해 보였다. 나이가 들어감에 따라, 《전쟁과 평화》에 나오는 피에르•• 같은 인상을 풍겼다. 근시안이고 세련되지 못하며, 갑자기 날카로운 웃음을 토해내는 버릇이 있고….

처음 만났을 때는 고전문학에 심취해 있었지만, 고전문학에 대한 적성검사를 통과한 후에는 생물학으로 전향했다. 나 역시 그즈음 생물학에 매료되었으며, 내가 그의 진면목을 안 것은 바로 그때였다. 우리는 매우 경쟁적인 유대인 청년 과학도 그룹의 일원으로, 마치 온실과 같은 분위기에서 함께 공부했다.

당신의 부모님도 유대인이었나?

그렇다. 그러나 올리버의 부모님만큼 골수파는 아니었다. 요즘 누군가에게 유대인이냐는 질문을 받으면, "음, 나는 무늬만 유대인이에요"라고 대답하는 경향이 있다.

어쨌든, 우리의 공통점은 유대인 부모의 아들이 아니라, 시드 패스크라는 멋진 생물 선생님의 제자였다는 것이다.

올리버와 에릭도 패스크를 언급했다. 그는 어떤 사람이었나?

금발과 파란 눈을 가진, 농장 경영자 스타일의 특이한 선생님이었다. 보수주의자와 무신론자를 반반씩 섞은 허버트 스펜서

•• 베주호프 백작의 서자로, 유학을 하고 돌아와 이상주의자적인 성향을 띤다. 막대한 재산을 상속받고 바실리 공작의 딸 엘렌과 결혼하지만 곧 파경을 맞는다. 세상을 바꿔보겠다는 꿈을 꾸지만, 전쟁 중 프랑스군에 잡혀 포로생활을 하며 인생에 대한 깊은 고뇌를 한다.

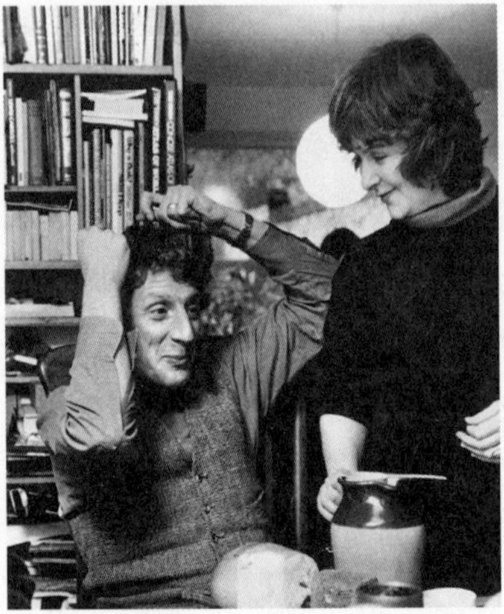

• 조너선 & 레이철 밀러.

유類의 구시대적 인물로, 내가 보는 견지에서는 한물간 사회적 다윈주의자였다. 매우 보수적이고 권위주의적이었지만, 자신의 권위를 받아들인 학생들로부터 열렬한 사랑과 지지를 받았다.

그는 매년 경이로운 생물학 이벤트를 벌였으니, 우리를 인솔하고 (스코틀랜드 남서부 해안의 클라이드강 하구에 자리 잡은) 밀포트의 해양생물학 연구기지에 견학을 가는 것이었다. 그것은 우리 모두의 삶에서 매우 중요한 부분을 차지했다. 우리 셋은 그곳에서 특별하고 경이로운 실험을 하고 많은 생물들을 수집했는데, 각각 독보적인 영역을 하나씩 꿰차고 있었다. 올리버는 두족류, 나는 다모류polychaete 벌레, 에릭은 해삼류를 비롯한 극피동물echinoderm을 좋아했다. 우리가 생물학을 좋아한 이유는, 유대인 특유의 '이름 짓기'와 '목록 만들기' 습관 때문이었던 것 같다. 우리 모두의 입에서는 린네의 이명법二名法에 입각한 학명이 노래처럼 흘러나왔다.

우리가 박물관에 흥분한 이유도 마찬가지였다. 소장된 표본이 일목요연하게 정리되어 있고, 일일이 라벨이 붙어 있고… 우리는 그 자체에 희열을 느꼈는데, 그건 일종의 동물학적 카발라 zoological kabbalah였다. 내 말은, 생물학과 박물관에는 거의 랍비적인 요소가 내재한다는 뜻이다.

그렇다면 혹시 패스크도….

아니다, 그는 유대인이 아니다. 그는 너무나 순진무구해서, 자신의 긍정적 생명관이 유대인과 흡사하다는 점을 전혀 의식하지 않았다. 그러나 의식적으로 그런 게 아니라, 전혀 무관심했다고 봐야 한다.

올리버에게 "조너선의 부모님이 당신과 당신의 두족류를 어떻게 생각했나요?"라고 물으니, "조너선에게 직접 물어봐"라고 했다.

음, 그래? 그럴 만도 하다. 특이한 에피소드 하나를 들려주겠다. 어느 휴일엔가 우리 가족—부모님, 누이, 나—이 한 자리에 모여, 남부 해안의 별장을 빌려 여름 휴가를 보내기로 결정했다. 나중에 올리버와 에릭도 합류했다. 나는 두 친구의 실루엣이 연출한 특이한 앙상블을 잊을 수 없다. 올리버는 중산모자, 에릭은 (종아리 위로 걷어 올린) 괴상망측한 바지 차림이었다. 둘은 방파제를 따라 살금살금 걷다가 불쑥 모습을 드러냈는데, 영락없이 《고도를 기다리며》에 나오는 포조와 럭키 같았다. 그리고 얼마 후 셋이 함께 저인망 어선을 타고 바다에 나가 갑오징어를 많이 잡았다. 우리는 그것을 단지 속에 넣어 창턱 위에 보관했는데, 며칠 후 이상한 냄새를 풍기기 시작하더니 급기야 폭발하여 별장 전체가 끔찍한 악취로 가득 찼다. 별짓을 다해봤지만 냄새는 제거되지 않았는데, 때마침 나의 가족은 외출중이었다. 정신줄을 놓은 올리버는 식료품점으로 달려가 코코넛 추출물을 사다가, 악취를 은폐할 심산으로—마치 제사에 사용하는 향香처럼—온 집안에 뿌렸다. 그러나 웬걸. 악취가 은폐되기는커녕, 코코넛 추출물의 고약한 냄새와 '썩어가는 두족류'의 악취가 교대로 진동하는 게 아닌가!

올리버의 말에 따르면, 그 일이 있은 후로 당신의 부모님이 올리버의 방문을 달갑지 않게 여겼다고 하던데.

내 생각에, 그분들은 원래부터 올리버를 '괴팍하고 다루기 힘든 녀석'으로 간주해왔다. 그는 뭐든 꺼내 뒤집어엎고 내용물을 흘렸으므로, 도자기류는 필히 숨겨야 했다. 또 한 가지 특이한 점은, 그는 끊이지 않는 식탐과 잡식성의 소유자였다. 그러므로 그가 집안에 존재하기만 하면, 어느 틈엔가 모든 음식이 그 앞으로 모여들었다. 그렇다고 해서 그가 음식을 폭풍흡입한 건 아니고, 모든 음식물이 중력에 이끌려 그의 앞으로 이동한 후 서서히 체계적으로 그의 입속으로 들어갔다. 그건 실로 자연의 힘이었다. 만약 음식이 없다면, 그는 전혀 배고픔을 느끼지 않았다. 그러나 음식이 보이기만 하면, 틱 장애를 방불케 하는 섭식행위가 시작되어 음식물을 조용하게 감쪽같이 해치웠다.

그런 특이한 식습관이 어디에서 왔다고 생각하나?

나는 정말 모른다. 그만의 특별한 습관인 것 같다. 그의 아버지는 무한한 호의를 베푸는 뚱보 아저씨로, 자기 집을 방문하는 소년들이 색스와 똑같은 대식가일 거라고 생각하는 것 같았다.

올리버의 어머니도 마찬가지였나?

아니다. 그의 어머니는 매우 인상적인 여걸이었지만, 뚱보는 아니었다. 그에 반해 아버지는 매우 뚱뚱했고, 아흔 살이 다 된 지금도 여전히 뚱뚱하다. 어머니는 상당히 엄격한 부인과의사로, (엘리자베스) 개럿 앤더슨 병원에서 내 아내를 가르쳤다. 그녀는 병원 일과 집안일을 분리(또는 구분)하지 못해, 수술대를 바라보며 앉아 있거나 수술을 할 때 수간호사에게 이상야릇한 노스런던 억양으로 말했다. "얘야, 내게 스펜서 웰스 지혈겸자Spencer Wells hemostatic forcep를 건네주렴. 우리는 여기서부터 골반pelvis까지 절개할 건데, 거기에는 고름이 많을 거야. 아이 참, 얘야! 이따 퇴근할 때 결정화 생강crystalized ginger을 챙겨주지 않겠니?" 이런 식으로, 수술대에서는 공과 사가 전혀 구분되지 않았다. 내가 금요일 밤의 식사 모임에 합석했을 때도 상황은 마찬가지였다. "오, 조너선. 너도 이 문제에 관심이 많을 거야. 내가 오늘 오후에 매력적인 사례를 다뤘거든. 예순 살 된 여성이 하복부에서 시작되어 점차 왼쪽 옆구리로 이동하는 통증을 호소했어. 그래서 나는, 간단히 말해서, 그녀의 배를 열어 왼쪽 정중옆절개left paramedian incision를 시행했어. 그랬더니 골반에서 고름이 무척 많이 나왔어. 샘, 내게 마요네즈 좀 건네줄래요?"

그건 당신이 아직 옥스퍼드에 다닐 때….

오, 물론 이건 내가 옥스퍼드에 다닐 때의 이야기다. 그러나 올리버는 열 살, 열한 살, 열두 살 때부터 그런 일을 겪었다.

그녀는 꾸준하고 조용하고 은근하게 자신의 일에 대한 관심을 드러냈다. 그와 동시에 집안일에도 열정적이지만 눈에 띄지 않게 관심을 드러냈다. 그리하여 병원 일과 집안일 사이를 여백이나 경계 없이 수시로 넘나들었다.

다시 말해서, 그녀는 엄청나게 가정적이어서, 각양각색의 주방용품으로 가득 찬 널따란 저장소를 갖고 있었다. 나의 아내는 언젠가 그녀의 저장소를 둘러보도록 허락받고 벌어진 입을 다물지 못했다. 올리버의 어머니가 수납장 문을 자랑스럽게 열어젖히자, 20~30개의 브릴로Brillo 수세미, 40통의 연마제, 수백 개의 세제가 모습을 드러냈다. 그 모든 것들은 전국의 상점들이 일제히 문을 닫는다는 가상적 재난에 대비하여 비축해놓은 것이었다.

의사로서의 평판은 어땠나?

그녀는 자타가 공인하는 유능한 부인과의사로, 의학계와 자신이 일하는 병원에서 널리 존경받는 위풍당당한 인물이었다. 그녀는 소름이 끼칠 만큼 풍자적인 여성으로, 멍청한 보조자들을 절대로 용납하지 않았다. 그러나 (한때 그녀를 보조했던) 내 아내는 그녀의 의술을 높이 평가했고, 환자와 속 깊은 이야기를 나누는 그녀의 친절함과 다정함에 크게 감동했다.

올리버가 환자들과 가까워진 것도, 같은 맥락에서 이해할 수 있나?

그렇다, 충분히 그럴 수 있다고 생각한다. 그는 매우 특이한 환자—일종의 독방에 감금되어 외부와의 연락이 두절된 환자—들에게 다가가, 빼어난 방법으로 의사소통하는 데 성공했다. 어떤 면에서, 환자들은 올리버 자신의 고독함과 사회성 결핍을 보여주는 거울상 또는 메타포였다.

올리버의 아버지는 어땠나?

나는 그를 '가정적인 수다쟁이 아빠' 정도로 기억한다. 내 생각에, 그에게는 지적인 구석이 전혀 없어 보였다(그런 면에서는 그의 어머니도 마찬가지였다. 그녀는 부인과의사로서, 자신의 전문 분야에서 활약하며 남편과 외견상의 균형을 이룰 뿐이었다). 그는 환자를 진료하는 데서 희열을 느낀 탁월한 진단가로서, 노스런던의 유대인 환자들 사이에서 큰 사랑을 받았다. 그는 승용차의 트렁크에 건어물을 가득 싣고 돌아다니며, 만나는 사람들에게 즉흥적으로 나눠주곤 했다. '배를 채우고자 하는 욕망의 강도는 너 나 할 것 없이 똑같다'는 것이 그의 생각이었다. 결과적으로, 음식에 관한 한 색스 부자의 상반된 에너지 흐름(베풂과 독식)은 정확히 상쇄되었다.

올리버는 '가문의 영재'로 간주되었나?

난 그렇게 생각하지 않는다… 내 말은, 부모가 그를 영리하다고 여기고 칭찬했을 뿐, 그 이상은 아니었다는 뜻이다. 조현병에 걸린 마이크를 제외하고, 부모와 삼형제들은 모두 성공적인 의사였다. 그러나 그중에서 지적인 사람은 올리버 하나밖에 없었다. 호주로 간 마커스는 훌륭한 관절염 전문의였을 뿐이다. 데이비드는 쇼비즈니스 업자 빰치는 개업의로서, 크고 핸섬하고 금발을 가진 골렘Golem•에 불과했다. 나는 그런 스타일의 인물들을 별로 좋아하지 않았다. 그러나 올리버는 랍비의 풍모를 지닌 지성인이었다.

올리버는 스스로 '잘못 태어난 구성원'이라고 느꼈나?

나는 그렇다고 생각한다. 그는 잘못 태어났음에도 불구하고, 사랑받고 칭찬받는 구성원이었다. 그러나 그는 고독한 괴짜로, 지나치고 갑작스럽고 특이한 에너지와 열정을 발산했다. 예컨대, 그는 6개월에서 1년 사이에 현존하는 최고의 입체사진 전문가로 변신했다. 또는 주기율표에 정열적으로 몰두하더니, 이윽고 하나의 특별한 족族, 이를테면 희토류 원소로 관심 범위를 좁혀 표본을 우편으로 주문했다.

사우스켄싱턴에서는 일종의 희귀현상이 일어났으니, 우리 셋이 공유하는 웰스 스타일—여기서 '웰스'란 19세기의 과학소설 《달에 처음 간 사나이the first men on the moon》를 쓴 H. G. 웰스를 말한다—의 경이로운 과학이었다. 킬번 천문대 뒤쪽에 자리잡은 다소 음울한 빨간 벽돌집 안에는, 올리버의 실험실이 있었다. 일견 평범하고 전통적인 부르주아적 유대인 주택에서 살았지만, 그는 고집스레 수집한 특이한 액체와 물질들만큼이나 특이한 괴짜였다. 예외적이고 특이한 것들은 늘 올리버의 관심을 사로잡았다.

• 점토로 만들어 생명을 불어넣은 인형. '형태 없는 것'이라는 뜻의 히브리어로, 유대교 경전 탈무드에서는 '신이 대지로부터 아담을 만들기 전의 태아'를 가리켰다.

그는 학교에서 아이들에게 놀림을 받았나?

내가 기억하는 한, 그렇지 않았다. 친구들은 늘 그를 놀렸지만, 악의 없이 그저 재미 삼아 그랬을 뿐이다. (리허설 무대를 벗어나 그의 승용차로 향하는 동안, 우리의 대화는 잠깐 멈췄다 다시 계속된다.) … 실험실의 표본들은 하나같이 젤리질이고, 촉수가 있고, 유연하고, 뼈가 없었는데, 지금 생각해보니 모두가 하나같이 '뭔가를 에워싸고 감싸는 생물'이었다. 추측하건대, 그는 그런 생물들을 무의식중에 섹스 파트너로 간주했던 것 같다.

오, 무의식중에 그렇게 간주했다니! 오늘날 그런 측면을 가장 반가워할 사람은 올리버일 것이다. 세인트폴스를 졸업한 후에는 어떻게 생활했나?

음, 그는 에릭과 함께 옥스퍼드의 퀸스 칼리지에 들어갔다. 나는 옥스퍼드가 아닌 케임브리지에 들어갔으므로, 대학 시절에 관계가 약간 소원해졌다. 그러나 그 시절은 그의 삶에서 매우 중요한 부분 중 하나였다. 그는 옥스퍼드에 대해 많은 이야기를 했던 것으로 기억된다. 그는 일부 교수들에게 많은 사랑과 칭찬을 받았다. 에세이상과 학술상을 받았고, 왕성한 글쓰기 능력을 과시했으며, 매우 지적인 학생으로 간주되었다. 그러나 서투름으로 인해 그 모든 것이 허사가 되어—즉, 그의 과학적 명성이 파괴되어—, 그 자신과 많은 사람들을 실망시키게 된다. 그는 순전히 베주호프적•• 서투름 때문에 모든 실험을 망쳤다. 근시안적이고 서

•• 《전쟁과 평화》에 나오는 피에르 베주호프와 유사한 스타일을 말한다.

투른 그를 일컬어, 우리는 '숙맥 유대인'이라고 불렀다. 그럼에도 그는 우수한 성적을 거뒀고, 미들섹스 병원에 스카웃되어 인턴 생활을 했다.

세인트폴스에서 잉태된 올리버의 태도를, 당신은 필사적 과잉desperate excess이라고 부른다. 그런 면모는 언제 드러났나? 인턴 시절 이전이었나, 아니면 인턴 시절 동안이었나?

둘 다 아니다. 의대생 시절 후기까지, 나는 그런 모습을 보지 못했던 것 같다. 그런 모습이 나타나기 시작한 것은 캘리포니아로 떠났을 때였지만, 아직 런던에 머물고 있을 때부터 지나치게 특이하고 실험적인 태도를 보이기 시작했다. 피가 반쯤 섞인 밀크셰이크를 만들지 않나, 태반을 기름에 튀기지 않나… 그는 온갖 기행을 서슴지 않았다. 그는 툭하면 자신을 실험대상으로 삼았는데, 이는 '비중이 가장 높은 체액'이나 '유리와 동일한 내화력을 가진 인체기관'을 찾으려는 노력과 일맥상통했으며, 가장 특이한 가능성과 흉물스러움으로 귀결되었다.

물론, 그는 나중에 오토바이, 스피드, '마스크 쓴 익명의 인물 고르기' '시속 160킬로미터로 질주할 때의 흥분 경험하기'와 같은 기행들을 선보였다. 그의 성적性的 우주는 거의 뉴턴적이어서, 사람보다는 가속도와 관련되어 있었다. 또한, 그는 엄청나게 위험한 약물복용에 탐닉했는데, 그 약물은 모종의 방법으로 그의 신체에 비가역적 손상을 입혔다.

그런 그가 어떤 형태로든 존재하고 있음을 어떻게 알 수 있었나?

음, 첫 번째는 그가 초인적인 힘을 갖고 있었다는 것이다. 탁월한 역도 실력의 기본은 캘리포니아로 가기 전 영국에서 이미 확립되었다. 그에 더하여, (거대한 파충류나 양서류를 연상시키는) 희한한 스타일의 수영 실력을 빼놓을 수 없다. 평발이어서 육지에서는 뒤뚱뒤뚱 어설프게 걸었지만, 물속에서는 물 만난 고기였다. 물이 체중을 떠받쳐 주므로 발에 가해지는 부하가 적은 데다 미세한 손놀림이 불필요하므로, 돌고래처럼 우아하고 능수능란하게 유영할 수 있었다. 그저 신기할 뿐이었는데, 신기하기는 역도도 마찬가지였다. 엄청난 원반이 끼워진 쇠막대를 들어올리는 폭발적인 힘이란!

그가 역도와 선탠을 하던 모습이 기억난다. 낮에는 옥상에서 구슬땀을 흘렸으므로, 올리버는 인턴으로서 주임의사의 회진에 참여하는 임무를 저녁으로 미루곤 했다. 그리고 어쩌다 한 번씩은 아침 일찍 10킬로그램짜리 쇳덩어리를 양쪽 발목에 동여매고, 가운과 셔츠를 벗어 젖혀 갈색 가슴털을 드러낸 채 철커덕 소리를 내며 병동을 누볐다. 그건 사람이 아니라 거대한 골렘이었다. 그런 엽기적인 행동은, 부족한 역도와 선탠을 보충하기 위한 자구책이었다.

《깨어남》이 큰 성공을 거두지 못했고 은둔자처럼 고독하게 지내는 요즘, 올리버는 작가로서 지명도가 별로 높지 않음을 언짢아하고 있다고 생각하나?

사실, 올리버는 충분한 현실감을 갖고 있으며, 자신의 역량에 걸맞은 사회적 인정과 명성을 간절히 원한다. 어떤 사람들은 하시디즘• 적 고독이 대중성과 배치된다고 생각하는 모양인데, 나름 일리가 있다. 그러나 내 생각은 다르다. 바라건대, 하시디즘적 고독이 그의 발목을 잡지 않았으면 좋겠다. 그는 유명세와 사회적 성공을 원하며, 그것을 위해 늘 분투하고 있다.

그가 처한 사회적 상황을 '입을 쩍 벌린 만灣'으로 기술한다면 매우 흥미로울 것 같다. 만을 사이에 두고, 한편에는 혀가 꼬인 채 말을 더듬는 수줍음(때로는 독단적인 까다로움)이 있고, 다른 편에는 우아하고 화려하고 무한한 희망이 있으며, 양쪽이 팽팽한 긴장관계를 유지하고 있고 말이다.

내가 알기로, 그의 생활은 어느 한쪽으로 치우치지 않고 정확한 균형을 이루고 있다. 어떤 때는 우아함과 즐거움과 흥미로움을 추구하고, 어떤 때는 매우 암울하고 심지어 감당할 수 없을 만큼 폭발적이다. 그는 매우 특이한 사람이지만, 자신의 삶을 스스로 개척한다. 심지어 그런 어색함을 신화적으로 해석하므로, 일종의 품위마저 엿보이는 영웅적인 자세라고 할 수 있다. 그런 자세가 그의 미래에 어떻게 작용할지 모르겠다. 의료계 종사자들이 그를 싫어하는 게 분명하지만, 그들의 부적절한 평가가 사회적 반감을 초래함으로써 올리버에게 되레 긍정적으로 작용할 수 있다.

인터뷰를 하다 보니, 문득 당신의 말과 올리버 말 사이에는 한 가지 유사

• 18세기에 폴란드와 우크라이나의 유대교도 사이에서 일어난 신비주의적 경향의 신앙 부흥 운동.

한 점이 있다는 생각이 든다. 그것은 '내가 한 분야에서 대가가 됐다'는 자신감과 '지금까지 아무것도 이루지 못했다'는 박탈감이 공존한다는 것이다.

문제의 정곡을 찔렀다. 에릭의 말에서도 그런 느낌을 받았을 것이다.

그런 느낌은 어디에서 비롯한 걸까?

세인트폴스에서 형성된 작은 동아리에서 기인한다고 본다. 동아리의 구성원들은 '내가 매우 영리하고, 과학적 성취를 통해 이루지 못할 것은 아무것도 없다'고 믿을 만한 근거가 충분했다. 문제는, 우리가 설정한 '성취의 기준'이 매우 높았다는 것이다. 그도 그럴 것이, 우리가 '성취와 성공의 롤모델'로 삼은 사람들이 19세기의 걸출한 인물들이었기 때문이다. 올리버에게 이렇게 물어보라. "연체동물과 두족류를 좋아하던 시절, 당신이 숭배한 인물들이 누구였나요?" 우리 셋이 숭배한 인물은 똑같았으니, 빅토리아 시대의 위대한 백과사전적 비교해부학자들이었다. 그중 한 명이 레이 랭커스터Ray Lancaster였다! 올리버에게 가서 레이 랭커스터를 언급하고, 뭐라고 덧붙이는지 지켜보라. 그는 대뜸 위대한 비교배아학자인 게겐바우어Gegenbauer, 그리고 위대한 비교척추동물학자인 밸푸어Balfour와 굿리치Goodrich를 말할 것이다. 우리가 롤모델로 삼았던 인물들은 하나같이 근엄하고 진지하고, 해당 분야에서 일가를 이룬 사람들이었다. 내 생각에, 우리는 그런 위인들에 못 미친다는 자괴감에 시달린 것 같다. 아주 어린 나이에 그렇게 높은 목표를 설정한다면, 당신의 삶에 좌절감과 실망감이 드리우게 될 것이다. 우리 모두가 그랬던 것으로 생각된다. 나로 말하자면, '나는 누구일까?'라고 자문하고 겉만 번드르르한 쇼비즈니스 업자를 떠올리곤 한다. 짐작하건대, 올리버도 자신의 분야에서 나와 똑같은 감정을 느낄 것이다.°

그런 경향이 유대인 특유의 가정교육과 관련이 있다고 생각하는가?

전혀 아니라고 생각한다. 왜냐하면 유대인의 가정교육은 가정에 따라 매우 달랐기 때문이다. 방금 말한 것처럼, 올리버의 부모는 전혀 지적인 사람들이 아니었다. 다시 말해서, 그의 아버지는 일종의 히브리어 학자였지만, 상당히 부르주아적인 인물이었다. 반면에 나의 양친은 매우 지적인 사람들이었다. 어머니는 성공한 작가 겸 소설가 겸 빅토리아 시대 인물 전기작가였고, 아버지는 철학자 겸 정신과학자 겸 뛰어난 화가·조각가 겸 블룸즈버리•의 지성인이었다. 이처럼 유대인 부모들이 자녀에게 거는 기대는 제각기 달랐다. 예컨대 올리버는 히브리어를 읽을 줄 알지만, 나는 히브리어를 전혀 모른다.

당신은 히브리어에 관심이 없나?

전혀 관심이 없다. 나는 반反시온주의자이며, 상당한 기간 동안 반反유대주의자였다. 올리버도 나와 마찬가지로 '유대인 티' 내는 것을 싫어하지만, 유대인이라는 정체성에 나보다 더 오랫동안 강하게 집착했다. 예컨대 그는 어머니가 돌아가셨을 때 시바를 치렀고, 아버지가 돌아가실 때도 시바를 치를 것이다. 나는 유대인의 관습에 얽매이지 않는다. 다시 말해서, 내가 유대인임을 좋아하는 이유는 '한 곳에 정착하지 않고 떠돌아다니는 민족'이기 때문이며, 그 이상도 이하도 아니다. 다른 한편으로 나는 영국인이라는 데서 즐거움을 느낀다. 쇼파shofar•• 소리를 매우 싫어하지만, 영어로 된 찬송가를 부르면 감정이 북받쳐 목이 멘다.

그러나 올리버는 영국의 기원을 드루이드Druid••• 시대에서 찾고 있다.

맞다. 그러나 나는 앵글로색슨족의 특이한 삶에 매료되었다. 나는 그들에게서 큰 기쁨을 얻지만, 내가 그들의 일부가 아님을 잘 안다. 그럼에도 나는 그들과 매우 가깝다는 느낌이 든다. 그러

○ 조너선 밀러의 아들 윌리엄은 최근 발간한 회고록《글로스터 크레센트: 나와 아빠와 다른 어른들Gloucester Crescent: Me, My Dad and Other Grown-Ups》(London : Profile Books, 2018)에서, 아버지의 이 같은 경향을 부풀렸다. 그는 1975년 열한 살이었던 자신의 관점에서 이렇게 기술했다. "아빠의 기본적인 생각은 '나의 삶이 완전한 시간낭비였다'는 것이다. 아빠의 말에 의하면 당신이 그동안 이룩한 건 아무것도 없는데, 나는 그 점을 도저히 이해할 수 없다. 왜냐하면, 내가 알기로 아빠만큼 훌륭한 업적을 쌓은 사람은 아무도 없기 때문이다. 사람들이 아무리 당신을 칭찬해도, 아빠는 여전히 깊은 우울증에 빠져 헤어나지 못한다."(164쪽).
또한, 윌리엄은 올리버와 에릭이 글로스터 크레센트에 있는 밀러 가족을 정기적으로 방문하여 식탁에 마주앉은 일을 다음과 같이 기술한다(이 역시 열한 살짜리 아들의 관점에서 본 것이다). "아빠와 올리버는 '과학과 뇌에 관한 지식'을 놓고 치열한 경쟁을 벌인다. 올리버가 생각을 밝히다가 (앞에서 말한 고질적인 더듬거림 때문에) 한 단어에서 막히면, 아빠는 재빨리 말을 가로채어 자신의 이론을 펼친다. 한번은 올리버가 말을 더듬다가 좌절감을 느낀 나머지, 엄마의 은숫갈 하나를 식탁 아래서 비틀어 코르크스크루처럼 만드는 장면을 목격했다."(65쪽).
• 런던의 한 지역. 20세기 초 작가·예술가·출판업자 활동의 중심지였다.
•• 구약성서에 나오는 유대의 옛 악기.
••• 고대 로마 시대에 갈리아 및 브리튼제도에 살던 켈트족의 종교. 성직자 드루이드가 창시한 것으로, 점술을 주로 하고 영혼불멸·윤회·전생을 설법하며 죽음의 신을 세계의 주재자로 받들었다.

나 올리버는 지금의 영국인을 별로 좋아하지 않는다.

유대주의에 대한 몰입도 외에, 올리버와 나의 가정환경 차이에는 인테리어도 포함된다. 그의 집 인테리어는 내가 본 것 중 최악이었다. 중산층 유대인 가정의 전형적인 특징을 갖고 있었는데, 사실 문화랄 것도 없이 가구는 우중충하고 무겁고 볼품없었으며 가재도구는 흉물스러웠다. 한마디로, 아름다운 요소라고는 눈곱만큼도 없었다.

그러나 책이 많지 않았나?

아니다, 별로 많지 않았다.

유대에 관한 책은 많았을 텐데….

음, 히브리어로 된 책은 차고 넘쳤지만, 그 이외의 책은 전혀 없었다. 단, 올리버의 방만 빼고. 그의 방에는 다양한 분야의 책이 많았지만, 아버지의 방에는 오로지 히브리어 책만 있었다. 현재 나의 집에는 많은 그림과 방대한 장서가 있는데, 그중 일부는 아버지에게 물려받은 것이다. 나는 아버지의 작품을 많이 갖고 있다. 그러나 올리버의 집에는—이 점에 있어서는 에릭도 마찬가지지만—그림이 한 점도 없다. 올리버가 영국을 좋아하지 않는 이유 중 하나는, 영국의 전형적 특징 중 많은 부분이 시각적이기 때문인 것 같다. 올리버는 사물을 시각적으로 묘사하는 재능이 부족한 것으로 생각된다.

그러나 올리버는 사물을 감각적으로 묘사하는 데 있어서 타의 추종을 불허하지 않는가!

당신 말이 맞다! 그는 특이한 '촉감적 세계'에 살고 있다. 그가 식물원을 거닐다 연약한 양치식물을 만지려고 손을 뻗는 장면에서, 독자들은 즐거운 비명을 지르는 올리버의 모습을 연상하게 된다. 그러나 독자들은 그 식물이 아름답다고 생각하지는 않는다(또는 올리버에게 아름답게 보이는 만큼만 아름답다고 생각한다). 왜냐하면 '그것을 만지면 어떤 느낌이 들 것이다'라는 생각이 미적 감각을 압도하기 때문이다.

그와 똑같은 이유에서, 올리버는 휴일이 되면 에릭과 함께 종종 식도락 여행을 떠난다. 그들은 젊었을 때 암스테르담으로 날아가, 신기하고 특이한 식감을 가진 음식을 맛보곤 했다. 그들은 지금도 이국적인 동양 식당을 순례하며 여전히 미식가임을 과시한다. 그러나 내가 알기로, 그들은 화랑에 가본 적이 한 번도 없다.

그러나 그는 남다른 음악적 감각을 지니고 있지 않나?

물론 그렇다.

눈을 감은 상태에서 뭔가에 휩싸여 침잠하는 방법으로, 음악 말고 더 좋은 방법은 없다고 생각한다.

동감이다. 그는 한때 장래가 촉망되는 피아니스트이기도 했다. 그의 아버지는 60여 년 동안 관람한 오페라들을 거의 모두 완벽하게 재연한다. 그건 매우 특이한 재능으로, 집안의 내력인 듯하다.

캘리포니아 생활을 마감하고 뉴욕으로 이주하기 직전, 올리버의 삶은 완전히 해체되어 한치 앞도 내다볼 수 없는 상태였다. 불결한 주거환경에서 우울증과 막연한 복수심에 휩싸여 괴팍한 삶을 살았다. 그러나 그는 절체절명의 위기에서 벗어나, 점차 자아를 재구축하는 데 성공한 듯하다.

그러나 그는 일련의 주임의사 및 동료들과 잇따라 매우 특이하고 피해망상적인 관계를 형성했다. 그들은 올리버를 위태롭게 만든 폭군으로, 어떤 의미에서 그를 거세했는지도 모른다. 올리버의 눈에는 그들이 괴물로 보였을 테지만, '올리버의 판타지'와 '괴물들의 실상'을 구분하기는 매우 어렵다. 그러나 짐작하건대, 그들은 정말로 사악하고 인색하고 위선적이고 경쟁적인 '유대인 골목대장'이었을 것이다. 그들은 올리버를 이해하지 못하고, 그를 '우리의 우주관을 위협하는 존재'로 간주했을 것이다. 그는 마침내 나름의 타협안을 마련했는데, 그 내용인즉 '더 이상 어느 누구의 관리감독도 받지 않는 것'이었다. 그러나 단 하나의 예외가 있었으니, 경로수녀회가 바로 그것이었다.

(우리는 글로스터 크레센트에 있는 밀러의 자택에 도착하여, 주방의 식탁에 자리를 잡고 앉는다. 우리의 화제가 올리버의 섹슈얼리티로 넘어갈 즈음, 밀러의 아내 레이철이 주방을 들락날락하다 가끔씩 합석한다.)

초창기에, 올리버는 동성애자와 다소 거리가 있었던 같다. 왜냐하면 당시에는 '게이'라는 말 자체가 존재하지 않았기 때문이다. 그러나 그의 아버지가 무모한 시도를 한 것이 화근이 되었는데, 그 의도는 '아들을 설득하여, 전통적인 이성애자로 되돌려놓는 것'이었다. 아버지는 아들을 상담실로 데리고 들어가, 서랍을 열어젖히며 이렇게 말했다. "여기에 있는 피임도구를 네 마음대로 가져가도 좋아. 모두 네 것이니까 말이야!"

올리버에 따르면, 그의 어머니가 아버지에게서 막내아들의 동성애적 태도에 관한 말을 듣자마자 계단을 우당탕탕 뛰어내려와, 수시간에 걸쳐 신명기적 저주를 퍼부었다고 하던데….

맞다. 그녀의 저주는 입에 담지 못할 만큼 원색적이었다고 하는데, 그중에는 "배설물 같은 놈" 같은 충격적인 표현도 있었다.

며칠 동안 무거운 침묵이 흐른 후, 그 문제는 더 이상 거론되지 않은 걸로 안다.

그러나 내가 누누이 강조한 바와 같이, 그의 부모님은 결코 지적인 사람들이 아니었다. 만약 지적인 분들이었다면, 어떤 식으로든 타협안을 제시했을 것이다. 그들은 단순한 예시바Yeshiva• 식 기준에 따라 생활했고, 탈무드의 교훈에 한정된 교육을 받았으므로 다른 문화는 일절 인정하지 않았다. 그들에게는 할라카

• 정통파 유대교도를 위한 대학·학교.

halakah•가 전부였고, 그게 곧 법이었다. 물론 동성애는 할라카에 반하는 행동이므로, 악행으로 간주되었다. 올리버는 할라카보다 카발라에 더 이끌렸는데, 그 이유는 신비로운 비밀을 밝히는 데 관심이 많았기 때문이다.

당신이 아까 언급한 어색함이 동성애라는 뿌리에서 시작되어 다른 영역으로 확산되었다고 생각하나?

동성애라고 하면 상당히 구성적이고 형식적인 느낌이 든다. 그러므로 올리버의 성性지향성을 동성애라고 부르는 것은, 그 당시는 물론 오늘날에 비추어 봐도 다소 무리가 있다. 왜냐하면 대부분의 동성애자들은 매우 사교적이며, 우아함과 단정함과 격식을 갖추고 있다. 그에 반해 올리버의 어색한 동성애는, 그의 성격에 내재하는 '원초적 불일치'의 일부라고 보는 것이 타당하다고 생각된다.

(지나가던 레이철이 우리의 대화를 듣고 끼어든다. "여보, 왜 그 말을 하지 않아요?")

음, 생각해보니 그런 때가 있었군. 비록 잠깐 동안의 일이지만, 올리버는 몇 명의 친구들에게 커밍아웃을 하기 시작했었다. 그러나 얼마 후 이성애자로 되돌아가려고 노력하며, 약간의 도움

• 유대인의 도덕법칙과 법률, 관습 등의 총체로, 에스라(기원전 6세기 이스라엘의 지도자 겸 율법학자) 이후 유대 교사들이 대를 이어 계속 전해 내려온 성경의 해석 및 재해석에서 나온 유대교의 권위 있는 가르침과 생활방식을 일컫는 말.

과 우정과 조언자를 필요로 했다. 그는 이렇게 말했다. "나는 '엉덩이가 바짝 올라붙은 카리브해의 미녀들'—그는 그녀들을 이렇게 불렀다—한 쌍을 골랐어. 그녀들을 데리고 너의 집을 방문할 예정이니, 우리 넷이 함께 히스로 산책하러 가자구. 너의 존재가 왠지 도움이 될 것 같아."

레이철: 내가 방에 있다는 걸 완전히 무시하더군요!

조너선: 얼마 후 올리버가 대동한 여성들을 보고 나는 기겁했어. 엉덩이가 바짝 올라붙고, 방긋방긋 웃고, 쫄쫄이바지를 입은 미녀는커녕, 이상하고 새까만 합죽이 할망구들이었거든. 그녀들은 매춘부였는데, 그는 그녀들의 용모가 혐오스럽다는 사실을 모르는 게 분명했어. 그는 성적 인식불능증sexual agnosia 환자인 것 같았어. 흥미로운 점은, 솔직한 게이 중 상당수가 설사 자신이 이성애자가 아니라도 '이성애 남성에게 어필하는 여성의 매력'을 완벽하게 알아본다는 거야. 그런데 올리버는 그러지 못했어.

레이철: 그러나 그는 사회적 현실을 제대로 이해하지 못하는 것처럼 행동하며, 자신의 성적 불행을 당신에게 노출한 다음 자신의 실패를 스스로 비웃기 일쑤였어요. 그리고 어떤 때는 낭만을 추구하기도 했어요.

조너선: 맞아, 그에게는 일종의 화성인 같은 특징이 있어. 지구에 방문하여 '지구인의 취향'을 제멋대로 추론한 다음, 매우 끔찍한 실수를 저지른 것 같아.•• 까만색 가죽 라텍스 대신, 고무바지를 입고 말이야.

레이철: 그러나 고무바지는 체중변화와 밀접하게 관련되어

있어요. 그는 한 번에 2스톤[•••](약 13킬로그램)의 체중을 줄이곤 했거든요.

조너선: … 그리고 13킬로그램을 금세 회복하곤 했지. 그의 신체상body image은 완전히 제멋대로였어. 그러나 당신도 알다시피, 그는 이 점에서도 화성인 같은 특징을 다시 한번 유감없이 발휘했어. 그가 즐겨 읽었던 웰스의 책 《우주전쟁》에도 화성인이 나오는데, 그들은 두족류처럼 뼈가 없었고, 지구의 중력 속에서 스스로 지탱할 수가 없어서 거대한 기계적 보행장치 속에서 생활해야 했어.

그러나 성적 측면에 관한 한, 올리버는 요즘 모든 것을 과거 시제로 이야기하고 있다.

조너선: 맞아. 음, 올리버는 요즘 자기 자신을 일컬어 번아웃[••••] 상태라고 하지.

레이철: 그래요. 그건 20년 전의 일이에요. 마약, 섹스… 이제는 모두 끝났어요.

조너선: 그는 자신이 '달화되었다lunified'고 간주하고 있어. 달화lunification란 그가 만든 조어로, 달 표면의 풍경을 의미하는 말

•• 이것은 올리버가 《화성의 인류학자》라는 에세이 모음집을 출간하기 10여 년 전에 나온 말이다. '화성의 인류학자'는 그 책의 주인공 중 한 명인 템플 그랜딘Temple Grandin의 특징을 가리키는 말이다. 그랜딘은 자폐증 환자임에도 불구하고 놀라운 과학적 성과를 거뒀는데, 화성인이라는 비유는 그와 올리버 모두에게 적용된다.

••• 몸무게를 나타내는 중량의 단위로, 1스톤은 14파운드(약 6.5킬로그램)에 해당한다.

•••• 한 가지 일에 지나치게 몰두하던 사람이 극도의 신체적·정신적 피로로 인해 무기력증·자기혐오 등에 빠지는 현상. 탈진증후군이라고도 함.

이야. 한때 활화산이 가득했지만 지금은 비활성 분화구로 뒤덮인. 달화는《깨어남》에 나오는 환자들에 대한 올리버의 관심 및 동일시와 밀접한 관련성이 있다는 생각이 들어. 그들은 지금 비활성 상태이지만, 그들이 한때 살았던 드라마 같은 삶에 대한 기억을 아직도 간직하고 있어. 말하자면, 그들은 올리버 자신에 대한 기억인 셈이야.

레이철: 우리가 일전에 승용차 안에서 나눴던 대화의 데자뷰를 보는 것 같아요. 그 내용인즉,《깨어남》의 내용 중 상당 부분이 보르헤스●●●●●적 특징을 갖고 있다는 것이었어요. 그가 특정한 신경과의사들과 갈등을 빚는 부분이 바로 그거예요. 나와 이야기한 의사들의 중론은 "앞뒤가 맞지 않는다. 그건 환자들의 본모습이 아니므로 신뢰할 수 없다"는 것이었어요. 그들은 올리버를 낭만적 신경학자로 치부하며 배척했어요.

조너선: 음, 그가 낭만적 신경학자인 건 맞아. 그러나 그는 한 걸음 더 나아가, 사물을 색다른 관점에서 바라보고 이해했어. 그는 전통적·환원적 신경학자들보다 더 큰 그림을 볼 수 있었어.

레이철: 그러나 투사된 판타지 때문에 놓친 게 있어요. 그는 이상적·낭만적 관점에서 인간성과 결혼을 기술했으므로, 인간성과 결혼의 실상을 제대로 포착하지 못했어요.

조너선: 음, 그건 '엉덩이가 바짝 올라붙은 카리브해의 미녀들'의 경우와 똑같군. 내 말은, 그녀들의 엉덩이가 처졌으며 통상

●●●●● 보르헤스(1899~1986)는 아르헨티나의 시인·소설가·수필가로, 환상적 사실주의의 지평을 열었다.

적인 미녀의 기준에 부합하지 않았다는 뜻이야. 사람들은 환자들에게도 동일한 기준이 적용되는지 궁금해하고 있어. 그럼에도 불구하고, 카프카의 경우와 마찬가지로, 그런 픽션은 그 자체로서 '신기한 빛을 발하는 진실'이 된다고 생각해. 그녀들과 '올리버가 일컫는 환자'를 비교하는 것은 거의 부적절하다고 생각해.

레이철: 그는 환자들이 실제보다 더 흥미롭기를 원해요.

조너선: 맞아. 내 생각에, 그는 전 세계가 하나의 틱이고, 모든 사물 역시 틱이기를 바랐던 것 같아. 자신이 확인할 수 있는 모든 경우에, 일종의 '무한대적 표상'이 포함되어 있기를 바랐던 거야.

레이철: 그래서 하는 말인데, 올리버는 '투렛증후군 환자의 삶에서 5초 동안 일어난 일'을 주제로 책을 쓰고 싶어 했어요.

조너선: 물론, 그는 우주의 역사를 5초 속에 욱여넣을 수 있다고 믿었어. 그러나 그러려면 카발라로 돌아가야 해. 우주 전체를 구약성서 〈창세기〉의 한 문단 속에 집어넣는 것이나 마찬가지니까 말이야.

올리버는 자신의 게시판에 반 아이크 형제van Eyck의 그림이 그려진 우편엽서 한 장을 붙여놓고, 그것을 가리키며 "압축"이라고 말한다.

조너선: 음, 맞는 말이다. 그러나 달리 생각해보면, 그건 라이프니츠와 단자론monadology에 대한 개인적 관심을 반영하는 것이다. 단자론에 따르면, 세계는 무수한 단자monad들의 집합체이고, 각각의 단자는 (세계를 구성하는) 나머지 단자들의 표상을 포함한다.

사실, 라이프니츠는 단자론을 만들 때 카발리스트들과 어울렸다. 그러나 올리버는 신경학자다. 만약 그가 카발리스트들과 어울린다면, 신경학자로서의 신뢰성이 떨어지지 않을까?

조너선: 음, 그의 저술 중 일부가 현대 신경학 체계와 부합하지 않는다는 의미에서 본다면, 그렇게 생각할 수도 있어. 그러나 그는 고전적 신경학의 일부를 포용하고 대변하는데, 이는 현대의 환원적 신경학에서는 어림도 없는 일이야. 이런 특이한 무한성은 모든 개별적 자아에 내재하며, 통상적인 신경학에서는 취급되지 않아.

레이철: 나는 그가 어린이를 특별히 잘 치료했다고 생각하지 않아요.

조너선: 음, 그의 어린 시절의 대표성이 떨어지는 건 사실이야. 그 대신, 그는 (자신이 선정한 많은 특이질환들로 인해) 심신이 피폐해진 환자들을 위로하고 그들의 삶에 의미를 부여하는 데 탁월한 능력을 발휘했어. 사실 그들을 치료하는 방법은, 의사와 환자 간의 긴밀한 의사소통밖에 없었어.

그는 병원에서, '의사가 환자를 선택하는 게 아니라 환자가 의사를 선택한다'는 원칙을 지켰다.

조너선: 맞다. 많은 경우, 그의 환자들은 환자라기보다는 제자에 더 가깝다. 그러므로, 그에게 신뢰성이라는 잣대를 들이대는 것은 어떤 의미에서 부적절하다. 신뢰성의 기준과 검증방법을 생각해보라. 당신은 무슨 근거로 상대방을 신뢰하는가? 넓은 의미의 전통적 신경학에서 보면, 물론 올리버의 신뢰성은 떨어진

다. 인간의 삶에 대한 기술記述 중 대부분은 중간 범위, 즉 (대부분의 사람들에게 강요되며, 대부분의 질병의 출발점이 되는) 만성화된 통상적 삶을 겨냥하기 때문이다. 그러나 대표성이 떨어지는 장애는 매우 특이하고 이례적인 경험을 수반하므로, 그런 장애를 해결하려면 전혀 다른 영역의 논의가 필요하다.

언젠가 그에게 "왜 신경학자가 되었나요?"라고 물었더니, "생각하는 의사가 할 일이, 신경학자 말고 뭐가 있겠어?"라고 대답하며, "예컨대 심장의 경우 '흥미로운 펌프'인 건 분명하지만, 단지 펌프일 뿐이야"라고 덧붙였다.

조너선: 지당한 말이다. 그의 관점에서 볼 때 뇌는 단자이며, 그 목적은 모든 세상을 표상하는 것이다. 그와 대조적으로, 심장은 생명을 뒷받침하는 시스템의 일부일 뿐이다.

'폭발적인 작품활동에 이은 심각한 글막힘'이라는 현상을 어떻게 생각하나? 1973년에《깨어남》을 발간한 이후 후속작이 전혀 없으니 말이다.

조너선: 나도 알고 있다. 그것은 매우 특이한 현상이다. 심각한 무력감과 자기혐오증이 그의 발목을 잡고 있다. 종종 엄청난 양의 글을 쓰기도 하지만, 모두 갈기갈기 찢어버리고 만다.

세인트폴스 시절에도 그 비슷한 일이 있었나?

조너선: 아니야, 그런 일은 전혀 없었어. 늘 유창하게 말했고 글도 잘 썼거든.

레이철: 그는 의대를 졸업할 때까지 단 한 번도 유급하지 않

았어요.

조너선: 맞아. 연구 자체에 어려움이 있거나, 유리그릇을 깨뜨리거나, 시궁쥐에게 먹이 주는 것을 까먹은 경우는 있었어. 그러나 그건 그가 순수한 현상학적 세계에 속해 있었기 때문이야. 실험이란 현실의 단편화fragmentation, 즉 현실을 '관찰 및 측정이 가능한 일련의 사건들'로 분해하는 것으로, 올리버의 관심사가 아니었어. 글막힘은 의대를 졸업한 이후에 나타난 현상이야.

글막힘과 관련하여, 올리버를 설득하려고 노력해보았나?

조너선: 난 거의 시도하지 않았지만, 에릭은 아마 그랬을 거야. 우리 둘 중 올리버와 더 친한 사람은 에릭이었는데, 그 이유는 여섯 살 때부터 줄곧 알고 지냈기 때문이야.

레이철: 에릭에게서도 똑같은 기운이 느껴져요. 그 역시 방랑하기를 좋아하고, 뭔가에 얽매이는 것을 싫어하거든요.

조너선: 둘의 문제점은 똑같아. 에릭은 지나친 '사실 수집가'이자 서적상이야. 올리버 같은 카발리스트는 아니지만, 보르헤스적인 '색인 수집가'이자 전기작가야. (…) 그리고 올리버에게는 특이한 점이 한 가지 더 있어. 레이철과 내가 30년간 관찰한 바에 의하면, 그는 상대방의 말을 들을 때 흥분하는 경향이 있어.

레이철: 오, 그래요.

조너선: 당신도 경험했는지 모르겠지만, 그는 "음… 음… 그래… 맞아… 쉬… 쉿"이라는 추임새를 넣곤 해. 그의 사고 흐름을 방해할지도 모른다고 두려워한 나머지, 당신은 자신도 모르게 말꼬리를 흐리게 될 거야.

설사 그렇더라도, 환자들의 말은 경청했겠지?

조너선: 좋은 질문이다. 그는 환자들의 말을 늘 경청한다. 환자의 말을 들을 때, 그의 태도는 180도 달라진다. 주의 깊고 배려심 넘치는 그를 보면, 전혀 딴 사람이라고 여기게 될 것이다.

~~~~~~

콜린 헤이크라프트와의 대화

조너선 밀러와 정담을 나눈 다음 날, 나는 올리버의 영국 출판 에이전트 콜린 헤이크라프트를 방문한다. 그의 덕워스 사무실은 캠든타운 내 글로스터 크레센트의 요지에 자리잡은 올드피아노팩터리Old Piano Factory라는 건물에 입주해 있다. 나는 조너선의 집 앞에서 출발하여 금세 올드피아노팩터리에 도착하는데, 알고 보니 헤이크라프트의 집도 같은 블록에 있다(극작가 앨런 베넷, 소설가 마이클 프레인Michael Frayn 부부, 전기작가 클레어 토말린, 〈리스너〉를 거쳐 〈런던 리뷰 오브 북스〉의 편집자로 일하는 메리-케이 윌머스와 같은 쟁쟁한 문필가들의 집도 같은 블록에 있다. 그건 그렇고, 레이철 밀러의 자매는 (조너선과 아무런 혈연관계가 없는) 칼 밀러와 결혼했으며, 칼 밀러는 〈리스너〉와 〈런던 리뷰 오브 북스〉의 편집장을 겸임하고 있다. 윌머스의 할머니 니나 스티베Nina Stibbe는 수년 후 발간한 자신의 서간체 회고록《사랑하는 니나》에서 이 모든 풍경을 총정리하게 된다°)

아래 내용은 나의 메모를 각색한 것이다.
~~~~~~

• 콜린 헤이크라프트.

우리는 다양한 계단을 오르내리고 빽빽이 들어선 건물들을 통과하여, 마침내 헤이크라프트의 개인 사무실에 도착한다. 그것은 매우 기형적인 방으로, 오래되고 낡아빠진 배불뚝이 안락의자가 어지러이 놓여 있고, 책상과 (의자 옆에 놓인) 작은 테이블 위에는 종이들이 수북이 쌓여 있으며, 선반 위에는 책들이 넘쳐난다. 회갈색 트위드 자켓, 나비넥타이, 해진 신발, 검은 테 안경, 가장자리가 희끗희끗한 까만 머리칼의 헤이크라프트는 제 흥에 겨워 논점을 이탈하는 경향이 있다. 주름살에 전혀 아랑곳하지 않고 실없는 너털웃음을 짓는가 하면, 엉뚱한 풍자를 늘어놓는다.

○ 스티베의 책은 2016년 BBC에서 방영된 코미디 드라마 시리즈의 기반이 되었다. 그러나 최근 발간된 《글로스터 크레센트: 나와 아빠와 다른 어른들》도 참고하라. 조너선 밀러의 아들 윌리엄은 그 책에서 똑같은 지역을 설명한다. 앨런 베넷의 일기장도 참고하라. 한마디로, 그 블록은 대단한 곳이다.

"음," 그는 말문을 연다. "덕워스는 1898년 버지니아 울프의 의붓오빠 중 한 명인 제럴드 덕워스에 의해 설립되었어요. 두 오빠 중 하나가 울프의 스커트를 들어 올렸다는데, 그 자리가 아마도 저기 있는 소파 위였을 거예요. 내 말이 의심스러우면 그녀의 일기를 읽어보세요."(울프의 일기를 읽어보니, 제럴드는 새로운 여동생에게 짓궂게 굴었는데, 형 조지보다 낮은 위치에서 행동했기 때문에 더욱 엽기적으로 보였을 것으로 추측된다. 그러니 울프에게 평생 동안 지속되는 트라우마를 남겼을 수밖에.) "버지니아의 아버지 레슬리는 아내를 여읜 후 허버트 덕워스라는 미망인과 재혼했고, 그녀는 (전남편 소생인) 두 명의 아들 조지와 제럴드를 데리고 들어왔어요." 그는 줄리아 마거릿 캐머런이 촬영한 사진을 가리키는데, 그 사진에는 공교롭게도 울프와 제럴드가 함께 등장하여 오싹한 느낌을 자아낸다.

헤이크라프트는 신이 나면 껑충껑충 뛰는 버릇이 있다. 의자에 앉기도 전에 다시 벌떡 일어나, 여기를 가리키거나 저기를 찌르거나 한다. "출판사의 옛 사무실은 히치콕의 영화 〈프렌지〉의 세트로 사용되었지만, 1971년 집에서 멀다는 이유로 매각했어요. 난 이제 집에서 걸어서 출퇴근하고, 이곳 저곳 돌아다니며 편집과 여가생활을 병행하고 있어요. 그런데 새로 이사하고 나서, 우리는 이곳이 한때 피아노 공장이었다는 사실을 알게 되었어요. 그래서 건물 전체를 올드피아노팩터리라고 개명했더니, 위층에 있는 전등갓 제조업자들이 '올드'라는 수식어에 불만을 품고 '평가절하가 웬 말이냐?'라며 트집을 잡고 있어요. 하지만 알게 뭐예요. 요즘 덕워스는 3F를 중점적으로 출판하고 있는데, 소설(Fiction), 섹스(Fucking), 철학(Filosophy)이 바로 그거예요. 예컨대 이 책은—그는 다시 벌떡 일어나 제임스 노엘 애덤스James Noel Adams가 쓴 《라틴어 성性 어휘집The Latin Sexual Vocabulary》을 뽑아 든다—완전히 지적이고 매력적인 책으로, 당신이 억지로 우기지 않는 한—그는 이 대목에서 웃음을 참지 못한다—농담은 단 하나도 찾아볼 수 없어요. 표지에 적힌 '모든 감각에 대한 필독서This is a fundamental book in every sense'이라는 카피는 내 회심작이에요. 책등에 그려진 덕워스의 로고(오리)는 화가 데이비드 젠틀먼의 작품인데, 그 역시 이 블록에 살고 있어요."

나는 화제를 올리버로 돌린다. "음, 1971년 말의 어느 날 저녁, 조너선의 소개로 올리버를 만났어요. 그는 8시쯤 내 집에 도착하여, 대뜸 '조너선이 당신을 만나보라고 했어요…'라며 말끝을 흐렸어요. 그러나 그와 몇 마디 나눠본 후, 나는 조너선의 의도를 파악했어요. 우리는 옥스퍼드 퀸스 칼리지 동문이지 뭐예요. 내가 그보다 3년 먼저 들어갔지만, 겹치는 기간이 약간 있었어요. 그가 의학책을 열심히 읽는 동안, 나는 뭔가 뜻있는 일을 하기 위해 이것저것 들여다보고 있었죠. 저기 있는 빛 바랜 사진을 보세요. 수십 명의 동문이 단체로 찍은 희귀사진인데, 다른 사람들은 죄다 반듯하고 정중한 데 반해, 유독 올리버와 나만 삐딱하게 서 있어요."

헤이크라프트의 설명에 따르면, 조너선이 올리버를 소개해 준 진짜 이유는 따로 있었다. 즉, 올리버는 1972년 초 조너선에게 아홉 명의 '깨어남 환자'에 대한 임상사례 에세이 원고를 보여줬는데, 그것은 1969년 다양한 이유(환자의 프라이버시와 의료계의 평판에 대한 불안감, 또는 환자의 병력을 기술하는 방법의 진부함) 때문에 프로젝트를 포기하기 전에 완성된 것이었다. 헤이크라프트는 조너선에게서 그 이야기를 듣고 큰 감명을 받아 올리버에게 프로젝트의 재개를 강력히 권했지만, 향후 6개월 동안 아무런 진전이 없었다. 1972년 7월, 헤이크라프트는 고심 끝에 중대결정을 내렸으니, 아홉 건의 사례를 인쇄하여 교정쇄로 만든 다음 올리버에게 우송한 것이다. "그는 아무런 사전예고도 없이 일을 저질렀다." 그로부터 20여 년 후인 1994년 헤이크라프트가 세상을 떠난 후 발간된 추모집에서 올리버는 회고했다. "그는 으레 그렇듯 충동적·직관적으로 움직였는데, 그것은 매우 관대하고 신념에 찬 행동이었다. 나 자신도 집필을 계속할 거라고 장담할 수 없는 상황에서, 나를 납득시킨 것은 백 마디 말이 아니라 진지한 태도와 행동이었다. 그는 《깨어남》이 꼭 출판되어야 한다고 믿었으며, 그 믿음을 말로만 표현하지 않고 행동으로 옮겼다."°

헤이크라프트는 이렇게 설명한다. "올리버는 《깨어남》이 《편두통》과 같은 의학책이 되기를 원하지 않았어요. 《편두통》은 페이버 앤드 페이버에서 출간되었는데, 말이 나왔으니 말이지만—혹시 생각해본 적이 있어요?—라틴어 판은 스미스 앤드 스미스Smith and Smith에서 나왔어요. 올리버는 의학책(《편두통》)에서 소기의 목적을 달성하지 못해 불만이 많았는데, 출판사는 제2의 의학책(《파킨슨병》)을 쓰라고 설득하려 애썼어요. 그러나 그는 '부담스

° Oliver Sacks, "Midwife and Unmuddler", in Stoddard Martin, ed., 《Colin Haycraft, 1929–1994 : Maverick Publisher》 (London : Gerald Duckworth, 1995), 57쪽.

러운 책'이 아닌 '적절한 책'을 쓰고 싶어 했고, 그래서 탄생한 것이 바로《깨어남》이에요."

이 시점에서, 나는 가방에서 그 당시의 편지 사본(올리버가 몇 달 전 내게 보낸 편지에 동봉한 것)을 꺼내 헤이크라프트에게 건네준다. 그것은 1972년 8일 30일 올리버가 헤이크라프트에게 보낸 편지인데, "헤이크라프트 씨에게"라는 다소 공식적인 호칭으로 시작된다. 올리버는 다섯 건의 새로운 임상사례를 동봉하며, 앞으로 내용을 더 추가할 예정인데 지금까지 6만 단어를 썼다고 말한다. 그러면서, '목록'이 아닌 '스토리'를 지향하지만, 성공할지 여부는 미지수라고 덧붙인다. "당신의 말마따나," 헤이크라프트가 말한다. "예술은 형태가 있지만, 삶은 그렇지 않아요. 내가 더 명확한 주제나 방향을 제시했어야 하지만, 그러기에는 태피스트리•처럼 너무 복잡했어요. 그건 말하자면 원광석 같은 것이었으므로, 나중에 다른 사람들(나 자신 포함)에 의해 가공·정제되어야 했어요."

헤이크라프트는 "6만 단어"라는 글귀를 언급하며 미소 짓는다. "향후 1년 동안," 그는 말한다. "그 숫자는 100만 단어 이상으로 팽창했어요. 그래서 나는 내용을 지속적으로 압축하여 결과를 그에게 통보했지만, 그는 더욱 팽창된 원고를 되돌려줄 뿐이었어요. 그러나 운좋게도 최종 편집이 미친 속도로 일어나는 바람에, 근처에 있는 식당의 테이블에서 9일 만에 후다닥 끝났어요. 그의

• 여러 가지 색실로 그림을 짜 넣은 직물.

언어 습관은 그다지 괴상하지 않지만, 그는 문자 그대로 '만찬에 초대된 남자The man Who Came to Dinner'였어요. 내 말뜻은, 마치 하마처럼 식탁 위의 음식을 모두 먹어 치웠다는 거예요. 그러나 중요한 것은, 그의 머릿속에 '내 마흔 번째 생일—내가 기억하는 바로는 1973년 7월 초—이전에 책이 나와야 한다'는 생각이 박혀 있었다는 거예요. 그는 각주를 달기 바빴고, 나는 각주를 삭제하기 바빴어요. 그리고 데드라인의 압박은, 나의 결정이 그의 판단보다 우위에 있음을 의미했어요. 그러나 초판에 오자가 많고, 표지가 삭막하고 엉성했던 건 바로 그 때문이었어요. 우리는 당초 '하늘이 보이는 창'의 아름다운 이미지가 새겨진 재킷을 원했지만, '생일 이전에 책이 나와야 한다'는 올리버의 열망이 모든 대안들을 집어삼켰어요. 그래서 결국에는 까만 표지에 프랭크 커모드의 추천사°를 새하얀 글씨로 박아 넣은 결과물이 나왔어요. 대수롭지 않게 여기는 건 자만심의 한 형태라고 할 수 있지만, 올리버 자신도 적잖이 당황했을 거예요. 당신 생각은 어때요?"

"그런데," 내가 묻는다. "평판은 어땠죠?"

"완전한 실패였어요. 그보다 더 훌륭한 추천사와 서평을 받은 책을 출판한 경험은 없었지만, 팔리지 않았어요. 아직도 초판을 넘기지 못했어요! 호소덴상을 받았는데, 그 상은 상금이 없으니 '가장 명예로운 상'이라고 할 수 있죠. 그러나 그건 새뮤얼 존

° 8장에서 언급했지만, 커모드의 추천사는 다음과 같다. "이 의사의 보고서는 너무나 아름다운 산문체로 쓰여, 현존하는 어떤 순수문학belles lettres 작가들도 그를 따를 수 없다."

슨이 콩그리브Congreve의 초기 소설을 비꼰 것과 비슷해요. '그 책은 큰 찬사를 받았지만, 나는 그 책을 읽기보다는 차라리 칭찬하겠다.' 존슨의 말을 각색하면, 사람들은 《깨어남》을 구입하기보다는 차라리 칭찬했어요. 우리는 10년 동안 2~3000권밖에 못 팔았어요. 그 뒤를 이어 펭귄, 더블스테이, 빈티지가 도전했지만, 번번이 고배를 마셨어요. 위로가 되는 것은, 명망 있는 상을 받은 책이니 죄책감이나 무능감을 느낄 필요가 없다는 것이었어요. 그러나 지금까지도 그래요."

그는 잠시 멈추더니, 이내 웃음을 터뜨린다. "그러나 나는 그 책에 대한 저작권 일체를 보유하고 있어요. 그건 원래 100파운드에 구입했는데, 지금 해럴드 핀터와 법적 다툼을 벌이고 있는 건 바로 그 때문이에요. 내 말은, 많은 사람들이 그 책을 연극으로 보고 싶어한다는 거예요. 그런데 핀터가 올리버와 재빨리 교섭을 벌였고, 올리버는 멋모르고 핀터에게 각색권을 매각하는 바람에 일이 꼬여버린 거예요. (아, 핀터 부부! 핀터는 프레이저와 결혼했는데, 두 사람은 서로 상대방을 잘못 평가했어요. 그는 그녀가 귀족이라고 생각했고, 그녀는 그가 지식인이라고 생각한 거예요.) 어쨌든 당신도 알다시피, 그 문제 때문에 숱한 편지가 오갔어요." 그는 한 책상 위에 놓인 종이들을 뒤져 두툼한 파일을 꺼내, 득의만만한 표정으로 내게 보여준다. "물론 모든 일은 궁극적으로 잘 마무리되겠지만, 문제는 어느 한쪽이 출판에서 어떻게든 재미를 봐야 한다는 거예요. 과연 그럴 수 있을까요? 결과는 하늘만이 알고 있죠."

나는 (아직도 진행 중인) '다리 책'에 대해 묻는다. "아, 그거 참 따분한 책이에요." 그가 말한다. "내 말은, 올리버가 워낙 신경증적인 사람이니 내가 이해해야 한다는 거예요. 그건 가문의 내력이에요. 만약 프로이트가 존재하지 않았다면, 지금 태어나 올리버 가족의 심리를 분석하고 있을 거예요. 그의 아버지는 아들을 시샘하는 게 분명하고, 형은 《깨어남》을 위한 파티에 참석하여 (한구석이 아니라) 방 한복판에 꼼짝 않고 서 있어요. '빤히 보이기 때문에 더 놓치기 쉽다'는 점을 교묘히 이용한 거죠."

"올리버의 편집자 노릇 하기가 어려운 건," 헤이크라프트는 말을 잇는다. "좋을 땐 완벽하게 경이롭고, 나쁠 땐 최악이기 때문이에요. 나는 그가 '틱 장애 책'을 쓰기를 원했어요. 투렛증후군에 관한 다큐멘터리에 출연한 올리버는, 환자보다 더 환자 같았어요. 그러나 그 책은 물 건너갔고 지금은 '다리 책'에 전념하고 있는데, 아무래도 부지하세월일 것 같아요.

일단 올리버의 신경학적 탐조등에 걸려들면, 큰 곤경에 빠지게 돼요. 나는 루리야의 책을 꼭 출판하고 싶었지만, 그는 자기 아버지 R. A. 루리야의 책이 먼저 출판되는 것을 보고 싶어 했어요. 아버지의 책은 솔직히 별로였지만, 나는 마침내 루리야의 서문을 곁들여 《질병의 내적 이미지The Inner Image of Disease》를 출간하기로 했어요. 그런데 막상 닥쳐보니(그즈음 올리버가 나를 찾아왔어요) 일이 제대로 진행되지 않았어요. 그래서 없었던 일로 하기로 했더니 그는 이성을 잃었어요. 흥미로운 것은, 루리야가 모든 사실을 알고 있었다는 거예요. 내가 자기 아버지의 책을 탐탁잖아 하고, 올리버가 그 주제에 눈독을 들이고 있다는 사실을 말이에요.

출판인 노릇을 한다는 것은, 어떤 의미에서 정신과의사 노릇을 하는 것과 비슷해요. 한편으로는 환자(작가)들이 서로 시샘하므로, 그들을 대기실에서 마주치게 하면 안 돼요. 그러나 다른 한편으로, 출판인은 작가들에게 다른 작가의 존재를 알리고 싶어 해요. 그러지 않으면, 그들이 출판인을 무능하다고 여기게 되거든요. 당신에게 말해줄 게 하나 있어요. 정신분석가와 잠자리를 같이하면 안 되는 것과 마찬가지로, 출판인과 한자리에 앉아 분석을 진행하는 것은 금물이에요.

물론, 그가 탈고를 한다면 나는 '다리 책'을 출판할 거예요. 그러나 성가신 일이 점점 더 늘어나고 있어요. 그에 비하면 《깨어남》은 땅 짚고 헤엄치기였어요. 그때만 해도 서로 잘 몰랐으므로, 내 비판이 기분 나쁘게 받아들여지지 않았거든요. 그에게 정신을 집중하라고 설득할 수 있었고, 양식화된 자료—3단계(깨어남, 시련, 적응)—를 제공한 다음 그 양식대로 하라고 종용할 수도 있었어요. 그리고 마지막 무렵에는, 임박한 마흔 번째 생일의 압박에 기대어 쉽게 마무리할 수 있었어요.

출판인의 과제는, 작가를 설득하여 제대로 된 책을 쓰게 하는 거예요. 그런 면에서 볼 때 《깨어남》은 모든 오탈자에도 불구하고 성공작이었다고 생각해요, 최소한 초판만큼은요. 나중에 중판을 성공리에 거듭하게 되면, 텍스트가 다시 부풀어오르고 각주가 더 축적되기 시작할 거예요. '다리 책'의 귀추가 주목돼요."

다음 날, 올리버와 나는 뉴욕으로 돌아간다. 에어인디아 기내에서 바로 옆자리에 앉아, 올리버는 내게 작은 여행가방의 내용물을 보여준다(그는 다른 수하물을 전혀 반입하지 않았다). 가방 속에는 4주간 영국에 머무르는 데 필요했던 물건들이 들어 있다.

약간의 내의, 다섯 개의 안경집(그중 하나에는 펜이 들어 있다), 두 벌의 수영복, 고글, 그리고 한나 아렌트의 《정신의 삶The Life of the Mind》.

“이 속에,” 올리버가 빙그레 웃는다. “섹스의 정수가 있어.”

12

경로수녀회, 브롱크스 주립병원에서 올리버와 함께

폭풍우가 휘몰아치는 늦가을 오후, 올리버와 나는 부지런히 움직이는 와이퍼를 앞세워 브루클린에 있는 경로수녀회로 달려가고 있다.

"나는 완전한 잉여인 동시에 완벽한 대체불가야." 올리버가 선언한다. "어떤 곳을 가든 스스로 수요를 창출한 후, 스스로 수요를 충족하고 공간을 차지하거든. 그리고 내가 그곳을 떠나면, 수요와 공간도 암점처럼 사라지고 말아. 솔직히 말해서, 이 세상에 신경철학자를 필요로 하는 사람이 어디 있겠어? 나는 희귀한 신경철학자로, 특히 관심이 많은 분야는 엔테오젠entheogen•, 신경

• 엔테오젠이란 민속식물학자(인간 집단과 식물 간의 관계를 연구하는 학자)들에 의해 만들어진 신조어로, 문자 그대로의 뜻은 '개인의 마음속에 신적 영감entheos이 생겨나게 하는 물질'이지만, 신경학자들은 향정신성 물질이나 환각제라고 부른다. 엔테오젠이라는 용어를 통해, 우리는 인류가 향정신성 물질을 순전히 기분 전환용으로 사용한 것이 아니라, 종교적·영적 이유로 사용했음을 이해할 수 있다.

학적 놀이neurological play, 그리고 임상존재학clinical ontology이야."

그의 말을 들으니 문득 가슴이 뭉클한다. 그는 주변에서 흔히 볼 수 있는 신경과의사가 아니라 임상존재학자이며, 그가 주로 사용하는 진단용 질문은 "어디가 아프세요?"가 아니라 "어떻게 지내세요?How are you?", 즉 "어떻게 존재하세요?How do you be?"다.

"나는 키르케고르 철학자로서, 개인이라는 범주를 다뤄. 그러므로 나는 개인을 치료하는 의사이지, 신경계를 치료하는 의사가 아니야. 때로는 개인과 신경을 함께 돌보기도 해. 그러나 나의 공놀이 상대는 신경계가 아니라 어디까지나 개인이야."

폭풍이 한바탕 휩쓸고 지나간 지금, 우리는 브루클린-퀸스 고속도로Brooklyn Queens Expressway(BQE)를 질주하고 있다. 눈이 시리게 푸른 하늘이 눈앞에 펼쳐지자, 올리버는 자연의 푸르름을 만끽하기 위해 차창 유리를 내린다. 그는 웃옷을 벗어 젖히고, 반소매 면 와이셔츠와 따뜻한 털장갑 차림으로 운전을 계속한다. "여름에는," 그는 솔직히 털어놓는다. "오버슈즈(비 올 때 방수용으로 구두 위에 신는 덧신)와 장갑 빼고 홀랑 벗은 채 침대 위에 드러눕곤 해. 그보다 더 우스꽝스러운 몰골은 없을 거야."

바로 그 시점에서, 그는 자신의 주특기인 자유연상을 선보인다. "경로수녀회는 1840년대에 프랑스의 잔 주강Jeanne Jugang이라는 수녀에 의해 설립되었고, 그녀는 올해 초 시복beutification• 되었

• 시복諡福이란 거룩한 삶을 살았거나 순교한 이에게 복자福者 칭호를 허가하는 교황의 공식 선언을 말한다. 시복 후 두 가지 이상의 기적이 인정될 때 그를 성인聖人으로 선언하고 의식(성인식)을 행하며, 순교자는 기적 심사가 면제되기도 한다.

어. 나는 한때 로마에 갈까 말까 생각했었어. 입장을 바꿔 생각해 봐. 자네라면 자네의 침실 벽을 장식하고 있는 여성의 시복식諡福式을 참관하고 싶지 않겠어?

비록 수녀회를 설립했지만, 주강은 원장 자리에서 물러난 후 수녀회 부설 요양원의 부엌방 하녀로서 겸손한 만년을 보냈어. 그녀의 선례는 일종의 패턴을 확립했는데, 그 내용인즉 '수녀회는 절대적인 위계질서와 절대적인 접근성을 갖는다'는 거야. 다시 말해서, 모든 구성원은 체제 안에서 자신의 지위에 충실하고, 그 지위는 늘 변화한다는 거야. 왜냐하면 권력은 '야망의 대상'이 아니라 '일시적으로 수락한 책임'이기 때문이야.

나는 런던의 요양원 중 하나를 방문하여(아이러니하게도, 나의 부모님은 모두 런던의 경로수녀회에서 일했어) 하위직 수녀와 이야기를 나눈 적이 있는데, 그녀는 모든 수녀들과 친분이 두터운 것 같았어. 그녀는 그 요양원으로 오기 전 미국 동부의 수녀회를 총괄했는데, 임기가 끝난 후 런던 요양원의 하위직으로 발령 난 것을 전혀 거리낌 없이 받아들이더군."

우리는 브루클린에 있는 경로수녀회 부설 성가족요양원Holy Family Home에 도착한다. 이곳은 놀랍도록 현대적인 정육면체형 건물로, 다 허물어져가는 휑한 빅토리아풍 막사에서 이사온 지 얼마 지나지 않았다. 올리버는 1971년(베스에이브러햄 담벼락에 구호가 적히기 시작했을 즈음) 이후 브롱크스의 경로수녀회에서, 1975년 이후에는 퀸스의 경로수녀회(미국 동부지역 수녀회 본부)에서, 그리고 1976년 이후에는 브루클린의 경로수도원에서 일했다. 내가 알기로, 노인들을 위한 요양원을 정기적으로 방문하는 신경과

의사는 올리버 한 명밖에 없다.

올리버는 나와 함께 건물로 들어가, 2층의 진료실 옆에 있는 조그만 사무실로 올라간다. 의료진이 그를 보고 반색하며 웃는다. 로렌이라는 수녀가 환자들의 상태를 신속히 보고하는데, 쾌활하고 현명하고 열린 마음의 소유자임을 단박에 알겠다("그녀를," 그녀가 임무를 마치고 사라진 후 올리버가 말한다. "거세되거나 성장이 저해된 여성으로 봤다면 실수한 거야. 한 명의 온전하고 생기발랄한 여성이라구").

간호사들이 환자를 한 명씩 데리고 진료실로 들어온다. 올리버는 바퀴 달린 의자 위에 커다란 테디베어(또는 대중과 함께하는 산타클로스)처럼 자리를 잡고 앉아, 문이 열리며 환자가 들어올 때마다 큰 원을 그리며 손을 흔든다.

첫 번째 환자 테리는 전직 조선공인데, 간호사에 의하면 청력과 시력이 모두 약화되고 우울증에 빠진 채 소외되어 있다고 한다. 그러나 깨어날 때는—지금이 바로 그런 때다—활발하고 관대한 존재임을 스스로 증명한다고 한다.

"내 손을 잡아줘요!" 올리버가 말한다. 그러나 테리가 아무런 반응을 보이지 않자, 올리버는 나를 바라보며 말한다. "이번에는 루리야의 버전으로 지시해볼까? 주먹을 쥐어봐요." 그러자 테리는 별로 힘들이지 않고 주먹을 쥔다.

올리버가 나와 간호사에게 말한다. "보는 바와 같이, 그는 생각한 것을 곧바로 행동으로 옮기지 않아요. 누군가가 살살 꼬드겨야 해요."

올리버가 테리에게 폼볼을 던져 주고 잠시 후 넷이 서로 주고받기 시작하자, 테리는 왕년에 야구와 농구 좀 하던 실력을 과시하기 시작한다. 그러나 축구 실력은 서투르다. 우리는 모두 웃는다.

테리가 병실로 돌아간 후 올리버가 지적한다. "그는 갈피를 잡지 못한 채 동결되어 있어. 해동되려면 놀이가 필요해. 혹자는 그의 상태를 보고 온갖 진단명—이를테면 전두엽억제frontal lobe inhibition—을 들이대고 있어. 그러나 최종적인 귀착점은, 그로 하여금 움직이게 해야 한다는 거야. 그는 활동적이어야 해. 심장이 살아 있는 '멀쩡한 할아버지'를 얼어붙게 해서는 안돼!"

그는 테리의 최근 EEG를 들여다본다. "그와 비슷한 증상—청각상실, 시각상실, 우울증—을 가진 환자들과 비교하면, 상태가 너무 양호해. 똑같은 증상을 가진 환자라도, 할머니보다는 할아버지를 치료하기가 더 어려워. 특히 할아버지가 과묵한 경우라면."

두 번째 환자는 치매에 걸린 할머니인데, 인지능력을 완전히 상실했지만 오렌지를 완벽하게 저글링 할 수 있다!

세 번째 환자 올라는 증상이 심각한 파킨슨증 환자다. 올리버가 "일어나세요"라고 하자, 그녀는 휠체어에서 일어나려고 안간힘을 쓴다. 그러나 올리버가 "앉으세요"라고 한 뒤 양손을 내밀고 손가락을 모두 펴자, 그녀는 올리버의 손을 꽉 움켜잡고 쉽게 일어난다.

"보다시피, 우리는 그들과 행동을 같이해야 해."

그녀는 균형감각을 거의 상실했고, 정신병약 복용으로 말미암아 파킨슨증이 악화되었다.

"지난해에," 올리버는 회고한다. "그녀는 싱글벙글하며 모든 사람들을 흔들어 깨우고는 '나 괜찮아 보여요?'라고 물었어."

그러나 지금은 그녀의 기분이 다운되어 있다. "지난번에 이런 일이 일어났을 때," 그녀가 말한다. "의사들이 충격요법이라는 걸 썼어요. 그 치료를 또 받아야 하나요?"

"의사 다 됐네요." 올리버가 대답한다.

올라가 병실로 돌아간 후 올리버가 말한다. "나는 충격요법에 큰 충격을 받았고 심지어 반감을 갖고 있어. 그러나 많은 의사들은 강박적 우울증의 원인을 '신경회로의 합선'에서 찾고 있어. 그리고 환자들은 간혹 의사보다 용감하고 감각도 뛰어나."

네 번째 환자는 이탈리아 출신의 고함쟁이 마리아다. 그녀는 앞을 못 보는 '연발총'으로, 느닷없이 크고 거친 음성으로 오페라 아리아를 부르기 시작한다. 노래를 부를 때를 제외하면 우렁찬 고함을 지른다. 그러면서 머리를 쉴 새 없이 좌우로 움직인다. 마치 레이더가 회전하는 것처럼.

"테리와 달리," 그녀가 진료실에서 나간 후 올리버가 말한다. "그녀는 자물쇠가 잠겨 있는 것 같아."

올리버는 파일을 챙겨 자리에서 일어난다. "병실에 있는 환자 몇 명을 둘러봐야 해."

올리버가 자리를 비운 동안, 나는 로렌 수녀와 대화할 기회를 갖는다. 그녀는 올리버를 늘 "박사님"이라고 부른다. "박사님은 굉장한 분이에요. 그분의 깊은 통찰—시간과 장소를 가리지 않아요—에 감탄하며, 난 이렇게 중얼거리곤 해요. '나도 저럴 수 있을까? 어떻게 하면 저렇게 될 수 있을까?'

그분은 겉모습에 신경 쓰지 않고, 모든 환자들과 인간 대 인간으로 만나요. (순결하고 고아한 수녀의 입에서 이런 말이 나오다니, 흥미롭고 신기하다.)

나는 그분이 환자를 기술하는 방법을 좋아해요. 그분의 소견서에는 이렇게 적혀 있어요. '그것(It)은 내(I)가 되었고, 이제 인격체(person)로서 존재한다.' 이건 실제로 일어난 일을 그대로 적은 거예요. '식물인간' 속에 '내'가 들어 있다고 상상하는 사람이 몇 명이나 될까요? 그리고 '인격체'를 지각 있게 대하는 의사가 과연 몇 명이나 될까요?

예컨대, 나는 한 환자를 기억해요. 불안증에 걸린 여성이었는데, 그분에게 발견되는 순간 그녀의 세상이 변했어요. 박사님은 매주 수요일 여기에 오시는데, 수요일만 되면 그녀의 얼굴에 화색이 돌아요. 그러나 그분이 약속을 지키지 못하면, 그녀는 금세 침울해져요.

그분과 함께 있을 때 기분이 언짢은 환자는 단 한 명도 없어요. 그분은 뛰어난 의사이지만, 사람들의 마음을 결코 불편하게 만들지 않아요. 그분 자신도 글막힘 때문에 좌절하고 시간에 쫓길 수 있지만, 우리 모두는 그분의 진심을 이해해요.

내 어머니가 돌아가셨을 때, 그분이 내게 이런 위로편지를 보냈어요. '당신의 마음을 어루만질 말벗이 조만간 나타날 거예요. 반드시 수녀가 아니더라도요.' 나의 어머니에게 쌍둥이 자매가 있다는 사실을 알고, 그분은 안도의 숨을 내쉬었어요.

그분은 의료진에게도 편지를 써요. '당신이 행한 모든 일에 감사드려요.' 그분은 자신을 여기에 불러준 우리에게 고마워해요. 이곳을 소중한 자산으로 여기며, 그런 자산을 제공한 우리에게 늘 감사의 뜻을 표해요.

그분의 소견서를 읽은 사람들은 누구나 환자들을 새로운 눈으로 바라보게 돼요. 그분은 늘 초록색 종이에 타이핑을 하는데, 그건 아마도 희망을 상징하는 것 같아요. 그리고 그 심오한 통찰력이란! 대부분의 의사들이 쓴 글은 천편일률적이며, '인격체'를 의식하지 않고 문제점만 지적해요. 심지어 정신과의사의 경우에도, 전인격체total person를 감안하는 사람은 거의 없어요. 그러나 그분은 환자를 전인격체로 대해요. 그분의 소견서를 검토한 어떤 의사는 이렇게 말했어요. '그의 정갈한 글에는 오탈자가 전혀 없을 뿐 아니라, 환자의 문제점을 지적한 부분이 하나도 없다. 한마디로 눈부시다.'"

그녀는 잠시 멈췄다가 이렇게 고백한다. "나는 주님을 '신성한 의사'로 바라보고 있어요. 그리고 어떤 의미에서—이게 신성모독이 아니기를 바라요—, 그분을 똑같은 방식으로 바라보고 있어요. 그분은 환자를 치유하지만, 피상적 문제뿐만 아니라 밑바탕까지도 치유해요.

한번은 손가락 끝 감각을 상실한 나머지 묵주를 더 이상 사용할 수 없는 여성을 만났어요. 그분은 가톨릭 신자가 아님에도 불구하고 그게 뭘 의미하는지 알아차렸어요. 그러고는 나에게 물었어요. '열 개의 구슬이나 돌출부가 있는 막대를 만들 수 있을까요? 묵주 대신 그걸 사용해도 가톨릭 교리에 어긋나지 않을까요?'

비범하고 역동적인 사회활동가 제럴딘 수녀가 죽어갈 때, 박사님은 큰 공감을 표시했어요."

그녀는 머리를 절레절레 흔든 후 결론을 내린다. "심오한 경험 없이 그런 심오한 통찰을 얻을 수 있다는 걸 상상할 수 없어요. 그분의 통찰은 총명한 머리만으로 불가능하다고 생각해요."

우리의 화제는 이윽고 '경로수녀회의 구체적인 운영방식'으로 전환된다. "수녀회장은," 로렌 수녀가 설명한다. "열세 개의 요양원을 지휘하며, 모든 수녀들을 어디로든 배치할 수 있어요. 나는 브루클린에 2년 동안 근무하고 있으며, 내 구두를 스스로 닦고 있어요."

경로수녀회는 동냥begging•으로 요양원을 운영하며, 수녀들은 매일 동냥하러 나간다. "지금껏 풍족하진 않았지만, 궁핍했던 적도 없었어요. 우리는 늘 빠듯하지만 적자를 보지는 않아요.

이 특별한 건물은 버그먼이라는 금융업자가 운영하던 요양원이었어요. 몇 년 전 스캔들 때문에 파산했을 때, 주州 정부에서는 그를 처벌하며 요양원의 운영까지도 금지했어요. 그래서 우리는 동냥을 통해 이 건물을 임차했어요. 음식물은 독지가로부터 기증받았는데, 종종 헌츠포인트Hunts Point라는 식품유통센터의 도움을 받았어요."

"오, 저기 박사님이 오시네요!" 회진을 마친 후 계단을 뛰어 내려오는 올리버를 보자 로렌 수녀의 표정이 밝아진다. 우리는

• 경로수녀회의 수녀들은 모금을 '동냥', '구걸'이라고 거침없이 표현한다. 창립자인 잔 주강이 맨 처음 바구니를 들고 나가 빵과 치즈를 얻어와 노인들을 봉양한 데서 시작되었기에, 그 정신을 그대로 받들고 있는 것이다. https://blog.naver.com/kimnami57/120027889543 참고.

모든 수녀들과 작별 인사를 나누고, 초겨울의 어둠 속으로 나와 집으로 향한다.

돌아오는 도중, 올리버는 기분이 착 가라앉아 있다. 2층에서 만난 환자 중 한 명에 대해 곰곰이 생각하고 있는 게 분명하다. "아무리 철천지원수일지라도, 지적이었던 남성이 모든 능력을 잃고 나락에 떨어지기를 바라지 않는 게 인지상정이야. 내 철천지원수가 그런 일을 당하는 걸 본 적이 있는데, 그때 내가 생각할 수 있었던 것은 '가련한 친구!'가 전부였어." (그는 그 원수의 이름을 밝히지 않았지만, 몇 주 후 고개를 흔들며 "베스에이브러햄의 히틀러"—아마도 그를 해고했던 병원장을 지칭하는 것 같다—가 최근 치매에 걸려 병원에 입원했으며, 현재 병원 직원들에게 손가락질을 받고 있어"라고 말한다.)

나는 그에게 제럴딘 수녀에 대해 묻는다. 그녀는 올리버의 오랜 친구로, 경로수녀원의 구성원이었다. "세상을 떠나기 7년 전 처음 진찰해보니, 시상thalamus에서 특이소견이 발견되었어. 그리고 7년 후에는 그게 악성종양으로 발전했어. 처음에는 온 힘을 다해 견뎌냈지만, 완화되는 동안 결국 종양에 굴복하고 말았어." (그로부터 거의 40년이 흐른 후 노트를 뒤적이다 이 부분을 읽어보니, 나 자신이 이상야릇한 전조를 느끼며 순간적으로 움찔하게 된다.)

"음… " 그는 나지막한 신음 소리를 낸다. "수녀와 환자들이 함께하는 퍼포먼스와 놀이의 가치를 깨닫는 것만큼 고무적인 것은 없어. 그건 동아리의 힘을 여실히 증명하는 거야. 한 문장도 구사하지 못했던 치매 환자들이, 동아리에 재통합되어 재활성화되는 장면을 수도 없이 봤어. 동아리는 영혼의 도파spiritual dopa와 같은 효능을 발휘했어."

BQE로 진입하는 램프를 지나는 동안, 올리버는 잠시 침묵을 지킨다. "내가 경로수녀회를 좋아하는 이유는, 전혀 삐걱대지 않고 원만히 운영되기 때문이야. 수녀들은 수십 개의 요양원을 운영하며 노인들을 돌보고, 모든 식품과 비용을 구걸로 충당해. 봉사와 겸손이 뒷받침되지 않으면 불가능한 일이라고 생각해. 대부분의 수용자들은 80~100세의 노인들이야. 뉴욕시의 요양원들은 규모가 매우 커서, 30명의 수녀들이 약 170명의 수용자들을 돌보고 있어.

미국의 경로수녀회는 세 구역으로 나뉘어 있는데, 동부지역의 원장은 (내가 일했던) 퀸스 요양원에 머무르고 있어. 나는 환자들뿐만 아니라, 모든 지역에서 온 수녀들도 치료하고 있어."

"'예컨대 베스에이브러햄에서," 그는 설명을 계속한다. "나는 중증환자만을 돌봤어. 그러나 경로수녀회 요양원에서는, 증세와 무관하게 모든 노인들을 돌봤어.

나는 최고령자를 좋아하고, 백세인centenarian들의 이야기를 사랑해. 어떤 노인은 몇 년 전 있었던 눈보라를 가리켜 '1988년 눈보라에 비하면 아무것도 아니에요'라고 했고, 또 다른 노인은 내게 무려 1918년의 스페인독감 이야기를 해줬어."

그가 제일 좋아하는 요양원은 올버니 북쪽에 있는데, 거기서는 모든 수용자들이 자기 자신의 정원을 가꾼다고 한다. "물론, 그곳은 제2차 세계대전 때 방문했던 이모의 정원을 생각나게 해."

몇 분 동안의 침묵이 흐른 후, 화이트스톤 브리지에 접근할 즈음 올리버가 마침내 입을 연다. “경로수녀회를 생각하면, 파업 따위는 상상할 수 없어.”

~~~~~~~

몇 주 후 아침 9시 15분, 나는 93번가 공원에 있는 올리버의 신경과 클리닉 밖에서 그를 만난다. 그가 건물에서 나오는 순간, 나는 건물을 향해 걷다가 반대편에서 걸어오는 마크 호모노프 Mark Homonoff와 마주친다. 그는 올리버의 친구이자 동료 신경과의사로, 방금 진료를 마치고 나오는 듯하다. 우린 아무래도 텔레파시가 통하는 것 같다.

브롱크스 주립병원으로 가는 도중, 올리버는 우리에게 버니 이야기를 해준다. 그는 우리가 만나게 될 환자로, 또 한 명의 ‘갑자기 깨어난 사람’이다.

“그는 쉰다섯 살, 그러니까 1927년생이야. 나는 그의 출생년도에서 즉시 단서를 포착했어. 왜냐하면 1927년은 인플루엔자 뇌염influenza-encephalitis이 집단 발병한 마지막 해였거든.

그는 조현병 환자로서 순탄치 않은 삶을 살아왔는데—1945년 열여덟 살의 나이에 정신병 증세를 보였어—, 그 당시 그의 진료기록부를 보면 ‘팔이 떨림’이라고 적혀 있어(팔 떨림은 뇌염후증후군을 암시하는 증상이야). 그는 거의 거동을 하지 못했으므로, 1973년 나와 만났던 짧은 기간을 제외하면 거의 35년간 운송대리점 사원으로 재택근무를 했어. 그러다가 1982년 증상이 악화되어 브롱크스 주립병원에 입원했어.
~~~~~~~

그는 극단적인 파킨슨증 상태에서 병원에 실려왔는데, 처음에는 원인이 불분명했어. 할로페리돌• 유도성haloperidol-induced인지, 아니면 악화된 파킨슨병인지. 언뜻 보기에, 그는 뇌염후증후군보다는 일반적인 파킨슨병 환자인 것처럼 보였어."

호모노프는 할로페리돌을 얼마나 오랫동안 복용했는지 궁금해하지만, 올리버의 생각은 다르다. "병원 측에서는 내게 매우 심각한 파킨슨증 상태를 진료해달라고 요청했어. EEG에서 몇 가지 특이소견이 발견되었거든. 그러나 주요 증상은 완전히 얼어붙은 채 꼼짝도 하지 못한다는 거였어. 그래서 엘도파나 시네메트••를 투여해봤지만 아무런 효과가 없었어. 나는 안 되겠다 싶어, 그를 종착역인 22번 병동에 입원시켰어. 그리고 마지막 수단으로 브로모크립틴bromocriptine을 투여했어."

올리버는 화제를 바꿔, 자신이 〈BMJ〉에 기고했던 논문(한 환자의 깨어남에 관한 논문)이 불만족스럽다고 선언한다. "그 논문은 거짓된 단순화와 과도한 극화dramatization투성이야. 내 연구가 으레 그렇고, 세상 일이 다 그렇지만." 뒷자리에 앉은 호모노프의 얼굴을 쳐다보니, 웃음을 참으며 고개를 좌우로 흔든다. 우리는 올리버의 속마음을 훤히 들여다본다(그는 우리에게 괜히 투정을 부리고 있는 것이다).

"어쨌든 우리는 그의 상태에 회의를 품고 있어. 그는 매우 매

• 조현병 치료제의 일종. 부작용으로 혼수, 불안 등이 나타나기도 하는데, 특히 파킨슨증 환자는 부작용이 크게 나타날 수 있으므로 사용을 금한다.

•• 파킨슨병 치료제로, 엘도파와 엘카르비도파L-carbidopa의 복합제제.

우 억눌려 있고 퇴행적이야."

현재 우리는 공원도로를 지나 램프를 통과한 다음, 황량하기 이를 데 없는 도시경관—브롱크스주를 향한다. "여기가 어딘지 모르겠다면," 올리버가 장담한다. "가시철조망을 보면 돼." 길 건너편을 보니, (누가 봐도 그래피티 미술가들에게 겁을 주기 위해 설계된 게 분명한) 섬뜩한 철조망이 지하철 차량기지를 에워싸고 있다. 칙칙한 1950년대식 고층건물 블록, 불쑥불쑥 튀어나온 굴뚝으로 구성된 복합단지는 영락없이 전기 설비 플랜트 또는 교도소다.

브롱크스주에 자리잡은 뉴욕정신병원은 750~850명의 환자들을 수용하고 있다. 올리버는 베스에이브러햄에 재직할 때부터 줄곧 이곳을 방문했으며, 현재 일주일에 18시간씩 파트타임으로 근무하고 있다.

"저기 있는 게 101동 건물이야." 차량기지를 서서히 우회하며 올리버가 말한다. "조지 오웰의 《1984년》에 나오는 101호실과 마찬가지로, 저 속에서 무슨 일이 일어나는지 정확히 하는 사람은 없어. 이 세상에서 가장 나쁜 일이라는 것밖에는."

그는 승용차 세우고 트렁크를 열어 흰색 가운을 꺼낸다. "나는 여기서 가끔 가운을 입어," 그가 말한다. "특히 평소보다 훨씬 더 허접해 보일 때는. 나는 최근 3주 동안 체중이 20킬로그램이나 불었고, 바지의 앞단추가 떨어져 나갔어… 내가 여기서 흰색 가운을 입는 또 한 가지 이유는, 정신과의사가 아님을 증명하기 위해서야(이곳의 정신과의사들은 자유로운 복장 차림으로 정치적인 메시아처럼 행동하고 있어). 나는 차라리 피부과의사처럼 행동하려고 노력하고 있어. 희한하게도, 베스에이브러햄에서 가장 심오한 의사는 피부과의사야. 다른 의사들이 몸 속을 들여다보는 것보다 더 심오하게 표면을 들여다보거든!"

우리가 현관을 향해 걸어갈 때 그가 말한다. "이 바스티유 같은 열쇠는 병동의 열쇠야. 여기에는 '수위 정신병'에 걸린 환자들이 많으므로 조심해야 해.

이런 초라한 환경에서 자네를 바라보니 약간 당황스럽군."

그러나 그는 병동 바로 옆 단층건물에 있는 진료소로 불쑥 들어간다(버니를 만나기 전에, 올리버는 다양한 환자들을 만날 것이다). 크롬그린색 벽, 회색 리놀륨 바닥, 형광등. "이런, 실내온도가 섭씨 45도쯤 되는 것 같아!" 진료실로 들어가며 올리버가 외친다. 호모노프는 자신의 볼일을 보기 위해 다른 곳으로 간다. 올리버가 진료실의 이곳 저곳을 돌아다니며 창문을 죄다 열어젖히기도 전에, 모든 간호사들은 일제히 스웨터를 챙긴다. ("지난주에," 한 간호사가 웃으며 말한다. "그가 창문 하나를 망가뜨렸어요!") 바깥 온도는 섭씨 4도쯤 되므로, 환자들은 상반신을 움츠리고 벌벌 떨며 "좀 춥지 않나요?"라고 물을 것이다.

첫 번째 환자는 지능 발달이 약간 늦은 흑인 소녀로, 기울고 구부정한 어깨, 창백한 안색에 머리를 어설프게 땋은 모습이다(올리버에 의하면, 그 아이는 아동학대의 희생자라고 한다).

"그런데," 올리버가 단서를 단다. "그들은 더 이상 '환자'라고 불리지 않고, '고객'이라고 불려. '환자'라고 부르면 모욕당하는 느낌이 든다나 뭐라나. 내 생각에는 '고객'이 되레 더 모욕적인데."

알고 보니, 그녀는 '서른두 살짜리 아이'다. 그녀는 사탕을 원한다.

올리버는 그녀에게 얼굴을 그리고 이름을 쓰고, 진단도구로 가져온 〈애리조나 하이웨이Arizona Highways〉라는 잡지에서 그림찾기를 하게 한다. "그녀에게 안경이 필요해." 그가 말한다.

"나 잘하죠?" 그녀가 묻는다.

"그렇고 말고," 올리버가 대답한다. "이제 눈을 감고 손을 내밀어요." 그녀는 시키는 대로 한다, 마치 심령부흥회에 참석한 신도처럼.

그는 반사작용을 체크하고, 막대기를 그녀의 발등 위로 굴린다. "아! 간지러워요. 박사님이 간지러움을 태우네!"

파일에 적혀 있는 사항들을 질문하는 과정에서, 올리버는 리튬에 대한 금기사항이 없음을 확인한다. "사실, 이 점에 대해서는 따져볼 게 많다고 생각해요." 그는 조수에게 말한다.

두 번째 환자인 오코너 씨는 빼빼 마르고 신경이 날카로운 대머리 남성으로, 온갖 굴레에서 해방되기를 열망한다. 그리고 솔직히 말해서, 그가 왜 아직도 여기에 있는지 아는 사람은 아무도 없다. 지난주에는 올리버와 호모노프 모두에게 진찰을 받았다. "나의 소견서 중 50퍼센트는 아무도 읽지 않아." 올리버는 홧김에 투덜댄다.

환자는 모든 질문에 똑 부러지게 대답한다. "장담하건대…." "정확하지는 않지만…."

이런 사람을 진찰할 때, 올리버는 간혹 머뭇거리고 혼란스러워하고 방황하는 것처럼 보인다. 사실, 그는 진료기록부를 만지작거리며 환자의 진의와 자각증상을 파악하려고 애쓴다.

"누군가가 나서서 저 사람을 퇴원시키는 방안을 강구했으면 좋겠어요." 오코너 씨가 나간 후 올리버가 조수에게 말한다.

세 번째 환자는 여성인데, 올리버는 그녀의 현실인식 능력을 확인하는 데 애를 먹는다. "나는 이쪽에 영 자신이 없어." 그가 내게 속삭인다. "왜냐하면 신문을 읽지 않거든."

"베이루트에서 전쟁이 났어요." 그녀가 말한다.

"지금 대통령이 누구죠?"

"레이건."

그 전에는 누구였죠?

"카터."

"그리고 그 전에는?"

아무 대답이 없다.

"제럴드 부시는 매우 화가 날 거예요," 올리버가 일침을 가한다. "자기가 얼마나 자주 잊히는지 안다면."

그녀는 현재 스무 살인데, 최근 몇 달 동안 하루도 빠짐없이 펜시클리딘Phencyclidine(PCP)•을 복용했다.

"PCP는 내가 사용해보지 않은, 유일한 환각제야." 올리버가 내게 설명한다.

1966년 PCP를 처음 알게 되었을 때, 수많은 사람들이 경련·섬망·발작 등의 부작용을 겪는 것을 목격했어. 내가 보기에도 너

• 환각작용이 있는 마약으로, '천사의 가루'로도 알려져 있다. 원래 마취제로 시작되었으나 정신적인 부작용 사례가 많이 발생하면서 사용이 줄었지만, 그 후 환각제로 널리 사용되면서 1970년대 말에 사회적 물의를 빚었다.

무 심하더군."

그는 환자를 향해 말한다. "PCP를 매일 복용하고 있군요." 그는 잠시 주저하다 말을 계속한다. "내 말을 명심해요. 대마초를 매일 피우고, PCP는 한 달에 한 번 정도로 줄이는 게 좋겠어요."

환자가 나간 후 나에게 말한다. "나는 타협안을 제시할 뿐이고, 결정은 환자가 스스로 내리는 거야."

진료소에서 나온 후 올리버는 호모노프에게 전화를 걸어, 버니를 만나기 위해 22번 병동으로 걸어가고 있다고 말한다.

"우리는 그를 어떻게 처리해야 할지 고민 중이야." 그가 내게 말한다. "지금껏 22번 병동에서 건강한 모습으로 걸어나온 사람은 단 한 명도 없었어. 거기서 나오는 방법은 단 하나, 죽음의 문턱을 넘는 것이었어."

다른 병동의 복도를 통과하는 동안, 올리버는 '바스티유 열쇠'를 이용하여 연신 문을 열고 잠근다. "22번 병동에 들어가는 것은, 베스에이브러햄에 들어가는 것보다 훨씬 더 어려워. 이곳의 질병모델은 불충분해. 이게 잔혹행위가 아니면 뭐야."

잠시 후 합류한 호모노프와 함께, 우리는 22번 병동에 천천히 접근한다. 병동에 머무는 부랑자들의 모습이 슬로비디오처럼 펼쳐진다. 피부는 창백하고, 헐렁헐렁한 바짓가랭이 밑으로 다리를 드러내고 있고, 우툴두툴한 무릎에는 이곳 저곳 멍든 자국이 있다(나는 학대를 암시하려는 게 아니라, 그저 부랑자의 사지를 묘사할 뿐이다). TV는 '마비된 병동'에 어울리지 않는 화려한 영상을 뿜어내고, 좀비들은 그것을 묵묵히 응시하고 있다.

병동 구석에 있는 소파형 의자들 사이에서 삐쩍 마른 남성 한 명이 마룻바닥에 베개를 반듯이 놓고 있다. 그런 다음 베개를 베고 누워 다리를 벽 쪽으로 쭉 펼치더니, 난데없이 자세를 뒤집어 푸시업을 시작한다. 버니다.

빨간 체크무늬 가운 속에, 흰무늬 셔츠와 녹회색 바지를 입고 있다.

우리를 본 버니는 벌떡 일어나, 의사와 주변의 "동료들"에게 인사를 한다.

그는 만능 스포츠맨이다. 먼저 잠깐 동안 섀도복싱을 한 후("난 하루에 1000개의 펀치를 날려요!") 야구장에서 타석에 선 자세를 취하는가 싶더니, 어느 틈에 내야수로 변신하여 땅볼을 잡아 어깨 위로 높이 던지는 시늉을 한다("내가 한때 세미프로 선수였는데, 이렇게 치면 투수에게 잡힐 수 있어요. 그러나 나는 뛰어난 내야수이기도 해요"). 이제는 미식축구의 쿼터백이 되어, 센터에게서 스냅snap• 을 받은 다음 핸드오프handoff•• 를 하는 척하며 상대쪽의 유령 태클러를 따돌리고, 패스를 하기 위해 벌떡 일어선다. 이제 그는 다

• 미식축구 용어. 공격플레이는 항상 센터의 스냅으로부터 시작된다.

•• 미식축구 용어. 자기 팀의 다른 선수에게 공을 주는 것.

운필드•에서 공을 잡아 벽 쪽으로 위태롭게 달려가다가, 갑자기 축구선수가 되어 복도에 놓인 종이뭉치를 힐킥으로 마무리한다.

"이 사람이 말이야," 올리버가 속삭인다. "열흘 전만 해도 손가락 하나 까딱하지 못해 밥조차 먹을 수 없었어."

버니의 '1인 올림픽'은 계속되고 있다. "나는 100야드(91미터)를 10.4초에 주파해요." 그는 자랑하며 출발선에 선다. 그다음 멀리뛰기 선수와 수영선수를 거쳐, 잠시 망설이다가 포커 패를 돌리고 나서는 상상 속의 체스판에 말을 놓는다.

마치 게임에 몰두하는 비트겐슈타인 같다!

올리버와 나는 버니를 잠시 떠나(그는 지금 한 여성에게 추파를 던지고 있다. 그녀는 심각한 '긴장성 침흘림증' 환자인데, 홀에 있는 의자에 웅크리고 앉아 알츠하이머성 섬망에 깊이 빠져 있다), 병동의 책임자에게 다가가 말을 건다. 그는 소심하고 신경이 예민하지만, 상상력이라고는 눈곱만큼도 없어 보이는 관료다.

"버니가 한 여성 환자에게 작업을 걸고 있어요." 올리버가 이야기한다.

"의료진은 약간 당황하고 있어요." 책임자가 대꾸한다. "버니는 그것을 낙으로 여기는 것 같아요."

"그러나 난 그를 잘 모르겠어요." 책임자가 매우 심각한 표정으로 말을 잇는다. "내가 가장 염려하는 것은, 병원 음식이 맛있다고 주장한다는 거예요. 나는 그의 현실검증 능력을 믿을 수 없

• 미식축구 용어. 공격 팀이 공격하고 있는 방향의 경기장.

어요."

올리버와 책임자는 '퇴원에 대한 버니의 반응'을 논의한다.

"그는 여기서 '골목대장', 또는 최소한 '조무래기의 왕' 노릇을 하고 있어요. 퇴원하면 어떻게 될까요?" 우리가 병동을 나설 때까지 결론은 나지 않았다(조만간 결론이 나겠지).

"22번 병동은," 우리가 주차장으로 가는 복도를 찾는 동안 올리버가 설명한다. "방향감각을 잃은 희생자들을 위한 마지막 안식처야."

"그런 병동에서 의기소침해지지 않으려면 어떻게 해야 하죠?" 내가 묻는다.

"나도 잘 모르겠어." 올리버가 대답한다. "하지만 난 괜찮아. 내 마음속의 돌보미가 나를 늘 다잡아주고 있으니 말이야."

"그러나 환자들 때문에 낙담하지 않나요?" 내가 말한다. "난 그들의 암울한 운명을 말하는 거예요."

"정반대야," 그가 단호히 말한다. "일전에 경로수녀회에서 봤던 브리짓을 기억해? 그녀는 최근 뭔가에 포위되어 있다는 악몽에 휩싸여 병원, 간호사, 심지어 자기 자신까지도 혐오했어. 나는 그녀를 설득하려 노력했어. '두려운 느낌을 두려워하지 말아요. 그건 신경학적 폭풍일 뿐, 당신의 감정과는 아무런 관련이 없어요'라고 말이야."

올리버는 잠시 멈춰, 나의 질문에 대한 자신의 답변을 곱씹는다. "아니야," 그는 다시 한번 강조한다. "임상적 현실은 나를 결코 의기소침하게 만들 수 없어."

"그러나," 그는 얼굴을 찡그리며 이렇게 말한다. "23번 병동의 잔인함은 차원이 달라. 나는 그 병동에 대한 악몽 같은 기억을 도저히 견딜 수 없어. 그저 달아나고 싶은 마음뿐이야."

13
23번 병동

다음 주 초, 올리버의 기분이 언짢아지며 '다리 책'에 대한 글막힘이 다시 찾아왔다. 그는 기분을 전환하기 위해 애디론댁 산맥으로 훌쩍 떠났다가 너무 일찍 돌아왔다.

"숲속의 작은 빈터와 협곡은," 그는 어느 날 저녁 집 근처의 중국 음식점에서 만두국을 끼적이다가 한숨을 내쉰다. "글을 쓰기에 좋은 곳이야. 오든도 글을 쓰려면 폐쇄된 공간이 필요하다고 입버릇처럼 말했어. 나는 널따란 풍경을 좋아하지 않아. 그 대신 이끼, 지의류, 식물이 우거진 인근의 친밀한 디오라마에 이끌리는 경향이 있어. 나에게 '글쓰기의 깨어남'은 식생에 새로 몰입할 때 찾아오곤 했어."

이런저런 이유 때문에, 우리는 1974년 23번 병동에서 일어난 드라마와 '용납할 수 없는 성공'이라는 스캔들을 되돌아본다. 그 사건은 그가 베스에이브러햄에서 해고된 지 몇 달 후 일어났는데, 그는 그 사건을 종종 넌지시 말할 뿐 구체적인 언급은 회피했었다. 그러나 오늘밤에는 툭 털어놓고 싶어 하는 눈치다.

브롱크스 주립병원의 23번 병동은 극도로 파괴된 청년들—자폐증, 긴장증, 다양한 자기파괴적·자기중심적 정신병에 걸린 젊은 사람들—을 위한 곳이다. 그리고 그곳은 스키너Skinner식 지옥 구덩이로, 치료적 처벌therapeutic punishment이라는 가장 엄격한 행동주의 원칙에 따라 운영되고 있다('치료적 처벌'이 당최 무슨 말인지 모르겠다. 처벌이 있다면 보상도 있는 게 상례이지만, 어쨌든 나는 '치료적 보상'의 사례를 본 적이 없다).

"처벌과 정반대로, 나는 놀이에 기반하여 치료하는 경향이 있어. 특히 두 환자의 경우, 다른 의사들이 실패했던 놀이(한 명은 피아노 연주, 다른 한 명은 정원 가꾸기)를 통해 환자의 마음에 접속하는 데 성공했어."

그는 잠시 멈췄다가, 이상하리만큼 열정적으로 말한다. "그런 경우, 자네가 환자를 선택하는 게 아니라," (나는 어안이 벙벙해졌지만, 곧 이 말의 의미를 알게 된다) "환자가 자네를 선택하는 거야."

문득 언젠가 그에게 들었던 말이 생각난다. "나의 경우, 그런 환자들과 '능동적으로 공감하는 능력'은 '수동적으로 동일시하지 않는 능력'과 관련되어 있어."

어쨌든, 두 환자들은 23번 병동에서 올리버를 선택했다.

"한 환자는 스티브라는 열여덟 살짜리 소년으로, 심각한 자폐증 때문에 한 단어도 말하지 않았어. 나는 그를 식물원으로 데려가기로 결정했어. 병동의 의료진은 '탈출을 대비하여 수갑을 채워야 한다'고 주장했지만 나는 거부했고, 병원장은 '색스에게 모든 권한을 일임하라'면서 결국 내 손을 들어줬어. 음, 스티브는 도망치기는커녕, 예측 불가능하거나 불필요한 폭력을 행사하지도 않았어. 그 대신 그는 식물원에서 첫 번째 단어를 또렷이 말했는데, 민들레였어. 우리가 식물원에서 돌아왔을 때, 아무런 사고도 일어나지 않았음을 안 의료진은 얼굴이 새까매졌어."

올리버는 갑자기 입을 다물고 고개를 절레절레 흔들며, 이야기의 나머지 부분에 대한 기억을 떨쳐버리려 애쓴다. 잠시 후 평정을 되찾았을 때는 주제를 바꾼다.

"비록 대형동물에서 몇 번의 현현epiphany•을 경험했었지만(가장 괄목할 만한 것은 1980년 장엄한 수사슴에서였어), 다람쥐 등의 소형짐승은 내 취향이 아니야. 나는 풀숲에서 날쌔게 움직이는 동물보다 풀숲을 더 좋아해. 식물원에서 멀리 떨어지지 않은 곳에 동물원이 있지만, 나는 그 동물원에 가본 적이 한 번도 없어. 식물의 섹슈얼리티를 좋아하지만, 동물의 섹슈얼리티는 왠지 꺼리게 돼."

"1979년 매니툴린에서 본 것은," 그가 말한다. "섹슈얼리티의 향연이였어—수술, 밑씨, 암술…."

종업원이 방금 가져온 무쉬러우木須肉••에 젓가락을 들이밀며 잠깐 딴전을 피운 후 올리버는 말을 계속한다. "내가 최초로 트라우마를 겪은 것은 두 살 때였어. 반려견을 잔인하게 괴롭히다 물

• 평범하고 일상적인 대상 속에서 갑자기 경험하는 영원한 것에 대한 감각 혹은 통찰을 뜻하는 말. 원래 '에피파니'는 그리스어로 '귀한 것이 나타난다'는 뜻이며, 기독교에서는 신의 존재가 현세에 드러난다는 의미로 사용되어 왔다.

•• 몇 가지 채소와 돼지고기·목이버섯·계란을 볶아 만드는 중국 요리.

리고 말았어."

바로 그때, 그는 아침에 진료했던 환자로 화제를 전환한다. "그 소년은 정신병 환자로, 1972년 여자친구를 잔혹하게 살해한 후 살인의 기억을 완전히 상실했어. 그런데 1976년 심각한 두부손상을 입은 후 지금까지 살인의 기억—물론 대단히 흥미로워—에 압도당하고 있어. 선행연구에 의하면, '억압의 기질적• 기반organic basis이 손상되거나 제거될 경우, 억압 자체가 사라지고 독성 기억이 되살아난다'고 해. 나는 지금 그런 사례를 보고 있는 거야."

그렇다면, 올리버는 살인자를 치료하는 것을 부담스러워하고 있을까?

"나는 나 자신에게 지나칠 정도로 비판적이지만, 다른 사람들에게는 전혀 그렇지 않아. 그리고 그와 많은 대화를 나눴어… 요컨대, 나는 그의 살인에는 관심이 없어. 나의 관심사는 그의 발작일 뿐이야."

그는 1974년에 일어난 사건으로 되돌아간다. "나는 끔찍한 후속사건 때문에 23번 병동을 떠나게 되었어. 그 후 스티브는 병원을 진짜로 탈출하여 스로그스넥 다리에서 몸을 던졌어. 어마어마한 자살소동의 시작이었지만… 너무 소름 끼쳐 말로 표현할 수 없어."

• '기질적'이란 기능적functional에 반하는 말로, 모든 검사를 시행하면 어떤 이상을 발견할 수 있다는 뜻이다. 그와 대조적으로, '기능적'이란 어떠한 검사로도 이상을 발견할 수 없으나 환자에게 이상증상이 나타난다는 뜻이다.

그는 무쉬러우에 젓가락질을 두 번 한다. "나는 오늘 아침에도 그런 기분이 들었어… 정원에서 물을 주다, 문득 감옥의 정원에 물을 주는 재소자를 떠올렸어."

그의 목소리가 심하게 떨린다. "스키너리즘에 입각한 치료적 처벌은, 유물론자들이 신봉하는 인공지능(AI)이나 다름없어. 호프스태터Hofstadter의 《괴델 에셔 바흐》를 읽으면(그는 AI가 '인간의 마음'을 가질 수 있다고 생각했어), 유물론자들의 어리석음 때문에 한숨이 절로 나와. AI는 뭐랄까 음… 가증스러운 황폐함abomination of desolation**이라는 느낌이 들어. 그걸 신봉하는 유물론자들은 엄청난 돌대가리야.

1960년 캐나다를 떠나 미국을 처음 순례할 때, MIT에서 '인공지능의 아버지'로 불리는 마빈 민스키Marvin Minsky를 만났어. 그때 나는 AI라는 웅장한 프로젝트에 경외감을 느꼈어. 하지만 지금은 달라. 나는 오늘 그를 다시 방문하여, 한 대 때려주고 싶어. 정말이야. 민스키처럼 뛰어난 음악적 재능을 가진 사람이 그 따위 AI에 한눈을 팔다니!

AI를 갖고서 할 수 있는 일은 고작해야 '골렘 만들기'밖에 없어. (게르숌 숄렘Gershom Scholem이 쓴 '두 명의 골렘'에 관한 칼럼°을 읽

** 구약성서의 〈다니엘서〉 11장에서 우상숭배에 대한 묵시적 경멸감을 나타내는 표현인데, 특히 시리아 왕이 예루살렘 성전 안에 제우스 신상神像을 설치함으로써 성전을 더럽힌 것을 빗대어 한 말이다.

° Gershom Scholem, "The Golem of Prague and the Golem of Rehovoth," 〈Commentary〉 41, no. 1, January 1966. 다음 책도 참고하라. Scholem, 《The Messianic Idea in Judaism and Other Essays on Jewish Spirituality》 (New York : Schocken Books, 1971).

어봤어?) AI는 사악하며, 사악함은 비정상보다 더 나빠. AI의 종착점은 파블로프의 인형극장이야."

"23번 병동에서," 올리버는 맨 처음 주제로 돌아간다, 혓바닥으로 아픈 이를 더듬는 것처럼. "의료진이 환자들에게 바라는 최선의 상태는 '겉만 번드르르한 꼭두각시'였어. 그리고 내가 스티브와 호세를 위해 제시한 대안은 환자를 '하나의 인격체'로 대우하는 것이었어.

그 당시 기본방침을 확립한 정신과의사들은 처벌 만능주의의 옹호자였어.

나는 그들에게 도전하지 않았지만, 그들은 나를 일컬어 '면책권을 도입하고, 권위를 뒤엎으려 하고, 존경심을 실추시킨다'고 비난했어.

그 결말은, 언급하기가 민망할 정도로 참담했어."

그럼에도 그는 언급을 계속한다.

"나는 매주 수요일 오후에 열리는 의료진 회의에 참석하고 싶지 않았어. 23번 병동의 모든 절차는, 가장 좋을 때도, 나로 하여금 《한낮의 어둠Darkness at Noon》•을 떠올리게 했어—무시무시하고 거창한 이데올로기가 난무하는… 스티브와 함께한 나들이(식물원 방문)는 '용납할 수 없는 성공'으로 판정받았어. 그로부터 몇 개월 후, 나는 15년간 수행해 온 진단·치료·관리에서 배제되었어.

나는 그 당시 냉정을 잃었던 것 같아. 여러 번의 모욕적인 말

• 헝가리 출신의 영국 소설가 겸 저널리스트 아서 케스틀러Arthur Koestler가 쓴 소설.

을 들은 후, 나는 내 발로 병원을 걸어나가는 대신 농성을 선택했어. '이 병원에서는 (내가 매우 부적절하다고 여기는) 처벌을 사랑한다. 정신과장은 처벌 만능주의 옹호자다…' 정신과장은 가끔씩 위험한 웅변으로 나를 압도하려 들었지만, 나와 벌인 끝장토론에서 박살이 났어."

그래서 어떻게 되었을까?

"그는 곧바로 병원을 그만뒀어.[••]

나는 그날 저녁 한 편의 에세이를 쓰기 시작하여, 얼마 후 스물일곱 편의 에세이로 구성된 모음집을 완성했어. 그건 23번 병동과 관련된 주제를 총망라한 것으로, 내가 지금껏 쓴 것 중 최고의 작품이라고 자부할 수 있어…."

국수를 먹기 위해 몇 번의 젓가락질을 하느라 잠시 주춤한다. "그다음 주 회의에서, 의료진은 프레젠테이션 시간에 나를 (으레 환자들이 앉는) 의자에 앉혀 놓고 가시 돋친 빈정거림 세례를 퍼부었어.

'색스 박사, 당신이 치료하는 여섯명의 환자는 모두 백인이네요. 어찌된 일이죠? 혹시 인종차별주의자 아니에요?'

'색스 박사, 게다가 여섯명이 모두 남성이네요. 혹시 여성 환자들을 다루는 데 애로사항이 있는 거 아니에요?'

나는 명백한 반례를 들며 나를 방어했어. 예컨대 《깨어남》에

•• 올리버의 오랜 비서였던 케이트 에드거도 종종 이 비슷한 이야기를 들었다고 하는데, 그녀에게 확인한 결과 "정신과장이 곧바로 그만뒀다"는 부분은 나에게 처음 듣는다고 했다.

등장하는 환자들은 대부분 여성임을 강조하며, '내가 환자를 선택한 게 아니라 환자가 나를 선택했다'고 항변했어. 사실, 가장 최근 나를 선택한 환자는 공교롭게도 (백인도 아니고 남성도 아닌) 흑인 소녀였어.

다음 주 금요일, 다음 회진을 위해 병동으로 가던 도중, 병원장이 나를 현관에서 불러 세웠어. '만약 내가 자네라면, 그 병동에 들어가지 않을 거야.' 그는 이렇게 충고했어. 그는 나의 친구로, 나의 접근방법을 늘 지지하고 옹호하던 의사였는데 말이야."

"왜요?" 내가 묻는다.

"그 병동에서는, 내가 환자들을 학대하고 소년들에게 성추행을 한다는 소문이 파다했대…."

이야기가 절정에 이르렀을 때, 정확히 타이밍을 맞춰 계산서와 포춘쿠키(행운의 과자)가 도착한다. 올리버는 과자가 왔음을 전혀 눈치채지 못한다. 몇 분 후 우리가 자리에서 일어날 때, 그의 과자는 부서지지 않은 채 접시 위에 놓여 있다. 행운의 과자가 접시 위에 온전히 놓여 있는 건 처음 본다.

"조심해," 병원장이 말했어. "이건 사람들이 자네에게 앙심을 품었다는 증거야.'"

"'그러나 이건 언어도단이에요,' 나는 더듬거리며 어니스트 존스Ernest Jones•의 예를 들었어. 그 역시 환자를 학대했다는 억울한 누명을 썼지만, 아무도 그의 편을 들지 않았거든.

• 영국의 신경과 및 정신과의사(1879~1958). 평생 동안 지크문트 프로이트의 친구이자 동료였다.

병원장은 나를 지지하면서도 이렇게 말했어. '조심해, 그곳은 지옥 구덩이니까 두 번 다시 들어가지 않는 게 좋아.'

'맹세하건대, 나는 성기를 잘라버릴지언정 엉뚱한 데 사용하지는 않아요.' 나는 주장했어.

나는 그날 밤 귀가하여, 분하고 참담한 마음을 달랠 길 없어 스물일곱 편의 에세이를 하나씩 차례대로 불에 던졌어."

중국 음식점에서 나와 거리를 걸으며, 올리버는 태워버린 에세이 중 일부를 회고한다. "첫 번째 에세이의 제목은 '열쇠'로, 23번 병동에서 발견한 물건에 관한 이야기야. 자네도 알다시피, 그곳에는 별의별 환자가 다 있었어. 심지어 소뇌증 환자—50그램짜리 뇌를 가진 어린이—도 몇 명 있었어. 그러나 열쇠의 중요성을 모르는 사람은 단 한 명도 없었어. 심지어 자폐증에 걸린 어린이조차도 허리에 손을 얹고, 열쇠를 흔드는 시늉을 할 정도였으니 말이야. 그 에세이는 숄렘에게서 영감을 얻어, '개념적 사고가 뿌리내리지 못한 상태에서도 상징적 이해가 지속될 수 있는가?'라는 문제를 다뤘어.

두 번째 에세이의 제목은 '갈망과 기쁨'이었어. 그러고 보니, 모든 에세이들은 어떤 의미에서 자유에 관한 것이었어."

그는 아쉬운 미소를 지으며, 한나 아렌트를 경유하여 둔스 스코투스까지 거슬러 올라간다. "기쁨이란, 사랑을 갈망하는 대신 스스로 사랑이 될 때 저절로 다가오는 거야."

그의 말은 계속된다. "나는 에세이를 하나씩 하나씩 불에 던지며, 알렉산더 포프Alexander Pope와 조너선 스위프트Jonathan Swift를 생각했어. 포프가 〈우인열전Dunciad〉••의 1부를 불에 던질 때, 그 자리에 있던 스위프트가 원고를 불구덩이에서 건져냈다는데… 나에게는 그럴 친구가 없어서, 모든 원고가 불길 속에서 사라져 가는 것을 바라보기만 했어. 일생일대의 작품이었는데.”

두 박자 쉰 후, 나는 영화 〈뻐꾸기 둥지 위로 날아간 새〉를 봤는지 물어본다.

“여러 번 봤어.”

우리는 그의 집을 향해 천천히 걸어간다.

“이상하게도, 그 영화는 내 이야기의 속편 같다는 느낌이 들었어. 23번 병동의 상급자 중 한 명은 매우 말쑥하고 명백한 행동주의 이론가였는데(그의 꼼꼼한 처신을 나의 헝클어짐과 비교해보면, 그가 얼마나 명백한 행동주의자인지 알 수 있을 거야), 어찌된 일인지 나를 심문하는 자리에 참석하지 않았어.

음, 그로부터 몇 년 후, 길을 걷다가 익숙한 음성을 들었어. ‘올리버!’ 고개를 돌려보니, 완전히 망가진 실업자의 얼굴이 보이지 않겠어? 그가 한때 23번 병동의 상급자였음을 알아보는 데 시간이 좀 걸렸어. 그의 말에 의하면, 나를 못살게 굴었던 심문이 마음에 걸려 고민하다가 결국에는 병원을 그만뒀다는 거야.

그제서야 알게 된 사실이지만, 그의 외견상 반듯함은 자신의 ‘내재적 헝클어짐’에 대한 일종의 방어벽이었던 거야.

‘그날,’ 그는 말했어. ‘생존자는 내가 아니라 당신이었어요.’ 물론 어떤 면에서 보면 내가 생존자이지만, 위태로웠을 뿐만 아

•• 동시대의 작가나 학자들을 풍자한 시.

니라 대가를 치러야 했어. 나는 억제되고 고립되고 악몽에 시달린 듣보잡이었으니까 말이야. 그러나 나는 소신을 굽히지 않았어. 그리고 거짓말을 많이 했지만, 대부분 악의가 없고 기발했어. 처벌주의 옹호자들과 달리, 나는 속내를 감추지 않았어.

그러나 1974년 이후 길고 견디기 어려운 중압감이 밀려와(23번 병동의 고통에서 벗어나기 위해, 그는 몇 주 후 노르웨이로 떠나—"나는 툰드라와, 툰드라의 냉혹함을 좋아해"—황소와의 운명적 만남을 가졌다고 한다), 내면적 자아가 여전히 꿈틀거리고 있음에도 불구하고 움직일 수도 글을 쓸 수도 없었어."

ATM을 지나치다, 올리버는 현금이 떨어졌음을 알고 출금을 시도하지만 비밀번호를 기억해내느라 애를 먹는다. "나로 말하자면," 그가 투덜거린다. "원주율을 소수 천 번째 자리까지 계산하던 사람인데—한때 그걸 계산하는 데 3개월이 걸렸어—, 지금은 겨우 네 자리 비밀번호도 기억하지 못하게 되었어."

나중에 집에 돌아와, 그는 자신의 손가락을 걱정스레 맞비비기 시작한다. 그는 레이노드병Raynaud's disease을 걱정하며, "레이노드병이란 손가락이 점진적으로 시체화 되는 거야"라는 초간단 설명을 덧붙인다. 오랫동안 수영을 하면, 그의 손가락이 하얗게 퉁퉁 불어 감각을 상실하게 될 텐데….

손을 맞비빈 후, 그는 혼잣말로 건강염려증의 비애를 토로한다. "나는 '진짜 심각한 문제가 뭔지' 또는 '대수롭지 않은 문제가 뭔지'를 늘 확인해야 해. 어느 쪽이 됐든, '조금이라도 의심되는 것'을 미주알고주알 캐는 것보다는 백 번 나아."

마지막으로, 그는 엄청난 비약—이건 문자 그대로 엄청난 비약이다—을 통해 다음과 같은 결론으로 하루를 마무리한다. “나는 〈타임스〉를 펼쳐 나의 부고기사를 읽는, 실속 없이 거창한 꿈을 종종 꾸곤 해.”

14
투레터 존

그리 오래되지 않았지만(나는 이 책을 2019년에 쓰고 있다), 외견상 평범한 삶을 영위하는 듯한 사람이 공개된 장소에서 갑자기 과장되고 통제될 수 없는 방식으로 행동하면 '매우 이례적이고 이상하고 불안하고 가증스럽다'고 치부되던 시절이 있었다. 그 시절에는 투렛증후군Tourette's syndrome이라는 질병이 매우 낯설거나 금시초문이었고, 설사 존재를 인정받더라도 단단히 오해받았다. 오늘날에는 그런 특별한 사회적 맹점이 사라졌는데—주지하는 바와 같이, 오늘날 그런 식의 행동은 '의도적 음란행위'나 '악마의 저주'가 아니라, '특정한 신경질환의 영향'으로 간주되고 설명된다—, 이는 올리버 색스의 십자군적 저술crusading writing과 그 밖의 주의환기 노력에 힘입은 바 크다. 그런데 아이러니한 것은, 투렛증후군에 대한 선구자적 활동과 관련된 상호작용 중 하나가 그를 끈질기게 옥죄었다는 것이다. 그러나 거기에는 그럴 만한 사정이 있었다.

올리버와 몇 년 동안 이야기를 나누던 중 알게 된 사실은, 암울한 섹슈얼리티만큼이나 그의 삶에 그림자를 드리운 트라우마가 하나 더 있다는 것이었다. 그것은 어떤 심각한 투렛증후군 환자—나는 그를 존이라고 부르려 한다—를 치료하는 과정에서 벌어진 해프닝의 잔재로, 아직도 그의 기억 속에 생생히 남아 있다. 사연의 편린이 이따금씩 떠오를 때마다 어두운 눈초리와 떨림이 수반되며 각종 암시가 난무하지만, 올리버가 털어놓은 이야기를 미주알고주알 적을 필요는 없어 보인다.

하루는 시티아일랜드 집의 뒷마루에 앉아, 존에 대해 단도직입적으로 묻는다. 올리버는 잠시 동안 침묵을 지키다가 빨간 탁자를 펜으로 두드린다. "아, 투렛증후군 환자인 존과 나 사이에서 벌어진, 처참한 편집증성 사건들!" 그는 탁자를 세 번 친 후, 펜을 셔츠 주머니에 넣으며 한숨을 쉰다. "나는 그런 관계를 두 번 다시 맺지 않았어." 그는 마침내 입을 연다. "그는 무려 18개월 동안 나의 토요일을 송두리째 빼앗아갔어."

그게 투렛증후군 환자와 맺은 끈질긴 관계의 첫 번째 사례일까?

"사실은 그렇지 않아. 내가 '위트 있는 틱쟁이 레이Witty Ticcy Ray'라고 부르게 된 레이가 첫 번째 상대였어. 그와 만난 것은 1971년이었지만, 그에 대한 글은 10년 뒤인 1981년 〈런던 리뷰 오브 북스〉에 실렸어. 자네도 기억하는 바와 같이, 1971년은 내가 '깨어남'의 와중에서 눈코 뜰 새 없이 바쁜 해였어. 소위 시련기 동안 베스에이브러햄의 뇌염후증후군 환자들 사이에서 나타난 '걷잡을 수 없는 반응들'을 목격한 나는, 일상세계에서 널리 일어나는 행동들 간의 상관관계를 주목하며 감탄하고 있었어. 그러던 중 1974년 4월, 나는 투렛증후군협회Tourette Syndrome Association(TSA) 모임—투렛증후군 환자들이 방을 가득 메운, 그야말로 놀랍고 특이한 모임—에 참석하기 시작했어." 때마침 올리버의 뒤뜰에 큰어치blue jay• 한 마리가 소리를 내며 지나간다. "그때 창밖에서 큰어치 한 마리가 지저귀며 지나가자, 서른 명의 참석자들이 즉시 자발적으로 어치 울음소리를 흉내 내는 게 아니겠어?

나는 1975년 10월, 그런 TSA 모임 중 하나에서 존을 만났어." (내가 23번 병동에서 난리를 치고, 머리를 식히기 위해 노르웨이로 여행을 떠났다가 다리를 다친 지 1년 후였어.) "그는 나를 보더니 쏜살같이 달려와, 충동적이고 거창하고 마조히즘적이고 유혹적으로 자신을 소개하며 '나는 이 세상에서 가장 위대한 틱쟁이예요(이건 사실이야. 그는 말을 하는 동안, '틱'과 '뒤틀기'와 '몸짓'과 '떨기'를 가장 이상한 방법으로 반복했으니까 말이야). '어떤 책에 나오는 것보다도 자세히 틱증후군에 대해 가르쳐줄 수 있어요. 어딜 가도 나 같은 틱쟁이를 볼 수 없을 거예요'라고 선언했어. 그는 《깨어남》을 읽었거나, 그 모임에서 내가 강연하는 것을 보고 큰 인상을 받은 것 같았어. 어쩌면 내가 상상력이 풍부하고 비정통파이

• 참새목 까마귀과의 새.

고, 희한한 것에 호의적이라는 점을 간파했는지도 몰라.

어쨌든 그는 내게 추파를 던졌지만, 나 역시 유혹에 넘어갈 준비가 되어 있었어. 나는 다양한 지식과 풍부한 감성을 이용하여 그의 욕구를 충족했고, 결국에는 홀딱 반하게 만든 것 같아."

올리버는 무심코 먼 곳을 내다보며, 손가락으로 탁자를 두드린다. "두 사람 사이에서 벌어지는 이상야릇한 상호심취—또는 옥신각신—와, 두 멍청이가 서로를 '최고'라고 추켜올리는 이중창! 사람들은 이런 바보짓을 뭐라고 부를까?"

존의 직업은 무엇이었을까?

"그는 사우스저지 교육청에서 사무직으로 일했어. 그는 한때 학생을 가르쳤고 가르치는 것을 좋아했지만, 전보발령 되었어. 전해들은 바로는, 어린이들이 그의 행동을 무서워하자 부모들이 들고 일어섰다고 해."

그의 가족력은?

"전 가족이 사실상 투렛증후군 환자였어. 존은 많은 환우患友들이 '강인한 아버지'를 가졌다는 데 큰 인상을 받았는데, 존의 아버지의 자제력은 정말로 대단했어. 한 형제는 경련을 동반하는 다발성 틱 장애 환자였지만, 아버지는 흔들리는 모습을 전혀 보이지 않았어. 존의 누이는 유일한 예외였는데, 정상인이라는 이유로 가족에게 따돌림을 받았어. 그의 인생은 '틱쟁이의 그로테스크한 인상'과 '내면적 자아' 간의 투쟁의 연속이었어. 그러나 그는 비범한 초절기교virtuosity의 소유자였어. 사실을 말하자면, 그는 강박적으로 초절기교를 구사했어.

나중에 비디오테이프를 통해 그들의 모습을 되짚어 보니,

'진정한 존'은 렘브란트의 초상화를 연상시켰고, 그의 반복동작들은 모두 알 캡의 애니메이션에 나오는 장면이었어. 그 당시 그는 마운트버넌에 있는 나의 월셋집을 종종 방문했는데, 나는 그 집에 카메라, 마이크, 모니터 등으로 구성된 '괴상한 미로'를 설치해놓고 있었어."

그는 치료를 받으러 온 것이었나, 아니면?

"음, 그는 한 번 치료받을 때마다 50달러를 지불했는데, 80퍼센트는 의료보험으로 충당했어. 그는 매주 토요일 무의미한 말을 끊임없이 지껄였는데, 나는 그의 신들린 듯한 솜씨에 혀를 내둘렀어. 나는 여러 주 동안 그에게 매혹되어, 수백 시간에 걸쳐 그의 '위트 있는 틱 발작'을 듣고 보고 증언하고 녹음했어. 나는 강렬한 특권의식을 느꼈어."

그게 일종의 치료를 목적으로 한 행위였을까?

"음, 우리는 약물요법을 일찌감치 포기했어. 존은 할로페리돌의 부작용을 경험했었는데, 우리는 어떤 시점에서 할로페리돌을 다시 사용하기로 결정했어… 그런데 그게 그를 초주검으로 몰고 갈 줄이야….

나는 그가 할로페리돌에 매우 민감하다고 직감했어. 그래서 매우 작은 용량을 그에게 투여했는데, 그 용량에서도 그는 혼수상태에 빠졌어! 그는 곧 회복되었지만, 그건 매우 끔찍한 경험이었어. 그 후 5시간 동안 틱이 사라졌지만, 맹숭맹숭한 상태를 보이다가 갑자기 틱이 재발했어. 그가 틱에서 해방된 것을 보고, 나는 그 원리를 곰곰이 생각했어. 결론적으로 말해서, 약물요법의 효과는 '극과 극'이었어. 예컨대 할로페리돌의 경우, '별무효과'

와 '치사량' 사이의 적정용량을 찾는다는 게 불가능한 것으로 판명되었어. 다른 가능한 약물의 경우에도 사정은 마찬가지였으므로, 나는 '존의 증세에는 어떤 종류의 화학요법도 듣지 않는다'는 결론을 내렸어. 그래서 우리는 약물요법을 포기하기로 의견을 모았어.

그 이후, 우리는 현재의 증상을 치료하는 방법에서 시작하여, 일반적인 주제를 향해 접근했어. 우리의 작업가설은, 틱이 일종의 상형문자(즉, 동류의식을 가진 바디랭기지로, 틱쟁이를 제외하고 아무도 의미를 알 수 없는 언어)를 형성한다는 것이었어. 그 당시 내가 머리맡에 놓고 읽던 책은, 프로이트의 《꿈의 해석》과 《농담과 무의식의 관계》였어. 그리고 때때로 '프로이트가 꿈의 비밀을 깨닫기 시작할 때 바로 이렇게 느꼈을까?'라고 생각했어. 나는 아직도 투렛증후군 환자들의 틱을 '농담과 꿈 사이의 공간' 어디쯤으로 생각하고 있어. 요컨대, 틱이란 내적·외적 자극에 대한 반응이라는 거야.

틱의 다른 측면들은 프로이트적이라기보다는 루리야적이었어. 그래서 나는 1975년 루리야에게 카세트테이프를 크리스마스 선물로 줬어. 나는 지금도 'KGB의 암호해독가들이 그 테이프를 어떻게 해독했을까?'라고 의아해하고 있지만, 어쨌든 그 테이프는 검색대를 통과하여 루리야에게 배달되었어. 루리야는 '그런 무차별적 행동을 본 적이 없어요'라고 하더니, 브라운운동Brownian motion을 언급하며 '심리역학과 신경역학의 뿌리에서 동시에 비롯된 그로테스크하면서도 요절복통할 만한 퍼포먼스예요'라고 했어.

나중에 모든 일이 다 허사로 돌아간 후, 존은 걷잡을 수 없는 고함과 절규 속에서 루리야의 개입을 마지 못해 용인했어. 그리고 그의 말에 일면 타당성이 있다고 인정했어."

큰어치가 뒤뜰에 다시 빙그르르 날아들자, 올리버는 안부인사 대신 미친 듯한 지지배배 소리로 불협화음을 연출한다.

"오랫동안," 올리버는 계속한다. "나는 존의 마음속에 박물학자와 소설가의 감성이 들어 있을 거라고 생각했지만, 그건 어디까지나 상상일 뿐이었어. 그는 발자크 소설의 한 구절—'내 머릿속에 사회 전체가 들어 있다'—을 들이대며 이렇게 주장했어. '나도 그럴 수 있어요! 내 팬터마임이 그걸 의미한다고요.' 그러고는 한 걸음 더 나아가 이렇게 물었어. '내가 예술가가 될 수도 있을까요?' 나는 그에게 일침을 가했어. '그러려면, 그런 인식이 먼저 마임에서 분리되어야 해요.'

그는 자신이 되고 싶어 하는 것—연인, 예술가, 전사戰士, 탐험가—에 대해, 온갖 판타지를 갖고 있었어. 말하자면, 처음에는 환자가 아니라 일종의 '본보기' 행세를 하며, 심지어 나를 가르치려 들었어.

특이한 질병이 늘 그렇듯, 그와 나는 모두 일종의 양가감정을 갖고 있었던 것 같아. '만약 내가 틱쟁이가 아니라면, 당신은 내게 아무런 관심도 보이지 않을걸요?' 그는 이렇게 말하곤 했어. '나는 평균적인 지능을 가졌을지 모르지만, 이래봬도 세상에서 가장 훌륭한 선생님이라고요!' (나의 형 마이클도 가끔 '외견상 보통사람' 운운하곤 해.) 그의 말에는 일리가 있어. 왜냐하면 우리의 관계는 처음부터, 마치 불륜처럼 '결함 있는 관계'였거든. 우리는 우리의 관계를, 이를테면 '자연사적 관점'과 '바람직한 치료의 관점'에서 볼 때, 각각 다르게 인식하고 있었어(프로이트도 정신분석학을 처음 연구할 때 이런 기분이 들지 않았을까? 그것도 아주 많이). 존과 나는 투렛증후군의 병리학과 심리학에 몰입하여 모든 것을 낱낱이 파헤치고, 심지어 의학을 발달시키는 장면을 상상하며 희망에 부풀었지만, 결론적으로 그 구렁텅이에서 헤어나지 못했어."

그는 탁자를 계속 두드리며 장고를 거듭한다. "1976년 초, 〈필라델피아 인콰이어러The Philadelphia Inquirer〉의 여성 기자 한 명이 어디선가 존의 상태에 대한 소문을 듣고, 그에 대한 특집기사를 쓰기로 결정했어. 그녀는 나를 찾아와 4시간 동안 인터뷰를 하며 내용을 녹음했어. 그러나 나는 그녀의 저의를 점차 의심하기 시작했어. 물론 순수한 관심에서 시작되었지만, 그녀는 은연중에 특종을 노리고 있었어. 나는 뒤늦게 그 점을 파악하고 이렇게 말했어. '명심해요. 이 모든 것은 잠정적이며, 내 생각의 상당 부분은 구상중인 아이디어일 뿐이에요. 어떤 아이디어는—나는 네 가지 예를 들었어—기사화될 경우 사회적 물의를 일으킬 거예요…' 그녀는 몇 줄짜리 기사를 쓸 거라고 말하며, 초안을 내게 보여주겠다고 했어. 그러나 그녀는 약속을 지키지 않았어. 결국 몇 줄짜리라던 게 몇 쪽짜리가 되었고, 구상중인 네 가지 아이디어는 핵심 포인트가 되었으며, 나의 말은 부풀려졌어. 그리하여 나는 졸지에 '끝없는 음담패설의 덫에 걸린 환자'에게 달라붙어 피를 빨아먹는, 돌팔이 관음증 의사로 전락했어."

존도 그 기사를 봤을까?

"그뿐만 아니라, 모든 사람들이 봤지. 만약 자네가 1976년 2월 뉴욕시의 거리를 걸었다면, 그 신문이 발길에 채였을 거야. 그러나 그때까지만 해도 존과 나의 관계는 나는 아직 괜찮았어. 사태가 악화되기 전, 우리는 〈필라델피아 인콰이어러〉 사건을 불운으로 치부하고 잊기로 했거든.

그러나 나는 그 기사와 후속기사를 우려하여, '흄적이고 인간적인 존재Humean and Human Being'라는 칼럼의 초고를 썼어. 그 칼럼에서, 나는 존을 모틀리Motley(간단히 M)라고 지칭하고, 흄의 관념을 차용했어. '흄에 따르면, 인간은 한 묶음의 감각에 불과하며, 개별적인 감각들은 상상할 수 없을 만큼 빠른 속도로 꼬리에 꼬리를 물고 이어진다. 그러므로 어떤 인격체의 '일관된 감각'이란 일종의 '거창한 픽션' 또는 하나의 '상태'일 뿐, 일반적 사실이라고 부를 수는 없다. 그런 의미에서, M이라는 사람의 사례는 문자 그대로 특이하며, 일종의 철학적 극단에 존재한다.'°

나는 루리아의 《모든 것을 기억하는 남자》('기다리며, 늘 뭔가를 기다리며')과 숄렘의 《유대 신비주의의 주요 학파들Major Trends in Jewish Mysticism》('메시아주의는 유예된 삶으로 이어진다')에서 각각 한 구절씩 인용하며 그 칼럼을 마무리했어. 사실, 내가 마지막까지 궁금해했던 건 '존이 오랜 고심 끝에 모종의 결단을 내리지 않을

° 그 후 몇 년 동안 흄적 메타포에 충실하기 위해, 이 칼럼의 제목은 여러 번 바뀌었지만—"천 개의 얼굴을 가진 남자" "무지갯빛 마음을 가진 남자" "모든 것인 동시에 아무것도 아닌 남자" "다면적 기억을 쫓는 남자" (마지막 제목의 "다면적 기억"은 물론 루리아의 "지워진 기억"을 패러디한 것이다)—, 주지하는 바와 같이 이중 어떤 제목으로도 출판되지 않았다.

까?'라는 거였어."

올리버에 따르면, 그는 그즈음 '5초간'이라는 책—주인공을 정해놓은 건 아니지만, 아직도 포기하지 않은 프로젝트 중 하나였다—을 구상하기 시작했다. 그 내용은 한 투렛증후군 환자의 속사포 같은 반복행동을 5초 동안 초고속 촬영한 후, 초저속으로 재생하며 틱의 진정한 세계(개별 제스처들 간의 관련성과 상호작용)를 드러내는 것이었다.

"반 아이크 형제의 그림이 인쇄된 우편엽서와 마찬가지로, 그것은 '경험의 엄청난 압축'이 될 거예요." 나는 감히 상상해본다. "맞아." 올리버도 동감한다.

그러나 며칠 후 받은 긴 편지에서 밝혀진 바와 같이, 틱의 이해 및 해석 가능성에 대한 올리버의 생각은 반짝 떠오른 게 아니었다. 그는 이미 10년 전부터 그런 구상을 갖고 있었던 것이다. 그 편지는 내가 떠난 후 몇 시간 동안 타자기로 친 것인데, 아래에 그 발췌본을 소개한다.

> 틱(특히 존의 틱)의 의미에 대한 자네의 질문에 대해, 나는 앞뒤가 맞지 않는 답변을 했어. 마크 (호모노프)와의 대화에서도 내 생각을 이야기했었는데(우리는 하루 시간을 내어 제퍼슨 호수•로 함께 놀러 갔어), 생각이 나지 않아. 틱—이 증상을 처음 보고한 사람은 질 드 라 투렛Gilles de la Tourette이라는 프랑스 의사야—이란 일종의 경

• 펜실베이니아주 접경지대에 위치한 뉴욕주 설리번 카운티에 있는 호수로, 올리버가 가장 좋아하는 수영장 중 하나다.

련이지만, 관념적인—말하자면 의지나 열정이나 상상에 의한—경련일 수도 있어. 후자는 틱에 느낌과 의미를 제공하지만, 본질적으로 불합리한 면을 내포하고 있어.

따라서, "혹자는 모든 틱(또는 대부분의 틱)에는 의미가 있다"고 제안하지만, 설사 그렇더라도 의미가 명확하지 않아(마치 꿈결 같고, 일관성이 부족해. 섬망 같기도 하고, 어쩌면… 루리야의《지워진 기억을 쫓는 남자》에 나오는 임의적이고 종잡을 수 없는 연상인지도 몰라). (…)

(존의 경우,) 특별한 음성 틱, 고함, 충돌음이 있는데, 언뜻 들으면 '테이프 늘어난 소리' 같지만, 여러 번 들어보면… (그의 아버지가 사용했던 독일어로) "하지 마!Verboten!"라고 훈계하는 것 같아. 그런 다음 번개처럼 빠르게 손뼉을 치는데, 이 모든 내용은 내가 루리야에게 보낸 테이프에 수록되어 있어.

한편에서 보면 틱은 떨림과 경련이지만, 존과 같은 투렛증후군 환자의 경우에는 일종의 상형문자 같은 언어가 동반될 수 있어… 전달에 실패함으로써 언어의 목적을 상실한. (…)

그러므로 틱에는 의미가 있을 수도 있고, 없을 수도 있어….

나는 피곤해서 더 이상 생각할 수 없고, 계속 지껄일 뿐이야… 과거 어느 때보다도 자네(또는 나 자신)를 헷갈리게 할까 봐 걱정 돼. 이만 줄이는 게 최선인 것 같아.[SB]

"내가 편지에서 말한 바와 같이," 며칠 후 시티아일랜드 자택에서 '존에게 일어난 일'에 대한 대화를 계속할 때, 올리버가 인정한다. "틱에 관한 나의 요즘 생각은 '피상적 생각'과 '한없이 깊은 생각' 사이에서 갈팡질팡하고 있어.

그 당시, 나는 사재를 털어 '틱에 관한 모든 것'을 촬영하고 있었어." 그러고 보니, 그는 뇌염후증후군의 경우에도 그런 식으로 촬영했었다. "그런데 수많은 토요일을 틱 연구에 쏟아붓던 중, 문득 '내가 존과 나 자신에 너무 몰입하고 있는 것 같다'는 느낌이 들기 시작했어. 설상가상으로, 나는 존의 틱 레퍼토리에 싫증이 나기 시작했어. 누구나 그럴 수 있잖아. 어떤 면에서 그건 '이제 볼 장 다 봤으니, 다른 레퍼토리를 알아보자'는 심보였어. 그러나 내가 무슨 말을 하든, 그는 화제를 틱으로 돌렸어.

부분적으로 이런 교착상태에서 벗어나기 위해, 우리는 진료실이라는 한정된 공간을 벗어나기로 결정했어. 때마침 그가 전 세계에서 일어나는 상호작용을 반복적으로 언급했으므로, 나는 '이 친구와 함께 밖에 나가 직접 관찰하고 기록하는 게 좋겠다'는 생각이 들었어. 바깥세상에서 일종의 인류학적 현장연구를 수행하기 위해 진료실을 포기했을 때, 우리는 실수를 한 건지도 몰라. 그러나 그러지 않았다면, 나는 다른 주제, 예컨대 그의 동물사랑을 평가하게 되었을 거야. 그는 아시시의 성프란치스코 뺨치는 '틱쟁이 동물 애호가'로, 모든 동물들을 형제자매로 여겼거든."

"사실, 존의 증상은 다른 환자들보다 훨씬 더 심했어." 올리버는 잠깐 한숨을 쉰다. "그의 증상 중 하나는 매우 사적인 것이어서, 남자친구는 물론 여자친구도 사귈 수 없었어." 올리버는 계속 말하려다가 급히 바로잡는다. "아 참, 이건 사실이 아니야. 그는 잠시 동안 한 명의 여자친구와 끔찍이 복잡한 관계를 맺었어."

어쨌든, 비디오 촬영 프로젝트의 비용은 눈덩이처럼 불어났다. "1만 달러를 가지고 시작했는데, 어느새 겨우 2000달러만 남아 있었어." 올리버는 설명한다. "나는 실제로 몇 명의 인류학 전문 영화 제작자들에게 동참의사를 타진했지만, 그들은 하나같이 너무 많은 금액을 요구했어. 생각다 못한 나는 요크셔 TV에 근무하는 오랜 친구 던컨 댈러스에게 편지를 보내, 자세한 사정을 설명하며 제작비를 지원해줄 수 있냐고 물었어. 던칸은 득달같이 달려와 두 눈으로 직접 확인하고는 기가 막힌 프로젝트라고 극찬했어. 우리는 어느 시점에서 셋이 함께 영화를 만들기로 의기투합했는데, 그 주동자가 존인지, 던컨인지, 아니면 나인지 도무지 기억나지 않아.

솔직히 말해서, 처음부터 던컨은 나와 마찬가지로 양가감정을 갖고 있었어. 그러나 우리는 애당초 존을 공적 영역으로 끌어냄으로써 모든 것을 파괴할 운명이었던 것 같아. 영화 촬영은 1977년 2월에 시작되었는데, 존의 삶이 당분간 여과 없이 노출되었어. 제작진은 망원렌즈로 그의 얼굴을 계속 클로즈업했는데, 그러다 보니 어느 새엔가 그의 비위를 건드릴 만한 수준에 이르렀어.

제작진이 촬영을 마치고 영국으로 돌아가자마자 일은 터졌어. 그다음 날, 존이 내 진료실에 들이닥쳐 2002번째 얼굴 사진을 들이대며, '당신이 나를 배반했어요!'라고 비난했어. 그는 편집증에 사로잡혀 눈에 보이는 게 없는 듯했어.

우리는 모임을 잠정적으로—아마도 여름 내내—중단했지만, 던컨과 존은 그동안 접촉을 계속했어. 던컨과 나는 여러 차례에 걸쳐 프로젝트 전체를 보류하는 게 좋겠다고 생각했지만, 프로젝트는 외줄타기 하듯 어렵사리 굴러갔어. 그러던 중 던컨은 '존을 편집에 참여시키면 잡음이 해소될지 모른다'고 생각하고, 존에게 영국으로 건너오라고 종용했지만 거절당했어. 던컨과 제작팀은 10개월에 걸쳐 편집 작업을 완료하고, 1978년 2월 영국의 TV에 방영했어."

몇 시즌 전 방영되어 거의 전 세계적인 갈채를 받았던 다큐멘터리 〈어웨이크닝Awakening〉과 달리, 〈투레터 존John the Touretter〉은 엇갈리는 비평을 받았다. 심지어 '의사가 환자를 이용했다'는 악평도 있었는데, 치명적인 판단착오로 인해 모든 비평들이 존에게 그대로 전달되었다(그는 한 드럼통의 편지도 받았는데, 그중에는 친구 신청과 프러포즈에 관한 것도 있었다). "그러나 '세간의 관심 급증'의 순효과net effect는," 올리버는 설명한다. "발길을 끊은 지 1년 된 존이 나에게 메시지를 보내, 질 드 라 투렛 자신의 비극적 운명을 언급하기 시작했다는 거였어. 자네도 알다시피, 투렛은 19세기 말 투렛증후군을 처음 보고한 의사로, 자신의 환자에게 살해당했어.

존과 나는 이윽고 한 정신과의사의 진료실에서 셸던 노빅(TSA의 의학 책임자)과 함께 만나, '존에 관한 다큐멘터리를 미국의 TV에서 방영하지 않을 것이며, 방영해서도 안 된다'고 의견을 모았어. 그러나 존은 제한된 관객 앞에서 다큐멘터리를 방영하는 방안에 호의적인 반응을 보였는데, 나는 그것을 일종의 평화협정으로 받아들였어.

그러나 얼마 지나지 않아, 그는 '의학적 압력하에 체결되었다'고 불평하며 평화협정을 철회했어. 그는 마음이 불편하다고 주장하며, '당신이 다큐멘터리를 상영하려고 노력한다면, 내가 그 자리에 참석하여 당신의 발언을 감시하고 싶어요'라고 말했어. 그 결과, 나는 그에게 들키지 않으려 조심하며, 고작해야 대여섯 명의 친구들에게만 다큐멘터리를 보여줄 수밖에 없었어. 그러는 가운데 그는 자신이 보유한 비디오테이프 복사본에 강박관념을 느껴, 자기 혼자서 몇 번이고 다시 시청했어.

중요한 것은, 그가 극도의 양가감정을 갖고 있었다는 거야. 그가 바랐던 건, 미국의학협회 총회에서 다큐멘터리를 방영한 후 자신이 뒷무대에서 등장하여, '이 영화는 뻥이에요!'라고 선언하는 거였어.

그러는 동안, 다른 영화감독이 또 한 편의 영화를 준비하고 있었어. 그는 존과 나를 비롯해, 다른 사람들이 출연하는 영화를 만들고 싶어 했어. '안 돼요,' 존은 씩씩거리며 내게 말했어. '당신이 내게 무슨 소용이에요? 내 영화의 주인공은 나란 말이에요!' 막상 완성되고 나니, 〈갑작스러운 불청객The Sudden Intruder〉이라는 그 영화의 주인공은 오린Orrin이라는 의사였고, 결국에는 TSA의 공식 영화로 채택되었어. 그러자 존은 정말로 화가 나서, '우리의 영화'가 훨씬 더 우수하고 인간적이라고 주장했어. 그 영화도 그럭저럭 괜찮지만, 우리 영화는 압권이었어!

마지막 만남에서, 우리는 그간의 일들을 어떻게든 정리하려고 애썼어. 존은 시종일관 '당신은 내 사생활에 강박적으로 사로잡혀 있었을 뿐이에요'라고 외쳤고, 나는 '난 박물학자이지 관음증 환자가 아니에요. 당신의 사생활 따위에는 아무런 관심도 없었다고요'라고 맞받았어.

그러나 다음 날, 센골드의 '날카로운 지성'은 나를 단칼에 베었어. '모르셨어요? 아무리 발버둥쳐도, 당신은 그의 사생활에서 벗어날 수 없어요.'"

~~~

그날 저녁 집으로 돌아가던 중, 나는 런던에서 던컨 댈러스와 나눴던 이야기를 다시 검토해보기로 결정했다. 아쉽게도 대화를 녹음한 건 아니지만, 대화록을 면밀히 살펴본 나는 당시의 상황을 재현할 수 있었다. 올리버와 함께 만든 다큐멘터리 〈어웨이크닝〉에 대해 꽤 긴 이야기를 나눈 후, 나는 마지막에 다큐멘터리 〈투레터 존〉에 대해 물어봤었다.

"1975년경, 올리버가 내게 이렇게 말했어요. '나는 새롭고 매우 흥미로운 환자 한 명을 알게 되었는데, 자세한 내용은 밝히지 않을 예정이에요.' 그러나 6개월 후, 그는 존이라는 환자에 대해 말해줬어요. 그는 존을 가리켜 '자칭 슈퍼 투레터super–Touretter'라고 하며, 흥미로운 다큐멘터리거리라고 넌지시 말했어요.

그래서 미국을 다시 방문하여 존을 만나 자초지종을 물어봤더니, 올리버에게 들은 그대로였어요. 만약 나와 함께 그를 만나본다면, 당신도 그를 문제투성이라고 말하게 될 거예요. 그는 우리의 시선을 피해, 순식간에 제멋대로 행동할 게 뻔해요. 그러나 올리버는, 아마도 그를 조금이라도 더 편안하게 해주기 위해, 그 친구에게 감정을 이입한 것 같아요. 그러다 보니 질병의 심각성에 대한 의문이 생겼어요.
~~~

그건 그렇고, 길거리에서 발작하고 있는 뇌전증 환자를 우연히 발견한다면, 당신은 기절초풍하게 될 거예요. 음, 존은 평생 동안 투렛증후군에 대한 타인들의 반응에 대처해야 했어요. 그로 인한 스트레스가 워낙 커서, 누군가가 자신에게 카메라를 들이대는 것을 감당하기 어려웠을 거예요.

그러나 존은 '피사체가 되어 행복해요, 아니 그 이상이에요'라고 주장했으므로, 우리는 프로젝트를 진행하기로 결정했어요. 그럼에도 불구하고, 우리는 이런저런 이유 때문에 6개월 동안 촬영을 연기해야 했어요. 그런데 우리가 미국에 돌아왔을 때는 일이 이상하게 꼬여 있었어요. 어떤 의미에서, 존이 올리버와 사랑에 빠졌던가, 올리버가 존과 사랑에 빠졌던가 둘 중 하나였던 것 같아요(어쩌면 둘 다였는지도 몰라요). 그러나 시간이 경과함에 따라, 존은 현실을 직시하게 되었어요. '올리버가 나를 치료할 수 없으므로, 나는 남은 인생 동안 전과 똑같은 도전에 직면해야 한다'는 사실을 이해하게 된 거예요. 존은 크게 실망한 나머지, 올리버를 '나를 실험대상으로 삼은 또 한 명의 의사'로 간주하기 시작했어요. 그의 마음속에서는 '걷잡을 수 없는 의심'과 '걷잡을 수 없는 과시행위'가 뒤엉켜, 종잡을 수 없었어요.

촬영이 어렵게 되자, 우리는 두세 차례에 걸쳐 프로젝트의 전면적 취소를 고려했어요. 무엇보다도, 존은 카메라를 지나치게 의식했어요(카메라를 켰을 때와 껐을 때의 차이가 너무 컸어요). 카메라를 끄고 점심을 먹을 때는 자연스럽고 재미있고 멋있게 행동했지만, '일단 카메라를 켜면 과묵하고 조심스러워져 일종의 침묵 수행을 하는 것처럼 보였어요. 그에 반해 올리버는, 다큐멘터리

〈어웨이크닝〉에 비하면 어림도 없었지만 나름 선전했어요. 복잡하게 꼬인 일을 완전하게 해결하지 못했지만, 최선을 다함으로써 우리를 안심시켰으니까요. 여러 가지 어려움에도 불구하고, 있는 모습을 그대로 보여주려고 한 그의 열정은 높이 살 만했어요.

어쨌든 최종 결과물은 매우 흥미로웠어요. 제 딴에 기대를 걸고 다큐멘터리 〈투레터 존〉을 영국 TV에서 방영했지만, 큰 호평을 받았던 〈어웨이크닝〉과 달리 반응이 신통치 않았어요. 어떤 비평가들은 '관음증' 운운하며 혹평을 쏟아냈어요. 그럼에도 사람들이 지금까지도 기억하고 있는 걸 보면, 어느 정도의 영향력은 발휘한 것 같아요.

올리버와 존에게도 보여줬더니, 처음에는 반응이 괜찮았어요. 존은 심지어 행복해하는 것 같았어요. 그러나 시간이 경과함에 따라 존은 점점 더 분노하게 되었고, 곧이어 우리—특히 올리버—를 맹비난했어요. '옛날에 방송국과 작당하여 촬영한 비디오테이프를 제멋대로 유통시키고 있다'는 둥, '그 속에는 보호받아야 할 사적인 내용이 들어 있는데, 그렇게 악용될지 몰랐다'는 둥, '그러나 이제는 음흉한 속셈을 알았으니 가만있지 않겠다'는 둥… 급기야 그는 올리버를 심리학회에 고발하겠다고 으름장을 놓았어요. 그건 TV에서나 볼 수 있는 전형적인 오버액션으로, 어깨를 으쓱하고 무시해버리면 그만이었어요. 그러나 올리버는 그렇게 할 수 없었어요.

내 생각에는, 존이 현실을 제대로 파악하지 못했어요. 카메라는 궁극적으로 눈속임이 아니며, 다큐멘터리의 목적은 의료계의 난맥상을 고발하는 것이었거든요. 그래서 그는 올리버를 계속 비난했고, 올리버는 신경증적 강박관념에 사로잡힌 나머지 질 드 라 투렛의 비극적 운명(자기가 치료하던 환자에게 살해당함)을 떠올리게 되었어요. 올리버는 다큐멘터리가 미국에서 방영되는 것을 적극 반대하며, 그러지 않을 경우 자기가 죽을 거라고 주장했어요(단, 방송사는 무사할 거라고 했어요). 물론 방송사에서는 필름을 미국에 배포하지 않겠다고 약속했지만, 결국에는 약속을 어겼어요. 최근 밤늦게 어떤 케이블 TV를 보니, 다큐멘터리 〈투레터 존〉을 패키지 프로그램의 일부로 버젓이 방영하더군요. 비록 우리는 무사했지만, 그 사실을 안 존은 올리버를 다시 협박하여 공포에 휩싸이게 했을 거예요. 우리는 그런 일이 재발하지 않게 하려고 애썼지만 아직도….

참으로 안타까운 일이에요. 다큐멘터리의 명예회복은 물론 올리버의 글막힘을 해소하기 위해서라도, 사건을 원만하게 해결하여 평화를 되찾아야 해요."

댈러스는 잠시 머뭇거리다 이렇게 결론지었다. "촬영이 끝난 후 프로젝트를 편집하다 보면, 우리는 때로 주제에 환멸을 느끼면서도 어떻게든 프로젝트를 완성하게 돼요. 당신도 마찬가지일 거예요. 그러나 올리버는 달라요. 그는 언제라도 프로젝트를 중단할 준비가 되어 있어요. 필요하다면 당신의 활동에도 제동을 걸 거예요."

~~~

나는 다음번 시티아일랜드에 갔을 때 올리버에게 묻는다.
~~~

"혹시 문제의 다큐멘터리 좀 보여줄 수 있나요?" 그는 나를 지하실의 작은 칸막이 안에 세워놓고, 2층의 서재로 올라간다.

솔직히 말해서, 나는 다큐멘터리(〈마음의 변화A Change in Mind〉 시리즈 중 하나로, "무엇이 당신으로 하여금 틱을 하게 만들까요?"라는 제목이 붙어 있었다)를 시청하며 충격을 받는다. 무심하거나 착취적이거나 불쾌감을 유발하기는커녕, 진심 어리고 매혹적이며 존과 올리버 모두에 대해 강렬한 공감을 불러일으키기 때문이다. 어떤 등장인물도 기분이 상하거나 당혹스러워하지 않으며, 그들과 제작진은 모든 프레임에서 서로 존중하고 품위를 지키며 즐거움을 느끼는 것 같다.

예컨대 한 장면에서, 그들은 올리버가 개인적으로 소장하고 있는 초기 비디오를 시청하고 있는데, 그 비디오의 내용은 다음과 같다. 존이 강박적으로 테이블 마이크를 쿡쿡 찔러도 제지하는 사람이 아무도 없다. 그가 충동적으로 행동하고 아무렇게나 되는 대로 소리쳐도, 올리버는 일절 간섭하지 않고 카메라 뒤에서 그저 껄껄 웃고만 있다. 올리버는 존에게 이렇게 묻는다. "당신의 행동 중에서 얼마나 많은 부분이 무의미하고, 얼마나 많은 부분이 유의미하다고 생각해요?" 존은 이렇게 대답한다. "그건, 내가 당신에게 묻고 싶은 말이에요!"

그때 비디오를 보고 있던 존이 이렇게 단언한다. "정말 놀라워요. 환자 아닌 사람은 당연히 믿지 않겠지만, 환자인 내가 봐도 믿어지지 않을 정도예요."

"저 비디오는 세상의 축소판이에요." 올리버가 말한다. "그리고 어떤 면에서, 저들은 각각 별개인 동시에 불가분의 관계에 있어요. 그들은 함께 인간적으로 성숙하고 있는 거예요."

"내가 한마디 해도 될까요?" 이때 존이 끼어든다. "나는 잠잘 때 틱 하는 꿈을 꾸지 않아요. 나는 꿈속에서 뭐든—테니스가 됐든, 스키가 됐든, 여자 꼬시기가 됐든—다 잘해요." 그러고는 자리에서 잠깐 일어나 부동자세로, 차분하고 냉정하고 만족스러운 표정으로 꿈을 되새긴다. "그리고 가끔씩 나 자신을 비웃으며, '몇 분 후면 소란과 일장연설과 틱과 매너리즘으로 사람들의 눈총을 받겠지'라고 생각해요. 그리고 호탕하게 웃으며 현실을 부정해요. 왜냐하면… 그건 내 본모습이 아니기 때문이에요."

잠시 후, 올리버와 존은 승용차에 몸을 싣고 뉴욕 시가지를 누빈다(운전석에 앉은 존은 이빨로 운전대를 꽉 깨문 채 조작하며, 지나가는 행인들과 거침없이 눈짓 손짓을 주고받으며 원맨쇼를 한다. 두 사람은 승용차에서 내려, 타임스퀘어와 센트럴파크를 가로질러 터벅터벅 걷기도 한다). 올리버는 내레이션을 통해 이렇게 설명한다. "존은 믿을 수 없는 공감능력과 공명능력의 소유자로, 다른 사람들은 물론 다양한 야생동물의 마음을 읽을 수 있습니다." (존은 지나가는 다람쥐와 놀고 있다.) "그러나 '모든 사람'과 '모든 동물'의 입장에 선다는 것은," 내레이션은 계속된다. "어떤 의미에서 아무것도 아님을 의미합니다. 즉, 그는 자아를 상실하고 개체에서 이탈할 수 있는데, 그 이유는 '다른 모든 사람'이기 때문입니다."

존은 공원의 한 베이글 판매대 주변에서 얼쩡거린 후("아저씨," 한 아이가 다가와 묻는다. "당신의 반사작용은 세계 최고예요. 어떻게 하면 아저씨처럼 될 수 있어요?"), 뒤이어 카츠 델리카슨Katz's Delicatessen•에서 기상천외한 행동으로 카운터 점원을 골탕먹임으로써 고객들의 입을 떡 벌어지게 한다(그러는 동안, 올리버는 카메라 뒤에서 온갖 재미와 즐거움과 뿌듯함을 주체하지 못하고 파안대소를 한다). 또 하나의 내레이션에서, 올리버는 존의 '위트와 장난'과 '능청맞은 퍼포먼스'를 언급하며, 그의 과시exhibition와 우리의 억제inhibition는 동전의 양면과 같다고 지적한다. "그의 연상은 즉흥적이고 갑작스럽고 놀랍고 즉각적입니다. 우리와 달리, 통상적인 심사숙고를 거치지 않으므로 주목할 만합니다."

그런 파격적인 연상을 촉발하는 요인이 외적인지 내적인지는 논란거리다. 한 장면에서, 올리버는 존이 초기 비디오테이프에서 '목 쉰 소리' '콧소리' '새 울음소리'를 속사포처럼 반복한 것을 지적하고, 테이프를 다시 천천히 돌리며 연속동작을 차례로 설명한다. "목 쉰 소리가 나오기 전에는 방열기에서 뿜어져 나오는 수증기 소리가 나고, 콧소리가 나오기 전에는 자동차 경적 소리가 나며, 새 울음소리가 나오기 전에는 날갯짓 소리가 납니다." 그와 대조적으로, 존은 대학에 다니던 시절 시험을 보기 위해 벼락공부하던 일을 이야기하다, 갑자기 흑인 기독교신자가 하늘에 대고 기도하는 시늉을 한다. "주여, 도와주세요. 주여, 지금 나를 도와주세요!" 그러면서 간간이 팔을 마구 흔드는데, 이러한 통성기도와 팔 흔들기의 앙상블은 오후 내내 계속된다.

또 다른 장면에서, 존은 맹렬한 탁구 시합에 신들린 듯 몰두하는데, 그러는 동안 틱의 징후라고는 눈곱만큼도 찾아볼 수 없

• 1888년 문을 연, 뉴욕시에서 가장 오래된 델리(가벼운 식사류를 파는 식당).

다. "그가 다양한 놀이를 즐길 때, 우리는 그가 가장 자유롭고 능숙하고 자기답고 편안하다는 것을 알 수 있습니다." 존을 지켜보고 있는 올리버는 이렇게 설명한다. "다람쥐와 놀 때도, 공놀이를 할 때도, 기타를 칠 때도 그는 기쁨이 충만합니다. 사실, 그를 지탱하는 원동력은 신바람입니다."

올리버는 간혹 자기연민에 빠져, 의사와 환자의 경계를 모호하게 만든다. "우리는 누군가의 품에 안겨 안식과 평안을 누릴 수 있습니다." 그는 한 장면에서 이렇게 말한다. "여성의 품이 됐든, 뮤즈의 품이 됐든, 어머니 지구Mother Earth 또는 자연의 품이 됐든, '만물의 원천'의 품이 됐든… 어떤 면에서 볼 때, (심각한 투렛증후군 들에게) 이것은 매우 절실한 문제입니다. 예컨대 존의 경우, 파문破門·유형流刑·소외疎外의 한복판에서 삶의 충만함을 느끼곤 합니다. 내가 아는 범위 내에서 이런 사례는 매우 드뭅니다. 역설적이지만, 그는 한편으로는 결핍된 삶을 살면서, 다른 한편으로는 충만한 삶을 영위합니다."

한 걸음 더 나아가, 올리버는 이렇게 토로한다. "나는 의사로서, 그의 삶의 질을 아직 향상시키지 못하고 있습니다. 현재 '기적의 약'은 존재하지 않으며, 앞으로도 그러할 것입니다. 그러므로 존이 메시아적 기대를 품고 있는 것도 무리는 아닙니다. 그러나 그와 똑같은 이유로, 그와 나는 실망과 분노에 압도되지 않고, 더욱 풍요롭고 흥미로운 삶을 함께 모색하기 시작했습니다. 그는 점점 더 적극적으로 행동하고 있으며, 수동적인 환자보다는 능동적인 행위주체로 변모하고 있습니다."

다큐멘터리가 어느덧 종반에 접어들면서 올리버는 화면 밖으로 사라지고, 존 혼자서 다양한 활동을 하며 자신의 앞길을 개척하는 영상들이 메들리로 이어지며, 줄거리는 정점을 향해 치닫는다. "이 사람은 너무나 많은 가능성에 직면해 있습니다. 그는 단순한 교차로가 아니라, 수천 갈래길 앞에 서 있습니다. 물론, 어쩌면 그 수천 개의 길들이 만나는 점이 있을지도 모릅니다. 내 생각에는, 연극에서 봤듯이, 최소한 일시적으로라도 만나는 점이 있을 겁니다. 그러나 그보다 더 중요한 문제는, '그가 세상에서 수행할 역할이 무엇인가?'라는 것입니다. 그도 모르고 나도 모르지만, 모종의 역할이 있을 거라 확신합니다… 그러나 모든 것은 그 자신에게 달려 있으며, 나는 그저 거들 뿐입니다. 그가 능동적으로 자신의 역할을 찾아내기를 바랍니다."

마지막 장면에서, 다큐멘터리 제작자들은 존이 운전대를 잡은 승용차 앞에 총집결한다. 그들은 존에게, 마지막으로 한마디 하라고 부추긴다.

"진심이에요?" 존이 퉁명스럽게 말한다.

그들이 이구동성으로 그렇다고 하자, 존의 표정이 굳어진다.

"다큐멘터리는 여기까지예요." 존이 웃음을 터뜨리며 말한다. "투렛증후군이 남의 일이라고 생각하세요? 천만의 말씀! 누구나 나처럼 될 수 있어요. 나도 원해서 이렇게 된 게 아니라고요."

~~~~~~

나는 다큐멘터리를 시청하고 난 후 위층으로 올라가, (매우
~~~~~~

차분하고 죄책감이 전혀 없어 보이는) 올리버에게 말한다. "사랑과 은혜가 충만한 다큐멘터리던데요? 유대감과 존경심도 넘치고요. 시비 걸 게 전혀 없는데, 도대체 무슨 일이 일어났어요?"

"너무 서둘렀던 게 문제였어. 모든 게 좋게좋게 넘어갔지만, 그런 친근함이 결국에는 섬뜩함으로 다가왔어." 그로부터 5년 후 벌어진 사달을, 올리버는 마치 어제 일어난 일처럼 생생히 떠올리며 말한다. "자네가 이해해야 해. 그 친구는 양가감정 때문에 미치기 일보직전이었거든."

그러나 늘 그렇듯, 올리버는 (혹시 미래에 나올지도 모를) '투렛증후군 책'을 감안하여 몸을 사리는 것 같다. 그도 그럴 것이, 8년 동안 공들여 왔던 '다리 책'이 이제 결실을 눈앞에 두고 있었기 때문이다. 교착상태에 빠진 존이 아직도 올리버의 마음을 짓누르고 있으므로, 수많은 연구자료를 활용할 방법이 없다.

"나는 한동안 구체적인 사항들—그의 이름, 우리가 대화한 장소, 그의 나이, 성별—을 바꿀까도 생각해봤어. 그는 '괴물'이라는 말에 극도의 혐오감을 느꼈으므로, 나는 가끔 오기가 발동하여 '미래의 책'을 "괴물"이라고 부르는 판타지를 즐겼어. 보다 최근에는, 그를 열두 동강 내는 방안을 고려했어. 마치 투렛증후군 병동이라는 맥락에서 열두 명의 상이한 환자들을 기술하는 것처럼 말이야."

"음," 그는 앓는 소리를 낸다. "음."

"이것 좀 봐." 그가 갑자기 손을 뻗어, 최근 읽고 있는 오래된 책을 집어든다. 그의 어머니의 은사인 키니어 윌슨이 번역한 《틱과 그 치료법Tics and Their Treatment》이라는 책인데, 원저는 1905

년 앙리 메이지Henry Meige와 E. 파인델E. Feindel이 지은 《Les tics leur traitement》이다. 그 책 속에는 O라는 환자가 쓴 "틱쟁이의 고백"이라는 회고록이 들어 있다.

책장을 넘기며 이 구절 저 구절에 눈이 가던 나는, O와 저자들의 빅토리아·에드워드풍 언어의 풍부함에 매료된다. 그 점이 올리버에게도 큰 영향력을 발휘한 듯싶다. "나는 투렛증후군의 어처구니없는 악순환에 주목하고 있다. 나 역시 관련된 책을 구상하고 있지만, 틱의 마수에서 벗어나지 못하고 있다." "나는 유혹을 견뎌내거나 불안감을 떨쳐버릴 수 없다." "그는 고독한 순간에 자아를 상실하고 어처구니 없는 몸짓에 몸을 맡긴 채, 그 속에서 안정을 찾고 '끊어질 듯 말 듯한 대화'에 실낱 같은 희망을 걸고 있다." "그는 예리하지만 지속성이 결여된 공감능력을 갖고 있어." 저자의 풍부한 어휘력과 감미로운 운율이란!

그 책의 한 구절은, 존은 물론 올리버에게도 적용될 수 있는 구절이라는 생각이 든다.

> 말을 할 때나 글을 쓸 때나, O는 진행성 정서불안 증상을 보인다. 그의 대화는 일련의 '단절된 생각'과 '미완성 문장'으로 구성되어 있으며, 새로운 아이디어를 단계적으로 펼칠 때는 잘 나가다가 삼천포로 빠지기 일쑤다. 물론 그게 늘 나쁜 것은 아니며, 때로는 피카레스크 구성이나 흥미로운 자유연상으로 귀결되므로 나름 매력이 있다. 즉, 첫 번째 아이디어를 말하자마자 그의 마음속에서는 두 번째 세 번째 네 번째 아이디어가 꼬리에 꼬리를 물고 이어지는데, 각각의 아이디어는 적절히 연결되어 큰 그림을 그리는 게 정상이

다. 그러나 간혹 단편적 아이디어들이 그대로 나열되는데, 그 결과 탄생하는 '일련의 설익은 아이디어들'이 특이한 매력을 발산할 수 있다.°

나는 올리버에게, 그가 고민하고 있는 '투렛증후군 책'의 구성에 대한 아이디어를 제시한다. "좋은 생각이 떠올랐어요. '투레터 존' 다큐멘터리에 나오는 에피소드들을 피카레스크 방식으로 각색한 다음, '빅토리아 시대 의학에 관한 서론' 및 '투렛증후군에 관한 결론'과 엮어, 프랑스에서 독점 출판하면 어떨까요?"

"에이," 올리버는 너털웃음을 웃은 후 한숨을 쉰다. "주인공이 이 세상 어딘가에 살아 있는 한, 문제는 해결되지 않아." 내가 어이없다는 듯 웃자, 그는 더 큰 소리로 웃는다.°°

올리버와 나는 약속이라도 한 듯 동시에 침묵을 지킨다. 나는 갑자기 큰 소리로, 존과 접촉해보려고 하는데 괜찮겠냐고 물어본다. 그는 잠시 머뭇거리더니, 며칠만 생각할 시간을 달라고 한다.

며칠 후 그는 내게 전화를 걸어, 이렇게 말한다. "내 정신과 주치의인 셴골드와 상의해본 결과, 자네가 제3자의 자격으로 '우

° Henry Meige and E. Feindel, 〈Les tics et leur traitement〉, trans. S.A.K. Wilson (New York: William Wood and Company, 1907), 4, 5, 10, 21, 17쪽.

°° 올리버는 "흠적이고 인간적인 존재"라는 칼럼의 초압축 버전에서 존을 넌지시 인용하는 것으로 낙착을 본다. 그리고 몇 년 후 발간한 《아내를 모자로 착각한 남자》에서는 존을 아예 여성(투렛증후군에 사로잡힌 60대의 백발 여인)으로 둔갑시켜, "어느 날 도시의 한 블록을 미친 듯이 걸으며, 보이는 사람과 사물 들을 닥치는 대로 강박적으로 모방한다"고 기술했다.

연히 다큐멘터리를 보고 감동을 받았다'고 말하며 존에게 접근하는 게 좋겠어. 또는, 역시 제3자의 자격으로 내 프로필을 조사하다가, 수소문 끝에 그를 방문하게 됐다고 말하는 것도 좋겠지. 그러나 내가 일종의 중재자로 개입하는 것은 난센스야.

나는 자네가 편집증에 대해 얼마나 아는지, 자네의 의도가 얼마나 순수한지 몰라." 올리버는 계속 말하다가 잠깐 생각에 잠긴다. "그를 만나고 나면, 자네는 아마도 아쉬움, 분노, 슬픔, 연민이 뒤섞인 감정을 갖게 될 거야… 또는 그가 다큐멘터리를 싸잡아 비난할지도 몰라."°

또 한 번의 짧은 침묵이 흐른 후, 긴 한숨이 나온다. "으음," 그는 이렇게 마무리한다. "그런 경이로운 질병이, 그런 까다로운 사람을 찾아오다니…."

° 차차 알게 되겠지만, 막상 닥쳐보니 이런저런 이유 때문에 존에게 전화를 걸 수 없었다. 그러나 몇 년이 지난 후, 나는 1995년 4월 10일 자 〈뉴요커〉의 "장안의 화제Talk of the Town" 섹션에 뉴욕현대미술관에서 상영한 틱 증후군에 관한 다큐멘터리를 보고 쓴 칼럼 "MOMA When It's Jerking"을 게재했다.SB

II

올리버는 어떻게 존재하며 행동했나?

1981~1984

15
오랜 글막힘에서 벗어나기 시작
1982~1983

1982년 11월 초

어느 날 오후 올리버가 내게 전화를 건다, 어처구니없는 심정으로.

"몇 주 전 건강검진을 받으러 병원에 갔다가, 백혈병에 걸렸을지 모른다는 생각과 함께 희한한 느낌이 들었어.

자네도 알다시피, 나는 다이어트 중이었어. 직전 건강검진을 받은 후 몸무게가 약 30킬로그램이나 줄었는데, 의사는 한 가지 혈액검사를 더 하는 게 좋겠다고 하며 이렇게 말했어. '몇 달 전 당신의 적혈구 수치가 낮게 나왔는데, 혹시 다이어트 때문이 아닐 수도 있어요.'

혈액검사지를 손에 쥔 의사가 최종적인 진단을 내리기 직전(불과 몇 분의 1초 전이었어), 나는 '보나마나 백혈병에 걸렸고, 앞으로 3개월밖에 살지 못하겠구나'라고 확신했어. 그러자 갑자기 마음이 홀가분해지며, '지금껏 마음속에 차곡차곡 쌓아뒀던 책들을 다 쓸 수 있겠구나'라는 생각이 들었어.

심각한 심장마비를 경험하고서도 1년 동안 살아남아 네 권의 책과 40편의 논문—그가 50년 동안 썼던 것보다 더 많은 분량이야—을 썼고, 매초마다 침착하고 투명하고 반짝이고 느긋했던 루리야와 마찬가지로, 내 눈에는 모든 것들이 맑게 샘솟는 것처럼 보였어. '투렛증후군 책' '5초 책' '요양원과 병원 책' '다리 책' '치매 책'… 희한하게도, 죽음의 위협 속에서 이 모든 책들이 새로운 빛을 발했어."

올리버는 두 박자 쉬고 말한다.

"그런데 의사에게 '다행히 혈액암은 아니에요'라는 말을 듣고 얼마나 어처구니없었던지…."

며칠 후, 우리는 현대생활의 허접함에 대하여 이야기한다. 올리버는 자신의 승용차와 치료장비가 모두 리스된 것임을 지적하며, 겉만 번드르르한 현대생활이 사실은 거대하고 컴퓨터화되고 소외된 리스회사의 손아귀에서 놀아나고 있음을 허탈해한다.

"문제의 핵심은," 그는 주장한다. "사유와 체계화를 담당하는 컴퓨터 모델이 현대생활의 헤게모니를 쥐고 있다는 거야. 사람들은 올바르게 생각하고 있지 않아… 어쩌면 사람들이 컴퓨터처럼 생각하기 시작했고, 컴퓨터는 애당초 사유능력이 없는지도 몰라. 더글러스 호프스태터는 핵심을 잘못 짚었어. 진짜 핵심포인트는, 컴퓨터가 판단능력이 없다는 거야. 컴퓨터의 판단을 담당하는 알고리즘은 무한퇴행으로 귀결되는 루프로, '프로그램을 판단하는 프로그램을 판단하는 프로그램'이야. 반면에 인간은 정신과 영혼 덕분에 퇴행을 막고 태도를 바로잡을 수 있어. 누군가가 나서서 한나 아렌트의 작업을 완성해야 해. 핵심적인 것은 사유, 의지… 판단이야!"

맞다.

누군가가 그렇게 해야 한다.

11월 10일

무슨 바람이 불었는지 애디론댁 산맥으로 훌쩍 떠나 한 주일을 보내는 동안, 올리버는 마침내 글막힘을 돌파한 듯하다. '다리 책'(《나는 침대에서 내 다리를 주웠다》)의 결론인 '회복convalescene'의 원고를 들고 돌아왔으니 말이다.

그는 흥겨운 마음으로 커피를 끓이고 있다. 그는 이제 '치매 책'을 시작하고 싶어 하는데, 아렌트를 존경하는 마음에서 《정신의 죽음》•이라는 제목을 붙이고 싶어 한다.

11월 15일

올리버가 한층 더 흥겨워한다. 그는 고서적상 친구인 에릭과 함께 보스턴에서 열린 책박람회에 갔다가, 헨리 헤드 경Sir Henry Head이 쓴 신경학 서적(800쪽 분량)을 발견한다. 올리버는 헤드를

• 아렌트의 마지막 저서는 《정신의 삶》이다.

자신의 할아버지 중 한 명으로 여긴다. 왜냐하면 그는 올리버의 부모를 키운 스승이었기 때문이다(사실, 조너선 밀러의 아버지의 스승이기도 했다). 그건 그렇고, 헤드는 20세기 초에 몇 년 동안 '회복 과정'을 관찰하기 위해 자신의 팔 신경을 고의로 절단했다. 그러니 올리버가 자신의 다리를 '헤드의 팔'과 동일시할 수밖에. 그는 이 주제와 관련하여 '다리 책'의 후기를 쓰기 시작했는데, 나는 농담 삼아 "그 제목을 '머리에서 발가락까지From Head to Toe'로 하지 그래요?"라고 제안한다.

11월 21일

오늘 저녁식사를 함께할 때, 올리버는 헤드 이야기를 하다가 화제를 바꿔 1969년 8월 '깨어남의 드라마'가 절정에 이르렀을 때 런던으로 황급히 돌아간 일을 다시 언급한다. 그는 숨을 고르고 생각을 가다듬은 다음, 맨 처음 아홉 가지 임상사례를 정리한 것에서부터 시작하여 몇 년 후《깨어남》을 출간하게 된 과정을 차근차근 이야기한다. (그는 매일 저녁 어머니와 마주앉아《깨어남》에 추가되는 장章들을 수시로 읽어드렸다.)

"그러나 그건 좀 이상했어." 그는 설명한다. "왜냐하면, 나는 '가장 긍정적이고 부담 없는 사례'를 정리함과 동시에, '가장 엄밀하고 부담스러운 경험이론'을 고안하고 있었거든. 쉽게 말해서, 나는 취미 삼아 가볍게 수집해놓은 사례들을 체계적인 이론으로 마무리하려고 했던 거야.

1968년, 나는 하던 일에 열중하면서 틈만 나면 예지 코노르스키Jerzy Konorsski의 책을 들여다봤어. 그는 1967년《뇌의 통합적 활동Integrative Activity of the Brain》이라는 책을 발간한 폴란드의 생리학자로, 셰링턴Sherrington, 파블로프, 프로이트가 참가하는 학술회의에 어김없이 나타난다는 소문이 파다했어. 나는 1968년과 1969년 내내, '추동 및 반동drives and anti-drives'이라는 이론과 '단순화simplification'라는 도식scheme에 매료되었어. 그에 더하여, 나는 온갖 도식·화살표·다이어그램을 이용해 내 자신의 이론을 정교화하려고 노력했어.

나는 어찌된 일인지 모든 것을 잊었지만, 마크°가 일전에 아래층에 수북이 쌓인 파일 중에서 뭔가 다른 것을 찾던 도중, 그 시절의 다이어그램 중 일부를 발견했어. 그런데 그가 하는 말이, '그땐 완전히 돌았었구먼!'이었어.

그리하여 마지막 순간—그러니까 런던에서, (거창한 인간행동 이론의 상반신 격인) 그로테스크한 '파블로프적 어리석음'에 20만 개의 단어가 추가되었을 때—, 내 프로젝트는 제 무게를 이기지 못해 결딴나고 말았어.

그건 마치, 비트겐슈타인이 친구에게 '아 그래? 음, 그런데 이 제스처의 논리적 구조가 뭐지?'라는 질문을 받자마자, 명제연산이 와르르 무너지며 초기 철학에서 후기 저술로 직행한 것과 같았어.

내 자신의 추동도식은 모든 것을 수용할 수 있었지만, 평화로움·충분함·포만감·충만함만은 예외였어. 그것들은 나의 추동

° 올리버의 동료 마크 호모노프를 가리킴.

경로와 양립할 수 없었으므로, 모든 게 스스로 무너질 수밖에 없었어.

고맙고 자비로운 몰락이었어!"

올리버는 빙그레 웃으며, 경이롭고 거의 믿을 수 없다는 표정으로 말한다. "나는 몇 년 후 루리야에게 쓴 편지에서, '당신은 파블로프를 죽이는 파블로프주의자입니다'라고 했어. 그랬더니 그의 대답이 걸작이었어. '천만에요. 그건 내가 당신에게 할 소리예요.'"

이런저런 이유 때문에, 나는 올리버에게 사르트르 이야기를 한다.

12월 2일 (전화통화)

"자네의 성화에 못 이겨, 도서관에서 대출받은 《존재와 무》를 읽고 있어. 그런데 막상 읽다 보니, '미치도록 훌륭한 구절'과 '미치도록 역겨운 구절'이 교대로 반복되더군. 이거 안 되겠어. 한 권 구입하여 정독하면서, 좋은 문장에 밑줄을 그어야겠어. 아니, 나쁜 문장에 가로줄을 그어야겠어."

(그는 이윽고 《존재와 무》 한 권을 실제로 구입하여, 두꺼운 펠트팁 펜felt-tip pen으로 여러 문단들을 통째로 삭제한다. 마치, 정보공개청구법Freedom of Information Act의 조항에 맞춰 어렵사리 출간된 FBI 문서들처럼.)

12월 10일

우리는 오늘 저녁 조너선 & Ibs 셸Jonathan & Ibs Schell, 내 친구 칼 긴스버그Carl Ginsburg와 함께 사르트르 다큐멘터리를 관람한다.

칼은 올리버의 모습을 일컬어 '거대한 정사각형 지갑을 털투성이 가슴 꼭대기에 매단 세인트 버나드•'라고 한다. 내 눈에 비친 올리버의 모습은 오늘따라 유난히 재미있다. 마치 통통한 어린이의 턱에 수염을 붙인 것처럼.

지금 시간은 새벽 2시, 기온은 섭씨 영하 9도다. 다큐멘터리 관람을 마친 올리버는 곧장 집으로 돌아간 후 내게 전화를 걸어, 1시간 동안 오토바이를 타고 외출할 예정이라고 한다. 그런 다음에는 코스타리카로 여행 떠날 준비를 할 거라고 하는데, 코스타리카에는 (그가 사랑하는 양치식물이 우거진) 열대우림과 (스노클링에 안성맞춤인) 산호초가 있다. 그의 희망은, 그곳에서 '다리 책'의 에필로그를 새로 쓰고 자연을 만끽하는 것이다.

1982년 12월 23일 (손으로 쓴 편지)

비행기 안에서(코스타리카행)

친애하는 렌에게

나는 지금 기내에서 자네에게 편지를 쓰고 있어—아마 귀국한 후 직접 전달하지 않고, 코스타리카에서 우편으로 부칠 것 같아.

나는 자네가 건네준 카뮈의 수필집을 휴대하고 있어. 두세 편의 수필을 읽은 후, 여기저기 다니며 읽을 요량으로 백팩에 던져 넣었어. 나는 카뮈의 투명한 글쓰기(생각, 느낌)에 홀딱 반했어. 몇 편은 대충 읽었는데, 자연의 고요함이 느껴져.

내가 코스타리카에서 특별히 원하는 것은 고요함과 자연이야.

• 스위스 원산의 대형견.

사르트르의 생각과 글에서 아쉬웠던 게 바로 이거야. 그러나 나는 그동안 사르트르를 비난하느라 시간을 허비했던 것을 후회하고 있어. 지금 이 시점과 이런 기분에서, 나는 기본적으로 사르트르를 원하지 않아. 그는 격앙되어 있고, 차분하지 않으며, 천재적인 책략가야. 나는 그보다는 카뮈가 어떻게 느끼는지를 알고 싶어….

엄밀히 말해서, 내가 이 시점에서 특별히 카뮈를 원하는 건 아니야. 내가 지금 당장 원하는 것은, 박물학자의 생각과 느낌이야 (…) 나는 특히 훔볼트•(내가 가장 좋아하는 위인 중 한 명)의 책을 가져오고 싶어 했어. 그러나 원통하게도, 나는 급히 짐을 꾸리는 바람에 《신변기Narrative》를 챙기지 못했고, 다섯 권짜리 《코스모스Cosmos》 전집은 부피가 너무 커서 백팩에 집어넣을 수 없었어(나는 백팩 하나에 모든 짐을 욱여넣으려 했지만, 그러기에는 백팩이 너무 작았어). 사실 내가 지금 원하는 것은 바로 《코스모스》—다윈과 성서의 결합을 방불케 하는, '가장 미세한 관찰'과 '단순한 웅장함'의 결합—이며, 다른 것은 더 이상 필요하지 않아….

내가 말하고자 하는 것은, 내가 쓰고 싶은 책은 평생 동안의 작업을 집대성하는(그리고 면류관을 씌우는) 2000쪽짜리 책이 아니라(이건 먼 훗날의 일이야. 단, '먼 훗날'이 있을 수 있다면), 단순성과 통합성을 겸비한 책이라는 거야. 그런 책은 인간과 과학이 공통적으로 지향하는 기분을 전달할 수 있으며, 나는 그런 기분을 "다리

• 알렉산더 폰 훔볼트(1769~1859)는 프로이센의 박식한 탐험가 겸 박물학자로, 《코스모스》 전집의 저자다. 그는 《코스모스》에서 과학과 문화의 전 분야를 통합하려고 노력했다.

부상"이 발생한 지 8년 후에야 비로소 맛보게 되었어. 그리고 그런 문학적 상황(톰 건의 《시의 상황The occasions of Poetry》을 읽어봤어?)이 규명된 지금, 나는 모든 것의 출발점으로 돌아가기 위해 자연, 특히 산의 아름다움과 웅장함을 필요로 하고 있어… 솔직히 말해서, 내가 코스타리카에 가서 에필로그—아마도, 태평양과 대서양이 모두 내려다보이는 해발 3400미터의 이라수산Mt. Irazu 정상에서 명상에 잠겨 글을 쓸 것 같아—를 완성할 수 있을지는 나도 모르겠어.

내가 하고 싶은 게 한 가지 더 있으니, 광활하고 혼돈스럽지만 확신에 찬 여행 끝에 (모든 역경과 예상을 극복하고) 심연Depth에 도착하여 아메리카에 대한 콜럼버스적 느낌을 되찾는 거야. 그것은 인간의 종착점이자 귀향점으로, 키르케고르가 말하는 "7만 패덤••" 이자 칸트가 말하는 "이성의 땅Land of Reason"이라고 할 수 있어. 흄은 그곳에 도달하지 못했고, 후설은 자신의 저서의 서문에서 그곳을 (모세가 유대인들을 이끌고 향했던) "미지의 대륙"이라고 불렀어. 이것은 나의 기분·희망·욕망이고, 어쩌면 꿈이나 섬망인지도 몰라 (…)

비행기가 요동치며 마구 흔들리기 시작했어. 이러다가 추락하는 거 아닐까? 이건 나의 마지막 말이 될 수도 있어. 불행하게도, 자네는 이 편지를 받지 못할지도 몰라.

사랑을 담아, 올리버

추신(12월 30일). 그동안 이 편지를 부칠 기회가 없었어. 지금은

•• 주로 바다의 깊이를 재는 데 쓰는 깊이의 단위로, 1패덤은 약 1.83미터에 해당한다.

부칠 수 있는데, 다시 읽어보니(왜냐하면 뭐라고 썼는지 기억이 나지 않기 때문이야) 거의 천리안을 가진 능력자, 또는 선지자 수준이야. 나는 산에서 영감이 떠올라 에필로그를 썼는데, 그 장소는 이라수가 아니라 포아스Poas였어. 나는 기진맥진한 채 코스타리카에 감사의 뜻을 표하고 있어. 코스타리카는 정말로 경이로운 곳이야.SB

12월 31일

코스타리카에 갔던 올리버가 돌아왔다. 그는 마침내 코스타리카의 한 중앙아메리카 화산에서 '다리 책'의 에필로그를 완성했다. 그는 화산에서 내려오던 중, 한 무리의 어린이들이 성탄장면Nativity scene• 주변에 옹송거리며 모여 있는 것을 보고 '태동감胎動感'이라는 제목이 떠올랐다고 한다. "에필로그나 그 앞 장의 제목을 태동감으로 할 생각이야. 어쩌면 책 전체의 제목이 될지도 몰라!"

한편, 열대우림의 나무들 사이에서 서로 교감하고 있는 짖는원숭이howler monkey 무리를 목격하고, 차기작의 구상에 몰두했다. 그것은 투렛증후군 환자 전반에 관한 책으로, 존이 그 핵심을 이루게 될 것이다. "문득 떠오른 책의 제목은 '야생동물Wildlife'로, 가이드의 가방에서 삐져나온 책의 제목에서 힌트를 얻었어."

"원숭이들의 가슴 깊은 곳에서 우러나오는 울부짖음 소리는," 그가 설명한다. "비인간적인 동시에 인간의 원초적 모습 그

• 말구유에서 태어난 예수의 탄생 장면을 재현해놓은 밀랍인형 상.

자체인 것 같았어. 나는 엉겁결에 원숭이들에게 이렇게 말했어. '할아버지, 안녕하세요!'"

그에 더하여, 그는 어느 날 아침 바다에서 수영하다 봉변당한 이야기를 한다. 이안류riptide••(역파도)에 휩쓸려 멀리 끌려갔다가, 필사적으로 헤엄쳐 해변으로 돌아왔다는 것이다. 그건 정말로 충격적인 경험이었다. 그러나 그런 말을 듣는 나에게 다가오는 궁극적인 느낌은, 압도적인 삶의 본능이다.

그의 가정부는 구입할 물건의 목록을 정기적으로 작성하여 그에게 보내준다. "일전에," 그가 말한다. "그 목록에서 '페일FAIL'이라는 단어가 눈에 띄었어. 나는 그게 일종의 자기비하적인 제품—이를테면 세제detergent—일 거라고 지레짐작하고, 생활용품 코너를 샅샅이 뒤졌어. 그런데 '페일'이라는 이름을 가진 상품을 판매하는 상점이 하나도 없기에, 그렇다면 '자기충족적인 제품인가 보다'라는 결론을 내렸어.

나중에 집에 돌아가 가정부에게 물어보니, 그녀의 대답이 걸작이었어. '오, 이런 바보 같으니. 그건 '페일'이 아니라 포일FOIL이에요. 그리고, 고유명사가 아니라 일반명사라고요!'"

1983년 1월

"나의 에필로그가 칸트를 베스트셀러로 만들어줄 거야." 신년 안부편지에서 올리버가 자랑한다.

•• 다른 조류와 부딪쳐 격랑을 일으키는 조류.

으레 그렇듯, 내가 뉴욕에서 맞이한 새해 첫날은 '불길한 기억 곱씹기'로 점철되었다. 나는 친구들이 대거 참석한 도심의 만찬회에 들러, 비교적 최근 설립된 헬싱키워치Helsinki Watch(HW)라는 비정부기구의 모임에서 있었던 일을 이야기했다. HW에는 다양한 분야의 인물들이 포진하고 있는데, 나는 거기서 폴란드의 젊은 저널리스트인 요안나 스타신스카Joanna Stasinska를 소개받았다. 그녀는 폴란드 자유노조 기관지Solidarity Press Agency의 선임기자였지만, 내가 보고서를 작성하기 위해 폴란드를 방문한 동안 단 한 번도 마주친 적이 없었다. 1980년 8월부터 1981년 11월까지 자유노조 기관지에서 연중무휴로 열심히 일한 후, 그녀는 재충전을 위해 스페인 마드리드(마드리드는 그녀에게 '마음의 고향'이었는데, 그 이유는 그녀의 전공이 스페인 및 라틴아메리카 문학이었기 때문이다)로 3주 동안 여행을 떠났다. 그녀가 마드리드의 이곳저곳을 누비던 1981년 12월 13일, 야루젤스키 장군은 계엄령을 선포하고 폴란드를 봉쇄했다(그 바람에 그의 동료들은 갑자기 체포되거나 은신했다). 수중에 100달러와 3주일치 옷가지만 보유하고 있던 그녀는 인생을 재설계하고 일자리를 구하는 한편, 마드리드에 있는 헬싱키리뷰컨퍼런스Helsinki Review Conference(그녀는 이곳에서 헬싱키워치의 인사들을 만났다)에서 활동하며 폴란드 자유노조를 대변했다. 그로부터 1년이 지난 지금, 그녀는 장학금을 받고 박사과정을 밟게 될 루이지애나 주립대학으로 가는 도중 뉴욕에 잠시 머무르고 있다.

각설하고, 그녀와 나는 잠깐 시간을 내어 작년 10월에 있었던 나의 폴란드 취재여행에 대해 이야기했다. 나는 내 눈에 비친 계엄법(내 보고서의 주제)에 대해 이야기했고, 그녀는 더욱 심도 있고 정통한 정보를 내게 제공했다. 그런 다음 그녀는 작별 인사를 하고 배턴루지Baton

• 폴란드 자유노조 기관지의
요안나 스타신스카.

Rouge(루이지애나의 주도州都)로 떠났다. 이 점에 대해서는 잠시 후 좀 더 자세히 언급할 것이다.

1월 중순

올리버는 요즘 주말마다 캣스킬 산맥Catskills으로 여행을 떠나고 있다.

"지금껏 여기보다 편안했던 곳은 없었어." 그는 설명한다. "그러나 그건 아무래도 좋아. 왜냐하면, 나는 이상하게도 여행길에서 편안함을 느끼고 있거든. 특히 여관에서 말이야. 나 같은 사람 또 있으면 나와보라고 해!"

1월 26일

시티아일랜드의 집으로 올리버를 방문하니, 그는 두 장의 사진을 꺼내 놓는다. 하나는 마흔 살 때의 사진(《깨어남》의 뒷재킷에 실린 사진)이고, 다른 하나는 10년 후 쉰 살에 다가가는 사진(출간을 앞둔 '다리 책'의 재킷에 싣기로 한 사진)이다. 첫 번째 사진 속의 그는 놀랍도록 젊고 청년 같지만, 두 번째 사진 속의 그는 실제보다 더 나이들고 진지하고 현명해 보인다. "대부분의 사람들은," 그는 말한다. "마흔 살에 자기만의 표정을 갖게 되지만, 나는 그러는 데 50년이 걸렸어. 마흔 살에는 아직 나만의 표정이 형성되지 않았지만, 이제는 달라. 나는 더 이상 루리야의 도제apprentice가 아니라 한 명의 어엿한 장인master이야."

사진술과 인물사진 촬영의 숙련도에 대해 말하다가, 그는 자신이 경로수녀회에서 '모든 EEG 파일에 인물사진을 포함시키는 관행'을 확립한 사연을 언급한다. "어떤 사진은 훌륭하고, 어떤 사진은 그저 그렇지만, 조지프 수녀가 찍은 사진은 매우 특별했어. 인물사진만큼 사람의 표정이 형성되고 변해가는 과정을 잘 보여주는 것은 없어."

"다리를 다친 지 몇 년 후," 올리버는 얼굴에서 손으로 화제를 전환한다. "나는 주제를 바꿔 신경심리학에 대한 소련의 고전적 저술을 읽었어. 그것은 루리야의 동료인 알렉세이 레온티예프Aleksei Leont'ev가 쓴 《손 기능의 재활Rehabilitation of Hand Function》인데, '제2차 세계대전 동안 발생한 200건의 손 부상 치료'에 관한 논문을 편집한 단행본이야." 그는 그 책에 매력을 느껴, 즉시 2만 단어 분량의 서문을 썼다고 한다.

"이 책이 발간되었을 때, 루리야는 세상에 더 이상 존재하지 않았어.

나는 레온티예프의 영향을 받아, 손상된 사지에 관한 200건의 임상사례 연구를 시작했어." 그는 '다리 책'을 양쪽에서 떠받치는 지주를 구상하고 있다. 하나는 레온티예프 책의 영문판(올리버의 서문 포함)이고, 다른 하나는 자신의 임상사례 에세이집이다.

"요컨대," 그는 말한다. "'다리 책'은 나의 자서전인 동시에 자아실험(한나 아렌트는 중세 용어로 엑스페리멘툼 수이타티스 experimentum suitatis라고 했어)이야.

레온티예프-루리야식 치료법에 대해 말하자면, 통상적인 반복운동이 아니라 '기능은 행동에 내장되어 있고 행동은 감각을 포함하므로, 행동에서 자발성·의향·의도를 탐지할 수 있다'는 인식에 기반하고 있어. 다시 말해서, 사람으로 하여금 근육에 힘을 주게 하기보다는 근육이 스스로 꿈틀거리게 한다는 거야."

"언젠가 베스에이브러햄에서," 올리버는 설명한다. "나는 한 여성 맹인 환자를 치료했어. 그녀는 유아기 때부터 뇌성마비를 앓았는데, 점자법을 익히지 않았는데도 불구하고 '말하는 책'을 통해 뛰어난 문해력을 과시했어. 그녀는 손을 전혀 쓸 수 없다고 말했는데, 실제로 그녀의 손은 마치 주먹을 꽉 쥔 것처럼 동그랗게 말려 있었어. 다양한 방법을 이용하여 손의 감각을 테스트해보니, 손 전체에 '느낌'은 있지만 '인식'은 전혀 없었어. 다시 말해서, '촉감'만 있을 뿐 '지각'이나 '탐구욕'은 없었어.

왜 그랬을까? 음, 그녀는 만지는 능력이 없다고 간주되어, 뭔가를 만지도록 허용되지 않아 사실상 손이 없는 거였어. 나는 그녀를 작업치료 클리닉에 데려가, 의사에게 레온티예프의 책을 건네주며 '그녀에게 손을 되돌려줄 수 있을 거예요'라고 말했어. 아니나 다를까. 그녀의 손은 1년 만에 경이롭게 변형되었어. 요즘 그녀는 조막손으로 점자를 읽고 있어. 그녀는 생후 6개월에 배웠어야 할 걸 예순 살 때 배운 거야."

우리는 한 걸음 더 나아가 환각지phantom limb에 대해 이야기한다. 그는 최근 한 환자를 치료하고 있는데, 그 환자는 40여 년간 환각손가락을 경험하다가 당뇨성 신경병증(손과 손가락의 진행성 마비)이 발병하면서 환각손가락 증상도 사라졌다고 한다. "내가 늘 말하는 바와 같이, 환각지의 가장 좋은 치료제는 뇌졸중이야. 왜냐하면, 뇌에서 해당 부위를 담당하는 영역을 삭제하거든."

그는 껄껄 웃으며 말을 계속한다. "나는 베스에이브러햄에서 환각손목 환자를 치료했었어. 또 어떤 환자는 '환각동전'을 호소했어!"

경로수녀회의 수녀 중 한 명은 재정 담당자인데, 파킨슨병 때문에 날이 갈수록 서명이 점점 더 작아지더니 급기야 심각한 수준에 도달했다고 한다. 물론, 그녀가 서명을 해야 하는 수표에 문제가 발생하고 있다.

3월 6일

한 중동식 레스토랑에서 나와 함께 저녁식사를 하며, 올리버는 런던으로 떠날 계획을 세운다. 그는 피카도르Picador에서 새로 나온 《깨어남》의 판촉행사에 참석할 예정인데, 이번에는 대중강연도 할 것으로 예상된다.

"1979년 2월," 그는 말한다. "나는 한 남자를 만났어(나는 그의 사례를 다룬 에세이를 작성하여 〈런던 리뷰 오브 북스〉의 메리-케이에게 보낼 궁리를 하고 있어). 편의상 그를 P 박사라고 할 게. P 박사는 교양이 철철 넘치는 지적인 사람으로, 줄리어드에서 성악을 가르치고 있었어. 그는 다른 병원에서 전원轉院되었는데, 나는 오랫동안 그 이유를 도저히 상상할 수 없었어. 사실, 그가 자리에서 일어나며 '나는 아내의 머리를 모자로 착각했습니다'—이건 비유가 아니라, 문자 그대로 말하는 거야—라고 말했을 때, 나는 완전히 멘붕 상태에 빠졌어. 제 딴엔 아내의 모자를 벗긴답시고 낑낑대고 있었는데, 알고 보니 그녀의 머리를 잡아당기고 있었다는 거야.

나는 그의 무릎 위에 장갑을 얼른 올려놓고, 그게 뭐냐고 물었어. 그는 그것을 신중하게 살펴봤는데, 당황하는 기색이 역력했어. 고민에 고민을 거듭한 끝에, 그는 '일종의 용기容器'라는 결론을 내렸어. 그러고는 '다섯 개의 주머니가 불룩 튀어나와 있네요'라고 부연설명을 했어. 아마 다양한 동전들(페니, 니클, 다임, 쿼터, 하프달러)을 따로따로 넣을 수 있는 동전지갑을 염두에 두고 있는 것 같았어.

그는 어찌저찌하여 장갑을 손에 착용한 후, 그제서야 '오! 장갑이로군요!'라고 했어.

성악을 지도하는 것 외에, 그는 일요일마다 그림을 그렸어. 그가 수년 동안 그린 작품들을 보니, 처음에는 구상적representational이었지만 갈수록 점점 더 단편화 되었더군. 그의 부인은 나의 평가를 들으며 고개를 갸우뚱거리더니, '단지 비구상적일 뿐이에요'라고 반박했어. 그러나 내가 보기에는 그렇지 않았어. 내 말의 요지는, 그가 구상 자체를 상실했다는 거였어.

그는 어느 누구의 얼굴도 보지 못했어. 아내, 학생, 심지어 장갑까지도… 그는 상대방의 얼굴을 인식하지 못했지만(그는 자기와 함께 있는 사람이 누구인지 의아해했어), 상대방이 움직일 때는 '움직임의 음악'을 인식했어."

올리버의 추측에 따르면, 그는 우뇌에 심각한 병변이 있었다. 그래서 신체상body image을 상실했지만, 신체음악body music은 여전히 보유하고 있었다.

"내가 그에게 내린 처방은, 음악으로만 구성된 삶을 영위하도록 노력하라는 것이었어.

이상하게도, 전두엽증후군frontal lobe sydrome 환자들은 사물의 모양을 기술할 수 없어(정확히 말하면, 그들은 사물을 재현re-presentation할 수 없어). 그와 대조적으로, 파킨슨병 환자들은 '무분별하고 아이러니컬하게 관찰하는 자아'를 간직하고 있어."

올리버는 몇 년을 더 거슬러 올라가, 크리스티너라는 젊은 여성을 만난 이야기를 한다. 그녀는 이자벨 라팽이 보낸 환자로, 육감을 완전히 상실하고 있었다.

"그녀는 내가 지금껏 만난 환자들 중에서 최악의 고유감각결핍증proprioceptive deficiency—길랑-바레증후군Guillan-Barré sydrome의 극단적 형태—을 앓고 있었어. 그녀의 몸은 완전히 흐물흐물했고, 뼈와 근육이 탄력을 잃어 맥을 추지 못했어. 그러나 중요한 것은, 그녀는 P 박사와 달리 모든 사실을 알고 있었다는 거야. 그런 '처참한 몰골 속에 존재하는 의식'을 본다는 것은 정말로 쇼킹하고 끔찍한 구경거리였어."

올리버는 매우 즐거운 기분으로 내 접시에 남은 음식을 흡입한다. "아니야," 그는 말한다. "'구경거리'라는 표현은 언어도단이야. 이건 우리끼리 웃자고 하는 신경학적 조크일 뿐이야. 내 진료 기록부에는 온갖 경이로운 사례들이 차고 넘쳐."

4월 1일

올리버는 영국에서 내게 전화를 걸어, 여행이 성공적이었다고 말해준다. 여행의 클라이맥스는, 덕워스의 콜린 헤이크라프트와 함께한 48시간 동안의 끝장편집에서 '다리 책'의 형태가 마침내 완성되었다는 것이다. 끝장편집의 정점에서, 올리버는 5만 단어를 줄이고 겨우 1만 단어를 추가했다고 한다. 이는 그를 지금까지 끈질기게 괴롭혀왔던 글막힘을 돌파한 쾌거라고 불러야 마땅하다.

그러나 올리버가 미국으로 떠난 후, 헤이크라프트는 만일을 대비하기 위해 원고를 보관하고 있다. "그는 내가 원고를 찢거나 태워버릴까 봐 걱정하는 모양이야."

나중에 올리버는 이렇게 말한다. "'다리 책'은 최소한 내가 죽기 전에 출간될 거야. 내 말에는 두 가지 뜻이 있어. 하나는 내가 죽는 순간까지 그 책을 계속 쓰지는 않을 거라는 것이고, 다른 하나는 내가 그 책 때문에 죽지는 않을 거라는 거야."

나는 그가 〈런던 리뷰 오브 북스〉에 기고한 P 박사의 임상사례 에세이로 화제를 돌린다. 나는 글의 배경을 (다른 일 때문에 방문한) 다른 도시로 바꿀 것을 제안한다. 그래야만 내용이 간단명료해지고 익명성을 보장할 수 있기 때문이다. 그는 정반대 사례를 언급한다. 한 공학자에 관한 이야기인데, 좌뇌에 갑작스러운

동맥류aneurism가 발생하여 컴퓨터—즉, 총명하지만 영혼이 없는 사람—가 되었다는 것이다.

4월 8일 (전화통화)

"내가 팩트를 왜곡했던가?" 올리버가 다짜고짜 이렇게 말한다. 최근 P 박사의 부인을 방문하고 나서 흥분한 게 틀림없다. 듣자 하니 P 박사에 대한 자세한 설명 중에서 특정 부분이 사실과 약간 다르지만, 전체적으로는 문제가 없는 것 같다. 그럼에도 불구하고 올리버는 약간의 편집증 기미를 보인다.

"내 말은," 그는 말한다. "내가 특정 주제에 집착하여 상상력이 발동하는 바람에, 내용이 강화·심화·일반화되었다는 거야. 그건 그렇고…."

으레 그렇듯, 그는 일전에 다뤘던 P 박사와 비슷한 사례를 언급한다. 그 내용인즉, 한 남성이 두 번의 뇌졸중을 겪은 후 앞을 보지 못하게 되었지만, 전혀 동요하지 않는 듯했다는 것이다.

"'보이는데요?' 그는 상황파악을 못하고 투덜거렸어. '보이는데요? 보인다고요.' 그는 볼 수 없고, 보는 것을 상상할 수 없고, 방금 본 것을 기억하지 못하고 있었어. 뇌졸중에 걸린 후 본 것을 깡그리 잊어버렸으니 그럴 수밖에. 그런데도 그는 보인다고 우겼어. 그건 완전한 시각기억상실증visual amnesia이었어.

나는 이자벨에게 전화를 걸어 물어봤어. '내가 이야기를 꾸며내고 있는 걸까요?' '아니에요,' 그녀가 말했어. '당신은 안톤증후군Anton's syndrome•을 안톤보다 훨씬 더 강렬하게 기술하고 있는 거예요.'"

며칠 후

그는 여전히 P 박사에 대한 글을 매우 언짢아한다. "초조하고, 가슴이 두근거리고, 죄스럽고, 두고두고 괴로워."

메리-케이는 그에게 전화를 걸어 이렇게 물었다. "내가 후기를 써도 될까요?" 또한 그녀는 인상적인 에드워드풍·체스터턴풍 어조의 제목을 제안했다. "아내를 모자로 착각한 남자The Man Who Mistook His Wife for a Hat".

올리버는 여전히 좌불안석이다. "기분이 잠깐 좋아졌다가 금세 다시 나빠졌어."

4월 20일

올리버와 나는 오페라 〈포기와 베스〉의 제작자를 과감하게 찾아간다. 그는 P 박사 부부와 관련된 아픔 때문에 아직도 걱정이 태산이다.

그런 맥락에서, 그는 '아렌트가 본 홉스'를 이야기한다. "그녀는 홉스의 전체주의자 개념을 이야기하다, 그가 수 세기 후의 진실을 예상했을 거라고 했어." 올리버도 그녀와 비슷하게 주장한다. "나는 거짓말을 하지 않지만, 진실을 지어내는지도 몰라."

4월 30일

올리버와 나는 워싱턴행 기차에 오른다. 나는 성지순례의 마

• 실명한 사람이 자신이 앞을 보지 못한다는 사실을 인식하지 못하는 희귀질환을 말한다. 시각을 잃었으면서도 볼 수 있다고 믿는 것이다.

음으로 국립미술관에서 열리는 '페르메이르•전展'에 가는 길에 그를 초대했다.

그는 상황에 어울리지 않게, 자개단추가 달린 핑크빛 카우보이 셔츠를 착용하고 있다. "나는 베스에이브러햄 바로 옆에 있는 조터크먼Joe Tuckman 상회에서 판매하는 옷을 무작위로 구입해." 그는 설명한다. "그들이 핑크빛 카우보이 셔츠를 팔고 있으니 그걸 샀을 뿐이고, 만약 나치 유니폼을 판다면 그걸 살 거야."

그러나 그가 뒤이어 고백하는 바와 같이, 그가 입는 셔츠와 자켓에는 공통점 하나 있다. "유대류marsupial의 육아낭pouch을 방불케 하는 커다란 주머니가 있어서, 펜과 노트 등을 잔뜩 집어넣을 수 있어."

우리는 대체로 자유연상을 하며 기차여행을 한다.

정신과 진료 첫날, 의사가 이렇게 물었다고 한다. "음, 당신은 누구를 신뢰하죠?"

"나는 흄을 믿어요." 올리버는 이렇게 대답했다. "그러나 나는 그에게 이끌려 아주 먼 곳으로 가지는 않아요.

나의 집은 카프카인데, 나는 그것을 성城으로 개조했어요. 나는 성에서 나와, 영지領地의 이곳 저곳에 있는 여관에 머무를 필요가 있어요.

나의 삼촌 중 한 명이 '나의 첫 번째 100년'이라는 책을 쓰기를 원했어요. 그는 소원을 이루었지만, 바로 그다음 날 아침 침대

• 네덜란드의 화가(1632~1675). 여성을 주제로 한 실내화를 잘 그렸다. 작품에 〈마나님〉, 〈창부〉 등이 있다.

에서 죽은 채 발견되었어요. 완성된 원고가 바로 옆에 놓여 있고, 얼굴에 미소를 머금은 채."

올리버는 난생처음 정치에 관심을 기울이고 있다. 그건 주로 한나 아렌트 때문인데, 그는 아렌트의 사상에서 출발하여 전체주의와 혁명으로 관심 범위를 넓혀가고 있다. 그러나 나와 (내가 최근에 쓴) 폴란드 여행기도 그에게 약간의 영향을 미친 것 같다.

어쨌든 놀라운 것은, 그가 일전에 갑자기 "레이건이 양원합동회의joint session에서 행한 엘살바도르에 관한 '거짓 연설'을 어떻게 생각해?"라고 물었다는 것이다. 그러고는 내가 대답하기도 전에 이렇게 말했다. "어리석은 대중을 속이더라도 언어상실증 환자를 속일 수는 없어. 자네도 알다시피, 그들은 내용을 집어내지 못하더라도 어조를 집어낼 수 있어. 다시 말해서, 그들은 논증의 명제, 흐름, 서정적 순서lyric sequence를 이해하거나 재현할 수 없지만, 어조에 관한 한 거의 초자연적인 감수성을 통해 연설의 진실성과 성실성을 판단할 수 있어. 그러므로 그들은 레이건의 선동적 어조에서 천박함과 악취('개 짖는 소리'의 전형적 특징)를 꿰뚫어 본 거야. 나는 종종 언어상실증 환자를 속인다는 게 불가능하다는 것을 느껴."

(올리버의 말을 듣고, 나는 '레이건의 연설이 끝난 후 TV를 통해, 시사평론가 3인방 브로코-머드-래터Brokaw–Mudd–Rather의 점잖은 논평 대신 다음과 같은 장면이 방영되었다면 어땠을까?'라는 발칙한 상상을 해본다. 언어상실증 환자들로 구성된 패널이 고개를 절레절레 흔들다, 일제히 손을 들어 올려 얼굴을 가리고 경악하는 모습.)

몇 시간 후, 올리버는 국립미술관을 둘러보는 동안 페르메이르에게 홀딱 반한다. "만약 페르메이르가 신경과의사가 된다면 어떨까? 초상화의 친근함을 달성하면서도, 요령 있는 신중함을 유지하고 프라이버시의 침해를 삼갈 수 있을 것 같아."

그런 다음, 올리버는 로버트 로웰Robert Lowell의 경이로운 최근 시 "에필로그Epilogue"의 마지막 구절을 상기시킨다.

> 모든 것이 부적절하다.
> 그럼에도 왜, 무슨 일이 있었는지 말하지 않는가?
> 정확성의 축복을 위해 기도하라
> 페르메이르는 빛나는 태양에게 정확성을 준 다음
> 들판을 가로지르는 물결처럼 햇빛을 훔쳐
> 그것을 갈망하는 소녀에게 줬다.
> 우리 모두는 스쳐가는 가련한 사실들이다.
> 그 사실들이 우리에게 경고하나니,
> 사진 속의 모든 인물들에게
> 살아 있는 이름을 부여하라.

오후 내내 전시실을 걸으며, 올리버는 아렌트의 자서전을 읽은 감상을 이야기한다. "하이데거는 서른다섯 살, 아렌트는 열여덟 살이었어. 에로틱한 이끌림은 아니었지만 로맨스가 있었고, 이를 언짢게 여긴 하이데거 여사가 남편의 제자들을 싫어했어. 특히 총명한 여학생들, 그 중에서도 특히 남편의 총애를 받는 여학생들을 말이야."

다음 날 기차를 타고 돌아오는 길에, 올리버는 베니스 비치 시절의 특이한 근육맨, 짐Jim이라는 수학자를 애정이 듬뿍 담긴 말투로 언급한다. "나는 넙다리네갈래근의 왕, 그는 각종 갈래근의 왕이었어. 그는 나와 스쿼트 기구를 놓고 다퉜지만, 수학천재, 약물중독자, 알코올중독자, 갈등을 겪는 모르몬교 탈퇴자로서 나중에 파라과이의 목장을 구입한 후 아내를 맞이했어. 그런데 아버지가 되기 전날 밤 세상을 떠나고 말았어. 참 아까운 동료였어." 올리버는 한때 짐의 처남(부인의 남동생)을 좋아했으므로, 짐과 일종의 동서지간인 셈이었다. 그러나 지금은 그의 유가족을 챙기지 않음으로써, "친척의 딸에게 대부代父의 의무를 이행하지 않은 자"라는 죄책감에 시달리고 있다.

어쨌든 짐은 컴퓨터 체스로 전향했으며, 올리버는 그를 "피셔와 스파스키의 빅매치•에 경탄한 친구"로 기억하고 있다. "그에게 체스는 전략이 아니라 예술이었어!"

• 보비 피셔는 냉전시대의 체스 세계챔피언이자 미국의 영웅이었다. 그는 1972년 언론이 '세기의 시합'이라고 명명한 옛 소련 출신 보리스 스파스키와의 체스 세계챔피언 타이틀전에서 이긴 뒤 체스 무대에서 홀연 사라졌다. 그 후 20년 만인 1992년 피셔는 옛 유고슬라비아에서 스파스키와 재대결했지만, 이로 인해 미 정부가 체포영장을 발부하자 도망자가 됐다. 보스니아 민족학살로 유엔과 미국의 제재를 받는 유고슬라비아에서 상금을 걸고 체스를 뒀다는 이유였다. 이후 그는 헝가리, 필리핀, 일본 등지를 돌며 떠돌이로 살았다. 9.11.테러를 전후해서는 이스라엘과 미국을 비난하는 발언으로 많은 팬들을 실망시켰다. 2004년 출입국관리법 위반으로 일본에서 억류됐을 때 아이슬란드 정부에 망명을 요청해 2005년 받아들여지자 이후 숨질 때까지 아이슬란드에서 살았다.

5월 10일

올리버가 전화를 걸어 말하기를, 다가오는 여름을 대비하여 최근 대형 에어컨을 설치했다고 한다. 설치공은 다음 날 다시 방문하여 창틈을 수리해준다고 했지만, 그 이후로 감감무소식이다. 그는 점점 더 울화통이 치밀고 있다. "나는 별의별 생각이 다 들어. 내가 그들에게 제공한 맥주와 샌드위치가 마음에 안 들어, 창문에 일부러 구멍을 낸 게 아닐까? 그 구멍은 이제 엄청난 문제를 야기하기 시작했어. 나는 참다 못해 업체 사장에게 전화를 걸었어. 그러자 자동응답기에서는 '원하는 길이만큼 메시지를 남기세요'라고 했고, 나는 시키는 대로 했어. 그러나 역시 감감무소식이었어. 나는 다시 전화를 걸어 훨씬 더 긴 메시지를 남겼어. '입장을 바꿔 생각해봅시다. 나는 신경과의사입니다. 만약 당신이 외과의사인데, 실수로 환자의 몸에 구멍을 뚫었다고 합시다. 그래도 이렇게 꾸물댈 겁니까?'

결과는 어떻게 되었을까?

"물론, 다음 날 설치공들이 와서 구멍을 고쳐줬어."

5월 20일

올리버는 이렇게 말한다. "나는 사람들이 일으키는 자질구레한 말썽에 신경을 쓰지 않아, 악의만 없다면. 사실 대부분의 말썽들은 자질구레하고 대단치 않아. 다윈은 평생 동안 소 육종가, 비둘기 사육자들과 교류했어. 그들의 삶은 신중하고 조용한 관찰로 점철되었어…."

6월 1일

올리버가 전화를 통해 말하기를, 다섯 명의 의사들과 함께 저녁식사를 하고 방금 귀가했다고 한다. 그중 한 명은 유명한 신경외과의사인데, 한 가지 일화를 소개했다. 알베르트 아인슈타인 의대에서 강연 청탁을 받고, 자기의 오랜 친구인 올리버가 거기에 있는 한 강연을 마다하지 않겠다고 말했다는 것이다. "그러자 나머지 네 사람은 일제히 '올리버가 누구에요?'라고 물었대. 내가 아는 한, 나는 그 자리에서 예외적인 존재였어. 신경외과의사도 아니고 거액연봉자도 아니었으니 말이야.

나는 이번 주말 제퍼슨 호수 근처에 머무는 동안 '엄청난 장면'을 구경했어. 내 말은, 양이 실제로 도약했다는 거야. 나는 황혼 무렵 자전거를 타고 들판을 지나가다 그 칸트적 순간Kantian moment을 목격했어. 칸트가 그 자리에 나타나 그 장면을 목격했다면 얼마나 좋았을까! 그는 양의 자발성spontaneity에 어안이 벙벙했을 거야. 황혼 녘에 풀을 뜯던 양떼 중에서, 한 마리가 갑자기 수직점프를 했으니 말이야. 내가 아는 한, 그것은 순수한 축제기분의 표현이었어."

그러나 겨우 며칠밖에 안 지난 지금, 올리버는 '살인적인 우울증'에 휩싸여 있다. 그도 그럴 것이, 헤이크라프트가 '다리 책'의 원고 편집을 아직 완료하지 않았기 때문이다. 그는 내게 전화를 걸어 "죽고 싶을 만큼 화났어"라고 하며, 한 걸음 더 나아가

"알코올이 없어서, 홧김에 우스터 소스 한 병을 다 마셔버렸더니 맹렬한 딸꾹질이 나고 있어"라고 한다.

그로부터 몇 주 후 내 친구 앨릭 윌킨슨Alec Wilkinson, 셀리아 오언Celia Owen과 저녁을 먹으러 가는데, 올리버가 전화를 걸어 기쁨을 감추지 못한다.

"나는 오늘 한 여성 환자를 진료했어." 그가 설명한다. "그녀의 병력이 너무 두드러지고 진술이 너무 명확해서, 나는 말이 다 끝나기도 전에 그녀에게 기대며 꼭 안아주고 싶어졌어!"

다른 여성 환자와 마찬가지로, 올리버는 그녀를 몇 년 전에 처음 목격했다. 그녀는 일종의 음악적 뇌전증을 앓고 있는 것 같은데, 그의 표현에 따르면 두 여성 모두 "멜로디 때문에 몹시 괴로워하는 것 같다".

첫 번째 환자는 나이든 아일랜드인으로, 한 라디오 방송국이 (금과 은으로 만든 특별한 치아 충전재를 경유하여) 자신의 뇌 속으로 전파를 직접 송출한다고 믿고 있다. "그녀는 어린 시절에 시작된 일을 언제부터인가 의아해하기 시작했어. '도대체 어떤 라디오 방송국이 광고도 없이 아일랜드 포크송 특집만 계속 틀어주는 거야?'라고 말이야."

올리버는 그녀의 EEG를 검사하며, 음악방송이 시작될 때 손가락을 살며시—그래프에 영향을 미치지 않을 정도로 은근 슬쩍—움직여달라고 부탁했다. 그 결과는 놀라웠다. "그녀가 손가락을 움직일 때마다, 특정한 뇌영역(음악을 처리하는 영역)의 전기 활성을 포착하는 검침이 급격히 요동치는 게 아닌가!"

오늘 진료한 두 번째 여성은 경로수녀회에 수용된 환자인데, 그 문제 때문에 한동안 벙어리 냉가슴을 앓았던 것 같다. 왜냐하면, 만약 다른 사람들에게 말할 경우 (그렇잖아도 내심 자기가 미친 것 같다고 생각하고 있던 차에) 자기에게 미쳤다고 손가락질할 게 뻔하기 때문이었다. 참다 못한 그녀는 자신의 고통스러운 사정을 '특별히 친절한 수녀님'에게 털어놓기로 결심했다. 자초지종을 들은 수녀는 이렇게 말했다. "오 저런, 그 소리는 우리의 색스 박사님이 제일 즐겨 듣는 거예요." 그러고는 그녀를 이렇게 안심시켰다. "색스 박사님에게 진료를 받아봐요. 그분은 매우 친절하고 동정심이 많으니까, 당신을 미친 여자로 취급하지 않을 거예요." 그런 멋쟁이 수녀는 처음 본다.

(물론, 나는 올리버에게 두 환자에 관한 에세이를 쓰라고 부추긴다. 그러나 그가 과연 내 말대로 할지는 지켜봐야 한다.)

~~~~~~

7월 1일

올리버는 내게 전화를 걸어 몹시 흥분한 듯 소리친다. "나는 지금 선캄브리아적 행복에 휩싸여 있어!" 그 후 몇 분 동안, 그는 바닷속에서 해변을 향해 헤엄쳐 마침내 바위를 딛고 일어선 후에 일어난 사건을 중계방송한다. "이럴 수가! 그 바위, 그 옆의 바위, 그 옆의 옆의 바위들—모든 바위들—이 투구게horseshoe crab 떼로
~~~~~~

변신하여 짝짓기를 하기 위해 일제히 바닷가로 몰려오고 있어.

"내 사람들이," 올리버는 선언한다. "드디어 내 사람들이 왔어!"

~~~

올리버의 생일은 7월 9일 토요일이다. 그는 곧 쉰 살이 되어, 스물한 살 이후 처음으로 스스로 파티를 열 것이다. 그는 이미 몹시 흥분해 있다. 며칠 동안 수줍은 듯 웅크렸다가, 럼주 한 잔을 벌컥 들이킨 후 모든 지인들에게 전화를 걸었다. "그런데 놀랍게도, 한 명도 빠짐없이 나의 초청에 친절하고도 즉각적인 반응을 보이고 있어." 그는 한 명의 출장뷔페사를 고용하고 대형 텐트 하나를 빌렸다.

7월 4일 해변에 서서 불꽃놀이를 바라보며, 올리버는 이렇게 털어놓는다. "도대체 내가 누구누구에게 전화를 걸었는지 도무지 기억이 나질 않아. 어떤 부류의 사람들을 통째로 부른 것 같아!"

나는 우리의 친구 조너선 셸Jonathan Schell을 부르라고 제안한다. "아,"—그가 멈칫한다—"나는 약간의 양가감정을 갖고 있어. 내 말은, 초청한 사람들의 아이큐가 대부분 60 근처라는 거야."

"아, 그래요?" 나는 묻는다. "예를 들면 누구요?"

"오! 신경외과의, 심장병 전문의 등등."

그러나 그는 곧 마음을 바꿔, 조너선 & Ibs 부부도 부르기로 결정한다. 나는 그들의 두 자녀도 언급한다.

"자녀가 있다구? 오 귀엽겠다, 몇 살이지?"
~~~

"네 살하고 한 살이에요."

"한 살? 아이쿠! 유모도 한 명 고용해야겠군!" 올리버는 박장대소한다. "내 말은, 나는 매우 상냥하고 친절한 가정부를 고용하고 있어. 그런데 그녀는 연로해서 더 이상 수유를 할 수 없을 것 같아."

올리버는 파티를 준비하기 위해 출장뷔페사를 부른다. "참석할 사람이 모두 몇 명이죠?" 출장뷔페사가 묻는다. "맙소사," 그가 대답한다. " 나도 몰라요. 스무 명에서 200명 사이일 거예요!"

~~~~~~

7월 9일

드디어 D데이가 왔다. 올리버의 쉰 번째 생일날.

파티에 가는 길에, 나와 동승한 마크 호모노프는 '투구게가 상륙작전을 감행하는 동안 시티아일랜드에 머물렀던 경험'에 대해 이야기한다. "한 이웃이 정원의 잔디 위에서 애벌레를 꼬챙이로 찌르고 있었어요. '징글맞은 덩굴식물들!' 그가 투덜거렸어요. '올해는 다른 어떤 해보다도 크네. 이게 다 날씨 때문이야. 처음에는 덩굴식물, 그다음에는 투구게들. 올해에는 괴상한 생물들이 자연을 개고생 시키는구나!'" 호모노프에 의하면, 그것은 50년대 공상과학 영화의 고전적인 도입부와 같았다고 한다. 우리는 승용차 안에서 다른 장면들—이를테면 섬의 반대 쪽에 사는 방탕하고 미친 과학자들이 플루토늄을 해협에 무단 방류하는 장면—을 상상하며, 각양각색의 사람들이 올리버의 파티에 모이게 된 과정을
~~~~~~

의아하게 여긴다. 우리, 이웃들, 영화 〈타워링 인페르노〉의 조연 배우진 일체, (해변을 향해 느릿느릿 기어가는) 거대한 돌연변이 투구게들.

몇 분 후 내가 이 모든 상황을 해변가의 올리버에게 설명하는 동안, 그가 말한다. "알았어, 알았어. 나는 여기서 히스테리컬한 이웃들의 접근을 막고, 그들의 공포감을 진정시키려고 노력하고, 그들로 하여금 곡괭이와 삽과 장총을 내려놓게 하며, 투구게는 좋은 생물일 뿐만 아니라 우리의 친구라는 점을 설명할 거야. 그런 다음 거대한 투구게를 향해 말할 거야. '여러분, 환영해요! 우리를 잡아먹어요. 세상은 여러분의 것이에요. 주께서 아시나니, 우리가 세상을 완전히 망쳐버렸어요!'"

"나는 요즘 몇 달 동안 기분이 엉망이었어." 올리버는 나중에 이렇게 말한다. "어느 날 저녁 〈포기와 베스〉의 제작자를 찾아가던 중, 내가 '나는 거짓말을 하지 않지만, 간혹 진실을 지어내는 것 같다'고 말한 거 생각 나? 음, 엄밀히 말해서 그 말은 정확하지 않아. 나는 진실을 지어내지 않고 상상하는 경향이 있으므로, '간혹 진실을 상상하는 것 같다'고 말해야 했어. 톨스토이에 의하면, 그가 쓴 책 중에서 유일한 실패작은 《가정의 행복》이라는 소설이었대. 그 이유를 물었더니, 지어낸 이야기이기 때문이었다는군. 물론 그의 말이 맞아. 내 말은, 《안나 카레니나》가 마치 파란만장한 인생사처럼 읽힌다는 거야."

올리버는 일부 하객들에게 자신의 수영실력을 뽐낸다. "난 느리지만, 결코 지치지 않아요. 나의 스트로크는 길고 강력하므로, 나는 거의 전적으로 물속에만 있어요. 숨을 쉬기 위해 잠깐

물 위로 올라왔다가, 한참 후 20미터 앞에서 다시 수면으로 부상해요. 언젠가 내 이웃 중 한 명이 나를 이동하는 고래로 착각했대요. 나는 자칫하면 작살에 찍혀 죽을 운명인 것 같아요."

그는 이윽고 사랑스러운 암석 결정 하나를 들고 싱글벙글하며 하객들 사이를 돌아다닌다. 그가 한 책의 표지 위로 투명한 결정을 살며시 굴리자, 책의 제목이 복굴절double refraction된다.

"이게 바로 빙주석iceland spar이라는 거예요!" 그가 자랑스럽게 선언한다. "언젠가 에릭과 함께 북부 온타리오의 오지를 방문하여 작은 보석광물 가게—마법의 가게에 들렀어요. 한 점원이 내게 보여주는 작은 결정結晶을 보고 내가 말했어요. '맙소사, 뉴턴이 봤다면 광분했을 거예요.' 점원이 나를 쳐다보며 눈에서 광선을 내뿜자 내가 말했어요. '바로 그 모습이에요!' 감격한 그는 즉시 지하실로 내려갔다가, 사랑스런 '왕때롱 빙주석 덩어리'—무려 한 권의 책만 한—를 들고 나타났어요. 이게 바로 그거예요. 보시는 바와 같이, 이런 유형의 굴절은 뉴턴물리학으로 설명될 수 없어요. 이 이야기를 들었을 때, 뉴턴은 그 자리에서 즉시 무시했어요. 그 바람에 호이겐스Huygens와 사이가 틀어지고 말았어요. (호이겐스의 물결파undulant wave 이론만이 이것을 설명할 수 있었거든요.) 그들은 마침내 오해를 풀었어요. 내가 나이 지긋한 점원에게 '이 결정과 이별할 생각이 없나요?'라고 묻자, 그는 한참 동안 고민한 끝에 '100달러면 되겠어요?'라고 반문했어요. 나는 옳다구나 하며 호주머니에서 돈을 꺼내 지불하고, '평생 가보로 삼겠습니다!'라고 약속했어요."

파티는 정원에서 진행되고 있으며, 다양한 사회계층이 경이롭게 뒤섞여 있다. 문학가들, 급진파들, 의사들, 이웃들… 한마디로 사랑의 페스티벌이다. 갑자기 몇 명의 여성들이 좁은 통로를 이리저리 뛰어다닌다. "의사 선생님은 의자가 필요해요! 의사 선생님은 더 많은 의자가 필요해요!" 잠시 후, 올리버는 에어컨을 빵빵하게 틀어놓은 거실의 긴 소파 위에 대자로 누워 있다. 한 의자 위에 세워놓은 선풍기가 그의 얼굴을 정조준하고 있다.

"나는 선풍기를 사랑할 수 있어!" 그가 킥킥거리며 선언한다. "플라벨라필리아Flabellaphilia•가 어때? 난 괜찮다고 생각해!"

으레 그렇듯, 에릭은 '19세기 빅토리아 시대 과학'을 다룬 책을 올리버에게 선물한다. 올리버의 선반에는 그런 과학책들이 수두룩한데, 그게 모두 잠자리에서 읽으려고 준비해놓은 것이다.

나는 올리버의 EEG 테크니션인 크리스 캐롤란Chris Carolan과 잠깐 대화를 나눈다. "그녀는 진실한 사람이야." 올리버는 언젠가 이렇게 말했었다. "그녀는 거짓말을 못 해." 또한 그녀는 활기차고 쾌활하며 뭐든 잘 먹고 술도 잘 마신다. 그녀는 기쁨과 자신감의 화신이다. 그녀는 나의 '신상정보'와 '올리버에게 관심을 갖는 이유'를 꼬치꼬치 캐묻는다(그녀는 보호본능이 매우 강한 듯하다). 잠시 후, 그녀는 내가 올리버를 구박하는 것을 보고 이렇게 말한다. "오, 올리! 그냥 하던 대로 하세요." 그러고는 나에게 마음을 열고 대범하게 말한다. "그냥 내버려둬요. 그의 성격을 잘 알잖아

• 선풍기fan라는 뜻의 라틴어 플라벨flabell과 사랑이라는 뜻의 필리아philia의 합성어로, 올리버가 즉석에서 만든 말이다.

요." 그녀는 웃고 있다.

"우리는 찰떡궁합이에요." 그녀가 말한다. "우리는 진짜 팀이에요. 나는 까다로운 남성들을 전문적으로 다루고, 그는 조그맣고 나이든 여성들의 로망이에요. 환자의 얼굴을 보지도 않고 10여 장의 검사지만 들여다보는 많은 의사들과 달리, 색스 박사는 전인격을 평가하고 그 맥락에서 EEG를 검토해요. 만약 문제점이 발견된다면, 그는 '왜 그렇죠?'라고 물어요. 그는 인내심이 매우 강해서, 한 환자에게 5분에서 2시간까지 할애해요. 환자가 흥미로운 한, 시간이 아무리 많이 걸리든 개의치 않아요.

그는 매우 지적이지만, 종종 기초상식이 부족한 것 같아요. 그는 친구와 '다정하다고 느끼는 사람'에게 무한한 충성심을 발휘해요. 그러나 첫단추를 잘못 끼우는 경우, 관계를 끊지 못하고 걱정 근심 때문에 밤잠을 이루지 못해요.

그는 나를 존중하고 보호해줘요. 언젠가 남편이 죽고 두 아이만 남았을 때, 내 급여를 인상해주려고 노력했어요. 나는 브롱크스 주립병원에서 일주일에 100달러도 못 벌었어요. 그는 원무과에 편지를 보내, '그녀는 청소부보다 적은 돈을 받고 있으며, 삶과 죽음의 기로에 서 있다'고 지적했어요." 그게 도움이 됐을까? "그렇지는 않았어요. 하지만 노력이 중요한 거예요."

가정부가 커다란 수박을 내온다. "나는 언젠가 LSD를 복용하고 엄청난 환각을 체험했어." 올리버가 회상한다. "나는 지구 전체가 음식이라고 생각했어!"

그는 행복에 겨워, 정원을 가득 메운 하객들을 바라본다. 이 파티의 가장 경이로운 선물은, 자택과 이웃에 대한 그의 태도가 한결 부드러워졌다는 것이리라. "내 생각이지만, 아렌트의 사상은 성아우구스티누스의 선린관계neighborliness 개념에서부터 시작되었을 거야." 그는 (자신의 초청을 받아들인) 하객들이 뿜어내는 상냥하고 긍정적인 기쁨의 쓰나미를 주체하지 못하고 있다.

"나는 다시 생각해야겠어." 그가 말한다. "나의 집은 지금껏 감옥이자 지옥 구덩이처럼 느껴졌지만, 이제 마음이 편안해지며 세상에 대한 나의 편집증적 환상이 무너지고 있어. 나의 정신과 주치의는 늘 이렇게 말해왔어. '당신의 환상은 세상에 투사된 자기혐오의 일부일 뿐이에요. 당신은 만인의 사랑을 받고 있어요.' 이번 집들이를 계기로 나의 세계관이 확 바뀔 거야."

~~~~~~

궁정적 기분이 완전히 가라앉은 지 일주일 후, 올리버는 헤이크라프트와 짐 실버먼Jim Silberman(미국의 서밋북스Summit Books에 근무하는, 빌어먹을 '다리 책'의 편집자)에 대한 짜증스럽고 살인적인 불안감을 회복한 듯싶다.

"그들은 19세기에서 온 편집자일까?" 그는 전화에 대고 여러 차례 불만을 터뜨린다. "아니면 20세기의 특이한 독종毒種일까?

"나는 일식집에서 필렛•을 주문하지 않아." 그는 계속 말한다. "육류가 됐든 생선이 됐든, 나는 뼈를 발라낸 거라면 뭐든 싫

• 뼈를 발라내고 저민 살코기.
~~~~~~

어하거든.

그런데 콜린이 나를 후벼 파고 나면, 실버먼이 달려들어 또 후벼 파고 있어. 난 자네도 나를 후벼 팔까 봐 공포에 떨고 있어."

그는 말을 멈추고 곰곰이 생각한다. "마이클 메이어Michael Meyer의 입센 전기는 훌륭해. 위대한 저술은 아니지만, 주인공을 제대로 서술했어. 그에 반해 스트린드베리Strindberg•• 전기는 흥미롭고 통속적인 일화로 가득 차 있으며, 주인공을 너무 미화했어."

나는 이 말이 나를 겨냥하고 있다고 해석한다.

"내가 보기에, 자네가 쓴 로버트 어윈 전기는 아주 좋아. 그리고 내가 자네를 가장 높이 평가한 것은, 국립미술관에서 페르메이르에 대해 이야기할 때였어. 그때 자네는 매우 지각 있어 보였어.

그러나 과학자에 대한 전기를 쓴다는 것은, 예술가에 대한 전기를 쓰는 것과 달라. 예술가는 '약간 고양된 범인凡人' 이지만, 과학자는…." 그의 어조가 착 가라앉는다. "다시 말해서 내 마음속에는 강렬한 과학자정신이 도사리고 있어. 과학자정신에는 뭔가 특이한 점이 있으므로 지각 있게 다뤄야 해." 이 말은 나에게 '과학자인 올리버를 제대로 다루지 않는다는 것은, 생선을 후벼 파 뼈를 발라내는 것이나 마찬가지다'라는 말로 들린다. "내가 리처드 그레고리(브리스톨 대학교를 기반으로 활동한, 영국의 위대한 지각심리학자)에게 한밤중에 전화를 걸어, 자전거바퀴의 스트로브

•• 스웨덴의 작가·극작가(1849~1912). 입센과 더불어 근세 북유럽의 세계적 대문호. 소설·극·과학·철학·종교 또는 영지학靈智學, 동양의 학문에까지 능통하였다.

효과strobe effect•에 대해 이야기를 나눌 수 있었던 건 바로 그 때문이야. 나는 이미 알고 있었어. 그에게 전화를 건다면, 언제라도 즉각적인 공명을 기대할 수 있으리라는 점을."

그는 다음 날 다시 전화를 걸어, 입센을 아직 마음에 두고 있으며, 그의 후기작《우리 죽은 자들이 깨어날 때》를 가리켜 "나에게 가장 중요한 영향을 미친 것 중 하나"라고 높이 평가한다. 희곡의 주인공은 한 조각가와 여성 모델인데, 기억에 남는 대목은 그녀가 마지막 장면에서 '당신은 나를 인간으로 보지 않아요'라며 조각가를 책망하는 것이다….

올리버는 오래전《우리 죽은 자들이 깨어날 때》를 읽었지만, 그 당시에는 아무런 내색을 하지 않았다. 하지만 지금까지 뇌리를 떠나지 않는 것으로 보아,《깨어남》의 제목이 무의식 중에 그 희곡에서 온 것 같다는 그의 추측은 설득력이 있다.

《깨어남》을 출간한 직후 페이버 앤드 페이버에서 '통증'에 관한 책을 써 보라며 거액의 선금을 내놓았지만 거절했다. "나는 통증 자체에는 관심이 없어, 구역질과 달리 형이상학적인 흥미가 없거든. 나는 '영혼의 신경통'에 관한 책을 쓰고 싶어."

• 바큇살이 있는 바퀴(예: 자전거바퀴, 선풍기)가 움직일 때, 실제 회전방향과 다르게 멈춰있거나 거꾸로 도는 것처럼 보이는 현상. 마차바퀴현상이라고도 한다.

7월 28일

그로부터 한 달 후, 배턴루지에 갔던 요안나 스타신스카가 비행기를 타고 뉴욕에 다시 나타났다. 훗날 종종 말한 것처럼, 그녀는 폴란드에서 피신하려고 애쓰지 않았지만, 루이지애나에서는 어찌된 일인지 틈만 나면 피신하려고 노력했다. 그녀가 루이지애나에서 영위한 생활 중 별로 내세울 게 없으므로, 그 정도로 말해두기로 하자. 그러나 음울한 학기를 보내던 중, 그녀는 캠퍼스의 책방에서 우연히 〈뉴요커〉를 보게 되었다. 잡지의 이름에 '뉴욕'이 들어 있는 걸 보고 뉴욕의 신년파티에서 만났던 '재미있는 사람'이 생각났고, 그러고 보니 그가 정기적으로 기고한다던 잡지의 이름이 〈뉴요커〉임을 기억해냈다. 그래서 무작정 한 권을 집어 들고 목차를 죽 훑어보니, 내가 쓴 계엄법 현지보도 시리즈의 1부가 적혀 있는 게 아닌가!

뉴욕에 다시 나타나 몇 달간 머무르는 동안, 그녀는 헬싱키워치에서 '나와 서로 아는 친구' 한 명에게 전화를 걸어 위에서 말한 우연의 일치를 언급했다. 그러자 그 친구가 내게 전화를 걸어, 자초지종과 함께 그녀의 전화번호를 알려줬다. 나는 그녀에게 전화를 걸어 저녁식사를 제안했고… 첫 번째 식사는 두 번째 식사로 이어졌다. 요안나는 변두리에 아파트를 얻었지만, 대부분의 밤을 나와 함께 웨스트 95번가에서 지냈다. 그녀는 이윽고 헬싱키워치(또는 새로 설립된 쌍둥이 단체인 아메리카스워치Americas Watch)에서 일자리를 얻었고, 관료주의적 세부사항을 매끄럽게 할 요량으로 나에게 '영주권 취득을 위한 위장결혼'을 제안했다. 물론 진지하거나 영구적인 결혼은 아니었고, 우리는 서로 "적어도 아직까지는, 정식 이민을 위한 요식절차에 불과하다"고 말했다.

그러나 문제가 하나 있었으니, 점점 더 가까이 접근해 온 올리버가 그녀와 내가 함께 있는 장면을 목격하게 되었다는 것이다. 더욱 중요한 것은, 그녀가 나의 '정기적인 오지랖(남의 생활에 끼어들기)'과 '빈번한 기행奇行'을 받아들이는 법을 배워야 했다는 것이다. 그런 생활에 오랫동안 단련된 나에게는 아무렇지도 않았지만, 제3자 입장에서 바라보는 그녀에게는 견디기 어려웠을 것이다. 결국 우리는 지금까지 별 탈 없이 잘 지내고 있다. 보시다시피.

우리의 아파트에서 저녁식사를 하며, 올리버는 우리에게 극단적인 코르사코프증후군Korsakoff syndrome 환자 한 명에 대해 이야기한다. 그 남성은 새로운 기억을 형성할 능력이 없고(매우 지적이고 오목의 달인이지만, 체스에는 전병이다), 열아홉 살 때 잠수함에 푹 빠졌으며(그 나이에 실제로 잠수함 승무원 생활을 했다), 1945년이나 지금이나 모스 전신기 조작에 일가견이 있다. 몇 년 전 어느 날 그가 장황한 경험담을 현재시제로 늘어놓는 동안, 올리버는 그에게 거울을 들이대며 물었다. "저 사람이 누구에요, 지미?"

지미는 공포에 질려 할 말을 잃었다. 올리버도 기겁을 했지만, 지미는 30초도 채 안 지나 그 사건을 까맣게 잊어버림으로써 올리버를 또 한 번 경악하게 만들었다.

보다 최근인 불과 며칠 전, 올리버는 러시아 신경과의사 친구(그리고 한때 루리아의 제자)인 닉 골드버그Nick Goldberg에게 '지미의 사례'와 '거울 사건에 대한 참담한 기억'(올리버가 지미를 기억하고 있는 것은 이 사건 때문이다)을 들려준 일을 이야기했다. 그랬더니 닉은 이렇게 위로했다고 한다. "너무 상심하지 마세요. 루리야가 당신이었더라도 똑같은 심정이었을 거예요."

또 다른 날, 올리버는 지미에게 〈내셔널 지오그래픽〉 한 권을 보여줬다고 한다. 그 책에는 달에 간 우주인이 촬영한 지구의 사진이 실려 있었다. 지미는 마구 헷갈린 상태에서 그 사진을 한동안 응시했다.

"그러나… 그러나… 그러나 저건 불가능해요. 저런 사진을 찍으려면, 달에 카메라를 가져가야 하거든요!"

어쨌든, 올리버는 지미에 관한 글을 쓸 생각이다. 그리고 나는 그에게 가능한 제목을 제안한다. "표류하는 잠수함 승무원 이야기The Rime of the Lost Submariner."

7월 28일

나는 어느 날 밤 올리버에게 루이스 하이드Lweis Hyde의 《선물The Gift》을 줬고, 그는 오늘 밤 내게 전화를 걸어 그 책을 잘 읽고 있노라고 이야기한다. 그는 내일 애디론댁 산맥의 블루마운틴센터에 있는 작가마을로 떠나 한 달 동안 머물 예정이다. 그는 내 소개로 작가마을에 입주하게 되었는데, 그 마을은 한 사람이 내놓은 사유지에서 여러 친구들의 유대관계에 기반하여 건설되고 있는 중이다.

"그 마을을 건설한 사람들의 마음은 '작가정신을 함부로 금전적 가치로 환산하지 말라'는 나의 신조와 정확히 일치해.

내가 페이버의 제안을 거부한 이유를 말해줄까? 그들이 2만 5000달러라는 선금을 제시하는 것을 보고, 어이가 없어 말문이 막혔을 뿐이야."

8월 31일

나는 LA에서 데이비드 호크니David Hockney•와 함께 프로젝트를 진행한 후 돌아와, 블루마운틴에서 돌아온 올리버에게 전화를 건다. 그는 거기서 '표류하는 잠수함 승무원'에 대한 에세이를 멋지게 완성한 것 같다. 무려 5000단어짜리 원고라니!

나는 "표류하는 잠수함 승무원"이라는 개념을 다시 한번 강력히 제안한다. 왜냐하면 지미와 같이 특이한 기억상실증 환자는 '자기의 잠수함'을 잃어버린 것이기 때문이다. 여기서 잠수함이란 문자 그대로 서브-마린, 즉 '바닷속 같은 기억'을 의미한다. 올리버는 이렇게 대답한다. "맞아! 새로운 기억이 없는 그는 '기억의 심연'에 빠져 있는 게 아니라, '심층부 기억'을 상실한 채 표류하고 있다고 봐야 해. 그에게는 모든 것이 부서지기 쉬운 즉시성이자 연속된 표면일 뿐이야. 그런 면에서, 이 에세이는 컴퓨터에 대한 나의 비판을 함축하고 있어. 왜냐하면 그런 결함(심층부 기억의 부재)은, 내가 평소에 생각하는 컴퓨터의 결함과 정확히 일치하거든."

그는 에세이의 제명題名으로서 부뉴엘Buñuel••의 영화에 나오는 기억에 대한 대사를 인용한다. "사람은 기억을 잃기 시작하면서, 삶은 곧 기억이라는 점을 더욱 절실히 느낀다."

• 영국 팝 아티스트이자 무대연출가(1937~). 디지털 사진 때문에 사진 예술에 곧 종말이 온다고 단언하면서도 오히려 사진 작업을 많이 했다. 폴라로이드 카메라를 이용해 다른 시간대에 다양한 각도로 촬영한 풍경으로 포토몽타주 시리즈를 제작했다. 동성애라는 주제를 공공연히 다뤄 명성을 더했다.

•• 스페인의 영화 감독(1900~1983). 초현실주의의 거장.

"이것은," 올리버가 말한다. "내가 끊임없이 증명하려는 명제인 동시에 지속적으로 반박하려고 애쓰는 명제이기도 해…."

9월 18일

알고 보니, 올리버는 블루마운틴에 처음 21일간 머무는 동안 체중이 13킬로그램이나 불었다! 그에 의하면, 그건 부분적으로 아침과 저녁을 잘 먹었기 때문이지만, '2시간 반에 걸친 뷔페식 점심'이 가장 큰 요인으로 작용했다. 그래선 안되겠다 싶었는지, 그는 점심식사 시간을 '정오부터 오후 1시까지'로 바꿨다가, 이내 '오전 11시 30부터 오후 2시까지'로 복귀했다. 마지막에는 '오전 11시부터 오후 4시까지'로 대폭 늘렸다. 시간이 바뀔 때마다 새로운 그룹이 들어와 "오, 올리! 우리와 같은 조組라 반가워요"라고 했지만, 그가 조를 계속 바꾸고 있다는 사실을 눈치챈 사람은 아무도 없었다.

"최근 나의 환자들이 장족의 발전을 했음을 알게 되었어." 그가 새로운 사실을 공개한다. "그들은 신문이나 TV에서 본 내용을 내게 말하곤 해. 지난해에 한 사지마비 환자에게서 (입으로 쓴) 암호 같은 쪽지를 받았는데, 그 내용은 '원숭이를 어떻게 생각하세요?'였어.

그게 뭔가 했더니, '60분'이라는 TV 프로그램에 나온 원숭이에 관한 이야기였어. 그 프로그램에서, 조련사가 한 마리의 원숭이를 훈련시켜 대퇴사두군을 단련시켰어. 나는 오늘 낮 그 조련사, 원숭이와 함께 즐거운 시간을 보냈어. 매우 매력적인 경험이었어."

9월 20일 (태국식 레스토랑에서 저녁식사)

올리버는 자신이 읽고 있던 과학소설(그는 그중의 일부를 좋아한다)을 이야기하다, 이렇게 지적한다. "내게 가장 흥미로운 주제는 공감이고, 가장 재미없는 주제는 텔레파시야.

내가 미래에 발간할 책의 부제로 염두에 두고 있는 것은 '정체성의 신경학을 향하여Toward a Neurology of Identity'야.

왜냐하면 내 입장에서 볼 때," 그는 자세히 이야기한다. "심리학은 지금껏 유기체에 불충분하게 접근한 (또는 관심을 두지 않은) 반면, 신경학은 정체성의 경험에 관심을 보이는 데 실패했기 때문이야.

나는 오랫동안 주류에서 벗어남과 동시에 주류에게 존중받을 필요성을 느껴왔어. 그러나 몇 년 전 보스턴에서 뉴욕시로 가는 기차에서 (헤드의) 고전적 신경학 책 한 권을 꺼내 읽던 중 갑자기, 주류가 내게 동조하고 있다는 느낌이 들었어. 또는 차라리, 내가 주류임을 깨달았어. 제 위치를 벗어난 사람은 내가 아니라, 다른 모든 사람들이야."

9월 28일

"놀랍게도," 올리버는 고백한다. "어제 따분하기 짝이 없는—또는 최소한 18년 동안 고리타분하게 살아 온—동료 하나가 내게 매혹적인 이야기를 들려줬어. 그가 며칠 전 만나 본 환자로, 일과성완전언어상실증transient global amnesia(TGA)으로 고통을 받고 있었어. 그 남성은 갑자기 20여 초 동안 아무것도 기억하지 못했고, 어떤 때는 몇 시간 동안 수십 년간의 기억을 상실했다가 언제 그랬냐는 듯 자아를 완전히 회복하곤 했어. 그의 아내와 자녀들은 커다란 공포감에 휩싸였지만, 그 자신은 이상함을 전혀 의식하지 않는 게 분명했어. 그러나 이윽고 그 자신도 '이러다가 순식간에 삶의 절반을 상실할 수 있겠구나!' 하는 공포감에 압도되었어."

10월 3일

올리버는 나에게 보낸 친필 메모에서, 최근 〈BMJ〉에 기고한 논문 《깨어남》의 기원에서 빠뜨렸다고 느끼는 내용을 지적한다.

> 자네가 내게 보내준 엘리엇의 훌륭한 에세이집•—특정한 에세이가 아니라, 그 책에 수록된 거의 모든 에세이가 그래—이 나로 하여금 핵심에 집중하고 기억하도록 도와주고 있어. 그는 감정이 핵심임을 반복적으로 일깨워 주는데, 그가 말하는 감정은 개인적이 아니라 뭔가 비개인적이고 예술적이면서도 전인격whole personality을 지향하고 있어.
>
> 내 논문, 《깨어남》, 내 연구, 내 인생—의사가 됐든 과학자가 됐든 예술가가 됐든—의 중심에는 이러한 특별한 종류의 감정, 그리고 그에 대한 평가(단, 임상적 평가라고 하기에는 불충분해)가 내포되어 있어.
>
> 모든 진정한 의사들이 환자, 환자의 현상, 그 밖의 모든 현상을

• T. S. Eliot, 《Eliot's Selected Essays, 1917~1932》(New York: Harcourt, Brace, 1932). 이 책에서 올리버가 특별히 염두에 둔 에세이는 "전통과 개인의 재능Tradition and Individual Talent"이라는 유명한 비평문이다.

마주할 때 이런 감정을 느꼈으면 좋겠어. 나는 지루하고 피곤하고 화가 날 때, 그런 감정을 상실하고 기계적인 작업에 몰두하는 나를 발견하게 돼. 제일 잘나갈 때(아마 그런 시절은 끝난 것 같아), 나는 그런 감정을 매우 강렬하게 느끼며 환자, 학생, 그리고 모든 주위 사람들에게 전달하고 공유했어.

오늘날 거의 모든 의학문헌에는 이런 비개인적이고 숭고한(그러나 종종 매우 재미있는) 감정이 누락되어 있어(단, 루리야는 가장 고결한 예외자야). 과거에는 몇 가지 이유 때문에 그런 감정이 훨씬 더 흔했는데… 고양된 수준은 아닐지라도 진정한 수준으로 존재했어. (현저히 고양되거나 숭고한 수준의 감정을 지녔던 사람은, 이를테면 라이프니츠였어. 나는 그를 궁극적인 의사로 간주하고 있어.)

(…)

사랑을 담아, 올리버[SB]

10월 27일 (저녁식사)

"나는 한나 아렌트를 읽으며 완전히 몰입했지만, 어떤 외계 종의 자연사—아름답게 기술되고, 설득력 있고, 일관되고, 경이롭고, 소름끼치는—를 읽는 듯한 기분이 들었어. 그리고 그녀가 기술하고 있는 게 바로 나, 나의 사람들, 우리임을 깨달은 것은 거의 현현이었어!"

우리의 화제는 정치로 넘어간다. 그는 일찍부터 정치에는 별로 관심이 없었다. "에릭은 정치에 관심이 매우 많아, 일찍이 프렙스쿨에서 정치단체에 가입했어. 그러나 나는 정치를 의식하지 않았어. 내 마음은 그 대신 직류전기, 정전기 등에 이끌렸어."

한숨을 쉬며 두 박자 쉰다. "그래, 나는 온갖 사회적 불안과 동요에도 불구하고 평생 동안 나만의 생각에 잠겨 있었어."

며칠 후 (전화통화)

"괴테가 《파우스트》에서 말한 것처럼, 인생의 나무가 초록과 황금빛인 반면 이론은 회색이야. 내가 해야 할 일은 그런 글쓰기에 초록과 황금빛 경이로움을 불어넣는 거야.

하지만 그러기 전에, 나는 격렬한 분노와 탈진 사이에서 왔다 갔다 하는 단계에 있어. 핫패드 위에 누워 있는 상태에서, 얼굴 앞 15센티미터 지점에서는 선풍기가 돌아가는 형국이야.

마침내 책이 완성되기 일보직전 매스컴의 관심이 엿보이는 순간, 나는 탐지되고 엑스레이 촬영을 당하고 해부되는 연갑게• 가 된 듯한 느낌이 들어. 기자들이 몰려와 안면 몰수하고 나의 현관에 문어발을 뻗는 것을 감당할 수 있을지 몰라."

통화 끝.

11월 14일 (전화통화)

올리버는 주말에 보스턴에서 열린 도서전시회에 나가, 에릭의 부스 바로 옆에서 '다리 책'의 (몇 번째 버전인지도 모를) 에필로그를 계속 끼적이더니 기어코 완성했다.

"나는 에릭의 부스 옆에서 수천 명의 군중에 둘러싸인 채, 아

• 탈피한 지 얼마 되지 않아 껍질이 무른 게.

무도 의식하지 않고 계속 갈겨 썼어. 마치 삼림지대의 작은 빈터에 앉아 있는 방랑자처럼, 뜬금없이 뭔가에 몰입한 수상쩍은 인물이었어.

나는 군중 속의 고독을 즐겨. 그에 반해 완전한 고독 속에서 집필에 몰두하다 보면 내 몸은 파김치가 되고 말아."

~~~

11월 24일

그의 강박적인 펑크funk•가 다시 시작된다.

"나는 제논의 역설 같은 삶을 살며, 그가 속했던 엘레아Elea 학파에 열광하고 있어. 나는 50쪽을 쓴 다음 85쪽을 추가하고, 10쪽을 삭제한 다음 20쪽을 추가하고, 5쪽을 삭제한 다음 또 20쪽을 추가해. 끊임없이 쓰고 강박적으로 먹으며, 늘 정신적·신체적 질병에 시달려.

최근 몇 주 동안, 나는 폭군의 압제에 시달리고 있다는 느낌이 강하게 들었어. 설사 외적 요인을 찾을 수 있더라도—이를테면 짐°이 나를 그렇게 만들고 있어—, 그 본질은 내적인 노예상태라고 할 수 있어. 그 폭군이 조종하는 어마어마한 기계장치—부분적으로 강박적이고 부분적으로 창조적인—가 횡포를 부리며

• 농담, 허튼소리, 보잘것없고 가치 없는 사람, 젊은 불량배, 애송이, 동성연애자 등의 의미를 지닌 속어.

○ 서밋북스의 올리버 담당 편집자인 짐 실버먼.
~~~

세상은 물론 꿈의 세계까지 뒤집어엎고 있어."

재미있게 들리는 말이다. 나는 올리버에게 〈뉴욕 리뷰 오브 북스(NYR)〉의 밥 실버스와 어떻게 지내고 있냐고 물어본다. 그는 NYR 런던 지사와의 (제한적인) 인연을 바탕으로, NYR에 "표류하는 잠수함 승무원"••을 시험 삼아 기고하기로 결정했다.

"오, 그는 긍정적인 반응을 보였어. 그러나 내가 개정된 버전을 열일곱 번씩이나 보내는 바람에 그의 인생이 피곤해졌을걸?"

12월 3일 (전화통화)

올리버는 나에게 "터널The Tunnel"이라는 제목의 글에 대한 의견을 물어본다. 그것은 언제 끝날지 모르는 '다리 책' 에필로그'(헤이크라프트는 코스타리카 버전을 완전히 버렸는데, 올리버는 자포자기한 심정으로 그것을 "그 모든 빌어먹을 식생vegetation"이라고 부른다)의 새로 쓴 70쪽짜리 버전이다. 새로운 버전에는, 그가 '그래드그라인드와 코크타운••• 시절'을 경험한 사연이 적혀 있다. "사실, 에필로그의 주제는 '신경학과 영혼'이야. 그것은 내 모든 작품의 주제이기도 해."

•• 《아내를 모자로 착각한 남자》에 실린 〈길 잃은 뱃사람〉의 원본이다.

••• 산업혁명기를 배경으로 한 찰스 디킨스의 소설 《어려운 시절》에 나오는 도시와 주인공. 영국의 공업도시인 코크타운의 학교에서 교편을 잡은 그래드그라인드는 사실에 대한 교육만을 강조한다. 그는 학교 교육에서 오로지 통계적인 숫자만을 가르치고 모든 학생들에게서 감정을 제거하려 한다.

12월 13일 (실버먼의 사무실에서)

빌어먹을 '다리 책'의 조판 작업이 한창 진행 중이다.

실버먼의 젊은 보조편집자 아일린 스미스Ileene Smith가 에필로그를 압축한 과정을 설명하는 동안, 나는 잠자코 듣고만 있다.

올리버는 편집진과 협상하느라 땀을 뻘뻘 흘리고 있으므로("다음번에는," 그는 아일린이 합류하기 전에 중얼거렸다. "발행인과 편집자들을 제쳐놓고 인쇄 담당자와 직접 이야기해야겠어"), 나는 자리에 그대로 앉아 곰곰이 생각한다.

그러다 문득 발터 베냐민의 《조명Illumination》 중 한 구절이 떠오른다.

> 텍스트의 어원은 라틴어 텍스툼textum이며, '텍스툼'은 '거미줄'을 의미한다. 어느 누구의 텍스트도 마르셀 프루스트Marcel Proust만큼 촘촘히 짜이지 않았다. 그러나, 그에게 질기거나 내구적인 것은 아무것도 없었다. 그의 출판사 갈리마르Gallimard에 의하면, 프루스트의 교정 습관은 식자공의 절망이었다. 그의 교정쇄는 늘 '여백에 적힌 메모'로 뒤덮인 채 돌아왔지만, 오자는 단 하나도 교정되어 있지 않았다. 가능한 모든 여백은 오로지 새로운 텍스트를 위해서만 사용되었다.°

아일린은 300쪽 이상의 (찬란하지만 왠지 혼돈된) 올리버의 에

° Walter Benjamin, 《Illumination》, ed. Hannah Arendt, trans. Harrry Zohn (New York: Schocken Books, 2007), 202쪽.

필로그를 첨삭하여 논리정연한 30쪽짜리 에필로그를 빚어냈는데, 그중 처음 스물다섯 쪽은 매우 훌륭하다. 25쪽에 하나의 오류가 있어서 약 다섯 쪽을 발라내니, 나머지는 완벽하다. 나는 일단 그녀의 노고를 치하한 후(올리버는 동의하지 않을 듯싶다), 올리버의 광범위공황diffuse panic을 진정시키기 위해 특별한 요구사항—칸트에 관한 부분을 늘린다(이 부분은 책의 클라이맥스이므로, 크게 노래하고 부풀려 활짝 꽃피워야 한다)—을 집중적으로 언급한다.

"이 시점에서 우리에게 필요한 것은," 나는 올리버에게 직언한다. "쉰 쪽이 아니라 다섯 쪽이에요. 쉰 쪽은 '있어도 그만 없어도 그만'이 아니라 '없는 게 나은' 거예요. 다섯 쪽을 명심해요, 올리버!"

그런 다음, 나는 그들끼리 원만한 편집작업을 진행하기를 바라며 자리를 뜬다.

아일린이 문가까지 배웅 나온다. "당신이 떠난 후, 색스 박사가 다시 나를 맹비난하지 않을까요? 그가 다시 생떼를 쓰면 어떻게 하죠? 솔직히 난 자신이 없어요."

내 생각도 그렇다. 젊은 편집자들은 올리버를 어려워한 나머지 지레 겁을 먹을 수 있다. 이런 상황에서 올리버를 다루는 방법은, 여덟 살짜리 신동 대하듯 하는 것이다. 예컨대 '경이로움 및 존경'과 '엄격한 가부장적 관용'을 병행해야 한다.

오, 올리버··· 부디 예의 바르게 행동하길!

어느 날 한 교장이 어린 올리버의 부모에게 성적표를 우송하며, 가정통신란에 다음과 같은 의견을 달았다. "제 딴에는 오버하지 않는다고 생각하지만, 올리버 색스는 으레 선線을 벗어납니다."

~~~~~~

나는 다음 날 올리버에게 전화를 건다. "일은 잘됐나요?"

"나는 그녀와 함께 새벽 0시 30분까지 일했어."

오, 올리버! 피곤할 텐데.

"음, 그건 아무것도 아니야. 아일린은 주차장에 전화를 걸어, 문을 닫지 말라고 단단히 말해뒀다는군. 그들은 그러기로 했대. 그러나 나는 주차장에 가던 중 길을 잃었고, 주차장에 도착했을 때는 이미 문이 닫혀 있었어. 그래서 오늘 아침 7시 30분에 집에 돌아왔어!"

그동안 무얼 하고 있었을까? 호텔에 갔었나?

"오, 어리둥절한 채 이리저리 걷다가, 매시 정각이 될 때마다 저녁을 먹으며 잠깐 쉬었어.

그래서 엄청 많이 먹었지."

지금은 저녁 6시인데도, 그는 전화통화를 하는 동안 잉어알을 먹고 있다. "지금까지 10억 개, 아니 1조 개의 알을 먹었을 테니, 잉어의 세상을 눈깜짝할 새에 집어삼킨 거야. 물고기알은 나의 입과 마음에 고집증perseveration•을 유발하는 요인이야."

그러나 그는 최종 결과물에 만족하는 눈치다.
~~~~~~

"나의 감상성은 지나치지 않아." 그는 콜린이 품고 있는 의혹에 이렇게 대응한다. "나도 나름의 생각이 있어." 그는 후루룩 소리를 내며 잉어알을 흡입한다. "감상성은 글의 윤활유가 될 수 있다구."

그는 잉어의 세상이 아니라, 우주를 집어삼키고 있다.

"그러나 나의 반복은 (그는 아직도 빌어먹을 에필로그를 걱정하고 있다) 엄격히 말해서 반복이 아니야. 그보다는 차라리, 일단 접근한 다음 다른 측면에서 다시 접근하고 있다고 봐야 해. 그건 비트겐슈타인의 방식을 모방하여 나의 위치를 알아가는 과정이야."

12월 19일

나는 서밋북스에서 올리버를 다시 만난 후, 길 건너편에 있는 빈스토크Beanstalk에서 아무렇게나 점심식사를 한다.

"12시 30분에 날 데리러 와." 그는 내게 전화를 걸어 말했었다. "나는 그때까지 일을 마치거나 포기하거나 둘 중 하나일 거야."

우리의 화제는 계속 반복되는 주제, 지속적인 관심사로 바뀌며 이어진다.

"나는 텍스트를 존경하지 않으며, 텍스트에게 버릇없이 구는 편이야." 그는 인정한다. "그러나 나는 '자연이라는 책'을 숭배하

• 이상언행반복증. 자극이 바뀌어도 같은 반응을 되풀이하는 경향, 또는 자극으로 생긴 심리적인 활동이 그 자극이 없어져도 일정하게 지속되는 증상. 같은 실수를 계속하거나, 생산적이지 않은 주제, 행동에 대하여 오랫동안 꾸물거리는 경향성을 의미하기도 한다.

며, 쉼표 하나라도 바꾸지 않을 거야.

과학자가 아무리 작은 거짓말을 해도, 자연은 두 동강이 나고 말 거야.

나는 의사로서의 프로이트가 환자를 자기 이론의 희생양으로 삼은 것을 상상할 수 없어. 그 점에 있어서는 루리야도, 나 자신도 마찬가지지야… 그러나 음, 그러나 그러나 그러나" (올리버는 독백조로 말한다).

이 시점에서, 올리버는 자유연상을 통해 사랑스러움dearness이라는 주제로 넘어간다.

"하퍼스Harper's에 한 편집자—의심할 나위 없는 싱크탱크의 일원—가 있었는데, 그는 초인적인 편집능력을 발휘했지만 비인간성의 종결자였어. 그는 내가 환자를 '사랑'이라고 부르는 것을 극구 반대했어. 예컨대 내가 '오늘 오후 한 사랑스러운 나이든 여성을 만났어요'라고 말하면, 그는 대뜸 '사랑이 뭐예요?'라고 반문하며 세상의 모든 사랑스러움을 송두리째 날려버렸어. 나는 우주공간에서 홀로 죽어가는 듯 괴로워하다가, 다음 날 아침 루리야가 보낸 편지—'나의 사랑하는 색스 박사에게'로 시작되는—로 구원을 받았어.

자네는 이렇게 말할 거야. '그럼, 그 편집자는 탄산리튬lithium carbonate도 누군가에게 사랑스러울 수 있냐고 물었겠네요?' 물론 그럴 수 있어, 적어도 나에게는.

그러나 요즘, 나의 사랑은 종종 식물적이야.

다친 다리가 나았을 때, 나는 이렇게 말했어. '나의 사랑하는 옛것이여, 드디어 집에 돌아왔구나.'

우울증 치료제인 탄산리튬이 가짜라고 생각해봐. 환자는 가정—다시 말해서 사랑스러운 보금자리—에 돌아올 수가 없어. 진실이 사랑스럽고 중요한 것은 바로 그 때문이야."

우리는 진실이라는 원점으로 되돌아왔다.

"진실은 충실함과도 관련이 있어.

브레이필드(제2차 세계대전 때, 지옥 구덩이 같았던 기숙학교)는 '변덕스러운 관계'가 가득 찬 세계로, 아무도 다른 사람에게 충실하지 않았어. 그때 나를 구원하는 데 있어서 필수적이었던 것은, 무기물 세상의 정서적 안정성이었어."

잠깐 침묵이 흐른다. "어니스트 존스의 프로이트 전기를 보면, 프로이트가 '올바른 사실'을 존중했다는 구절이 나와. 은폐돼 있다 드러나는 데 몇 년이 걸리는 게 상례이지만, 그는 참된 사실을 존중했어."

16

'영혼의 신경학'이 틀을 갖추는 동안 '다리 책' 완성

1984년 전반기

1월 5일

올리버가 런던에서 돌아왔다. 눈치를 보아하니, 천신만고 끝에 '다리 책'의 출간이 초읽기에 들어간 듯하다.

그리고 장담하건대, 올리버는 런던에 있는 동안 글막힘에서 벗어난 호사를 누리며 세 개의 새로운 작품—'19세기의 신경학과 정신과학에 관한 책의 서평' '뮤지컬 레이디musical lady•에 관한 에세이' '고유감각을 상실한 젊은 여성에 관한 에세이'—을 완성한 듯하다.

또한 그는 해럴드 핀터와 안토니아 프레이저Antonia Frasier 부부를 방문하여, 인사 대신 "오, 색스 박사님! '신경학적 영혼'에 관

• 《아내를 모자로 착각한 남자》에 실린 〈회상〉에 등장하는, 두 명의 여성들을 말한다. '뮤지컬 레이디'라는 제목은, 스위스의 기계공 H. 마이야르데H. Maillardet가 제작한 음악을 연주하는 (살아 있는 아가씨 모양의) 자동기계에서 유래한다.

한 이야기 더 없나요?"라는 말을 들었다. 그는 앉은 자리에서 3시간 만에 그런 이야기를 써내는 필력을 보여주었다.

~~~~~~

어느 날 밤 제인 구달과 그녀의 침팬지에 대한 특집 프로그램을 시청하는 동안(올리버와 나는 종종 구달에 관한 이야기를 나눴다), 올리버의 마음속에 자리잡은 해묵은 딜레마('임상적 태도'와 '박물학자적 태도' 사이의 전쟁)가 명백히 드러났다. 그것은 한마디로 '과학적 거리, 보류, 관찰'과 '공감, 정서, 쓰다듬음' 간의 대립이었다. 사실, 쓰다듬음touching은 그 자체로서 매우 중요한 순간을 연출한다. 그날(구달의 침팬지들이 그녀에게 자신들을 쓰다듬도록 허용한 순간이 포함된 날)은 인류 역사상 매우 괄목할 만한 장면이 펼쳐진 날이었다!

그러나 한 걸음 더 나아가, 침팬지들이 서로 죽이고 죽는 비극이 시작됐을 때 구달이 처했던 이율배반적 상황을 생각해보라. 그녀가 개입하여 침팬지들의 대학살을 중단시켜야 했을까? 아니면 영화 〈킬링필드〉의 데자뷰를 묵묵히 지켜보기만 해야 했을까? 그러나 그와 대조적으로, 침팬지들이 폴리오에 걸렸을 때 그녀는 그들에게 백신과 함께 먹이를 제공했다.

그러나 구달의 프로젝트에서 핵심적인 순간은, 그녀가 침팬지들에게 이름을 붙일 때 찾아왔다. 그건 단순히 그것(It)이 너(Thou)로 바뀌었기 때문만은 아니었다. 그 과정에서 '더욱 진실한 기술'이 가능해졌고, 침팬지를 '어엿한 개체'로 바라보게 되면서
~~~~~~

통계적 분석(전통적인 과학적 분석)에서 애매모호했던 것들이 모두 생생하고 뚜렷해졌다.

그러므로 구달은 올리버와 마찬가지로 낭만적 과학의 우아한 본보기라고 할 수 있다. 투사projection와 의인화라는 결점 때문에 비난받을 수 있지만, 그녀는 객관적 과학이 얻을 수 없는 것을 달성함으로써 전통적 과학의 한계를 뛰어넘을 수 있음을 만방에 과시했다.

1월 15일

내 아파트에서 점심식사를 하며, 올리버는 뮤지컬 레이디를 비롯하여 최근 작업하고 있는 임상사례 에세이에 대해 이야기한다. 사실, 그는 내 집 문턱을 넘자마자 식탁 위에 종이와 초고를 쫙 펼쳐놓았다.

"이리 와서 노스탤지어를 주제로 한 글—노스탤지어의 신경학neurology of nostalgia—을 읽어봐. 노스탤지어는 나 자신을 참고 대상으로 삼을 수 있는 유일한 주제야.

뮤지컬 레이디의 테마는 '어머니의 사랑'과 가정이야…."

"나는 〈길 잃은 뱃사람〉에 각주를 추가했어." 그는 〈뉴욕 리뷰 오브 북스〉의 교정쇄를 내게 보여주며 말한다. "이자벨 라팽에게 코르사코프증후군을 언급했더니, 희귀한 소아환자 사례—후향기억상실retrograde amnesia이 초래하는 황폐한 결과를 말해줬어. 그런 어린이들은 모든 것(특히, 어머니의 사랑과 같은 초기 기억)을 상실하는데, 그런 경우 심각한 자폐증으로 귀결되는 것으로 알려져 있대."

그런 암울한 전망에 경악하여 잠시 주춤하는 동안 그의 눈썹이 꿈틀거린다. 그러나 이내 표정이 밝아진다. "나는 몇 주 전 런던에서 음악적 노스탤지어를 한바탕 경험하고 있었어. 그런데 에릭이 나를 보더니, 갑자기 셜록처럼 이렇게 말했어. '보아하니 빈Wien에 갈 궁리를 하고 있군.' 나는 소스라치게 놀랐어. 정말 그렇게 생각하고 있었거든.

내가 '어… 어떻게 알았지?'라고 더듬거리자, 그가 이렇게 대답했어. '네가 오늘 아침 내내 영화 〈제3의 사나이〉•의 테마를 코로 흥얼거렸잖아.'"

올리버는 종이뭉치에서 소설가 에스더 살라만Esther Salaman(조너선 밀러의 숙모인 동시에 프루스트의 조카딸°)의 에세이집 《순간의 모음A Collection of Moments》을 끄집어낸다.

"이 책은 소설가가 만년에 쓴 유년시절의 회고록(자서전)으로, 비자발적 기억involuntary memory을 다룬 좋은 사례라고 할 수 있어. 이 부분을 읽을 테니 들어봐. '마르셀은 어머니의 키스를 갈망하던 트라우마적 기억으로 늘 괴로워했고, 그로 인해 복받치는

• 연합국이 점령 중인 제2차 세계대전 직후의 빈을 배경으로, 한 미국인 소설가가 친구의 죽음에 얽힌 미스터리를 파헤치는 과정을 담은 영국의 스릴러 영화.

° 나는 살라만의 정체를 확인하는 데 약간의 어려움을 느껴, 최근 사실관계를 확인하기 위해 레이철 밀러에게 편지를 썼다. 그랬더니 그녀는 이렇게 답변했다. "완전히 꾸며낸 말이에요. 살라만이라고 불리는 사람은 모두 나의 친척이지 조너선의 친척은 아니에요. 내 친척 중에는 에스더 살라만이라는 사람이 두 명 있었어요. 한 명은 나의 이모이자 가수였고, 다른 한 명은 본명이 에스더 폴리아노스키인데 나의 외삼촌과 결혼했고, 그는 한때 아인슈타인과 함께 연구했어요. 조너선의 친척 중에는 프루스트가 한 명도 없어요. 그러나 그의 어머니는 베르그송 가문 출신이에요. 그녀의 가족들은 스웨덴에 살았지만, 앙리 베르그송과 상당히 가까운 친척이었어요." 판단은 독자들의 몫이다.

눈물이 멈춘 적이 없었다. 그러나 삶이 고요해질 때까지, 그의 울음소리는 들리지 않았다. 대낮의 소음 속에 파묻혔다가, 밤의 고요가 찾아오면 겨우 들리기 시작하는 수녀원 종소리처럼.'"•

살라만과 마찬가지로, 올리버는 뮤지컬 레이디에 등장하는 첫 번째 여성(C 부인)에 대해, 어린 시절 어머니가 불러주던 노래를 회상하며 "절실한 존재impending presence"의 느낌을 되새긴다고 기술한다.

"신경학자들은 뇌전증을," 그는 이렇게 지적한다. "꿈꾸는 상태dreaming state(휼링스 잭슨)와 정신적 발작psychical seizure(펜필드)의 관점에서 언급해왔어.

그러나 나는 영혼의 발작spiritual seizure이 유의미하며, 결코 사소하지 않음을 지적하고 싶어. 예컨대 《깨어남》에서 로즈가 〈달콤한 옛사랑의 노래Love's Old Sweet Song〉를 부른 것은 물론 자기지시적인self-referential 행동이었지만, 노래부르기에 대한 노스탤지어를 정확히 드러낸 행동이기도 했어.

여든 살이 넘었을 때, 나의 어머니는 에드워드 시대의 노래가 울려퍼질 때 소스라치게 놀라곤 했어. 나는 그 노래가 '임박한 죽음'의 느낌을 촉발했다고 생각해."

올리버는 자신의 가방에 손을 넣어, 〈뇌Brain〉라는 두툼한 저널을 꺼낸다. ("보다시피, 〈뇌〉의 편집자는 브레인 경Lord Brain이야! 다

• 물론, '만년의 유년기 회상'에 대한 통찰을 제공한(그리고 올리버의 관심을 사로잡은) 프루스트의 특이한 기억은, 어머니가 자녀의 갈망(어머니의 관심을 원함)을 무시함으로써 트라우마를 남긴 사례 중 하나다. 2장 66쪽을 참조.

시 말해서, 20세기 신경학계의 양대산맥은 브레인 경과 헤드 경Sir Head 이야!")

〈뇌〉를 휙휙 넘기다, 올리버는 테오필 알라주아닌Théophile Alajouanine이 쓴 도스토옙스키의 뇌전증에 관한 에세이를 우연히 찾아낸다. "건강한 당신네들은," 도스토옙스키는 언젠가 이렇게 썼다. "우리 뇌전증 환자들이 발작 직전에 느끼는 행복을 상상할 수 없어."

올리버는 도스토옙스키의 말에 이렇게 덧붙인다. "뇌전증 발작 중에 일어나는 모든 현상은 편두통 발작 중에도 일어난다네. 사실, 편두통의 전조증상은 뇌전증의 슬로모션 버전이라고 할 수 있어."

우리의 화제는 뇌전증과 편두통에서 약물중독으로 넘어간다. 그는 자기 자신을 마약중독자로 간주하기도 했을까?

"물론이지, 캘리포니아 시절 말기와 뉴욕 시절 초기에, 나는 완전한 암페타민중독자였어."

그렇다면 그 시절에 의사로서의 역할을 제대로 수행했을까?

"최악의 기간인 1966년 가을, 나는 2~3주 동안 병원에 출근하지도 못했어." 잠시 머뭇거린다. "사실은 1965년 12월이 최악이었어. 캘리포니아에서의 마지막 여름에 크게 상심했는데, 그 후유증이 이상하게도 오래 지속되었어."

아마도, 그 상심과 후유증은 파리에서 만난 독일인 배우 겸 극작가 때문일 것으로 추측된다(128쪽 참조). 나는 귀를 쫑긋 세웠다가, 차분하게 물어본다. "좀 더 자세히 말해줄 수 있나요?"

"분명히 말하지만, 나의 섹슈얼리티에 대해 더 이상 언급하고 싶지 않아." 그가 민감하게 반응한다. "그건 논점 이탈이야."

그는 잠시 동안 침묵을 지킨다. "언젠가 오든에게 폴 틸리히 Paul Tillich• 이야기를 들었어. 그는 틸리히가 죽은 후 지인들과 함께 유품을 정리하다, 매우 외설적인 포르노그래피로 가득 찬 골방을 발견했어. 오든은 지인들에게 이렇게 말했어. '포르노그래피를 모조리 폐기하시오. 그의 성 취향을 언급하는 건 논점 이탈이오.'

음, 나는 틸리히가 사르트르와 마찬가지로 지적 성도착자 intellectual pervert일 거라고 생각해왔어. 그러나 나 자신에 대해서는, 지적 성도착자가 되지 않으려고 몸부림친 끝에 성공을 거뒀다고 자부하는 경향이 있어.

나는 이런 문제점을 잘 인식하고 있어. 다양한 인간들이 어우러져 사는 행성에서, '인간군상에 관한 글을 쓰는 삶'을 지속한다는 게 얼마나 짜증스러운 일인지! '투레터 존'에 대한 글을 쓸 수 없다고 생각하니 분통이 치밀어. 편집정신병paranoid psychosis 환자의 광적인 경고 때문에, 나의 걸작을 완성할 수 없으니 말이야.

나는 마약도 나름 쓸모가 있다고 생각하지만, 내 글에서 굳이 많이 다루려고 하지는 않았어.

그리고 섹스는….

음, 자네는 결국 쓰고 싶은 것을 쓰게 될 테니 두고 보자구."

• 독일에서 이주한 미국의 신학자이자 철학자(1886~1965). 셸링의 만년의 사상으로부터 신앙 실재론을 전개했으며, 현대 문화와 기독교의 결합점을 찾아내고자 노력했다.

무슨 말을 해야 할까….

"나는 토마스 만의 《마의 산》을 읽고 있는데," 올리버가 설명한다. "그는 자신이 질병에 걸렸다는 생각 때문에 점점 더 괴로워하고 있어. 그는 병리현상에 대한 글을 쓰며 그것을 '삶'이라고 부르는 반면, 정상적인 것을 일종의 '지루함dullness'으로 묘사하고 있어. 나는 다른 어떤 것보다도 병적 상태의 철학에 격렬하게 반응하는 경향이 있어.

흄의 경우, 나는 그의 기계론적 철학이 도덕적 중립을 지켰다고 생각해.

칸트와 라이프니츠의 경우, 그들은 철학을 삶의 관점에서 바라보도록 허용했어.

낭만주의 철학과 일반적인 낭만주의(이는 나와 루리야의 '낭만적 과학'이라는 개념과 다르다. 분명히 말하지만, 낭만적 과학은 낭만주의 사조와 전혀 다른 개념이야)는 죽음에 사로잡혀 질병과 죽음을 고양하는 데 반해, 나는 그렇지 않아. 예컨대 만은 '음악의 배경이 되는 세계'를 '죽음의 세계'로 생각하지만, 슈베르트를 그런 식으로 말한다는 게 얼마나 터무니없는 일인지!

흄은 너무나 분별 있는 사람이어서, 병적 판타지를 상상할 수 없었어. 자네는 프로이트와 쇼펜하우어를 통해, 종교가 병적 상태와 멜랑콜리에서 비롯되었다고 생각하게 될 거야. 그러나 종교가 건강함에서 비롯되었다고 상상하는 것도 가능해. 아이러니하게도, '신은 죽었다'고 외친 니체의 경우가 가장 좋은 사례이지만 말이야.

그 점에 있어서, 나는 톨스토이를 사랑해. 그는 질병과 고통

바로 옆에 건강과 행복이 존재한다고 생각했어. 도스토옙스키는 질병과 고통을 더욱 심오하게 이해했지만, 톨스토이와 결이 달랐어. 그러나….

중요한 것은, 세상에는 '좋은 마법'과 '사악한 마법'이 있다는 거야. 나는 사악한 마법에 대해 모든 것을 알고 있어. 나는 그것에 대해 더 이상 알고 싶지 않아."

두 박자 쉰 후 계속된다. "내 주치의는 나에게 '건강의 관점에서 바라본 의학'에 대한 책을 써보라고 권했어."

1월 20일

〈표류하는 잠수함 승무원〉이 실린 〈뉴욕 리뷰 오브 북스〉가 인쇄에 들어갔다. 올리버는 마지막 순간, 이자벨이 알려준 '유아기의 코르사코프증후군'에 대한 정보에 기반하여 각주에 사족을 달았다. 이제야 알게 된 사실인데, 그녀가 언급한 사례의 원저자는 하버드의 노먼 게슈윈드Norman Geschwind인데, 올리버는 이자벨은 물론 원저자의 의견을 묻지 않고 그 내용을 각색했나 보다.

그 사실을 안 올리버는 몹시 흥분하고 있다.

그는 내게 전화를 걸어 이렇게 말한다. "지금 (간혹 정신병적 차원으로 비약하는) 엄청난 초자아가 나를 지배하고 있어." 그의 말은 계속된다. "나는 최악의 조합을 이루고 있어. '폭넓고 관대한 상상력'이 '사악하고 맞비난하는 초자아'와 손을 맞잡은 거야. 모든 것이 나의 윤색(위조와 거짓말)을 변호하는 데 동원되고 있어. 그러나 내용을 윤색했다고 해서 진실을 지어낸 것은 아니야." 그는 자신을 옹호하려 노력한다. "그보다는 차라리, 진실을 직감하거나 상상했던 거야.

브루클린의 경로수녀회에서 '빛과 시각을 두려워하는 환자'의 사례를 논의할 때, 나는 언어상실증 환자의 경우에도 그런 증상이 나타날 수 있다는 점을 알고 있어. 좀 더 정확히 말하면 그런 느낌을 강하게 받고, 다른 사람들에게서도 그런 느낌을 받아.

나는 가끔 '발음불명료 환자들이 정상이라면(또는 언젠가 정상이 된다면) 이렇게 말할 거야'라고 상상하며, 분명히 발음해보곤 해."

이 대목에서, 올리버의 어조가 완전히 바뀐다. "말이 나온 김에, 내가 1968년 〈뇌〉에 기고한 마지막 정통파 신경학 논문 〈원격 전이한 희소돌기아교세포종Oligodendroglioma with Remote Metastases〉을 보내줄게. 사실, 이건 내가 작성한 유일한 신경학 논문이야. 런던의 의과대학에 있을 때 책임연구원이었던 T.G.I 제임스T.G.I. James를 존경하는 뜻에서 쓴 거야. 그는 내가 사랑하는 스승님이었고, 동일한 사례를 다룬 또 한 편의 논문의 저자였어."

다시 어조가 바뀌는데, 이번에는 변화가 그리 심하지 않다.

"그런데 〈뇌〉의 똑같은 호號에서, 나는 안면인식불능증facial agnosia으로 고통받는 남성에 대한 재미있는 사례연구를 발견했어. 그 환자는 거울에 비친 자신의 모습조차 인식하지 못했고, 자신의 추측을 확인하기 위해 혀를 내밀어 핥아봐야 했으며, 아내를 알아보려면 모자를 씌워야 했어.

나는 그 논문을 읽고, P 박사에 대한 나의 '직감과 상상'을 검증할 수 있었어. 나는 이런 식의 검증과 확증을 선호해.

진실을 정확히 기술했다고 볼 수는 없지만, 나의 각색은 정직한 상상 또는 외삽外揷이라고 할 수 있어. 그럼에도 불구하고, 다양한 매체를 통해 상상과 외삽을 검증받는다는 것은 바람직한 일이야."

1월 21일 (타이핑된 편지)

친애하는 렌에게

지난밤에 자네가 보여준 센스와 지각과 온전한 정신에 고마움을 표하고 싶어. 나는 이자벨과 하버드의 게슈윈드에게 명료하고 예의 바르고 솔직한(그렇다고 해서 고백조는 아니었어) 편지를 보냈어. 이 편지로 인해 '원저자의 허락 없는 각색' 문제가 원만히 해결되고, 나의 관심사와 작품을 되돌아보는 계기가 되었으면 좋겠어.

그러나 이로써 문제가 완전히 해결된 건 아니야. 나는 앞으로 신중을 기하고 정신을 바짝 차려야 해, 왜냐하면 이런 일들이 격앙된(그리고 자칫 위험할 수 있는) 쟁점과 악감정을 유발할 수 있거든. 다른 사람들의 경우에는 어떤지 모르겠지만, 최소한 나의 경우에는 그래. 또, 실제로는 어떤지 모르겠지만 최소한 판타지 속에서는 그래. 이런 종류의 사물과 영역은 뭘까? 그것은 인용(또는 잘못된 인용), 암시, '산 자—환자가 됐든, 동료가 됐든, 친구가 됐든—와의 관계' 등을 포함하는 영역이야. 그럼에도 불구하고, 나는 세상에 존재하고 있으므로 은연중에 그런 인용이나 암시를 할 수밖에 없어… 혹시 내가 자의적으로 그러는 건 아닐까?

(…)

이자벨·게슈윈드와 관련된 문제는, 모든 인용과 암시와 동시대인—살아 있으며, 민감하고 취약한 동시대인—에게 극도로 주의해야 한다는 점을 일깨워줬어. 그와 마찬가지로, 다른 사람들도 나에게 극도로 주의해야 해… 왜냐하면 나 역시 살아 있고, 민감하고, 취약하거든….SB

문제가 원만히 해결돼서 다행이다.

1월 23일 (지중해식 레스토랑에서 저녁식사)

올리버는 한 환자 때문에 흥분하고 있다. 경로수녀회 시설 중 하나에 수용된 여성인데, 사실상 실명 상태이며 정교한 환시증visual hallucinosis으로 인해 고통을 받고 있다(어쩌면 즐기고 있는지도 모른다).

그가 꺼낸 〈뉴요커〉는 휘갈겨 쓴 주석으로 뒤덮여 있다.

"보는 바와 같이, 나는 인지능력을 테스트하는 수단으로 〈뉴요커〉를 사용하고 있어."

"자네는," 그가 묻는다. "누군가의 말을 받아 적는 도중 집중력 문제를 경험한 적이 있어?"

(어이쿠!)

"나는 그녀의 진술을 기록하느라 오늘 하루를 모두 소비했어. 그녀의 환시증을 관찰하는 데 정신이 팔려 기록할 겨를이 없었어. 얼마나 놀라웠는지!"

그는 내게 타이핑된 내용을 보여준다. 요약본이다.

"시각기관 또는 시각적 상황에 문제가 있는 게 분명해. 뭔가가 그녀의 환시를 초래하는데, 뇌는 아닌 것 같아. 그러나 가장 흥미로운 것은, 그녀가 자신의 말초적 환각을 심리적으로 구조화하고 있다는 거야. 그녀는 환각에 개인적 형태와 의미를 부여하고 있는데, 정말로 환상적이야.

나는 언젠가 하버드의 나이든 역사 교수를 만났는데, 그는 당뇨성 망막병증을 앓고 있었어. 그는 그로 인해 두 눈을 모두 잃었는데, 두 번째 눈을 잃고 나서 휘황찬란한 시각폭풍을 경험했어. 내 아버지에게 그런 사례를 들어본 적이 있냐고 물었더니, '그럼, 아홉 번이나 들어봤는걸'이라고 즉시 대답하며 내게 60년간의 의사 생활 경험담을 들려줬어. 시각폭풍은 안구 제거로 인해 시신경이 손상됨으로써 발생하는 것 같아. 또한, 시각적 굶주림에 허덕이는 마음이 스스로 시각을 생성하기 시작하는 것 같아.

그런데 그 남성의 비극은, 팔에도 신경병증이 있었다는 거야. 팔에 신경병증이 있으면 손가락이 마비되므로 물건을 만져볼 수 없어. 그러면 자신이 헛것을 보고 있다는 사실을 확인할 길이 없지.

내 아버지가 침대에서 가장 많이 읽는 책은《음악 테마 사전》이야. 아버지는 모든 음악을 가리지 않고 다 좋아하며, 귀에서 음악회 소리가 나는 것을 들으며 잠자리에 들곤 해.

존을 만나기 전에 썼던 투렛증후군 환자에 대한 에세이 〈익살꾼 틱 레이〉는, 일필휘지로 써내려 간 유일한 작품이야. 나는 그것을 쓰자마자 〈런던 리뷰 오브 북스〉의 메리-케이에게 보냈고, 그녀는 나의 초고를 수정하지 않고 그대로 출판했어. 내 생각은 으레 두 번, 세 번, 다섯 번, 열 번 바뀌는데, 그때는 초지일관이었어."

디저트로 치즈 플레이트가 들어왔다. 순식간에 정사각형 모양의 경질 체더치즈 두 개만 남았고, 그마저 올리버가 몇 분에 걸쳐 (균형을 맞춰 가며 좌우에서 하나씩) 야금야금 가져가 흔적도 없이 사라진다. 그는 일단 길쭉한 슬라이스 하나를 가져가 세로로 놓은 다음, 세 개를 더 가져다가 옆으로 이어붙여 정사각형을 만든다. 그런 다음 또 하나, 그리고 세 개를 더 가져다가 옆으로 계속 이어붙여 직사각형을 만든다. 멀뚱멀뚱 쳐다보기만 하고 있는데, 어느 새 접시가 텅 비었다. 눈 뜨고 코 베인 형국이다.

그러는 동안 그의 말은 계속된다. "분량을 불문하고, 내가 옥스퍼드에서 첫해에 처음 쓴 작품은 시어도어 후크Theodore Hook에 관한 에세이였어. 그는 19세기 초의 작곡가로, 600편의 희가극을 썼어. 그는 매력 있는 남성인 동시에 천재였지만, 왠지 줏대가 없었어. 어떤 면에서 그 에세이는 내 후기 임상사례 에세이의 효시였어. 무슨 강의를 듣는 데 보탬이 되기 위해 쓴 게 아니라, 래드클리프 도서관에서 한 달 동안 독서한 끝에 나온 결과물이었어. 코믹하지만 불행한 천재, 아무런 음악적 유산遺産도 남기지 않은 (이상하게 유산流産한) 음악가에 관한 사례연구였어. 후크는 차츰 미미해지다 소멸한 게 아니라, 꾸준히 활동했음에도 일가를 이루지 못했을 뿐이야.

조너선과 나는 똑같은 강박관념에 시달렸어. 무수히 많은 '찰나적 찬란함'들을 떨쳐버리고 나면, 영구적인 가치는 하나도 남지 않는다는.

아, 별수 없었어!" 올리버는 한탄한다. "나는 점점 더 무의미하게 심연으로 빠져드는 것 같았어….

그러나 후크는 영재였어. 영재는 허영과 나르시시즘의 끔찍한 압박감에 시달리는 법이야. 그는 자신의 재능을 발휘하여 압박감을 극복하고 심오한 시적 경지에 도달했어야 하지만, 대부분의 영재들과 마찬가지로 그러지 못했어. 나는 소싯적에 음악영재들에 관한 책을 읽었는데, 스무 명의 등장인물 중에서 성공한 사람은 세 명뿐이었어.

나는 그 때부터 그런 압박감을 느꼈던 것 같아."

1월 29일

올리버가 오른쪽 다리를 다쳐 몬테피오레Montefiore 병원에 입원했다!

주말을 맞이하여 LA를 방문하고 있던 나는, 요안나에게서 전화를 받고 부리나케 병원으로 달려간다. 올리버는 견인치료를 받고 있다.

그는 시티아일랜드의 우체국으로 가던 도중 빙판에서 미끄러져, 오른쪽 다리에 심한 골절상을 입고 슬개골이 부서지고 어깨가 탈구되었다. (그에 따르면, 요즈음 체중이 너무 불어난 바람에, 뼈가 땅바닥에 닿아 부러진 뒤 살덩어리에 짓눌려 가루가 되었다고 한다.) 그는 온몸에 깁스를 한 채 오른쪽 팔을 끈으로 고정했는데, 어깨가 치유되려면 최소한 한 달 동안 그러고 있어야 한다. 어깨가 치유된 후에도 목발을 사용할 수 없는데, 그 이유는 겨드랑이에 가해지는 압력을 견딜 수 없기 때문이다.

"빌어먹을! 이런 어처구니 없는 일이 또 일어나다니." 그는 실제보다 축소해서 말한다. "그러나 이제 최소한 좌우균형을 맞췄어. 나는 균형 맞추는 것을 좋아해. 자네도 알다시피, 나는 며칠 전 밤에도 치즈의 균형을 맞췄잖아."

말이 나온 김에 말이지, 올리버는 1963년 서핑을 하다가 왼쪽 어깨가 탈구됐었다.

"땅바닥을 가장 가까이서 인식한 지점은 어디인가요?" 내가 묻는다.

"오, 지상에서 5센티미터쯤 위였어."

영국에 있는 콜린 헤이크라프트에게 전화를 걸어 자초지종을 이야기하자, 즉각 이런 심드렁한 대답이 돌아왔다고 한다. "칫, 그까짓 팔 부상쯤이야. 당신은 각주를 달기 위해서라면 무슨 짓이든 할 사람이에요."

사실, 그 사건(왼쪽 다리 부상)의 정신병리학은 주목할 만하다. 1972년 그의 어머니가 세상을 떠나고 《깨어남》이 완성되었다. 다음 해에는 《깨어남》이 출간되었고, 1974년에는 노르웨이로 갔다가 황소(혹시 암소?)의 공격을 받아 다리가 부러져 몇 달 동안 그곳의 병원에 유령(거세된 남자)처럼 누워 있었다. 그는 10년 만에 그 경험을 완전히 이해하여(그로 인한 불구는 정신신체적psychosomatic이 아니었겠지만, 글막힘은 분명 정신신체적이었다), 마침내 그 사건에 대한 '빌어먹을 책'을 완성하고 글막힘을 극복하고 임상사례 에세이를 쏟아내기 시작했다. 그런데 이제 와서 다른 다리가 부러지다니! 게다가 오른팔을 사용할 수 없게 되었다니. 오, 올리버!

그러나 이번 사건은 지난번 사건과 판이하게 다른 것 같다. '도시'와 '산', '즉각적인 치료'와 '지연된 치료', '신속한 회복'과

'오랜 요양 생활', 그리고 올리버의 말을 그대로 옮기면, "어떤 면에서, 나는 이 경험을 별로 대수롭게 생각하지 않아".

아니나 다를까. 그는 역경을 딛고 고유감각 기능이상proprioception dysfunction에 관한 에세이 "몸이 없는 여인The Disembodied Lady"(〈몸이 없는 크리스티너〉)을 탈고했다. 그의 설명에 따르면, 오른손의 '미세한 경련을 이용한 휘갈겨 쓰기'와 왼손의 '독수리타법(한 손가락만을 이용한 타이핑)'으로 완성했다고 한다.

2월 7일

나는 다시 뉴욕으로 돌아와, 전화를 통해 올리버의 불평을 듣고 있다. "바실리스크• 같은 지루함이 나를 향해 파상적으로 밀려오고 있어. 지난번에 다리를 다쳤을 때는, 너무 걱정이 돼서 지루할 틈도 없었어. 이번에는 회복이 잘 진행되고 있는 것 같지만(현재의 외과의사가 말하기를, 근력이 그렇게 빨리 회복되는 것을 본 적이 없대), 지루함이 나의 심신을 약화시키고 있어."

2월 8일

나는 몬테피오레 병원으로 올리버를 방문한다. 그 병원은 그가 오랫동안 자주 가던 곳이다. 그는 바커스Bacchus(또는 티베리누스Tiberinus••)처럼 한껏 치장하고, 깁스 한 다리를 쭉 뻗고, 털북숭

• 쳐다보거나 입김을 부는 것만으로도 사람을 죽일 수 있다는, 뱀과 같이 생긴 전설상의 괴물.

•• 고대 로마의 테베레강(옛이름은 티베르강)의 신.

이 통가슴을 한쪽 팔꿈치로 괸 채(다른 팔은 끈으로 옆구리에 고정되어 있다), 하얀 시트로 몸통을 두르고 있다.

친절한 의사가 방금 진료를 마치고 나간다. 그들은 혈전용해제인 헤파린을 투여하기로 합의했는데, 그 목적은 한편으로 (혈전증과 정맥염을 피하기 위해) 다리의 경직성을 보상하고, 다른 한편으로 장기입원의 부작용을 미연에 방지하는 것이다. 그러므로 올리버는 당분간 인위적인 혈우병환자가 되는 셈이다.

"나는 자유로이 이동하는 혈액을 갖고 있어." 그가 떠벌린다. "코피만 나도 죽을 수 있어!"

"이거 재미있네." 그가 말한다. "저 창문에서 내다보면 두통센터가 보일 거야. 나의 창의적 생활과 '미국 의학계 착륙'이 시작된 곳이 바로 거기야."

나는 며칠 후 올리버의 병실을 다시 방문한다.

"이 다리가 나를 지루하게 해." 올리버가 선언한다. "아무런 흥밋거리도 없어.

사실, 나는 지난번에 사람들의 반응을 유심히 살펴보기 시작했어. '어디가 아프세요?'라고 묻기에 '내 다리에 대한 시심詩心과 고양감을 잃었어요'라고 대답했더니, 그들은 하나같이 이렇게 반문했어. '그러나 멀쩡해 보이는데요?'

지난번에는 나의 병적이고 창의적인 집착이 간혹 극단으로 치달았어. 치료경과가 불명확하고 회복속도가 느리다 보니, 다친

다리가 나의 상상력을 자극했거든.

그러나 이번에는 치료경과가 명확하고 회복속도가 빨라, 상상력이 끼어들 여지가 없어.물론 판타지가 개입할 수는 있지만, 상상력은 판타지와 질적으로 달라.

그 당시를 돌이켜 보면, 외과의사—런던에 도착한 올리버를 돌본 의사로, '다리 책'에서는 '스완 씨Mr. Swan'라고 불린다. 올리버에 의하면, 그는 매우 고압적이고 거들먹거렸으며 올리버의 모든 관심사를 무시하는 것처럼 보였다. 그리고 모든 수술과 후유증에 대해, 완벽히 정상이므로 걱정할 필요가 없다고 평가했다—의 태도가 경험을 왜곡하지는 않았지만 부풀리는 결과를 초래했어. 만약 그가 다르게 행동했다면, 나는 그 경험을 차분히 받아들였을 거야. 그러나 그의 태도가 모든 것에 대한 근본적 의문과 불안감을 조장했어(그에 반해, 루리야는 모든 것에 대한 탐구심을 북돋았어).

그러나 내가 지금까지도 의아해하는 게 있어. 그게 단순한 암점이었을까, 아니면 내가 신경심리학에 형이상학을 개입시킨 결과였을까?

그럼에도 불구하고, 암점이 존재한다는 것과 환부의 따분함을 경험한다는 것은 전혀 다른 차원의 문제야… 안 그래?"

~~~~

우리의 화제는 그러면 버스Grumman bus—MTA• 관계자들의 기억 속에, 뉴욕시 버스의 5분의 1을 차지했던 것으로 각인되어
~~~~

있다—로 넘어간다.

"나도 알아." 올리버가 의기양양하게 말한다. "나는 그러먼을 사랑해. 그러먼 승용차를 소유하고 있고, 그러먼 병원에 머물고 있어. 나는 전 세계가 그러먼으로 단일화되는 《우인열전愚人列傳》 같은 환상을 품어왔어!"

~~~~~~

나는 며칠 후 올리버의 병실을 다시 방문하여, 그를 즐겁게 해주려고(또는 함께 즐길 요량으로) 말을 건다. "1970년대 중반에서 후반까지, 손버릇 나쁜 동료들 때문에 낭패 본 적은 없었어요? 지금까지 그런 이야기는 통 하지 않았는데."

올리버는 요란하게 헛기침을 한다. "음," 그는 말한다. "F 박사는 흔히 볼 수 있는 점잖은 동료의사였는데, 메디케어와 메디케이드가 도입되면서 탐욕에 눈이 멀어버렸어."

올리버는 메디케어의 관료주의 때문에 오랫동안 절망해왔으므로, 베스에이브러햄에서 해고된 후 처음에는 F 박사와 함께 클리닉을 운영하며 서류작업 일체를 F 박사에게 일임하는 것이 이상적인 해법인 것처럼 보였다. F 박사가 모든 사업상 문제를 처리하고, 올리버는 눈을 딱 감고 서명 날인만 했다.

그런 상황이 오래갈 리 만무했다. 올리버의 설명에 따르면,

• Metropolitan Transportation Authority(수도권교통본부)의 이니셜.
~~~~~~

이윽고 메디케어 감사팀이 들이닥쳤다.

"내가 서명 날인한 EEG 청구서에 대한 감사인의 강도 높은 추궁에, 나는 모든 사례들을 어떻게 일일이 기억하느냐고 반문했어. 그러나 F 박사는 내게 이렇게 주장했어. '그건 거짓말이오. 나는 모든 사례를 분명히 기억하는데, 그중에서 5분의 4는 당신이 처리한 게 분명하오. 당신이 장난 친 것을 인정하시오.' 알고 보니, 그는 그동안 내게 백지 청구서를 내밀며 서명을 받은 거였어. 그런 사실을 진작 인식하고 대책을 세우지 않은 내가 바보였어.

1976년 이후, F 박사는 몸을 사리기는커녕 더욱 대담해졌어. 그는 가증스러운 '19금 업계'로 나를 끌어들였어. 그곳은 하시디즘을 추종하는 유대인Hasidic Jews들이 장악한 개탄스러운 지역으로, 불충분한 의료 서비스가 대량으로 제공되었고 수많은 업소들이 얼마 안 가서 문을 닫았어….

1977년 여름, 현실을 보다 못한 이자벨 라팽이 나의 양심에 호소했어. 'F 박사라는 사람은 범죄자이니, 미련 없이 관계를 끊어야 해요.'

마지막으로 문제를 제기한 사람은 EEG 테크니션 크리스였어. EEG 기계 중 하나가 고장이 나서 기록지가 엉망이 되자, 크리스는 F 박사에게 이렇게 말했어. '이 기록지는 판독이 불가능하니 다시 검사해야겠습니다.' F 박사에게 일언지하에 거절당한 크리스는 나에게 하소연을 했어.

1977년 크리스마스 때, 나는 엄청난 대가를 치르고 F 박사와 법적으로 갈라섰어. 그리고 몇 달 후 또 하나의 메디케어 감사팀이 들이닥쳤는데, 이번에는 내가 표적이었어. 그는 내게 100건의 서류를 요구했는데, 나는 99건의 서류를 지참하고 당당히 감사에 임했어. 그렇게 홀가분할 수가 없었어(이상하게도, 내가 지참하지 못한 단 한 건의 서류는, '색스'라는 이름을 가진 환자에 관한 것이었어).

1차 감사에서, 감사인은 나의 용의주도함에 찬사를 보냈어. 그러나 2차 감사는 갑자기 인민재판의 양상을 띠기 시작했어. 감사관의 질문에는 빈정거리는 태도가 역력했어. '색스 박사, 당신은 진료지침과 담을 쌓았군요.'

'이건 어린이들에게나 적당한 치료인데요?'

'색스 박사, 당신의 진료기록을 읽을 수가 없어요.'

'음, 진료기록을 읽는 사람들 입장도 생각해야 해요. 그들은 진료기록부를 읽기만 할 뿐 아니라 음미하려고 한다고요!'

잠시 휴식을 취하는 동안, 수염이 까칠까칠한 남자가 내게 다가와 은밀히 말했어. '모든 일은 서로 연관되어 있어요. 우리는 과거의 연장선상에서 당신의 비리를 조사하고 있어요. F 박사의 제보에 따르면….'

그 말을 듣는 순간, 나는 매우 부적절한 상황이 전개되고 있으므로 형사전문 변호사가 필요하다는 사실을 깨달았어. 나는 적절한 수임료를 지불하기로 하고 훌륭한 변호사를 선임했어. 나는 다행히도 F 박사에게서 온 편지를 보관하고 있었는데, 변호사는 그것을 토대로 계약관계를 확인하고, 내가 주모자가 아니라 선의의 피해자임을 입증했어.

나는 그것으로 모든 게 끝났는 줄 알았는데, 1년 전 세무서로부터 '1975년에 누락된 세금을 추징한다'는 통지서를 받았어. 내 변호사가 F 박사에게 전화를 걸어 세금을 납부하라고 종용했지만 거절당했어."

올리버는 긴 한숨을 쉬며 창밖을 응시한다.

"나는 5만 달러의 세금을 추징당했을 뿐만 아니라, 수년 동안 누적된 도덕적 고통을 감내해야 했어. 사실, F 박사가 비리를 저지르게 된 것은 '건당 얼마'로 진료비를 계산하는 방식 때문이었어. EEG를 시행한 다음 결과를 제대로 판독하려면 1시간쯤 걸리는데, 그런 식으로는 지루할 뿐만 아니라 돈을 벌기가 어려웠어. 어쨌든, 나는 여섯 명당 한 명의 환자에게 EEG를 시행하는 방식으로 그럭저럭 꾸려나갔어. 그러나 F 박사는 5분 동안 EEG를 시행한 후 30초 만에 판독을 끝냈어. 사실 판독은 하나마나였어. 5분 동안 시행한 결과가 엉망진창이니, 아무렇게나 얼버무릴 수밖에 없었거든.

메디케어와 주로 거래하는 의사의 경우, 임상진료 수가酬價는 턱없이 낮고 검사 수가는 지나치게 높아. 외래진료비는 7달러이지만, EEG 비용은 35달러이니 말이야.

미국의 메디케어와 메디케이드 보험급여는 국민건강에 악영향을 끼치고 있어. 왜냐하면 그들의 체계는 행위별수가제fee-for-service(서비스나 상품에 대해 건별로 대가를 지불하는 제도)에 기반하고 있거든. 감기에 걸린 어린이가 메디케이드 제휴 클리닉을 방문하면, 엑스레이를 찍고 이런저런 진료를 받은 후 나중에 200달러의 계산서를 받게 돼. 그런데 아이는 여전히 울며 보챌 뿐이야. 그에 반해 영국에서는 인두제capitation fee(의료의 종류나 질에 관계없이, 환자 수에 따라 진료비를 지급하는 제도)가 정착되어 있으므로, 불필요한 검사의 가능성이나 유혹이 없어.

미국의 의사들은 300달러짜리 컴퓨터 단층촬영을 혈액검사처럼 남발하는 경향이 있어. 내가 승용차의 시동을 걸었는데 레이더 장치가 오작동한다면, 이유는 둘 중 하나야. 작동하는 전자레인지를 지나쳤거나, 종합병원의 CT 센터를 지나쳤거나. '부도덕한 의사'와 '멋모르는 환자'가 공모하여 미친 과잉검사라는 유행을 창조했어."

그렇다면 의료비가 전반적으로 상승하지 않을까?

"나는 최근 한 전문의와 3분 동안 상담을 한 후 200달러의 계산서를 받았어." 그가 대답한다. "나는 히포크라테스 선서 한 부를 복사하여 '나는 동업자를 형제처럼 생각하겠노라'에 밑줄을 친 후, '당신의 시간이 1분당 70달러의 가치를 갖고 있습니까?'라는 비꼬는 투의 메모를 적어 보냈어. 그는 내게 보낸 답장에서, '보험금을 더 타내기 위해 요금을 인위적으로 부풀렸을 뿐이고, 그 계산서는 실수로 보낸 것입니다'라고 변명했어.

한편에서 필요하지도 않고 급하지도 않은 검사가 유행하는 동안, 다른 한편에서는 꼭 필요한 의학연구가 도중하차하고 있어." 올리버의 말이 이어진다. "나는 방금 '베스에이브러햄에 수용된 R. B.—나의 사랑하는 뇌염후증후군 환자로, 오래된 피아노 연주자—가 세상을 떠났으며, 놀랍게도 사후부검을 하지 않았다'는 소식을 들었어. 사실, 1972년 이후에는 뇌염증후군 환자에 대한 사후부검이 전혀 시행되지 않고 있어. 내가 돌본 환자 중 90퍼센트는 독특한 신경계에 대한 병리학적 연구를 거치지 않고 세상을 떠났어.

미국 의료계에서 사후부검—병리학을 배우는 고전적 방법—

이 사라지고 있어. 게다가 사후부검을 신청하려면 유족들에게 상당한 비용을 지불해야 하는 실정이야….

내가 뇌염후증후군 환자에 대해 수행한 유일한 사후부검은 경로수녀회에서 이루어졌어. 예컨대, 퀸 오브 피스Queen of Peace 수녀원의 제너비브 수녀는 내게 매우 중요한 질병—헌팅턴병—에 걸린 쌍둥이 자매의 사후부검을 허용했어. 베스에이브러햄에는 원인불명의 질병에 걸린 환자들이 많아."

그는 머리를 애처롭게 흔들며 중얼거린다. "믿을 수 없을 만큼."

~~~~~~

며칠 후, 올리버가 정말로 지루해한다. 나는 문득 좋은 생각이 떠올라, 국립공영라디오(NPR)에서 〈알기 쉬운 생활경제〉라는 (코믹한 요소가 가미된) 프로그램의 리포터로 일하는 내 친구 로버트 크럴위치Robert Krulwich에게 전화를 건다. (혹시, 그가 이자율을 설명하기 위해 고안해낸 생쥐 드라마를 기억하는가?) 나는 폴란드 정세에 관한 의견을 밝히기 위해 정기적으로 NPR의 뉴욕 사무소를 드나들던 중, 몇 달 전 그를 우연히 만나 지금까지 친하게 지낸다(나는 이래 봬도 NPR의 분야별 전문가 명단에 포함되어 있다). 어쨌든 나는 그에게 전화를 걸어, 지금 당장 녹음기를 챙겨 몬테피오레 병원으로 오라고 한다. 뒤이어 득달같이 달려온 크럴위치 앞에서, 올리버를 재촉하여 '어떤 변화'에 관한 이야기보따리를 펼쳐놓게 한다. 페르시아 왕에게 천일야화를 들려주는 셰에라자드
~~~~~~

처럼, 올리버는 자신이 최근에 작성한 임상사례 에세이의 일부를 풍성하게 들려준다. 그 주옥 같은 이야기들은 NPR의 〈올 싱스 컨시더드All Things Considered〉라는 프로그램에 소개되어, 곧 출간될 올리버의 첫 번째 베스트셀러 '다리 책'의 밑거름이 된다.

며칠 후, 올리버가 나에게 읽을 책을 가져다달라고 한다.

나는 수학적 호기심에 관한 책, 이를테면 《마틴 가드너 수학 코드》도 괜찮겠냐고 물어본다.

"절대로 안 돼!" 그는 퉁명스럽게 내 말을 가로챈다. "자네와 에릭이 그런 유의 책을 좋아한다는 걸 알지만, 난 달라. 나는 자연에 대한 호기심을 먹고 살지만, 수학적 호기심과는 결이 달라. 나로 말하자면, 하나의 자연적 맥락에서 문제해결의 기쁨과 즐거움이 샘솟는 스타일이야. 예컨대 20가지 맥락에서 하나의 패턴을 읽어내는 건 내 적성에 맞지 않아."

그는 화제를 바꿔, 간밤에 끔찍한 공포감을 경험했다고 말한다. 그것은 일종의 건강염려증으로, "종아리의 경련이 혈전으로 탈바꿈하여 심장으로 들어가는 혈관이 막히기 일보직전"이라는 패닉에 휩싸인 것이다. 그는 그 와중에 유언장을 작성하여, "문학에 심취한 어린이들을 돌보는 데 전 재산을 사용하라고 적었다. 유언 집행인은 에릭 콘과 나(!)다. 그는 시무룩한 나를 바라보며, 한 푼도 물려받지 못하는 것을 섭섭해하지 말라고 위로한다.

다행히도 혈전증 따위는 아직 발생하지 않았고, 유언장은 하룻밤 사이에 수도 없이 바뀌었다.

2월 14일

나는 올리버에게 전화를 걸어, 시간이 좀 늦었지만 몬테피오레로 찾아가도 되느냐고 물어본다. 혹시 그 사이에 문병객과 함께 산책이라도 나가는 것 아닐까?

"산책이라고?" 그가 의기양양하게 소리친다. "산책이라고? 이 친구야, 그랜드캐니언에게 물어봐. 나는 꿈쩍도 하지 않는 지질학적 구조물이라구."

아니나 다를까. 내가 도착했을 때, 베스에이브러햄과 코스텔로Costello 수녀원에서 온 두 명의 간호사들이 올리버의 병상 곁에 있다. 그녀들은 칠면조 샌드위치를 가지고 왔다.

"박사님, 혹시 순무를 좋아하시나요?" 한 명의 간호사가 묻는다.

그는 얼굴을 찡그린다. "으악, 미안하지만 좋아하지 않아요. 순무를 보면 브레이필드 시절이 너무 생생하게 떠오르거든요. 나는 그곳에서 비트와 스웨덴순무로 연명했는데, 순무는 비트의 친척뻘이에요. 스웨덴순무는 5킬로그램쯤 되는 우락부락하고 못생긴 순무고, 비트는 20킬로그램쯤 되니 불어터진 스웨덴순무라고 보면 돼요. 음, 나는 브레이필드에서 아침에 스웨덴순무를, 점심에 비트를 먹고, 저녁에는 비트와 스웨덴순무를 섞어 먹었어요. 무려 4년 동안이나! 그러니 고맙지만 사양할래요. 그렇지만 생각해줘서 고마워요."

올리버는 조너선 밀러가 〈유진 오네긴〉[•]을 제작할 때 한 명의 조연배우를 포함시킨 사연을 회상한다. "그는 아무것도 먹지 않는 것 같았지만, 연회가 끝날 때쯤 모든 음식을 포도 한 알까지

게걸스럽게 먹었어. 나는 나중에 조너선에게 이렇게 말했어. '그거 나를 풍자한 거지?' 그는 아무 말 없이 미소만 지었어."

"나는 가끔," 올리버는 사색에 잠긴 채 주절거린다. "환자들을 잡아먹는 식인종이라는 생각이 들어. 환자들에 대한 나의 관심은 탐욕에 가까워. 나는 환자만 보면 흥분한 나머지 숨이 멎을 것 같아."

그의 마음은 LA 시절로 거슬러 올라간다. "지금 생각해보니, LA 시절 즐겨했던 보디빌딩과 역도가 다리 부상에 기여한 것 같아. 예컨대, 그 당시 무릎 주변의 인대에서 딱 소리가 났거든.

그즈음 함께 역도를 했던 친구와 최근에 다시 만났는데, 두 개의 인공 고관절을 갖고 있지 뭐야."

갑자기 무슨 생각이 났는지, 그가 나에게 이렇게 부탁한다. "다음번에 만날 때, 그 사진 갖고 와. 캘리포니아주 헤비급 챔피언십에서 스쿼트리프팅 하던 사진 말이야.

어떤 역도 잡지에 짧은 비극적 스토리를 기고할 생각인데, 제목은 '한 스쿼터의 종말'이야."

올리버의 병상 옆을 보니, 니체의 《권력에의 의지》(월터 카우프먼 편집본)가 놓여 있다. 그는 그 책을 수십 번 독파한 게 틀림없다. 휘갈겨 쓴 메모가 모든 여백을 점령하고 있어, 내용과 메모를 구분할 수 없다.

428쪽의 한 구절에서 니체는 예술가의 고양된 감수성을 한

• 알렉산드르 푸슈킨의 소설 《예브게니 오네긴Evgenii Onegin》을 번안한 로맨틱한 이야기의 극적 발레.

환자의 감수성과 비교하여 서술하는데, 마치 '투레터 존'을 염두에 두고 하는 말 같다. 올리버는 그 구절을 내게 읽어주며 이렇게 덧붙인다. "이 구절을 쓸 때, 니체는 이미 생리적 고양physiological exaltation 상태에 있었을 거야.

컨디션이 최상일 때, 니체를 읽으면 나 자신의 독백을 듣는 것 같아. 나는 니체가 무엇을 생각했는지 정확히 알 수 있어, 물론 고양감이 최고조에 이르렀을 때뿐이지만."

2월 18일 (전화 통화)

올리버는 영국의 컴퓨터과학자 겸 암호해독가인 앨런 튜링Alan Turing의 전기《앨런 튜링의 이미테이션 게임》을 읽고 있다. 튜링은 50대의 나이에 동성애 때문에 여론재판을 받았다. "섹슈얼리티가 한 명의 젊은 천재를 자살로 몰고 갔어." 올리버가 말한다. "그의 전기를 읽으니, 내가 아는 누군가가 떠오르는군.

열여덟인가 열아홉 살 때, 나는 해로드Harrod가 쓴 케인스의 전기를 읽었어. 그것은 공식적인 전기였으므로, 그의 동성애가 명시적으로 거론되지는 않았어. 그러나 누군가는—어쨌든 나는—행간을 읽을 수 있었어. 어떤 동성애자에게서 진실성과 탁월함을 발견한 것은—나중에 톰 건과 오든도 그랬어—매우 고무적인 일이었어. 그것은 '도덕적으로 불결한 자'라는 오명을 지우는 데 큰 도움이 되었어.

그럼에도 불구하고, 나는 케인스나 튜링이 동성애자이기 때문에 보통 사람들과 다른 마음을 갖고 있다는 느낌이 들지는 않았어."

3월 13일

덕워스의 콜린 헤이크라프트에게서 타이핑된 편지가 왔다. 나는 일전에 그에게 보낸 편지에서 '다리 책'의 교정쇄에 대한 의견을 개진했는데, 그에 대한 센스 넘치는 답신이다.

> Re: 올리버 색스의《나는 침대에서 내 다리를 주웠다》
>
> 친애하는 렌에게
>
> 2월 27일 보내주신 편지에 진심으로 감사드립니다. 당신은 우리의 상상력 부족을 지적하면서도, '기쁨'이라는 단어와 그 파생어를 남발함으로써 우리에게 용기를 줬습니다. 우리는 당신의 지적 사항을 사실상 모두 수용함으로써 수백 개의 오류를 바로잡았습니다.
>
> 그럼 안녕히 계십시오.
>
> 당신의
>
> (친필로) 콜린

영화평론가 폴린 케일Pauline Kael은 3월 19일 자 〈뉴요커〉에 기고한 칼럼에서, 영화 〈스플래시Splash〉에 출연한 존 캔디John Candy를 다음과 같이 평했다.

> 캔디의 상당한 공격성이 프레임의 밑바탕에 깔려 있다. 그는 다른 등장인물보다 큰 공간을 차지하고 있다. 그러나 그것뿐이다. 캔디에게는 존 벨루시John Belushi의 '미친 휘발성' 같은 게 전혀 없다. 그리고 '난 곧 망가질 것'이라든지 '다 때려부술 것'이라고 말해주는 눈빛도 없다. 캔디는 온화한 영혼—엄청나게 커다란 영혼의 소

유자일 뿐이다.

4월 18일

올리버는 퇴원하여 집에 돌아왔지만, 버크 재활센터를 매일 방문하여 통원 치료를 받고 있다.

그는 신경이 매우 날카로워졌는데, 그 이유는 메리-케이가 〈뮤지컬 레이디〉의 〈런던 리뷰 오브 북스〉 버전에 대한 교정쇄를 되돌려 보냈기 때문이다. 그의 표현을 빌리면, 그 교정쇄는 "끔찍한 변태metamorphosis"를 겪었다. 그도 그럴 것이 신경학적 명상이 제거되었고, 그 결과 무미건조해진 '적나라한 임상사례 에세이'는 새로운 제목에 걸맞은 〈두 편의 고딕풍• 이야기Two Gothic Tales〉로 전락했으니 말이다.

"그렇게 안 봤는데," 올리버가 씩씩거리며 말한다. "그들의 관심사는 오로지 고딕풍뿐인가? '경험의 본질', '개별성의 체계화', '개인적 독창성'을 언급할 때까지만 해도 그들의 관심사는 다양해 보였는데 말이야. 뇌 속에서 일어나는 '조악한 전기적 폭발crude electrical explosion'과 '개인적 기억' 간의 상호관계라든지… 이제 그 에세이는 두 편의 불충분한 픽션처럼 읽힐 거야. 사람들은 나를 가리켜, 일화에 매몰되어 아무런 의미도 없는 기담奇談을 팔아먹는다고 할 테고."

그는 별의별 생각을 다 한다. "혹시, 내가 경쟁사인 〈뉴욕 리

• 고딕풍이란 18~19세기에 유행한 문학 양식으로, 괴기스러운 분위기에 낭만적인 모험담을 그린 것을 말한다.

뷰 오브 북스〉에도 기고하기 시작한 데 대한 보복인가?"

~~~~~~

〈런던 리뷰 오브 북스〉와 〈뉴욕 리뷰 오브 북스〉에 기고하는 횟수가 늘어나고—'다리 책'의 그림자에서 벗어나면서, 그가 출판하는 임상사례 에세이들이 전반적으로 급증했다—NPR의 크럴위치와의 대화가 점점 더 늘어남에 따라, 문학계 전문가들 사이에서 올리버의 인지도가 꾸준히 상승하고 있다. 밥 실버스는 3개월 전 올리버에게 뉴욕공공도서관에서 열리는 명망 있는 갤러틴 강연Gallatin Lecture을 의뢰했는데, 어느덧 그 날짜가 일주일 앞으로 다가왔다.

"나는 오래 기다리는 데 지쳤어." 올리버가 내게 말한다. "5분 전에 통보 받거나, 심지어 사전 통보가 없어도 강연하는 데는 아무런 문제가 없어. 그러나 3개월 동안 이 궁리 저 궁리 하느라 나는 파김치가 되었어.

나는 루리야와 골드버그의 단골메뉴—전두엽증후군—에 대한 에세이 한 편을 구상하고 있어. 나는 그 에세이의 필요성을 절감하고, 어떤 환자를 선택해야 할지 생각해봤어. 곧바로 떠오른 인물은 해리라는 엔지니어였어. 서른한 살의 나이에 동맥류가 터져, 그 이후로 베스에이브러햄에 입원하고 있어. 그는 IQ가 엄청나게 높고, 문제풀이와 수수께끼의 달인이야. 그러나 사람으로서 가릴 것을 제대로 가리지 못하는 게 탈이야. 대화에 열중하거나 감정이 격앙되었을 때 대변을 보니 말이야.
~~~~~~

그런데 주제마다 요구사항이 제각기 다르다는 게 문제야. 두 명의 뮤지컬 레이디는 깊은 생각을 요구하고, 전두엽증후군은 적당한 사례를 요구하고, '위트 있는 틱쟁이 레이'는 깊은 생각과 적당한 사례를 모두 요구하니, 어느 것 하나 만만한 게 없어."

4월 20일

우리는 맨해튼 시어터 클럽Manhattan Theatre Club에서 상연되는 핀터의 〈타지들Other Places〉을 관람한다(3부작의 마지막은 〈일종의 알래스카〉이고, 다이앤 위스트Dianne Wiest가 드보라 역을 맡는다). 연극 관람이 끝난 후, 우리는 처칠Churchill이라는 술집으로 한잔 하러 간다.

"1973년, 핀터는 콜린에게 보낸 편지에서 이렇게 말했어." 올리버가 설명한다. "'나는 《깨어남》을 읽고 큰 감동을 받았습니다. 지금은 잠재의식 속에 가라앉도록 내버려두지만, 언젠가 창의적인 형태로 다시 떠오를 것을 기대합니다.' 그리고 몇 년 동안 별 생각 없이 지냈는데, 어느 날 아침 산책을 하다가 갑자기 뭔가가 떠올랐다는군. 그는 즉시 집필에 착수했고, 모든 과정이 그야말로 일사천리로 진행되었대."

올리버는 뼛속까지 과학자다. 그는 이렇게 설명한다. "나는 내 다리의 물리치료를 스스로 설계하며, 내 치료사에게 이렇게 말했어. '내 넓적다리근육은 특별해요. 아주 오랫동안, 느리지만 강력하고 지속적인 힘을 발휘하도록 적응해온 것 같아요.' 치료사는 내 말에 흥미를 느끼며, 내가 특이한 근육조직을 갖고 있는 것 같다고 말했어. 그러고는 농담 삼아, 언젠가 내 넓적다리에서 조직을 채취하여 자세히 연구해봐야겠다고 말했어.

나는 쇠뿔도 단김에 빼자고 했어." 올리버가 말한다. "지금 당장 내 살점을 1파운드 떼내어•, 함께 검사해보자고 말이야." 그건 농담 반 진담 반인 것 같다.

"그건 아무것도 아니야. 나는 적극적인 연구자들이 달려들까봐 늘 노심초사해왔어." 올리버는 급기야 오버하고 있다.

올리버에게 농담은 삶의 윤활유다. 아무리 암울한 상황에서도, 웃음이 활력소가 될 수 있다고 생각한다. "웃는 자아는 고통받는 자아보다 위대해. 웃는 자아는 고통받는 자아를 즐겁게 하고 질곡에서 벗어나게 하며, 궁극적으로 해방시킬 수 있어."

"사실," 그의 말은 계속된다. "고통받는 환자들이 기이한 행동을 하며 낑낑댈 때, 나는 호탕하게 웃어댐으로써 학생들을 놀라게 하곤 해. 그들은 나의 '비전문가적 행동'을 납득하지 못하는 것 같아. 그러나 간호사와 심지어 환자들까지 나의 웃음에 가세하면, 그들은 완전히 멘붕에 빠지고 말아. 분명히 말하지만, 웃음은 비록 한 순간일망정 환자들에게 드리운 고통의 먹구름—시몬 베유Simone Weil의 표현을 빌리면 '불행이 드리우는 그늘'—을 몰아낼 수 있어."

올리버와 나는 시내를 한 바퀴 돈 후, 나의 아파트로 돌아온다. 올리버는 커피 한잔을 마신 후 자신의 집으로 향한다.

"나는 어린 시절 고열과 편두통을 수반하는 섬망을 경험했

• 셰익스피어의 희곡 〈베니스의 상인〉의 한 구절을 빗대어 한 말이다.

어. 그래서 그런지, 어른이 되어서도 섬망 때문에 겁을 먹지 않는 것 같아. 어쨌든, 나 자신은 언저리가 닳아 해어졌을망정 중심부는 여전히 온전하다고 믿고 있어. 그럼에도 불구하고 해어진 언저리가 조금씩 안으로 파고드는 느낌이 들어. 내 집필작업을 모두 마무리할 때까지 중심부가 온전하게 버틸 수 있으면 좋겠어."

4월 25일

올리버는 내일 밤 행할 강연 때문에 신경이 곤두서 있다. "너무 오랫동안 기다려서 그런 것 같아." 그는 추측한다. "그러나 나는 그 강연에 대비하는 대신 새로운 스토리를 구상하기 시작했어…."

나는 잠시 후 약속이 있어서 모든 스토리를 들을 시간이 없다고 말하면서, 혹시 줄거리만 간단히 요약해줄 수 있냐고 묻는다. "아 물론이지." 그가 기다렸다는 듯 말한다. "89세 여성이 신경매독에 걸린 직후, 뜻하지 않은 천재성과 음란성을 드러낸 이야기야."

우와 멋진 소재다. 나는 빨리 이야기해달라고 한다.

그가 잠시 뜸을 들이다 이야기를 시작한다. "알바니아 출신의 89세 여성이 92세 남편과 함께 클리닉을 방문했어. 그녀는 지금껏 느긋하고 고상한 삶을 즐겨왔지만, 이제는 너무 왕성한 삶을 살고 있어 짜증이 난다고 투덜거렸어. 내가 보기에도, 그녀는 활기에 넘치는 생활을 영위하고 있는 것 같았어. 물오른 자태, 화려함, 섹시함, 위트, 지성, 그리고 나이에 걸맞지 않게 아찔한 생동감… 그녀는 잠시 후 이렇게 털어놓았어. '나 혹시 큐피드병에 걸린 거 아닐까요?' 그녀의 설명에 따르면, 그녀는 65년 전 그리스 마케도니아에 있는 살로니카의 사창가에서 일했지만, 지금의 남편에게 구원을 받아 지금까지 행복하게 살아왔어. 여기까지는 아무런 문제가 없었어. 그러나… 나는 그녀의 뇌 영상을 촬영해 봤어. 그랬더니 아니나 다를까, 그녀의 짐작이 맞았어. 그녀의 뇌 속에서 스피로헤타Spirochete°가 꿈틀거리고 있지 않겠어? 그건 복잡한 상황이었어. 왜냐하면 그녀는 어떤 의미에서 회춘을 즐기고 있었지만, 다른 한편으로 정숙하지 않다는 느낌이 들며 혹시 치매로 발전할지 모른다고 걱정하고 있었어. 그리고 그녀가 알고 싶었던 것은, 이전의 모습으로 돌아갈 수 있느냐였어.

음, 결과적으로 그녀의 의문을 검토할 겨를이 없었어. 그녀는 몇 주 후 폐렴에 걸려 금세 사망했거든….

그러나 그 사건은 나로 하여금 토마스 만의 마지막 소설《검은 백조The Black Swan》를 떠올리게 했어. 한 폐경여성에 관한 이야기인데, 혹시 읽어봤어? 그녀는 월경이 끝난 것을 슬퍼한 나머지 어떤 온천에서 위안을 찾던 중, 한 젊은 남성과 열정적인 사랑에 빠져 미친 듯이 사랑하다가 월경을 회복하게 돼. 그로부터 몇 주 후 그녀는 사망했고, 사후부검을 해보니 난소에서 커다란 종양이 발견되었어. 그런데 문제가 하나 있어. 그녀의 정열이 종양을 초래했을까? 아니면 종양으로 인한 호르몬 불균형이 그녀로 하여금 정열을 불태우게 했을까?"

° 나선형 세균으로, 재귀열再歸熱과 매독의 병원체.

두 박자 쉰 후 말한다. "고故 토마스 만(1875~1955)은 진정 사악한 영감탱이였어."

다음 날 아침, 올리버는 나에게 전화를 걸어 곧 있을 강연이 걱정돼서 약간의 준비를 하고 있다고 말한다. 몇 권의 책(데카르트, 파스칼, 니체)에서 중요한 부분을 복사하다 보니, 200쪽이나 된다고!

4월 26일

뉴욕공공도서관에서 열린 강연회에서, 사회를 맡은 수전 손택(1933~2004)은 올리버를 "영어권 최고의 현역작가 중 한 명"으로 소개하고 특히 그의 우아한 문체를 극찬한다. 그녀는 《깨어남》을 가리켜, "꼬리에 꼬리를 무는 아이디어"와 "발터 베냐민 이후 가장 흥미로운 사색적 알레고리" "눈부시게 강렬한 산문체"라고 한다. 그리고 올리버의 인생을 가리켜, "병적인 과정과 형이상학적 진지함에 집중하는 명상적 삶"이라고 한다.

내 뒷자리에는 재스퍼 존스Jasper John°가 앉아 있다. 청중의 수준이 뭐 이 정도다.

올리버의 강연이 시작된다. "이 자리에 서니 만감이 교차합니다.

내가 강연의 제목으로 선택한 〈신경학과 영혼Neurology and the Soul〉은 도발적이며 어쩌면 미쳤다고 할 수 있습니다. 여기에

° 미국의 화가, 판화가. 평범한 사물들을 새로운 시각으로 볼 수 있도록 조명하여 '팝아트의 아버지'라 불린다.

는 윌리엄 제임스William James의 '반사행동과 유신론Reflex Action and Theism'이 자의식적으로 반영되어 있으며, 그런 점에서 인류 역사상 가장 오래된 주제인 유물론과 생기론vitalism, 과학주의와 종교, 신체와 영혼을 대비합니다. 그러나 요즘 인공지능, 로봇, 컴퓨터 등의 개념이 대두되면서 새로이 주목받고 있습니다."

그의 강연은 계속된다. "현대의 기원은 데카르트까지 거슬러 올라갑니다. 그는 초기에 자신의 《성찰Meditations》을 인용하며, 인간을 기계로 간주하는 관점을 고집했습니다. '나는 인체를, 뼈·근육·정맥·혈액·피부라는 부품으로 조립된 기계로 간주한다. 인체는 마음이 없지만, 보다시피 지금처럼 움직일 수 있다. 왜냐하면 의지나 마음의 지시에 따라 움직이는 게 아니라, 오로지 기관들의 작동에 의해 움직이기 때문이다.'

정말이지, 그는 인간을 단순한 자동기계automaton로 간주한 최초의 학자였고, 셰링턴에서 파블로프에 이르기까지 수많은 사람들이 뒤를 이었습니다. 그들 모두는 영혼, 상상력 등의 개념에서 완전히 소외되었습니다."

다른 한편으로, 올리버는 이렇게 제안한다. "만약 우리가 인간의 본성에 대해 기계론적 관점을 취한다면, 일종의 해리解離,가 일어나 스스로 더욱 기계처럼 됩니다." 그는 한 걸음 더 나아가 다윈의 자서전에 나오는 감동적인 구절을 인용한다. "다윈은 자서전에서, '나는 음악에 대한 관심을 잃고, 특정한 사례들을 빻아 정리theorem를 빚어내는 기계가 되었다'고 했습니다."

강연하는 동안 내내, 이마의 안경이 추켜올려졌다가 미끄러져 내려간다.

"서론은 이 정도로 하고," 그는 서론을 마무리한다. "이제 본격적으로 몇 가지 신경학적인 이야기보따리를 풀어놓겠습니다!

한 사람의 의사로서, 나는 한편으로 신경학적 준비에 지속적으로 직면하고, 다른 한편으로 실존적인 스토리와 드라마에 직면합니다."

"윌리엄 제임스는," 그는 갑자기 제임스를 언급한다. "대화하는 도중에 끊임없이 영혼을 언급했지만, 그의 생리학에서는 영혼이라는 단어를 찾아볼 수 없었습니다. 그럼에도 불구하고 그는 사색에 잠긴 채 이렇게 읊조렸습니다. '그러나, 언젠가 영혼이 기회를 잡게 되겠지.'

그리고 나 역시 영혼에게 기회를 주고 싶습니다."

다음으로 그는 일련의 스토리들을 소개하는데, 그중 상당수는 오랫동안 친구와 동료들에게만 들려주다가 최근 몇 달 동안 독자들에게도 공개한 것이다. 그리고 궁극적으로는 한데 엮어 책으로 발간하게 될 것이다.

"마지막으로 소개한 두 가지 이야기에 대해 부연설명을 하면," 그는 제안한다.

"파킨슨증 환자들이 로봇처럼 걷기 시작한 사례입니다. 나는 한 음악 교사가 파킨슨증 때문에 음악을 잃은 것을 봤습니다. 그러나 정확히 말하면, 음악은 단순한 교습의 도구가 아닙니다. 우리의 삶의 밑바탕에는 음악이 깔려 있으며, 엘리엇이 말한 것처럼 '우리는 음악이 지속되는 동안 활력을 유지합니다.' 그러므로 파킨슨증의 해독제는 음악입니다. 만약 파킨슨증 환자가 무력증으로 고통을 받는다면, 그 치료법은 예술성과 예술적 융합으로 구성될 수 있습니다.

그리고 방금 소개한 이야기들 중에는 나 자신의 스토리도 포함되어 있습니다." 그는 (몇 주 안에 출간될 예정인) '다리 책'의 내용 중 일부를 미리 공개하며, 다리 부상에서 회복하는 동안 '연주하는 멘델스존'의 환상을 본 후 '운동의 멜로디'를 회복하기 시작했음을 강조한다. "니체는 '근육으로 음악을 듣는다'고 했는데, 내 근육이야말로 음악에 정확히 반응했습니다.

걷기는 단순히 기계적인 연속동작이 아니라 멜로디입니다. 물론 기계적인 측면도 있지만, 그것만 있는 건 아닙니다.

젊은 시절의 윌리엄 하비는 갈릴레오의 강연회에 다녀와," 올리버는 덧붙인다. "'동물의 운동'에 관한 그의 책 1부를 갈릴레오식 분석•으로 채웠습니다. 그러나 그는 2부에서 '그런 분석은 필연적으로 불완전하다'는 결론을 내렸습니다. 왜냐하면 동물의 운동은 본질적으로 우아하고 음악적이고 선험적이기 때문입니다."

올리버는 강연 내용을 총정리하며 결론으로 치닫는다. "인간을 기계로 간주하는 데카르트의 개념은 엄청나게 강력하며, 경험적·객관적 과학에 절대적으로 필요한 게 사실입니다.

그러나 데카르트의 개념은 불충분합니다. 그것은 생리학 내부에 존재하는 개인, 즉 '나(I)'에 대해 아무것도 말해주지 않습니다. 순수하게 생리적인 설명은 건전한 상식과 자기중심성egotism

• '정량적으로 측정하고 수학이라는 언어로 표현할 수 있는 영역만이 과학의 세계에 해당된다'는 사고에 입각한 분석.

을 도외시합니다. 기계론적 신경학은 실존적 신경학—얼굴, 내적 풍경, 개인에 관한 신경학—에 의해 보완되어야 합니다.

그런 학문적 통합이 이루어질 때까지, 지각과 행동의 신비를 헤아릴 수 있다고 장담해서는 안 됩니다. 그러기는커녕, 우리는 실증주의의 공허한 미로에서 길을 잃을 것입니다.

만약 논리적 모순이 없다면, 우리에게는 '개인의 과학', 즉 개인을 무시하지 않는 과학이 필요합니다."

우레와 같은 박수갈채에 이어, 매우 활발하고 활기를 불어넣는 질의응답이 진행된다.

한 사람이 일어나, 올리버에게 '영혼의 초월성'이라는 문제를 어떻게 이해하고 있느냐고 묻는다.

"나는 '훼손된 영혼'이라는 개념을 생각조차 할 수 없습니다. 내가 말하고자 하는 것은 바로 '영혼의 구현'입니다."

그럼 프로이트는 어떻게 되는 건가?

"초기의 프로이트는 욕동이론drive theory에 집중한 듯합니다. 그러나 욕동이론은 인간의 본성과 모순됩니다. 왜냐하면, 그럴 경우 인간은 욕동慾動의 대수합algebraic sum에 불과하기 때문입니다. 그러나 분명히 말하지만, 프로이트는 예술에 사로잡힌 나머지 황홀경에 빠졌습니다. 그리고 프로이트와 스피노자는 정신분석을 '영혼의 결박을 풀어 해방시키는 수단'으로 간주하고, 그에 기반하여 논의를 전개했습니다."

그럼 행동주의behaviorism는?

"아, 그것은 지옥의 과학infernal science으로, 인형극에 불과합니다. 행동주의는 아무런 감정이 없는 '그것(It)'을 다룰 뿐, 능동적인 '나(I)'를 이끌어내려고 시도하지 않습니다. 능동적인 과학은 자유로운 생각을 뒷받침하고, 그 생각에 틀을 제공합니다. 사실, 우리는 지난 한 세기 동안 액자를 만드는 데 골몰했습니다. 지금은 몇 장의 그림을 그릴 때입니다."

혹시 수잔 랭거Susanne Langer에게서 영향을 받았나?

"오래전 수잔 랭거의 책을 읽었습니다. 사실, 영혼과 관련된 문제를 다뤘다면 누구의 책이라도 읽었습니다." ("캬!" 나는 메모장의 여백에 이렇게 적는다.)

올리버는 신을 믿나?

"나는 신령한 존재를 믿습니다. 나에게 신령한 존재는 멘델스존입니다.

나는 은총을 믿습니다. 나에게 있어 은총은 자연의 운행법칙입니다.

나는 천상의 신비로운 수학을 믿습니다. 다시 말해서, 나는 인과성의 알고리즘을 넘어선 우아함을 믿습니다."

그렇다면, 죽음의 문턱에서 살아 돌아왔다는 사람들의 유체이탈 경험에 대한 당신의 생각은?

"헐, 세상에는 늘 환상 속에서 사는 사람들이 있습니다."

그날 밤 늦게, 나는 한 무리의 사람들과 함께 47번가에 있는 브라질식 레스토랑으로 저녁식사를 하러 간다. (그리로 가는 길에, 올리버는 자신의 문체에 대한 손택의 극찬 때문에 안절부절못했다고 투덜거린다. "제기랄, 난 문체를 의식하지 않아. 그리고 작가임을 의식하지도 않아. 왜냐하면 난 그냥 내 생각을 표현하려고 노력할 뿐이거든.") 레스토랑에 도착한 후, 올리버는 (마치 최후의 만찬장에서 배식하는 것처럼) 200쪽짜리 유인물을 우리에게 배포한다. 우린 그의 열두 제자들인 셈이다.

"이런 빌어먹을!" 그가 말한다. "강연에서 빼먹은 게 있었네. 시몬 베유의 뿌리내림enracinement과 신경학적 뿌리뽑힘neurological uprootedness을 언급할 예정이었는데." "나는 콜리지Coleridge를 무척 좋아해. 그 경이로운 종합 능력이란!" "아 망했다. 《팡세Pensées》의 처음 세 쪽을 낭독할 생각이었는데." "오," 마지막에는 이렇게 말한다. "오, 오, 음."

5월 5일 (전화통화)

"전두엽증후군 환자 때문에 사람들이 속상해하는 것은, 그가 무심하다는 점을 깨닫기 전까지 그에게 무시당하기 때문이야. 그는 악의가 없지만 선의도 없어. 한마디로, 그는 완벽하게 무심한 존재야.

그런 면에서, 전두엽증후군 환자는 관료제를 떠올리게 해."

관료제적 타성이 전두엽증후군과 같다고?

"음, 만약 관료들이 전두엽증후군 환자라면, 나는 그들을 맹렬히 비난하지 않을 것 같아… 내 말은, 그들과 1년에 2000건의 서류를 주고받는데, 그때마다 영락없이 아렌트적 오류—일상화된 생각·감정·감각의 부재—와 마주친다는 거야. 만약 환자가 아니라면, 그건 도덕적 무심함의 극치이므로 용서받을 수 없어.

더욱 소름끼치는 것은, 주법州法이 5년 지난 기록을 폐기하도록 허용한다는 거야. 따라서 5년 이상 된 진료기록은 통상적으로 존재하지 않아.

다른 한편으로, 내 집이 점점 더 살기 어려워지는 이유 중 하나는, 한 번이라도 진료한 환자들에 대한 기록을 하나도 빠짐 없이 모두 보관하고 있다는 거야!"

~~~

헤르민 비트겐슈타인Hermine Wittgenstein의 《비트겐슈타인 회고록Recollections of Wittgenstein》°에 실린 그녀의 남동생에 대한 회고담은 다음과 같다.

> 나는 그 당시 루트비히와 오랫동안 이야기를 나누다가 이렇게 말했다. "철학적으로 훈련된 두뇌를 가진 네가 초등학교 교사로 여겨지던 무렵, 내 눈에 비친 너는 정밀한 장치를 이용하여 큰 상자를 열고 싶어 하는 사람 같았어." 그러자 루트비히는 다음과 같은 비유를 이용해 대답함으로써 내 입을 다물게 했다. "누나의 말을 들으니, 어떤 사람이 닫힌 창 밖을 내다보며 한 행인이 비틀거리는 이유를 설명하지 못하는 장면이 떠올라. 폭풍에 휩싸인 건지, 아니면 단순히 다리가 아픈 건지."

° 러쉬 리스Rush Rhees 편집(London : Oxford University Press, 1984), 4쪽.
~~~

투레터 존은?

올리버는?

~~~~~~

올리버는 내게 윌리엄 제임스의 기퍼드 강연집Gifford Lect-ures°, 그중에서 특히 "종교와 신경학"에 대한 강연을 다시 읽어보라고 한다.

> 입장을 바꿔놓고 생각해보라. 우리의 신앙심을 일깨우는 무한히 중요한 대상들은, 제 딴에는 독특하고 유일무이하다고 느끼고 있을 것이다. 우리가 게를 보고 아무런 이의 없이 갑각류로 분류했음을 안다면, 게는 개인적으로 격분할 것이다. 그러고는 이렇게 말할 것이다. "나는 그런 동물군에 속하지 않는다. 나는 나 자신, 유일무이한 나 자신이란 말이다."
>
> 의학적 유물론은, 우리가 검토하고 있는 '초간단 마인드를 가진 사고체계'의 좋은 호칭인 것 같다. 의학적 유물론은 '다마스커스로 가는 길'에 대한 성바울의 환상을 '후두피질occipital cortex의 삼출성 병변'이라고 부름으로써 그를 뇌전증 환자로 규정한다. 그것은 성 테레사Saint Teresa에게서 히스테리를, 아시시의 성프란치스코에서

° William James, 《Varieties of Religions Experience : A study in Human Nature》 (New York : The Modern Library, 1929), 10, 14~15, 23쪽.
~~~~~~

유전변성hereditary degenerate을 탐지한다….

그런 다음, 의학적 유물론은 그런 저명인사들의 영적 권위를 약화시키는 데 성공했다고 생각한다.

의학적 유물론이 즐겨 사용하는 정신이상 상태insane condition라는 개념에는 다음과 같은 장점이 있다. 우리는 그것을 이용하여, 특별한 요인을 정신생활에서 분리한 후 통상적인 주변환경에 미혹되지 않고 냉철히 분석할 수 있다. 정신분석학에서 그것이 수행하는 역할은, 인체해부학에서 메스와 현미경이 수행하는 역할과 똑같다.

6월 12일 (조용한 저녁식사, 94번가 후난성湖南省)

"나는 오늘, 내가 돌보는 뇌염후증후군 환자 중에서 최연소 남성과 이야기를 나눴어. 그는 태어날 때 모자감염을 통해 뇌염에 걸린 후 회복되었지만, 수년 후 재발한 게 틀림없어. 그는 특정 약물을 복용할 때마다 자신의 경험을 지배하는 환각에 대해 이야기했어. 그는 극도로 예민해서, 극소량의 약물만 복용해도 매우 격렬하고 생생한 환각을 경험한다고 했어. '처음엔 아무렇지도 않아요,' 그는 말했어. '하지만 이윽고 너무나 생생해져서, 나도 모르게 동참하게 돼요. 광기는 그런 식으로 나를 속여요.'"

뒤이어 올리버는 릴리퍼트• 환각에 대해 이야기한다. 그것은 발열이나 약물중독 상태에서 유발되는 환각으로, '겁없는 호기

• 조너선 스위프트의 《걸리버 여행기》에 나오는 난쟁이 나라.

심'이라는 감정을 동반한다. "내가 돌보는 환자 중 한 명이 그러는데," 그는 말한다. "자기 앞에 놓여 있는 마룻바닥이 온통 미세한 악기들—코딱지만 한 바이올린, 튜바 등—로 뒤덮여 있는 것을 봤대. 그런 환각은 종종 엘프(마력을 가진 소인)의 형태를 띠기도 해."

나는 문득 궁금증이 떠오른다. 역사적으로 볼 때, 엘프에 대한 '동화'와 '환각' 중 어느 쪽이 먼저일까? 다시 말해서, 동화 속의 엘프가 환각에 출연한 걸까, 아니면 환각 속의 엘프가 동화에 출연한 걸까?

올리버의 이야기는 계속 이어진다. "나는 오늘 베스에이브러햄에서 자칭 '이디시 엄마Yiddishe mama'에게 놀라운 말을 들었어. 그녀는 멘탈이 점차 붕괴되며 조현병을 향해 접근하고 있는데, 지난달에는 이런 말을 했었어. '수간호사는 세상의 괴수魁首이며, 흑인들을 성적 긴장감에 빠뜨려 이디시 엄마들을 겁탈하게 만들고 있어요.'

그런데 오늘은, 자기가 흑인으로 변해가고 있다고 했어.

나는 그녀에게, 언제부터 그런 생각이 들었냐고 물었어. 그랬더니 그녀는 격렬하게 항의했어. '언제부터 생각했냐고 묻지 말고, 언제부터 그런 일이 일어났고, 언제부터 내가 흑인으로 변해가고 있냐고 물어봐요.'

'좋아요.' 내가 다시 물었어. '언제부터 그런 일이 일어났어요?'

'18일 전부터요.' 그녀가 대답했어.

그녀는 형이상학적으로 분노한 거야. 내가 그녀의 재앙을 엘도파 탓으로 돌렸다고 말이야.

'우주의 역사를 통틀어, 그런 일은 단 한 번도 일어나지 않았어요.' 그녀가 선언했어. '이디시 엄마들이 갑자기 흑인으로 변한다는 말을 들어본 적 있어요?'

물론, 그녀의 환각은 베스에이브러햄의 사회적 현실에 기반하고 있어. 그곳의 하위직은 거의 모두 흑인으로 구성되어 있고, 고위직에는 부패가 만연하고 있거든."

5월과 6월의 소소한 일들

올리버가 나의 집에 들러 유령 이야기를 잔뜩 쏟아낸다. 이야기의 주인공은 주로, 미들섹스 병원 부속 의과대학에서 회진하는 동안 만난 환자다. 환자의 주치의인 리처드 애셔는 그가 존경했던 지도교수로서 나중에 스스로 목숨을 끊었다.

1957년에 있었던 일이다. 애셔는 어느 날 오후 또 다른 환자를 왕진하던 중, 집 한 구석의 의자에 유령처럼 조용히 앉아 있는 인물을 목격했다.

"저 사람이 누구에요?" 애셔가 물었다.

"엉클 토비예요." 이런 대답이 돌아왔다. "그는 7년 동안 꼼짝하지 않고 있어요."

자초지종을 들어보니, 가족들은 시시때때로 토비에게 음식을 먹였고 어쩌다 한 번씩 그의 사지를 움직였으며, 그는 두 달에 한 번씩 대변을 봤다. 그러나 그런 때를 제외하면, 그는 의자에 파묻혀 미동도 하지 않았다.

또한, 토비는 누가 만져도 전혀 반응하지 않았다.

몇 시간 후 가족이 병원에 데려가 입원시켰을 때, 토비의 체온은 섭씨 20도로 밝혀졌다! 그의 활력징후vital sign•는 모두 밑바닥에서 맴돌았고 갑상샘 수치는 사실상 0이었는데, 그의 활력징후(대사)가 바닥을 맴도는 것은 바로 갑상샘 때문인 것 같았다.

의료진은 몇 주에 걸쳐 합성 갑상샘호르몬을 조금씩 투여하며 토비의 체온을 서서히 높여, 마침내 정상체온을 회복시켰다. 그에 따라 토비는 서서히 의식을 차렸다. 처음 며칠 동안 그의 입에서 나오는 소리는 78rpm(1분당 회전수)의 속도로 재생되는 16비트 음원 같았다. 그러나 날이 갈수록 정상 속도를 회복하며, 음질도 향상되는 것 같았다.

"내가 토비를 봤을 때," 올리버는 회고한다. "의대생들은 '실수로 날짜를 언급하거나 신문 등을 반입하지 않도록 특별히 노력하라'는 당부를 받았어. 날짜나 신문은 토비에게 감당할 수 없는 충격을 안겨줄 것으로 간주되었어. 머릿속에서 시간의 흐름이 멈춰, 그는 아직 1950년에 살고 있는 것으로 여기고 있었거든.

그에게는 꿈결 같은 나날이었어," 올리버는 사색에 잠긴 채 중얼거린다. "갑작스럽게 비극으로 막을 내릴 수밖에 없는."

그 후 일주일도 채 지나지 않아, 엉클 토비는 기침을 할 때마다 피를 토하기 시작했다. 엑스선 촬영 결과, 맹렬히 증식하고 있는 기관지암종bronchial carcinoma—공격적으로 진행되는 폐암—이 발견되었다. 그리고 토비는 두 달 내에 사망했다.

• 신체의 상태를 평가하는 기본 지표로, 체온, 맥박, 호흡, 혈압 등을 의미한다.

토비의 진료기록부를 검토하던 중, 의사들은 1950년에 촬영된 흉부엑스선 사진 한 장을 발견했다. 사진에서 아주 작은 흔적이 포착되었는데, 그것은 막 시작된 종양으로 추정되는 까만 얼룩이었다. "폐암은," 올리버는 설명한다. "가장 빠르게 증식하는 암 중 하나야. 토비의 신체와 마찬가지로, 그 암종carcinoma은 7년 동안 대사적 유예를 겪고 있었음에 틀림없어. 어쩌면 그 셧다운shutdown** 은 막 피어오르는 암종에 대항하기 위한 인체의 반응이었는지도 몰라. 그리고 현대 의술은 그를 깨움과 동시에 잠자던 암종까지 깨운 거야…."

애셔를 회고하던 올리버는 제임스 퍼던 마틴을 떠올린다. 그는 노스핀칠리에 있는 하일랜즈 병원Highlinds Hospital에서 30년간 일하다 1960년에 퇴직한 후, 일생일대의 걸작(하일랜즈 병원에서 돌본 뇌염후증후군 환자들에 대한 저술 포함)을 집필하는 데 몰두했다. "그는 겸손한 나머지 간과되기 일쑤인 신경학자였어." 올리버는 회상한다. "그래서 의학사에 이름을 남기지 않은 채 잊히고 말았어. 그럼에도 불구하고 그는 불후의 명작을 남겼어. 1967년에 발간된 《기저핵과 자세The Basal Ganglia and Posture》가 바로 그것인데, 역시나 '자기를 내세우지 않은 제목'의 전형이었어. 그래서 나는 더욱 드라마틱한 제목을 붙여주고 싶어."

어떻게?

"오, '인류의 구원The Salvation of Mankind'이라고 말이야!"

** 심신의 작동 중지.

확대해석의 위험에 대하여.

올리버는 캘리포니아 시절로 거슬러 올라가, 언젠가 구름 같은 무리가 자신을 따르는 꿈을 꿨노라고 말한다. "그때 거울 하나가 나를 향해 날아와 땅바닥에 떨어짐과 동시에 금이 갔는데, 각각의 파편들이 마치 스테인드글라스처럼 내 얼굴을 반사했어."

그는 그 꿈 때문에 심리적으로 위축되었고, 그 이야기를 들은 친구들은 '아니면 말고' 식의 다양한 해몽을 내놓았다.

그런데 바로 다음 날 체력단련실에서 아령으로 근육을 키우던 중, 천장의 거울이 떨어져 그를 덮치는 게 아닌가! 그는 다리를 다쳐 열여덟 바늘을 꿰매야 했다.

"나는 사자처럼 입을 크게 벌리고 하품한 후 이렇게 중얼거렸어. '하품을 하기 직전, 나의 의식이 이미 알아차리고 하품 모드에 들어간 건 아닐까?'"

올리버는 이자벨과 나눴던 '학습과 공부'에 대한 이야기를 들려준다. 그 내용인즉, 모국어는 '규칙 및 응용 시스템'을 통해 교육되기보다는, '직접적인 경험과 추론'을 통해 학습된다는 것이다.

"그런 의미에서," 올리버는 제안한다. "나는 영어 시간에 거의 구제불능이었음에도 불구하고 매우 훌륭한 영어 학습자였다고 믿고 있어. 내가 정규교육에 감사하지 않는 건 바로 그 때문이야….

내가 미국에 건너왔을 때 주목한 것 중 하나는, 미국인들의 언어생활은 어휘는 별로인데 숙어가 풍부하다는 점이었어."

올리버가 들려준 세 번째 이야기는, 던컨 댈러스 필름에 근무하는 남성에 관한 것이다. 그는 정밀화의 달인으로서 자기 앞에 놓인 릴reel을 디테일하게 그릴 수 있지만, 그게 뭐에 쓰는 물건인지 전혀 모른다. 《아내를 모자로 착각한 남자》의 주인공처럼 말이다. "그래서 나는 이런 의문을 품었어. '사람은 개념 없이도 지각할 수 있는 걸까?'

휼링스 잭슨에 의하면, 언어상실증 환자는 명제를 형성하거나 명제논리를 내면적으로 사용할 수 없어. 그러나 그의 책을 독해하기가 어려운 이유 중 하나는, 아이러니하게도 늘 명제에 입각한 글을 쓰기 때문이야.

학교에서는 약삭빠름(시험을 잘 보는 데 필요한 자질)을 지나치게 강조하는 경향이 있어. 그러나 제대로 된 일상생활을 영위하는 데는 상상력이 필수적이야. 나로 말하자면, 열 살부터 열네 살 사이에 상상력이 폭발했어. 그 후 수년 동안 나의 재기발랄한 상상력은 약삭빠름에 밀려 쇠퇴했고, 나중에 학교를 탈출할 때까지 회복되지 않았어. 학교에서 빈곤해질 대로 빈곤해진 나의 상상력은 환자들의 세계에서 구원받았어.

나는 본래 카발라 방식에 입각하여 '다리 책'을 쓰려고 했었어. 다시 말해서, 침춤tsimtsum•—수축contracture(파손breakage), 무無속에 빠짐—에서 시작하여 개념적 가설의 무지갯빛 혼돈을 거쳐, 결국에는 구원행동redemptive action과 함께 티쿤tikkun••의 국면으로 마감할 예정이었어. 나는 마지막 순간에 그런 호형弧形 전개방식을 단념하고 선형線形 전개방식을 선택했지만, 자네는 아직도 밑바탕에 깔려 있는 카발라 방식을 읽을 수 있을 거야."

~~~~~~

몇몇 친구들과의 저녁식사.

"나는 식욕, 타성, 충동이 이상하게 조합된 상태에서 음식을 먹는 경향이 있어.

나는 환자들에게서 격리되어 있어. 마치 안타이오스Antaeus• 가 지구에서 격리된 것처럼.

맨 처음 셴골드에게 이런 증상을 호소했을 때, 그는 '한마디로 문제가 뭐예요?'라고 물었고, 나는 '영구불변'이라고 대답했어.

나는 병력病歷을 무척 좋아하지만, 병력 자체의 묘미를 이해하기까지 많은 시간이 걸렸어. 나의 최초 열정은 영원한 진실, 영구불변, 우주를 향했어. 즉, 나는 《편두통》에서 신경학의 창공과 별자리를 이야기했어. 나는 맨 처음 고요함 때문에 파킨슨증 환자들—그들은 마치 느릿느릿 움직이는 행성 같았어—에게 이끌렸고, 종국에는 변화에 이끌렸어. 요컨대, 투렛증후군 환자들의 요체는 순수한 변동성이었어. 한마디로 병력—또는 그와 관련된

• 유대교 신비주의 카발라에 나오는 용어로, "절대자는 스스로를 수축시켜 진공의 공간을 만들고, 그 공간에 세상을 창조한다"는 맥락에서 '수축'이라는 의미를 갖는다.

•• '고친다'는 뜻.

• 그리스 신화에 나오는 거인. 바다의 신 포세이돈과 땅의 신 가이아 사이에서 태어났으므로, 어머니인 땅에 신체의 일부분이 닿아 있는 동안에는 강한 힘을 발휘해서 결코 패배하지 않았다. 그와 대결하게 되었을 때, 헤라클레스는 그를 번쩍 들어 공중에서 목 졸라 죽여버렸다.
~~~~~~

모든 내러티브—이란 '자유와 운명의 상호작용'을 기술하는 거야."

17

'다리 책' 출간 후 호평, 올리버 전기 집필 중단

1984년 후반기

1984년 6월 (블루마운틴의 명상)

나는 이번에 블루마운틴센터의 작가마을에 합류했다. 나의 주목적은 올리버가 집필에 집중할 환경을 조성하는 것이지만, 그에 못지않게 중요한 목적이 또 하나 있다. 그의 사회적 인지도가 부쩍 상승하는 가운데, 다람쥐 쳇바퀴 같은 오랜 취재·인터뷰·메모 과정을 마감하고 올리버 전기 집필을 시작할 시간이 된 것이다.

그에 더하여, 요안나는 내가 여기에 머무는 시간을 이용하여, 폴란드 바르샤바에 있는 부모님을 미국으로 초청할 예정이다. 폴란드 정부가 그런 여행(생이별한 부모와 자녀의 상봉)을 허용한 것은 계엄법 이후 처음이다. 그들은 호수의 반대편에 있는 오두막집을 임차하고, 나는 카누를 이용해 그들을 수시로 방문할 예정이다(올리버가 지난여름에 그랬던 것과 달리, 나는 호수를 두 번 왕복할 수 있는 수영 실력이 없다). 요안나에게는 말하지 않았지만, 나는 이번 기회를 이용하여 그녀를 통역으로 내세워, 그녀의 부모님에게 "따님과 정식으로 결혼하는 것을 승낙해주세요"라고 말할 계획이다. 그 결과는 차차 알게 될 것이다….

나는 하루 종일 책 열다섯 권 분량의 메모를 정리하며 색인을 작성하고, 방대한 인터뷰 내용을 각색하고 검토하며, 다양한 방식의 연대기를 구상한다. 해가 진 후에는 동료 거주자와 친구들, 마을의 관리자들, 해리엇, 앨리슨, 지니와 함께 식탁에 빙 둘러앉아, 올리버—그는 경이로운 랍비의 풍모를 갖고 있다—에 얽힌 이야기보따리를 풀어놓느라 날 새는 줄 모른다.

나는 올리버와 통화를 하는 도중 내가 구상하고 있는 연대기를 언급하는데, 그 길이가 이미 수 미터나 된다.[SB]

"그거 참 재미있네." 그가 말한다. "나는 시간여행을 통해 나만의 연대기를 작성하고 있어. 일전에 내 자전거에 장착된 주행거리계를 들여다보니 1933이라는 숫자를 가리키더군. 나는 그 자전거를 타고 유년기, 10대, 학창시절을 여행했어. 며칠 전 주행거리계가 1984를 가리키는 것을 보고, '조만간 트럭과 충돌하여, 부서진 주행거리계가 1984에서 멈출 것'이라는 미신적 공포에 사로잡혔어. 그래서 쉬지 않고 페달을 밟아 1990을 돌파했어."

"혹시 도중에," 내가 묻는다. "길가에 자전거를 세워놓고 바퀴만 돌리진 않았나요?"

"아니야, 절대 아니야." 그가 주장한다. "만약 그게 부정행위이거나 작화증이었다면, 신이 나에게 벌을 내렸을 거야. 갑자기 나타난 트럭에 치여 살아남지 못했을 거라구."

저녁식사 도중.

허버트 쇼어Herbert Shore(극작가인 거주자): 올리버는 독백을 할 때가 있나요?

케이Kaye(1년 된 거주자): 암 그렇고 말고요, 특히 당신에게 말을 걸 때!

내가 읽으려고 가져온 W. 잭슨 베이트W. Jackson Bate의 《새뮤얼 존슨Samuel Johnson》에 적절한 구절이 나온다.°

> (스무 살 때 경험한) 심리적 혼란의 소용돌이 속에서, 그는 상상했던 것보다 훨씬 더 많은 것을 배웠다. 제라드 맨리 홉킨스Gerard Manley Hopkins가 나중에 자신의 경험에 비추어 말한 것처럼, 그의 마음은 마치 폭포절벽처럼 아찔하고 가파르고 높이를 헤아릴 수 없었다. 그리고 그런 끔찍한 깨달음은 두고두고 존슨의 마음을 짓눌렀다. 문학사에서 '실용적 상식의 최고 수호자인 동시에 상징', '구체적 현실의 완벽한 이해자'로 우뚝 서게 될 인물이, 자신의 정신건강에 대한 두려움 속에서 성인기를 시작했다는 것은 일견 아

° (New York and London: Harcourt Brace Jovanovich, 1975), 116, 118, 125~126, 388-389, 599쪽.

이러니하게 보일 것이다. 그러나 그의 상식이 다른 사람들에게 권위를 행사하고 그의 발언이 강력한 정화력을 가지게 된 이유를, 이보다 더 잘 설명하는 것은 없다. 그것은 '무미건조한 미덕'이 아니라 '공포스럽고 지속적인 세례'를 통해 어렵게 얻은 것으로, 한평생 계속된 자신과의 투쟁 과정에서 유지되었다.

그와 동시에, 그는 '단순한 자아'에서 벗어나 일종의 통합된 행동에 매진하고자 스스로를 채찍질했다. 자아통제의 고삐를 죄기 위해, 50킬로미터 떨어진 버밍엄을 걸어서 왕복하는 강행군을 했다. 그가 나중에 말한 것처럼, "마음은 공허하거나 무심하지 않으므로, 상상력을 이용해 마음을 완벽하게 장악하는 것은 불가능하다". 그러므로 모든 활동—여가를 즐기는 것이 됐든 노동이 됐든—을 나름의 보상체계에 맞춰 설계하려면, 우리가 신체를 빈번하고 맹렬하게 흔들어 '얼마나 많은 행복을 누릴 수 있는지'와 '얼마나 많은 고통에서 벗어날 수 있는지'를 인식해야 한다.

자신을 적극적으로 통제하려는 노력의 또 다른 부산물은, 노력의 부담이 적을 때 더욱 두드러졌다. 그는 스무 살 때 (평생 동안 그를 따라다니게 되는) 틱과 그 밖의 강박적 매너리즘들을 보이기 시작했는데, 그 당혹스러운 광경을 목격한 화가 윌리엄 호가스William Hogarth는 이렇게 말했다. "맨 처음 존슨을 봤을 때(새뮤얼 리처드슨Samuel Richardson의 집에서, 그는 창가에 선 채 머리를 흔들며 이상하고 우스꽝스럽게 몸을 뒤틀었다), 나는 그가 바보천치인 줄 알고 리처드슨 씨에게 각별한 보살핌을 당부했다. 그런데 놀랍게도, 존슨은 리처드슨에게 슬그머니 다가가 앉더니, 갑자기 탁월한 웅변술을 과시하며 논증을 시작했다. 나는 경이로운 시선으로 그를 바라보며, '이 바보천치에게서 영감이 샘솟고 있다니!'라고 감탄을 금치 못했다."

이러한 강박적 속성들은 다양한 형태를 띠었는데, 그것은 틱과 강박적 제스처의 범주에 속하는 핵심요소들을 거의 총망라했다. 그러나 그것들은 통상적으로 하나의 공통분모를 포함하는 경향이 있었다. 그것은 본능적인 노력, 다시 말해서 자기 자신을 공격함으로써 공격성을 통제하려는 노력이었다(조슈아 레이놀즈Joshua Reynolds가 약삭빠르게 말한 것처럼, 그런 행동들은 마치 과거의 행실 중 일부를 의도적으로 정죄定罪하려는 것처럼 보였다). 또한 강박적 속성들은 불안감을 통제하거나, 구획화를 통해 사물의 통제 가능성을 증가시키거나, 산술을 방불케 하는 측정(발걸음 헤아리기, 기둥 두드리기 등)을 통해 사물을 기본단위로 분해하기 위한 수단으로 사용되었다 … 마음이 정돈되지 않았다고 느낄 때.

존슨이 죽은 직후, 토머스 타이어스Thomas Tyres가 존슨의 영전에서 한 말.

"그는 자신의 머리에 경련을 일으키는 장애를 두려워한 나머지, 자신이 비정상적으로 사고하는 것을 막기 위해 가능한 한 모든 조치를 취했다. 물론 그는 상상력이 너무 강력해서, 이성과 따로 놀았던 것 같다."

존슨이 세상을 떠났을 때, 윌리엄 제라드 해밀턴William Gerard

Hamilton이 한 말.

"그는 채워지지 않을 뿐만 아니라 채워질 수도 없는 간극을 형성했다. 1인자인 존슨이 죽었으니 2인자를 기대해보자. 그러나 그런 사람은 세상에 없다. 그 누가 존슨의 빈 자리를 채울 수 있겠는가."

오, 나는 책을 옆으로 치우고 침실등을 끄는 자신을 발견한다. '아무도 채울 수 없다. 아무도 채울 수 없다.'

6월 25일

'다리 책'의 출간일이 다가올수록, 올리버의 편지에서 묻어나는 조바심은 점점 더해간다. 오늘 그는 자신의 가장 위대한 친구이자 정신적 지주 톰 건에게서 온 편지를 받았다. 그것은 출판일 전에 미리 받은 증정본에 대한 답례편지다.

샌프란시스코, 캘리포니아
1984년 6월 4일
친애하는 올리에게,

너는 지금 런던에 있겠지? 왜냐하면 네가 런던으로 떠나기 직전인 5월 말 내게 증정본을 보내줬으니 말이야. 마침내 많은 경이로움이 담겨 있는 '다리 책'을 단숨에 읽었어. 이미 읽은 축약본을 감안할 때, 기다릴 만한 가치가 충분했어. 주제는 물론 성격 면에서, 이번 책은 네가 쓴 다른 책들과 달랐어. 개인적이고 간혹 주관적이지만, 그거야말로 책의 본질에 닿아 있다고 생각해. 안 그래? 가장 멋진 구절 중 하나는 69쪽에 나오는, 편두통성 암점migrainous scotoma

에 관한 기술이야. 너는 간호사 술루가 암점으로 들어가는(어떤 의미에서 그 속으로 사라지는) 장면을 묘사했어. 그 구절은 명문일 뿐만 아니라, (한데 모여 더욱 커다란 통찰에 이르는) 작은 깨달음들의 필수적인 연결고리를 형성하고 있어. (내가 기억하기로, 네가 〈런던 리뷰 오브 북스〉에 기고한 축약본에는 그 내용이 포함되어 있지 않지만, 현재 나는 겉만 멀쩡하고 속이 뒤죽박죽이어서 확인할 여력이 없어. 크리스토퍼 스트리트에 있었던 너의 자취방이 생각나는군. 그때 너는 나와 달리 겉과 속이 모두 엉망이었지.) 또 하나의 특출한 구절은 46~47쪽에 나오는 고유감각에 관한 설명이야. 물론, 모든 것을 아름답게 종합한 마지막 구절도 좋았어. 간혹 열광적인 부분에서는 멜빌을 읽는 듯한 느낌이 들었어. 나는 멜빌의 광팬으로, 2년 전 그의 모든 소설을 읽고 또 읽었어. 나는 너의 신경에 접속하여 멜빌의 최선과 최악을 모두 경험했는데(최선은《모비딕》이고 최악은《피에르, 혹은 모호함》이었어), 그건 엄청난 모험으로, 일종의 출혈이었어.

나는 이 책에 두 가지 작은 약점이 있다고 생각하는데, 둘 다 순간적으로 통제력을 잃었기 때문인 것 같아. 먼저, 5쪽에서 황소를 처음 기술할 때 '거대한'이라는 말을 네 번이나 사용했고, 그것도 모자라 엄청난, 굉장한, 어마어마한, 막대한이라는 말까지 썼어. 그리고 마지막 문장("그것은 처음에는 괴물, 이번에는 악마가 되었다")에서, 나는 산山이라는 '명확한 현실'을 떠나 '레토릭의 덤불'로 인도되는 듯한 느낌이 들었어. 중심 문장("그는 나의 모습을 외면한 채 너무나 태연스럽게 앉아 있지만, 한 가지 예외가 있다면 엄청나게 크고 하얀 얼굴을 들어 나를 물끄러미 바라보고 있다는 것이다")은 절대적으로 옳지만, 놀랍도록 완벽함에도 불구하고, 뒤이어 '말의 성찬'에 빠져든다는 느낌을 지울 수 없어. 반면에, 황소가 너의 꿈 속에 다시 나타날 때는 매우 리얼하고 기형적인 괴물의 모습을 떠올리게 돼. 내 마음에 안 드는 두 번째 구절은 130~131쪽에 나오는 "달콤한 하늘" 부분이야. 그건 감정 표현이 너무 야단스러워.

두 구절에 대한 내 판단이 틀릴 수도 있으니, 주제 넘게 지적하는 것을 용서해줘. 그러나 장담하건대, 그 구절들이 책의 전체적인 내용을 손상시키지는 않아. 멜빌이나 디킨스가 간혹 지나친 표현으로 자신들의 베스트셀러에 흠집을 내는 것과 달리, 그 구절들은 책 전체의 탄탄하고 다양한 질감과 어조—한마디로 풍성함—를 해치지 않아. 내가 지적한 두 가지 약점이 전혀 문제가 되지 않는 것은, 아마도 그런 풍성함과 다양함 때문인 것 같아. 그렇게 멋진 책을 제일 먼저 읽은 것을 무한한 영광으로 생각하고 있어. 고마워!

너의 글을 읽을 때마다 늘 그랬듯이, 이번 책에서도 많은 즐거움과 교훈을 얻었어. 7월에 여기서 만나기를 기대하고 있어.

사랑을 담아, 톰

추신. 다 쓰고 나서 훑어보니, 이 책에 대한 나의 평점이 명확하지 않은 것 같아. 나는 네가 디킨스, 멜빌과 문자 그대로 동급이라고 생각해. 솔직히 말해서, 너는 그들과 같은 반열에 올랐어. 이 책은 단순히 흥미를 추구하는 책이 아닌데, 그 이유는 통찰력 있는 내 친구가 썼기 때문이야. 이 책은 고전으로서 전혀 손색이 없어.

아뿔싸! 올리버의 오랜 친구가 보낸 편지를 읽고 한숨 돌리나 했더니 큰 오산이었다. 1984년 6월 21일, 런던 대학교와 웰컴

트러스트의 의학사가이자 〈런던 리뷰 오브 북스(LRB)〉의 편집위원 마이클 네베Michael Neve가 LRB에 쓴 〈"나는 침대에서 내 다리를 주웠다" 서평〉은 실로 엄청난 파장을 일으켰다(LRB로 말할 것 같으면, 1982년 6월 17일 '다리 책'의 축약본을 출판했고, 1982년 3월 19일에 〈익살꾼 틱 레이〉, 1983년 5월 19일에 〈아내를 모자로 착각한 남자〉, 그리고 1984년 5월 3일에 〈음악적인 귀Musical ears〉•를 잇따라 출판했다). LRB의 부편집장인 메리-케이 윌머스가 〈리스너〉 시절부터 올리버의 에세이 출판을 도맡아 왔으며, 〈리스너〉에서는 《깨어남》의 초기 버전을 출판함으로써 찬사와 비난을 한 몸에 받았었음을 상기하라. 그와 대조적으로, 네베는 서평에서 올리버를 정밀 해부하며 올리버가 구상하고 있는 프로젝트 전반에 대한 불신감을 노골적으로 드러냈다(나는 여기서 서평의 '효과'를 이야기하는 것이지, '의도'를 분석하는 것은 아니다).

올리버의 프로젝트—이것은 문학적 마인드를 지닌 의학적 스토리텔러의 전통을 떠올리게 한다. 그 시발점은 19세기의 S. 위어 미첼이며, 20세기에 들어와 한쪽에서는 헨리 헤드, 다른 한쪽에서는 A. R. 루리야를 비롯한 다양한 소비에트 신경심리학자들이 가세했다—를 전반적으로 개관한 후, 네베는 다음과 같이 덧붙였다.

> 색스는 신경학 자체에 갭gap이 존재한다고 제안하고 있다. 그는, 채워져야 마땅하지만 그러지 못한(그리하여 과학의 발달을 가로막은)

• 〈뮤지컬 레이디〉의 제목을 바꾼 것이다.

갭, 즉 부재와 실존적 공간을 지적한다. 신경학 사가史家들의 입장에서 볼 때, 그의 지적은 흥미롭지만 매우 편파적이다. 그가 지적한 갭 중에서 가장 큰 것은, '손상되거나 상실된 자아의 회복'이라는 실질적 과제에서 환자들이 완전히 배제되어 있다는 것이다. 러시아의 신경심리학자들이 시작한 '환자의 복권復權'이라는 프로젝트를 완성한다는 명분하에, 색스는 "자아와 정체성의 신경학neurology of the self, identity"을 내세운다. 그러나 "철학사를 돌이켜볼 때, 칸트가 흄의 정체성 철학philosophy of identity을 다룰 때 '순간적이거나 일시적이지 않은 존재'에 자아를 되돌려줌으로써 프로젝트의 기본 방향을 제시했다"는 그의 설명은 납득하기 어렵다.

네베의 까칠한 서평은 계속되었다.

그의 주장과 희망은 대범하고, 심지어 랍비를 방불케 한다. (…) 거의 모든 독자들과 '색스의 엘도파 환자'를 TV에서 본 시청자들은 하나같이, 그의 프로젝트가 성공적으로 완료되기를 간절히 바랄 것이다. 개인적 병력의 관점에서 보나 신경학 자체의 관점에서 보나, 이것은 부활의 문제다. (…) 그런 면에서 덕워스에서 펴낸 168쪽짜리 책에 거는 기대가 매우 크다.

"의학이 그에게 제시한 모든 기본 원칙들—'신중한(심지어 냉정한) 관찰'과 '회의적인 듣기와 느끼기 작업'에 전념하라—을 명심하고," 네베는 단언했다. "의사 색스는 자기 자신에 대한 글을 써내려갔다. 주지하는 바와 같이, 그것은 매우 고된 작업이었다."

이쯤 해서, 그는 대담한 조롱조의 비판을 덧붙였다.

> 올리버 색스에게 일어난 일 중, 그를 (자신이 현재 존재하고 있다고 믿는) 신경학적 인터페이스에 머무는 환자 중 하나로 만든 것은 무엇일까? 기본적으로, 그는 바보멍청이처럼 행동했다. 그는 휴가를 내고 가장 건강한 상태로 노르웨이에 날아가, 혈혈단신으로 산에 올랐다. 모든 선지자들과 마찬가지로, 그는 단독으로 행동했으며 어느 누구에게도 행방과 소재를 알리지 않았다. 그는 어떤 밭에 도달했는데, 그곳에는 "황소를 조심하시오"라는 커다란 경고판이 세워져 있었다. 그는 경고를 무시하고 지나치다가, 커다랗고 하얀 황소—아마 마귀와 비슷하게 생긴 것 같다—와 정면으로 마주치자 공포에 질려 도망쳤다. 절벽에서 떨어질 때 왼쪽 다리가 꼬이는 바람에, 산에서 내려올 때 상당한 어려움을 느꼈다. 다행히도, 때마침 지나가던 두 명의 노르웨이인들 덕분에 비박(산중 노숙)을 면할 수 있었다.
>
> 의사인 올리버 색스의 이야기 중 핵심 부분은 이 사건에서 유래한다. 이 사건은 그의 어머니와 관련되어 있으며, 독자들로 하여금 이 건장한 사나이를 껴안으며 '아무에게도 알리지 않고 노르웨이로 훌쩍 떠나는 일일랑 삼가세요'라고 말하고 싶은 충동을 느끼게 한다. '인간의 지식을 둘러싼 모든 의문을 해결하고 말리라'고 마음먹은 남자를 향한 이 같은 보호본능은, '그가 륙색에 50권의 책을 넣고 다니며, 옷을 전혀 갈아입지 않는다'는 사실을 알고 나면 더욱 강해진다.

교활한 빈정거림.

'환자가 된 의사 이야기'는 한편으로 '왼쪽 다리의 존재감 상실'에 대한 이야기다. 그러나 다른 한편으로, '의학에 의한 거세去勢'에 관한 이야기이기도 하다. 현 시점에서 프로이트적 가능성을 지나치게 중시하는 것은 잘못이지만, '남성 외과의사 스완 씨를 향한 색스의 적개심'과 '(환자의 관점에서 본) 의학은 냉정하고 남성적이라는 신념'은 주목할 만하다.

그리고 단도직입적인 의심.

이쯤 됐으면, 잔뜩 부풀려진 스토리로 독자들을 언짢게 만든 올리버에게, 모성적인 방식으로 따끔한 충고를 하고 싶다. "올리, 제발 싸돌아 다니지 말고 자리에 붙어 있어!" 그러나 이런 충고는 소용이 없을 것 같다. 왜냐하면 그의 주특기인 베른식• 여행이 되레 더 이상해질 테니 말이다. 구약성서 〈욥기〉에 나오는 적절한 구절이 말해주듯, 림보Limbo••가 기다리고 있을 것이다. '만약 색스의 자전적 설명이 문학적 과시와 전반적인 과장으로 추락했다면 큰 문제다'라는 사실을 더 이상 비켜갈 수는 없다. 색스는 다분히 의도적으로 '언어적 설명의 불가피한 섬세함'에 구애받지 않음으로써

• 쥘 베른을 가리킴.

•• 라틴어로 '변방', '경계'란 뜻. 가톨릭에서 천국도 아니고, 지옥도 아니며, 연옥도 아닌, 죽은 자들이 가는 변방의 어떤 영계靈界를 가리킨다

(…), 자신의 실존적 신경학이 의존하고 있는 (…) 외적 vs 내적, 외과적 vs 의식적, 신경학적 vs 형이상학적 요인 간의 관계를 위험에 빠뜨린다.

이 책의 중간 부분은 언짢은 일들(으스스한 결과를 초래함으로써, 도저히 이해할 수 없는 절망감을 초래하는 지긋지긋한 편두통)을 체호프적 방식으로 기술하는 경향이 있지만, 기대와 달리 '믿기 어려운 3D 영상'으로 보여준다. 그는 침몰을 거듭하여 심연에 도달하지만, "나는 지금, 특히 지옥의 문턱에서 《파우스트 박사》를 읽고 있다"고 읊조린다. 그리고 음악을 듣는다고 한다. (도대체 언제?) (…)

만약 작가가 작심하고 과장을 일삼는다면, 두 가지 끔찍한 상황으로 귀결될 수 있다. 첫 번째 상황은 '아이러니 중 아이러니'로, 독자들이 작가를 불신하기 시작하는 것이다. 그리고 더욱 심각한 것은, '유기적 경험과 심리적 경험', '과학과 대상' 간의 진정한 긴장관계가 깨지기 시작하여, 종국에는 두 번째 끔찍한 상황으로 넘어가는 것이다. 그것은 끔찍한 사고방식으로, 곤경에 처한 사람이 '국면을 타개할 수 있다'는 착각에 빠져 작가를 흉내낸다는 것이다.

마지막으로, 작가의 기를 죽이는 확인 사살.

"올리버 색스가 내세우는 실존적 신경학이란, '중요한 사물'을 '믿기 힘든 방법'으로 논의하는 방법에 불과하다"는 가능성을 떨쳐버릴 수 없다. (…) 짜증스럽게도, 실존주의가 관심을 갖고 있는 '주체와 객체 간의 골치아픈 관계'는 《나는 침대에서 내 다리를 주웠다》가 출간된 후 전혀 명쾌해지지 않았다. 고통과 질병의 세속성—자신이 내뱉는 말을 조심할 필요성은 논외로 하고—을 충분히 존중하지 않은 채, 이 책은 화려함과 픽션을 내세워 의학적 자기우월증의 무해한 산물들 사이에 자리매김하고 있다. 올리버가 역경을 극복했다니 듣던 중 반가운 소리이며, 그의 자전적 이야기가 (지적 메시아주의가 맞닥뜨리는) 외로움에 휩싸이지 않기를 바라는 마음 간절하다.SB

향후 몇 주 동안 올리버가 내게 보낸 각종 서신을 감안하면, 네베의 서평이 올리버를 비틀거리게 했음에 틀림없다. 예컨대, 올리버는 내게 다음과 같은 타이핑 편지를 보냈다.

1984년 7월 1일

친애하는 렌에게

나는 방금 (《나는 침대에서 내 다리를 주웠다A Leg To Stand On》—이하 ALTSO—의) 미국판 두 권을 받았어. 디자인이 예쁜 데다, 판형이 크고 여백이 넉넉하고 눈에 부담을 주지 않아 마음에 쏙 들어.

자네가 블루마운틴 생활을 '즐겁고 생산적이었던 나날'로 여겼으면 좋겠어…(설사 명시적으로 생산적이 아닐지라도, 자네가 그 생활을 즐겼다는 게 중요해).

나로 말하자면 뭔가 즐겁고 생산적인 징후를 감지했지만, 뒤이어 기분이 손상되고 사라졌어. 〈런던 리뷰 오브 북스〉에 실린 악의적이고 천박한 서평이 나를 분노하게 했어. 그건 ALTSO뿐만 아니라 나의 모든 작품활동과 (서평자가 생각하는) 사람됨을 겨냥한, 매우 정교하고 지속적이고 악의적인 공격이었어… 그건 기본적으로 매우 어리석지만, 그럼에도 나를 해치기 위해 계산된 것이었어. 나를 특히 언짢게 하는 것은 '명백한 악의'와 '〈런던 리뷰 오브 북스〉 특히 메리-케이가 그런 서평을 유도 내지 선동했다'는 느낌이야. 왜냐하면, 그것은 편집진의 일원이 쓴 서평, 말하자면 소위 '공식적인 서평'이기 때문이야. 내가 생각할 수 있는 것은 단 한 가지밖에 없어. 메리-케이가 나를 혐오하고 있고—그녀의 말에 의하면, 내가 〈뉴욕 리뷰 오브 북스〉에 에세이를 기고함으로써 LRB와 자기에게 지조를 지키지 않았어(올리버는 〈뉴욕 리뷰 오브 북스〉에 1984년 2월 16일 〈길 잃은 뱃사람〉을 기고한 것을 시작으로, 같은 해 6월 28일에는 ALTSO의 1장 〈산에서 만난 황소The Bull on the Mountain〉•를 기고했다)—, 그 결과 내가 앙갚음을 당했다는 거야. 음악에 관한 에세이를 멋대로 훼손한 게 내 한쪽 뺨을 때린 거라면(476쪽 참조), '행동대원'의 악의적인 서평은 다른 쪽 뺨을 때린 셈이야.

그건 매우 불쾌하고 매우 기이한 짓이었으며, 객관적으로 볼 때 유해하기보다는 서글픈 일이었어. 내 생각에, 이 세상에서 제일 나쁜 것은—단, 현실세계에서 허용되고 방치된다는 전제하에—신경증이야. 내 자신이 지독한 신경증 환자일 수도 있지만, 나는 (어디까지나 희망사항이지만) 가끔 신경증을 극복하며, 그것이 나의 글쓰기와 생각을 오염시키도록 방치하지 않아. 요컨대 이번 사건의 전말은, 다른 사람들의 신경증—내 생각에는 메리-케이의 생식샘, 그녀의 남자친구와 서평자의 생식샘… 끔찍하고 근친상간적이고 프

• 《나는 침대에서 내 다리를 주웠다》에는 〈산에서The Mountain〉로 실렸다.

로이트적인 섹슈얼리티—이 공모하여 나의 작품과 생각을 희생시키고 훼손하고 더럽혔다는 거야.°

이런 느낌이 내 마음에 그늘을 드리움에 따라, 나는 (집필에 필요한) 평온함과 고양감을 얻지 못했어. 그래서 내가 좋아하는 헬름홀츠Helmholtz를 읽고 또 읽으며 마음을 달래는 수밖에 없었어. 그의 책을 들고 다니면 왠지, 한나 아렌트의 책과 마찬가지로, 안전하다는 느낌이 들어.

올리버의 편지는 이 시점에서 잠깐 중단되었다가 다음 날 계속된다.

7월 2일

어제 자네에게 편지 한 통을 보낼 예정이었는데, 반쯤 타이핑하고 나니 소름이 오싹 돋아 더 이상 계속할 수 없었어. 오늘 아침에는 큰 병에 걸린 것처럼 아키디에accidie••에 빠져, 급기야 입술 주변

° 당연한 이야기지만, 나는 최근 윌머스에게 이 편지에 대한 그녀의 의견을 물어야 했다. 그녀는 관용과 유머감각을 발휘하여 올리버의 격앙된 반응에 침묵으로 일관하면서, 다음과 같은 원론적 입장만을 밝혔다. "네베는 LRB의 행동대원이 아니었으며, 나는 색스를 혐오하거나 처벌할 하등의 필요가 없었어요. 그러나 그가 우리를 제쳐놓고 〈뉴욕 리뷰 오브 북스〉에 먼저 원고를 보낸 데 실망한 것은 사실이에요. (그리고 그게 그의 불찰이라는 입장에는 지금까지도 변함이 없어요.) 늘 그렇듯, 평범한 진실은 우리가 '가장 적절한 서평을 쓰리라고 생각되는 사람'에게 서평을 맡겼고, 색스의(그리고 나의) 개인적인 감정은 전혀 고려사항이 아니었다는 거예요.".

•• 나태, 무관심을 의미하는 그리스어에서 유래하는 라틴어로, 아케디아acedia라고도 한다. 영적인 나태와 무관심, 무기력증을 뜻하며, 아키디에에 빠진 사람은 한 개인으로서 의미를 상실한다.

의 따끔거림과 지각적 착각perceptual illusion을 경험했어. (…) 그리고 약간의 혼동과 현기증 때문에, 혹시 뇌졸중에 걸렸을지도 모른다는 공포감을 느꼈어. 발작(혹시 편두통?)과 아키디에는 몇 시간 후 사라졌고, 지금은 나의 본모습을 되찾았어. 그렇다고 해서 완전히 행복한 건 아니고, 광적인 멜랑콜리와 편두통을 벗어났을 뿐이야.

어쨌든 자네의 편지—다정함과 사무적인 질문이 섞인—를 받고서 기분이 매우 좋았어. 지난 3년간에 걸친 나의 발언(그리고 나에 대한 논평)들이 내적·외적으로 어느 정도 일관성을 유지한다는 대목에서 안도감이 들었어. 〈런던 리뷰 오브 북스〉에 실린 첫 번째 서평과 다른 서평들은 하나같이 나의 작화증을 비난하며, 불신과 믿기 힘들다는 말을 일고여덟 번씩 반복했어. 1970년 12월 5일쯤 〈JAMA〉에 실린 살벌한 서평에서도 진실성/온전성을 문제삼는 비난이 쏟아져, 그 악영향이 다음에 1월과 2월까지 지속되며 《깨어남》의 출간에서 얻은 기쁨을 갉아먹었어. (…)

안타깝게도, 나는 '〈JAMA〉의 의사'와 '〈LRB〉의 네베 씨(의사?)'가 퍼부은 비난을 너무나 쉽게 내면화introjection• 한 나머지, 건과 그레고리와 루리야의 호의적인 충고를 거의 믿지 않게 되었어… 에릭이 내게 "허영심을 줄이고 좀 더 철학적인 자세를 견지해"라고 하지만, 나는 허영심보다 취약성이 더 문제라고 생각하고 있어… 그러나 비평가들은 한통속이거나, 최소한 '타인의 반응에 대한 의존성'을 너무나 많이 공유하는 것 같아… 물론 가장 깊은 수준에서 보

• 다른 사람의 태도, 가치, 혹은 행동을 마치 자기 자신의 것처럼 동화시키는 무의식적 과정.

면, 그런 의존성은 존재하지 않지만 말이야. 나는 내 자신과 나의 생각을 공정하고 올바르게 판단하는 사람이야.

(자네가 가장 최근에 쓴 편지에서 언급한 점에 대해 말하자면,) '내가 질서와 무질서에 집착하는 것이 핵심 문제'라는 자네의 지적은 정확하다고 생각해. 신기하게도, 나는 바로 이 순간 (빅토리아 시대의 영웅 중 한 명인) 휴 밀러Hugh Miller에 관한 책을 읽고 있는데, 공교롭게도 그 부제가 "분노와 질서Outrage and Order"야… 닐 애셔슨Neal Ascherson의 서문을 동봉하니 한번 읽어봐. 자네는 휴 밀러가 자살을 했다는 사실에 주목할 거야. 이 책은 전기작가인 조지 로지George Rosie 가 쓴 것으로, ~~매우 성공적이었지만 비극적인 최후를 맞은 게 흠이라는 점에서,~~ 밀러의 삶을 음산하리만큼 균형적으로 다루고 있어. 나는 오늘 아침 병적인 기분에 휩싸인 채 밀러의 삶을 생각했고, 그것 말고는 아무것도 생각할 수 없었어. 그리고 (가끔 생각하는 것처럼) 내 자신의 인생도 밀러처럼 마감될 거라고 생각했어, 도중에 "우발적으로" 끝나지만 않는다면 말이야… 그러나 내 인생이 우발적으로 끝난다면, 그건 내가 질서와 무질서 사이에서 괴로워하기 때문이 아닐 거야, (비록 지금은 그렇지만).

1984년 8월 14일

친애하는 렌에게

(…) 내 '다리 책'은 나에게 슬픔(그리고 어쩌면 불만)을 안겨 줬어. 그 책은 나에게 많은 대가를 치르게 했지만, 영향력은 거의 미미할 수도 있어. 왜냐하면 실질적인 생각과 성과보다는 개인적인 감정과 갈등에 영향을 미쳤거든.

> 자네의 현명한 조언대로—에릭을 비롯한 다른 사람들, 그리고 '나의 현명한 자아' 도 그렇게 말하고 있어—, 나는 비판과 찬사 모두에 대한 면역력을 길러야 해. 나의 내면 깊숙한 곳에는 지금 당장 면역력이 존재하지 않지만, 얼마 후에는… 그러나 사악한 23번 병동—이곳은 줄줄이 엮인 연쇄사건에 시동을 걸었어—에서 비롯된 ALTSO에는 너무나 많은 불안감과 죄책감이 담겨 있어, 거의 모든 사람들의 '조금이라도 부정적인' 평가에 반응하여 즉각적으로 되살아나는 경향이 있어(그리고 똑같은 이유로, 만약 어떤 사람의 평가가 부정적이 아니라면, 나는 초조감에 사로잡힌 나머지 그 비평가가 단순히 봐줬거나 착각했을 거라고 생각하게 돼).

그다음 날인 8월 15일, 올리버는 톰 건에게 (오랫동안 미뤘던) 답장을 쓴 직후, 그 사본을 나와 공유했다. 그는 답장에서 건의 긍정적인 편지에 감사의 뜻을 표한 후, 책의 내용이 건의 말대로 다소 격정적effusive임을 인정하지만(그러나 "격정적"이라는 표현의 적합성에 대해서는 여전히 일말의 회의감을 표시했다), 그럼에도 불구하고 여전히 풍부하고 다양하고 견고하다("풍부하고 다양하고 견고하다"는 표현은 올리버에게 매우 중요한 의미를 갖는데, 그 이유는 독자들에게 '책과 저자가 조잡하다는 인상을 줄 수 있다'라는 불안감에 시달렸기 때문이다)는 입장을 밝혔다. 올리버는 한 걸음 더 나아가, 폭발성eruptiveness(수년간의 글막힘에 이은, 갑작스럽고 저돌적인 돌파)이야말로 자신과 많은 환자들—특히 뇌염후증후군 환자들—이 공유하는 열망이지만, 격정성effusiveness은 고작해야 광활한 대양을 향한 욕망에 불과하다고 천명했다. 더욱이 일부 비평가들에게 '과

장법과 레토릭을 일삼는다'고 비난받고 있음을 지적하고, 이탤릭체까지 써가며 이렇게 주장했다. "*그것은 내 경험의 본질이 아니야.* 나는 평생 동안 과장법의 유혹에 단 한 번도 굴복하지 않았는데, 그런 말을 듣다니 어이가 없을 따름이야. 나는 지금껏 악몽을 극복하며 살아왔는데, 그 책은 어떤 의미에서 그런 악몽을 정면 돌파하려는 시도의 일부였지, 악몽을 적당히 은폐하려는 꼼수가 아니었어."

그래도 성이 안 찼던지, 그는 다시 한번 강조했다. "나는 앞으로… 개인적이거나 주관적인 글을 쓰고 싶지 않아… 절대로. 내가 쓰는 임상사례 에세이에는 안전함safety과 온전함sanity이 내장되어 있어." 그는 일종의 상상적 공감imaginative sympathy이라는 촉수를 뻗어 '환자가 처한 상황' 속으로 들어가는 능력을 갖고 있었다. 그러한 전하이동charged transport은 은밀하고 긴밀하게 이루어져, 임상사례 에세이의 토대를 마련하는 것 같았다.

추신에서, 올리버는 자신이 일전에 보낸 편지의 소심함을 스스로 책망했는데, 내가 보기에 그의 편지는 '하잘것없는 종이쪼가리'는 아니었고, 톰 건의 기탄없는 편지에 나타난 대범함에 비해 소심한 편일 뿐이었다. 그는 초라해 보일 정도로 자신을 낮추며 상황에 맞지 않는 말을 거듭하다, 급기야 사달이 벌어진 날까지 거슬러 올라갔다. "나는 아이디어와 개념이 완전히 고갈되었었어… (그리고) 과학적·문학적 상상력을 모두 상실하고 말았었어… 그러나 때로는 용기를 내어(또는 톰의 도움에 힘입어) 뭔가를 생각했고, 컨디션이 좋을 때는 비범한 것을 떠올리기도 했었어." 그러고는 다음과 같은 말로 끝을 맺었다. "톰의 편지는 대범했고,

그의 대범함을 그대로 드러냈어. 나의 유일한 소망은, 가끔씩 과거의 편린을 어루만지는 거야…."

그는 지금껏 툭하면… 과거의 편린을 어루만졌고, 이번에도 그랬다. 하지만 이번에는 스케일이 장난이 아니었다. 처음에는 연이은 세간의 혹평(그는 《깨어남》과 《나는 내 다리를 침대 밑에서 주웠다》에 대해, "모든 사람들이 품는 의심은 이미 짐작하고 있었어, 아주 분명하게"라고 나를 납득시켰다)을 떠올리며 언짢아했지만, 시간이 지남에 따라 그런 혹평을 상쇄하고도 남는 찬사들(예컨대, 그는 최근 캘리포니아의 한 신경학자에게서 받은 편지를 언급하며 만족감을 드러냈는데, 그 편지는 올리버의 말초신경손상 이론에 한두 가지 이의를 제기하고는 입에 침이 마르도록 칭찬하는 것으로 마무리되었다. "첫 번째 페이지는 나를 화나게 했지만, 두 번째 페이지는 나의 분노를 가라앉혔어")을 잇따라 기억해내며 분위기를 완전히 반전시켰다. 그러면서 새로운 환자들, 참신한 임상 환경, (문헌과 매스컴 모두에서) 날로 증가하는 임상사례 보고서에 더욱 사로잡혔고, 광범위한 진영(때로는, 태도의 세대교체가 더디기로 유명한 의학계에서도)에서 쏟아져 나온 찬미와 상찬에 만족감을 드러냈다.

《아내를 모자로 착각한 남자》는 1985년 출간되자마자 세계적 베스트셀러로 떠올라, 궁극적으로 20여 개 언어로 번역됨으로써 그의 오랜 은둔형 칩거에 드디어 종지부를 찍게 된다. 나는 블루마운틴의 산꼭대기에서 그동안의 노트를 정리하고 연대기를 완성하고 생각을 정리한 후 하산하여, 내 자신의 경력을 연장하는 데 필요한 작업—올리버 색스 전기 집필—에 본격 착수하게 된다.

나는 올리버에게 '방 안의 코끼리'에 관한 질문을 던졌는데, 그 의도는 물론 호모섹슈얼리티에 대한 그의 태도를 파악하는 것이었다. 어쩌면 호모섹슈얼리티 자체(올리버 자신이 아름답고 맹렬하고 일관된 삶을 살았으면 됐지, 그의 성지향성이 뭔 상관인가?)보다는 '타인에게 비치는 모습'에 대한 올리버의 태도(작가로서 잘나가던 시절에도, 고통스러울 정도로 억눌렸던)에 대한 질문이었는지도 모른다. 사실, 1980년대 초반에 우리가 나눴던 상호작용의 상당 부분은 '재앙의 어두운 그림자를, 서서히 망설이며 고통스럽게 드러낸 그'와 '분명한 의사를 단호하게 표시한 나'로 구성되어 있었다고 해도 과언이 아니다. 나는 그를 바라보며—때로는 말로, 때로는 눈짓과 몸짓으로—이렇게 말했다. "올리버, 당신에게 신경 쓰는 사람은 거의 없어요. 장담하건대, 그걸 중요하다고 여기는 사람은 아무도 없어요." 아, 그러나 아무런 소용이 없었다.

아이러니하게도, 우리가 사르트르를 논하기 시작했을 때의 주제가 바로 호모섹슈얼리티였다. 나는 어떤 역할 쪽으로 크게 기울었는데, 그게 사르트르가 일찍이 《존재와 무》의 한 구절에서 완곡하게 비난했던 역할이었다는 사실을 모르고 있었다(이 구절에서, 사르트르는 부정직bad faith의 정확한 의미를 설명하려고 노력했다). 사르트르는 논의를 진행하던 중 두 명의 남자 친구를 예로 드는데, 그중 한 명(이성애자)이 다른 한 명에게 객관적인 팩트를 들이대며 동성애자임을 인정하게 하려고 노력한다. 그러나 두 번째 친구가 솔직한 진술을 거부하고 상황의 명백함만을 인정하자,

첫 번째 친구는 분노한다. 사르트르의 말에 따르면, 두 번째 친구는 동성애자임을 부인하며 이렇게 설명한다. "세상에는 정상참작이 가능한 상황이 늘 있는 법이야. 나의 경우 첫 번째 상황은 군 복무를 하던 시절이고, 두 번째 상황은 잠깐 동안 교도소에 복역하던 시절이야. 그리고 일전에 벌어진 사건의 경우, 그 소년이 예외적으로 아름다웠다는 등의 사실을 인정해야 해." 이쯤 해서 사르트르는 '두 명의 남자친구 중 누가 부정직하냐'고 묻고는, 놀랍게도 첫 번째 친구를 가리키며 "진실성sincerity에 대한 증거를 요구했다"고 말한다.

사르트르는 이렇게 주장한다. "사실, 두 번째 친구는 '영구불변의 동성애자'가 아니므로, 진실성을 요구하는 이성애자 친구가 생각하는 만큼 혼란을 야기하거나 우려를 자아내지는 않는다. 우리 모두(모든 인간, 즉 사르트르가 '인간답다'고 정의한 존재)와 마찬가지로, 두 번째 친구는 언제 어디서든 자신이 선택하는 방식으로 자아를 자유롭게 구성할 수 있다. 따라서 정말로 부정직한 사람은 첫 번째 친구가 아니라, '네 자아를 올바로 구성하지 않았다'고 그를 몰아세우는 두 번째 친구다."

《존재와 무》의 특정 부분("나와 사귀는 소녀에 대해 왈가왈부하지 마라")에서 인용된 다른 사례들과 마찬가지로, 사르트르의 이 같은 말들은 시대적으로 뒤떨어지며, 오늘날의 맥락에서 보더라도 정치·사회·문화적으로 부정확한 말임을 인정한다. 그럼에도 불구하고 사르트르의 말에는, 내가 올리버에게 인정한 바와 같이, 나름 일리가 있었다.

그렇지만 거기까지가 전부였다. 나로 말하자면, '올리버로

하여금 커밍아웃을 하게 함으로써 만일의 사태가 일어날 경우 곤경에 빠지지 않게 하고, 내가 그의 인생사를 타인들에게 이야기할 때 (만약 가능하다면) 호모섹슈얼리티를 언급해야겠다'는 생각을 끝까지 밀어붙일 생각은 없었다.

까만 펠트팁펜(사르트르의 책의 많은 부분에 올리버가 들이댄, FBI의 검열을 방불케 하는 새까만 잉크칠)이 끼어든 것은 바로 이 대목이었다.

그럼에도 불구하고 나는 단념하지 않았다.

내가 블루마운틴을 향해 떠나기 여러 달 전의 일이었다. 어느 날 저녁 올리버와 함께 '캘리포니아의 위대한 사랑' 멜Mel과의 추억(목가적인 사랑의 처참한 종말, 그 후 15여 년간에 걸친 단호한 금욕생활)을 오랫동안 천천히 회고한 후, 나는 (내 마음속의 사르트르를 대변하듯) 한숨을 쉬며 말했다. "음, 그래요 올리버. 그러나 미래에 무슨 일이 일어날지 누가 알겠어요?" 나는 《마지막 순간의 엄청난 변화들Enormous Changes at the Last Minute》이라는 제목을 가진 그레이스 페일리Grace Paley의 이야기 모음집에 나오는 기막힌 구절("모든 사람은, 실제 인물이든 가상의 인물이든, 인생의 열린 운명을 구성할 만한 가치가 있다")을 인용한 후, 내 자신의 설득력 없는 주장을 덧붙였다. "삶은 늘 열린 책이에요." 올리버는 강력한 반응을 보였다. "자네의 의견에 100퍼센트 동의해. 모든 것은 '열린 책'이야. 그러나 섹슈얼리티는 예외야. 딴 사람은 잘 모르겠지만, 적어도 내 섹슈얼리티는 그래. 나의 섹슈얼리티는 다른 어떤 책보다도 굳게 닫혀 있어."

다른 날, 올리버가 내게 이렇게 말했다. "이제 더 이상 비만 때문에 악마 취급을 받지 않다 보니, 얼마 전 섹슈얼리티에 대한 향수가 나를 찾아왔어." 나는 기회를 놓치지 않고, 그에게 동성애자 해방운동의 등장에 주목한 적이 있냐고 물었다. 그때 문득, 나는 1969년 여름 스톤월Stonewall을 둘러싸고 일어난 엄청난 시대적 사건•을 떠올렸다. 알고 보니 그 사건은 그가 브롱크스의 베스에이브러햄에서 수개월 동안 하루 22시간씩 일할 때, 불과 16킬로미터 정도 떨어진 곳에서 일어났다. 그러나 그 시기는 '깨어남 드라마'의 정점에 있었으므로, 다른 데 신경 쓸 겨를이 없었을 수도 있다. "아니," 그가 말했다. "그 당시에는 스톤월 사건에 주목하지 않았지만, 몇 년 후 자초지종을 알고 나서 반가운 마음으로 받아들였어. 그러나 내가 그 사건과 조금이라도 관련되어 있다는 느낌은 들지 않았어. 내 정신과 주치의와 마찬가지로, 자네는 동성애자 해방운동에 관심이 없는 사람은 처음 본다고 생각하는 것 같아. 그러나 나는 진심이야. 많은 사람들이 교도소 문 앞에서 춤을 추고 있음에도 불구하고, 나는 독방 안에 완전히 고립되어 있으니 말이야."

그해 여름 블루마운틴에 올라갔을 때, '나 또는 다른 사람이 올리버를 독방에서 끄집어내는 데(그리하여 '암울한 금욕주의적 결심'의 압박을 완화하는 데) 성공할 것인가?'나 '내가 그를 설득하여 자신의 섹슈얼리티에 관한 글을 쓰게 할 수 있을 것인가?'는 더 이상 문제가 아니었다. 분명히 말하지만, 나는 그가 원하지 않는

• 1969년 6월 28일 뉴욕 그리니치 빌리지의 스톤월이라는 게이 술집을, 뉴욕 경찰이 난폭하게 수색하면서 일어난 사건.

다면 그를 탈옥시킬 의사가 전혀 없었다. 그보다는 차라리 '코끼리(하마?)의 배경을 언급하지 않고 그의 스토리를 이야기하는 것이 가능한가?'가 문제였다.

더욱이 노트를 분류하고 색인을 작성하고 심사숙고하는 과정에서 내가 제안한 전기의 형태가 점차 구체화됨에 따라, '배경을 도외시한 스토리텔링'의 가능성은 점점 더 희박해져 가는 것 같았다. 올리버의 삶에 관한 문제—또는 몇 가지 중요한 문제들 중의 하나—가 지속적으로 선명해지는 것에 비례하여, '1966년 베스에이브러햄에 도착했을 때 그를 빚어내고, 동료 의사들 사이에서 사실상 혼자로 만든 것은 무엇인가?'라는 미스터리가 핵심 과제로 부상했다. 병원이라는 광범위한 지역사회에 퍼져 있는 다양하고 독특한 삶의 군상들 사이에 필연적으로 뭔가 다른 게 있음을 인식하고, 의문의 환자들의 자아가 내적 세계의 깊은 곳 어디에선가 생생히 살아 숨쉬고 있음을 절실하고 담대하게 상상할 수 있었다. 장담하건대, 그런 인식 및 상상 능력은 (로레인 수녀가 추측한 바와 같이) 올리버 자신의 선행체험, '자신의 특이함에 대한 인식', '지금껏 손상되었고 아직도 손상되고 있다는 인식'(그의 친구 밥 로드먼이 말한 바와 같이, "거부당한 지역사회에 소속되어 함께 생활한다"는 느낌)과 밀접하게 관련되어 있었다. 물론, 영국에서 뛰쳐나와 캘리포니아로 무작정 달려간 직전 10년간의 광기도 빼놓을 수 없었다. 예컨대, 과도한 보디빌딩(그리고 그에 필연적으로 수반되는 신체적 고통 감내), 오토바이 타기(속도에 대한 뉴턴적 열정), 마약중독(뒤이은 스피드 중독), 그런 열정 덕분에 보너스로 얻은 '종말에 가까운 극단'에 대한 통찰… 그는 그런 군상들에게도 나름의 삶이 존재함을 알았음에 틀림없다. 왜냐하면, 그 자신이 가끔씩 자신만의 유아론적 개점휴업solipsistic recess 상태에 빠져 헤어나지 못했기 때문이다.

그러나 중요한 것은, '어머니의 파괴적인 악담'과 뒤이은 '그런 숨막히는 환경에서 탈출해야 한다'는 자포자기적 심정을 고려하지 않고서는 스토리텔링이 불가능하다는 것이었다. 만약 그런 배경을 어떤 식으로든 암시하지 않는다면, 그의 캘리포니아 탐험은 '사춘기를 갓 넘은 괴짜'의 쾌락주의적 무모함에 불과하며, 고작해야 무분별한 마조히즘적 스릴 추구로 전락할 것이다.

그 후 몇 달 동안, 나는 올리버에게 그런 문제점을 지속적으로 제기했다. 우리 둘은 머리를 맞대고 진퇴양난의 상황을 심사숙고했고, 그는 장고를 거듭한 끝에 나의 입장을 수긍하기 일보 직전에 도달했다. 그리하여 "한번 해보세"라고 나를 격려하는 한편, 프로젝트에 접근하는 전반적인 방안을 제시했다.

그러는 동안, 나는 1984년 가을 올리버를 나의 동아리에 초대했다. 그것은 (내가 펠로로 있는) 뉴욕 대학교 부설 뉴욕인문학연구소에서 파생된 비공식적인 실무 세미나로, 수전 손택, 재닛 말콤, 제롬 브루너Jerome Bruner 등이 참가하는 격주 모임이었다. 그가 11월 6일 내게 보낸 편지에는, 새뮤얼 베케트Samuel Beckett 관련 세미나에서 논의된 흥미만점의 주제들—그와 나 모두의 작업에 시사하는 바가 많음에도 불구하고, 나는 깜빡 잊고 있었다—이 잔뜩 적혀 있었다.

(타이핑된 편지 위에 갈겨 쓴 손글씨)

11/8 이 편지를 쓴 직후, 내가 쓴 게 맞는지 의심하게 되었어. 그럼에도 불구하고 그냥 보내니까 그런 줄 알아.

친애하는 렌에게,

나는 방금 흥미로운 '새뮤얼 베케트에 관한 세미나'에서 돌아왔어. 세미나가 끝난 후, 나는 오로지 베케트의 책만을 구입하기 위해 책방으로 달려갔어. 만약 뭔가 근본적인 것(자네와 나의 공통적인 관심사)과 마주쳤다는 생각이 들지 않았다면, 자네에게 말을 하지도 편지를 쓰지도 않았을 거야.

자네에게 말했었는지 기억이 나지 않는데, 나는 1950년대 초—옥스퍼드 시절 말기와 그 직후—베케트를 유별나게, 사실상 강박적으로 좋아했었어. (…) 그런데 오늘 오후 세미나를 하면서 그때의 감정이 모두 되살아나, 그 의미를 납득하게 되었어.

이번 세미나'에서 인상적인 것은, 베케트에서 나타난 내러티브와 내레이터의 폭발이었어. 나는 베케트를 섬망—끝없는 말, 끝없는 변화, 고정된 관점이나 전망의 부재, 스토리나 구성plot의 부재, '늘 암시되지만 전혀 일어나지 않는 것에 대한 영속적인 기다림이나 유예'라는 의미에서—과 비교하는, 무례한 논평을 했어. 한편 브루너는 베케트를 비트겐슈타인—'기존 사고의 거부·약화·전복', '반半허무주의적·반半창조적인 무한의심을 향한 폭주'라는 의미에서—과 비교하는, 흥미로운 논평을 했어. (…)

내가 이번 세미나에서 얻은 시사점은, 현재 쓰고 있는 에세이집 《아내를 모자로 착각한 남자》)을 안티스토리anti-tale• 방식으로 완

• 전통적인 소설의 형식이나 관습을 부정하고 새로운 수법을 시도한 소설.

성해야 하며, 그러기 위해서는 네 가지 에세이—섬망·치매·코르사코프증후군·투렛증후군—를 베케트와 유사한 문체로 제시해야 한다는 것이었어. 그런데 안티스토리를 지향하면 스토리를 완성하기가 어려운데, 이런 어려움은 어쩌면 자네가 겪는 어려움—자네가 어렴풋이 말한 적이 있어—과 일맥상통할지도 몰라. 그도 그럴 것이, 내 스토리에는 어느 누구 못지않게 폭발적이고 안티스토리적인 면이 풍부하거든. (비트겐슈타인의 스토리를 제대로 쓰기가 어려운 것도 같은 맥락에서 볼 수 있어. 자네가 내게 선물했던, 매혹적이지만 미치고 환장하게 만드는—토마스 베른하르트Thomas Bernhard의—《수정Correction》에 나오는 것처럼 말이야….)

내 생각에(나는 이렇게 생각하기를 좋아하고, 간혹 과감하게 이렇게 생각하기도 해) 거기에는 발달과 심화라는 과정이 존재하는 것 같아. 그러나 그게 선형 과정이라고 확신할 수는 없어. 사실, 반半파괴적 정신과 반半창조적 정신이 늘 엎치락뒤치락함으로써, 자아를(문자 그대로는 아닐지라도 변증법적으로) 작동·반박·전복한다는 것이 내 지론이야. (…)

(왜냐하면) 거기에서는 통합unity보다 더욱 심오하고 진실된 일종의 단편화fragmentation가 일어나기 때문이야. 또한 일종의 폭발도 일어나는데, 그것은 무질서하지만 삶과 법칙의 가장 심오한 표현이라고 할 수 있어.

더 이상 뭘 말해야 할지 모르겠어. 뭘 말해야 할지, 뭘 생각해야 할지, 뭘 믿어야 할지, 도대체 모르겠어. 아무런 생각도 나지 않아.

(손글씨) *아무리 생각해봐도, 이 편지는 내가 쓰지 않은 것 같아.*

사랑을 담아, 올리버[SB]

그로부터 몇 주 후, 올리버는 샤피로Shapiro라는 사람에게서 잇따라 걸려오는 괴상한 전화를 받기 시작했다. 그는 '은퇴한 저명한 신경학자'이자 '셸던 노빅의 친구'라는 사람에게 소개를 받아 전화를 걸었다며, 한때 올리버의 단골 환자였다고 (확신에 찬 어조로 끈질기게 반복적으로) 주장했다. 올리버는 그 전화 때문에 신경이 날카로울 대로 날카로워져 있었다. 그런데 엎친 데 덮친 격으로 웬 나이든 여성이 올리버에게 전화를 걸어, 존 PJohn P라는 남성 환자의 '살기 어린 광기'를 잠재워 달라고 요구하기 시작했다. 그러면서 존이 그런 부적절한 행동을 하는 것은 순전히 올리버 때문이라고 주장했다.

진퇴양난에 빠진 올리버는 (투레터 존과는, 1978년 협동작업을 진행하다 큰 낭패를 본 후 연락이 두절된 상태였다) 어떻게 대처해야 할지 갈피를 잡지 못하다, '샤피로와 존 P는 동일인(존)이며, 6년 전과 마찬가지로 나의 뒤를 밟으며 호시탐탐 살해할 기회를 노리고 있다'고 생각하게 되었다.

"자네에게 희소식이야." 올리버는 긴장감을 풀기 위해 농담을 던졌다. "교착상태에 빠진 나의 전기에 돌파구를 제공할 테니 말이야. 이 얼마나 완벽한 결말이야!"

그러나 웬걸. 전화의 빈도는 점점 줄어들다 마침내 없던 일이 되었다.

그리고 해가 바뀔 무렵, 나는 올리버에게서 또 한 통의 편지를 받았다.

친애하는 렌에게,

어젯밤에 즐거웠어. (…) 나는 자네와 만날 때마다 친교의 즐거움을 만끽하고 있어. 우정은 매우 서서히 진화한(또는 등장한), 매우 멋진 감정이야. 나이 50이 되면, 종전과 같은 진정한 우정을 맺기 어려울지도 몰라.

한나 아렌트는 이렇게 썼어. "젊은 날에는 편안하고 유익하고 친근한 우정을 맺을 수 있지만, 만년에는 그러기가 어렵다. 왜냐하면 함께 나눌 수 있는 삶이 (객관적으로나 주관적으로나) 얼마 남지 않았기 때문이다. 나는 그런 나이에 오든을 만났다. 따라서 우리는 매우 좋은 친구였지만, 친근한 친구는 아니었다."

나는 자네를 매우 좋은 친구로 여기고 있으며, 친근한 친구라고 확신할 수는 없지만 얼마든지 친근해질 수 있다고 생각하고 있어. 자기변명일 수도 있지만, 나는 먼 발치에서도 친근함을 느낄 수 있어. 안전한 거리를 어느 정도 확보하면, 불필요한 감정이입을 피할 수 있으니 말이야.

자네가 친구인 나를 어떻게 생각하는지(또는 어떻게 느끼는지) 잘 모르겠지만, 우정은 감정의 일부라고 생각해. 그러므로 우정은 제대로 된 글쓰기를 어렵게 만들 수 있어. 내가 자네에게 적당한 거리를 유지하자고 제안한 것은 바로 그 때문이야. 그러나 똑같은 이유로, 우정은 자네의 운신의 폭을 넓히고 글쓰기를 용이하게 하며, 자네의 글에 (우정이 없으면 결핍되기 쉬운) 심오함과 온기를 불어넣을 수 있어… 분명히 말하지만, 내가 환자들의 임상사례 에세이를 쓸 때 환자들에 대한 '친근한 감정'은 용이한 글쓰기를 허용한 데 반해, '적대적인 감정'은 (예컨대 존의 경우) 글쓰기를 거의 불가능하게 만들었어… 물론, 나의 친근함은 어느 정도의 거리를 유지했고, 일종의 완충지대를 설정했어 (완충지대가 없다면, 우정이 감상성 sentimentality으로 추락할 위험이 있는데, 나는 유감스럽게도 간혹 그런 경향을 보이곤 했어… 에릭은 그럴 때마다 나를 책망했고, 나는 그것을 위험신호로 받아들였어).[SB]

마지막 구절에서 많은 여지를 남겼음에도 불구하고, 올리버는 지속적으로 '프로필 작가'라는 우리의 공통과제를 심사숙고함과 동시에 자신의 섹슈얼리티가 드러날 것을 우려했다. 그리고 그의 우려는 시간이 흘러도 좀처럼 수그러들지 않았다. 그러다가 마침내 올 것이 오고야 말았다. 그로부터 몇 주 후 황혼 녘에 리버사이드파크의 산책로를 묵묵히 걸을 때, 곪을 대로 곪은 우려가 폭발한 것이다. 많은 더듬거림과 머뭇거림과 헛기침과 흥얼거림을 거듭한 끝에, 그는 최종적으로 결심을 굳힌 듯했다. "내가 몇 주 전 보낸 편지에서 말한 바와 같이," 그는 말문을 열었다. "나는 자네를 몇 안 되는 소중한 친구로 여기게 되었어. 진작에 편지에서 말하려고 했지만, 아직까지 하지 못한 말이 있어. 그건 자네를 '유능한 전기작가'보다는 '소중한 친구'로서 더 높이 평가한다는 거야." 그리고 다음과 같이 결론지었다. "아무것도 부인할 생각이 없지만, 나는 은둔에 휩싸이고 거리낌 때문에 파괴된 삶을 살아왔어. 이제는 그런 생활이 변화하는 것을 차마 볼 수가 없게 되었어. 그러니 자네가 내 전기 쓰는 작업을 중단해줬으면 좋겠어. 단, 지금뿐이야. 내가 죽은 다음에는, 자네가 우리의 대화록을 어떻게 활용하든 상관 없어."

1984년 말에 쓰려던 올리버 전기를 2019년에 마무리하게 된 것은, 바로 이 때문이다.°

° 그 후 여러 해 동안, 나는 '올리버의 사회적 지위의 상대적 위험성'에 대한 나의 태도와 '그의 섹슈얼리티를 인정하더라도, 이러쿵저러쿵 할 사람은 거의 없을 것'이라는 나의 아전인수적 확신을 곰곰이 생각했다. 그의 사례 특유의 전기적 맥락(어머니의 저주로 인한 트라우마, 그가 성장했던 영국에서 1950년대~1960년대까지 만연했던 동성애혐오증homophobia—1952년 자행된 앨런 튜링의 화학적 거세, 버젓이 존재하고 있었던 엄중한 외설행위gross indecency라는 죄목의 형사적 범죄행위, 1970년대까지 이어진 제러미 소프Jeremy Thorpe 스캔들을 둘러싼 사회환경—등)을 감안할 때, 그가 처해 있는 더욱 광범위한 사회적 환경은 내가 주장해왔던 것만큼 녹록하지 않았을지도 모른다. 장담하건대, 동성애혐오증은 여전히 광범위하게 존재하며 그의 경력과 삶을 파괴할 수 있었다.
그와 동시에, 1969년 일어난 스톤월 항쟁 이후 수만 명의 남성, 수백 명의 의사, 수십 명의 명사 들의 커밍아웃이 줄을 이었다. 그로 인해, 최소한 뉴욕시의 경우, 개별 커밍아웃 사례는 더 이상 사회적 물의의 대상이 되지 않았다. (나는 간혹 이런 의문을 품었다. '한나 아렌트를 좋아했음에도 불구하고 직접적인 정치활동 참여를 주저했던 올리버가, 게이 해방을 둘러싼 내적 갈등으로 번민의 나날을 보내지 않았을까?' 또는 역으로 '그가 뒤이어 수년 동안, 다른 일도 많았지만, 특히 맹인공동체를 돌보는 데 투신한 것은, 어떤 의미에서 자신의 내부압력을 조절하기 위한 밸브가 아니었을까?')
물론, 이 책에 상세히 언급된 대화가 이루어진 기간(1981~1984) 동안, 우리 주변에서 호모섹슈얼리티의 사회사에 두 번째로 큰 변화가 일어나기 시작하더니 커다란 분수령을 이루었다. 처음에는 한 방울에 불과했지만 1985년에 이르러 (나중에 AIDS로 알려진) 질병의 참혹한 홍수가 들이닥쳤고, 그에 대응하여 참여와 연대와 거부의 물결이 거세게 일었다. (올리버와 나는 그 후 몇 년 동안 간혹 만나 '1960년대 이후 그가 온갖 고통에도 불구하고 스스로 강요한 금욕생활 덕분에, 광란의 질병에 노출되는 것을 막는 부수적 효과를 거뒀다'는 사실을 주목했다.) 혹시 누가 알겠는가. 공공지식인public intellectual으로서 점점 더 사랑받던 올리버가 그런 논쟁에 가담했다면, 훨씬 더 일찍 커밍아웃을 할 수 있었을지!
그러나 여기서 중요한 것은, 나는 지금껏 단 한 번도 그의 의지에 반反하여 커밍아웃을 밀어붙이려고 하지 않았다는 점이다. 그의 능동적 동의에 따라 프로젝트를 진행하던 중, 1980년대 중반에 이르러 (어떤 이유가 됐든) 자신의 섹슈얼리티를 공개할 수 없다는 감정을 받아들여 작업을 일시적으로 중단했을 뿐이다. 이게 전부이며, 그 이상도 그 이하도 아니다.

III

그 이후의 발자취

1985~2015

• 우리 아파트의 테라스에서 포즈를 취한 올리버.

18
친구들과 함께
1985~2005

그러나 올리버와 나의 우정은 지속되었다. 절친한 친구로, 30년 후 그가 세상을 떠날 때까지.

여기서 잠깐 짚고 넘어갈 것은, 내가 블루마운틴 호숫가의 오두막집에서 요안나에게 기습적으로 프러포즈를 했다는 것이다(그녀의 아버지가 딸보다 먼저 눈치를 채고 내게 덤벼들어 껴안는 통에, 그렇잖아도 어리둥절한 그녀가 완전히 멘붕에 빠졌다). 그녀와 나는 1984년 말 맨해튼에서 올리버가 기꺼이 참석한 가운데 정식으로 결혼식을 올리고 흥겨운 피로연을 가졌다.

그 후에도 줄곧, 올리버는 우리의 웨스트 95번가 아파트에 정기적으로 들러 점심이나 주말 브런치를 함께했다.

올리버와 나의 작가적 경력과 평판은 바야흐로 탄탄대로를 걷기 시작했다. 〈뉴요커〉의 편집진이 '정치적 비극'과 '문화적 희극'을 빈번히 다룸에 따라, 나는 〈뉴요커〉에 출퇴근하며 글을 더욱 자주 기고했다. 나는 조너선 셸, (뒤이어) 빌 맥키벤Bill Mckibben

• 우리의 결혼식에 참석한 올리버. 격식을 진보적으로 허물고 있다.

과 함께 그 당시에만 해도 익명으로 실린 〈정보와 논평Notes and Comment〉의 세 명의 주요 기고가 중 한 명이었다. 그 시기는 레이건이 급격히 쇠퇴하고, 바통을 이어받은 아버지 부시가 막강한 권력을 휘두르던 때였다. 나는 1984년 7월 데이비드 호크니에 관한 칼럼을 연재하기 시작했다. 칼럼의 주제는 '폴라로이드 사진 콜라주'로, 당시 연재되고 있던 (호크니와 대척점에 있는) 로버트 어윈에 대한 칼럼과 균형을 맞추기 위한 의식적인 포석이었다. 그리고 향후 몇 년 몇 개월 동안, 나는 오랫동안 간과되었던 '있을 법하지 않은 인물들'을 다루게 된다. 젊은 추상표현주의 창시자로, 주체할 수 없는 끼를 발산한 인도 방갈로르 출신의 1세대 추상표현주의자, '돈'을 그리고 '그림'을 지불수단으로 사용하다 (그런 종잡을 수 없는 관행이 으레 그렇듯) 법적 송사에 휘말려 진퇴양난에 빠진 화가, 한때 아방가르드 지휘자였다가 뒤이어 음악사전 편집자로 변신한, 90대의 '실패한 신동' 니콜라스 슬로님스키, 투자은행가로 변신했지만, 진정 원한 것은 어릿광대였던 로켓 과학자… (특히 슬로님스키의 경우 재미있는 것은, 101살 6개월까지 장수했는데 말년에 기이한 일이 일어났다는 것이다. 즉, 101번째 생일을 맞을 때까지 또렷한 정신으로 산 직후, 2주에 걸쳐 여러 번의 일과성허혈발작transient ischemic을 통해 자아감을 잃고 자만심 하나만으로 6개월을 버텼다는 것이다. 그는 자기가 누구인지 전혀 몰랐지만 한때 불세출의 음악가였다는 사실을 알았으므로, 누구든 찾아와 칭찬해주면 그렇게 행복해할 수 없었다. 그 사례를 올리버에게 말해줬더니, "그거야말로 자만심을 담당하는 뇌 영역이 지금껏 우리가 생각했던 영역과 무관함을 보여주는 증거야"라고 말했다.) 그러나 그런 칼럼들과 병행하여, 나는 브라질과 우루과이에서 자행된 고문의 여파, 이라크·사우디아라비아·체코슬로바키아에서 추방된 사람들의 처참한 망명생활, 1980년대 말 폴란드에서 자유노조가 재등장한 후 폴란드와 다른 나라에서 맹위를 떨친 신자유주의적 자본주의 등에 관한 칼럼을 썼다.

내 경험에 비춰 보면, 사람들이 '타인의 노예'처럼 행동하기를 멈추고 '자신에 대한 주인'이 되려고 노력할 때, 열정이 폭발하여 모든 '순간의 기억'들을 (자유노조의 이론가들이 정세를 분석하기 위해 그랬던 것처럼) 줄줄이 소환하여 이어 붙이게 된다. 2001년 정든 〈뉴요커〉를 떠나 뉴욕 대학교(NYU) 부설 뉴욕인문학연구소장으로 부임할 때, 〈뉴요커〉의 사서가 날 한쪽으로 데리고 가 "당신이 20년간 이곳에 근무하는 동안, 당신보다 더 많은 분량의 칼럼을 쓴 작가는 없었어요"라고 말해줬다. 진위 여부를 확인할 수는 없지만 아마 그럴 것이다. 그런데 돌이켜보면, 아이러니하게도 색스와 같은 거물급 작가들은 〈뉴요커〉에 칼럼을 기고할 만한 시간도 여력도 없었다.

그러나 물론, 나의 전성기는 올리버에 비하면 아무것도 아니었다. 특히 영국(덕워스)에서 출간된 그의 첫 번째 글로벌 베스트셀러인 《아내를 모자로 착각한 남자》가 1986년 3월 미국(서밋)에서 출간된 후, 그의 인기는 하늘을 찌를 기세였다. (1985년 그와 관련된 에피소드가 있었다. 어느 날 저녁식사를 하다가 올리버의 에이전트가 의기양양한 태도로 "좀 더 효율적인 영국의 직판점을 물색해보세요"라고 다그치자, 올리버는 잠시 머뭇거리다가 말했다. "콜린이 출판을 매끄럽게 진행한 건 아니에요." 그는 솔직히 인정했다. "사실, 그는 책의 출간을 고의적으로 지연시키는 사람이에요. 그의 태도는 늘 이런 식이에요. '내가 왜 선금을 줘야 하죠? 난 영국은행이 아니에요. 내가 왜 광고를 해야 하죠? 그건 천박한 짓이에요. 내 임무는 책의 편집·인쇄·평판·평론에 신경을 쓴 후, 여유가 생기면 보급판을 내놓는 거예요.'" 그러나 마지막에 올리버는 콜린에게 책 한 권을 증정했는데, 그것은 충정심의 발로였으며 마땅히 그럴 만했다.) 연극계의 전설 피터 브룩Peter Brook과 그의 업체는 이윽고 《아내를 모자로 착각한 남자》에 기반한 연극을 상연하여 호평을 받았으며, 크리스토퍼 롤렌스Christopher Rawlence와 마이클 나이먼Michael Nyman은 표제작을 실내오페라로 각색하여 성공을 거뒀다. 올리버는 NPR, BBC, PBS의 다큐멘터리와 뉴스 프로에 단골로 출연했고, 자신의 결점인 '혀가 꼬이는 자의식'을 극복함에 따라 점차 (명성에 걸맞은 박식함과 어울리지 않는 귀여움을 겸비한) '국민 신경학자'로 자리매김하게 되었다.

그에 더하여, 그와 나는 미국 전역에서 열린 북콘서트에 상대 대담자로 자주 등장했다.

그러던 중 어느 날, 그는 집 안에서 모처럼의 휴식을 취하고 있었다. 1985년 9월 초강력 허리케인 글로리아가 특히 뉴욕시와 시티아일랜드를 직접 겨냥했을 때, 그와 약간의 이웃들은 대피하라는 반복적인 충고에도 불구하고 해양학자 이웃인 스킵의 자택에서 '허리케인 속의 파티'에 빠져 즐거운 오후를 보냈다. 그런데 어느 시점에서 격렬하던 바람이 갑자기 고요해지고 바다가 잔잔해지고 하늘이 눈부시게 파래졌다—그들은 마침내 '허리케인의 눈' 속에 들어간 것이었다. "모든 것이 소름 끼칠 정도로 잠잠했어." 그는 다음 날 이렇게 말했다. (그 당시 나는 그의 말을 받아

• 뉴멕시코주 샌터페이에서 래넌 재단Lannan Foundation이 주최한 이벤트에 참가한 색스와 웨슐러의 무대 위(위)와 무대 뒤(아래) 모습.

적는 데 정신이 팔려, 상황 파악을 제대로 못 한 채 어리둥절해하고 있었다.) "물결이 갑자기 잔잔해진 가운데, 머리 위에서는 새떼가 소용돌이에 휘말린 듯 빙빙 돌고, 해변의 열대나비들은 진공청소기에 빨려 들어가는 듯 허우적거리고, 주변의 모든 것이 '불길한 자비'의 기운에 휩싸여 있었어." 그때, 올리버는 뭔가에 홀린 듯 해변으로 걸어나가 바다에 뛰어들었다! 해변으로 쉽게 돌아올 수 있을 거라 판단했지만, 20미터쯤 헤엄쳐 바다로 나갔을 때 폭풍의 뒷벽에 접근했음을 감지했다. 생명의 위협을 느낀 그는 진로를 바꿔 필사적으로 물살을 갈랐다. "해변으로 되돌아올 때, 물속의 바위와 돌멩이들이 모두 팝콘처럼 튀어올랐어." 그는 이렇게 회고하며, 온몸에 든 멍을 신기함과 자랑스러움이 반씩 섞인 얼굴로 보여줬다. 그러고는 폭풍의 '과장된 흉포함'에 실망한 듯 너스레를 떨었다. "난 궁금한 게 하나 있어." 그는 자못 심각한 얼굴로 말했다. "미국 사람들은 '진짜 위험'에 직면하면 어떤 반응을 보일까?"

그해 늦가을 해협의 수온이 급격히 떨어지자, 올리버는 수영 실력을 자랑할 요량으로 나를 데리고 뉴로셸에 있는 YMCA 실내 수영장으로 갔다. 내가 노트에 적어놓은 내용은 다음과 같다.

> 그의 우람한 근육질 체격은 회색 털가죽으로 뒤덮여 있다. 까만색 스피도 트렁크 수영복, 투명한 까만 테 고글, 커다란 까만색 물갈퀴, 손가락 없고 물갈퀴 달린 까만색 가죽장갑, 그리고 맨 꼭대기에는 (유일하게 털이 없는 신체부위를 덮은) 까만색 수영모자—야물커를 착용한 어리바리한 랍비를 연상시킨다—를 착용하고 있다. 육중한 몸을 이끌고 느릿느릿 전진하는데, 왠지 어색하고 근심스럽고 조심스러워 보인다.
>
> 그러나 일단 입수한 후 그의 수영실력은 강력하고 심지어 신처럼 우아하고 은혜롭다.
>
> 그리고 그는 지칠 줄 모른다. 한번 물에 들어갔다 하면 72번 도는 게 기본이고, 때로는 푸가• 모드에 들어가 몇 시간 동안 논스톱으로 유영한다.

나는 그 구절에 〈블랙라군••에서 온 랍비The Rebbe from the Black Lagoon〉라는 제목을 붙였다.

새로 나온 책의 로열티가 입금되기를 기다리는 동안, 그는 재정적 어려움을 겪고 있었다. 그래서 나는 그에게 인근의 세라 로런스Sarah Lawrence에서 일주일에 한 번씩 열리는 (라이프니츠에서부터 암점에 이르기까지 모든 주제를 다루는) 세미나의 발제를 의뢰했다. 그리고 1986년 겨울에는 내가 오랫동안 출강한 UC 샌타크루즈에 한 달짜리 특임교수로 추천했다. 나의 노트에는 다음과 같이 적혀 있다.

> 2년 전 2월, OWS•••는 시티아일랜드의 우체국 밖 얼음 위에서 미끄러져 자신의 오른쪽 다리마저 부러뜨림으로써 《나는 내 침대에서 다리를 주웠다》의 완성을 축하했다. OWS는 지난해 겨울 내내 또다시 미끄러진 것을 한탄하며, 앞으로 두 번 다시 NYC••••에서 겨울을 보내지 않으리라 맹세했다. 그래서 나는 그를 UCSC••••• 고웰 칼리지에 한 달짜리 특임교수로 추천해줬다. 그랬더니 강의 준비는 안 하고 계속 수영만 하다가, 약속한 주週가 다가오자 점점 더 불안해하는 것 같았다. 그래서 굴러온 돌(특임교수)가 박힌 돌(기존 교

• 음악 용어. 하나의 성부聲部가 주제를 나타내면 다른 성부가 그것을 모방하면서 대위법에 따라 쫓아가는 악곡 형식. 바흐의 작품에 이르러 절정에 달했다.

•• 일본의 만화가 히로에 레이 원작의 만화와 TV 애니메이션 제목. 동남아시아 해역에서 해적 행위를 하는 용병 일당의 이야기를 그리고 있다

••• Oliver Wolf Sacks

•••• New York City

••••• UC Santa Cruz

수진)을 밀어내지 않도록(또는 박힌 돌이 굴러온 돌을 거부하지 않도록) 하기 위해, 첫째 주 강의를 나와 함께 진행하기로 결정했다.

일은 전반적으로 그럭저럭 굴러갔지만, 약간의 노력이 필요했다. 매번 프레젠테이션(화요일과 목요일 세미나 오후 3:15~5:15, 수요일 공개강좌 오후 8시)을 행하기 전에, 그는 나와 함께 캠퍼스를 한 바퀴 돌았다. 그는 사실상 일관성이 없고 생각이 늘 제멋대로였으므로, 나는 그와 보조를 맞추느라 뒤쳐질 수밖에 없었다. 목요일에는 (해양생물학자) 토드 뉴베리Todd Newberry와 (비트겐슈타인 학자) 밥 고프Bobb Goff가 산책에 가담하여, 앞으로 몇 주일 동안 그의 돌발행동에 어떻게 대처해야 하는지 깨달았다. 나의 두 번째 임무는, 세미나를 마무리할 때 약간의 질서를 부여하는 것이었다. 나는 '올리가 논점을 이탈하지나 않을까' 하고 늘 마음을 졸였지만, 그는 매번 아무런 오류 없이 세미나를 마무리함으로써 모두를 놀라게 했다. 그건 정말로 경이로운 일이었다.

1986년 말 요안나가 임신했음을 알았을 때(사람들은 식구가 늘어나는 것을 행복의 척도로 여긴다), 우리는 시가지를 벗어나는 게 좋겠다고 생각하게 되었다(그 당시 사람들은 전형적으로 하나의 방이 더 필요하다고 생각했고, 우리의 형편으로는 맨해튼에서 그런 집을 구할 수 없었다). 우리는 브롱크스의 경계를 넘어, 웨스트체스터 카운티 롱아일랜드해협 쪽에 있는 펠햄을 선택했다. 그곳은 올리버의 시티아일랜드 아지트에서 불과 3킬로미터밖에 떨어져 있지 않았으므로, 그가 점심과 주말 브런치를 먹기 위해 더 자주 들를 수 있었다.

요안나는 (휴먼 라이츠 워치Human Rights Watch(HRW)로 발전한) 아메리카스워치에서 승진을 거듭하여, 마침내 HRW의 초대 UN 대사가 되었다.

우리의 딸 사라 앨리스Sara Alice는 1987년 2월 22일에 태어났고,° 올리버는 바로 다음 날 그녀의 대부가 되는 데 동의했다. 그에게 사라가 유일한 대자녀godchild는 아니었지만(그로부터 몇 년 후, 우울함을 달래기 위해 마신 술에 취해 머리가 띵한 날 밤 늦게, 그는 몽롱한 상태에서 지나가는 말로 "총명한 이성애자 청년과 자주 사랑을 나눴고, 나중에 그가 낳은 자녀의 대부가 되었어"라고 털어놓았다), 그녀에게 그는 유일한 대부였으며 사실은 그 이상이었다(그는 그녀의 곁에 늘 머문 유일한 대부적 존재였다). 그녀는 폴란드인 조부모와 가까운 관계를 유지하며 성장했지만, 실제로 만난 경우는 그리 많지 않았다. 그리고 나의 부모님은 일찍 세상을 떠나셨으므로, 올리버는 그녀의 인생 초기에 크나큰 영향을 미쳤다(올리버가 문자 그대로 '크나큰 존재'였음은 두 말할 나위도 없다). 그는 경이로운 사진을 몇 장 가지고 있는데, 그중 하나는 그의 몸매가 풍만한 시기에 촬영한 것으로, 펠햄의 거실에 놓인 소파 위에서 앙증맞은 그녀 옆에 앉아 온화한 표정으로 그림책을 보여주고 있다.

그는 나중에 그녀를 빈번히 놀라게 하거나 매혹시켰다. 예컨대, 그는 새로운 투렛증후군 친구인 캐나다 출신 젊은 조각가 셰인 피스텔Shane Fistell을 데리고 와서, 인근의 숲에서 사라와 함께

° 사라의 탄생에 즈음하여 〈뉴요커〉에 실린 나의 대담 기사와, 그녀의 탄생을 둘러싼 나의 올리버스러운 사색Oliveresque speculation에 대해서는 자료집을 참조.

• 사라와 올리버.

산책을 했다(셰인은 산책로에서 이리저리 뛰어다니며 이 나무 저 나무를 손가락으로 두드림으로써, 그 광경을 지켜보던 꼬마 현자인 사라가 이렇게 속삭이도록 만들었다. "그는 마치 강아지 같아!"). 그리고 몇 년 후, 그녀는 올리버의 또 다른 친구—《화성의 인류학자》의 주인공인 템플 그랜딘—와 올리버의 집 거실 테이블에 둘러앉아 즐거운 시간을 보냈다. 세 사람(그랜딘, 사라, 올리버)은 〈스타트렉: 넥스트 제너레이션〉에 등장하는 인기만점의 캐릭터 데이터Data의 능력에 대해 거의 탈무드적인 논쟁을 벌이느라 시간 가는 줄 몰랐다. 그리고 또 몇 년 후, 올리버가 패트릭 스튜어트(장-뤽 피카드 선장 역을 맡은, 왕립 셰익스피어 극단 소속 연극 배우)를 처음 만났을 때, 나는 사라와 올리버 중 누가 더 스튜어트에 열광하는지 판단할 수 없었다.

사라가 생후 18개월 만에 말을 배우기 시작하자, 올리버는 언어학습 과정에 점점 더 매혹되어 그 연장선에서 청각장애인들의 언어에 관심을 갖게 되었다(또는 그 반대일 수도 있다. 어느 쪽 방향이 맞는지는 올리버 자신도 모른다). 어쨌든 1988년 봄 갤러뎃 대학교(워싱턴 DC에 있는, 청각장애인을 위한 맞춤형 교육 과정을 제공하는 세계 유일의 대학)의 학생들이 '대통령의 서명 거부'(그리고 날로 증가하는 청각장애인의 자긍심 고취운동의 중심을 차지하고 있는 미국 수화手話의 중요성에 대한 암묵적 경시)에 항의하는 시위를 벌였을 때, 〈뉴욕 리뷰 오브 북스〉의 편집자 밥 실버스는 올리버를 설득하여(그러나 나는 그의 말이 얼마나 설득력이 있었는지 모르겠다) 그 시위에 대한 르포르타주를 쓰도록 했다. 그로부터 며칠 후, 채플린의 〈모던 타임스〉에 나오는 방랑자Tramp를 방불케 하는 장면에서, 유명한 '탐방 리포터' 올리버 색스는 치켜든 주먹에 피켓을 움켜쥔 채 시위행렬의 선두로 떠밀려 나간 자신을 발견했다(심오한 의미에서, 그것은 올리버 자신의 정치적 깨어남이기도 했다. 고작해야 한나 아렌트를 흠모했을 뿐이었던 그가, 난생처음 시위의 선봉에서 행동주의자의 제스처를 취했으니 말이다). 1년 남짓 이어진 르포르타주의 단행본 버전인 《목소리를 보았네》는, 그가 남긴 가장 생생하고 연속적인 스토리텔링 중 하나로 기록되었다. 그것은 '수화의 물 흐르는 듯한 특징' 뿐만이 아니라 '우리가 자기 자신에게 말을 건다는 것의 의미'에 대한 심오한 사색이었다. 그러한 내적 대화에서 언어가 수행하는 역할과, 언어에 접근할 수 없도록 태어난 후 적절한 상관물correlative마저 거부된 어린이가 느끼는 끔찍한 박탈감이란….

〈스타트렉〉을 좋아함에도 불구하고, 올리버는 나머지 대중 문화에 대해서는 전병이었다. 예컨대 어느 날 오후, 그는 최근 진료한 환자에 대한 에피소드를 이야기했다. 한때 히피였던 그 환자는 시간의 흐름 속에 갇혀, 특별한 밴드를 사랑했던 과거에서 벗어나지 못했다고 한다. 올리버는 그 밴드의 이름을 기억하지 못하고 "해피 코프시즈Happy Corpses인가 뭔가…"라고 하다가, 내가 "그레이트풀 데드Grateful Dead로군요"라고 하자 "맞아, 바로 그거야!"라고 했다. (〈마지막 히피The Last Hippie〉라는 문제의 에세이가 출판된 지 몇 년 후에야, 올리버는 그레이트풀 데드의 리드 드러머 미키 하트Mickey Hart와 대중의 머릿속에서 맴도는 두 개의 '타악기 리듬'을 알게 되었다.) 또 다른 날 오후, 나는 올리버의 시티아일랜드 자택에서 걸려온 '숨 넘어갈 듯한 전화'를 받았다. 그는 다급한 목소리로 "할리우드에서 《깨어남》의 영화화에 대한 관심이 폭발했으며, 영화배우들을 나에게 보내 상견례를 하는 단계까지 발전했어"라고 설명했다. 그러고는 "한 영화배우가 지금 차를 몰고 오고 있는데, 먼 발치의 샛길에서 리무진이 모퉁이를 도는 장면이 보여"라고 실황중계를 했다. 여기까지는 좋았는데, 그다음이 문제였다. 그 영화배우의 이름을 까먹었기 때문에, 잠시 후 도착하면 이만저만 한 실례가 아닐 거라는 게 아닌가! "진정하세요." 나는 그의 마음을 누그러뜨리려 애썼다. "제작진으로부터 그 배우에 대해 들은 거 없어요?"

"주요 환자인 레너드 역을 맡길까 생각 중이고, '택시캡Taxicab'인가 뭔가라는 영화로 유명한 사람이라고 하던데…" 그가 말끝을 흐렸다. "혹시 〈택시 드라이버〉에 나오는 로버트 드니로?" 나는 아니면 말고 식으로 들이댔다. "맞다, 바로 그 사람이야!" 올리버는 기뻐 어쩔 줄 모르며 안도감에 휩싸였다. 뒤이어 멀찍이서 초인종 울리는 소리가 들렸다. "고마워, 정말 고마워!"

드니로와의 대화는 잘 마무리되었으며, 올리버 역을 맡기로 한 로빈 윌리엄스는 물론 감독 내정자와의 대화도 일사천리로 진행되었다. (그러나 나와의 통화를 통해 위기를 모면한 후, 전혀 새로운 유형의 혼란이 야기되었다. 왜냐하면 올리버가 한 여성을 뉴욕식물원으로 안내했는데, 그는 그녀의 이름을 페니•인가 뭔가로 알고 있었다. 그런데 나들이 온 어린이들이 일제히 그녀에게 달려와 킥킥거리더니, 그녀를 라번Laverne이라고 불렀다는 게 아닌가! 불쌍한 올리버!)

영화 제작은 예정대로 진행되어 1989년 뉴욕에서 촬영되었는데, 정확한 장소는 시티아일랜드의 한 지점이었다. 시나리오 작가는 올리버의 1969년 자취방을 방갈로 안에 설치했는데, 불과 몇 년 전 작가가 인터뷰한 장소와 분위기가 별로 다르지 않았다(1969년에만 해도, 올리버는 병원 옆의 조그만 아파트에서 살고 있었다). 생각다 못한 영화사는 인근에서 비슷한 집을 임차하여, 일련의 현장 신들을 촬영했다. 어느 날 저녁 나는 요안나, 사라와 함께 촬영현장을 구경하러 갔는데, 때마침 촬영감독과 카메라맨들이 조명을 조절하고 있었다. 그런데 새하얀 의료용 스목smock••을 입은 올리버가, 똑같은 옷을 입은 '극중의 올리버(로빈 분)'와 나

• 《깨어남》을 각색한 영화 〈사랑의 기적〉(1990)을 연출한 페니 마셜Penny Marshall을 가리킨다. 모델로 활동을 시작하여, 1970년대 미국 TV 시트콤 〈라번과 셜리Laverne & Shirley〉에서 라번 드파지오 역으로 사랑 받았다. 이후 감독으로 변신한 그녀는 톰 행크스 주연의 1988년 영화 〈빅〉으로 여성 감독으로는 최초로 1억 달러 돌파 기록을 세웠다.

란히 서 있는 게 아닌가! 내 팔에 안긴 사라는 자신의 대부를 똑바로 쳐다보더니 이내 로빈을 빤히 쳐다봤다. 고개를 갸우뚱거리며 그런 동작을 몇 번 더 반복한 후, 마침내 로빈을 노려보며 근엄하게 말했다. "아저씨는 짝퉁이에요." 올리버와 로빈은 동시에 뒤로 나자빠졌다.

또 한번은 요안나와 내가 (베스에이브러햄의 세트장으로 사용되는) 브루클린 소재 구舊 킹스보로 정신건강센터의 별관으로 올리버를 찾아갔다. 그곳은 종종 엑스트라들로 넘쳐났고 그중 상당수는 진짜 장기 입원 환자였지만, 그 특별한 오후에는 윌리엄스와 드니로만이 클로즈업 신을 촬영할 예정이었다. 그 장면의 배경은 이러했다. 엘도파의 '잘나가던 초창기'는 '훨씬 더 불안한 시기'에 자리를 내주고 있었고, '약물의 효과를 최초로 경험한 환자' 중 한 명인 레너드는 '광범위한 부작용의 끔찍한 폐해를 목격한 최초의 환자' 중 한 명이 되어 있었다. 처음에는 그게 '적절한 용량 적정proper titration의 문제'에 불과하기를 바랐지만, 이 장면에서 레너드는 (실제와 달리 색스보다 먼저) "적절한 균형을 회복하는 것은 불가능하며, 이것은 대참사의 시작에 불과하다"는 점을 깨닫게 된다.

올리버로 분장한 윌리엄스는 소품으로 사용되는 테이블 옆에 앉아 제작진과 농담 따먹기를 하고 있었고(그는 자신이 연기하는 '괴짜의사'를 "아놀드 슈왈제네거와 알버트 슈바이처의 진정한 조합"

•• 의복 위에 입는 사무용·노동용·작업용 덧옷. 여성이나 화가의 작업복, 어린이의 놀이옷 등 주로 의복의 오염을 방지하기 위하여 입는다.

이라고 묘사했다), 카메라와 음향효과 담당자들은 앵글과 음향을 조절하느라 분주했고, 페니 마셜은 촬영장을 맴돌고 있었다. 드니로는 한 구석에서 골똘한 생각에 잠긴 채 마인드컨트롤을 하면서, 링에 뛰어들 준비를 하는 복서처럼 어깨를 잔뜩 웅크린 채 발을 구르고 있었다. 마침내 마셜이 이렇게 선언했다. "오케이, 렛츠 고." 그러자 윌리엄스는 테이블에 앉은 상태에서 진지한 표정을 지었고, 드니로는 느릿느릿 걸어와 테이블 반대편에 자리를 잡고 앉아 그 위에 놓여 있던 책 한 권을 집어 들었다.

"액션." 마셜이 조용히 중얼거리자 장면이 시작되었다. 드니로의 경련은 점점 더 건잡을 수 없게 되고, 발음은 점점 더 꼬여가고, 머리는 이리저리 마구 흔들려, 펼친 책에 집중할 수가 없었다. 이윽고 그는 체념한 듯 책을 옆으로 내던지며 이렇게 투덜거렸다. "더 이상 읽을 수가 없군요. 한 군데에 시선을 집중할 수가 없으니 말이에요." 그러고는 계속 울부짖었다. "난 모두를 실망시켰어요." (윌리엄스: "아니에요.") "나는 당신을 실망시켰어요." ("아니에요, 당신은 날 실망시키지 않았어요!") "난 괴상망측해요." ("아니에요, 그건 사실이 아니에요. 당신은 지극히 정상이에요. 그런 말은 더 이상 듣지 않겠어요.") "나는… 나는… 날 봐요. 날 좀 보란 말이에요." 드니로는 왈칵 울음을 터뜨리고, 말문 막힌 윌리엄스가 테이블 너머로 손을 뻗어 드니로의 손을 잡는다. 두 박자, 세 박자가 지난 후 마셜이 탄식하듯 "컷!"을 외친다. 전율을 느끼게 하는 완벽한 협동공연이었다. 윌리엄스는 즉시 긴장을 풀고 평상시 자아로 돌아가 만면에 득의의 미소를 지었지만, 드니로는 계속 경련을 일으키며 탁자를 사정없이 두드려댔다. "벌어먹을, 우라질, 제기랄, 빌어먹을!" 모두가 달려들어 그를 뜯어말렸다. "됐어요, 이제 그만해요. 진짜 명연기였어요. 그 이상 잘할 수 없었어요." 그러나 그는 욕설과 삿대질을 계속 퍼붓다가, 마침내 배역의 빙의에서 벗어난 듯 갑자기 차분해졌다. 그러고는 연기에 만족한 듯 빙그레 미소를 지었다.

마셜은 미로슬라프 온드리체크Miroslav Ondricek의 얼굴을 유심히 살펴봤다. 온드리체크로 말할 것 같으면 그녀가 신뢰하는 베테랑 카메라맨으로, 〈금발 소녀의 사랑Loves of a Blonde〉 〈만약에…If…〉 〈래그타임Ragtime〉 〈아마데우스Amadeus〉의 촬영감독을 맡은 거장이다. 그가 고개를 끄덕이자, 그녀는 휴식을 선언했고 제작진은 다음 장면을 준비하기 시작했다.

온드리체크와 관련된 흥미로운 에피소드 하나를 소개한다. 그해 가을 제작진이 착용한 남루한 단체복은 까만색 군용재킷으로, 등에 "깨어남"이라는 글자가 우아한 초록색 판화체로 아로새겨져 있었다. 온드리체크는 어느 날 고향 프라하로 잠깐 여행을 떠났는데, 때마침 동구권 국가 전체가 도미노처럼 차례로 변화하기 시작했다. 그리하여 불과 몇 주 후, 1960년대에 온드리체크의 반체제 동료였던 극작가 바츨라프 하벨Václav Havel이 프라하 성 꼭대기의 발코니에 서서, 그 아래 광장에서 환호하는 군중들에게 답례인사를 했다. 그 당시 체코는 벨벳혁명의 절정에 있었는데, 새로운 지도자들은 모두 까만색 럼버 재킷lumbar jacke•을 입고 있었

• 북미나 캐나다의 목재 채벌꾼이 즐겨 착용하는 점퍼풍의 짧은 재킷.

다. 그런데 재킷의 등에는 화려한 녹색 로고가 멋들어지게 휘갈겨져 있었고, 어이없게도 그 내용이 "깨어남"이었다. 그야말로 섬뜩할 정도로 이상야릇한 우연의 일치였다.

그리고 무대의상에 대해 말하자면, 제작자들은 한때 올리버를 영화에 (히치콕처럼) 카메오로 출연 시키기로 결정했었다. 그 내용인즉, 그를 백화점의 산타로 분장시켜, 완전히 깨어난(아직 부작용을 겪지 않고 있는) 레너드가 5번가를 걸어 내려가 쇼핑객들과 어울리는 장면에 들러리로 내세우는 것이었다. 그 장면은 최종적으로 가위질 당했지만, 나중에 일어난 해프닝의 원인으로 작용했다. 그로부터 몇 주 후, 크리스마스 이브 저녁식사 직전 온드리체크가 체코에서 융숭한 대접을 받고 펠햄으로 돌아왔을 때의 일이었다. 누군가 문 두드리는 소리에 사라가 달려나가 문을 여니, 빨갛고 하얀 복장을 갖춘 산타클로스가 문간에 서 있다가 사라를 번쩍 들어 껴안았다. 그녀는 산타의 얼굴(부스스한 천연 턱수염, 동그란 안경)을 유심히 들여다보더니, 호호호 웃으며 외쳤다. "잠깐, 아저씨는 산타가 아니라 올리예요!"

영화촬영이 끝난 후 거의 1년이 지났지만, 올리버는 윌리엄스와의 돈독한 우정을 유지했다(두 사람은 망가지는 데 일가견이 있었으며, 주거니 받거니 하며 끊임없이 망가졌다. 올리버는 윌리엄스의 전광석화와 같은 '열광적이고 익살스러운 자유연상'을 가리켜, 투렛증후군 환자들과 신경학적 연대감neurological kinship을 느끼는 것 같다고 했다).

마침내 개봉일인 1990년 크리스마스 이브, 요안나와 나는 맨해튼의 파리 극장에서 내빈들과 함께 첫 시사회를 관람한 후, 인

● 산타 올리버.

근의 피에르 호텔에서 열린 갈라 디너쇼에 참석했다. 영화는 스튜디오에서 제작하기에 안성맞춤이었고, 모든 배우의 연기가 탁월했으며, 배경과 스토리의 사실성이 뛰어났다. 그러나 무엇보다도, 스티븐 자일리안Steven Zaillian의 시나리오가 원작의 정신에 충실했던 것으로 평가 받았다. 영화가 실제 스토리와 달라진 이유는 크게 두 가지였다. 첫째, 메시아주의적 판타지를 품은 올리버가 자신의 계획을 내세워 병원의 행정가들을 설득해야만 했다. 둘째, 할리우드는 역시 할리우드여서, 올리버와 러브라인(또는 그와 비슷한 로맨스)을 펼칠 상대역이 있어야만 했다. 수줍음 많은 신경과의사는 자신을 흠모하는 간호사(줄리 카브너Julie Kavner의 섬세한 연기가 압권이었다)와 머뭇거리며 끊어질 듯 말 듯 한 로맨스를 펼치다, 마침내 지고지순하고 찰나적인 사랑을 나눈다.

첫 시사회에 참석한 관객들은 완전히 몰입하여 황홀해하다가, 종국에는 전원 기립박수를 보냈다. 관람을 마치고 느긋하게 피에르로 향하는 길에, 올리버는 줄곧 내 곁에서 걸으며 상기되고 들뜬 목소리로 속삭였다. "나는 모든 여성들의 뺨에 키스를 하고, 모든 남성들과 악수를 하고 있어. 잘하고 있는 것 같지만, 아닌 것 같다는 생각이 살짝 들기도 해." 그러나 그건 매우 잘한 일이었고, 그는 만찬회장에 도착할 때까지 완전히 적절하게 행동했다. 요안나와 나는 올리버의 옆에 앉았고, 맞은편에는 드니로와 잠시 사랑을 나눴던 페넬로프 앤 밀러Penelope Ann Miller가 기막히게 아름다운 민소매 가운 차림으로 앉았다. 모든 자리에 스폰서(이를테면, 랄프로렌, 캘빈클라인)에서 협찬한 선물들이 놓여 있었는데, 그중에서도 여성용 향수와 남성용 오드콜로뉴eau de cologne가 눈길을 끌었다. 아니나 다를까, 올리버는 흥분을 감추지 못하고 향수병을 열어 자기 얼굴에 약간량을 뿌렸다. 그리고 몇 분 후에 또, 몇 분 후에 또. 급기야 그는 향수를 병째로 머리 위에 뿌려, 순식간에 절반을 뚝딱 해치웠다. 로빈은 올리버에게 다가와 허그를 하려다, 움찔하여 1미터 밖으로 물러났다. 그도 그럴 것이, 올리버는 '고약한 향수 냄새의 벽'에 둘러싸여 있었던 것이다(갑오징어와 라벤더 향 혼합물의 망령!) "우와!" 올리버는 내빈의 눈치를 살피다 상황을 파악하고는, 병을 움켜쥐고 한구석으로 자리를 옮겨 나머지 절반을 온몸에 마구 뿌렸다.

어느 시점에서 밀러가 자리에서 일어나 주위를 뱅뱅 돌자, 나는 올리버에게 그녀의 연기가 어땠냐고 넌지시 물었다. 두 박자 후 그의 대답이 걸작이었다. "그녀가 영화에 출연했어?"

꽃길 같은 삶은 계속되었다. 1980년대 후반 《아내를 모자로 착각한 남자》가 출간된 데 이어 로열티가 상승하자, 남은 평생 동안 올리버의 뒤치다꺼리를 도맡을 수 있는 지원체계(그의 책을 각색한 영화에 출현한 사람 분간하기에서부터, 새로운 정보 수집하여 알려주기와 전반적인 일상사 챙겨주기에 이르기까지)가 형성되기 시작했다. 그중 첫 번째 인물은 헬렌Helen인데, 일주일에 한 번씩 방문하는 가정부이자 경이로운 요리사로서 올리버의 사랑을 독차지했다. 그녀는 매우 목요일 올리버의 아파트에 들러 일주일분 식량을 냉장고에 가득 채워줬는데, 그중 최고는 어머니의 손맛을 거의 완벽하게 재현한 게필테 피시gefilte fish•였다. 헬렌이 1992년 세상을 떠난 후, 요안나와 나는 우리의 가정부인 과테말라 출신의 욜란다Yolanda를 그에게 소개해줬는데, 작고 민첩한 그녀 역시 붙박이 가정부 노릇을 톡톡히 하며 올리버의 사랑을 한 몸에 받았다. 두 번째 인물은 전화회사의 선로공인 케빈 핼리건Kevin Halligan으로, 선로 이상 때문에 올리버를 방문한 것이 인연이 되어, 재주 많고 인심 좋은 만능 파트타임 일꾼 겸 책꽂이 제작자로 눌러앉았다. 그는 올리버의 아파트 구석구석에 책꽂이를 설치한 후, 급기야 인근에 있는 웨슐러의 영지領地에까지 진출하여 솜씨를 유감없이 발휘했다.

그러나 의문의 여지 없이 가장 중요한 사건은, 케이트 에드거Kate Edgar가 다시 돌아온 것이었다. 그녀는 서밋북스에 있는 짐

• 송어·잉어 고기에 계란·양파 따위를 섞어 둥글게 뭉쳐 끓인 유대 요리.

실버먼의 사무실에서 주필을 역임했는데, 샌프란시스코로 이사 간 후에도 올리버의 '다리 책' 원고 중 일부를 타이핑하고 정서하며 짐을 계속 도왔다(그녀는 '훌륭한 의사'의 무지막지한 악필을 해독하는 전문가로서, 때로 해독이 불가능할 때는 타의 추종을 불허하는 추리력을 발휘했다). 그녀는 뉴욕에 돌아오자마자 올리버와 계약을 맺고, 일주일에 한 번씩 승용차를 몰고 시티아일랜드로 드라이브를 나왔다. 그러고는 올리버의 사무실을 정리하고, 곧 출간될 《아내를 모자로 착각한 남자》와 관련된 에세이들을 챙겼다. 그녀의 파트타임 역할은 점차 풀타임으로 진화하여, 올리버의 사무실과 인생을 관리하는 집사를 탄생시켰다. 그 과정에서, 그녀는 올리버의 마지막 30년을 문자 그대로 '창조적 급성장기'로 만들었다. 그녀는 언젠가 올리버의 집필생활을 농담 삼아 기술하면서, 자신이 "편집자" "비서" "엄마"라는 세 가지 역할을 동시에 수행했다고 설명했다. 그녀는 뒤이어 다른 사람들을 영입했는데, 그 중에는 빌 모건Bill Morgan과 헤일리 부이치크Hailey Wojcik가 포함되어 있었다. 빌은 올리버의 엄청난 진료기록, 여기저기 흩어져 있는 원고, 필기광적 일기와 편지, 이것저것 다양한 오디오·비디오 카세트를 보관하는 프로젝트를 담당했다. 그리고 헤일리는 박식가로, 새로운 자료를 기록하거나 올리버의 날로 팽창하는 편지를 정리하지 않을 때는 부업으로 최첨단 컨트리 록 연주자 생활을 했다. (헤일리의 양다리 생활은 이따금씩 서로 매혹적으로 뒤섞여, 그녀의 십팔번인 〈기억상실Amnesia〉로 귀결되었다. "머리로 들이받자/ 죽을 만큼 세지 않게/ 그러나 내뱉은 말을 모두 잊어버릴 정도로 세게/ 덤으로, 아직 말하지 않은 것까지 잊어버리도록 세게.")

1990년 1월 20일, 올리버의 아버지가 런던에서 향년 95세로 타계했다. 그를 추모한 부고문 중 하나를 소개하면 다음과 같다. "73년 동안 의사로 일하며 친척, 친구, 심지어 개업가정의협회 Family Practitioner Committee에까지 아빠Pop로 알려진 색스 박사는, 200만 건에 달하는 진료기록을 마지막까지 보관하고 있었다. 그리고 최근 은퇴할 때까지 외래진료와 규칙적인 왕진을 통해 2000명의 단골환자들을 돌봤다." 내가 공항까지 태워주는 동안(올리버는 런던에 가서 시바를 준비하고, 형 마이클의 새로운 인생을 설계해야 했다), 올리버는 지나간 일들을 마치 그림을 그리듯 생생히 회고했다.

그로부터 1년 후인 1991년 1월 25일, 올리버는 잠시 시간을 내어 타블로이드 신문("영화에서 로빈 윌리엄스가 연기했던, 바로 그 의사", "'사랑의 기적의 의사' 해고되다")을 발행했다. 당시 그는 1200명의 뉴욕주 보건의료종사자들과 함께, 1966년 이후 활발히 활동했던 브롱크스 주립병원(정신건강센터)에서 해고되었다. 그는 〈뉴욕타임스〉의 기명논평op-ed에서 다음과 같이 지적했다. "주립병원의 의료는 다년간 꾸준히 악화되었으며, 의료라는 개념이 조만간 거의 사라질까 봐 우려된다. 이러한 상황은 비극적인 동시에 부적절하다. 뉴욕주의 예산 절감은 미미할 것이며, 인도주의적 관점에서 본 부담은 막대할 것이다."

그럼에도 불구하고, 올리버는 그 후로도 오랫동안 간헐적인 무료봉사 개념으로 브롱크스 정신건강센터를 방문하여, 자신만의 오랜 병동에서 규칙적인 회진을 했다.

한편 몇 달 후, 올리버는 보스턴에서 열린 (4000명의 신경과 의사들이 참가한) 미국신경학회 연례회의에서 대통령표창을 받아 크게 고무되었다. 그는 수상소감에서 '소속감'과 '금의환향'과 '마무리'를 언급했다. 특히 젊은 신경과의사들이 책을 들고 다가와, "저의 영웅이십니다"라고 하며 사인을 요청할 때는 날아갈 듯한 기분이었다고 한다. 루리야가 그에게 그랬던 것처럼, 그는 젊은 신경과의사들에게 아버지 같은 존재였다. 더욱이 그는 "신경학 분야를 밝힌 휘황찬란한 광채"라는 찬사를 받았는데, 그것은 1920년대의 입자물리학에 비견되는 일이었다.

나는 같은 기간에 두 편의 에세이를 발표했는데, 둘 다 '올리버와 함께한 세월'에 초점을 맞춘 정치적 알레고리였다. 첫 번째 에세이는 1990년 1월 29일 〈뉴요커〉의 〈정보와 논평〉 란에 실렸는데, 그달에는 동유럽을 휩쓴 벨벳혁명이 절정에 달했다. 그 에세이에는, 올리버가 엉클 토비를 극적으로 부활시킨 사연—그리고 엉클 토비의 신체대사가 수년간 차단된 동안 유보되었던 악성종양이, 그의 부활과 함께 갑자기 활성화되어 수 주 내에 그의 목숨을 앗아간 사연—이 실렸는데, 그것은 앞으로 벌어질 일에 대한 충고성 경고였다.[SB] (그로부터 몇 년 후, 해체의 길을 걷고 있던 유고슬라비아 연방의 미국 대사 워런 짐머먼Warren Zimmerman은 바야흐로 전개될 참상을 설명하기 위해 엉클 토비의 이미지를 상기시켰다.) 두 번째 에세이는 몇 달 후 〈스리페니리뷰Three Penny Review〉 1990년 가을호에 〈동유럽의 알레고리Allegories of Eastern Europe〉라는 제목으로 실렸는데, 나는 그 에세이에서 이렇게 제안했다. "올리버의 《깨어남》과 (프라하 성의 난간에서 당황한 기색이 역력한 채, 환호하는 군중에게 연설하던) 하벨의 까만 재킷 등판에 아로새겨진 '깨어남'이라는 로고야말로 '신자유주의적 자본주의가 급속도로 도입되는 가운데 와르르 무너지는 소비에트 제국의 경제에서 무엇을 기대할 것인가?'에 대한 거의 완벽한 텍스트다."SB

1992년 3월 16일, 내가 아직도 품고 있었던 판타지('올리버의 활약상이 담긴 글들을 내 손으로 〈뉴요커〉에 실을 수 있었으면 좋겠다')의 종말을 알리는 듯한 사건이 일어났다. 올리버는 (로버트 고틀리브Robert Gottlieb가 편집장을 맡고 있는) 〈뉴요커〉에 자기의 이름을 건 에세이를 처음으로 기고했다. 그것은 브리티시 컬럼비아에 거주하는 투렛증후군 환자 탐방기였는데, 그 환자의 직업은 외과의사였다. 그는 그 이후로도 수십 편의 경이로운 에세이를 잇따라 기고했다.

그럼에도 불구하고, 나는 (점차 만료돼 가는) 나의 노트에 일화를 간헐적으로 추가했다. 예컨대, 모종의 프로젝트—이 프로젝트는 끝내 구체화되지 않았다—를 위해 〈길 잃은 뱃사람〉에 대한 권리 일체를 매입한 영화제작자 닐 바어는, 어느 날 올리버와 함께 샌프란시스코 금문교에 있는 캘리포니아 과학아카데미의 정원을 걷고 있었다. 그런데 올리버는 갑자기 땅바닥에 배를 깔고 엎드려 부르르 떪으로써 바어를 몹시 당황하게 만들었다. 바어가 생각하기에, 올리버는 필시 뇌졸중이나 협심증 등의 발작을 일으키는 것 같았다. 그러나 천만의 말씀. 그는 단지 달콤한 밀어를 속삭이고 있을 뿐이었다. "그는 생전 처음 보는 희귀한 양치식물을 만났다." 닐은 회고했다. "그는 황홀경과 동류의식에 휩싸여 몸을 가누지 못했다."

올리버는 언젠가 이렇게 회고하기도 했다. "우울증에 시달리던 젊은 시절, 나는 간혹 내가 알츠하이머병에 걸렸다고 확신하곤 했어. 그래서 한번은 진짜인지 아닌지 확인하기 위해, 기억력을 테스트해봤어. 칸트의《학문으로 등장할 수 있는 미래의 모든 형이상학을 위한 서설》을 외워서 쓴 거지. 알고 보니 기억력이 녹슬지 않았더군. 원본과 약간 다르지만 거의 완벽했어. 그래서 '우울증은 기능의 문제가 아니라 활력의 문제다'라는 결론을 내렸어. 그랬더니 한결 마음이 놓이더군."

차츰 알게 되었지만, 올리버의 늘어나는 대중적·세속적 성공이 그의 고질병인 '정교하고 신경증적인 동요'를 예방하지는 못했다. 그의 수영 친구 중 하나인 피터 셀진에 의하면, 제퍼슨 호수로 드라이브를 가던 도중 한 마을에서 잠깐 내려 커피 한잔을 하고 승용차로 돌아왔을 때, 올리버가 개똥을 밟은 것을 알게 되었다. "그에게 그건 대재앙이었다." 피터는 그 장면을 회상하며 껄껄 웃었다. "왜냐하면 복합적인 재난의 예고편이었기 때문이다. 아니나 다를까. 올리버는 자신의 신발, 가속페달, 거리, 마을, 전 세상이 불길에 휩싸일 거라며 전전긍긍했다. 한마디로, 그는 히스테리의 끝판왕이었다. 그러나 그는 결국 자신을 되돌아보며 실소를 머금는 여유를 지니게 되었다."

그러나 모든 일화가 해피엔딩으로 마무리되는 것은 아니었다. 그는 때때로 어색하리만큼 혀가 꼬이는 상황을 극복하지 못했다. 나의 오랜 LA 친구인 수지 아인슈타인Susie Einstein에 의하면, 올리버는 1992년 12월 LACMA•가 주최한 '아웃사이더 미술 전

• 로스앤젤레스 카운티 미술관Los Angeles County Museum of Art.

시회Outsider Art show'에서 정신병 환자의 예술작품에 대한 강연을 했다. "강연이 끝날 즈음, 그는 순서에 따라 청중들에게 질문을 받았어요. 그런데 한 나이든 여성이 일어나, 1년 전 뇌졸중을 앓고 약간의 변화가 일어난 스토리를 장황하게 이야기했어요. 그녀의 이야기는 멈출 줄 몰랐어요. 어느 시점에서 올리버가 제지하려 들었지만 역부족이었어요. 마침내 그녀는《아내를 모자로 착각한 남자》에 나오는 캐릭터를 언급하며, '나는 뇌졸중을 앓은 후 내 인생에서 가장 두드러진 변화를 경험했어요. 그건 지금껏 단 한 번도 만나지 않은 남성에게 강렬한 연정을 느낀 거예요. 그래서 그가 쓴 책을 모조리 다 읽었지만, 연모하는 마음을 달랠 길이 없어요!'라고 말했어요. 그쯤 되자 모든 청중들의 머리가 일제히 올리버를 향했고, 올리버는 얼굴이 새빨개진 채 고개를 푹 숙이고 자신의 발만 내려다봤어요. 매우 의미심장한 표정으로 침묵을 지킨 끝에, 올리버는 이렇게 중얼거렸어요. '저로서는 도무지 요령부득입니다. 어쨌든 감사합니다, 좋은 밤 되세요!' 올리버는 정말 숙맥이었어요."

물론, 비록 가끔씩이지만, 올리버는 그렇게 물러터진 사람은 아니었다. 1994년 12월 올리버를 격분하게 만든 사건이 벌어졌는데, 이번에는 올리버의 잘못 때문이 아니었다. 나의 노트를 펼쳐, 내가 지금까지도 아주 드문드문 적어 넣고 있는 일화 중 하나를 살펴보기로 하자.

> 지난밤에 일어난 사건은 (내가 좀 더 솔직담백하게 기술해야 하는) 올리버의 또 다른 측면을 드러내는 전형적인 사례라고 볼 수 있다.

• 펠햄의 집에서 올리버와 담소를 나누는 사라.

사실 그리 중요하지는 않지만, 개요를 파악하고 완전한 초상화를 그리는 데 필수적이라는 점에서 유의미하다고 볼 수 있다.

전화벨이 울려서 받으니, 올리버가 분노와 정의감에 불타 씩씩거린다. 자초지종을 들어 보니 그럴 만도 하다. 그는 사무실에 최신형 TV를 들여놓았고, 사무실에 있던 TV는 집으로 가져가 (터놓고 지내는) 이웃에게 무상으로 제공했다. 그와 이웃집은 비슷한 기종의 TV를 보유하고 있는데, 사무실에 있던 것이 조금 더 신형이었다(그러므로 이웃집 여성과 자녀들은 후자보다는 전자에 더 익숙했다). 그런데 그녀는 뭔가를 단단히 오해한 듯했다(또는 올리의 사람됨을 잘 알고 있었기에, 상황을 너무나 완벽하게 이해한 나머지 그의 당부—아무런 부담 없이 사용하세요—를 너무 포괄적으로 해석한 것 같았다).

각설하고, 오늘 저녁에 집에 돌아와 보니, (안테나가 아슬아슬하게 달려 있는) 구닥다리 TV가 온데간데 없이 사라지고, 그 자리에 사무실에서 가져온 TV가 떡 하니 놓여 있는 게 아닌가! 알고 보니, 문제는 이러했다. 이웃집 여자(또는 그녀의 남편)가 사무실 TV의 설치방법(또는 VCR을 연결하는 법)을 몰라, 결과적으로 수신상태가 불량하게 된 것이었다. (내가 보기에, 사무실 TV는—미세조정 방법을 몰라서 그럴 뿐—그럭저럭 작동하고 있었으며, 심지어 고장났다는 느낌마저 들지 않았다.)

올리는 이성을 잃고, 히스테리와 분노가 폭발했다. 아무리 그래도 그렇지, 주인의 허락도 받지 않고 집에 들어와 거실의 TV를 바꿔치기 하다니! 그는 그런 인격모독을 이해할 수가 없었다. 이웃집 여성에게 온갖 친절을 베풀었음에도 불구하고 그런 어처구니없는 일을 당하니, 마치 떡 주고 뺨 맞은 기분이었다. 집안이 온통 파렴치한 행위에 파묻혔고, 일시적인 도덕적 해이와 악랄한 주거침입과 및 절도행위로 인해 지금껏 모범적이었던 이웃과의 관계가 영구적으로 훼손되었다.

그의 이웃은 매우 추악하고 불쾌하고 용서할 수 없는 야만행위를 저질렀으므로(나는 올리버가 사용한 단어를 그대로 사용하고 있음을 인정한다), 올리버의 심정을 너그러이 이해해줘야 한다. 그는 도덕적 분노를 표시하는 데 그치지 않고, 종종—거의 항상—자신을 들여다보고 반성할 줄 아는 사람이기 때문이다. 물론 그의 분노는, 그가 호모섹슈얼리티를 드러낸 후 어머니에게 받은 신명기적 저주에 대한 반항심의 발로—올리버 자신의 내면적 음성—라고 할 수 있다.

그러나 예수는 때로 올리버의 옷깃을 부여잡고 큰 소리로 말한다. "너는 이미 다 컸다! 징징거리지 마라!"

다음 해인 1995년, 케이트와 올리버는 올리버의 인생을 체계화하려는 포괄적인 노력의 일환으로, (공교롭게도 스톤월에서 몇 블록밖에 떨어지지 않은) 그리니치 빌리지 호레이쇼 스트리트의 한 아파트에 작은 사무실을 얻었다. 그러나 올리버는 시티아일랜드에 계속 기거하며 정기적으로 나의 거처를 방문했다. 1997년 5월 나의 노트에 적힌 글을 소개한다. 지금 읽어봐도 적어놓기를 잘했다는 느낌이 든다.

올리버가《색맹의 섬》때문에 유럽 여행을 다녀온 후, 나는 그와 함께 인근의 숲을 산책한다.

그는 취리히에서(그는 강연을 할 때마다, 해당 지역과 관련된 적절한 자전적 에피소드를 첨가하려고 노력한다), 낭송회에 모여든 청중 앞에서 '취리히에 특별한 애착을 갖고 있어요'라고 말하고 싶은 충동을 억누르느라 애를 먹었다고 한다. 왜냐하면 그가 열두 살 때 공용풀장에서 최초로 오르가즘을 느낀 곳이 바로 취리히였기 때문이다… 그러니까 제2차 세계대전이 끝난 지 몇 년 후의 일이었다. 그의 부모는 자녀들을 데리고 최초의 '평화기 여행'을 떠났다. 그는 '전쟁을 모면한 취리히'의 절경을 잔뜩 기대했는데, 어느 날 오후 공용풀의 한복판에서 코르크 뗏목을 타고 있을 때 '아주 근사한 느낌'을 경험했다. 그 느낌은 점점 더 커져 믿을 수 없을 만큼 강렬해졌고, 더할 나위 없는 웰빙감을 동반하는 황홀경으로 이어졌다. 잠시 후 탈의실에서, 그는 자신의 수영복 반바지가 온통 끈적끈적해진 것을 발견했다.

(전형적으로, 그는 그 경험을 자신의 '수영 사랑'과 결부시킨다. 그러나 내 생각은 다르다. 나는 그를 겹겹이 에워싼 '반라의 살덩어리'가 오르가즘을 유발했을 거라고 지적하지만, 그는 단칼에 거부하며 "그런 생각은 추호도 해본 적이 없어"라고 주장한다.)

그는 곧 출간될 〈뉴요커〉에 실릴 수영에 관한 에세이를 쓰고 있는데, 거기에 최근 세인트폴 스쿨의 동창회보에서 영감을 받아 쓴 구절이 포함되어 있다고 한다. 그에 따르면, 세인트폴스는 그가 다니는 동안 널따랗고 아름다운 풀을 보유하고 있었는데, 그는 그곳에 몸을 담근 적이 거의 없었다고 한다.

왜 그랬을까? 그의 정신과 주치의인 셴골드의 클리닉에서 최근 샘물처럼 솟아난 '오랫동안 억눌렸던 기억'에 의하면, 그는 청소년기에 흉측하고 수치스러운 악성 피부병에 걸려 있었다. 그것은 걷잡을 수 없이 썩어 들어가는 화농성 발진을 초래했는데, 옥스퍼드에 도착하자마자 씻은 듯이 나았다. 그러나 청소년기 동안에는 너무나 수치스러워, 수영복 또는 반바지 차림이나 맨가슴으로 친구들 앞에 나타나지 않았다.

그럼 피부병의 원인은 뭐였을까? 의사들은 원인을 밝혀내지 못했다. 혹시 그의 호모섹슈얼리티에 대한 수치심의 외적 표현이었을까? 아니면 정반대로, 그런 수치심이 그의 '싹트는 호모섹슈얼리티'에 대한 태도를 조장한 것은 아니었을까? 어쩌면 피부병이 그를 동성애적 충동으로부터 보호해줬는지도 모른다. 누가 알겠는가!

우리의 화제는, 그가 '오드리 헵번의 순간'을 약간 맛본 로마여행으로 넘어간다. 통역을 맡은 청년이 오토바이를 갖고 나타나, 그에게 "손수 몰고 로마를 한 바퀴 도세요"라고 했단다. 올리버는 주차장을 몇 바퀴 신나게 돌고 나서, 청년을 꽁무니에 태운 채 굉음을 내며 로마로 서서히 진입했다(그러나 누가 그레고리 펙이고 누가 헵번인지는 불투명하다). 그는 통역자와 자신의 룸에서 저녁식사를 한 후, 약간의 사랑에 빠졌다. 최근 그런 일이 부쩍 자주 일어나지만, 그는 호감이 가는 사람에게 작업을 걸거나 집으로 초대하는 스타일이 아니다(내 생각에, 올리버는 상대방에게 경외감을 불러일으키는 인물이다). 늘 그렇듯, 그는 일정한 선을 넘지 못했다.

아!

공식적인 기록을 남기기 위해, 나는 그즈음 올리버의 마음속에서 과거의 '상종 못할 인물' 중 하나에 대한 경멸감이 눈 녹듯 사라졌음을 지적하고 넘어가고자 한다. 나의 파일에는, 1998년 7월 24일 〈사이언스〉에 실린 더글러스 호프스태터의 〈대중문화는 이성적 탐구를 위협한다〉는 에세이의 복사본이 들어 있다. 올리버는 맨 꼭대기에 빨간 잉크로 "나는 이 에세이가 경이롭다고 생각해!"라고 휘갈겨 써놓았다.

그즈음 올리버는 자신의 '신경학적 화가'들에게 점점 더 많은 관심을 보이며, 수시로 그들을 거론했다. 그는 다양한 환자들에서 나타나는 일련의 기이하고 종종 괄목할 만한 시각표상 능력에 주목했다. 한 뛰어난 화가는 갑자기 색맹이 되었음에도, 붓을

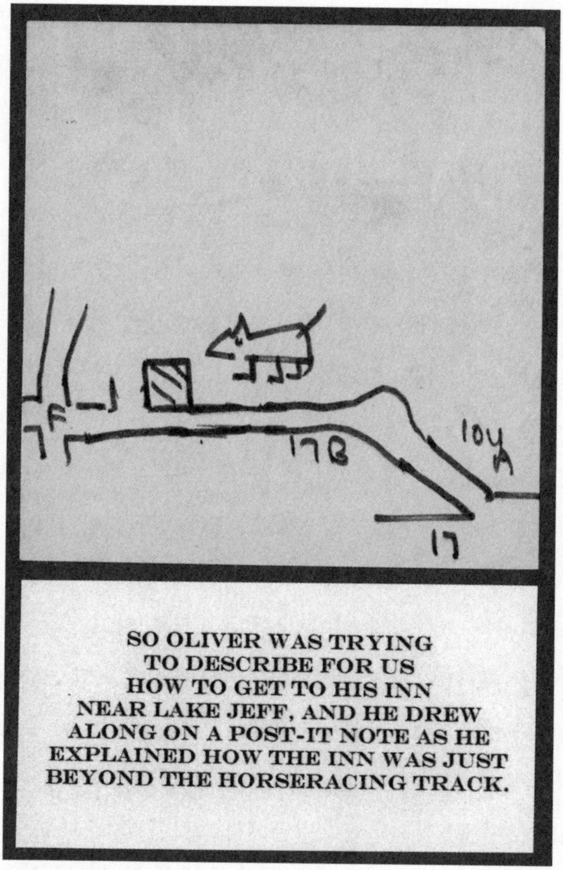

• 시궁쥐 경기장.

올리버는 나에게 제퍼슨 호텔 근처의 여관에 가는 길을 가르쳐 주고 싶어 안달이었다. 그래서 그는 포스트잇 한 장을 꺼내 그림을 그리며, 그 여관은 경마장 바로 너머에 있다고 설명해줬다.

놓지 않고 그레이스케일•로 계속 그림을 그렸다. 한 젊은 자폐성 서번트savant••는 '생생한 묘사'에 대한 재능을 빼면 완전한 자폐증 환자였다. 샌프란시스코에 거주하는 한 이탈리아계 이민자는 조그만 고향마을에 관한 눈부시도록 선명하고 달콤한 기억을 유화로 옮기고 있었다.

올리버 자신은 화가와는 거리가 멀어도 한참 멀었다. 예컨대, 그는 언젠가 나를 위해 '제퍼슨 호수 호텔 찾아가는 길'을 쓱쓱 그려줬는데, 나는 그것을 가보로 삼기 위해 파일에 얼른 보관했다.

그 호텔에 가려면 몬티셀로 경마장(또는 올리버의 그림에 기반하여, '시궁쥐 경기장'이라고 상상해도 무방하다)을 지나가야 하는 것처럼 보였다.

올리버의 그림솜씨 이야기는 이 정도로 하고, 그는 환자들을 방문할 때마다 나를 일종의 미학 자문위원으로 대동하곤 했다(그는 그 분야에 대해서는 자신의 감각을 신뢰하지 않았다). 우리가 만난 화가 중에서 가장 매혹적이었던 사람은 또 한 명의 경이로운(그러나 좀 더 유명한) 자폐성 미술영재 스티븐 윌트셔Stephen Wiltshire로, 카리브해에 있는 영국령 섬나라 출신의 청년이었다. 올리버는 그와 많은 시간을 함께 보냈고, 심지어 그즈음 러시아를 여행할 때 데려가기도 했다. 사실, 그 '수줍은 원더맨'을 만난 기억은

• 백색과 흑색 사이의 회색 영역을 표시하기 위하여, 백색과 흑색의 비율을 변화시킨 일련의 색조.

•• 전반적으로는 정상인보다 지적 능력이 떨어지나, 특정 분야에 대해서만은 비범한 능력을 보이는 사람.

없지만, 올리버는 그를 자주 언급했고 때로 그의 그림을 보여줬다. 그런데 신기한 것은, 내 파일을 들여다보면 그의 그림보다는 (그즈음 갑작스레 피어난) 음악적 재능이 돋보인다는 것이다. 특히 윌트셔는 무슨 바람이 불었는지, 조지 데이비드 웨이스George David Weiss와 밥 틸Bob Thiele의 재즈 스탠다드인 〈왓 어 원더풀 월드What a Wonderful World〉의 루이 암스트롱 버전을 흉내 내는 데 재미를 붙였다. 나는 언젠가 올리버와 그 이야기를 하다가 보낸 쪽지에서, 노래의 가사•••를 적은 후 다음과 같은 논평을 달았다.

1. 첫 번째 연("나는 초록색 나무들을 본다…")은 시각화의 정수예요. 그것은 화가나 예언자, 또는 자신의 눈을 통해 세상을 맨 처음 제대로 경험한 사람의 노래예요.

2. 세 번째 연("무지개의 색깔들이 예쁘다…")은 인종에 관한 이야기로 시작돼요. 서로 어우러져 살아가는 모든 종류의 인종들 말이에요. 스티븐의 인종을 감안할 때 의미심장하지 않나요?

세 번째 연의 뒷부분("나는 친구들이 "안녕"이라고 말하며 악수하는 것을 본다. 그들은 사실 '난… 널… 사랑해'라고 말하고 있다")은 스티븐의 사정을 감안할 때 가장 가슴 아픈 구절이에요. 이것은 스티븐이 다른 방법으로는 도저히 경험할 수 없는 상호주관성intersubjectivity••••을 말하고 있어요. 당신은 "그가 노래할 때 자폐증이 사라진다"고 했어요. 그건 그가 노래하는 동안, 다른 방법으로는 불가능한 (이 노래의 가사가 암시하는 것과 같은) 상호주관적 경험의 가능성에 접근한다는 뜻인가요? 정말 그런가요? 만약 아니라면, 그가 진짜로 경험하는 것은 뭘까요?

3. 네 번째 연("나는 아기들이 우는 소리를 듣는다 …")도 스티븐의

••• 필자는 다음과 같이 말했다. "나는 여기서 〈왓 어 원더풀 월드〉의 가사를 굳이 적지 않으려 한다. 너무나 유행한 노래이므로, 나의 논평을 완벽하게 이해하고 싶은 독자들은 구글링을 통해 쉽게 찾아낼 수 있을 것이다." 독자들의 수고를 덜어드리기 위해 구글링을 통해 다음과 같이 옮겨 적는다.

I see trees of green 나는 초록색 나무들을 본다
Red roses too 빨간 장미도
I see them bloom 그들은 피어난다
For me and you 나와 너를 위해
And I think to myself 그리고 나는 혼자 생각한다
What a wonderful world! 이 얼마나 멋진 세상인가!

I see Skies of blue 나는 파란 하늘을 본다
And clouds of white 그리고 하얀 구름도
The bright blessed day 밝음은 낮을 축복하고
The dark sacred night 어둠은 밤을 희생시킨다
And I think to myself 그리고 나는 혼자 생각한다
What a wonderful world 이 얼마나 멋진 세상인가!

The colours of the rainbow 무지개의 빛깔들이 예쁘다
So pretty in the sky 하늘 위에도
Also on the faces 지나가는 사람들의
Of people goin' by 얼굴 위에도
I see friends shacking hands 나는 친구들이 악수를 하며
Say'n "How do you do" "안녕" 이라고 말하는 것을 본다
They're really say'n "I love you" 그들은 사실 "난 널 사랑해"라고 말하고 있다

I hear babies cry 나는 아기들이 우는 소리를 듣는다
I watch them grow 나는 그들이 성장하는 것을 지켜본다
They'll learn much more then 그때가 되면 그들은 훨씬 더 많은 것을 배우게 된다는 것을
I'll ever know 나는 알게 될 것이다
And I think to myself 그리고 나는 혼자 생각한다
What a wonderful world 이 얼마나 멋진 세상인가

Yes I think to myself 그래 나는 혼자 생각한다
What a wonderful world 이 얼마나 멋진 세상인가

전후사정을 감안할 때 매우 가슴 아픈 구절로, 경험을 통한 성장을 의연하게 받아들일 것임을 시사하고 있어요. 그 역시 다른 모든 상황에서 그렇게 해왔던 것처럼 말이에요.

4. "오 얼마나 아름다운 세상인가!"라고 노래할 때, 스티븐은 정말 그렇게 생각하는 걸까요, 아니면 의식적으로 세상을 풍자하려는 걸까요? 로빈이 〈사랑의 기적〉 이전에 출연했던 영화 〈굿모닝 베트남〉에서도 그 음악이 사용되어, 현실을 신랄하게 비판하는 효과를 거뒀던 것이 기억나요. 당신도 기억날 거예요.

5. 좀 더 일반적으로 말해서, 노래에 나오는 단어들이 그에게 무슨 의미가 있을까요? 만약 다른 단어들이 사용된다면, 허밍과 구별되는 가창만의 독특한 감흥을 줄 수 있을까요? 만약 별다른 감흥을 주지 않는다면, 그가 허밍이나 피아노 연주를 선택하지 않은 이유가 될까요? 다시 말해서, 그가 단지 가창을 즐길 뿐일까요? (외부의 찬사나 내면적 경험을 위해?) 그는 가사에서 어떤 경험을 얻을까요? 다시 말하지만, 내가 이런 질문을 던지는 이유는 당신이 "그가 노래할 때 자폐증이 사라진다"고 말하기 때문이에요. 나는 그 말 뜻을 이해하고 싶어요.

올리버의 반응은 어떤 의미에서 〈영재들Prodigies〉이라는 에세이에 포함되어 있다. 그것은 월트셔에 관한 장문의 에세이로, 〈뉴요커〉에 실린 후 《화성의 인류학자》에 〈마지막 히피〉라는 제

•••• 사람들간의 공유된 경험, 지식에 관한 합의를 말한다. 이것은 사람들로 하여금 다른 사람들을 이해하고 기대를 갖게 하는 사회생활의 조건이다

목으로 실렸다.

그러나 그즈음 우리와 긴밀한 협동작업을 수행했던 사람들 중 일부는, 올리버의 또 다른 발견에 중점을 뒀다. 그 발견에 대해, 올리버는 어느 날 아침 내게 전화를 걸어 이렇게 말했다. "자네도 알다시피, 나는 다양한 신경학적 화가들을 만날 때마다 자네를 대동해왔어. 음, 그런데 나는 그들 중 대부분이 통상적인 의미의 '위대한 화가'가 아님을 깨달았어. 즉, 그들은 괴짜나 영재라고는 할 수 있어도, 위대한 화가라고 할 수는 없었어. 그러나 나는 모든 의미에서 '진지한 화가'인 듯한 친구를 한 명 만났어. 그래서 자네의 의견을 듣고 싶어."

아니나 다를까. 에드 와인버거Ed Weinberger는 기존의 신경학적 화가들과 차원이 달랐다. 그는 고위급 투자은행가 겸 활발한 야외스포츠 애호가였는데, 어느 좋은 날 아침 침대에서 기어나올 수 없는 자신을 발견했다. 그는 이윽고 갑작스러운 조발성파킨슨증early-onset parkinsonism으로 진단받아, 수 개월 내에 주먹을 펼 수가 없게 되었다. 그리하여 그는 본의 아니게 제2의 인생길에 접어들어, 엄청난 집중력으로 믿기 어려울 만큼 정교한 현대풍 가구를 디자인하기 시작했다. 그는 바르르 떠는 연필을 종이에 갖다 대며, 목공보다는 항공우주산업 분야에서 적용되는 오차(전통적인 '64분의 1인치'가 아니라, '1000분의 1인치')만을 허용했다. 그의 구상은 가공할 만큼 엄밀해서, 어느 누구도 실감할 수 없었다. 그러다가 소문을 듣고 찾아온 뉴햄프셔 해안의 캐비닛 명장 스콧 슈미트Scott Schmidt와의 맞대결을 통해, 에드의 비범한 능력이 만천하에 알려졌다. 올리버는 나를 데리고 에드를 오랫동안 정기적으로 방문했는데, 그의 사례를 기술할 만반의 채비를 갖췄음에도 불구하고 어찌된 일인지 늘 머뭇거리다, 내가 (잉여인력을 활용한다는 측면에서) 대신 집필해도 괜찮겠냐고 물으면 마지 못해 승락하곤 했다. 결국 내가 집필한 에세이는 〈뉴요커〉에(그리고 《보스니아에서 페르메이르》라는 나의 모음집에) 〈가구의 철학자〉라는 제목으로 실렸다.

1998년 7월 9일, 케이트와 나는 올리버의 예순다섯 번째 생일을 축하하기 위해 유람선을 빌려, 하객들과 함께 맨해튼 주변을 여행했다. 나는 하객의 수와 다양성에 감동했고, 올리버가 더 이상 수줍음을 타지 않으며 내성적인 은둔자가 아니라는 사실에 놀랐다. 이제 열한 살이 된 그의 대녀代女 사라는 그에게 그림을 선물했다. 그 그림에서, 주기율 유람선Periodic Cruise이 갑오징어 바다Cuttle Sea를 가르며 멘델레예프섬Mendelejev Island을 지나고 있었다. 그리고 바닷가에는 정육면체 모양의 원소들로 이루어진 마천루들이 나란히 서 있고 먼 하늘에는 오렌지빛 태양이 빛나고 있었다. 나중에 친구와 동료들이 마이크에 대고 차례대로 건배를 외칠 때, 내 바로 옆에 앉은 사라는 여성이 한 명도 포함되어 있지 않다는 데 점점 더 큰 불만을 품게 되었다. 마침내 그녀는 마이크를 향해 씩씩하게 걸어나가 건배를 외침으로써 올리버를 활짝 웃게 만들었다.

그해 말 오랫동안 정든 시티아일랜드를 떠나 호레이쇼 스트리트와 8번가 모퉁이의 사무실 옆 아파트에 둥지를 틀 때(창 너머로 내다보이는 휘황찬란한 8번가는 콜럼버스 원형광장으로 이어졌다), 올리버는 사라의 '유명한 그림'을 챙겨가 방문객용 화장실을 우아하게 장식했다.

올리버는 멀리 떠난 후에도 펠햄에 있는 우리 집으로 계속 차를 몰다, 이윽고 주말마다 거의 빼놓지 않고 방문하게 되었다. 그는 새로운 프로젝트에 착수했는데, 그것은 자신의 화학적 소년기(제2차 세계대전 때 보내진 기숙학교에서 '끔찍한 경험'을 한 직후 런던으로 돌아와 영위한 몇 년간의 세월. 그는 그때 주기율표와 사랑하는 엉클 텅스텐에게 구원을 받았다)에 대한 자전적 에세이를 집필하는 것이었다. 자신의 대녀를 '하나의 진실된 믿음'으로 개종시키려고 작정한 듯, 올리버는 새로운 장章이 완성될 때마다 우리 집으로 달려와 그녀에게 읽어줬다. 물론 우리 모두 앞에서 읽어줬지만, 주인공은 어디까지나 사라였고 아내와 나는 들러리였다. 사라는 올리버 옆에 다소곳이 앉아, 그가 책장을 넘기며 낭독하는 동안 진지하게 몰입했다. 그의 포교활동이 성공을 거둔 건 아니었지만(그녀는 과학자가 아니라 언어학자를 지망하고 있었다), 그렇다고 해서 전혀 효과가 없는 것은 아니었다. 그 학기 말쯤, 나는 그녀의 선생님에게서 공개수업에 참석해달라는 요청을 받았다. 선생님은 학생들에게 '인간은 왜 지구상에 존재할까?'라는 퀴즈를 내고, 15분 동안 발표할 수 있는 에세이를 써오라는 숙제를 낸 것 같았다. 선생님은 사라의 에세이를 내게 들려주고 싶어 했다.

인간은 왜 지구상에 존재할까?

우리 인간은 세상에 너무나 많은 상처를 입혔다. 그럼에도 불구하고, 나는 우리가 이 행성에 존재해야 할 이유가 있다고 믿는다. 내 생각에, 우리가 여기에 있는 것은, 온갖 경이로움과 균형과 논리

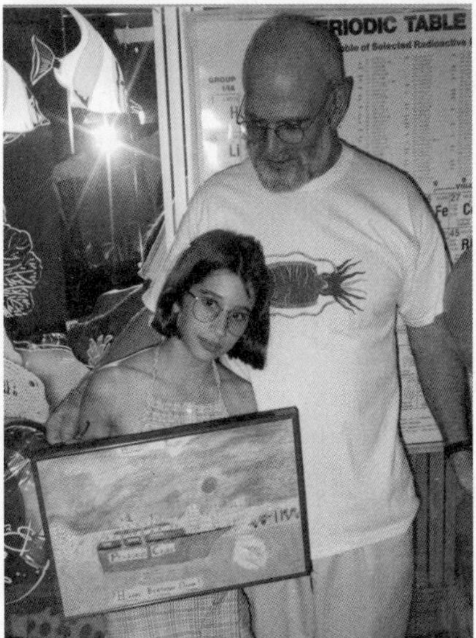

• 사라가 올리버의 예순다섯 번째 생일을 위해 그린 그림.

를 가진 우주에 감탄할 필요가 있기 때문인 것 같다. 내가 알기로, 그런 능력을 가진 종種은 우리밖에 없다. 다시 말해서 '우리 주변에 있는 것들'을 당연시하지 않고 '왜 그 자리에 있는가?', '어떻게 작동하는가?'라고 묻는 종은 우리밖에 없다. 우리가 여기에 있는 이유는, 우리가 그것을 연구하지 않으면 '세상의 경이로운 복잡성'이 낭비될 것이기 때문이다. 마지막으로, 우리가 여기에 있는 것은, 우주가 우리를 필요로 하기 때문이다. 우주에게는 '우주는 왜 존재하는가?'라고 묻는 존재가 필요하다.

내가 기억하기로, 나는 그 당시 사라의 글쓰기 실력에 감탄을 금치 못했던 것 같다. 칸트는 똑같은 행성을 설명하기 위해 무려 세 권의 책을 쓰지 않았는가! 그러나 오늘날 돌이켜보면, 사라가 한 일은 칸트학파인 대부의 생각을 종이에 옮겨 친구들에게 알린 것뿐이었다.

해마다 여름방학이 되면, 폴란드의 할아버지와 할머니는 사라를 데리고 (아마도 공산주의가 몰락하기 전에는 가본 적이 없는) 어딘가를 여행해왔다. 2001년 여름에는 여느 때와 달리, (이제 열네 살이 된) 그녀의 사랑하는 할아버지 제네크Zenek는 그녀를 데리고 일주일 동안 카나리아제도의 해변으로 여행을 떠났다. 그리고 마지막 날에는 큰 마음을 먹고 수영을 하다가 뜻밖의 이안류를 만났다. 바닷가로 나오기 위해 필사적으로 팔다리를 저을 때, 제네크는 심장마비를 경험하기 시작했다. 사라는 처음에는 당황해 어쩔 줄 몰라했고, 그는 그녀를 계속 떠밀며 해변 쪽으로 가라고 재촉했다. 그녀는 결국—도움을 청해야겠다는 일념으로—해변으로 간신히 나왔지만, 안타깝게도 제네크는 그러지 못했다. 다른 사람들이 바다로 뛰어들어 이윽고 제네크의 시신을 인양하는 동안, 그녀는 그 자리에 홀로 선 채 기다려야만 했다. 뉴욕에 있던 그녀의 엄마와 나는 몇 분 후 호텔에서 걸려온 전화를 통해 이 모든 소식을 전해 들었다. 우리가 사라와 만날 수 있는 가장 빠른 방법은, 그녀가 (제네카와 함께 타기로 예약되어 있던 비행기를 타고) 바르샤바로 간 후, (뉴욕발 바르샤바행 비행기를 타고 간) 우리와 그곳에서 합류하는 것이었다. 바르샤바에 도착한 지 며칠 후, 우리는 올리버에게서 (타이핑한 후 팩스로 보낸) 편지를 받았다.

2001년 7월 20일

상심한 웨슐러 가족에게

이 편지를 누구 앞으로 써야 할지, 뭐라고 말을 해야 할지 모르겠습니다.

이런 무시무시한 일이 일어나다니. 사라, 나는 너의 할아버지를 잘 알지 못했지만(왜냐하면 언어의 장벽이 너무 높았기 때문이야), 매우 강인하고 다정하고 장난기 많고 상냥한 분이었어. 그리고 가끔 같이 수영을 해봐서 아는데, 할아버지는 강력함과 신중함을 겸비한 수영 전문가였어. 그 치명적인 파도는 미리 알 수도 없고, 피할 수도 없는 파도였던 게 분명해. 그건 아무도—특히 어린 너로서는—손을 쓸 수 없는 불의의 사고였어.

요안나, 당신을 어떻게 위로해야 할지 모르겠어요. 당신과 아버지의 유대감이 얼마나 깊었는지 잘 알고 있어요. 그리고 당신의 어머니는 상심이 얼마나 클까요.

그리고 렌, 자네에게도 깊은 애도의 뜻을 표하고 싶어. 특히 자네의 가족이 지금껏 돌연사나 사고사를 겪지 않았기에….

대부나 친구나 이웃인 것 말고, 내가 도움이 될 수 있는 방법이 있다면 꼭 알려줘.

다시 한번, 웨슐러 가족 모두에게 진심으로 애도의 뜻을 표합니다.

올리버

2001년 늦은 여름, 나는 20년간 몸담았던 〈뉴요커〉를 떠나 NYU 부설 뉴욕인문학연구소 소장으로 부임했다. 올리버는 그즈음 우리와 손을 잡고, 공개강연에 종종 강연자로 나섰다. 올리버는 어느 날 저녁 〈젊음과 패기를 위하여: 사춘기 이전의 지적 열정〉이라는 제목을 내걸고, 수전 손택과 프리먼 다이슨Freeman Dyson을 추가로 초청하여 화기애애한 대화를 나눴다.

그즈음 올리버의 주요 관심사는 '시각의 신경학'에서 '청각의 신경학'으로 바뀌어갔는데, 나는 그와 관련하여 아무런 도움도 되지 못했다. 사실, 나는 음악적으로 너무 불운해서 우리 둘 사이에 반복적으로 사용되는 농담의 소재가 될 정도였다. 왜냐하면, 모든 유전적 배경을 감안할 때, 나는 아무런 음악적 재능이라도 하나쯤 갖고 있어야 하기 때문이다. 나의 외할아버지는 빈 출신의 저명한 음악가 에른스트 토흐다. 그는 바이마르 공화국 시절 베를린에서 활동한 모더니즘 작곡가로, 히틀러가 집권한 이후 미국으로 망명하여 이리저리 떠돌다 결국 할리우드에서 빛을 발했다. 그의 모더니즘적 표현양식은 추격장면과 공포효과에 안성맞춤이었지만, 후기경력에서 폭발한 교향곡으로 퓰리처상(음악 부문)을 받았다. 나의 친할머니 앙엘라 웨슐러Angela Weschler는 빈 음악원의 피아노과 과장이었고, 나의 아버지는 나름 능숙하고 탁월한 아마추어 재즈 피아니스트였다. 그러나 이 모든 것이 부질없었다. 나의 경우, 모든 유전자들이 충돌하여 서로 상쇄한 것처럼 보이기 때문이다. 나는 친동생과 함께 수년간 피아노 레슨을 받았고, 어느 시점에서 할아버지는 우리 둘을 위해 카논을 작곡해주기까지 했다. 그리하여 몇 달 동안 맹연습하여, 어느 날 할아버지 앞에서 그의 블뤼스너Blüthner 피아노에 맞춰 연주 솜씨를 뽐냈다. 그런데 연주가 끝난 후—당시에 나는 몰랐지만—할아버지가 할머니를 바라보며 이렇게 말했다. "작은 애는 가능성이 엿보이지만, 큰 애는 전혀 가망이 없는 것 같아." 그 후 기억나는 것은, 갑자기 '연습 좀 열심히 하라'는 압박이 심해지면서 레슨의 빈도가 점점 더 줄어들었다는 것이다.

그러나 이상하게도, 올리버의 지속적인 탐구에 의해 밝혀진 사실이지만, 나는 제법 뛰어난 리듬감을 소유하고 있는 게 분명하다. 즉, 나는 박자를 잘 맞추고 교향곡 음반을 줄줄 꿰며, 춤도 곧잘 춘다. 그리고 나의 뇌 속에는 음악 한 곡을 통째로 저장하는 장소가 있는 것 같다(나는 선율을 기억하여 허밍을 할 수 있다. 나에게 아무 때나 요청하라. 할아버지가 나와 동생을 위해 작곡한 카논 이중주를 허밍 버전으로 실컷 들려줄 테니). 그런데 중요한 것은—솔직히 나도 이상하다는 것을 인정하지만—, 허밍은 되는데 연주가 안 된다는 것이다. 그 결정적인 요인은 일종의 방향감각(상하좌우 구별능력) 결여로, 나는 모든 멜로디에서 연속된 음들의 높낮이를 구별할 수 없다. 예컨대 베토벤의 교향곡 5번(운명)의 처음 네 음(따따따딴)이 그렇다. 난 처음 세 음(따따따)이 동일하다는 것을 알 수 있지만, 네 번째 음(딴)이 앞의 세 음보다 높은지 낮은지를 판단할 수 없다. 나는 음의 높낮이를 전혀 모르며, 그냥 무식하게 외우려고 해도 외워지지 않는다. 나를 피아노 앞에 앉혀 놓으라. 그러면 나는 할아버지가 작곡한 카논의 처음 두 음(두 음은 가온 다middle C로 동일하다)을 신나게 누를 것이다. 그러나 그다음이 문제다. 나는 무슨 건반을 눌러야 할지 갈팡질팡하다 허겁지겁 다음 건반으로 넘어간다. 이건 필시 무슨 특이체질일 텐데, 올리버는 그 정체를 밝혀내느라 골머리를 앓았다. 그와 마찬가지로, 나는 아무리 노력해도 포크를 오른쪽에 놓아야 할지 왼쪽에 놓아야 할지 도무지 기억할 수 없다. 고심 끝에 생각해낸 것이 연상용 도구로, 포크fork와 왼쪽left은 네 글자 단어인데 반해, 숟갈spoon과 칼knife과 오른쪽right은 모두 다섯 글자 단어라는 것이다. 나는 매번 식사를 할 때마다 도구를 그런 식으로 배치한다. 심지어 나는 길눈이 밝음에도 불구하고, 방향을 가리킬 때는 종종 좌우가 뒤바뀐다. 내 '마음의 눈'은 정확하지만 '육신의 눈'은 부실하므로 내 말을 곧이곧대로 믿지 말기 바란다! 참고로, 나는 책 읽는 속도가 매우 느리다(올리버와 정반대다).°

내가 '나 자신의 글쓰기 경험'을 소개하거나 '글쓰는 방법'을 가르칠 때 다음과 같은 말을 꺼내면 괴상망측하게 들리겠지만, 내가 사용하는 메타포는 사뭇 음악적이다. "그다음 문단은 약간 다르게 싱코페이션할 필요가 있어요" "그 부분에 쉼표를 찍을 필요가 있어요, 아니면 멈춤표를 찍거나" "앞으로 남은 몇 쪽에서,

당신은 단조로 조옮김을 해야 할 것 같아요" 등등. 나의 할아버지는 음악의 건축원리를 말하곤 했는데, 그 의도는 건축학 용어를 '공간'이 아니라 '시간'적 맥락에서 사용하는 것이었다. 예컨대 그는 "시간순서에 따른 재료의 구성적 배치"라는 표현을 사용했는데, 나도 내러티브를 논할 때 건축학 용어를 많이 사용한다(압축, 확장, 볼트vault•, 알코브alcove••, 버트레스buttress••• 등). 사실, 나는 모든 종류의 글막힘에서 헤어나려고 몸부림칠 때 종종 커다란 통에 들어 있는 나무블럭들을 몇 시간이고 조립하는데, 그중 상당수는 식탁 위에서 (나를 괴롭히는 글막힘 주제와 전혀 무관하게, 형태 자체를 만지작거릴 요량으로) 내 마음대로 설계한 것이다. (그즈음 유치원에 다니던 사라가 방과 후 친구들과 함께 터벅터벅 걸어 집에 돌아왔을 때, 선제적으로 외쳤다. "저거 건드리면 안 돼! 우리 아빠의 소중한 블럭이야!")

그리고 가장 이상한 것은, 나는 글이 술술 써질 때 종종 나도

○ 어쩌면 이 모든 것은, 웨슐러Weschler라는 성姓의 기원을 둘러싼 가문의 전설과 관련되어 있는지도 모른다. 사실 웨슐러는 매우 드문 성이다. 아무 전화번호부나 펼쳐보면, 웩슬러Wechsler라는 성을 가진 사람이 가물에 콩 나듯 보일 것이다. 웩슬러는 "환전"이라는 뜻의 이디시어에서 온 말이며, 유럽의 공항에 가면 "웩셀Wechsel"이라고 적힌 안내판을 흔히 볼 수 있을 것이다. 그런데 웨슐러의 스펠링은 왜 이럴까? 음, 가문의 전설에 따르면 웨슐러는 이디시어로 "난독증이 있는 환전상"을 뜻하는 말이라고 한다. 그렇다면 단순한 다윈적 선택을 통해, 극소수의 "난독증을 가진 웨슐러 가문 구성원"을 설명할 수 있을 것이다.

• 아치형 지붕.

•• 벽면을 우묵하게 들어가게 해서 만든 공간.

••• 벽체를 강화하기 위해, 그 벽체에 직각으로 돌출시켜 만든 짧은 벽체. 부벽 또는 공벽이라고도 함.

모르게 허밍으로 음악을 연주하는 자신을 발견한다. 심지어 어떤 때는 집필의 리듬이 허밍의 리듬에 동기화synchronized되고, 어떤 때는 글을 완성한 후에도 허밍한 교향곡이 머릿속에서 메아리치는데 나중에 알고 보니 할아버지의 작품 중 하나다!

그럼에도 불구하고, 나는 기복이 심한 일을 하다 보니 음악회에 자주 가는 편은 아니다. 그러므로 음악에서 연주자들의 마음을 사로잡는 요소, 음표와 테마들이 서로 주거니 받거니 하는 방식 등에 대해 문외한이다. (그와 대조적으로, 올리버는 음악회 가는 것을 즐겼다. 음악이 그의 생각을 한 단계 높은 경지로 승화시켰으므로, 그는 희미한 불빛 아래서도 마음의 불을 밝힌 채 자신의 노트를 펼쳐 뭔가를 계속 끄적였다.)

어쨌든 올리버는 이 모든 것들에 매혹되어, 툭하면 나에게 음악에 대한 퀴즈를 내는가 하면, 나에게 EEG 검사 도구를 부착한 후 뇌파를 샅샅이 분석함으로써 특이성(리듬감은 탁월하지만, 높낮이 감각이 결여됨)의 원인을 찾아내려고 노력했지만 번번이 허사였다. 그러나 나(또는 나의 명백한 특이성)는 마침내 〈무너져가는 세상: 실음악증과 화음 감각 장애Things Fall Apart: Amusia and Dysharminia〉라는 에세이의 주인공이 되었다. 그리고 그 에세이는 2008년 출간되어 상당한 호평을 받은 《뮤지코필리아》의 한 장으로 편입되었다.

한편, 올리버는 나만큼 특이하지만 훨씬 더 중대한 문제, 즉 자신이 겪는 암점에 눈을 돌리기 시작했다. 사실 그가 인정한 바와 같이, 그는 평생 동안 안면실인증(보다 전문적인 용어로는 안면인식불능증이라고 알려진 신경질환)이라는 이름의 신기한 안면맹으로 고통을 받았다. 그는 사람을 알아보는 데 많은 시간이 걸렸는데, 음성이나 자세나 걸음걸이가 아니라 유독 얼굴을 알아보지 못했다. 그에게는 안면이 있는 사람, 심지어 잘 안다고 자부하는 사람(케이트, 요안나, 심지어 나), 심지어 자기 자신의 얼굴도 낯설었다(그는 전신거울 속에서 자신을 향해 걸어오는 턱수염 난 사람에게 부딪혀 사과를 받았으며, 때로는 자신이 사과했다. 나는 언젠가 식당에서 화장실에 다녀오다, 그가 옆 좌석에 앉은 사람을—거울인 줄 알고—빤히 쳐다보며 수염을 치장하는 것을 봤다. 그 '실제 인물'은 본의 아니게 올리버를 마주보며 어쩔 줄 몰라 하고 있었다).

때때로 안면실인증은 코미디를 연출했다. "나는 종종 물질들 사이에서 스타일의 유사성을 인식하는 경향이 있어." 한번은 그의 애로사항을 논의하는 과정에서 그가 이렇게 털어놓았다. "예컨대, 일전에 두 명의 사람에게 다가가, 혹시 친형제냐고 물었어. '뭐, 형제라고요?' 그랬더니 둘 중 한 명이 신경질적으로 반응했어. '형제라니요? 이 양반 정신 나갔군. 우리는 형제관계가 아니라 부자관계라고요. 척 보면 몰라요? 내 머리는 새하얗고, 저 아이 머리는 새까맣잖아요!'" 그러나 어떤 때는 해프닝이 아닌 심각한 문제가 발생했다. 그러다 보니 그는 파티와 그 밖의 사교 모임을 두려워했고, 심지어 자신의 생일파티까지도 두려워했다. 절친한 친구를 못 알아볼 수도 있지만, 그보다 더 나쁜 것은 그런 실수를 만회하기 위해 생면부지의 손님과 친밀한 대화를 시도할 수 있기 때문이었다. 그는 모든 면에서 말썽을 일으킬 소지가 다분했다. 그리고 나는 점차 깨닫기 시작했다. 올리버가 그동안 이상하게 부끄러워하고, 어색하게 머뭇거리고, 심지어 참을 수 없을 만큼 건방져 보였던 게, 사실은 상대방의 신원을 모르기 때문이었다는 것을! 안면실인증은 그에게 한평생 기다란 그림자를 드리운 증후군이었다.

그러나 그가 몇 년 후 〈뉴요커〉에 기고한 에세이에서 명백하게 밝힌 바와 같이, 그는 그 분야의 유일한 사례가 아니었다. 그가 발표한 투렛증후군이나 자폐 스펙트럼에 관한 에세이로 인해 많은 독자들이 주변에 존재하는 '신경학적 특이사례'에 눈을 뜨게 되면서(그리고 자신의 질병과 관련된 '상상적 소외감'으로 인해 고통받는 사람과 그 가족들에게 일종의 진정효과를 제공하게 되면서) 많은 일이 일어난 것처럼, 수백 명의 사람들이 '자신만의 스토리' '자신에 대한 인식의 평가' '명명되고 설명되고 인정받은 자신만의 비밀스런 고통에 대한 크나큰 안도감'에 관한 편지를 잇따라 보내오기 시작했다. 아마도 그중에서 가장 유명한 사례는, 위대한 화가 척 클로스Chuck Close가 오랫동안 올리버와 동일한 당혹감으로 고통받아 왔다는 사실일 것이다(그가 격자판 위에 그린 대형 초상화는, 부분적으로 그런 어려움을 극복하기 위한 시도 중 하나였던 것으로 보인다). 올리버와 척은 무대와 라디오(특히 로버트 크럴위치가 진행하는 지상파 라디오 쇼 〈라디오랩Radiolab〉)에 나란히 등장하여 공통적인 애로사항을 털어놓기 시작했고, 그 과정에서 진한 감동과 배꼽을 잡게 하는 웃음을 선사했다.

물론 올리버의 안면실인적 경향은, 그가 수많은 '환자 겸 등장인물'들의 삶에서 찾아내고 조사하고 기억해온 결핍증들과 궤軌를 같이했다. 그 대표적 사례는 《아내를 모자로 착각한 남자》의 주인공이다. 그 에세이에서 엿볼 수 있는 올리버의 초자연적 공감능력은 동류의식과 재인감정sense of recognition•에 깊이 뿌리박은 것처럼 보인다. 그것은 '사람들을 전혀 알아볼 수 없는 동료'에 관한 이야기이므로, 같은 처지에 놓인 올리버의 주목을 더욱 받았을 것이다.

• 어떤 대상을 보고 이미 경험한 일이 있다고 생각하는 느낌. 친근감, 기지감旣知感 따위가 이에 속한다.

19
보충설명
: 신뢰성의 의문과 낭만적 과학의 본질

그러나—나는 여기서 당분간 단조로 조옮김을 했다가, 핵심적인 연대기적 기술(안타깝지만, 이것은 결론을 향한 질주가 될 것이다)로 복귀하려고 한다—중요한 것은, '나는 안면실인증 환자였다'는 올리버의 천진난만한 고백으로 인해 많은 사람들 사이에서 '비록 완벽하게 매력적이지만, 이 (맹세코 늘 표정관리를 해야 했던) 기록자를 과연 어느 정도까지 신뢰해야 할까?'라는 포괄적 우려가 제기되었다는 것이다. 다시 말해서, 그를 둘러싼 지속적인 비판은 "그가 간혹 없는 말을 지어내고, 과장하고, 환상에 빠지고, '실제 이상의 것'을 보거나 심지어 '없는 것을 봤다"는 것이다.° 한마디로, 그것은 마이클 네베가 쏟아낸 비평의 다양한 변주變奏였다.°°

기본적인 의혹('올리버가 인정한 안면실인증이 그의 성과에 대한 신뢰성을 전반적으로 갉아먹을 것인가?'라는 의문)에 대해 말하자면, 나는 얼토당토않은 말이라고 생각한다. 먼저, 그는 사회의 다른 구성원들보다 자신의 환자들에게 훨씬 더 높은 수준의 주의를 아낌없이 기울였다. (그는 언젠가 나를 위해 이렇게 회고했다. "대학교와 의대에 다니던 시절 세상을 헤쳐나가는 데 도움이 되었던 비범한 기억력은, 의대를 졸업한 직후 완전히 사라졌어. 나는 처음에 '조발성 알츠하이머병에 걸렸나 보다'라고 생각했어." 그러나 사실, 그는 자신의 광범위

○ 예컨대, 앨런 베넷의 일기 《계속해 계속해Keeping on Keeping On》(New York: Farrar, Straus and Giroux, 2016), 235~236쪽에 나오는 다음과 같은 구절을 참고하라.

> 챗윈Chatwin은—제발트Sebald, 리샤르드 카푸시친스키Ryszard Kapuściński, 올리버 색스와 마찬가지로—진실과 상상 사이의 경계에서 활동하며, 필요하거나 궁할 때마다 재빨리 경계선을 넘어 판타지 세계로 들어간다. 챗윈의 옹호자인 프랜시스 윈덤Francis Wyndham은 그에 대한 비판을 '영국적이거나 직해적直解的이거나 청교도적'이라고 묵살하는데, 나는 그 세 가지에 모두 해당하는 사람이다. 정도의 차이가 있을 뿐, 누구나 부지불식중에 진실과 상상 사이를 오간다. 어떤 사람은 진실을 말하고 어떤 사람은 '지어낸 진실'을 말하지만, 두 가지 말을 동시에 하는 사람은 없다.
> 어떤 사람이 진실을 말할 때, 그걸 단순한 기분 탓으로 돌릴 수는 없을 것이다. 나의 경우에는 간혹 혼잣말로 진실을 되뇌는데, 내가 왜 그러는지 나도 모르겠다.

어쩌면, 나 역시 간혹 혼잣말로 진실을 되뇌는지도 모른다.

○○ 신기하게도, 그런 비판 중에는 올리버 자신이 '움직일 수 없는 진실'의 대표적 사례로 사용해온 과거가 포함되어 있는 것 같다. 그것은 그가 1970년 〈JAMA〉에 기고한 논문을 본 의사들이 가차없고 전폭적인 반론을 쏟아낸 사건이었다. 그는 그 논문에서, 동료 의사들에게 (자신과 베스에이브러햄의 동료들이 환자들에게 투여한) 엘도파에서 나타나기 시작한 걷잡을 수 없는 부작용을 경고하려고 노력했다. 〈JAMA〉가 색스의 논문에 대응하여 게재한 반론들을 실제로 읽어본다면(이것은 광범위한 의견을 수렴한 것이다), 색스 자신이 기억하는 것과 달리 무례하고 신랄하고 거부적이지 않았음을 알 수 있다. 그보다는 차라리, 그 반론들은 비교적 신중했고, "색스와 동료들이 돌봤던 환자들은 (대부분의 의사들이 마주치는) 평균적인 환자들보다 파킨슨증의 악영향에 훨씬 더 극단적으로 예속되었다. 따라서 색스가 관찰한 부작용들은 다른 곳에서는 나타나지 않았을 것이다"고 지적했다. (나중에 그런 부작용들이—비록 경증일망정—다른 곳에서도 관찰되기 시작했다는 사실은 논점을 이탈한다. 핵심적인 논지는, 올리버가 과거를 회고하는 과정에서 자신의 논문에 대한 비판을—마치 전문가 세계에서 추방이라도 된 것처럼—지속적으로 과장되게 받아들였다는 점이다.)

했던 기억이 점점 더 선택적으로 되고 있으며, 특히 자신의 환자에게 집중되고 있음을 깨닫게 되었다.) 한 단계 더 나아가, 그가 환자 하나하나에 대해 철저한 문진 기록을 남기고, 법적으로 요구되는 기한이 지난 지 한참 후까지 보관한 것은, 자신의 안면실인증을 보상하기 위한 노력의 일환이었음을 짐작하고도 남음이 있다. (나는 그의 심정을 충분히 이해한다. 나는 선천적으로 특정한 사건과 대화를, 심지어 사건이 일어난 지 몇 시간 후에도 기억하지 못하는 허접한 기억력—18장에서 언급한 숟갈과 포크의 좌우배치 문제를 상기하라—을 갖고 있다. 그것은 내가 엄청난 필기광인 이유 중 하나다. 그런 기억력을 가진 내가 리포터가 된 것은, 심각한 천식환자가 프로축구 선수가 된 것이나 마찬가지다. 올리버에 대해서도 이와 비슷한 설명이 가능하다.)

그러나 좀 더 폭넓게 제기되는 의혹—'올리버는 최소한 간헐적으로 과장하거나 말을 지어낸다'거나 '그가 보는 것은 고작해야 일화적이므로, 의학적으로 광범위하게 응용될 수 없다'는 상투적인 비난—에 대해 말한다면 어떨까? 올리버 자신도 간혹 그런 점을 인정했다(그는 《나는 침대에서 내 다리를 주웠다》에 대해 이렇게 말했다. "나를 향해 쏟아지는 비난들은 모두 하나같이, 내가 언젠가 나 자신에게 훨씬 더 가혹하게 제기했던 것들이야."). 다시 말해서, 그의 일반적인 신뢰성·타당성·확고함에 대한 의문에 대해 말하자면, 그의 '광범위하고 엄밀한 자기점검 메커니즘'이 제대로 작동하고 있었으므로 걱정할 필요가 없다고 생각한다.

요컨대, 조너선 밀러와 같이 공감능력이 뛰어난 친구와 동료들은 회의론자들의 대화에 끼어들어 이렇게 인정했다. "당신들은 납득하기 어려운 게로군요. 능히 그럴 만해요. 올리버가 언급하는 환자를 직접 방문해보세요. 장담하건대, 올리버가 평소에 말하는 특징을 드러내는 사람은 하나도 없을 거예요. 내가 아는 의사들 중 상당수는, 그가《깨어남》에서 언급한 사례에 대해 심각한 회의감을 표시하고 있어요. 그리고 내 친구들 중에서도 그의 환자들을 실제로 본 사람들은 이구동성으로 '올리버의 말과 상당히 다르다'고 말하고 있어요."

사실은 나도—특히 올리버의 프로필을 쓰려고 마음먹은 초창기에—의사와 의학작가들에게 첫마디를 꺼내다 그런 회의적인 이야기를 종종 들었다. 그러나 그런 의혹들은, 내가 다년간 자료를 조사하는 동안 동료·환자·리포터·친구·다큐멘터리 작가들로부터 수집한 무수한 증언에 의해 일소되었다. 그들의 증언을 간단히 요약하면 이렇다. "올리버의 에세이에 나오는 내용 중 상당 부분은 불가능해 보이고 거의 믿을 수 없었다. 그러나 나는 그런 장면들을 실제로 목격했으므로, 그의 기술description과 임상적 신뢰성에 대한 증거를 제시할 수 있다." 그중 몇 명의 증언을 소개하면 아래와 같다.

이자벨 라팽

음, 많은 사람들이 그의 에세이를 '진지한 과학'으로 간주하지 않는다는 건 분명해요. 그가 기술한 '일부 환자들의 신속한 변화'(이를테면 완전한 파킨슨병 환자에서 완벽한 정상인으로 변신)를 생각해봐요. 그가《깨어남》에 그렇게 썼을 때, 사람들은 그가 이야기를 꾸며내고 있다고 생각했어요. 그러나 오늘날 그런 현상은 "점멸효과"라고 해서, 널리 알려지고 인정받고 있어요. 그러므로 당신도 알다시피, 나는 그가 탁월한 관찰자라고 생각하고 있어요.

던컨 댈러스

《깨어남》에서 말하는 '시련기'에서 살아남은 환자들을 처음 봤을 때, 나는 올리버가 그들에게 귀속시켰던 특징들을 전부 믿지 않았어요. 그러나 그들과 많은 시간을 함께함에 따라, 그들의 내적 삶이 사실은 '여전히 경험으로 가득 찬 삶'임을 깨닫기 시작했어요. 내가 제작한 다큐멘터리 프로그램과 올리버가 종전에 직접 제작한 동영상(엘도파를 복용하기 전과 후의 상태 비교)을 종합해보면, 모든 게 사실임을 알 수 있을 거예요.

마지 콜

올리버가 간혹 어떠한 의혹에 휩싸이든, 그가 환자에 대해 말하는 것은 모두 사실이에요.

나는 그에게 훈련받은 덕분에 오늘날 훌륭한 관찰자가 되었어요. "저기로 가서," 그는 내게 이렇게 말하곤 했어요. "당신이 보는 것을 내게 말해줘요." 대부분의 신경과의사들은 천편일률적인 체크리스트와 메디케어에서 요구하는 진료시간(15분)에 집착한 나머지 많은 것을 놓치고 있어요. 그러나 올리버는 하나도 놓치지 않아요.

그리고 내가 '올리버가 이야기를 지어낸다'는 비난에 대해 단도직입적으로 물었을 때, 콜은 다음과 같이 힘주어 말했다

나는 그런 비난이 거짓이라는 걸 알아요. 왜냐하면 내가 그 자리

에 있었거든요. 물론, 그는 간헐적으로 일부 환자들을 집중적으로 설명해요. 예컨대 마리아의 경우에는 정규교육을 받지 않았음에도 불구하고, 그의 보살핌을 받은 후 청산유수처럼 말을 하기 시작했어요. 그러니 올리버의 에세이에서 부각되었을 수밖에요. 그러나 그것은—다른 어떤 것들만큼이나—그녀를 존중하고 아끼고 배려하는 마음에서 나온 것이었을 뿐, 좀 더 넓은 의미에서 보면 그는 아무것도 과장하거나 꾸며내지 않았어요.

사실, 많은 환자들은 마리아처럼 유창하게 말을 하지 않으며, 증세의 호전이 미미해요. 그러나 당신은 병상 곁에 앉아 환자들의 말을 기꺼이 들어줄 의향을 보여야 해요. 그들과의 사이에 라포rapport•와 맥락context이 확립되도록 노력해야 해요.

예컨대 레너드의 경우, 대부분의 사람들은 그와 가까워지지 않았어요. 왜냐하면 (내가 여기서 말하는 것은, 엘도파가 등장하기 몇 년 전의 일이에요) 그와 많은 시간을 보내지 않았거든요. 그는 매우 느려서, 한 단어를 보드에 쓸 때마다 1분씩 걸렸어요. 그래서 많은 사람들은 그에게 '예/아니오'로 답변하게 했어요. 그러나 올리버는 그가 글씨를 다 쓸 때까지 기다렸고, 필요하다면 손짓과 몸짓을 마다하지 않았어요.

그리고 조너선 밀러는—언젠가 나와 대화를 나누던 도중에—이렇게 말했다.

• 두 사람 이상의 관계에서 발생하는 조화로운 일치감, 즉 공감적이며 상호 반응적인 상태를 나타내는 용어. 상담 중 발생하는 신뢰와 친밀감 등을 예로 들 수 있다.

음, 그는 '오늘날의 신경학 체계에 적응하기 어렵다'는 의미에서만 믿을 수 없어요. 다른 한편, 그는 (현대의 환원주의적 신경학이 적응하지 못하는) 고전적 신경학의 일부 측면에 호소하고 때로는 그 입장을 대변하고 있어요. 그가 추구하는 '희한한 무한성'은 개별적 자아에 여간해서는 존재하지 않으며, 통상적인 신경학에서 다루어지지 않아요.

이상과 같은 증언 외에, '올리버의 전반적인 신뢰성'에 관한 의문을 완전히 해소하고 싶으면 올리버만의 차별성을 고려할 필요가 있다. 예컨대, 그는 때때로 사물을 직접 바라보지 않고, '진실에 이르는 길'을 상상한다. 다시 말해서, 그는 상상적 투사라는 능동적 행위를 통해 '달리 표현할 수 없는 불명료한 것'을 명료하게 표현한다. 그런 다음 추가적인 관찰(그리고 선행문헌 참고)을 통해 그것을 확증한다. 그런 접근방법은 (측정되고 정량화될 수 있는 것만을 평가해야 한다—이상적으로는 이중맹검과 동료심사를 통해—고 고집하는) 전통적인 실증과학의 맹점을 파헤친다. 올리버의 핵심적인 논지는 이렇다. "특정한 사물은 정량화될 수 없다(정확히 말해서, 이것은 경험의 깊이를 의미한다. 올리버는 언젠가 이렇게 말했다. "나는 간혹 현상 자체보다는 '현상의 공명', '현상과 같이하는 삶'에 더 많은 관심을 보이는 것 같아."). 따라서 환자의 경험을 포괄적으로 측정·접근·자극·해결하려고 노력하는 신경학자라면, 제대로 된 정량적 연구를 가로막는 임상적 현실의 애매한 부분을 용의주도하게 파고드는 것이 당연하다."

이쯤 되면, 그가 지적한 '컴퓨터와 인공지능의 필연적인 한

계'("사람들은 흔히 퍼스널컴퓨터의 성능을 칭찬하지만, 성능이 아무리 뛰어난 퍼스널컴퓨터도 인터페이스의 도움 없이는 아무것도 할 수 없다")를 살펴보지 않을 수 없다. 그가 컴퓨터에 대해 한 말은 실증주의 전반에 적용될 수 있다. 그가 실증연구를 언짢게 생각하는 것은, 실증연구가 무용지물이어서가 아니다(실증연구는 쓸모가 많아도 너무 많다!). 그가 제기하는 문제는 '실증주의는 한 가지 임무만 수행할 수 있으며, 그 영역을 벗어난 모든 것의 타당성을 왈가왈부할 자격이 없다'는 것이다. 어떤 것이 정량화될 수 없다고 해서, 그게 존재하지 않는다고 말할 수는 없다(여기서 우리는 제인 구달의 영역을 다시 살펴볼 필요가 있다. 그녀가 침팬지들에게 번호 대신 이름을 붙이기 시작했을 때, 그녀의 관찰능력에 질적 변화가 일어났지 않았는가!). "일전에," 올리버가 언젠가 자신의 동료이자 한때 루리야의 제자였던 닉 골드버그에 대해 말했다. "나는 닉에게 '당신은 나의 기피대상bête noire 1호인 동시에 라이벌입니다'라고 했어. 그랬더니 얼마나 우쭐해하던지! 어쨌든 닉은 이렇게 말했어. '신경학은 하드웨이어고 신경심리학은 소프트웨어입니다.' 그러나 그런 진부한 비유 말고 다른 건 없을까? 질병은 사람을 발가벗겨 로봇—그에 더하여 망가진 로봇—처럼 만든다는 점을 나도 인정해. 사실 나는 그 사실을 대부분의 사람들보다 잘 알아. 그러나 내가 잘 아는 또 한 가지 사실은, 인간의 경험에는 로봇 이상의 것이 존재한다는 거야. 인정하건대, 내 속에 로봇이 있다면, 로봇공학자도 있을 거야. 그러나 직관주의자도 있다는 걸 알아야 해. 자네는 로봇에서 벗어나 생명체로 우뚝 서야 해. 칸트가 역설한 게 바로 그거야."

이 대목에서, 올리버의 지원군으로 등장하는 또 한 명의 철학자가 있으니 바로 라이프니츠다. 그가 라이프니츠에서 발견한 특별한 보물은 단자론이었다. 단자론에 따르면, 현실은 무수한 완전체whole로 이루어진 광대한 격자세공latticework이며, 각각의 구성요소는 우주의 온전한 무한성을 반영한다('마이크로 속에 존재하는 매크로', '극미함 속에 존재하는 무한함'이라는 개념은 카발라의 핵심 개념이다. 사실 라이프니츠는 단자론을 수립할 때 카발리스트들에게 조언을 구했다). 따라서 결론적으로, 진정한 의사(올리버는 라이프니츠를 "궁극적인 의사"로 간주했다)는 매우 협소한 시각을 가진 전문가들이 매우 협소한 정량적 진단도구를 이용해 잘게 썰어낸 단편화된 측면fragmented facet이 아니라 전인whole person을 다룰 수 있어야 한다. 그것은 하나의 무한한 단자infinite monad가 또 하나의 무한한 단자를 대하는 것이며, "내(I)"가 "당신(Thou)"을 마주하는 것이다.

인정하건대, 올리버는 간혹 이런 비판을 극단으로 밀고 갔다. 그러나 샌타크루즈 시절, 위대한 종교사가 도널드 니콜Donald Nicholl은 우리에게 그 점을 명쾌하게 해명했다. 그는 이단의 가치를 설명하고, 좀 더 구체적으로 "수십 년간의 신앙교부Early Church Fathers 시기에 이단들은 '측면적 진리'로 규정되었으며, '오랫동안 억압받다가 온전한 진리로 숭배받게 된 무리'로 간주되었다"고 갈파했다. 다시 말해서, 이단이란 '온전한 진리'보다는 '부분적 진리'의 하나였다. 그런 면에서 볼 때, "'실증주의 비판'에 관한 한, 올리버는 부분적 진리가 아니라 온전한 진리 쪽에 서는 경우가 많았다"는 것이 내 생각이다. (그는 언젠가 내게 이렇게 말했다. "나는 상징적으로는 던Donne, 개념적으로는 비트겐슈타인을 가장 숭배해. 그러나 솔직히 말해서, 가끔씩 던을 지나치게 숭배하는 것 같아.")

그러나 더욱 폭넓은 쟁점이 있으니, 내러티브 자체의 속성과 기능에 관한 논란(엄밀한 의미에서, 스토리텔링이 진실할 수 있는가°)이다. 이것은 올리버가 또 다른 편지에서 제기한 문제인데, 그는 《나는 침대에서 내 다리를 주웠다》가 첫 번째 공격을 받은 지 몇 개월 후 나에게 타이핑된 편지를 보냈다.

1985년 1월 11일

렌에게

ALTSO와 관련하여 나를 가장 많이 괴롭힌 서평(LRB와 TLS•에도 그와 비슷한 서평이 있었지만, 자네는 보지 못했을 거야)은 내가… 이곳 저곳에서 거짓말을 일삼았다는 비난이 포함된 서평이었어. 물론 거짓말은 자기회의나 비난과 늘 결부되지만, 상상컨대 '거짓말하고 싶은 충동'과 결부되는 것 같아(또는 최소한 '향상되고 싶은 충동'과 결부되는 것 같아. TLS의 서평자는 "극적인 향상"을 언급했고,

---

° E. L. 닥터로E. L. Doctorow가 자신의 소설 《수도The Waterworks》에서 내레이터를 내세워 주인공 중 하나를 설명했을 때도 그런 문제가 발생했다. "여기서, 나는 우리가 사토리우스Satorius를 처음 목격한 상황을 밝히지 않는다. 나는 사물의 연대기에 충실하고 싶지만, 그와 동시에 그 패턴에 합리성을 부여하고 싶다. 합리성을 부여한다는 것은 연대기를 파괴한다는 것을 의미한다. 요컨대, '혼돈 속을 헤쳐나가는 일상적인 삶'(이 경우 당신의 생각에는 위계질서가 없고, 시끌벅적한 평등이 있을 뿐이다)과 '중요한 순서를 모두 알고 있는 것'(이 순서는 내레이터의 머리에서 나온다) 사이에는 차이가 있다."(New York: Random House, 1994), 123쪽.

• 영국 신문 〈타임스〉의 서평란(The Times Literary Supplement)의 이니셜.

자네는 어제 내게 "올리, 힘내요!"라고 했어).

그러나 나는 현상적인 거짓말(이 말은, 현상 자체를 곡해한다는 것을 의미해)을 생각할 수가 없어. 왜냐하면 나는 현상을 너무나 사랑하는 사람이기 때문이야. 현상은 어떠한 거짓말도 용납하지 않아.

그가 일전에 한 말이 떠오른다. "나는 순도 100퍼센트의 탄산칼륨이 아니라면 마음이 언짢은 사람이야. 왜냐하면 진실만큼 중요한 게 없거든."

그의 편지는 다음과 같이 계속된다.

솔직히 말해서(사실, 나로서는 판단하기가 어려워. 왜냐하면 나는 너무 직관적이어서, 순간적인 깨달음과 추측 사이의 어딘가에 서 있거든), 나는 절대적으로 확신하는 것을 풍성하게 말하는 경향이 있어. P. 박사—《아내를 모자로 착각한 남자》의 주인공—의 경우가 그래. 나는 그와 거의 동일한 사례에 대한 맥래Macrae의 기술을 봤을 때 극단적인 쾌감을 느꼈어.

그러나 명확한 생각과 논의를 위해 명심할 것은—이 점과 관련하여, 나는 다음번 '내러티브 세미나'에서 자네의 충고대로 행동할 생각이야—"스토리텔링이란 스토리에 덧붙일 극적인 조직화를 찾거나 도입하되, 현상학적 기술phenomenological description이라는 원칙을 절대로 위반하지 말아야 한다"는 거야. 그리고 '그런 조직화가 현실(예: 질병에 걸림, 어떤 손상이 지속됨) 속에 실제로 존재하는가'라는 문제에 대해… 마이클 네베는 LRB에서 이렇게 말했어. "스토리가 조직화에 장악되어 걷잡을 수 없는 모멘텀에 이끌려 진행되었다." 그런 면이 있을 수도 있지만, 그가 경멸조로 말한 것과는 차원이 달라. 예컨대 1974년의 경험은 극적으로 조직화된 데 반해, 1984년의 경험—'다리 책'의 출간을 앞두고, 오른쪽 다리가 부러진 사건—은 조직화되지 않았어(경험이라기보다는, 단지 지루하고 무의미한 사건의 연속…).

삶이 지루하고 무의미한 사건의 연속인 정도… 그리고 삶이 하나의 스토리를 구성하고 조직화되어 경험되는 정도…. (이것은 셴골드가 나의 "삶"에서 "내러티브"를 만들려고 노력하는 과정에서 직면했던 도전이야. 자네의 경우도 다르지 않아.)

(…)

어떤 경우에도, 사랑을 담아, 올리버SB

루리야는 "낭만적 과학"이라는 용어를, 자신의 후반기 인생 내내 《지워진 기억을 쫓는 남자》와 《모든 것을 기억하는 남자》 등(이 저술들은 기존의 전통적인 과학연구—물론 그는 이 분야에서도 탁월함을 인정받고 있다—와 확연히 구별된다)에 전념하기 위해 선택한 비장의 무기인 '확장된 스토리텔링'을 위해 아껴뒀다. 그는 확장된 스토리텔링만을 통해 접근할 수 있는 진실이 있다고 믿었다. 그런 면에서, 올리버는 자신의 영웅인 루리야를 추종했다.

이 장의 앞에서 인용한 조너선 밀러의 말("당신들은 납득하기 어려운 게로군요")은 하나의 상황에 대한 두 가지 상반된 감정 사이에서 갈팡질팡하는 마음을 잘 표현했다고 할 수 있다. 첫 번째 마음은 과장에 대한 각양각색의 비난인데, 내가 그런 말들을 인용하면 올리버는 이렇게 되받아쳤다. "그들의 말은 구구절절이

옳아. 그러나 그와 동시에, 그들은 완전히 미쳤어. 안 그래?"°

두 번째 마음은 픽션에 대한 공감이다. 그의 임상사례 중 일부를 직접 확인하고, '올리버가 말하는 것과 정확히 일치하는 건 아니다'라고 주장하는 친구들은 이렇게 말한다. "픽션은 매우 찬란하고 아름다우므로, 어떤 면에서 핵심을 벗어날 수 있다. 왜냐하면 팩트보다 픽션이 더욱 중요해지기 때문이다. 그런 면에서 팩트는 무례한 요령부득과 거의 같다. 올리버와 보르헤스 사이에는 몇 가지 면에서 현격한 차이가 있다."

나는 20년간 "논픽션의 픽션"이라는 과목을 가르치는 동안(나는 이 과목에서 내러티브 논픽션의 픽션적 요소인 형식과 구조, 음성, 어조, 아이러니, 자유를 모두 다뤘다), 학기말이 될 때쯤 올리버의 산문을 다루며 약간 다른 신조어를 사용했다. 신조어—랩소디적 논픽션Rhapsodic Nonfiction을 사용한 것이다. 나는 여기서 올리버와 카푸시친스키(두 사람은 '종종 엄밀한 진실성의 시험대에 올랐다'는 공통점이 있다)를 "처음에는 일상적이고 즉각적인 글쓰기를 통해 주제에 접근했고(카푸시친스키의 경우 폴란드 국영통신의 해외특파원으로서 하루도 빠짐없이 외신기사를 송고했고, 올리버의 경우 평생 동안 만난 환자들에 대해 한 명도 빠짐없이 500단어짜리 진료기록을 작성했다),

° 문득 아도르노가 '심리분석에서 과장을 빼면 사실인 것은 아무것도 없다(특히, 편집자가 앨릭스 스타Alex Star라면!)'는 취지로 한 말이 떠오른다. "모든 것이 진실인 동시에, 모든 진실은 픽션이다. 따라서 픽션과 진실을 구분하는 것은 어렵다. 그런 어려움의 핵심은, 픽션이 꾸며낸 말이라는 데 있지 않다. 그러나 당신은 납득하기 어려울 것이다 …."

• 펠햄에 있는 우리 집에서 만난 리샤르드 카푸시친스키와 올리버. 뒤에 요안나가 있다.

수년 후 눈에 띄게 다른 사용역register•에서 동일한 소재를 다룬 전문직 종사자"의 사례로 제시했다. 예컨대 에티오피아의 황제 하일레 셀라시에의 마지막 나날들을 다룬 전설적인 회고록 《황제The Emperor》는 다음과 같은 문장으로 시작된다. "나는 매일 저녁 황궁에 기거하는 사람들이 하는 이야기를 들었다."

"매일 저녁"이란 그가 자신의 일상적인 임무(뉴스 보도문 철하기)를 마친 뒤임을 의미한다. 그리고 "들었다"는 과거시제로, '그 시절'과 '그 장소'에서 일어난 일을 회고한다는 것을 의미한다. 당신의 귀에는, 그가 수년간의 방랑생활을 마치고 고향으로 돌아

• 언어학 용어. 계층이나 연령, 지역, 문체 등에 따라 달리 나타나는 언어의 변이형을 말한다. 일반어에 대해 전문어나 유아어幼兒語, 지역 방언과 계층 방언, 속어 등이 이에 속한다.

와 친밀하고 완전히 몰입한 청중 앞에서 마치 몽상 같은 스토리텔링을 시작하며, 스니프터•에 와인을 따르는 소리가 들릴 것이다. 그리고 나는 〈동유럽의 알레고리〉라는 에세이에서, 1978년 바르샤바에서 출판된 카푸시친스키의 텍스트를 다음과 같이 논평했다. 첫째, 다소 평이한 르포르타주다. 둘째, 바로 그 순간의 폴란드 상황(공산당 서기장 에드바르드 기에레크Edward Gierek가 장악한 정권의 부패가 극에 달했고, 자유노조의 세력이 급증한 지 불과 2년이 흘렀다)에 대한 예언적 알레고리다(카푸시친스키의 이야기를 귀 기울여 들으라). 셋째, 좀 더 폭넓게 보면, 모든 황실의 불안정한 역학precarious dynamics에 대한 알레고리다. 마지막으로, 칼비노, 가르시아 마르케스, 카프카, 그리고 보르헤스와 서가에 나란히 놓아도 전혀 손색이 없는 최고급 문학이다. (공교롭게도, 조너선 밀러는 언젠가 카푸시친스키의 《황제》를 멋지게 각색하여 런던의 무대에 올렸다.)

올리버의 랩소디적 논픽션도 카푸시친스키와 비슷한 맥락에서 집필되었다. 왜냐하면 그 역시 별도의 전문 분야에 종사하며 글쓰기를 병행했을 뿐만 아니라—그는 경력을 통틀어 매일 반복적으로 글을 썼으며, 괄목할 만한 다큐멘터리 성과를 거뒀다—, 약간 다른 빛깔로 영롱하게 반짝이며 비슷한 효과를 거뒀기 때문이다(질병에 대한 그의 기술은, 자타가 공인하는 아라비안나이트였다). 그는 다른 청중들을 위해 글을 쓰며(물론 동료 의사들도 청중에 포함되기를 간절히 원했지만, 그들은 평소와 약간 다른 방식으로 반응했

• 브랜디용 글라스. 튜울립 꽃 모양으로서 끝부분이 오므라든 얄팍한 글라스.

다), 전통적인 의학연구자들과 달리 동료심사기준의 정량적·통계적 판단을 요구하지 않는다(단, 이 점에 있어서 그 자신도 간혹 혼란을 겪는다).

그러나 그는 다른 의미에서 판단받기를 원했다. 즉, 만성적·교육적 창고에 처박혀 대략 포기된 환자(특히 종종 "구제불능"이나 "식물인간"으로 불리며 외면당하는 중증환자)들을 옹호하고, 스토리의 모델로 삼으려고 노력했다. 올리버의 이 같은 내러티브는 치료의 일부임에도 불구하고, 무사태평한 비평가들은 종종 이를 간과했다. 로레인 수녀의 평가에 따르면, 올리버는 그것(It)을 나(I)로 되돌리려고 노력했다. 또는 환자(목적어)를 행위주체(주어)로 되돌렸다. 그의 치료는 환자와의 상호작용에 기반해야 했다. 그저 동떨어진 대상으로 취급 받아 왔던 환자들은 오랫동안 행위능력과 주체성에 대한 감각을 잃은 지 오래였다. 올리버는 그들 하나하나의 스토리(내력)을 알아내기 위해, 매번 진료할 때마다 시간에 얽매이지 않기 일쑤였다(그것은 공감과 자발적인 매혹의 결과였다). 환자는 '인간적 가능성'의 스펙트럼에서 맨 끄트머리에 위치한 사람이므로, 그런 극단적인 위치와 경험의 이면에는 경이로운 스토리가 도사리고 있다. 올리버는 그런 환자들을 관찰하는 특권을 부여받은 증인이자 동반자였다.

친구가 도움의 손길을 내밀기만 해도, 얼어붙어 있던 파킨슨증 환자는 시동이 걸려 유연하게(말하자면 물 흐르듯) 행동할 수 있었다. 그 사실을 누구보다도 잘 아는 올리버는 환자의 손을 잡고 내러티브에 대한 자기조직 능력을 공유했다. 의사와 환자는 환자의 스토리를 함께 조립하며(문자 그대로 만들어내며), 의사는 그 과정에서 환자로 하여금 자신을 재구성하도록 도와준다. 그런 의미에서, 내러티브는 올리버가 그토록 사랑하는 음악과 다르지 않았다. 왜냐하면 환자는 내러티브를 통해 자신을 움직이도록 해준 것에 마음이 끌리기 때문이다. 그리고 비개인적인 엘리엇적 의미에서(437쪽 참조), 운동 전체에 활기를 불어넣는 분위기는 사랑, 이해, 인정과 다름없다(이 미묘한 과정을 어떻게 정량화한단 말인가!).°

그리고 이 모든 것의 경이로움은, 올리버가 오랜 세월에 걸쳐 다른 몇 명의 비슷한 선지자들과 더불어 자신만의 스토리(특히 그 스토리의 취지와 세심함)를 통해 '전통적 신경학이 교육되고 실행되는 방법'을 바꾸기 시작함으로써 드러났다. 그의 에세이는 더 이상 "일련의 단순한 일화들"로 치부되지 않는다.

° 이 맥락에서 문득 떠오르는 것은, 올리버의 이 같은 모델은 수고로운 관심과 집중 덕분에 환자들이 조립·구성·내레이션을 통해 자신들만의 특이하고 극단적인 실존상황에 대한 생각을 치유하도록 도와줬고, 나아가 색스 자신이 '다리 책' 때문에 연루된 '특이하게 얽히고설킨 문제'—'다리 책'을 쓰기 전에는 난해함과 글막힘, 일단 집필을 완료한 후에는 네베 유類의 온갖 비평들에 대한 예외적 취약성—를 정확히 설명했다는 것이다. 본문에 언급된 임상사례에서, 의사와 환자는 일심동체였다. '다리 책'에 얽매인 색스는 늘 혼자였고, 자기의 꼬리를 쫓아 맴돌았고, 꼭 필요한 (자기)사랑은 그에 못지않게 강력한 자기회의 및 자기혐오와 온통 뒤섞여 있었다. 한마디로, 그는 엘리엇적 거리를 전혀 달성하지 못했다.

20

그의 생애

2005~2015

2005년 말부터, 올리버는 심각한 암의 위협에 시달리기 시작했다. 오른쪽 안구의 종양이 서서히 확장되고 있는 것으로 밝혀진 것이다. 2007년까지는 첨단 집중방사선치료법• 덕분에 건강을 그럭저럭 유지했지만, 오른쪽 눈의 시력(그리하여 입체시)을 잃는 대가를 치렀다. 우리는 오랫동안 입체시에 대해 이야기하다, 그의 젊은 시절로 돌아가 입체영상, 입체광학장비, 입체사진술, '양안시의 신경학'에 대한 그의 열정을 이야기했다.°

오른쪽 눈의 시력을 완전히 상실한 것은 특별히 아이러니했다. 왜냐하면 그는 1년 전부터 마운트홀리오크 칼리지의 신경학 교수 수전 배리Susan Barry와 편지를 주고받으며, 입체시에 대한 젊

• 특정 부위에 고선량의 방사선을 집중 투여함으로써, 불필요한 손상을 최소화 하는 치료법.

° 예컨대, 1985년 3월 8일 자 편지[SB]를 참고하라.

은 시절의 열정을 회복하고 그 스릴 넘치는 가능성에 주목하고 있었기 때문이었다. 그녀는 선천적인 사시로 태어나 제때 교정수술을 받지 못하는 바람에 입체시를 잃었지만, 만년晩年에 철저한 시각훈련을 통해 (일찍이 경험하지 못했던) 입체시를 획득하고, 빼어난 관찰적 산문을 통해 변화된 효과를 기술할 수 있었다. 올리버는 2006년 6월 19일 〈뉴요커〉에 기고한 에세이에서 그녀를 "스테레오 수Stereo Sue"라고 불렀고, 그 에세이는 2010년 출간한 모음집 《마음의 눈》에 같은 제목•으로 실렸다.

2008년 7월 9일, 올리버가 뉴욕식물원에서 자신의 일흔다섯 번째 생일파티를 열 때, 나는 공교롭게도 다른 곳에서 취재를 하고 있었다. 그때 스물한 살이 된 사라는 나 대신 공식 발언자로 나서, 올리버가 오랫동안 자신을 매혹하고 감화한 사연을 소개함으로써 하객들의 인기를 끌었다.

그 직후, 35년 이상 스스로에게 금욕생활을 강요해온 올리버는 멋진 청년—아마 40대 중반 내지 후반의 작가로, 이름은 빌리 헤이스Billy Hayes이고, 그즈음 샌프란시스코에서 뉴욕으로 이주했다—을 만났다. 헤이스는 2007년 12월 헨리 그레이Henry Gray(유명한 해부학 책 《그레이 아나토미Gray's Anatomy》의 저자)의 전기인 《해부학자》를 발간했는데, 올리버가 몇 달 후 누군가의 요청에 따라 그 책의 추천사를 써준 것이 인연이 되었다. 두 사람은 몇 달 동안 인연을 이어갔는데, 처음에 머뭇거리던 올리버는 마침내 자신

• 한국어판(알마)에는 〈수 배리의 입체 시각〉이라는 제목으로 실렸다.

이 사랑에 빠지는 것을 허용함과 동시에 빌리가 자신과 사랑에 빠졌다는 사실을 인정했다. (내가 여기서 "…을 허용했다"는 표현을 쓴 의도는, 그가 지난 35년간 규칙적·지속적으로 누군가를 사랑하거나 누군가에게 사랑받아 왔지만, 그의 강력한 의지가 '더 이상의 관계'를 늘 가로막았음을 암시하기 위해서다.) 그러나 이제는 뭔가 달라져 있었다. 아마도 그즈음 심각한 암의 위협에 시달리며 심경이 변화한 상태에서, 빌리의 비범한 능력과 자질이 올리버의 마음을 사로잡은 것 같았다. 올리버의 친구들이 둘의 관계를 곧바로 눈치챈 이유는, 빌리가 눈에 띄게 우아하고 신중하고 친절하기 때문이었다. 올리버는 왜 저럴까 싶을 정도로 사랑에 빠져(그는 숨가쁜 10대처럼 몸단장을 하고 얼굴을 붉혔다), 걸핏하면 얼빠진 표정으로 친구들의 의견을 물으며 자신의 '탁월한 선택'을 짐짓 과시했다. 급기야 빌리와 올리버는 자주 여행을 떠나는 관계로 발전했다.°

뒤늦게 찾아온 사랑이 활짝 꽃피는 동안, 올리버의 삶은 케이트의 전문적인 매니지먼트 덕분에 더욱 더 풍성해졌다. 2009년, 그는 뉴햄프셔주 피터버러에 있는 맥도웰콜로니에서 몇 주 동안 머물며, 《마음의 눈》을 마무리하고 차기작 《환각》에 초점을 맞추기 시작했다. 그는 《환각》에서 자신의 초기 약물실험에 얽힌 비밀을 자세히 공개함과 동시에, 현현epiphany 사례에 대한 다양한 증언들을 소개했다.

이제 올리버는 제럴드 에델먼Gerald Edelman, 프랜시스 크릭

° 그 이후의 관계는, 빌리가 2017년에 발간한 화려하고 서사적이며 우아한 책 《인섬니악 시티》를 참고하라.

Francis Crick, 칼턴 가이듀섹과 정기적으로 교감을 나눴고, 토르스튼 위즐Torsten Woesel, 로알드 호프만Roald Hoffmann, 에릭 캔들Eric Kandle, 밥 와서먼Bob Wasserman, 랠프 시겔Ralph Siegel, 오린 데빈스키Orrin Devinsky 등의 쟁쟁한 동료들과 가까이 지냈다. 그와 케이트는 내 연구소의 오찬모임에 정기적으로 나타났고, 그는 우리가 주최하는 이벤트에 스페셜 게스트로 꾸준히 참석했다. 우리 가족은 간혹 펠햄에서 그를 따로 만났지만, 서로 바빠 그럴 겨를이 별로 없었다. 사라는 대학에 다니느라 집에 없었는데, 그 당시에는 (처음에는 아프리카어에 관심이 있었는데, 아프리카와 아프리카인에 대한 열정으로 발전하여) 여러 해 동안 아프리카에서 생활하고 있었다. 그래서 우리 가족은 한동안 뿔뿔이 흩어져 살았다. (사라는, 올리버가 그동안 우리 가족에게 쏟았던 에너지—비록 승화된 형태였지만—를 빌리에게 직접 쏟고 있으니 행복할 거라고 여겼다.)

2013년 NYU에서 하던 일이 끝나자, 나는 다양한 분야의 글을 쓰기 시작했다. 그러던 중 걸출한 무용가 겸 안무가인 빌 T. 존스Bill T. Jones의 의뢰를 받아, 웨스트 19번가의 뉴욕라이브아트 시설에서 매년 4월에 일주일 동안 열리는 라이브 아이디어스Live Ideas라는 페스티벌을 큐레이션하게 되었다. 5일 동안 열리는 20개의 이벤트는 '아이디어의 구현embodiment'에 대한 존스의 확신("아이디어란 몸과 마음·영혼·정신의 상호침투를 통해 구현된다")을 널리 알리는 방법의 일환으로 기획되었으며, 오직 하나의 인물이나 주제에 할애되었다. 2013년은 올리버가 여든 살이 되는 해였으므로, 나는 페스티벌의 초점을 올리버에게 맞추자고 제안했다(그리고 다음 해인 2014년은 故 제임스 볼드윈James Baldwin의 아흔 번째 탄생 기념일이었으므로, 그에게 초점을 맞추기로 약속했다). 나는 양치식물과 보디빌딩에서부터 화학과 철학에 이르기까지 다양한 세션을 제시하며, 올리버가 투렛증후군과 파킨슨병 분야에 미친 영향을 조명하는 패널을 초청하고 영화·연극·무용·음악계에 기고문을 요청한다는 구상을 내놓았다. 존스는 흔쾌히 동의했지만, 올리버는 우물쭈물했다(늘 그렇듯, 그는 수줍어하고 겸연쩍어하며 과장되게 움츠렸다). 그는 마지못해 동의하며, 고작 하나의 이벤트(올리버와 로버트 크럴위치의 공개 대담)에만 참가하겠다고 약속했다.

그럼에도 불구하고 그는 나의 모든 계획에 동의했지만, 하나의 괄목할 만한 예외가 있었다. 나는 "올리버 색스의 세계"라는 큰 그림의 일환으로, 하나의 세션을 그의 절친한 두 친구 톰 건과 W. H. 오든의 시에—그들을 흠모하는 뉴욕의 시인들이 낭송하는 방식으로—온전히 할애하고 싶어 했다. 그러나 올리버는 단칼에 거절했다. "자네는 그게 뭘 의미하는지 잘 알고 있잖아." 그는 저의를 의심하는 듯 나에게 손가락질을 했다. ("뭘요?" 내가 반문했다. "위대한 영국 시인들이고, 한때 미국에 살았고, 지금은 세상을 떠난걸요.") 이제 드러내놓고 빌리와 함께 살고 있으며, 그를 대동하고 규칙적으로 시내를 활보하지만, 그는 자신의 동성애를 바라보는 '더욱 광범위한 대중'의 눈총을—어쩌다 한번 비스듬히 스쳐가더라도—여전히 견딜 수 없었던 것 같다.

마침내 페스티벌은 거의 완벽하게 진행되었고, 올리버는 모든 이벤트에 참석했다.° 우리는 올리버의 골방에서 오래된 슈퍼 8밀리미터 필름 한 통을 발견했는데, 그것은 깨어남 환자의 일거수일투족이 수록된 소중한 자료였다. 나는 그것을 디지털화 한 후 빌 모리슨Bill Morrison에게 의뢰하여 오리지널 단편 다큐멘터리(〈깨어남 다시보기〉)를 제작하고, 필립 글래스Philip Glass의 도움을 받아 배경음악도 깔았다. 토비아스 피커Tobias Picker는 (피커와 마이클 나이먼이 색스에게 영감을 얻어 작곡한 곡 중에서) 〈성聖누가 관현악곡Orchestra of St. Luke's〉을 지휘했고, 도나 우치조노Donna Uchizono는 독창적인 안무를 제공했다. 우리는 색스의 세계를 다각도로 조명하기 위해, 모든 분야의 패널들을 초빙했다. 스테레오 수는 시각훈련 시범을 보였고, 장거리 수영선수 린 콕스Lynne Cox와 우주비행사 마샤 이빈스Marsha Ivins는 '구현의 극단적 사례'에 대해 웅변조로 말했고, 철학자 알바 노에Alva Noë와 콜린 맥긴Colin McGinn은 심신의 수수께끼 속으로 깊이 잠수했고, 우즈홀 해양연구소의 로저 핸런Roger Hanlon은 두족류에 대해 이야기했으며, 뉴욕식물원의 데니스 스티븐슨Dennis Stevenson은 여러 가지 식물들과 함께 거대한 소철cycad을 직접 선보였다.

그러나 뭐니뭐니해도 가장 심오하고 감동적인 이벤트는, 해럴드 핀터의 〈일종의 알래스카〉의 두 가지 버전을 연이어 상연한 것이었다. 하나는 (강력한 인상을 줄 요량으로 각색된) 표준 구어체 버전이었고, 다른 하나는 청각장애자 배우들에 의해 미국수화로 제작된 (훨씬 더 강력한 인상을 남긴) 독창적 버전이었다. 두 번째 공연이 끝난 후, 청각장애자 배우들과 제작자 일동은 무대 위에 도열하여 올리버에게 감사의 뜻을 표했다. "당신은 청각장애자의

○ 다양한 이벤트의 동영상을 보고 싶으면, 페스티벌의 유튜브 페이지를 방문하라. (https://www.youtube.com/playlist?list=PLUlBGrV6VKCgzE2hkANkrNlrjCkP4l8za)

문화를 직접 체험하고 증언함으로써, 우리의 삶에 큰 영향을 끼쳤습니다."

올리버는 자신에게 쏟아진 사랑과 호평에 압도되었다. 그는 그즈음 자신의 자서전 집필에 착수했는데, 아마도 장고 끝에 '호시절을 맞아 나만의 언어로써 나 자신의 성지향성을 분명히 해야겠다'고 결심한 것 같았다.

그로부터 2년이 채 안 지난 2015년 2월 초 (최근 미국으로 돌아와, 컬럼비아 대학교에서 아프리카학 석사과정을 밟고 있던) 사라와 내가 올리버의 아파트를 방문하자, 올리버는 두꺼운 자서전 원고뭉치를 자랑스럽게 꺼내—좋았던 옛날에 늘 그랬듯이—우리에게 읽어주기 시작했다. 그러다 어느 시점에서 들뜬 표정으로, 흄이 만년에 쓴 자서전에 붙인 "나의 생애My Own Life"라는 제목이 어떻겠냐고 물었다. 케이트는 고개를 가로저으며, 그 대신 근사한 표지사진 한 장(험상궂은 BMW 오토바이 옆에 말쑥하게 면도를 한 채 가죽 재킷 차림으로 서 있는 청년 올리버)을 내밀며 "온 더 무브On the Move"를 고집했다. 올리버는 '캘리포니아에서의 젊은 날'에 관한 구절을 몇 분 동안 신나게 읽었지만, 뭔가 꺼림칙한 게 있는 듯했다. 그는 이윽고 읽기를 중단하고 걱정스러운 듯 헛기침을 연발하더니, 불쑥 이렇게 내뱉었다. "자네는 나오지 않아, 렌."

응? 나는 어리둥절해했다. "자네가 이 책에 등장하지 않는단 말이야." 난 괜찮다며 그를 안심시켰다. 난 전혀 개의치 않는다고 말해줬다(맹세코 진심이었다. 나중에 내 이야기가 아주 조금• 추가된 것 같은데, 난 전혀 모르는 일이었다). "할 얘기는 많은데 지면이 좁다 보니 취사선택이 불가피했어." 내가 담담한 표정을 보이자 안심이 되었는지, 그는 본문을 다시 읽기 시작했다. 그러나 이내 다시 중단했다. "첨언하는데, 나는 어느 누구하고도 인터뷰를 하지 않을 거야!"

그런데 공교롭게도, 바로 다음 날 컬런 머피Cullen Murphy에게서 전화가 왔다. 그는 〈디 애틀랜틱The Atlantic〉에 근무하던 시절 (티나 브라운Tina Brown에게 퇴짜 맞은) 나의 원고를 받아준 편집자로, 〈배니티페어Vanity Fair〉로 자리를 옮긴 상태였다. "그거 알아요?" 그가 물었다. "색스가 조만한 자서전을 출간할 예정인데, 그동안 당신에게 함구령을 내렸던 비밀을 다 털어놓을 거라는 소문이 파다해요. 혹시 당신이 우리 대신 올리버와 인터뷰를 해줄 수 있지 않을까요?" 나는 일언지하에 거절했다. "그는 인터뷰를 일절 사절하고 있어요!" 그런데 바로 그 순간, 이런 생각이 나의 뇌리를 스쳐갔다. '어쩌면, 그가 나의 오래된 노트에 더 이상 간섭하지 않을지도 몰라. 내가 그 노트를 마음껏 뒤적여, 그 시절의 기록들을 책으로 펴낼 수 있도록 말이야.' (내 짐작은 적중했다. 나중에 알게 된 사실이지만, 올리버가 인터뷰 절대사절을 천명한 데는 그만한 사정이 있었다. 그리고 뭔가 낌새를 챈 컬런은 나의 의중을 떠보기 위해 전화를 건 거였다.) 나는 그 후 며칠 동안 부리나케 1만 3000단어짜리 발췌본을 탈고하여 〈배니티페어〉에 넘기고, 올리버의 승락이 떨어지는 대로 그중 절반 가량을 출판하기로 약속했다.

아니나 다를까. 내가 원고를 넘기자마자 올리버에게서 친필

• 《온 더 무브》(알마) 387쪽 참조. 부연설명을 위해 괄호 안에 두 문장이 삽입되었다.

편지 한 통이 날아왔다.

2015년 2월 16일

사랑하는 렌(그리고 요아시아와 사라)에게,

슬픈 소식을 전해야겠어요. 2005년 오른쪽 안구에 생긴 흑색종이 간으로 전이되었어요. 그게 확산된 것으로 판명되기 전에 멋지고 행복하고 생산적인 시간을 보낼 수 있었던 것을 매우 기쁘게 생각하고 있어요. (…) 이 전이암은 치료하기가 거의 어려우므로, 나는 (정확하지는 않지만) 앞으로 몇 달밖에 살 수 없을 것 같아요.

앞으로 남은 시간이 비교적 수월했으면 좋겠어요. 그래야 친구와 가족을 만나고 삶을 즐기고 글도 쓸 수 있을 테니 말이에요. 그러나 나는 병원에 입원하여 며칠 동안 특별한 치료를 받고, 2주 동안 언짢은 기분을 느껴야 해요. 나는 지금 이 순간까지 사형선고를 받는다는 것을 거의 비현실적인 것으로 느끼며 남의 일처럼 생각해왔어요.

사랑하는 렌. 자네는 지난 35년(또는 그 이상) 동안 중요하고 사랑스럽고 믿음직한 친구였어. 렌과 요아시아와 나의 대녀 사라는, 이 늙은 총각의 삶에 특별한 온기를 더했어요. 그러니 앞으로 남은 몇 달 동안 서로에게서 더 많은 것을 찾아보기로 해요.

사랑을 담아, 올리버

며칠 후인 2월 19일(목), 〈뉴욕타임스〉의 독자들은 조간신문을 펼쳐, '죽음을 앞둔 한 의사의 경이롭고 용감하고 솔직담백하고 가슴 뭉클하고 지극히 분별 있는 공개편지 시리즈' 중 1편을

받아보게 되었다. 그 제목은 〈나의 생애〉였다.°

"아!" 문간에서 가져온 신문을 내려놓는 사라의 눈망울이 반짝였다. "올리버가 기어코 그 제목('나의 생애')을 사용했어요!"

그 후 몇 주 동안은 올리버에게 정말로 견디기 힘든 나날이었다. 그가 마지막으로 〈뉴욕타임스〉에 기고한 네 편의 주옥 같은 글들은, 그가 세상을 떠난 후 《고맙습니다》라는 제목의 작은 책으로 출간되었다(서문은 케이트와 빌리가 함께 썼고, 빌리가 촬영한 올리버의 애잔한 사진 여러 장이 첨부되었다). 그러나 어떤 면에서 올리버가 생의 마지막 해에 쓴 가장 경이로운 에세이는 그해 4월 23일 〈뉴욕 리뷰 오브 북스〉에 실린 〈장애의 일반적 느낌A General Feeling of Disorder〉•으로, 자신이 2월 중순 수술을 받은 직후 몇 주 동안 경험한 불편함을 애처롭도록 실감나게 기술했다.

수술 절차("카테터catheter••를 간동맥의 분기점까지 밀어 넣은 다음, 다량의 미세한 구슬들을 정확한 간동맥 부위에 삽입한다. 그러면 구슬들은 미세동맥으로 이동하여, 그곳을 차단함으로써 전이암이 필요로 하는 혈류 및 산소 공급을 차단한다. 그리하여 혈류와 산소를 공급받지 못하는 전이암들은 결국 굶거나 숨이 막혀 죽게 된다") 자체는 전체적으로 복잡하지 않았으며, 미세한 구슬들은 당초 계획했던 대로 마술을 부렸다. 문제는 그다음이었다. 즉, 그즈음 간조직의 50

° 〈뉴욕타임스〉의 웹사이트(https://www.nytimes.com/2015/02/19/opinion/oliver-sacks-on-learning-he-has-terminal-cancer.html)와 《고맙습니다》 (알마) 25쪽을 참고하라.

• 이 에세이는 그의 유고집 《의식의 강》(알마)에 〈항상성 유지〉라는 제목으로 실렸다.

•• 얇은 관 모양으로, 병을 다루거나 수술을 할 때 인체에 삽입하는 의료용 기구.

퍼센트를 차지한 전이암이 괴사함에 따라, 독기를 품은 조직들이 통상적인 방법으로 제거되어야 했다. 그 제거작업은 대식세포 macrophage라는 면역세포가 2주 동안 수행하는데, 올리버는 그 때문에 (언짢은 기분을 느낄 거라던 당초 예상과 달리) 생사를 넘나들며 고통스러워했다.

열흘 째 되는 날 아침, 나는 올리버의 입에서 "한 고비를 넘긴 것 같아"라는 말이 나오는 것을 듣고 무슨 소린가 했다. 그러나 웬걸. 오후가 되자 그는 '언제 그랬냐'는 듯 완전히 다른 사람으로 변신해 있었다. 그것은 한편으로 반갑고, 다른 한편으로 전혀 뜻밖이었다(그도 그럴 것이, 그런 갑작스러운 변화가 일어나리라는 징후가 사전에 전혀 감지되지 않았기 때문이다). 이틀이 더 지나자, 그는 갑자기 신체적·창조적 에너지가 충만함을 느끼며, 거의 경조증hypomania•••에 가까운 희열을 경험했다. 그는 뇌리를 스치는 풍부한 생각의 물결을 주체하지 못하고 아파트 복도를 성큼성큼 걸었다. 그는 에세이의 말미에서—다시 태어난 듯한 자신의 상태와 느낌을 증명이라도 하려는 듯—, 니체가 《즐거운 학문》에서 '질병에서 회복된 후의 경험'을 서정적으로 표현한 대목을 인용했다.

> 마치 뜻밖의 사건이 방금 일어난 것처럼, 마음속 깊은 곳에서 감사한 마음이 분수처럼 계속 뿜어져 나온다… 그것은 전혀 예상하지 않았던 회복에 대한 감사의 마음이다. 되찾은 힘, 되살아난 내일과

••• 경미한 형태의 조증mania.

모레에 대한 믿음, 미래에 대한 갑작스러운 느낌과 기대, 임박한 모험, 눈앞에 다시 펼쳐질 바다에 대한 즐거움이여![○]

사실, 수술은 올리버의 종양 중 80퍼센트를 무찌른 다음, 의사가 생생하게 기술한 대로 "스위스 군용칼처럼 감쪽같이 도려냈다." 간의 한 가지 장점은, 통증뉴런이 없기 때문에 다른 많은 장기와 달리 통증을 거의 느끼지 않는다는 것이다. 간의 또 한 가지 장점은, 일부를 잘라내도 다시 자라나는 거의 유일한 인간 장기라는 것이다. 그런데 두 번째 장점은 간암에도 적용된다는 게 문제였다. 따라서, 올리버의 생존기간은 예상보다 훨씬 더 길었지만, 결코 영구적일 수 없었다.

그가 수술에서 회복한 후, 나는 약간 떨리는 마음으로 1만 3000단어짜리 〈배니티페어〉 원고를 그에게 우송했다. 다음 날 아침 걸려온 전화에서 흘러나온 그의 음성은 믿을 수 없을 만큼 흡족함을 드러냈다. 그러나 그는 "일점일획도 빼지 말고 전부 출판해야 해"라고 고집했고, 나는 "승낙해준 것은 고맙지만, 〈배니티페어〉에서는 7500단어만 출판할 예정이며, 그것도 너무 많다고 부담스러워 해요"라고 말했다. 그는 말도 안 된다고 펄쩍 뛰며 "내 에이전트인 앤드루 와일리Andrew Wylie에게 전화를 걸게 하겠어"라고 완강히 고집했고, 나는 그의 주장에 의문을 제기하며 "아무리 앤드루라도 그레이든 카터Graydon Carter[•]를 설득할 수 없을 거

○ 공교롭게도, 그는 오래전 발간한 《나는 침대에서 내 다리를 주웠다》의 6장 〈회복〉의 제명題名으로 이 구절을 사용했다.

예요"라고 말했다. 그러나 올리버는 못마땅한 듯 헛기침을 했고, 우리는 일단 지켜보기로 했다. 그러나 앤드루는 올리버의 뜻을 관철하는 데 실패하여, 결국 7500단어로 낙착을 봤다. 그럼에도 불구하고 올리버는 요지부동이었다. 그는 내게 다시 전화를 걸어, 내가 30년 전 계획했던 원본의 출판을 승인했다. "이제," 그는 말했다. "시작해도 좋아! 이건 명령이야." 모든 일이 순식간에 일단락된 것이다.

4월의 어느 날 웨슐러 일가족이 올리버의 아파트를 방문했을 때, 그의 건강상태는 최상이었다. 그는 희한한 얘기를 꺼냈는데, 간에 맛을 들여 포식을 하고 있다는 거였다("나는 현대판 프로메테우스가 되었어!"라고 그는 자랑했다). 그리고 자신의 미래가 궁금하다며, 뚱딴지 같이 19세기의 시간여행자를 자처했다(그는 H. G. 웰스의 소설을 많이 읽었으니 그럴 만도 했다). 20세기를 한바탕 훑고 21세기로 넘어가며, 그는 애석한 표정을 지으며 생물학보다는 화학과 물리학의 비약적인 발달에 더 많은 관심을 보였다. 그는 사라에게 (자신의 책상 위에 놓인) 원소에 대한 퀴즈를 냈는데, 그녀는 그의 대녀답게 무슨 문제든 척척 다 맞췄다.

그는 쓰고 있는 에세이 여러 편을 불쑥 꺼내 우리에게 보여주다가, 놀랍게도 어린이용 책을 한 권 쓰고 있다는 비밀을 공개했다. 그가 자랑스레 내미는 노트를 들여다보니 화학원소 입문서였는데, 집필이 완료되었는지 여부는 알 수 없었다. 그는 어린 시

• 〈배니티페어〉의 편집자.

• 사라에게 원소에 관한 퀴즈를 내는 올리버.

절 나트륨 원소를 갖고 장난친 사건을 이야기하며 추억에 잠겼다. 그런데 노트를 자세히 들여다보니, (일종의 약물유도 섬망이 작용한 듯) 손글씨가 갑자기 지렁이 기어가는 듯 꿈틀거려 도무지 판독할 수가 없었다. 그러나 그는 당황하는 우리의 표정에 개의치 않고 흐뭇하게 웃었다.

올리버는 5월 초 빌리, 케이트와 함께 영국으로 이별여행을 떠나, 안락한 호텔 방을 순례하며 진정한 우정을 나눌 거라고 했다. 그런 다음에는 빌리와 함께 노스캐롤라이나의 여우원숭이 보호구역을 방문할 계획이었다(올리버의 몇 안 되는 슬픔 중 하나는, 평생 동안 여우원숭이의 원산지인 마다가스카르를 단 한 번도 가 보지 못한 것이었다. 그곳은 섬의 독특한 야생동물 변종들이 풍부한 종다양성의 천국이었다. 그러나 노스캐롤라이나에 가면 아쉬움을 다소 달랠 수 있을 듯싶었다).

• 웨슐러 가족과 올리버가 마지막으로 촬영한 사진들.

그러나 4월 말이 되자 상황이 바뀌었다. 올리버는 드니로가 운영하는 트라이베카 레스토랑의 위층에서 자서전 출판을 기념하는 오찬파티를 열었다(크노프Knopf사가 급박한 상황을 감안하여 출판을 밀어붙였고, 불과 며칠 후 〈배니티페어〉가 나의 에세이를 발표했다). 오찬회가 한창 진행될 때 컬럼비아 대학교의 신경학과장이 자리에서 일어나 올리버에게 건배를 제의하며, 올리버의 쾌유를 기원하는 하객들에게 기쁜 소식을 알렸다. "신경과 인턴을 신청한 젊은 의학도 중 70퍼센트가 지원서에서 올리버를 롤모델로 언급했습니다." 그와 비슷한 찬사를 곁들인 건배가 줄을 이었고, 거의 모든 축하객들이 기쁨을 함께했다.

내가 '거의 모든'이라는 말을 쓴 데는 그만한 이유가 있다. 왜냐하면, 올리버는 그 자리에서 평상시와 달리 흄의 영향력에서 벗어난 듯한 제스처를 취했고, 그런 역설적 태도는 그의 온화한 성격을 잘 아는 사람에게 더욱 큰 슬픔을 자아냈기 때문이다. 친교와 우정을 즐겼고 실질적인 적(이를테면, 빗나간 전 병원장이나 수퍼 투레터)을 찾아볼 수 없는 자리였음에도 불구하고, 올리버를 아는 사람 중에서 그를 가리켜 "〈뉴욕타임스〉의 첫 번째 에세이 그대로, 온건한 성격의 소유자로군!"이라고 하며 고개를 끄덕일 사람은 아무도 없었다. 그와 정반대로 올리버는 격정적인 성격의 소유자임을 자임하며, "격렬하게 열광하며 때로는 극단적으로 무절제한 사람"처럼 행동했다. 그는 시종일관 그런 태도를 유지하며 분위기 메이커를 자처했다.

그런 가운데 한 젊은 여성이 슬픔을 억누르며 올리버에게 다가와, 기어이 참았던 울음을 터뜨렸다. 올리버는 그녀를 밀쳐냈는데, 자신에게 다가오는 여성을 밀쳐낸다는 것은 올리버에게 유례가 없는 일이었다. 안면실인증 때문에 사람을 알아보지 못하는 상태에서, 그는 그녀가 사라라고 확신한 모양이었다. 나중에 파티가 끝나고 사라가 다가와 껴안으며 작별 인사를 할 때도, 그는 그녀를 무뚝뚝하게 밀쳐냈다.

알고 보니, 올리버가 파티에서 처음 밀쳐낸 여성은 사라가 아니었다. 그러나 그는 자신의 어처구니 없는 실수를 알고도 겸연쩍어 하지 않았다. 나중에 케이트가 회고한 바에 따르면, 그는 사라가 그 이전—파티가 열리기 전—에 자기를 방문했을 때부터 '너무 감정에 치우친다'고 믿은 것 같았다. 어찌됐든 그 후 몇 주 동안 어떤 설득이나 해명도 그를 달랠 수 없었으며, 그녀의 방문은 더 이상 그의 환영을 받지 않았다. 여든두 번째 생일인 7월 9일(우리 가족 중에서 그가 그렇게 오래 살 거라고 생각한 사람은 없었다), 그는 자신의 아파트를 찾아와 껴안는 사라를 이번에도 밀쳐냈다. 바로 그날 아침, 올리버는 자신의 암이 급속히 진행되고 있음을 알고 스태미나를 비축하려고 애쓰는 것 같았다. 요컨대, 그의 목표는 집필을 완료하고, 수술에서 회복하고, 많은 사람들에게 작별 인사를 하는 것이었다. 그러나 사라를 대하는 그의 태도에는 변함이 없었다.

올리버가 다른 누구도 아닌 자신을 외면한다는 사실에, 사라는 엄청난 충격을 받았다. 그녀는 일주일에 한 번씩 방문을 요청했지만 번번이 거절당했다. 케이트가 올리버를 어떻게든 설득하느라 진땀을 흘린다는 이야기를 듣고, 우리 모두는 올리버가 얼마나 완고한지 잘 알고 있었다. 게다가 그는 점점 더 쇠약해져 갔다(바로 이 점 때문에, 나 역시 그를 더 이상 눈 뜨고 볼 수 없었다). 그의 어두운 기색은 사라와 나의 마음을 너무나 이상하고 슬프고 심란하게 만들었다. 〈뉴욕타임스〉에 실린 네 편의 마지막 에세이와 달리, 그것은 소싯적의 유아론적 토라짐solipsistic petulance을 방불케 하는 태도로, 어찌 보면 '죽음을 어떻게 대할 것인가'에 대한 가상적 마스터클래스•를 듣는 것 같았다. 이 모든 것은 단순한 해프닝이 아니라, 완벽한 정품임과 동시에 압도적인 진실이었다(그에 더하여, 비록 단출할망정 그것은 인간 올리버의 다양한 측면의 한 부분이었다. 대녀인 사라는 운이 나빠, 올리버가 임종을 앞두고 드러내는 '덜 화려한 부분'을 받아들여야 하는 입장에 처했을 뿐이었다).

어느덧 여름이 막바지에 이르자, 사라는 마침내 기다리기를 단념하고 몇 주 동안의 논문연구를 위해 우간다로 돌아갈 준비를 했다. 그러나 떠나기 직전, 그녀는 올리버에게 한 통의 편지를 썼다. 그녀는 직접 만든 편지지를 손글씨로 빼곡히 채워, 주기율표가 정교하게 그려진 수제 편지봉투에 담아 우체통에 넣었다. (그녀는 복사본을 남기지 않았지만, 편지를 부치기 전에 아이폰 카메라로 촬영한 흐릿한 사진을 갖고 있었다. 그녀는 최근 나에게 그 사진을 보여주고, 이 책에 인용하도록 허락했다.)

2015년 8월 6일

사랑하는 올리버에게,

나는 거의 여섯 달 동안 마음속에 담아뒀던 편지를 이제야 쓰고 있지만, 지금도 무슨 말을 해야 할지 잘 모르겠어요. 원래 당신의 여든두 번째 생일날 직접 전해드릴 생각으로 맞춤형 편지지와 편지봉투를 만들었지만(편지봉투의 덮개에 적힌, 네모로 둘러싸인 Pb—원자번호 82번—라는 원소기호를 눈여겨보세요), 아시다시피 그럴

• 영화, 음악, 미술 따위의 예술 분야에서 명인·대가·거장이 직접 진행하는 수업.

수 없었어요. 그래서 다음번 방문할 때까지 기다리려고 했지만, 승락하지 않으실 거라 생각했어요. 나는 잠시 후 우간다로 다시 떠날 거예요. 그래서 나는 그동안 쓰고 싶었던 사연을 글로 남기기로 마음먹었어요.

그러나 신경증으로 보일지 모르지만, 당신에게 먼저 말해줄 게 있어요. 출판기념 오찬회에서 당신에게 다가와 눈물을 쏟은 여성이 누구였는지를 두고 말이 많지만, 맹세코 나는 아니에요. 그걸 밝히는 게 어리석어 보이겠지만, 당신이 이번 여름에 나를 만나주지 않은 이유가 '예정된 눈물supposed lachrymosity' 때문이란 걸 잘 알기 때문이에요. 당신의 오해는 날 서글프게 했어요. 내가 당신 앞에서 마지막으로 운 건, 열한 살 때였어요(전에 케이트에게 세 살이라고 말했었는데, 그건 나의 실수였어요). 나는 그때 일을 아주 자세히 설명할 수 있어요, 그날 저녁 우리가 각각 무슨 옷을 입었었는지까지도. 출판기념 오찬회에서 당신 앞에서 눈물을 보인 여성이 누구인지는 나도 몰라요. 내가 분명히 말할 수 있는 것은, 최근 여섯 달 동안 당신 때문에 운 적은 있지만, 당신 앞에서 눈물을 보임으로써 부담을 지운 적은 단 한 번도 없다는 거예요. 사실, 이건 중요하지 않아요. 나의 꼼꼼하고 강박적인 신경증 탓이라고 여길지 모르겠지만, 나는 우리 둘 사이에 오해를 남겨두고 싶지 않을 뿐이에요.

서론은 이 정도로 하고, 이제 본론으로 들어갈게요….

아빠가 〈배니티페어〉 에세이를 쓰기 위해 자료를 정리하기 두 달 전, 우리는 오래된 사진 한 장을 발견했어요. 당신이 나(아마 네 살적인 것 같아요)에게 그림책을 읽어주는 장면이 담긴 사진이었는데, 나는 설명할 수 없는 이유로 가슴이 뭉클했어요. 그러나 어떤 의미에서, 그것은 나와 당신이 평생 동안 상호작용한 방식을 시사하는, 좋은 시각적 메타포인 것 같다는 생각이 들어요. 간단히 말해서, 나는 너무 작아서, 다리를 쭉 뻗어도 소파 가장자리에 닿지 않을 정도였어요. 그와 대조적으로, 당신은 너무나 우람해서, 손에 든 책과 당신 곁에 앉은 작은 소녀는 물론 소파에 이르기까지 사진 속의 모든 피사체를 압도했어요. 내가 어린 시절을 회상할 때마다 떠오르는 당신의 이미지—건장하고 거대한 존재(무한한 식욕과 우렁차고 활기 넘치는 음성의 소유자)—와 정확히 일치했어요. 나는 당신에게 매혹됨과 동시에 공포감을 느꼈어요. 그 느낌은 내 마음에 어떻게든 각인되어 오래도록 사라지지 않았어요.

시간이 경과함에 따라, 우리의 '몸집의 갭'은 점점 더 줄어들었어요. 그러나 당신이 내 삶에서 차지하는 존재감은 여전히 컸고, 당신 곁에 선 나는 종종 '소파 위의 작은 소녀'같은 느낌이 들었어요. 나를 왜소하고 눈부시게 만든 건 당신의 덩치가 아니라, 지성과 창의력이었어요. 당신과 아빠가 세상에 대해 대화하고, 토론하고, 열광하는 장면을 바라보며 성장했다는 것은, 지금껏 내 삶에서 엄청난 기쁨이자 특권 중 하나였어요. 당신은 기억하지 못할 수 있지만, 내가 열두 살인가 열세 살 때 당신이 주말 오후마다 우리 집(그때 당신은 아직 시티아일랜드에 살고 있었어요)을 찾아와 우리 가족에게《엉클 텅스텐》초고를 읽어줬을 때, 나는 부쩍 성장해 있었어요. 당신은 나에게 '글쓰기란 어떻게 하는 것인가', '글쓰기가 인간의 삶에서 수행하는 역할은 무엇인가', '진정한 정신적 삶이란 어떤 것인가'를 생생히 보여줌으로써, 나의 인격을 속속들이 형성했어요. 그로부터 몇 년 후 안구종양 치료를 받았을 때, 당신이 케이트에게 "방사선과 반응한 원소가 어떤 건지 확인하고 싶으니, 나의 수집품 중에서 원소들을 갖다 줘요"라고 말했다는 소식을 듣고 가슴이 미어지는 것 같았어요. 나는 지금 감정이 복받쳐 두서없는 글을 끄적이고 있어요. 그러나 나는 당신이 선사한 감동을 모두 고스란히 기억하고 있어요. 아무리 어려운 상황에서도 모든 경험을 경이로움과 탐구의 기회로 여겼던 당신은, 나의 소중한 롤모델이었어요.

당신 곁에서 성장했고, 어린 시절 당신의 언행을 듣고 관찰하며 많은 시간을 보낸 나는 엄청난 행운아였어요. 많은 시간을 당신과 아빠 주변에서 머물다 보니, 어린 나는 '모든 사람들이 다 그렇게 생동감 넘치고 창의적인 지성인으로 성장한다'고 여기게 되었어요. '누구나 어른이 되면 자연스레 그렇게 되는가 보다'라고 생각했죠. 그러나 이제 어른이 되고 보니, 그게 그렇게 단순하지 않음을 알게 되었어요. 나는 (당신에게서 늘 봤던) 이상理想이 부족한 나 자신을 발견하고, 종종 '올리버와 아빠가 내게 보여줬던 지적 몰입과 창의적 열정 근처에도 가지 못할 것 같다'는 공포감에 시달리곤 해요.

그러나 아무래도 좋아요. 나는 뭔가 추구할 게 있다는 게 얼마나 좋은 건지 깨달았어요. 이 세상에 태어나, 당신과 같이 사랑스러운 (그리고 우뚝 솟은) 인물을 만나게 된 것을 큰 축복으로 여기고 있어요. 그리고 당신이 내게 (설사 무의식적일지라도) 제시한 본보기는 성인기 내내 나를 인도해줄 거예요. 제대로 본다면, 세상은 얼마나 풍요롭고 매혹적인지 알려줘서 고마워요. 당신의 '더 이상 작지 않은 대녀'에게, 그것은 엄청난 선물이었어요.

사랑을 담아,

사라

아! 그즈음 올리버는 너무나 쇠약한 상태여서, 사라의 진심 어린 편지에 답장을 쓸 기력이 없었다. 그러나 일주일이 조금 더 지난 8월 14일, 우간다에 있던 사라는 케이트에게서 한 통의 이메일을 받았다. 그것은 올리버의 구술을 글로 옮긴 것이었는데, 편지(특히 주기율표를 형상화한, 사랑스러운 편지지와 편지봉투)에 대한 고마움을 표시하는 말로 시작되었다. 뒤이어 올리버는 그녀에게, 자신을 어느 누구(특히 올리버 자신이나 그녀의 부모)와도 비교하지 말라고 강조했다. "너는 너만의 독특한 재능을 갖고 있으며, 너만의 길을 걸어갈 거야. 그리고 이미 그 길에 제대로 들어선 것 같아." 그녀의 앞에 펼쳐진 미래로 가는 긴 여정을 언급한 후, 그는 이렇게 덧붙였다. "난 알아. 네가 너의 삶, 독특한 재능, 갈망을 최대한 활용할 거라는 걸. 너만의 열정을 자유롭게 추구하기를 바라." 마지막으로, 그는 작별 인사를 한 후 사랑을 듬뿍 담아 "너의 대부, 올리버"로 끝을 맺었다.

사라의 심정을 감안하여 말하지 않았지만, 나는 '올리버가 답장을 보냈는지 안 보냈는지'가 사라에게는 하늘과 땅 차이였을 거라는 느낌을 받았다.

다음 날인 8월 16일 일요일 자 〈뉴욕타임스〉에는 올리버의 생애 마지막 에세이 〈안식일Sabbath〉이 실렸다. 그 서정적 에세이의 초입에서, 그는 어머니와 열일곱 명의 외삼촌·이모들이 정통 유대 교육을 받으며 성장했고, 세 명의 형과 그가 별로 독실하거나 철저하지 않았음에도 불구하고 금요일 저녁을 여전히 중요하게 여겼던 기억("금요일 정오쯤 되면, 어머니는 외과의사의 정체성과 복장을 벗어던지고 게필테피시 같은 샤보스Shabbos• 음식을 만드는 데 몰두했다. 어둠이 내리기 직전, 어머니는 의식용 초를 켜고 손바닥을 동그랗게 모아 불꽃을 감싸고는 나지막하게 기도문을 읊조렸다.")을 회고했다.

맨 마지막 단락에서, 그는 이렇게 결론지었다.

> 그리고 이제 쇠약해지고, 호흡이 가빠지고, 한때 단단했던 근육이 암에 녹아버린 지금, 나는 갈수록 초자연적인 것이나 영적인 것이 아니라 훌륭하고 가치 있는 삶이란 무엇인가 하는 문제로 생각이 쏠린다. 자신의 내면에서 평화를 느낀다는 게 무엇인가 하는 문제로. 안식일, 휴식의 날, 한 주의 일곱 번째 날, 나아가 한 사람의 인생에서 일곱 번째 날로 자꾸만 생각이 쏠린다. 우리가 자신이 할 일을 다 마쳤다고 느끼면서 떳떳한 마음으로 쉴 수 있는 그날로.

그로부터 정확히 2주 후, 그 주의 안식일이 어둠에 길을 내준 다음 날 아침 5시 25분, 케이트에게서 온 문자 메시지가 나의 잠을 깨웠다. "올리버가 오늘 아침 자택에서 편안히 눈을 감았어요. 자세한 이야기는 나중에 해요."

이상하게도, 나를 압도한 첫 번째 감정은 반가움과 고마움이

• 안식일을 뜻하는 이디시어.

었다. 나는 나지막이 아멘이라고 읊조리고 싶은 심정이었다. 나에게 그런 느낌을 줄 수 있는 사람이 또 누가 있을까 생각해봤지만, 그 이외의 인물은 떠오르지 않았다.

나는 몇 시간 후 케이트와 이야기를 나눴는데, 그녀에 의하면 다른 사람들(몇 주 전 내슈빌에서 돌아온 헤일리, 그녀의 후임인 핼리Hallie—우연의 일치라고 하기에는 너무나 비슷한 이름—라는 젊은 여성, 욜란다. 물론 빌리를 빼놓을 수 없다)도 이상하게 나와 비슷한 느낌이 들었다고 한다. 비록 시간이 경과함에 따라 점차 옅어졌지만, 우리 모두는 부음을 들은 순간 슬프기보다 반가운 느낌이 들었던 것이다. 케이트에 의하면, 올리버는 마지막 순간까지 거의 고통이 없었다. 그리고 그는 세상을 떠나기 이틀 전까지 글을 쓰고(또는 최소한 구술하고) 있었다.

(예수가 십자가에 오르기 전 마지막으로 한 말이 뭐였더라? "다 이루었다." 또는 달리 번역된 말로 "성취했다." 또는 "잘 해냈다"가 더 적절한 듯싶다.)

나는 사라가 우간다에서 마지막 날을 어떻게 보내고 있는지 궁금해, 그녀에게 전화를 걸었다. 캄팔라의 길거리 카페에 있던 그녀는 전화를 받자마자 "올리버 때문이죠?"라고 하더니, 내가 말을 꺼내기도 전에 "세상을 떠났군요"라고 말했다.

그녀는 몇 분 후 다음과 같은 메시지를 보내왔다.

“우리는 죽음에 직면하여 기뻐해야 한다. ‘삶의 난제’에 열정적으로 당당히 맞서 죽음을 얻어내리라 다짐해야 한다.”

—제임스 볼드윈을 다시 펼쳐 방금 읽은 구절

몇 달 전 뉴욕에서 열린 볼드윈 페스티벌의 영향을 받아, 그녀는 《다음에는 불The Fire Next Time》을 읽고 있었다.

어쨌든, 올리버도 볼드윈과 똑같이 ‘삶의 난제’에 당당히 맞섰고, 두 사람 모두 죽음을 얻어냈다. 그러므로 우리가 그들에게 배우는 것은 당연하며, 우리 모두가 죽음을 얻어내는 것이 마땅하다.

~~~

사라는 바로 다음 날 귀국하여(그녀는 엔테베 공항에서, 모든 TV 모니터를 점령한 CNN 뉴스의 자막을 생중계했다. “영화에서 로빈 윌리엄스가 연기한 의사, 서거”), 나와 함께 올리버의 빈소로 갔다… 음, 정확히 말해서 시바의 분위기는 아니었고, 뭔가를 기념하고 축하하는 것이 거의 잔치에 가까운 분위기였다. 그와 동시에 약간 시선을 끄는 장면이 있었다. 당연하지만, 빌리가 빈소를 지키고 있었는데, 그의 곁에는 다섯 명의 누이들이 앉아 있었다(그녀들은 빌리를 응원하려고 총출동했는데, 내 생각에 그것은 그의 초자연적이라고 할 만한 우아함과 온화함을 방증하는 것이었다). 그 밖에도 눈길을 끄는 조문객들이 많았는데, 뚱뚱하고 쾌활한 자메이카 출신 간호사 모린 울프Maureen Wolfe(!)는 올리버를 만난 지 5일밖에 안
~~~

됐음에도 완전히 반해 있었다. 그녀의 말에 따르면, 올리버는 최강의 심장과 폐를 가진 사람이었다. "암만 아니었어도 백 살까지 충분히 살았을 텐데!" 그녀는 숱한 말기환자들을 돌보며 서서히 쇠락할 거라고 예측해왔지만, 올리버의 상태는 전혀 예측불허였다고 했다. 반복적으로 원기를 되찾질 않나, 툭하면 먹을 걸 달라고 하질 않나, 자다 일어나 에어컨을 더 세게 틀어달라고 하질 않나, 사지를 덮을 담요—이왕이면 푸른색으로—를 갖다달라고 하질 않나, 그녀가 병실에 들어갈 때마다 깊은 잠에서 깨어나 인사를 건네질 않나("오, 다시 만나 반가워요")… 그녀는 그날 오후 (간호사가 되기 위해 훈련을 받고 있는) 두 딸을 빈소로 불러, 자기가 입이 마르도록 칭찬했던 '훈남'을 조문하게 했다.

올리버의 병실에서, 그의 지팡이(특이하게도 손잡이에 고무줄이 칭칭 감겨 있었다)는 어둑어둑해져 가는 황혼 속에서 푸른색 침대덮개 위에 대각선으로 놓여 있었다. 아무도 없는 줄 알았던 방 안에서, 나는 문득 먼 발치에서 카펫 위에 옹송그리고 앉아 침대에 등을 댄 채 창을 바라보는 사람들을 발견했다. 사라와 욜란다(사라가 어렸을 때 올리버의 가정부)였다. 두 사람은 바싹 달라붙어 서로를 위로하고 있었다.

욜란다는 사라에게 올리버의 씩씩한 투병생활을 말해줬다. 종말을 향해 다가가는 한 주 한 주를 점점 더 소중히 여기며, 그녀에게 엉성하고 틀린 영어 발음을 교정해주고 "on TV"와 "on the TV"의 차이를 알려주는 것도 모자라, 그녀가 잘 기억하도록 부엌의 칠판에 단어들을 꼼꼼히 적었다. 마지막 며칠 동안 병상을 벗어나지 못할 때, 두 사람은 양치식물과 광물과 오동통한 두족류로 병실을 가득 채웠다. "그게 모두 그의 친구였어." 그녀가 이렇게 말하자, 둘 다 배꼽을 잡았다.

욜란다의 말은 계속되었다. "마지막 며칠 동안, 올리버는 어쩌다 한 번씩 자리에서 일어나 '수 소피타 데 페스카도su sopita de pescado를 내놔요'라고 졸랐어." (2015년 9월 14일 아침, 〈뉴요커〉에는 올리버의 마지막 에세이 〈필터피시Filter Fish〉•가 실렸다. 그것은 어머니가 자랑하던 게필테피시에 대한 짧은 글로, 그의 사랑하는 가정부 헬렌을 빼면 아무도 어머니의 손맛을 재현할 수 없었다. 마운트버넌과 시티아일랜드 초기 시절, 헬렌은 매주 목요일 아침마다 올리버와 함께 아서 애버뉴에 가서 필터피시—올리버는 게필테피시를 꼭 "필터피시"라고 불렀다—재료를 구입했다.)

우리가 차를 몰고 펠햄에 돌아왔을 때, 사라는 '수 소피타 데 페스카도'(스페인어)를 문법적으로 분석하여 그 의미를 완전히 파악하고 있었다. 물론 직역하면 '그의 생선 수프his fish soup'이고 의역하면 '그의 조그만 게필테피시'였다. 그러나 사실, '조그만 게필테피시'에는 달콤함이 배어 있었다. 왜냐하면 그건 엄마가 토끼 같은 자녀들에게 말할 때만 쓰는 말이었기 때문이다. "얘들아 이리 와. 엄마가 너희들을 위해 준비한 '조그만 게필테피시'를 먹고 싶지 않니?" 올리버는 〈필터피시〉라는 에세이에서 게필테피시를 '유아기의 암브로시아ambrosia'라고 했다. 암브로시아란 신화에 나오는 신들의 음식을 말하는데, 꿀·물·과일·치즈·올리브유·

• https://www.newyorker.com/magazine/2015/09/14/filter-fish 또는 《모든 것은 그 자리에》(알마) 341쪽 참조.

보리 등으로 만든 것이며, 신들이 영생하는 것은 바로 이 신묘한 음식 때문이라고 한다.

나가며

• 로런스 웨슐러.

지금으로부터 35년 전, 나는 〈뉴요커〉의 전속작가로서 올리버 색스의 전기를 집필하고 있었다. 우리는 일주일에 두세 번씩 만나 저녁식사를 함께했고, 나는 약 15권의 노트를 인터뷰 내용으로 빼곡히 채웠다. 그러던 어느 날 그가, 자신이 게이라는 사실을 빼줄 수 없냐고 물었다. 그러나 나는 그럴 수 없었다. 그의 섹슈얼리티는 그를 굉장히 혼란스럽게 만들었는데, 나는 그 혼란이 올리버를 경이로운 신경학자로 빚어냈을 거라고 생각했기 때문이다. 그래서 나는 전기 집필을 중단해달라는 그의 요청에 응했지만, 우리는 여전히 좋은 친구 관계를 유지했다. 2015년 8월 세상을 떠나기 전, 그는 내게 전화를 걸어 전기를 완성해달라고 요청했다. 그래서 나는 어디서부터 시작해야 할지 고민하기 시작했다. 나는 30년 전 항공모함 위에서 시속 160킬로미터로 주행하던 중 갑자기 정지해달라는 요청을 받았었다. 항공모함이 사라져버린 지금, 나는 어디로 어떻게 후진하여 재출발할 것인지 궁리해야 한다.

—"휴먼스 오브 뉴욕Humans of New York"의 게시물 중에서

추신

만년의 올리버가 늘 부지런했던 것을 기억하며, 나도 이 책을 쓰기 위해 이것저것 자료를 챙기기 시작했다. 그러나 뭐 하나 제대로 한 게 없다. 나는 거의 1년 동안 머뭇거리고 꾸물거리고 저항하고 뒤로 미뤘다. 그 대신 나는 다른 책을 두 권이나 쓰며, 정작 전기 집필은 시작조차 하지 않고 있었다. (다른 사람의 글막힘을 논할 때는 늘 신중해야 한다. 글막힘은 전염성이 있으니 말이다. 그 문제에 대해서는 조지프 미첼Joseph Mitchell에게 물어보라.)

어느 날 오후 나는 글을 쓰는 대신 구겐하임 미술관에 가서 빈둥거리다, 교활하고 풍자적인 피슐리 & 바이스전Fischli & Weiss show을 관람했다. 경사로를 따라 늘어선 벤치 중 하나에 앉아 잠깐 동안 휴식을 취하고 있는데, 한 젊은 친구가 다가와 자신을 브랜든 스탠튼Brandon Stanton이라고 소개하고 "휴먼스 오브 뉴욕Humans of New York"이라는 조그만 웹블로그를 운영한다고 설명했다. "아 그렇군요," 나는 화답했다. "당신을 알고 있어요." 마침 잘된 일이었다. 왜냐하면 그는 도심을 거닐며 마주친 사람들을 무작위로 촬영하는 것으로 알려져 있었기 때문이다. 아니나 다를까. 그는 나를 촬영해도 괜찮겠냐고 물었고, 나는 그의 제안에 선뜻 응했다. 그는 몇 장의 스냅사진을 촬영한 후, 자기는 사진을 찍을 때마다 질문을 하나씩 던지는데 그날의 질문은 '당신은 현재 무슨 일을 하고 있나요?'라고 했다. 나는 '어떤 책을 써야 하는데 잘 안 된다'는 요지의 답변을 했다.

며칠 후, 나는 사라의 절친한 대학 친구 니와Niwa에게서 전화를 받았다. 그녀는 위스콘신 대학교에서 탄자니아 문화지리학을 전공하는 대학원생이었는데, 전화에 대고 이렇게 소리쳤다. "아버님, 유명인이 되셨네요!"

사실이었다. 나는 스탠튼의 웹사이트에 느닷없이 등장하여 푸념을 늘어놓고 있었다.

나는 15분에 걸쳐, 바이러스처럼 확산되는 '익명의 유명세'를 누렸다. 포스팅의 어디에서도 내 이름을 적거나 암시하지 않았음에도 불구하고, 처음에는 수백 건, 곧이어 수천 건의 댓글이 주르르 달렸기 때문이다. 댓글 작성자들은 하나같이 나의 등을 떠밀었다. "그 스토리를 알고 싶어요" "멋진 방법이 떠오를 거예요" "서둘러요" "당신은 할 수 있어요" 그들은 이구동성으로 책을 구입하겠다고 약속했다. "아무리 어려워도, 일단 그곳에 도착하여 당신이 아는 것을 써봐요. 당신만큼 그를 잘 아는 사람은 없잖아요…."

"니네들이 해봐," 나는 이렇게 쓰고 싶은 마음이 굴뚝 같았다. "그게 그렇게 쉬우면."

그러나 그 대신, 나는 책상 앞에 앉았다. 그리고 이 책을 쓰기 시작했다.

사랑해요, 올리버,

당신이 매일 그리울 거예요.

감사의 글

그 옛날, 우리 모두는 청춘이었다. 그런데 오늘은 왠지 이상하게, 수많은 작업들이 얼마나 오래전에 행해졌는지를 깨닫는다. 또는 이 책에 적힌 연대기와 서술들이 알고 보니 얼마나 오래전에 일어난 사건들에 관한 것인지를 깨닫는다. 그러고 보니, 지금껏 나와 이야기를 나누며 나에게 귀중한 시간과 기억을 할애해준 사람들, 이 자리에서 감사의 뜻을 표하고 싶은(그리고 그 감사의 뜻을 받아줄) 사람들 중 상당수가 지금은 고인이 되었다. 예컨대 딕 린덴바움(~1992), 콜린 헤이크라프트(~1994), 올란 폭스(~1999경), 밥 로드먼(~2004), 톰 건(~2014), 카멀 로스(~2006), 덩컨 댈러스(~2014), 에릭 콘(~2014), 마지 콜(~2016), 이자벨 라팽(~2017)이 그렇다. 물론 올리버 자신(~2015)은 두말할 나위도 없다. 숲의 상부임관upper canopy은 점점 더 얇아지고, 거목들은 하나둘씩 쓰러지고, 중간층을 차지하고 있는 나머지 나무들은 필멸의 가차없는 불길에 노출되고 있다. 그러나 내가 좋아하는 대화

상대 중 일부—조너선과 레이철 밀러, 조너선 콜, 로레인 수녀(그러나 그녀는 그동안 다른 경로수녀회 요양원으로 옮겼다. 이번 요양원은 뉴저지주 토토와에 있다)—는 여전히 건재하며, '나 여기서 진가를 발휘하고 있어요'라며 나를 안심시킨다. 그들과 함께한 시간이 얼마나 소중했던지!

그들과 함께, 다른 많은 사람들이 색스의 세계에 존재했다. 케이트 에드거, 헤일리 부이치크, 욜란다 루에다, 고故 케빈 홀리건(~2012), 그리고 가장 최근에 합류한 빌리 헤이스. 그 당시 80대 초반이었음에도 생존하며 자신만들의 이야기로 나를 예우했던 '깨어남'의 환자들(아, 지금은 모두 세상을 떠났다)과, 올리버의 회진에 동행했던 나의 존재를 용케 견뎌낸 다른 환자들. 마크 호모노프, 닉 골드버그, 오린 데빈스키, "스테레오 수" 배리와 같은 의사들. 동료 저널리스트(그리고 색스주의자Saxologist)인 〈런던 리뷰 오브 북스〉의 메리-케이 윌머스. 〈와이어드WIRED〉 매거진의 스티브 실버먼, NPR과 〈라디오랩〉의 로버트 크럴위치. 사진작가 돈 우스너와 존 미드글리, 함께 아는 친구 피터 셀던, 베이너드 우즈, 칼 긴스버그, 존 헤이스팅스, 조너선 말러, 알바 노에, 셰인 피스텔, 로웰 핸들러, 빌 모리슨, 안제이 & 레베카 라파친스키, 스탠리 & 제인 모스, 고故 리샤르드 카푸시친스키(~2007)와 조너선 셸(~2014).

릭 번스와 리 하웰을 비롯한 스티플체이스 필름의 직원들. 빌 T. 존스와 본 아멜란을 비롯한 NY 라이브아트의 직원들(2013년 "올리버 색스의 세계"를 중심으로 개최된 NY 라이브아츠 라이브아이디어스 페스티벌NY Live Arts Live Adeas Festival의 개회식 담당).

1980년대 중반 이 책의 초기버전의 상당부분이 형성된 블루마운틴센터, 그리고 보다 최근에 훌륭한 서비스를 제공함으로써 프로젝트를 부활시키는 데 기여한 맥도웰콜로니의 직원과 도우미들.

나의 지칠 줄 모르는 에이전트 크리스 캘혼, 이 책의 현명하고 지각 있는 편집자 앨릭스 스타와 그의 보좌관 도미니크 리어, 이 책의 능수능란한 디자이너 조너선 리핀코트, 어떤 상황에도 흔들리지 않고 대처하는 나의 비서 로라 드바이스.

나의 생활에 광채를 더해주고 기쁨을 선사하며 때로는 묵묵히 견뎌낸 나의(그리고 종종 올리버의) 사랑하는 가족 요아시아와 사라.

마지막으로, 당연하지만 어느 누구보다도 올리버 자신. 때로 사람들을 기겁하게 했지만, 꼬마도깨비처럼 발칙한 자의식, 통통튀는 호기심, 심오한 지혜, 본질적인 사랑스러움으로 나를 다시금 이끌리게 만들었다. 쇠퇴할 줄 모르는 그의 기억을 둘러싼 공기에 만연한 것은, 뭐니뭐니해도 결국은 사랑스러움이었다. 사랑하는 올리버, 당신을 축복합니다. 그리고 감사합니다.

생각함이 곧 감사함입니다(Thinking is thanking).

찾아보기

사진 출처

6쪽	Late photo of Oliver from Wired magazine: John Midgley
69쪽	Bob Rodman: Kathy Rodman
80쪽	Thom Gunn: Mike Kitay
168쪽	Margie Kohl: Andrew Inglis
205쪽	W. H. Auden: Peter Mitchell / Camera Press / Redux
205쪽	A. R. Luria: The Alexander Luria website, Luria.ucsd.edu
235쪽	Oliver and Pop: Lowell Handler
252쪽	Oliver and Eric Korn: Kathy Rodman
290쪽	Jonathan and Rachel Miller: The Miller Family
317쪽	Colin Haycraft: Gerald Duckworth & Co.
403쪽	Joanna Stasinska: The Weschler Family
534쪽	Oliver on the patio: The Weschler Family
536쪽	Oliver shedding formalities: The Weschler Family
540쪽	Sacks and Weschler: Copyright © Don Usner
545쪽	Sara and Oliver: The Weschler Family
553쪽	Santa Sacks: The Weschler Family
562쪽	Sara conversing with Oliver: The Weschler Family
567쪽	The Rat Track: The Weschler Family
575쪽	Sara's drawing for Oliver: The Weschler Family
599쪽	Ryszard Kapuściński and Oliver: The Weschler Family
616쪽	Oliver quizzing Sara: The Weschler Family
617쪽	Last photos with Oliver: The Weschler Family
631쪽	Humans of New York post: Courtesy of Brandon Stanton
636쪽	Oliver in the water: James Estrin / The New York Times / Redux

지은이_로런스 웨슐러 Lawrence Weschler

〈뉴요커〉의 베테랑 작가이자 뉴욕 대학교 부설 뉴욕인문학연구소의 명예소장이다. 〈뉴욕 타임스 매거진〉 〈배니티페어〉 〈맥스위니스〉, 국립공영라디오(NPR)에 정기적으로 기고해왔으며, 지은 책으로는 화가 로버트 어윈의 전기《본다는 것은 사람이 보는 사물의 이름을 잊는 것이다》, 쥐라기 기술박물관에 관한 책《윌슨 씨의 경이로운 캐비닛》《발생하는 모든 것》《하나의 기적, 하나의 우주》《보스니아의 페르메이르》 등이 있다.

로런스 웨슐러는 스물아홉 살 무렵인 1980년대 초 올리버 색스와 함께하기 시작했다. 그 당시 〈뉴요커〉로 자리를 옮긴 그는 탁월한 신경학자의 일대기를 쓰기 위해 올리버 색스에게 편지를 보냈고 곧이어 둘의 인연이 시작되었다.

두 사람은 전기 집필을 위해 4년간 긴밀한 관계를 유지하지만, 올리버 색스는 어느 날 '고통스러운 개인적 이유'를 내세워 웨슐러에게 작업을 중단해달라고 요청한다. 전기 작업이 중단되었음에도 두 사람은 30년간 절친한 친구 관계를 유지하고, 올리버 색스는 웨슐러 딸의 대부가 된다. 만년에 웨슐러 가족의 보살핌 속에 암 투병을 이어가던 올리버 색스는 세상을 떠나기 직전, 웨슐러에게 '중단했던 프로젝트를 재개하라'고 재촉한다. 올리버 색스의 결단과 로런스 웨슐러의 지치지 않는 노력으로《그리고 잘 지내시나요, 올리버 색스 박사님?》이 탄생한 것이다.

옮긴이_양병찬

서울대학교 경영학과와 동 대학원을 졸업한 후 대기업에서 직장 생활을 하다 진로를 바꿔 중앙대학교에서 약학을 공부했다. 약사로 활동하며 틈틈이 의약학과 생명과학 분야의 글을 번역했고 지금은 생명과학 분야 전문 번역가로 일하고 있다. 또한 포항공과대학교 생물학연구정보센터(BRIC) 바이오통신원으로 〈네이처〉와 〈사이언스〉 등 해외 과학 저널에 실린 의학 및 생명과학 관련 글을 번역하여 최신 동향을 소개하고 있다. 옮긴 책으로《해부학자》《유리우주》《모든 것은 그 자리에》《의식의 강》《센스 앤 넌센스》《자연의 발명》《물고기는 알고 있다》《핀치의 부리》《내 속엔 미생물이 너무도 많아》《경이로운 생명》《오늘도 우리 몸은 싸우고 있다》《크레이지 호르몬》 등이 있다.《아름다움의 진화》로 번역 부문 한국출판문화상을 수상했다.

표지그림

올리버 색스가 그린 시궁쥐 경기장(위), 사라 웨슐러가 그린 주기율 유람선(아래).

그리고 잘 지내시나요, 올리버 색스 박사님?

1판 1쇄 찍음 2020년 8월 21일
1판 1쇄 펴냄 2020년 8월 30일

지은이 로런스 웨슐러
옮긴이 양병찬
펴낸이 안지미
편집 박승기
디자인 안지미 이은주
제작처 공간

펴낸곳 (주)알마
출판등록 2006년 6월 22일 제2013-000266호
주소 03990 서울시 마포구 연남로 1길 8, 4~5층
전화 02.324.3800 판매 02.324.7863 편집
전송 02.324.1144

전자우편 alma@almabook.com
페이스북 /almabooks
트위터 @alma_books
인스타그램 @alma_books
ISBN 979-11-5992-316-6 03400

이 도서의 국립중앙도서관 출판예정도서목록CIP은 서지정보유통지원시스템 홈페이지 http://seoji.nl.go.kr와 국가자료종합목록 구축시스템 http://kolis-net.nl.go.kr에서 이용하실 수 있습니다. CIP제어번호 : CIP2020033052

알마는 아이쿱생협과 더불어 협동조합의 가치를 실천하는 출판사입니다.

종이 표지_마분지 130g/㎡ 본문_전주 그린라이트 70g/㎡